# 复杂艰险山区铁路减灾选线理论与技术

朱　颖　姚令侃　魏永幸　著

科 学 出 版 社

北　京

## 内 容 简 介

复杂艰险山区铁路减灾选线，是在自然灾害对线路工程全寿命周期作用不确定条件下的一种风险型决策过程。本书以构造地貌学为认知自然的基础，以风险分析为决策的数学方法，形成山区铁路减灾选线的理论架构。首先介绍基于构造地貌学的孕灾环境分析；然后针对滑坡危险区、陡坡落石灾害区、泥石流频发区、岩溶发育地区、高地震烈度山区，分别提出各类灾害的风险识别和选线设计风险调控的方法；最后根据不确定性分析理论，提出山区铁路选线方案综合评价模型和方法。此外，本书还对工程与环境协调的选线设计、基于可拓学的山区铁路选线策略等进行了专题论述。

本书可供从事铁路勘察设计的工程技术人员和高等学校、科研院所的教学、研究人员参考阅读。

**图书在版编目(CIP)数据**

复杂艰险山区铁路减灾选线理论与技术 / 朱颖等著. —北京：科学出版社，2016.12

ISBN 978-7-03-050688-7

Ⅰ.①复… Ⅱ.①朱… Ⅲ.①山区铁路-铁路选线-研究 Ⅳ. ①U239.9 ②U212.32

中国版本图书馆 CIP 数据核字（2016）第 276853 号

责任编辑：张 展 朱小刚 / 责任校对：彭珍珍

责任印制：余少力 / 封面设计：墨创文化

科学出版社 出版

北京东黄城根北街16号

邮政编码：100717

http://www.sciencep.com

四川煤田地质制图印刷厂印刷

科学出版社发行 各地新华书店经销

*

2016 年 12 月第 一 版 开本：787×1092 1/16

2016 年 12 月第一次印刷 印张：23 1/2

字数：550 千字

定价：200.00 元

（如有印装质量问题，我社负责调换）

# 前　言

我国山地面积约占陆地面积的2/3。新中国成立以来，先后修建了宝成铁路、成昆铁路、南昆铁路、内昆铁路、渝怀铁路、渝利铁路等世人瞩目的山区长大干线，青藏铁路、包西铁路、太中银铁路等建成投产，成兰铁路、兰渝铁路、云桂铁路、山西中南部铁路等区际干线有序推进，基本形成了山区铁路网。我国山区基本上靠长大干线承担运输任务，但路网长度与国土面积和人口数极不相称，如西部12省区市面积占我国国土面积的71.5%，铁路营业里程仅占全国的36.6%。随着我国区域发展的推进，山区铁路网的总量仍是发展的“瓶颈”。因此今后一段时期，中国铁路建设将以中西部铁路、城际铁路等重大项目为重点，“十三五”期间，铁路发展目标营业里程达到15万km，其中快速铁路网为5万km以上，中西部地区营业里程达9.5万km。在拟建铁路中，山区铁路将占很大比例。

铁路选线是一项决定全局的总体性工作，线路方案确定后，铁路全生命周期的可靠性、安全性、技术可行性、经济合理性及社会接纳性等就已基本被定格。铁路选线，总体上看是一门实践超前于理论的技术，目前仍处于以原则、规定、经验公式、图表等作为设计依据的传统设计层次。因此，分析现有山区铁路选线设计的典型案例，总结成功的经验，并在现代设计方法的概念框架下，凝练出标准化的山区铁路选线设计模式，提出定量化的线路方案决策方法，建立具有普适性的技术评价体系，为山区铁路选线设计提供理论与技术支撑，引领铁路选线设计迈向现代设计，是一项“功在当代、利在千秋”的工作，也是本书撰写的直接目的。

随着我国经济技术的发展，快速铁路(旅客列车运行速度在160km/h以上的客货共线铁路、客运专线铁路)将成为我国山区铁路的主要形式。快速铁路的特点是“二高、二弱”。二高是平面线形要求标准高，工程安全要求标准高；二弱是区间定线适应地形灵活性弱、绕避障碍(灾害点、自然保护区)灵活性弱。受山区自然条件制约和铁路自身技术标准的限制，山区快速铁路往往只能以隧道和桥梁两类建筑克服地形等障碍，区间定线方案选择余地少，很多结合地形改善线路平纵面的传统技巧难以施展。此外，随着我国铁路路网的延伸和“一带一路”交通基础设施建设的需要，铁路势必通过建设条件更为艰难的地区并需应对自然界新的挑战。如陆陆碰撞边缘区内外动力耦合作用的灾害效应，全球气候变化背景下海洋性冰川覆盖区冰湖溃决、冰川泥石流引发的沟谷灾害链，艰险山区地震波传播的地形效应与地震触发山地灾害等。上述既是工程技术领域基础科学研究的前沿问题，亦具有重大而紧迫的实践需求，它们的凝练与认知过程，一直是本书成文的基本动力。

近年来，为全面总结复杂艰险山区铁路选线与总体设计的经验和教训，中国中铁二院工程集团有限责任公司相继出版了一批学术论著，如朱颖的《复杂艰险山区铁路选线与总体设计论文集》、朱颖和许佑顶的《复杂艰险山区铁路(公路)工程勘察设计案例集锦》和《复杂艰险山区铁路(公路)工程勘察设计论文选集》等。本书将与这些论著共同构成反映当前我国山区铁路选线与总体设计技术水平和发展趋势的系列学术成果。作为铁路选线设计专著，本书从编排上考虑了铁路勘察、空间定线、方案评价等作业环节顺序。但就侧重点而言，本书的编著并不完全是对已有经验的凝练和案例的分析，而是针对快速铁路成为我国山区铁路主要形式的时代特点，融合传统经验及现代科学与工程技术，在传统研究领域引入非传统的理念和方法，不仅力求从案例的分析上升到理性认识，而且希望在宏观决策思维境界和方法论上具有一定的前瞻性。

相对于平原地区，山区强烈的地势起伏及其导致的斜坡重力作用类灾害发育，是人们最熟悉的两个基本特征。山区还具有垂直气候带、局地暴雨山洪、地震波在三维空间传播特性不同、地震次生山地灾害等特点。此外，山区自然保护区多、部分山区生态环境脆弱，往往构成铁路选线的难点问题。从铁路减灾防灾角度，山区铁路选线作业是在自然灾害对线路工程全寿命周期作用不确定条件下的一种风险型决策过程。因此，本书首先提出从选线到个体工程布设全程贯穿风险调控作业，实现山区铁路建设投资与运营灾害风险双控的理念；然后针对滑坡危险区、陡坡落石灾害区、泥石流频发区、岩溶发育地区、高地震烈度山区，分别提出各类灾害风险识别和选线设计风险调控的手段，并就特大灾害风险调控策略进行专题论述；最后提出基于不确定性分析的山区铁路选线方案综合评价模型，包括基于低频大灾风险的铁路经济评价年换算工程-期望运营费法、考虑多灾种综合作用效应的山区铁路线路系统可靠性评价模型等。本书以灾害风险调控为核心，开展山区铁路减灾选线理论与技术研究，在选线领域独树一帜。

从“地形选线”到“地质选线”，强调了选线设计必须建立在对线路环境准确把握的基础上的理念，本书撰写了基于构造地貌学的孕灾环境分析章节。从技术角度，长大铁路选线是在几百公里乃至上千公里地域上的作业，是一种与构造地貌学研究尺度相匹配的工程实践，在构造地貌学的时空尺度上，配合航卫片遥感解译与 ArcGIS 先进技术的应用，观一屏而识天下，在大范围开展方案比选阶段，高效低成本地获取所需信息，是一个很有发展前景的方向。此外，基于构造地貌学理论，利用内营力与地貌、地表过程之间的普适性关系，获得对区域性地貌与山地灾害规律的认知；利用内营力与地貌之间的因果关系，由地貌现象反推内营力的状态，这样从孜求对地形、地质的认识上升到企及构造地貌学的层面，则是选线设计者境界提升的一个重要方面。以构造地貌学作为认知自然的基础，以风险分析作为指导选线决策作业的主要数学方法，强调二者是铁路减灾选线基础理论体系中的重要组成部分，是本书独特的观点。

由于缺乏对实震现象的认识，高地震烈度山区铁路减灾选线技术，是国内外尚未有人系统开展过的工作。在本书构思和成稿期间，相隔不到 5 年时间，在四川境内就相继发生了 2008 年“5・12”汶川大地震、2013 年“4・20”芦山地震。在大批实震资料的支持下，本书提出了高烈度地震山区铁路选线的三大原则和 16 条原则意见；提出了基于断裂构造地貌的铁路廊道方案选线原则、基于地震波传播地形效应的减灾定线要点、基于地震地表变形量预测的过断裂带铁路平纵面设计方法等。有关高地震烈度山区铁路减灾选线理论与技术的论述，具辟创之功。此外，利用结构模型解析法确定影响线路方案主要因素多级递阶结构、基于可拓学的山区铁路选线策略、铁路与林区防火基础设施一体化设计技术等，均属在选线领域引入的一些定量化方法和非传统理念，也是本书有特色的内容。

21世纪初以来，随着全球气候变化异常和人类社会经济活动的不断增强，极端天气和地质事件增多，特大灾害的发生不断敲响了警钟。在复杂艰险山区从事铁路建设，大型自然灾害的风险不可回避，而选线设计是从源头上减灾的首要环节。在灾害意识日趋严重的背景下，从“十一五”期间强调的“防灾减灾”，到“十二五”期间强调的“风险调控”，再到“十三五”开始提出的“灾害弹性化”，人类应对灾害的观念也处在快速转变发展之中，而观念的推行亟待得到相应理论与技术、方法的支撑。虽然本书的一些内容尚有待深入，但从时效性考虑仍应势成稿，是希望借此进一步推动我国复杂艰险山区铁路减灾选线理论与技术的尽快发展。不足之处企盼得到批评与指教。

本书是集体创作的成果，全书由朱颖统稿，姚令侃、魏永幸协助。参加本书撰写的还有以下人员(按参加撰写的章节顺序排序)：

段书苏(第1、2章)、姚裕春(第3章)、郭海强(第3章)、徐骏(第4章)、杜翠(第5章)、陈诺(第5章)、王宝亮(第5章)、王子江(第6章)、邱燕玲(第7、8章)、孙晓丹(第8章)、仝明萍(第9章)、艾洪舟(第10章)、罗圆(第10章)、唐超(第11章)、周亦良(第11章)等。

对本书审阅并提出宝贵意见的有(按姓氏笔画排序)王齐荣、王科、李光辉、杨明、何学刚、姚鸣。

本书主要得到铁道部科技开发计划“复杂艰险山区高速铁路选线理论及技术评价体系研究”(2011G011-A)项目的资助；此外，还得到了中国铁路总公司科技研究开发计划“高寒山区铁路沟谷灾害链危险性评估与风险调控研究”(2013G014-A)、国家自然科学基金重点项目“川藏交通干线环境灾害演化规律及工程风险”(41030742)、国家重点研发计划-区域综合交通基础设施安全保障技术项目“大型交通基础设施的灾害链机理、灾情评估及防灾减灾技术”(2016YFC0802206)及高速铁路线路工程教育部重点实验室开发基金的部分资助。

在此一并表示感谢。

# 目　录

# 第 1 章　中国构造地貌格局与山区铁路

## 1.1　中国构造地貌格局

构造地貌学是研究地球内力作用形成的或直接受地球内力作用控制的由外力作用所形成的地表形态特征及其发生、发展、结构和分布规律的科学。20 世纪 60 年代以前，大多数地质学家认为，海洋和陆地的位置是亘古不变的，发轫于 20 世纪初期的大陆漂移说(德国科学家魏格纳 Alfred Lothar Wegener)一直不被视为有科学根据的论点。第二次世界大战后，籍更先进的技术与设备的支持，揭示了几项支持大陆漂移假说的惊人发现，到 1968 年，大陆漂移假说引领发展出一套更加完整的理论，即板块运动学，也成为解释造山作用、阐明构造地貌的理论基础。70 年代，我国学者开始以构造地貌学的理论为指导，阐述我国构造地貌的轮廓、形成机理、区域分异，但直到 90 年代，构造地貌学才真正成为地学领域中一门独立的学科。长大铁路选线是在几百公里乃至上千公里地域上的作业，是一种与构造地貌学研究尺度相匹配的工程实践。在构造地貌学的视角上廓清区域性地貌特征，推究灾害本原，无疑是优质选线设计的基础。鉴于此，本书特将构造地貌学的基本理论，以及构造地貌学对中国地貌格局的诠释，作为开篇之章。

### 1.1.1　造山运动的机制与起源——板块构造学

板块构造学说(plate tectonics)是在大陆漂移学说和海底扩张学说的基础上提出的。板块构造归纳了大陆漂移和海底扩张的观点，提出了一系列新的概念和理论，并在更广泛的基础上，阐明了地球活动和演化的许多重大问题。

板块构造的基本原理可归纳如下：

(1)板块构造学强调地球的物理性质截然不同的两个圈层——上部的刚性岩石圈和下垫的塑性软流圈。

(2)岩石圈可划分为若干大小不一的板块。板块是运动的，其边界有三种类型：分离扩张型(伴随着洋壳新生和海底扩张)、俯冲汇聚型(伴随着洋壳消亡或大陆碰撞)、平移剪切型(沿着转换断层发生)。地震、火山和构造活动主要集中在板块边界。

(3)岩石圈板块横跨地球表面的大规模水平运动为一种球面上的绕轴旋转运动。在全球范围内，板块沿分离型边界的扩张增生与沿汇聚型边界的压缩消亡相互补偿抵消，从而使地球半径保持不变。

(4)岩石圈板块运动的驱动力来自地球内部，最可能的是地幔物质的对流。

#### 1. 全球的六大构造板块

Pichen 在 1963 年将全球地壳划分为六大板块(图 1-1)：太平洋板块、欧亚板块、非洲板块、美洲板块、印度洋板块(包括澳洲)和南极洲板块。除太平洋板块几乎全为海洋外，其余五个板块既包括大陆又包括海洋。此外，在板块中还可以分出若干次一级的小板块，如把美洲大板块分为南、北美洲两个板块，菲律宾、阿拉伯半岛、土耳其等也可作为独立的小板块。板块之间的边界是大洋中脊或海岭、深海沟、转换断层和地缝合线。这里提到的海岭，一般指大洋底的山岭。在大西洋和印度洋中间有地震活动性海岭，另名为中脊，由两条平行脊峰和中间峡谷构成。太平洋也有地震性的海岭，但不在大洋中间，而偏东边，它不甚崎岖，没有被中间峡谷分开的两排脊峰，一般称为太平洋中隆。海岭实际上是海底分裂产生新地壳的地带。转换断层是大洋中脊被许多横断层切成小段，它不是一种简单的平移断层，而是一面向两侧分裂，一面发生水平错动，是属于另一种性质的断层，威尔逊称之为转换断层。两大板块相撞，接触地带挤压变形，构成褶皱山脉，使原来分离的两块大陆缝合起来，叫地缝合线。一般来说，在板块内部，地壳相对比较稳定，而板块与板块交界处，则是地壳比较活动的地带，这里火山、地震活动以及断裂、挤压褶皱、岩浆上升、地壳俯冲等频繁发生。

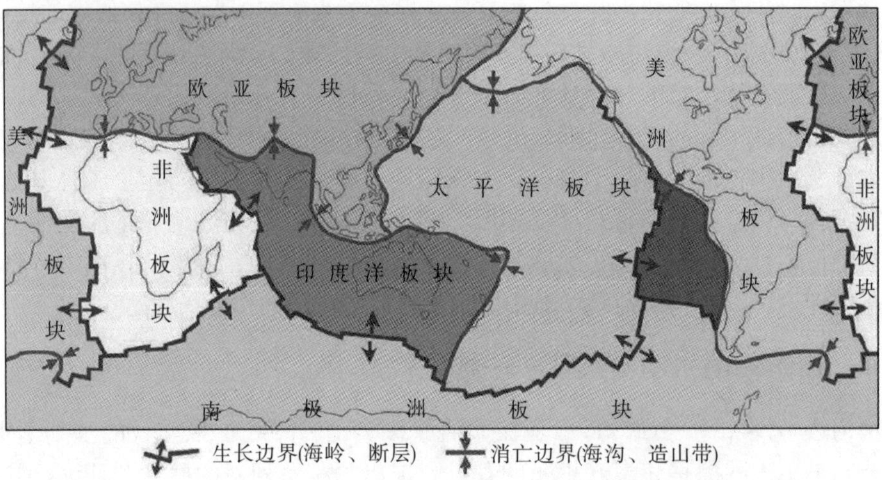


图 1-1 世界六大板块分布(Pichen，1968)

2. 板块的边界类型

板块边界的性质及其地质特征是由其两侧板块的相对运动特征决定的。全球地震带描绘出了板块的轮廓，这些地震带又相当于大洋中脊、转换断层、岛弧-海沟系及年轻造山带等构造活动带。它们分别对应于不同的板块运动方式。根据板块间的相对运动方式，可将板块边界分为离散型边界、汇聚型边界和转换型边界三种基本类型(表 1-1)。

### 1.1.2 造山运动

造山带是地球上最宏伟壮观的现象。一百多年来，它吸引大批的地球科学家去认识它的奥秘，在不同的时代，提出了各式各样的造山假说。其中，板块学说对造山作用提出了比较合理的解释。板块学说认为，造山作用发生于板块敛合的边界，它是板块俯冲、碰撞作用引起的。造山带就是板块的俯冲带、碰撞带。造山带的形成模式，不要求各造山带在空间和时间上按照相同的模式演化，而是取决于板块边界上各种因素的相关关系，甚至与远离造山带的其他动力因素有关(杨森楠和杨巍然，1985)。

**表 1-1　板块边界的三种类型**

| 类型 | 两侧板块的运动方向 | 应力状态 | 地震活动特征 | 岩石圈演化特点 | 两侧板块地壳性质 | 实例 | |
|---|---|---|---|---|---|---|---|
| 离散型边界 | 垂直于边界的相背运动 | 拉张 | 浅震、正断层型 | 大陆岩石圈分裂，大洋岩石圈生长 | 陆壳-陆壳 | 裂谷带 | 大陆裂谷带(东非大裂谷) |
| | | | | | 洋壳-洋壳 | | 大洋裂谷带(洋中脊) |
| 汇聚型边界 | 垂直于边界的相向运动 | 挤压 | 浅中深震、冲断层型，并随深度变化 | 大洋石圈消亡，大陆岩石圈生长 | 洋壳-洋壳 | 俯冲带 | 洋内弧构型(岛弧型) |
| | | | | | 陆壳-洋壳 | | 陆缘弧沟系(安第斯型) |
| | | | | | 陆壳(或过渡陆壳)-陆壳 | 碰撞带(喜马拉雅、阿尔卑斯等) | |
| 转换型边界 | 平行于边界的走滑运动 | 剪切 | 浅震、走滑断层型 | 不生长、不消亡 | 各种类型 | 转换断层(圣安德列斯断层等) | |

在人们普遍接受板块构造学说之前的近百年中，地槽-地台说几乎成为大地构造学与理论地质学的核心。该学说认为地壳可以划分为两种基本单元：活动带(地槽)与稳定区(地台)，前者分布在后者之间。地槽通过造山作用转化为褶皱带，地壳逐渐硬化，区域稳定，进而演变成为地台。地槽-地台说对于区域地质研究中已经积累起来的模糊不清而又紊乱的科学事实，进行了出色的总结，极大地推动了地质学的发展。但是地槽-地台说认为大陆和海洋形成以来，虽然各自的面积有扩大或者缩小，但它们之间的相对位置以及它们相对于地极和赤道的位置都从未发生重大易位。也正是这种只重视垂直运动，而忽视水平运动的观点，使得地槽-地台说不足以恰如其分地解释槽台构造的复杂性、多样性。对重要的地质事件，如褶皱幕和构造旋回的出现、地槽迁移、地槽造山运动的极性等都无法作出解释。

随着古地磁学的兴起，地壳的水平位移被证实。板块构造归纳了大陆漂移和海底扩张的观点，提出了一系列新的概念和理论。并在更广泛的基础上，阐明了地球活动和演化的许多重大问题。威尔逊利用板块构造理论，按照生命周期将造山带发育过程分为四个阶段，分别为大陆裂谷阶段、洋底扩张阶段、俯冲阶段、大陆碰撞阶段，代表大洋从发生、发展到衰亡的整个过程，这就是通常所称的威尔逊旋回(表 1-2)。每一个阶段具有一种特定的伴有不同类型岩浆与沉积作用的构造环境。这个过程与地槽旋回是可以对应的，相当于地槽的初始沉降阶段、强烈沉降阶段、上升造山阶段和褶皱封闭阶段(图 1-2～图 1-5)。

**表 1-2　威尔逊旋回阶段**

| 构造阶段 | | 主要事件 | 构造变动 | 造山作用 | 现代实例 |
|---|---|---|---|---|---|
| 地槽初始沉降阶段 | 大陆裂谷阶段 | 地幔柱上涌，岩石圈穹起、变薄，陆内裂谷与陆间裂谷发育 | 正断层为主的断块构造与伸展构造 | 断块造山 | 东非裂谷(图 1-2)与红海 |
| 地槽强烈沉降阶段 | 洋底扩张阶段 | 大洋裂谷，大洋盆地、内陆边缘裂谷与转换断层发育 | 拉张的大洋裂谷，沿转换断层的剪切，大陆边缘挤压，古断裂复活 | 沿洋中脊的洋底山脉，大陆边缘的隆起山脉 | 大西洋(图 1-3、图 1-4) |

续表

| 构造阶段 | | 主要事件 | 构造变动 | 造山作用 | 现代实例 |
|---|---|---|---|---|---|
| 地槽上升造山阶段 | 俯冲阶段 | 洋壳板块俯冲，陆缘弧、沟-弧-盆系发育，大洋盆地开始消亡 | 强烈的褶皱，以逆断层为主的断裂，混杂堆积的出现，蛇绿岩套的定位，弧后张拉或挤压 | 科迪勒拉型与岛弧构造性 | 太平洋(图 1-3) |
| 地槽褶皱封闭阶段 | 大陆碰撞阶段 | 大陆碰撞，大洋消失，缝合线形成，山脉出现，残留洋盆 | 强烈逆掩，大型推覆构造，多期变形的叠加构造 | 大陆-大陆、大陆-岛弧、移置陆块-大陆碰撞造山带 | 阿尔卑斯-喜马拉雅、伊朗高原及阿尔卑斯东地中海、里海(图 1-5) |

图 1-2　断块伸展：东非大裂谷

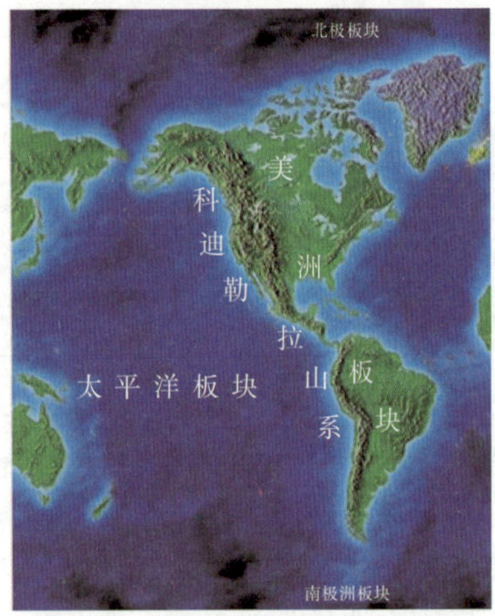


图 1-3　科迪勒拉山

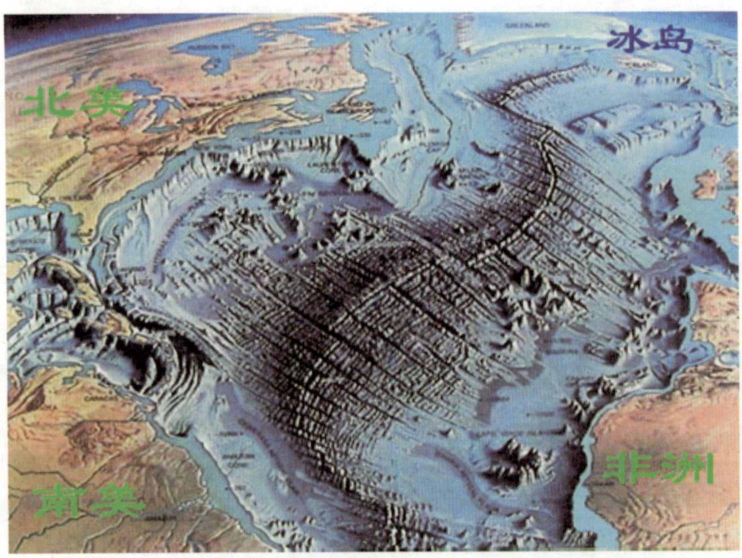


图 1-4　大西洋中脊(中国数字科技馆)

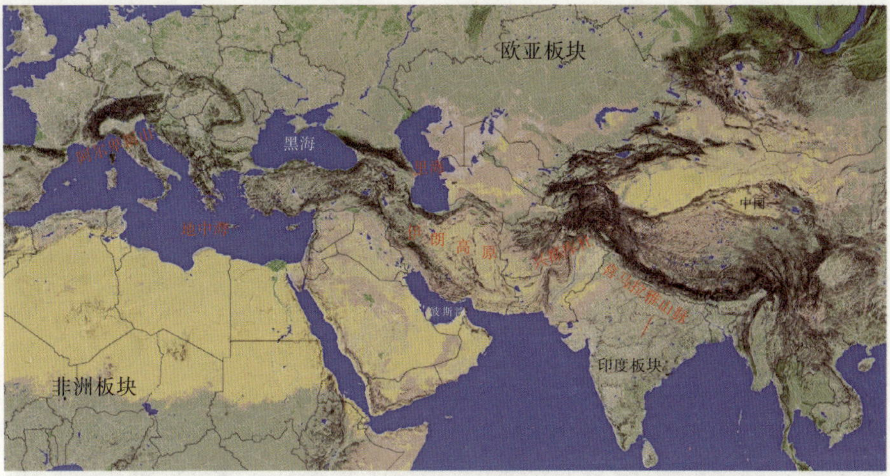


图 1-5　喜马拉雅、伊朗高原、阿尔卑斯等一连串的正地形

造山作用不仅在大陆边缘或者大陆之间形成宏伟的造山带，而且对大陆板块内部产生深远的影响。这种影响可以深入到大陆内部数千公里，在辽阔的地域产生广泛的构造形变，表现形式就是活动断层形成的构造地貌。构造山地按断层两盘受力状态不同，可分为拉张力作用形成正断层上升的断块构造山地与地壳受挤压力作用形成的褶皱构造山地、逆断层断块山地，以及褶皱隆升和断块挤压上升共同作用形成的褶皱-逆断层断块山地(杨景春和李有利，2011)。

1. 挤压构造环境下的造山机制

挤压构造山地是在水平挤压应力的作用下，地表褶皱隆起或沿逆断层抬升翘起形成的山地。按照山地抬升的方式大致分为三种类型：褶皱构造山地、逆断层断块山、褶皱隆升和断块挤压上升共同作用形成的褶皱-逆断层断块山地。褶皱构造山地延伸数百千米至上千千米，山地走向大多与作用力方向垂直，常成排分布。我国西部的许多山地都是新生代隆起形成的褶皱构造山地。它们在形成过程中受印度洋板块和欧亚大陆板块碰撞的影响发生强烈的挤压隆升。在我国典型的褶皱山系就是横断山脉(图 1-6)。地壳在挤压过程中形成逆断层，断层分割的块体被挤压抬升行成逆冲型断块山(图 1-7)。褶曲-逆断层

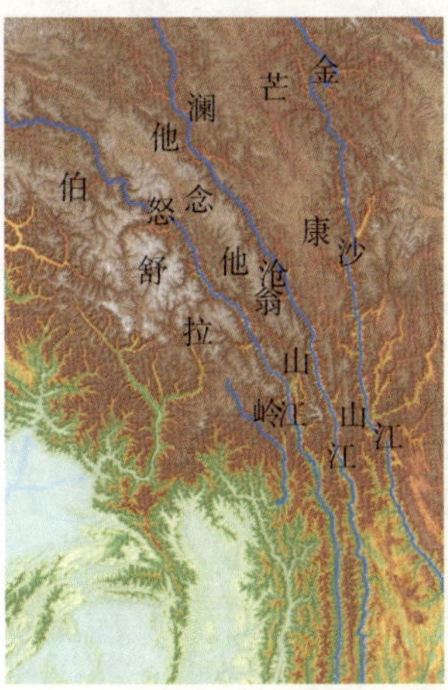


图 1-6　褶皱山系：横断山脉

图 1-7　逆冲型断块山：珠穆朗玛峰

山地中的地层强烈褶皱，形成一些复式向斜和背斜，在山体内发育的逆冲断层将山体分割成叠瓦状逆冲楔形块体(图 1-8)。

图 1-8 褶皱-逆断层：龙门山(李勇，2006)

2. 张拉构造环境下的造山机制

在张拉构造环境下形成的正断层分割块体，或是整体抬升形成地垒式山地，或是翘起抬升形成断块构造山地(图 1-9)。掀斜式断块山，具有山形不对称的地貌特点，断裂上升一侧为陡峻的断层崖，另一侧山坡缓长，向盆地或谷地过渡，山体的主脊偏翘起的一侧。断块翘起的一坡河谷切割深，谷坡陡，谷地横剖面呈 V 形峡谷，纵剖面坡度大，多跌水、裂点。在断块缓倾掀起的一坡，沟谷切割较浅，谷地较宽，纵剖面较缓。如中国山西五台山，西侧沿滹沱河断裂带掀斜，形成“五台”，山体陡峻，直下滹沱河谷地；东侧舒缓，向台怀盆地过渡(图 1-10)。地垒式断块山山坡两侧较对称，形成向斜构造，如我国的华山(图 1-11)。

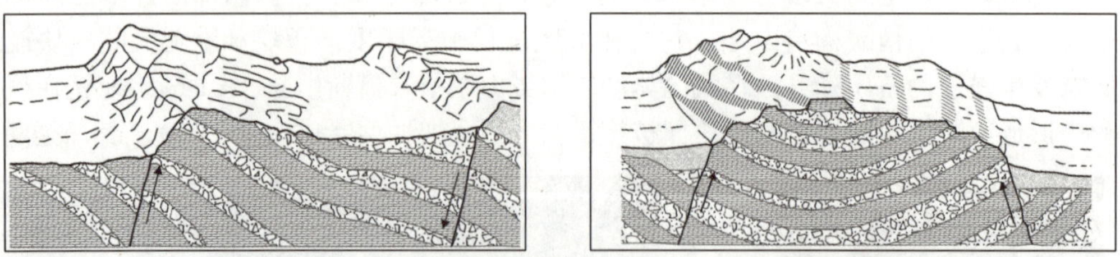

(a)掀斜式断块山 (b)地垒式断块山

图 1-9 断块山构造山(Davis，1899)

图 1-10 掀斜式断块山：五台山

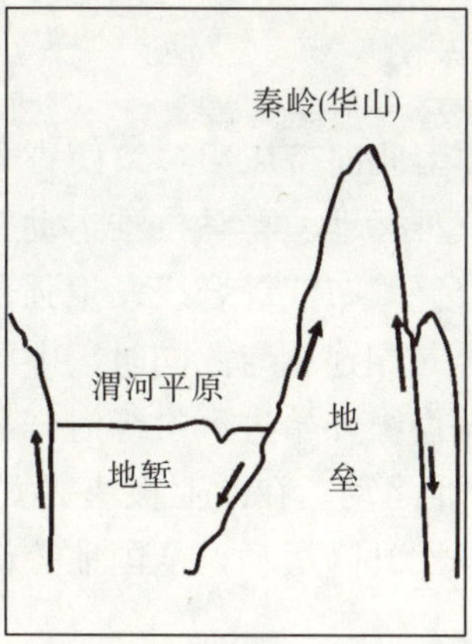


(a)

(b)

图 1-11　地垒式断块山：华山

### 1.1.3　中国的地貌格局

从大地构造位置来说，中国绝大部分地区属于欧亚板块，但中国东部的台湾省是位于欧亚板块与太平洋板块之间的边界上，西南的喜马拉雅构造带则位于欧亚板块与印度板块之间的碰撞带上，其余大部分地区处于印度板块和太平洋板块的挟持之中(图 1-12)。由于板块运动方向和强度的不同以及区域地质结构和岩石性质的差异，不同地区存在不同的应力状态，形成不同成因的山脉。由于中国所处的特殊构造位置，决定了上述三大板块的相互作用对中国新构造时期以来的应力场及其控制形成的构造变形和地貌产生巨大的影响。

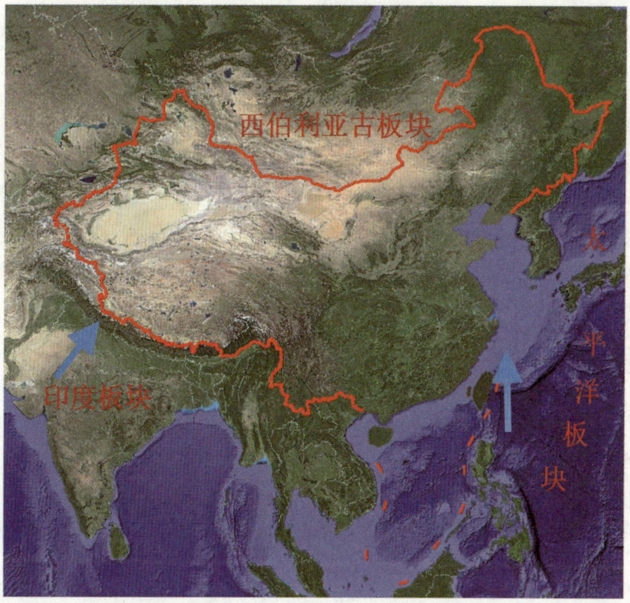


图 1-12　中国大地构造位置

1. 印-亚碰撞是我国及邻区大陆板块内部应力场的主因

自始新世以来，印度板块向北俯冲，产生强大的南北向挤压力，致使青藏高原快速隆起，形成喜马拉雅山地，这次构造运动称为喜马拉雅运动。喜马拉雅运动分早、晚两期，早喜马拉雅运动，印度板块与亚洲大陆之间沿雅鲁藏布江缝合线发生强烈碰撞。喜马拉雅地槽封闭褶皱成陆，使印度大陆与亚洲大陆合并相连。与此同时，中国东部与太平洋板块之间发生张裂，海盆下沉，使中国大陆东部边缘开始进入边缘海—岛屿发展阶段。尤其重要的是发生于上新世—更新世的晚喜马拉雅运动。在欧亚板块、太平洋板块、印度板块三大板块的相互作用下，发生了强烈的差异性升降运动，全国地势出现了大规模的高低分异。差异运动的强度自东向西由弱变强。

印度板块对我国西部地区的作用非常明显。印度次大陆相对于欧亚板块的运动方向约为NE20°，运动速度为40～42mm/a(牛之俊等，2005)(图1-13)。使得从喜马拉雅山经天山、祁连山、阿尔泰山到内蒙古西部宽达两千多公里的广大区域内，产生南北向到北北东向的水平压应力(罗焕炎和金学申，1982)。这个挤压使地壳强烈缩短变厚，青藏高原隆起，并继承老的构造形成一系列北西向和近东西向的相互间列的山脉和盆地。在青藏高原存在四条规模巨大的弧形构造带，由南向北依次为喜马拉雅弧、唐古拉-川滇弧、昆仑-川西弧和祁连山构造带；在南迦巴瓦峰和南迦帕尔巴特形成东西两个构造结，这两个构造结向北深入到欧亚板块内部，其影响十分巨大，东构造结影响到我国的川滇地区，形成一系列北西向至南北向的弧形山脉和活动断裂，如怒江断裂、澜沧—耿马断裂等，影响范围直达滇西南断块和川滇断块。围绕印度板块东北端(中印缅交界区)和西北端(帕米尔)出现的一系列延伸很远的弧形走滑大断层，正是这两个端部深深挤入亚洲大陆的结果。阿富汗地块向西，准噶尔、塔里木地块向北，青藏高原东部的地块向东、北东、东南运动。这些活动地块外移速度的差异，就是其边界成为大型走滑断层。

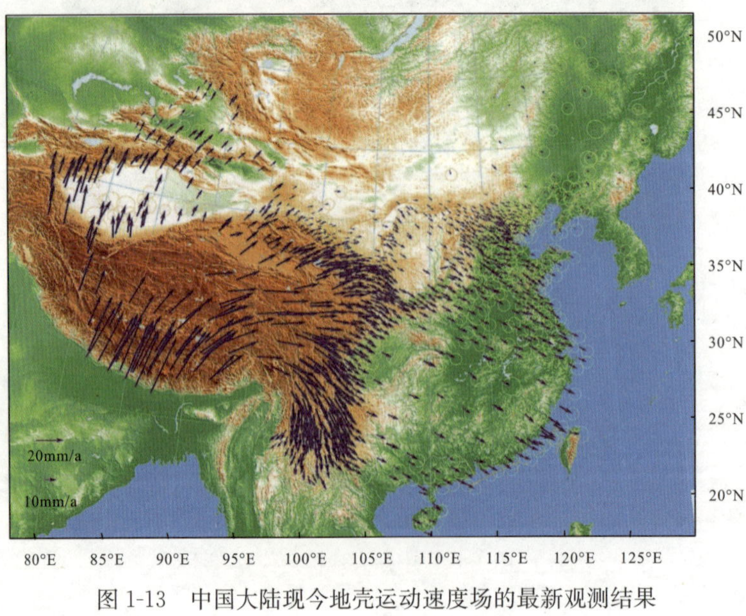


图1-13 中国大陆现今地壳运动速度场的最新观测结果

中国的东边界，印度板块、欧亚板块、北美板块、太平洋板块和菲律宾板块的相互作用，使得东边界带的动力环境非常复杂。印度-欧亚板块的碰撞作用还影响到我国的东部地区。力图从青藏高原逸出的活动地块向东运动，必然产生对我国东部地块的侧向挤压。105°E 附近南北向地震带的出现就是这种挤压力存在的有力证据。东京湾以北的日本北部属于北美板块，以南属于欧亚板块，这两个边界的相对运动集中在日本海东缘的汇聚带上，对中国大陆内部的构造变形不大。从西太平洋现今板块运动图像来看，太平洋板块与欧亚板块没有直接的接触，其影响可能主要表现为与深俯冲有关联的深部热作用。菲律宾板块的运动方向为 NW290°～310°，速度为 37～45mm/a。虽然欧亚板块与菲律宾板块之间具有较大的相对运动速度，但其边界为岛弧海槽型俯冲消减边界，主要构造变形发生在岛弧海槽带附近，对中国大陆内部的影响主要是东南沿海一带的构造活动。

中国及邻近地区，现代构造场主要是印度板块、太平洋板块和菲律宾板块对欧亚板块联合作用产生的。有限单元计算结果表明，来自印度板块的作用力约为太平洋板块和菲律宾板块作用力的两倍(汪素云和陈培善，1980)。印-亚碰撞是控制中国，特别是中国西部地区构造变形的主要动力来源(常承法和郑锡澜，1973；Molnar and Tapponnier，1975)。具体表现为：喜马拉雅构造带受到了来自印度洋板块的强大的水平挤压作用，形成了整个青藏高原的褶皱区；青藏断块向北、向东和向东南方向的滑动，分别遇到了刚性的塔里木断块、华北断块和四川断块的阻挡隆升，形成了我国第二级地势阶梯的主体；华北断块、华南断块和台湾省等第三阶梯主体均受到来自印度洋板块和印度板块的相向挤压。

2. 中国构造山地的形成过程

1975 年，Molnar 指出：白垩纪末，印度板块从西南向北北东方向推移，并在始新世和渐新世之间，与欧亚板块相碰撞。印度/亚洲于 55±10Ma 碰撞之后，板块之间的作用并未终止，印度板块仍以 44～50mm/a 的速度往北推进，这样一种巨大而连续的板间相互作用是控制中国，特别是控制中国西部地区构造应力场的决定性因素，也是形成该区规模巨大的构造变形和强烈地震活动的根本原因(邓启东等，2014)。在中国内部，存在运动状态各异的次级板块(图 1-14)，各个板块运动的方向和强度的不同以及区域地质结构和岩石性质的差异，形成几个相对稳定的陆块和几条重要的活动构造带，导致不同的地区存在不同的应力状态，形成不同原因的山脉。

由于印度洋不断扩张，推动着刚硬的印度板块，沿雅鲁藏布江缝合线向亚洲大陆南缘俯冲挤压，喜马拉雅山和青藏高原大幅度抬升。这种以小的倾角俯冲于欧亚板块之下的印度板块持续向北的强大挤压力，在北部遇到固结历史悠久的刚性地块(塔里木地块、中朝地块、扬子地块)的抵抗，产生强大的反作用力，使构造作用力高度集中，引起地壳的重叠，上地幔物质运动的加强和深层及表层构造运动的激化，导致地壳急剧加厚，地表大面积大幅度急剧抬升，形成 2 倍于正常地壳厚度的巨厚陆壳体(平均厚度为 70km)，于是形成雄伟的青藏高原，构成我国地形的第一级阶梯地势面的主体。

青藏断块出现了一系列大规模向南推覆的低角度弧形推覆体，发育了四条规模巨大的弧形构造带(图 1-15)，由南向北依次为喜马拉雅弧、唐古拉-川滇弧、昆仑-川西弧和祁连山构造带，它们是由一系列逆-平移断层和逆断层组成的。喜马拉雅弧形构造带是一

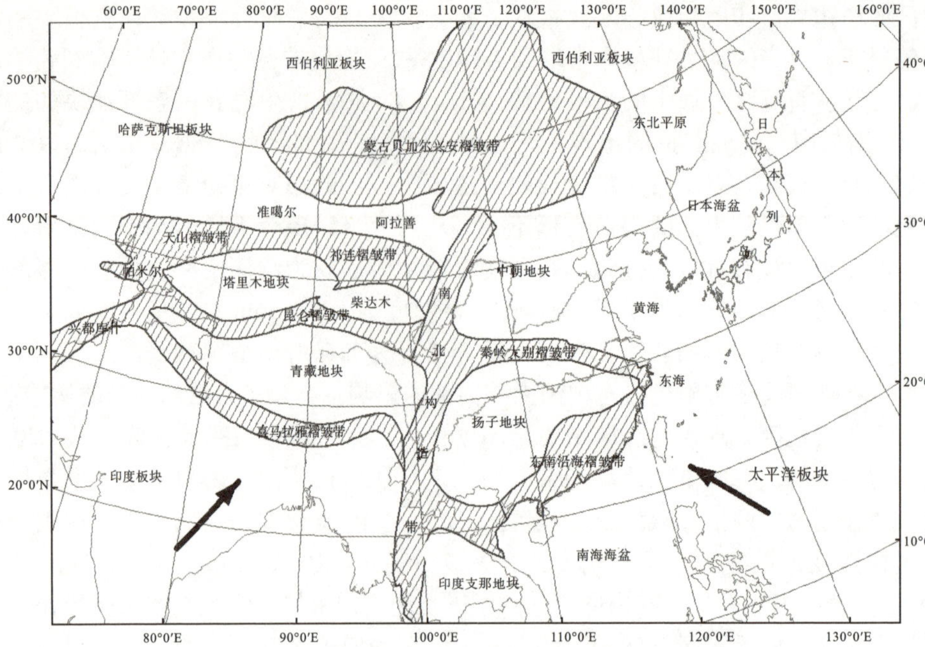


图 1-14 中国及邻区板块和地块划分示意图(朱介寿等，1997)

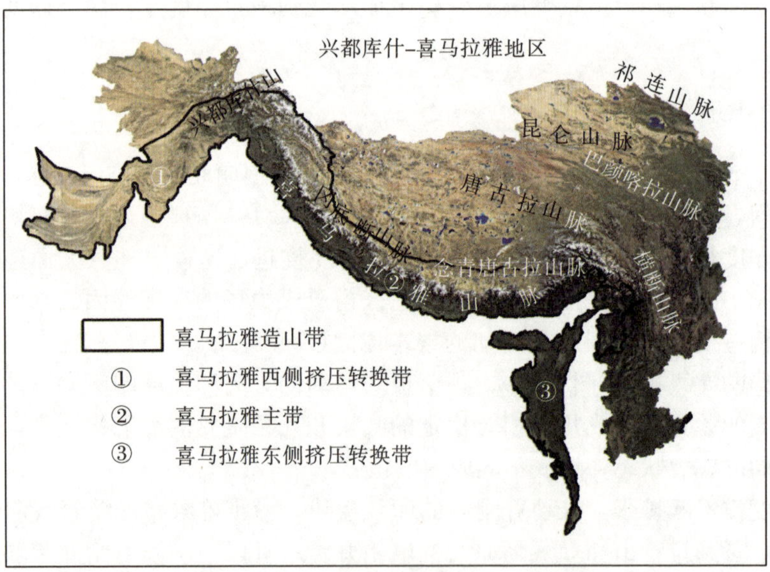


图 1-15 青藏高原周边的大型褶皱山系

条向南突出的弧形构造。在喜马拉雅南坡，广泛发育一系列规模巨大的低角度逆掩-碾掩断层，由北向南推覆。北坡发育较陡，属于逆断层。喜马拉雅弧形构造带的强烈构造变形是由垂直构造带的强烈挤压形成的。唐古拉-川滇弧形构造带，西起喀喇昆仑山脉，经唐古拉山向东南延伸到川滇西部地区。西段北西向的喀喇昆仑大断裂属右旋平移-逆断层。中段唐古拉山一带主要为逆断层，东南段具有明显走向滑动的逆断层，沿断裂广泛发育一系列串珠状挤压性盆地。昆仑-川西弧形构造带受到了近南北向挤压的控制，发育一系列走向北西西的逆断裂，沿线发育小型的挤压性盆地。祁连山构造带为青藏断块最北缘的一个构造带，带内北西向的逆断层广泛发育(许志琴等，2006)。

喜马拉雅构造带向东西两端延伸，在南迦巴瓦峰和南迦帕尔巴特形成东西两个构造结，分别转向缅甸弧和巴基斯坦。这两个构造结向北深入欧亚板块内部，其影响十分巨大，东构造结影响我国的川滇地区，形成一系列北西向至南北向的弧形山脉和活动断裂，如怒江断裂、澜沧-耿马断裂等，影响范围直达滇西南断块和川滇断块，它们围绕东构造结做右旋旋转。西构造结的影响直达兴都库什和帕米尔地区，如帕米尔前缘断裂、喀喇昆仑断裂和塔什库尔干断陷盆地地带等。

第二级地势面主要由中西部地区大型盆地，如四川盆地、鄂尔多斯盆地、塔里木盆地、准噶尔盆地、内蒙古高原，以及秦岭、太行山、大兴安岭、天山、阿尔泰山等山脉组成。山地夷平面、盆地面和高原面为第二级地势面的代表性阶面。

新疆断块区同样是受印度板块北移碰撞控制的。区域内存在塔里木刚性断块，周围褶皱带的变形还受断块边界的控制，产生一系列与断块边界大致平行的走向滑动逆断层。塔里木和准噶尔两个断块盆地在新构造时期以来亦表现为挤压性盆地。

中国大陆中部存在两个沿南北方向排列的古老地块，即四川块体和鄂尔多斯块体。当青藏高原向东北方向运动时，受到这两个刚性块体的阻挡，沿阻挡块体边界形成了一条近南北向的挤压-滑动带，形成于贺兰山、六盘山、龙门山、哀牢山一线。青藏断块及其内部的条状断块向东和东南方向滑动，遇到了刚性的华北断块和四川断块的阻挡，在这些断块的边界接触地带造成很强的挤压变形或走向滑动带。这两个刚性断块的边界走向和所处的位置决定了它们的变形特征。川滇地区由于条状断块的南南东方向滑动造成了顺弧向应力，在四川断块的西部形成了一系列北东向的以挤压为主的逆断层，并有右旋的走向滑动。在六盘山地区，由于青藏断块向北东方向的挤压，其构造性质表现为逆断层，但青藏断块向东运动导致这一北西向的逆断层具有左旋滑动的特点。

太行山以西的鄂尔多斯及其周边地区，其西南部紧邻强烈挤压上升的青藏高原，自始新世起，受高原向东北方向的挤压作用，发育北北东向的右旋张拉断裂带和近东西向的左旋拉张断裂带，组成共轭剪切张拉带，致使鄂尔多斯块体周边的渭河断陷、银川-吉兰泰断陷和河套断陷的生成并不断陷落。上新世时，受太平洋板块的影响，发育一系列北东向的右旋走滑正断层，使鄂尔多斯块体以东的山西地堑系开始形成。因而这一地区构造地貌形成既反映了青藏高原隆升的侧向挤压影响，也表现了华北地块受太平洋板块的作用。

第三级地势面主要由大型裂陷盆地如江汉盆地、华北盆地、渤海湾-下辽河盆地、松辽盆地、三江盆地等地质地貌单元，以及大别山、燕山、胶东低山丘陵、鲁西山地、辽西山地、辽东山地、吉黑山地等中低山、丘陵组成。辽阔盆地面为第三级地势面的代表性阶面。

中国东部受太平洋板块对欧亚板块作用的影响，处于弧后盆地的引张应力状态，形成一系列断陷盆地和北东向的山脉。中生代以来，太平洋板块的分异和相对运动较为复杂。早侏罗纪，太平洋板块开始增生，以快速、低角度向东部大陆俯冲，因此，在仰冲侧大陆产生广泛的拱形隆起，并有频繁的火山喷发和岩浆侵入。而其后方则产生大规模坳陷，形成以鄂尔多斯盆地和四川盆地为代表的华夏系第一沉降带。晚侏罗纪，由于海洋板块的向北运动，前期对东部大陆正面挤压的强大压力消失，使东部广阔的隆起带应力松弛，在其中央地带产生裂陷构造，形成松辽盆地、华北盆地与江汉盆地，即华夏系第二沉降带，其西侧为大兴安岭-太行山-武陵山第一隆起带，其东侧形成华夏系第二隆起带。始新世中末期至渐新世，东部海洋板块重新分异，太平洋板块扩展，向西俯冲，对东北、华北施加较大的推挤力，松辽平原抬升，此外，随着日本海开裂所产生的侧向推挤力，使长白山地翘升(图 1-16)。

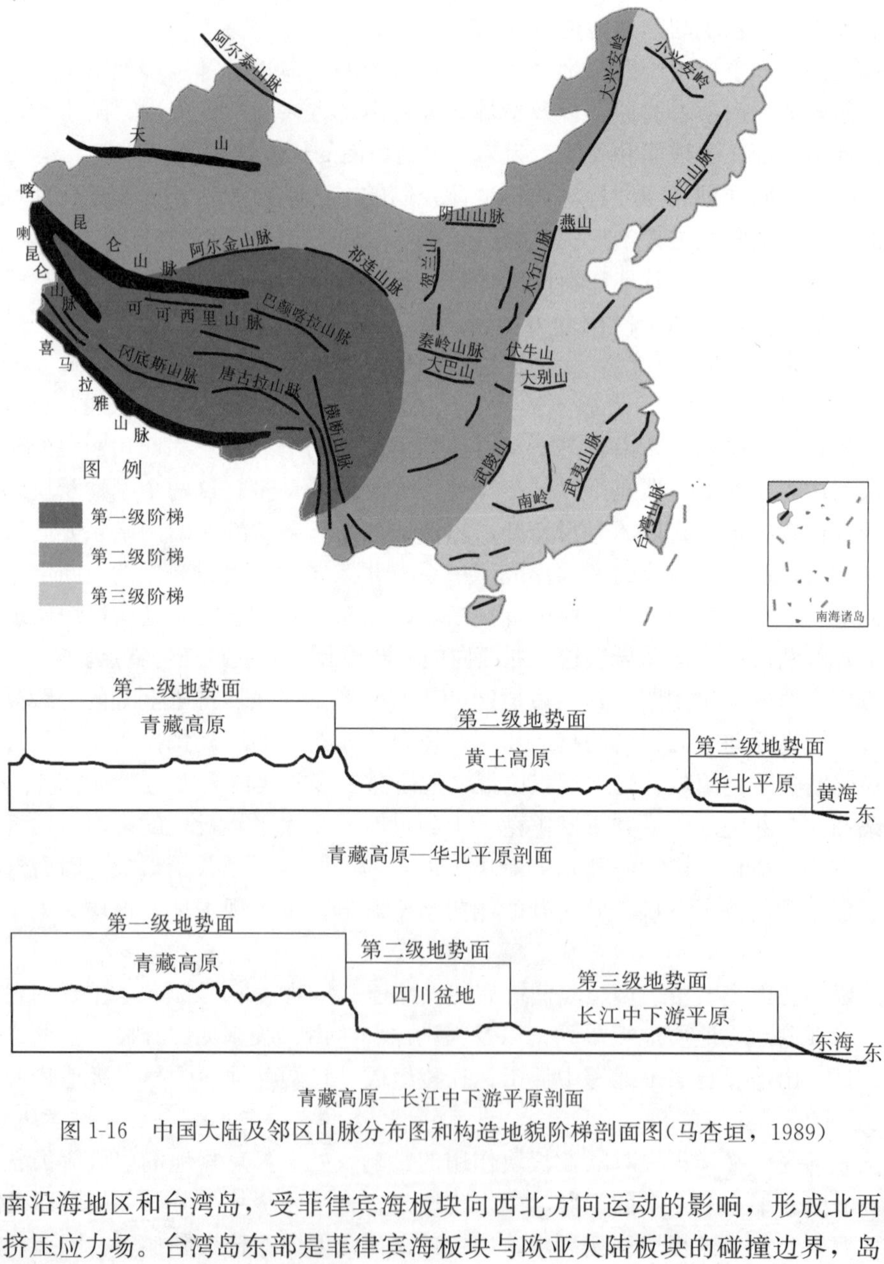


图 1-16　中国大陆及邻区山脉分布图和构造地貌阶梯剖面图(马杏垣，1989)

东南沿海地区和台湾岛，受菲律宾海板块向西北方向运动的影响，形成北西向和北北西向挤压应力场。台湾岛东部是菲律宾海板块与欧亚大陆板块的碰撞边界，岛内发育一系列北北东向的逆冲左旋走滑断层，形成推覆冲断的海岸山脉和海拔近 4000m 的中央山地及台东地堑谷底等(邓起东等，1979)。

### 1.1.4　山地环境灾害的地球内外动力耦合作用

地球的动力系统一般分为内动力作用和外动力作用两类。在地球内动力作用驱动下，地壳每时每刻都在发生着构造变动作用，并导致地球表面山脉的隆起、盆地的伸展下陷或松散盖层发生变形。外动力作用的基本规律是夷平作用，外动力作用是促使山体解体和剥蚀，造成岩土的运移并在低洼地区堆积。水和风的作用是外动力作用下地表物质运动的重要驱动力。外营力是随机的，可能是由外力因素的随机性决定的；而内营力是系统的，来自全球性的板块构造(Scheidegger，1979)。

通常将地震、火山等定义为内动力地质灾害，山崩、滑坡、泥石流和地面破坏等归为外动力地质灾害。即认为一类地质灾害的成因为内动力作用的结果，而另一类则是地球外动力作用所造成的。在这种理论的指导下，地质灾害研究常常侧重于单成因的分析和预测。但是随着对重大地质灾害研究的深入，人们发现对灾害发生的频度和规模有时从单纯的外动力或内动力作用来解释似乎不够，如西部工程开发中，已经遇到一些在地壳构造活动平稳地区所未曾见到的山体变形现象，它们很难用单纯的外动力作用结果来解释。

当内动力作用在深部拉张时，可造成地表沉积物的水平地应力释放，结果是促进地面沉降，并可产生地面塌陷和地面裂缝。这些是我国东部沉降区及拉张盆地中重要的环境灾害。当内动力作用在深部是挤压作用时，地壳上隆，地表山体中出现侧向拉张应变，促进地壳初始高压应力的释放，造成结构松弛，自然有利于山体的解体和山崩、滑坡、泥石流的频繁发生，这些则是我国西部，高山峡谷地区的主要地质灾害。所以，地球内动力作用在地表山体中或沉积覆盖层中产生的力学效应是结构应力释放和结构松弛，与外动力作用的剥蚀，搬运和沉积的作用方式是相互促进的、相互耦合的。两者之间的耦合作用，是地质灾害形成的根本原因(王思敬，2002)。

崩塌、滑坡和泥石流(简称崩滑流)具有突发性强、分布范围广和一定隐蔽性的特点，其发育条件主要取决于四个方面：工程地质条件(地形地貌、新构造运动强度和方式、岩土体工程质类型和地质构造条件)、水文气象条件(包括降水强度和降水量、水流速度和水流量)、植被发育程度和人类活动影响程度等。在工程地质条件中，地质构造因素起主导控制作用。

产生突发性崩滑流灾害的第一个必要条件是必须具备明显的地形地貌差异，这样才能形成岩土体失稳运动的重力势差。而地壳的构造隆升作用是引起地形地貌差异的根本原因，正是构造隆升作用导致山区、高原的加速隆升以及平原、盆地的加速沉降，这样两者地形高差变大，并造成更大的重力势差。山区与高原的河流坡降加大，又使河谷深切力度加大，并导致河谷与岸坡间重力势差增大。于是，较高的重力势差为崩滑流灾害创造了基本运动条件；地壳的构造运动过程必然伴随岩体的变形与构造结构面的不断发育，而自重应力导致的卸荷松弛以及表层的物理化学风化等外动力作用进一步加速了结构面的软化和岩体的破碎，这是地壳构造运动为崩滑流灾害创造的物质条件；构造运动强度控制了崩滑流灾害的强度和频度；构造运动方式决定了崩滑流灾害的发育机制与破坏运动方式；地质构造条件控制了崩滑流灾害的分布规律。此外，断裂裂隙的发育又会促进河谷的切深，导致边坡卸荷问题更加突出。山区、高原的加速隆升促进了气候变化幅度的进一步加大，从而导致风化作用的进一步加强。所有这些因素的耦合作用，导致地表岩土体内发育大量的结构面，造成岩土体强烈变形、破碎、力学性能大大降低或发展成为松散体，最终在地震或大气降水诱发下产生突发性的崩滑流灾害。

在这一地区，印度洋板块和欧亚板块的强烈碰撞，形成一系列挤压山脉和山间盆地，挤压应力和压缩变形是主要的应力状态。在以挤压作用为主的内动力作用下，地壳上隆，地表山体中出现侧向拉张应变，促进地壳初始高压应力的释放，造成结构松弛，自然有利于山体的解体和崩滑流的频繁发生。地壳隆升，形成深厚地壳，则会带来高地应力问题；海拔增高，造成冰川发育，形成积雪，进而带来冰川侵蚀、冰湖溃决、冰川泥石流、雪崩等冰雪灾害(图 1-17)。

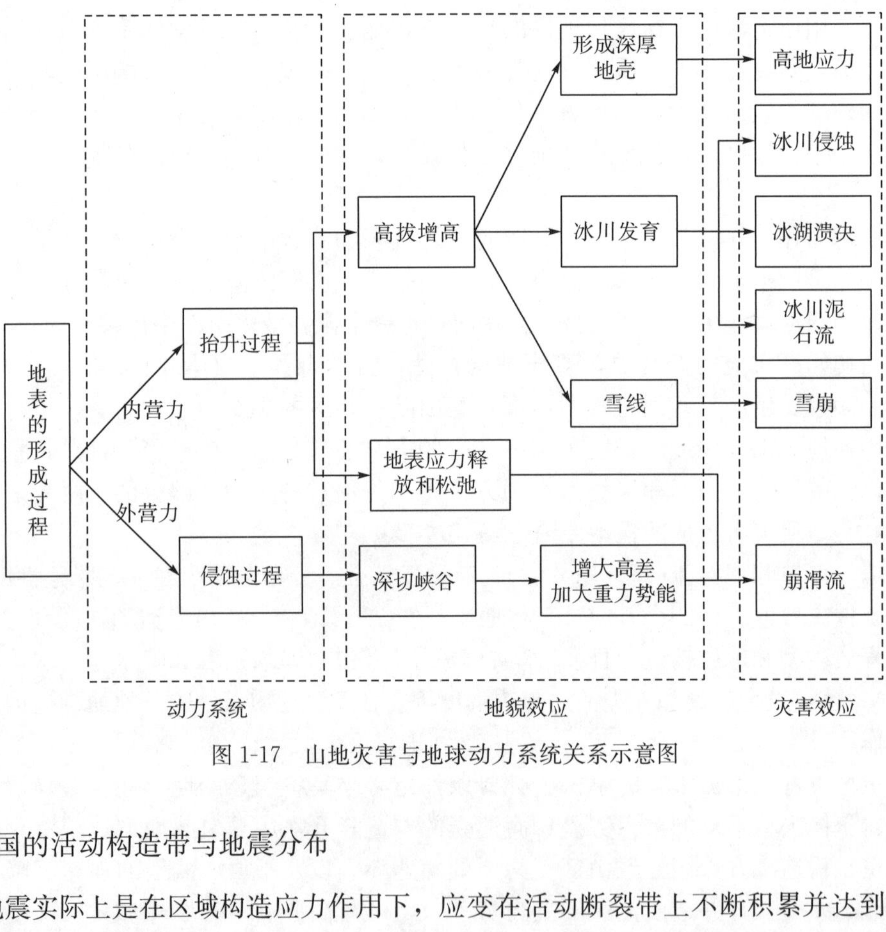


图 1-17　山地灾害与地球动力系统关系示意图

1. 中国的活动构造带与地震分布

地震实际上是在区域构造应力作用下，应变在活动断裂带上不断积累并达到极限状态后而突发失稳破裂的结果(Scholz，1990，1998)。地震发生的构造背景是指地震发生所需能量的大尺度动力学边界条件，包括板块边界驱动力、地幔或软流圈对上部脆性岩石圈的拖曳力、应力的传递，以及岩石圈不同层次之间和不同活动地块之间的相互作用等。中国大陆地处欧亚板块的东南部，为印度板块、太平洋板块和菲律宾海板块所挟持，板块间的相互作用和板内深部地球动力作用造就了中国大陆不同构造类型、不同运动状态和不同力学性质的活动构造，控制着中国大陆强震的展布格局(马杏垣，1989；丁国瑜，1991)。

中国强震的空间分布受控于活动地块的运动和变形，主要构造变形和强震都发生在活动地块边界带上，少数强震发生于连续变形的地块内部。中国大陆和边界地区的几乎所有 8 级和 80%以上的 7 级强震发生在活动地块区和地块边界带上，表明活动地块区和地块间的差异运动是大陆强震孕育和发生的直接控制因素。活动地块的运动与变形导致中国大陆强震分布广泛、西强东弱、动静交替和分块成带的特征。强震是在区域构造作用下，应力在变形非连续地段的不断积累并达到极限状态后突发失稳破裂的结果，活动地块边界带由于其差异运动强烈而构造变形非连续性最强，最有利于应力的高度积累而孕育强震。不同活动地块区和地块的运动方式及速度是不同的，地块间的差异运动在其边界最强烈，多个活动地块相互交汇、相互作用的地带往往是强震高发区，特别是几个活动地块区的交汇部位，更是强震集中发生的地区(图 1-18)。

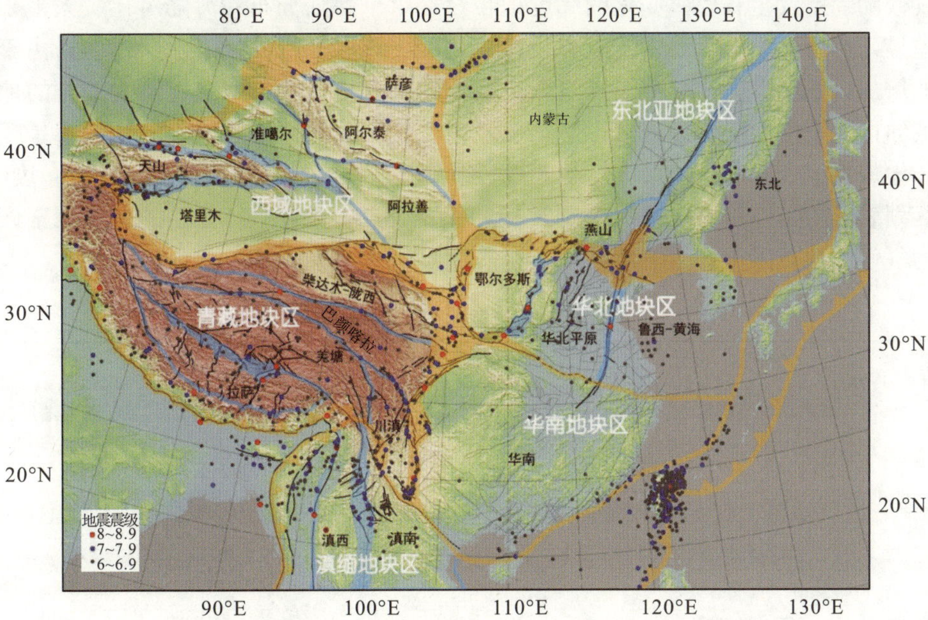


图 1-18　中国大陆及邻区主要活动断裂、活动地块与强震分布图(张培震等，2013)

黑色线条是主要活动断裂，不同大小和颜色圆点代表不同震级的地震：灰色是 6～6.9 级，蓝色是 7～7.9 级，红色是 8～8.9 级。橙色线条和不规则区是一级活动地块边界带，浅蓝色线条和不规则区是二级活动地块边界带

活动地块是被晚新生代活动构造带所分割和围限的地质单元，其内部相对稳定并具有相对统一的运动方式。地块内部的构造活动有两种形式：一种是相对稳定，不发生大幅度构造变形和强烈地震；另一种是内部次级地块之间发生相对运动，具有一定的构造活动性。中国大陆地区上地壳以脆性变形为主，上部脆性地壳的分块运动是地震的普遍方式。下地壳和上地幔以黏塑性流变为特征，深部的流变驱动着上覆脆性地块的运动。在板块挤压、板内地幔对流等动力作用下，大陆活动地块发生相对运动和变形，上地壳的刚性地块运动和非刚性连续变形都是深部黏塑性流动的地表响应。

中国的主要构造变形和强震都发生在活动地块边界带上，少数较低震级的强震发生于连续变形的地块内部。强震分布的一个显著特征是西强东弱。这是由于现今构造变形的西强东弱，西部由于印度板块与欧亚大陆的碰撞和推挤，形成了宽达数千公里的新生代陆内变形带，活动断裂和褶皱广泛发育，构造变形十分强烈，控制了众多强震的发生(马杏垣，1989；丁国瑜，1991；邓起东等，2002；许志琴等，2006)。而东部主要受太平洋板块和菲律宾板块向欧亚大陆之下深俯冲的影响，日本-台湾岛弧的屏障使得中国大陆东部的新生代构造变形相对微弱，活动断裂不甚发育，强震活动也相对较弱，只是在华北平原地区由于深部热作用导致的岩石圈破坏形成了一系列活动断裂及其伴随的强震活动(邓起东等，2002；朱日祥等，2011)。

### 2. 中国气候区划

气候区划是按气候特征的相似和差异程度，以一定的指标，对一定区域范围进行气候区划。气候的地域分异规律是进行气候区划的基础。由于太阳辐射分布的纬度差异，产生气候随纬度发生有规律变化的纬度地带性；由于海陆分布和海陆对比关系带来干湿度的差异，产生气候随干湿度发生有规律变化的干湿度地带性(经度地带性)；由于山地海拔的增加，气温下降，产生气候随海拔变化的垂直地带性；由于气候受地方的地形起伏、坡向以及下垫面状况等因素影响，也发生变化。因此，任何地方的气候都是受地带性与非地带性综合影响的结果，气候区划必须反映这些气候分布规律。从这个角度来讲，气候区划表征的是外营力作用的主要类型和综合强度。根据表 1-3 中的各个因素，划分我国的气候区划如图 1-19 所示。

**表 1-3　气候分区指标**

| 气候带 | 主要指标 | 辅助指标 | | 参考指标 | |
|---|---|---|---|---|---|
| | 日平均气温稳定≥10℃的天数/日 | 1月平均气温/℃ | 7月平均气温/℃ | 日平均气温稳定≥10℃期间的积温/℃ | 年极端最低气温平均值/℃ |
| 寒温带 | <100 | <−30 | | <1600 | <−44 |
| 中温带 | 100~170 | −30至−12~−6 | | 1600至3200~3400 | −44~−25 |
| 暖温带 | 170~220 | −12~−6至0 | | 3200~3400至4500~4800 | −25~−10 |
| 北亚热带 | 220~240 | 0~4 | | 4500~4800至5100~5300 | −14~−10至−6~−4 |
| 中亚热带 | 240~285 | 4~10 | | 5100~5300至6400~6500（云贵，4000~5000）① | −6~−4至0（云贵，−4~0） |
| 南亚热带 | 285~365 | 10~15(云南，9~10至13~15) | | 6400~6500至8000(云贵，5000~7500) | 0~5(云南，0~2) |
| 边缘热带 | 365，8000~9000②（云南，7500~8000） | 15~18（云南，>13~15） | | | 5~8 |
| 中热带 | 365，9000~10000 | 18~24 | | | 8~20 |
| 赤道热带 | 365>10000 | >24 | | | >20 |
| 高原③亚寒带 | <50 | −18至−10~−12 | <11 | | |
| 高原温带 | 50~180 | −10~−12至0 | 11~18 | | |
| 高原亚热带山地 | 180~350 | >0 | 18~24 | | |

①在云贵高原，以日平均气温稳定≥10℃期间的积温4000~5000℃作为该地区的划分标准，其他括号含义同

②在热带地区，全年的日平均气温皆≥10℃，故采用日平均气温稳定≥10℃期间的积温作为指标进行温度带划分，表中数值为积温，单位为℃

③高原范围来源：张镱锂等，2002

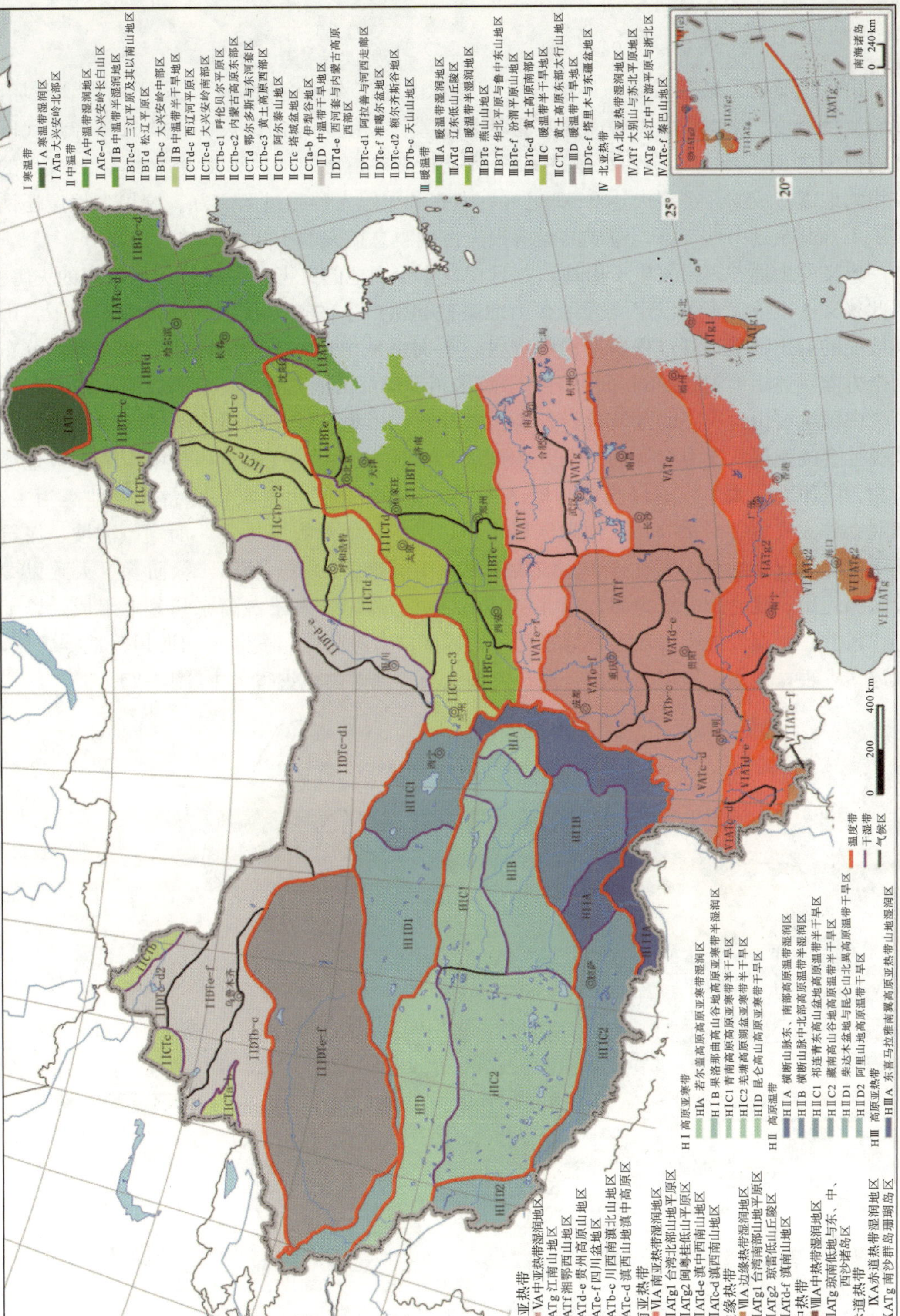


图1-19　中国气候分区简图（郑景云等，2010）

3. 山地灾害问题

山区地质构造复杂，生态环境脆弱，随着山区建设速度加快，生态环境遭到破坏，泥石流、滑坡、崩塌、山洪等山地灾害暴发频繁。据统计，山地灾害平均每年导致我国经济损失达 57 亿元，人员伤亡超过 1000 人。特别要指出的是，2008 年 5 月 12 日发生的汶川大地震造成的经济损失达 8451 亿元，遇难和失踪人数超过 8.7 万。汶川大地震还诱发了 15000 余处山地灾害，造成的经济损失占地震总损失的 1/3。

狭义的山地灾害指发生于山地，并且仅发生于山地的灾害，也就是山地特有的灾害。因此狭义的山地灾害可以定义为：在山地高差起伏产生的重力及水力等营力作用下，山地坡面的岩土物质运移过程所造成的灾害。下面将从山地灾害的成因和山地灾害的分布两个方面阐述山地灾害的问题(中国科学院水利部成都山地灾害与环境研究所，2000)。

中国主要山地灾害的区域分异，与大气环流、山地环境和地质构造的区域分异以及人类社会的发展状况有密切的关系。中国太行山、雪峰山一线以东，是中国第三级地势阶梯，平原面积大，山地以丘陵、低山为主，少许中山。山地灾害除台湾以地震为主，东北森林火灾危害严重外，其他地区以干旱、洪水、低温灾害为主，崩塌、滑坡、泥石流不发育，仅在局部山区有分布。该线以西为中国地势的第一和第二级阶梯。大致以秦岭、祁连山、昆仑山一线为界，以北由高山、黄土高原、内蒙古高原和盆地组成，以干旱、风沙、土壤侵蚀等山地灾害危害为主；以南由青藏高原、横断山和四川盆地等组成，以冰雪灾害，地震、崩塌、滑坡、泥石流和土壤侵蚀等山地灾害为主(图 1-20)。

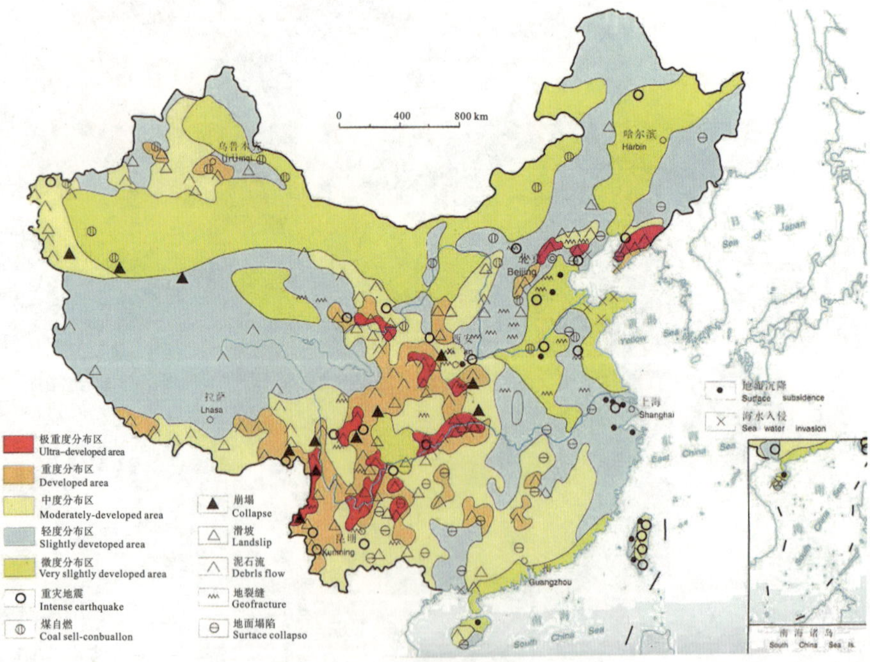


图 1-20　中国地质灾害分布

山地地质灾害严重，主要有泥石流、滑坡、崩塌、地裂缝、地面塌陷、地面沉降六种类型，其中受重力、降水等因素影响较大的泥石流、滑坡、崩塌是目前山地最为常见和频发的地质灾害，并主要分布在我国西部偏南地区。

泥石流是斜坡上的松散物质被暴雨或冰、雪的强烈消融水饱和，在重力和水的作用下，沿山坡或沟谷流动的特殊洪流(其中泥沙、石块等固体物质超过总体积的 15%)。泥石流的形成，相对高度是决定因素，因为相对高度决定势能的大小，相对高度越大，势能越高，形成泥石流的动力条件越充足，因此泥石流主要发生在切割较深的山区。具体到一条沟谷，一般相对高度大于 300m 才有可能形成泥石流。

滑坡是指构成斜坡的岩土体在重力作用下失稳，沿着坡体内部的一个或几个软弱面(带)，发生剪切而产生的整体性下滑现象。在山区所有的斜坡都有可能发生滑坡，但 25°～45°的斜坡发生滑坡的可能性最大，45°以上的斜坡发生滑坡的可能性虽较大，但大多是崩塌性滑坡。当然，一定高差的“临空面”是滑坡发生的必要条件。

崩塌是指斜坡上的岩土块体，在长期重力作用下，向坡下弯曲，最终发生断裂、倾倒的块体运动现象。统计资料表明，多数崩塌发生在坡度大于 50°的陡峭斜坡上，反坡(大于 90°)的悬崖更容易发生崩塌，并且绝大多数崩塌都发生在相对高度大于 20m 的斜坡上。坡度越陡，高差越大，崩塌发生的概率越大，崩塌的规模越大。

由此可见，上述泥石流、滑坡、崩塌具有下列共同的特点：都发生在具有一定高差的山地坡面上，都是岩土物质由高处向低处运移，山地高差起伏产生的重力是决定因素，水力等作用的参与具有重要意义。根据图 1-20，我国崩塌、滑坡、泥石流的分布情况大致如下。

泥石流属于典型的山地灾害，其分布在很大程度上受地形条件的影响。我国泥石流主要集中分布在两个带上：青藏高原及其周围的山地、山地与周围的盆地丘陵平原的过渡地带。在上述两个分布带中，泥石流又集中分布在一些沿大断裂、深大断裂发育的河流沟谷两侧。这是我国泥石流密度最大、活动最频繁、危害最严重的地带。高频率的泥石流主要分布在气候干湿季较明显、较暖湿、局部暴雨强度大、冰雪融化快的地区，如云南、四川、甘肃、陕西、西藏等。

从地域上看，滑坡、崩塌绝大部分集中在山地。四川是我国发生滑坡、崩塌次数最多的省，约占全国滑坡、崩塌总数的 1/4；其次是陕西、云南、甘肃、青海、贵州、湖北等省，它们是我国滑坡、崩塌的主要分布区域。总的来看，我国滑坡、崩塌的分布受气候和地貌控制。如果以秦岭—淮河一线为界，南方多于北方，差异性明显；以大兴安岭—太行山—云贵高原东缘一线为界，西部多于东部，差异性也是很明显的。上述四川、陕西、云南、甘肃、青海、贵州、湖北等省则是这两条界线共同划分的重叠区(即崩塌、滑坡主要分布区)。从形成原因上看，中国的滑坡、崩塌主要分布在：①新构造活动的频度和强度大的地区(含强震区)；②中新生代陆相沉积厚度大或其他易形成滑坡的岩土体的地区；③地表水侵蚀切割强烈的高中山地区；④人类活动强度大，对自然环境破坏严重的地区；⑤暴雨集中且具有形成滑坡、崩塌地质背景的地区。

地震灾害在我国西部山地区非常活跃，占全国地震数量的 85%以上，破坏力相当大，2008 年 5 月 12 日发生的汶川大地震，造成了人民生命和国民经济的巨大损失。由图 1-20 可以看出，在我国几个地震活动较为强烈的地区中，位于山区的是：青藏高原和云南、西北地区，甘肃河西走廊、青海、宁夏、天山南北麓，四川西部，华北太行山、台湾地区等。

# 1.2 中国山区铁路

## 1.2.1 既有铁路

到目前为止，中国基本形成了贯通东西南北的铁路路网。南北干道有：哈大铁路、京沈铁路、京沪铁路、京九铁路、京广铁路、太焦—焦枝—枝柳铁路、宝成—成昆铁路、成渝—川黔—黔桂—湘桂铁路等线；东西干道有：滨州—滨绥铁路、京秦—京包—包兰铁路、石太—石德—胶济铁路、新焦—新菏—兖石铁路、陇海—兰新铁路、沪汉蓉铁路、沪昆铁路、广梅汕—三茂铁路等。围绕七大经济区域的铁路网构架已经基本形成，我国铁路既有线路网的整体分布还是集中在我国东部地区。新中国成立以来，先后修建了宝成铁路、成昆铁路、南昆铁路、内昆铁路、渝怀铁路等世人瞩目的山区长大干线，青藏铁路、包西铁路、太中银铁路等建成投产，向莆铁路、兰渝铁路、云桂铁路、山西中南部铁路等区际干线有序推进，基本形成了山区铁路网。

随着国民经济的迅速发展和对外贸易的不断扩大，既有铁路的技术装备和输送能力往往不能适应铁路现代化和运量增长的需求，需要进行技术改造和能力加强。首先是路网规模不足，西部地区路网骨架尚未形成，路网长度与国土面积和人口数极不相称，西部 12 省区市占我国国土面积的 71.5%，而铁路营业里程仅占全国的 36.6%，随着我国区域发展的推进，山区铁路网的总量成为发展的“瓶颈”；其次是运输能力严重短缺，我国山区基本上靠长大干线承担运输任务，长期处于紧张状态，使其负荷过重；再有就是铁路沿线面临着严重的自然灾害，特别是在山区，山洪、崩塌、泥石流、滑坡及强烈地震造成的灾害后果是非常严重的。

## 1.2.2 我国铁路规划

铁路是国民经济大动脉和大众化交通工具，是国家关键基础设施和重要基础产业，在我国经济社会发展和民生改善中具有不可替代的重要作用。改革开放以来，特别是“十一五”、“十二五”期间，国家对铁路产业发展高度重视，大力投入，铁路建设取得长足进步，改变了铁路运能长期滞后运输需求的困难局面，为国民经济持续稳定发展作出了重大贡献。截至 2015 年，全国铁路营业里程 12.1 万 km，其中高速铁路 1.9 万 km，中西部铁路 7 万 km 左右。

尽管我国铁路建设取得了骄人的成绩，但在适应社会经济发展方面仍存在不足，主要表现在中西部铁路网尚不完善，城际铁路发展相对滞后，集疏运体系及综合配套设施尚需强化，新常态下铁路服务水平和竞争力亟待提升等。“十三五”期间，为了适应全面建成小康社会的需要，支撑、配合国家“一带一路”、京津冀协同发展、长江经济带等重大战略，更好地发挥铁路在综合交通建设中节能、环保的比较优势，铁路产业仍面临重大发展挑战，要求铁路必须树立全球视野，统筹国际、国内两个市场，主动适应新常态，顺应人民群众的新期待。

根据《中长期铁路网规划》，铁路将遵循发展规律，发挥铁路骨干优势作用，以增加有效供给、明晰功能层次、提升服务效能、兼顾效率公平为重点，着力构建布局合理、覆盖广泛、高效便捷、安全经济的现代铁路网络，全面提升铁路核心竞争力和服务保障能力。该规划期限为2016～2025年，远期展望到2030年，发展目标如下。

(1)完善广覆盖的全国铁路网。到2020年，一批重大标志性项目建成投产，铁路网规模达到15万km，其中高速铁路3万km，覆盖80%以上的大城市，为完成“十三五”规划任务、实现全面建成小康社会目标提供有力支撑。具体措施为：连接20万人口以上城市、资源富集区、货物主要集散地、主要港口及口岸，基本覆盖县级以上行政区，形成便捷高效的现代铁路物流网络，构建全方位的开发开放通道，提供覆盖广泛的铁路运输公共服务。

(2)建成现代的高速铁路网。到2025年，铁路网规模达到17.5万km左右，其中高速铁路3.8万km左右，网络覆盖进一步扩大，路网结构更加优化，骨干作用更加显著，更好发挥铁路对经济社会发展的保障作用。具体措施为：连接主要城市群，基本连接省会城市和其他50万人口以上大中城市，形成以特大城市为中心覆盖全国、以省会城市为支点覆盖周边的高速铁路网。实现相邻大中城市间1～4h交通圈，城市群内0.5～2h交通圈。提供安全可靠、优质高效、舒适便捷的旅客运输服务。

(3)打造一体化的综合交通枢纽。到2030年，基本实现内外互联互通、区际多路畅通、省会高铁连通、地市快速通达、县域基本覆盖。具体措施为：与其他交通方式高效衔接，形成系统配套、一体便捷、站城融合的铁路枢纽，实现客运换乘“零距离”、物流衔接“无缝化”、运输服务“一体化”。

在《中长期铁路网规划》中，对高速铁路网和普通铁路网的设计方案如下。

(1)高速铁路网。为满足快速增长的客运需求，优化拓展区域发展空间，在“四纵四横”高速铁路的基础上，增加客流支撑、标准适宜、发展需要的高速铁路，部分利用时速200km铁路，形成以“八纵八横”主通道为骨架、区域连接线衔接、城际铁路补充的高速铁路网，实现省会城市高速铁路通达、区际之间高效便捷相连。“八纵”为沿海通道、京沪通道、京港(台)通道、京哈－京港澳通道、呼南通道、京昆通道、包(银)海通、道兰(西)广通道；“八横”为绥满通道、京兰通道、青银通道、陆桥通道、沿江通道、沪昆通道、厦渝通道、广昆通道。其中新建山区铁路主要有渝西、渝昆、成都－达州－万州、重庆－黔江、成都－自贡－宜宾、西宁－成都、贵阳－南宁、长沙－赣州、张家界－怀化等高速铁路。

(2)普速铁路网。扩大中西部路网覆盖，完善东部网络布局，提升既有路网质量，推进周边互联互通，形成覆盖广泛、内联外通、通边达海的普速铁路网，提高对扶贫脱贫、地区发展、对外开放、国家安全等方面的支撑保障能力。到2025年，普速铁路网规模达到13.1万km左右，并规划实施既有线扩能改造2万km左右。形成12条区际快捷大能力通道，推进我国与周边互联互通，完善口岸配套设施，强化沿海港口后方通道，促进脱贫攻坚和国土开发铁路，强化铁路集疏运系统等。其中，新建山区铁路主要有川藏铁路雅安－昌都－林芝段、滇藏铁路香格里拉－邦达段、成都－格尔木、日喀则－吉隆、芒市－猴桥、临沧－清水河、安康－恩施－张家界、黔江－遵义－昭通－攀枝花－大理、赣州－郴州－永州－兴义、韶关－贺州－柳州－百色、汉中－巴中－南充、贵阳－兴义、黄桶－百色、涪陵－柳州、泸州－遵义、师宗－文山、临沧－普洱、芒市－临沧－文山－靖西－防城港、西宁－玉树－昌都、瑞金－梅州等铁路。

若以上中长期铁路网规划得以实现，则远期铁路网规模将达到20万km左右，其中高速铁路4.5万km左右。

## 1.3 对铁路具有重要影响的山区特殊现象

相对于平原地区，山区由于强烈的地势起伏，导致斜坡重力作用类灾害发育，是人们最熟悉的基本特征。山区还具有垂直气候带、局地暴雨山洪、地震在三维空间传播特性不同、地震次生山地灾害成为线路工程主要成灾模式等特点。此外，山区自然保护区多、部分山区生态环境脆弱，往往是构成铁路选线的难点问题。

### 1.3.1 立体气候

垂直气候带，因高度和地形影响而形成的山区特殊气候。山区的地形起伏大，高差比较悬殊，随着海拔的不同，其热量、水分、风速等气候因素都有明显的差异形成了不同的垂直气候，在同一地区呈现出不同的气候带。例如，东缘进藏将从成都平原(平均海拔500m)，爬升至具有“世界屋脊”之称的我国第一个地势阶梯——平均海拔达4500m以上的青藏高原地区，无疑需要克服巨大的高程障碍。特别是在100km的范围内，海拔从成都平原边缘海拔600m迅速上升到海拔近5000m，构成东缘地形梯度带上高程增加最急促的地形极变带；气候也由湿热气候带的温暖湿润带向暖温带、温带、寒温带、高山寒冷带的高原季风气候区过渡。

在高海拔、大高差地区，垂直地带差异尤其明显。如在高原东南部和南部边缘阶坎部位，喜马拉雅山的巨大屏障作用，很大程度上阻碍了暖湿气流的向北运动，高海拔再加上边缘地带深切割的相对高差，形成明显的垂直自然带。尤其是在藏南喜马拉雅南坡和藏东三江平行岭谷区受到深切割的山地，有着地貌上最完整的、多带谱的垂直地带性，从上至下大致可以分为冰川冰缘带、流水侵蚀带和山麓堆积带。冰川冰缘带主要出现于山体上部高山极高山的范围，大致在海拔4800m以上的地区，现代冰雪地貌占绝对优势，现代雪线在4500～4700m；在森林上线(海拔3800～4200m)以上的地区，冻土现象和冰缘地貌占优势，古冰川作用遗址遍布，寒冻风化作用强烈，冰缘现象发育；在森林上线以下，为山体中部流水侵蚀带，坡度陡峻、河谷深切，地面切割深度和密度很大，以流水的侵蚀地貌为主；再往下为山麓堆积带(一般海拔为2000～3000m)，是山地各类沉积物(冲积、洪积、崩积、泥石流)汇集的场所，堆积地貌类型占优势(中国科学院青藏高原综合科学考察队，1983)。如在通麦地段，为典型的高山峡谷地貌，最高海拔5828m，最底海拔1910m，相对高差达3918m，山坡平均坡度为30°～40°，成为灾害分布垂直地带性规律最明显的地段。

从平面纵、横两向看，山坡都是极不规整、不均匀的。首先山地地域平面上地形切割破碎，坡面陡缓曲折，还有山地地质构造和地表风化层物质性能不同，这也决定了山地垂直气候带的复杂性和不规整性。从高度上体现在复合山体中，其峰岭气候与山谷气候体现出很大的差异；从山脉走向上体现在以山脊为界，两坡的垂直气候带分异的差别较明显；还有就是其中特殊地形的气候效应，喇叭口地形的特殊构成，能够增强暴雨，形成暴雨气候。山区垂直气候带，与山地灾害的垂直地带性相耦合，易形成山地灾害的复合放大性，给其地区的工程设计施工带来了极大的不便，并且对其工程的运行造成巨大的危害性。

### 1.3.2　局地暴雨山洪

山洪是指山区溪沟中发生的暴涨洪水。山洪具有突发性，水量集中流速大、冲刷破坏力强，水流中挟带泥沙甚至石块等，常造成局部性洪灾。在山区流域面积较小的沟谷中，历时较短，历时几小时至十几小时，很少能超过1天。由于山区地势起伏大，具有陡峭的山坡和沟床，河床纵比降大，为洪水提供了充分的动力条件。由降水产生的坡面径流有充足的动力顺坡而下，汇集沟谷，汇流河床形成强大的洪水，洪水来得快，去得快，持续时间短，涨幅大，洪峰高；山地洪水在很大程度上受控于当地的暴雨过程。由于山区地形复杂，一次暴雨过程很难覆盖大片地区，特别是一些单点暴雨。如根据笔者自设雨量计多年的资料统计表明，西南山区铁路沿线地区具有降水历时短、降水强度大、多暴雨降水等降水特征。在随机抽取的75场次日降水量≥30mm的降水中，历时在0～12h的有57场次，占76%，一天的主要降水往往只在2～4h内完成。小时雨强和10min雨强平均值分别达到20mm/h和7.5mm/10min。因此，山地洪水大多出现在局部地区，如一条河、一条沟或更小的地区，影响危害范围较小，但其破坏性强；除了与平原地区一样，山地有暴雨洪水，并以暴雨洪水为主外，由于山地的特殊环境，还有平原地区没有的、特殊成因的洪水。诸如冰川消融洪水、冰雪消融洪水、冰川堵塞湖消融洪水、水碛湖洪水、崩塌和滑坡堵江溃坝洪水、泥石流堵江溃坝洪水等。这些山洪主要与季节性相关，并且其破坏能力和危害性都极大。

### 1.3.3　地震波传播地形效应与地震次生山地灾害

“5·12”汶川大地震表明，地震波在山区的传播特性与平原地区有相当大的不同，近年来人们对地震动规律的新认识，如近断裂的破裂方向性效应、上盘效应、地壳波导效应、盆地边缘反应效应等现象均有凸现。地震波在三维空间传播的特殊方式与山区线路工程在空间展布域的耦合，在大尺度上通过地形的放大作用，如山脊地形效应等将控制整段线路的安危；在小尺度上则直接决定了地震力对线路工程的作用效应。铁路选线设计是在三维空间决定线路位置的优化决策过程。因此，根据断层类型、走向对规划线路基本走向的制约关系，分析地震波在峡谷两侧的振动特征、山体对地震波的放大作用对沿河线岸侧、高程选择的制约，研究岩土的工程地质和地震特征之间的相关关系、地形的各种不均匀性导致的地震波屏蔽效应或放大作用，以及地震诱发山地灾害的形成规律等，为线路方案的比选以及线路上各种建筑物的选型提供决策依据，是从源头上减轻地震灾害的根本对策之一。

以往国内外地震地质与地震震害的研究表明：破坏性特大地震，在距震中300km内和地震烈度Ⅶ度区内均能造成大量崩塌、滑坡；在极震区内，崩塌、滑坡破坏地表面积占20%～50%；多数地震伴随着暴雨，在地震期间同时暴发大范围的泥石流。特别是地震区内崩塌、滑坡、泥石流等灾害活动的时间滞后持续效应十分明显。由于地震作用对地震区内山体地质结构和岩土体结构的破坏，斜坡岩土体处于极不稳定状态，致使震区在地震发生后很长一段时间内崩塌、滑坡、泥石流等山地灾害都非常活跃。

汶川地震表明，对公路铁路造成毁灭性灾害的主要是地震诱发的山地灾害。崩塌(滚石)、滑坡是汶川大地震直接诱发的主要次生山地灾害类型。据估算，地震直接触发的滑坡、崩塌等总数达 4 万～5 万处。其中，对人员安全和临时安置构成直接威胁的灾害隐患点达 12600 余处(四川省 39 个重灾县统计)，规模大于 1000 万 $m^3$ 的巨型滑坡达 30 余处。2008 年，国土资源部对极震灾区 10 个县市的山地灾害初步排查表明，震后新发现次生山地灾害隐患点达 4970 处，其中滑坡 1701 处、崩塌 1844 处、泥石流 304 处、不稳定斜坡 1093 处。此外，“5・12”汶川地震引发的大量崩塌、滑坡，在许多河流上形成 200 多处堰塞湖。北川县、安县、青川县地震诱发滑坡形成串珠状堰塞湖，危及数百万人安全。总体上看，地震同震触发的山地灾害在数量上以崩塌、滑坡为主。

“5・12”汶川地震引发了大量同震山地灾害，大大加剧了震灾，而震后长期持续的地震次生山地灾害，更成为制约灾后重建的关键问题。震后两年来，震区山地灾害较震前明显增多，其中泥石流成为震后最为活跃的次生山地灾害。据调查，主要沿着发震断裂——映秀—北川断裂带两侧分布，地震重灾区新增泥石流 515 条。2008 年、2009 年和 2010 年三个雨季，汶川地震后地震重灾区共有 1000 余处发生泥石流，主要的群发性泥石流事件包括 2008 年北川“9・24”泥石流，2009 年都江堰、汶川“7・17”泥石流，2010 年四川地震灾区“8・13”、“8・19”特大山洪泥石流灾害。泥石流毁坏公路、切断通信、堵断河道形成堰塞湖、淹没村庄和安置房、严重威胁到灾区人民的生活，造成了极大的损失。仅在 2010 年 8 月 13 日暴雨作用下，四川省绵竹市清平乡突发的泥石流，掩埋村庄、切断通信和交通，使清平乡成为一座孤岛，造成数千人受灾。泥石流已成为雨季对地震灾区影响和威胁最大的灾害类型。因此，在高地震烈度山区，注重对地震触发山地灾害的风险调控，是减灾选线的重要内容。

### 1.3.4 山区自然保护区多、部分山区生态环境脆弱

我国涉及法律的保护区主要包括以下几类：自然保护区、森林公园、风景名胜区、地质公园、世界生物圈保护区、世界遗产和文物保护单位等。在进行铁路设计时，对保护区以外的具有代表性的各种类型的自然生态系统区域，珍稀、濒危的野生动物自然分布区域，重要的水源涵养区域，具有重大科学文化价值的地质构造、著名的溶洞和化石分布区、冰川、火山、温泉等自然遗迹，以及人文遗迹、古树名木等，也要注意保护。

我国是世界上生态脆弱区分布面积最大、脆弱生态类型最多、生态脆弱性表现最明显的国家之一。生态脆弱区大多位于生态过渡区和植被交错区，处于农牧、林牧、农林等复合交错带，往往是我国目前生态问题突出、经济相对落后和人民生活贫困区。山区生态环境脆弱性表现为：山区地形起伏大、地质结构复杂、水热条件垂直变化明显、土层发育不全、土壤瘠薄、植被稀疏；受人为活动的强烈影响，区域生态退化明显；全年降水量大，水流侵蚀严重，加之过度砍伐山体林木资源，植被覆盖度低，造成严重水土流失，山体滑坡、泥石流灾害频繁发生；生态过渡带特征明显，群落结构复杂，环境异质性大，对外界反应敏感，人类活动严重影响生物多样性；高原山区地势高寒，气候恶劣，自然条件严酷，植被稀疏，具有明显的风蚀、水蚀、冻蚀等多种土壤侵蚀现象。

为实现铁路建设与环境保护的协调发展，必须坚持贯彻“环境选线一票否决”的选线原则。在线路选线阶段注重环境保护，可以起到事半功倍的效果，可以避免选出的线

路方案与国家法律法规中的规定相冲突，提高选线的质量和水平。但从更广阔的视野看，铁路建设与环境保护不一定是不相容的，实现铁路建设与自然环境高度的和谐与统一，也是应该追求的目标。

## 1.4 总　　结

在我国及邻近地区，现代构造场主要是印度板块、太平洋板块和菲律宾板块对欧亚板块联合作用产生的。其中，来自印度板块的作用力是中国大陆及中亚新生代构造变形的主要动力来源。西部是印度板块作用表现最强烈的地区，它在印度板块和欧亚板块的强烈碰撞下，形成一系列挤压山脉和山间盆地，挤压应力和压缩变形是主要的应力状态。在以挤压作用为主的内动力作用下，地壳上隆，地表山体中出现侧向拉张应变，促进地壳初始高压应力的释放，造成结构松弛，自然有利于山体的解体和山崩、滑坡、泥石流的频繁发生，这些也是我国西部、高山峡谷地区的主要地质灾害。

在西部山区，由于强烈的地势起伏，导致斜坡重力作用类灾害发育，是人们最熟悉的基本特征；山区还具有垂直气候带、局地暴雨山洪、地震在三维空间传播特性不同、地震次生山地灾害成为线路工程主要成灾模式等特点；此外，山区自然保护区多、部分山区生态环境脆弱，往往构成铁路选线的难点问题。复杂艰险山区铁路选线往往需要克服高山深谷等困难地形，以及防范各类山地灾害；与普速铁路相比，快速铁路由于线形标准高，适应地形困难，同时安全要求高，对灾害的防范更为严格。所以山区快速铁路选线作业复杂、技术难度更大、决策风险高，但相应的技术积累却不足。目前对山区快速铁路选线具体操作的说明仍基本停留在罗列原则的层面，山区快速铁路方案比选的决策过程，由于缺乏科学的评价体系和方法，很大程度上依赖经验决策或领导拍板。因此，分析现有山区铁路选线设计的典型案例，总结成功的经验，并在现代设计法的概念框架下，按不同地质灾害分布区凝练出标准化的选线设计模式，提出定量化的决策方法，建立具有普适性的技术评价体系。为在建及拟建的山区铁路选线设计提供技术支撑，引领铁路选线设计向现代设计迈进，具有重要的理论意义与明确的应用背景。

## 参 考 文 献


常承法，郑锡澜. 1973. 中国西藏南部珠穆朗玛峰地区地质构造特征以及青藏高原东西向诸山系形成的探讨. 中国科学，(2)：190-201.

戴俊生. 2006. 构造地质学及大地构造. 北京：石油工业出版社.

邓起东，程绍平，马冀等. 2014. 青藏高原地震活动特征及当前地震活动形势. 地球物理学报，57(7)：2025-2042.

邓起东，张培震，冉勇康等. 2002. 中国大陆活动构造基本特征. 中国科学(D辑)，32：1020-1030.

邓起东，张裕明，许桂林等. 1979. 中国构造应力场特征及其与板块运动的关系. 地震地质，1(1)：11-22.

丁国瑜. 1991. 活动亚板块构造块体相对运动//丁国瑜. 中国岩石圈动力学概论. 北京：地震出版社：142-153.

黄建苒. 2004. 发展时速 200km 客货共线铁路之管见. 铁道标准设计，(7)：27-30.

李炳元，潘保田，韩嘉福．2008．中国陆地基本地貌类型及其划分指标探讨．第四纪研究，28(4)：535-543.
李勇．2006．青藏高原东缘大陆动力学过程与地质响应．北京：地质出版社.
罗焕炎，金学申．1982．利用近期地形变分析地壳应力变化过程的有限单元模拟．长春地质学院学报，(4)：51-57.
马杏垣．1989．中国岩石圈动力学地图集．北京：中国地图出版社.
南京大学等．1982．地理学词典(第一版)．北京：商务印书馆.
牛之俊，王敏，孙汉荣等．2005．中国大陆现今地壳运动速度场的最新观测结果．科学通报，50(8)：839-840.
汪素云，陈培善．1980．中国及邻区现代构造应力场的数值模拟．地球物理学报，23(1)：35-45.
王思敬．2002．地球内外动力耦合作用与重大地质灾害的成因初探．工程地质学报，10(2)：115-117.
吴珍汉．2001．中国大陆及邻区新生代构造-地貌演化过程与机理．北京：地质出版社.
徐杰，周本刚，计凤桔等．2012．中国东部海域及其邻区现代构造应力场研究．地学前缘，19(4)：1-7.
许志琴，杨经绥，戚学祥等．2006．印度/亚洲碰撞——南北向和东西向拆离构造与现代喜马拉雅造山机制再讨论．地质通报，25(1-2)：1-14.
杨景春，李有利．2011．活动构造地貌学．北京：北京大学出版社.
杨森楠，杨巍然．1985．中国区域大地构造学．北京：地质出版社.
尤联元，杨景春．2013．中国地貌．北京：科学出版社.
曾昭璇．1985．中国的地形．广州：广东科技出版社.
张培震，邓起东，张竹琪等．2013．中国大陆的活动断裂、地震灾害及其动力过程．中国科学(D辑)，43(10)：1607-1620.
张镱锂，李炳元，郑度．2002．论青藏高原范围与面积．地理研究，21(1)：1-8.
郑景云，尹云鹤，李炳元．2010．中国气候区划新方案．地理学报，65(1)：3-12.
中国科学院青藏高原综合科学考察队．1983．西藏地貌．北京：科学出版社.
中国科学院水利部成都山地灾害与环境研究所．2000．山地学概论与中国山地研究．成都：四川科学技术出版社.
中国数字科技馆．2011．深海探索．http://www.undersea.cn/index.html[2015-5-10].
朱介寿，曹家敏，李显贵等．1997．中国及其邻区地球三维结构初始模型的建立．地球物理学报，40(5)：627-648；733-734.
朱日祥，陈凌，吴福元等．2011．华北克拉通破坏的时间、范围与机制．中国科学(D辑)，41(5)：583-592.
Davis W M. 1899. The geographical cycle. Geographical Journal, 14(5): 481-504.
Molnar P, Tapponnier P. 1975. Cenozoic tectonics of Asia: effects of a continental collision. Science, 189: 419-426.
Pichen X L. 1968. Sea-floor spreeding and continental drift. Journal of Geophysical Research, 73(12): 3661-3697.
Scheidegger A E. 1979. The principle of antagonism in the earth's evolution. Tectonophysics, 55(3-4): 7-10.
Scholz C H. 1990. The Mechanics of Earthquakes and Faulting. New York: Cambridge University Press.
Scholz C H. 1998. Earthquakes and friction laws. Nature, 391: 36-42.

# 第 2 章　基于构造地貌学的孕灾环境分析

随着铁路运行速度的增加，铁路线性标准也相应提高。目前新建山区快速铁路的特点是两高、两弱。两高首先是由于平面线形要求标准高，在复杂地形条件下要满足线路工程的线形要求，只能以桥隧工程为主体克服高山深谷等困难地形；其次是线路工程安全标准要求高，由于行车速度高，突发事件时传统运营警戒体系反应时间不够、避难余地小，只能强调从线路工程设计源头上避灾，由于采用桥隧工程常能有效地绕避重力作用类灾害，出于对防范灾害的考虑，也会选择桥隧工程。这样由于两高的要求，桥隧工程常常成为目前山区铁路的主体，导致工程投资大。两弱是在平面线形要求的限制下，区间定线适应地形灵活性弱、绕避障碍(灾害点、自然保护区)灵活性弱。在上述山区自然条件制约和铁路自身技术标准限制的条件下，山区快速铁路定线时可选择余地小，被择方案相对就少，而山区快速铁路工程投资大，决策失误导致的风险也大，所以说目前山区铁路优化设计难度更大。对山区快速铁路而言，优化设计的目标仍是在满足功能和安全性要求的前提下尽量节省投资，由于在区间定线阶段优化余地小，所以优化设计的重点只能放在更宏观的作业层面上。

第 1 章已介绍了构造地貌学的基本理论以及从构造地貌学角度对中国地貌格局的解释。基于构造地貌学理论，利用内营力与地貌、地表过程之间的普适性关系，获得对区域性地貌与山地灾害规律的认知；利用内营力与地貌之间的因果关系，由地貌现象反推内营力的状态，配合现代先进的航卫片遥感技术与 ArcGIS 技术，在大范围开展方案比选阶段，高效低成本地获取所需信息，是提高铁路勘察技术极有前景的发展方向。本章即介绍在该方向所开展的一些探索性研究。

## 2.1　基于构造地貌学的区域性地貌规律判识原理与利用

快速铁路要控制工程造价，更应注重交通廊道以及大范围方案的比选。通过对线路可能行经廊道的选择，结合车站的分布，开展短直方案与地形有利的走向方案，如沿河线、高原线或山原线的大范围不同线位的比选作业。从大地构造单元、地质构造展布、地质灾害区划等层次入手，选择线路通过地台区、避免地槽区；对构造活动带和深大断裂带正交而尽量避免平行方案；争取利用河流宽谷、高原面等开阔地形，减少桥隧比例等。因为山区快速铁路在区间定线时适应微地形的灵活性弱，选线时更需关注的地貌尺度是大型和中型地貌，包括由新构造运动类型和强弱程度所形成的山岳、高原、平原等大规模构造地形；由各种地质构造形态(褶皱、断层)所形成的河谷、分水岭地形；由于外力作用对构造地形的改造所形成的各种剥蚀地形和堆积地形；等等。通过对大范围宏观地貌格局的认识，从廊道方案、局部走向方案、大段落线路高程层面创造大地形有利的条件。

20世纪70年代末，瑞士学者沙伊德格尔(Scheidegger)提出了地表发育形态的对抗性原理，提出外营力作用的随机性(randomness)和内营力作用的非随机性(non-randomness)，而所有的地貌现象都是由内营力和外营力共同作用形成的。可以将这个原理归结为三个要点：①内外营力是同时作用的；②内外营力间的相对量及绝对量随时间和空间而变化；③外营力是随机的，这可能是由外力因素的随机性决定的；而内营力是系统的，是来自全球性的板块构造(Scheidegger，1979)。例如，水系如其他地貌现象一样，是内外营力矛盾作用的产物。外营力赋予水系方向具有随机性，而内营力使其具有系统性、规律性。在其排列方向上，如仅有外营力作用，研究表明，方向分布将是随机的。而内营力作用则相反，是系统的、非随机的。Scheidegger用统计分析证明，瑞士水系分布不是随机的，由于受到构造应力场的强烈影响，它们的优势方向与节理方向相同，所以它是构造应力场的产物，与整个欧洲大陆所遭受到的板间碰撞图式一致，这样就提供了一种可能性：对水系方向进行统计分析，以推求形成这种分布的区域应力场特征。

基于地表形态发育的对抗性原理，内营力是系统的、非随机性的。例如，在印-亚板块的陆陆碰撞造山带区域内，印度板块俯冲对欧亚板块造成的地应力方向，在千万年的时间尺度内都没有变化。因此，可以利用内营力与地貌、地表过程之间的普适性关系，获得对区域性地貌与山地灾害规律的认识，进而指导铁路选线。

例如，褶皱构造山地是挤压构造环境下，地表褶皱隆起或沿逆断层抬升翘起形成的山地。褶皱构造山地延伸数百千米至上千千米，山地走向大多与作用力方向垂直，常成排分布。我国西部的许多山地都是新生代隆起形成的褶皱构造山地，它们在形成过程中受印度洋板块和欧亚大陆板块碰撞的影响发生强烈的挤压隆升。我国典型的褶皱山系就是横断山系(图1-6)，常发育主流与支沟呈直角或近似直角的格状水系(图2-1)，调查研究发现，具有这种主支流平面几何关系的工点，最有利于泥石流堵河事件的发生，这就成为桥位选择和桥型设计的控制因素之一。

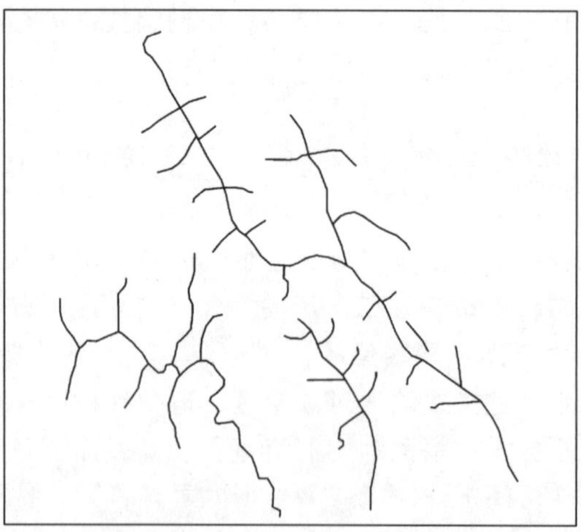

图2-1 澜沧江上游的格状水系

又如，地壳在挤压过程中形成逆断层，断层分割的块体被挤压抬升形成逆断层断块山，西藏的山地绝大多数属于断块山。以可可西里山西段的绥加日为例，绥加日位于马尔盖茶卡(约基台错)北侧(86.5°E，35.2°N)，平均海拔5400m，相对高度400～500m，山地走向东西，南北坡极不对称。南坡与北坡的宽度比为 1∶3 左右，南坡的坡角达到 30°，多断层崖，山边线明显。北坡和缓，坡角仅 5°左右，山地与高原面之间没有明显的界线。实际上，山地的北坡为高原面的一部分，只是由于断裂的掀升运动，才使它变形(图 2-2)。因此，在铁路选线设计时，对于逆断层断块山，在考虑大方案时，断块缓倾掀起的一坡侧具有明显地形优势，是决策的重要依据。

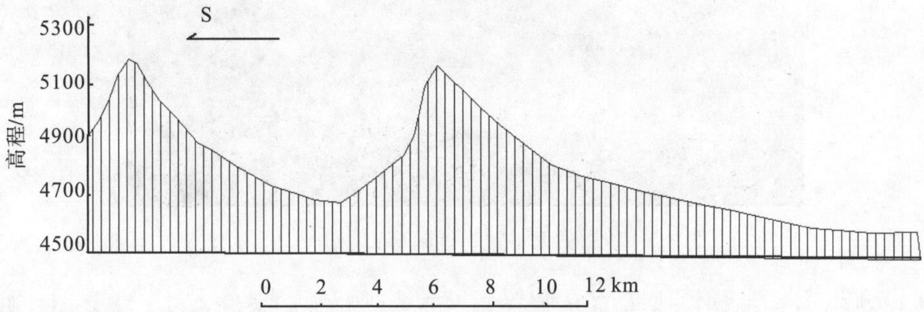


图 2-2　可可西里山西段缓加日山势示意图(中国科学院青藏高原综合科学考察队，1983)

同理：龙门山系由一系列大致平行的叠瓦状冲断带构成，具有典型的推覆构造的地貌特征，体现为山地走向为北东向，但东南坡与西北坡并不对称，如东南方向的平均坡度为 24°，而西北方向的平均坡度仅为 22°，即东南坡陡于西北坡，导致地震触发崩塌、滑坡更多地发生在东南坡上。将芦山震区内所有坡体的坡向和所有的芦山地震崩塌、滑坡运动方向按照 10°进行分组，绘制崩塌、滑坡个数分布的玫瑰图，如图 2-3 和图 2-4 所示。由此可知，崩塌、滑坡的优势方向非常明显地集中在东南方向上，即与自然坡体的优势坡向之一(东南方向)吻合；而在自然坡体的另一优势方向——西北方向，则未体现出崩塌、滑坡运动方向集中的现象。图 2-5 即为芦山震区的一处掀斜式断块山，地震触发崩塌多发生在断层崖一侧的现象。

对于掀斜式断块山，断块缓倾掀起的一坡侧具有明显地形优势，且山地灾害的活跃程度一般低于断层崖一侧，这些从构造地貌学层面推导的认识，成为选线坡向选择的重要依据。

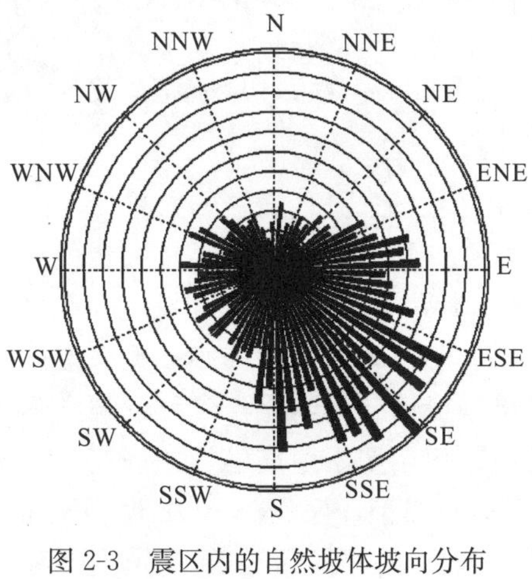


图 2-3　震区内的自然坡体坡向分布

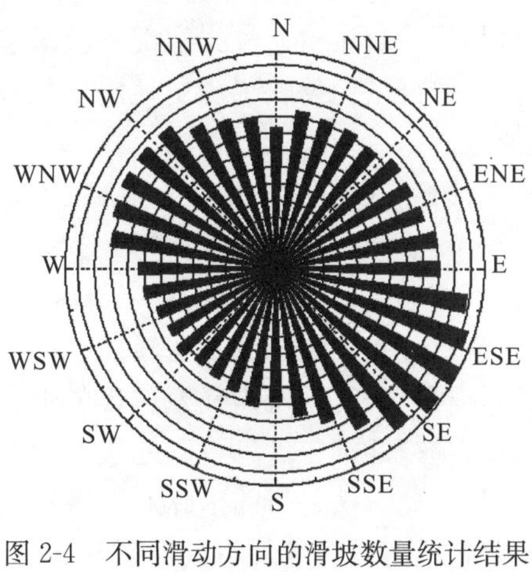


图 2-4　不同滑动方向的滑坡数量统计结果

图 2-5　芦山县太平镇附近断层崖地震崩塌照片

以上均为由构造地貌类型直接认知单元地貌表观特征的案例，以下将介绍一些利用构造地貌学理论，结合 ArcGIS 技术进行区域性灾势评估的专题研究。

## 2.2　基于地貌循环理论的山地灾害危险性评估方法

2008 年 5 月 12 日四川省汶川县发生 $M_s$ 8.0 级大地震，2013 年 4 月 20 日，四川雅安芦山县发生 $M_s$ 7.0 级强震。地震诱发崩塌、滑坡等地震次生灾害的问题凸显，地震触发的崩塌滑坡灾害态势的评价与预测引起了各国学者的重视。

目前国内外研究区域性地震诱发崩塌、滑坡灾势预测的方法主要有定性分析法、综合指标法及 Newmark 累计位移法。美国学者 Keefer(1984)、Rodríguez 等(2011)对世界范围内的滑坡进行统计，归纳了地震滑坡分布与震中距、岩性等之间的关系；我国学者李天池通过研究地震与崩滑区范围的关系，提出了地震崩滑区的概念。我国学者乔建平和蒲晓虹(1987)、王余庆等(2011)运用综合指标法对影响地震滑坡的各种因素进行了区分和定量化，进而对区域地震滑坡进行评价分级；汶川地震后，黄润秋等(2009)建立了强震作用下斜坡危险性评价的指标体系；许冲等(2009，2012)利用 ArcGIS 技术平台，采用综合指标法对玉树、汶川地震滑坡危险度进行了评价。这些均是从统计层面开展的研究工作，研究结论反映了历史地震崩塌、滑坡的统计特性，成果的普适性受统计样本代表性的限制。

Newmark 累计位移法是从力学层面研究斜坡稳定性的最具代表性的成果(Newmark，1965)。Ambraseys 和 Menu(1988)、Jibson 等(2000)和 Romeo(2000)通过大量的统计分析表明，区域地震滑坡产生的 Newmark 累计位移与临界加速度、Arias 强度存在良好的函数相关性。并且利用多变量逻辑回归的方式得到上述三者之间的回归模型，借助这些回归模型，可以获得区域内任意坡体的近似累计位移量值。用此累计位移量与实际观测的滑坡分布进行匹配，计算得到地震动力滑坡发生概率，用于地震触发的崩塌、滑坡的危险性评估。此方法是目前国际上常用的地震滑坡区划模型，但 Newmark 模型所需要的参数较多(包括滑坡深度及滑动面形状、滑动面黏聚力、内摩擦角等)，区域内部物质非均质分布，很难用一个参数准确表示，而且其假设条件将滑坡体看做是一个理想的钢塑性体，在实际中很难成立。一般来说，Newmark 累计位移法更适用于岩石工程数据详实的小区域。

本节另辟蹊径，基于地貌的侵蚀循环理论，提出流域内坡体在各发育阶段依次经历向临界坡发展、达到临界坡、偏离临界坡度的演变规律，根据区域内坡体偏离临界坡的程度，定性地评估流域内斜坡重力灾害的严重性。从而在仅利用社会公共资料的条件下，建立起一种与原则选线阶段精度要求相匹配的地震触发崩塌、滑坡危险性预测方法。

### 2.2.1　基于谷坡状态的崩塌、滑坡灾势预测原理

基于发生学的理论，Davis 在 1899 年首次创立了侵蚀循环学说(Theory of the Cycle of Erosion)，认为地块从开始上升到被逐渐剥蚀夷平，直至降低到起伏不大的地面或者接近基准面的准平原之间，存在着连续的，同时又有阶段性的剥蚀过程和地表形态(Davis，1899)。在地表发育的过程中，Davis 强调构造、作用和时间(侵蚀阶段)这三个要素之间的相互作用影响，进而将循环过程中的地形发展分为三个阶段：地形起伏不大，河间地广阔平坦的幼年期，以及地面主要由谷坡和狭窄的分水岭组成的壮年期、具有残丘的准平原的老年期。

按照 Davis 绘制的河流地貌发育图式，地貌发育循环过程中的地形变化如图 2-6 所示。图中横轴表示时间轴，纵轴表示海拔，曲线 $BDFH$、$ACEG$ 分别代表原始地面的河谷平均高度和分水岭平均高度随时间的变化。虚线表示地壳短暂快速的抬升阶段，则 $AB$ 表示原始地形的起伏程度。由图 2-6 可知，整个幼年期阶段直至壮年期中期，河谷强烈迅速下切，河谷平均海拔持续下降，而河谷之间由比较宽广的分水地发展为分水岭，平均海拔没有显著变化，因此原始地面的起伏程度迅速增加，至壮年中期，起伏程度达到最大，分水岭与河谷之间的高差达到最大值 $EF$。壮年期晚期和老年期阶段，河谷已经接近侵蚀基准面，高程基本上没有太大变化，分水岭受到外营力的侵蚀而不断地降低，分水岭变得浑圆低矮，直至准平原。

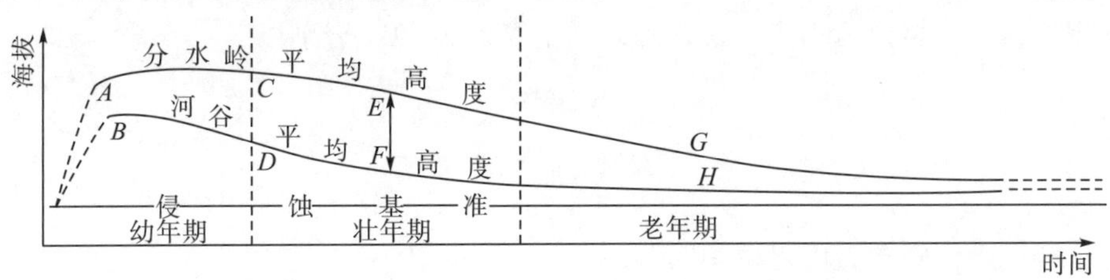


图 2-6　Davis 河流地貌发育图式(Davis，1899)

地貌的形成和发展是内外营力相互作用的结果，两者此消彼长、相互作用、相互影响。内营力趋向于使山体隆升，增强区域起伏程度，即使山体越陡峻；外营力趋向于使山体高度降低、削平，减弱区域起伏程度，即使山体越发浑圆低矮。内营力是系统的，来自全球性的板块构造，其速度可以认为是确定的，而外营力是变化的。在新构造运动强烈的山区，山地隆升速度每年可达几毫米至十几毫米，山体剥蚀降低的速度小于地块隆升速度；但随着山体高度的上升，带来侵蚀基准面的降低，进而加大地表物质的重力作用和水流的下切侵蚀与搬运作用，外营力效应随之增强。外营力效应绝对量的增加必将导致内外营力作用的相对差距缩小，当地貌演化处于内外营力相当的阶段时，由于二

者对山地地貌塑造的反向效应，山体坡度最大只能达到一个特定值，即所谓的临界坡度(对应于图 2-6 的 $EF$ 时期)。这就是在一个侵蚀循环内，地貌经历幼年期、壮年期、老年期的同时，流域内的坡体相应经历向临界坡度发展、达到临界坡、偏离临界坡的演变过程的物理机制。

从构造地貌学角度，临界坡是一个区域内斜坡系统能相对长期保持的极限坡度；从工程角度，对于滑坡工点，即为下滑力与抗滑力处于极限平衡状态时对应的坡度。处于临界坡的斜坡系统，在地震、降水等外界扰动下，极易发生失稳破坏，造成大规模的崩塌、滑坡；反之，坡度小于临界坡时，斜坡系统就具有了一定的安全裕度，而且偏离临界坡度越远，安全裕度越大，发生崩塌、滑坡的可能性越小。

地震触发的崩塌、滑坡主要与发震断层、地形地貌、岩性三大因素相关，而坡体是否到达临界坡是地貌与岩性这两大作用的综合结果。因此，可以以区域内坡体偏离临界坡的程度，作为评估流域山地灾害发生危险性的依据。这就是基于侵蚀循环理论预测地震触发崩塌、滑坡灾势的原理。

### 2.2.2 基于面积-高程分析方法和 ArcGIS 技术的崩塌、滑坡灾势预测程式

本节根据斯特拉勒积分推定计算流域的发育阶段，进而判定流域内坡体与临界坡的关系，据此进行崩塌、滑坡灾势预测。

1. 确定地貌发育阶段的面积-高程分析方法

20 世纪 50 年代美国理论地貌学家斯特拉勒提出侵蚀流域的面积-高程分析方法(Strahler，1952)，可以定量地推求 Davis 的地貌发育阶段。面积-高程曲线(area-altitude curve)分析法是描述一定高度范围内的面积随相对高度变化所表示的曲线及其所围成的面积，相对高度可以确定侵蚀过程的强度，而残留的面积可以代表这种强度下地貌的保持能力，因此，可以说面积-高程曲线提供了地貌的发育信息(艾南山，1987)。

记流域内等高线的值和最低点之间的高差为 $h$，每条等高线以上的面积为 $a$，又设全流域面积为 $A$，流域内最高点和最低点之间的高差为 $H$，分别以

$$X = \frac{a}{A} \tag{2-1}$$

$$Y = \frac{h}{H} \tag{2-2}$$

为横坐标和纵坐标画图。可以得到曲线：

$$Y = f(x) \tag{2-3}$$

也就是面积-高程曲线，也称为斯特拉勒曲线(the Strahler's curve)。

设定积分：

$$S = \int_0^{1.0} f(x) \tag{2-4}$$

式(2-4)即表示斯特拉勒曲线与坐标轴包围的面积，称为斯特拉勒积分(the Strahler's integral)。可以用这个积分值推求侵蚀流域地貌演化阶段，即

$$S > 0.6 \quad 幼年期$$

$$0.35 \leqslant S \leqslant 0.6 \quad 壮年期$$

$$S < 0.35 \quad 老年期$$

由于斯特拉勒积分为无量纲参数，因此曲线可以描述和比较不同规模的流域，但是这必须是在流域内处于同一发育阶段的前提下。

2. 基于 DEM 和 ArcGIS 技术的斯特拉勒积分计算方法

对于大型山区河流，不同河段可能处于不同的地貌单元，这与 Davis 循环理论中流域内的各个部分同时发育的假定是相悖的。因此在计算大流域的面积-高程积分时，首要环节是确定计算区域。本书通过选择河道控制点(也就是计算流域的出口点)，确定适用于 Davis 侵蚀循环理论的范围。选择河道控制点的原则为：①河道控制点以上的流域是线路方案比选的范围；②河道控制点以上的流域应基本上处于同一地貌单元。

对于大型山区河流，流域面积大，计算斯特拉勒积分工作量大，如为了保证积分值的准确性，动辄需要计算几十万个栅格网点；此外，当流域处于高原面、夷平面、喀斯特地貌等特殊地貌区域内时，会出现流域内的集水域形状不规则、分水岭地貌特征不明显、流域边界很复杂等现象，传统的人工方法划定流域极易出现错判漏判。本节利用 DEM 和 ArcGIS 技术，解决上述计算的自动化问题，并提高了精度。在完成采集 ASTER DEM 数据源，利用 ArcGIS 技术进行数据解译，在 ArcGIS 10.0 中加载并拼接的基础工作后，斯特拉勒积分计算的步骤如下：

(1)划定研究区域，提取研究区域的 DEM。

(2)确定计算流域河道控制点。一般先提取河流的纵剖面特征点，再根据上述选择河道控制点的两条原则分析确定。

(3)划定河道控制点以上的集水区，确定计算范围。根据水流判定其所在集水域是否属于本流域，河网内所有的水流判定完成之后，即可确定流域边界。河网的密度取决于水流格网的阈值，阈值越小，河网越密。实践表明，若阈值采用系统默认值(流量栅格最大值的 1%)(吴立新和史文中，2003)时，难以保证精度，故建议阈值按流量栅格最大值的 0.5%取值。

(4)利用 DEM 数据绘制斯特拉勒曲线、计算斯特拉勒积分。利用 DEM 获得斯特拉勒曲线的横、纵坐标值的具体方法为：在具有规则格网的 DEM 上，只要对落在计算区域内的栅格单元的个数进行累加，然后乘以栅格单元的面积($A_0$)，即可以得到计算区域的面积。那么研究区域内某个高程值以上的面积就应该是所有处于大于这个高程值的栅格的总数，如式(2-5)所示。

$$A_{h_0} = \sum_{h=h_0}^{h_{\max}} N_h \times A_0 \tag{2-5}$$

式中，$A_{h_0}$ 为等高线值为 $h_0$ 以上的面积；$N_h$ 为研究区域内高程值恰为 $h$ 的栅格个数。

那么 $\left(\dfrac{A_{h_0}}{A}, \dfrac{h_0}{H}\right)$ 即为斯特拉勒曲线的横、纵坐标值。在 ArcGIS 软件中，导出计算流域 DEM 的 Attribute 值，根据上述方法绘制斯特拉勒曲线，并计算得到斯特拉勒积分。

针对流域边界复杂情况，需注意采取以下措施以保证边界划定精度：①圈定分析区域时，区域范围务必圈定至相邻的独立水系；②在困难区域，选择高精度的 DEM 分析，在流域划分的过程中应该与现有的其他数据资料进行相互验证校核，从而精准划定流域边界。

### 2.2.3 地震触发崩塌、滑坡灾势评估案例分析

现以21世纪以来我国发生的7级以上三次大地震为例，通过对地震触发崩塌、滑坡实震资料的对比分析，对该理论进行验证，同时对具体操作方法进行说明。

1. 玉树地震震区斯特拉勒积分

2010年4月14日，玉树县发生 $M_s$ 7.1级地震。境内主要水系包括通天河、扎曲、巴曲等，地形以高海拔、低起伏为主。震区所在计算流域的斯特拉勒积分计算步骤如下：

第一步，划定研究区域。震区位于通天河和金沙江的交汇地段，那么本书圈定的研究区域的流域应该是包括沱沱河、通天河、金沙江上游在内的长江上游河段，研究区域的水系格局如图2-7所示。

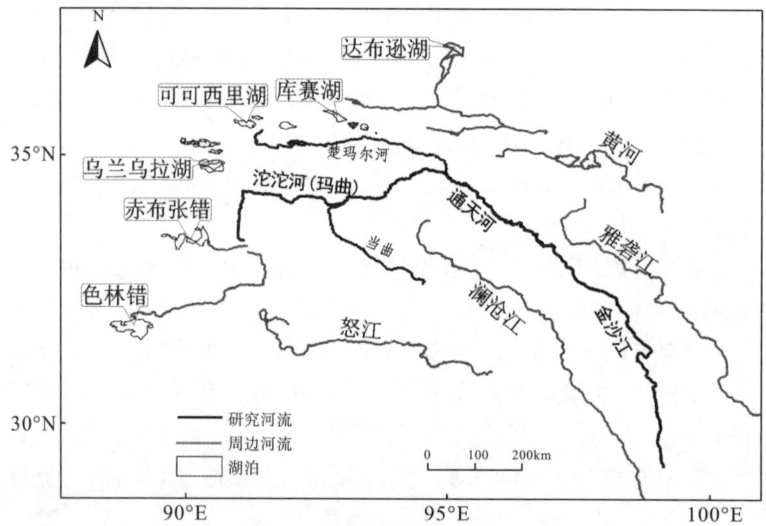


图2-7 研究区域的水系格局图

沱沱河(长江正源)周围发育色林错、赤布张错、乌兰乌拉湖、西金兰湖等高原内陆湖，扎加藏布江、曾松曲等内流河等；楚玛尔河(长江北源)周围发育格尔木河等内流河，可可西里湖、库赛湖、盐湖、达布逊湖等内陆湖；当曲(长江南源)周围发育怒江的上游那曲、澜沧江的上游扎曲；通天河的东侧与黄河的上游约古列宗渠毗邻；在金沙江河段，东西两侧基本平行发育澜沧江和雅砻江。根据上述的流域格局圈定研究区域周界为：雅砻江—古宗列渠—格尔木河—库赛湖—可可西里湖—乌兰乌拉湖—赤布张错—扎加藏布江—澜沧江，提取相应区域的DEM。

第二步，判定流域边界。利用ArcGIS对圈定的研究区域进行流域分析。长江的源头及通天河属于广大的藏北腹地，区域内内流河与外流河之间往往没有明显的分水岭，河流弯转曲折，某段分水岭两侧的河流属于同一水系是常见的现象，分水线在平面上呈犬牙交错状；金沙江、澜沧江、雅砻江之间存在宽广的夷平面，地貌特征不明显；这都是流域划分的难点。本书采用较高精度的DEM(30m×30m)，尽可能地减少误差；生成研究区域的河网和集水域后，笔者将河网与2013年4月发布的Google Earth影像资料进行对照，并将生成的集水域与青藏高原水资源数据(中国科学院青藏高原综合科学考察队

和地球系统科学数据共享平台，2009)、西藏河流与湖泊(中国科学院青藏高原综合科学考察队，1983)等资料进行相互验证校核，生成研究区域的河网及集水区，如图 2-8 所示。

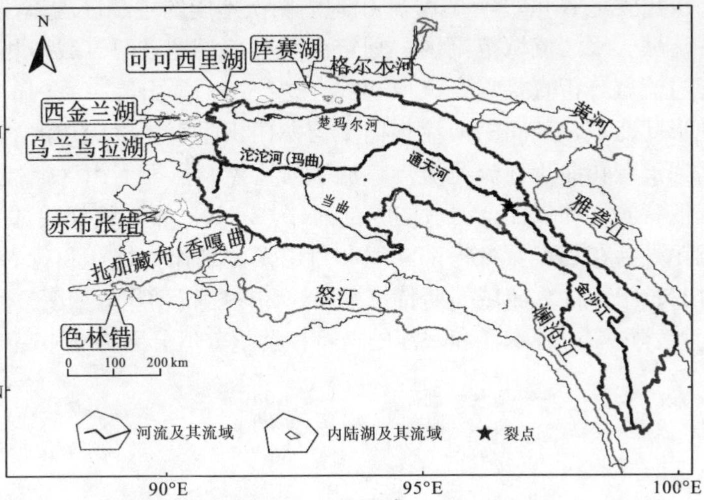


图 2-8　研究流域及周边流域、裂点位置、计算流域区域图

第三步，确定计算区域。青藏高原的分阶段、非均一隆升，使高原东缘的外流河产生溯源侵蚀，并形成新的河谷，它与未被溯源侵蚀的老河谷交替的地方，河床坡度突然增加，形成裂点(杨景春和李有利，2005)，裂点上下游的河谷往往处于不同的地貌发育状态。通过提取河道的纵剖面图(图 2-9)，可以看出，在海拔 4000m 的地方存在裂点。目前，青藏高原普遍存在着高原面、盆地面两级夷平面。盆地面是青藏高原形成于上新世初至上新世末的第二级夷平面，盆地面内平坦开阔，切割微弱(中国科学院青藏高原综合科学考察队，1983)。位于裂点以上的金沙江上游谷地是溯源侵蚀尚未达到的地方，这一地区的盆地面保存完整，较少切割；而裂点以下的金沙江河谷位于我国地形最为陡峻的横断山区，河流切割成深邃的峡谷；裂点上、下游两个地貌单元差异明显。又因为玉树地区正好处于 4000m 高程裂点的上方，可满足 2.1.2 节中提出的河道控制点的两条原则，所以决定选择该裂点为计算流域的出口点。

第四步，绘制斯特拉勒曲线，计算斯特拉勒积分。得到斯特拉勒积分 $S=0.32$，如图 2-10 所示。

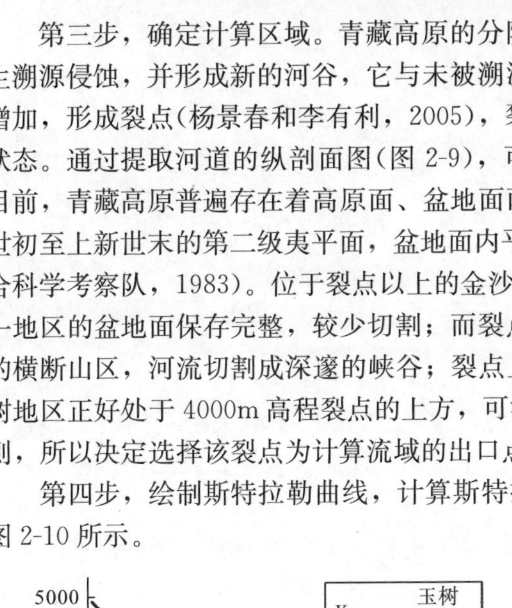


图 2-9　研究河流纵剖面图

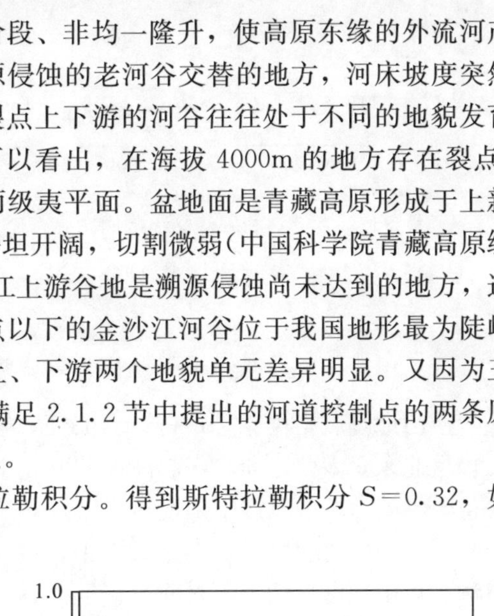


图 2-10　计算区域的斯特拉勒曲线

2. 汶川地震、芦山地震震区的斯特拉勒积分

“5·12”汶川大地震和“4·20”芦山地震两次地震的主震区均属于龙门山地区，分别位于青衣江流域、岷江流域范围内。划定研究区域后，该两流域与相邻流域分水岭地貌明显，可通过流域分析直接划定流域边界。龙门山、岷山等一系列的山脉组成了青藏高原东缘的地形陡变带，其间的河流走向多与龙门山垂直，以深切河谷为主要特征，进入四川盆地后河流弯转曲折，流速缓慢，流域河道控制点即为山区河段和平原河段的分界点。通过提取青衣江和岷江全河段的纵剖面(图 2-11)，发现岷江在都江堰处存在拐点，青衣江在芦阳镇处存在拐点，可将都江堰和芦阳镇分别作为岷江和青衣江的河道控制点(计算流域的出口点)，计算流域的斯特拉勒曲线和斯特拉勒积分如图 2-12 所示。

根据以上计算可知，青衣江和岷江的斯特拉勒积分值分别为 0.46 和 0.52。

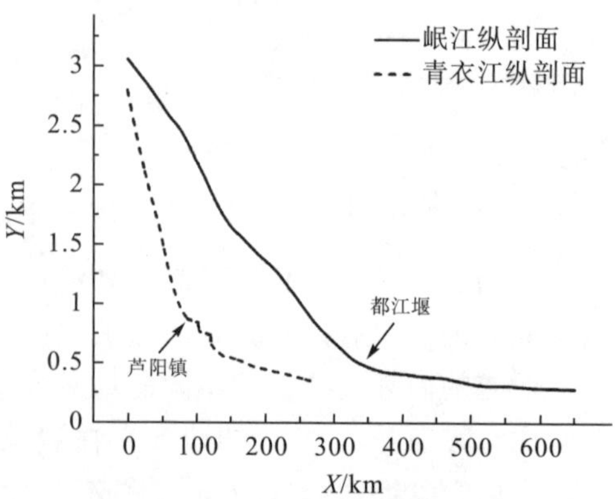


图 2-11 青衣江和岷江的纵剖面图

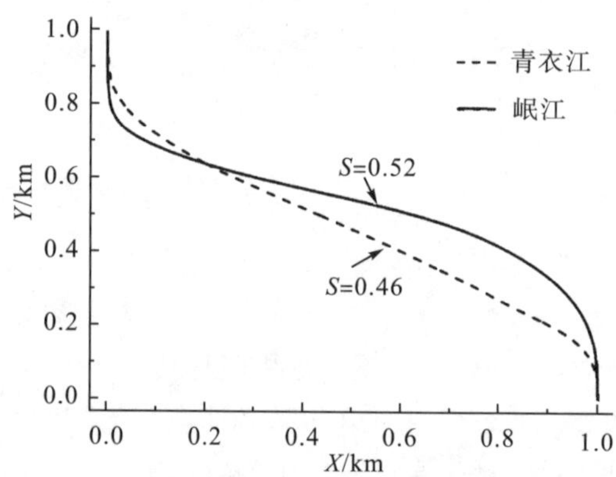


图 2-12 青衣江和岷江计算流域的斯特拉勒曲线

3. 计算结果与实震坡体资料对比

1)芦山地震触发崩塌、滑坡分布规律的统计分析

芦山地震震中位于 30.3°N，103°E，震源深度约 13km，主震区沿龙门山断裂带分布，呈北东—南西走向，南起凉山州甘洛县，往东北经汉源、荥经、芦山至大邑县，主要位于雅安市境内。震中烈度达Ⅸ度。

利用震后遥感影像资料进行人工目视解译是大面积获取震区崩塌、滑坡信息的主要方法。芦山地震后的半年时间里，笔者通过多种途径收集了震区航空、航天遥感影像资料，包括：①中国科学院遥感与数字地球研究所提供的三批航空遥感数据，覆盖芦山、宝兴、邛崃等县市约 5000km²。第一批航片获取时间为 2013 年 4 月 20 日 10 时 30 分至 12 时 40 分，分辨率 0.6m；第二批航片获取时间为 4 月 20 日 15 时至 17 时，包括 0.4m 和 2m 两种分辨率；第三批航片获取时间为 4 月 21 日上午，包括 0.4m 和 2m 两种分辨率。②四川省测绘地理信息局芦山地震信息发布平台公布的芦山震中区的航片影像资料(影像获取截止时间为 4 月 25 日，分辨率 0.5m)。③国家测绘局公布的龙门乡、太平镇、宝盛乡三地的航片影像资料(影像获取时间为 4 月 20 日 18 时 28 分，分辨率 0.16m)。对以上遥感影像资料进行几何纠正、融合、拼接、图像增强等数据处理，获得芦山震区的遥感覆盖面积 208km²，覆盖整个Ⅸ度区。区域内的灾害点分布如图 2-13 所示。

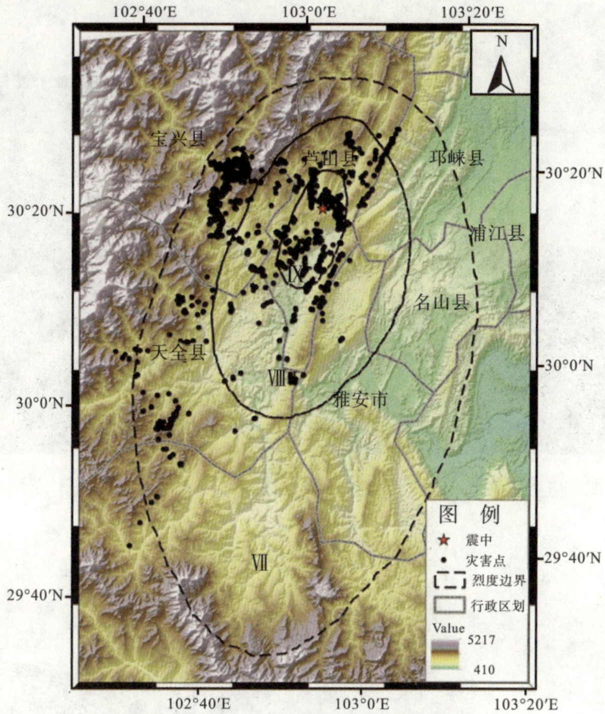


图 2-13　芦山地震滑坡空间分布区域

表 2-1 所列是三次大地震所在流域地震崩塌、滑坡发生条件的评判结果，以及三次地震中Ⅸ度烈度区实震资料统计。

**表 2-1　不同流域的地貌、发育阶段、崩塌和滑坡密度对比**

| 地震事件 | 利用本方法计算过程 | | | | | 实震资料 |
|---|---|---|---|---|---|---|
| | 流域 | $S$ 值 | 发育阶段 | 谷坡状态 | 谷坡是否具备地震触发大规模崩塌、滑坡的条件 | Ⅸ度区崩塌和滑坡密度/(个/km²) |
| 2008 年汶川地震 $M_s$ 8.0 级 | 岷江 | 0.52 | 壮年中期 | 处于临界坡 | 是 | 1.0~1.5(中国地震局地震现场应急工作队，2010) |
| 2010 年玉树地震 $M_s$ 7.1 级 | 通天河 | 0.32 | 老年期 | 已偏离临界坡 | 否 | 0.4 |
| 2013 年芦山地震 $M_s$ 7.0 级 | 青衣江 | 0.46 | 壮年中期 | 处于临界坡 | 是 | 2.5 |

据表 2-1 可知，芦山地震和汶川地震震区均处于壮年中期，地貌基本由陡峻的坡面组成(图 2-14、图 2-15)，谷坡处于临界坡状态。玉树地震震区处于老年期，宽谷缓丘是主要地貌(图 2-16)，谷坡已偏离临界坡。考虑到地震烈度条件相同时，三场地震崩塌、滑坡的严重程度才具有可比性，因此均选取Ⅸ度烈度区的崩塌、滑坡密度作为比较指标(玉树、芦山地震最大烈度均为Ⅸ度)。实震资料表明，芦山地震和汶川地震均触发了大量的崩塌、滑坡，而玉树地震次生灾害相对弱得多。这与芦山地震、汶川地震震区具备地震触发大规模崩塌、滑坡的条件，而玉树地震震区不具备此条件的评判结论是吻合的。

因此，基于侵蚀循环理论的地震触发崩塌、滑坡灾势预测的理论，得到了 21 世纪以来三次 7 级以上大地震实震资料的检验。

图 2-14 “5·12”汶川大地震岷江左岸(Ⅸ度区)山体崩塌

图 2-15 “4·20”庐山地震Ⅸ度区宝盛乡山体崩塌

图 2-16 玉树震区(33°03′18.6″N，96°51′15.2″E)同震地表破裂与基岩断裂

2)结论

基于地貌循环理论，论证了在一个地貌发育循环周期内，流域谷坡将经历向临界坡发展、到达临界坡、偏离临界坡的演变阶段，在降水、地震等触发条件具备时，山地灾害相应地呈现从发展到旺盛再到衰退的规律，这就是根据流域演化发育阶段预测地震触发崩塌、滑坡危险性的原理；提出了根据河床纵坡突变点划分流域地貌单元的理念，从而解决了面积-高程分析理论应用于复杂大流域的适用性问题；归纳了利用 DEM 和 ArcGIS 技术计算斯特拉勒积分的方程式。从而在仅利用社会公共资料的条件下，建立起一种与原则选线阶段精度要求相匹配的区域性地震触发崩塌、滑坡危险性预测方法，并通过了 21 世纪以来三次 7 级以上大地震实震资料的检验。本书提出的方法亦可为其他诱因的区域性山地灾害危险性预测提供借鉴。

## 2.3　对抗性原理在判定地震崩塌、滑坡优势方向上的应用

2008 年发生在龙门山地区的“5·12”汶川地震是有现代观测仪器以来世界上地震触发崩塌、滑坡灾害最严重的一次大地震，2013 年 4 月 20 日 8 时 2 分(北京时间)，龙门山地区的雅安市芦山县发生了 $M_s$ 7.0 级的强震，是 21 世纪以来我国地震触发山地灾害严重性仅次于汶川地震的事件。

地震崩塌、滑坡的发生部位一般位于山脊附近或山坡的坡肩等较高部位，并且由于在启动阶段获得地震动赋予的初始速度，导致运移距离较远，所以在对地震触发崩塌、滑坡危害范围预测时，除运移距离外，运动方向的判定也是重要的依据。

汶川地震前，李忠生根据已有滑坡调查资料的统计，认为地震诱发的滑坡方向与地震波传播方向之间无明显的联系。Kamp 对 2005 年巴基斯坦控制的克什米尔地区地震滑坡的研究发现 70%的滑坡发生在朝南的斜坡上，认为这与南向坡降水量大、风化严重有关，而没有从地震波传播理论上进行解释(Kamp et al.，2008)。汶川地震后，黄润秋等(2009)认为在强震作用下，地形条件对滑坡的滑动方向不再起到绝对的控制作用，起控制作用的是强大的断层惯性运动，而不是重力和地震波；许冲等(2010，2011，2013)通过制作滑坡面积坡向和滑坡数量坡向分布的直方图、计算滑坡的点密度和面密度、对坡向的确定性分析，认为地震滑坡或是受到了地壳主应力方向、上盘逆冲方向或者地震波的传播方向的影响；许强和李为乐(2010)统计了不同坡向上滑坡灾害的发育密度和大型滑坡坡向与发震断层之间的关系，得出汶川地震诱发滑坡具有“背坡面效应”和“断层错动方向效应”。上述文献在表述上有不同，但是汶川地震的崩塌、滑坡方向受到了发震断层运动惯性力的控制这一观点基本得到认可。

汶川地震中断层运动明显，沿龙门山断裂带产生了规模宏大的地表破裂带(总长度约 340km)，崩塌、滑坡的展布明显受到活动构造的控制，86%的失稳斜坡分布在断层两侧 10km 范围以内。但是芦山地震地震能量只相当于汶川地震的 1/32，且为典型的盲断层型地震(徐锡伟等，2013)，又没有发现明显的地表破裂带，断层运动惯性力并不明显，对汶川地震的认识不能直接用于推断芦山地震的规律。因此，有关影响芦山地震触发崩塌、滑坡优势方向的因素及其控制机理等，构成了新的科学问题。

### 2.3.1 芦山地震背景

芦山地震震区基本属于青衣江流域，青衣江主源为宝兴河，在飞仙关处与天全河等河流交汇后，于乐山草鞋渡处汇入大渡河。流域地形大致以双石—大川断裂为界，分东西两大片。东面(下盘)属低山丘陵区，地势平缓，海拔600～1100m，河谷呈U形，有宽阔的漫滩和阶地，河道比降约1.8‰。西面(上盘)由宝兴河流域、天全河流域构成，多为高山峡谷，森林广布，覆盖良好，海拔一般在1000m以上，河谷多呈V形，漫滩阶地极少，河道比降大于8‰。

芦山地震发生在龙门山推覆构造带上，震中坐标为30.284°N，102.956°E，震源深度为12.3km。该推覆构造带是青藏高原东部巴颜喀拉地块与华南地块的边界。地震属于典型的盲逆断层型地震，并没有产生明显的地表破裂带；其发震断层尚未出露地表，隐伏在地下(徐锡伟等，2013)，多认为是双石—大川断裂发生了逆冲错动(王卫民等，2013；张勇等，2013)。双石—大川断裂是龙门山前山断裂南段的组成部分，分布在天全至都江堰之间，北起大邑双河一带，向南经西岭在芦山大川小河村北一带延入雅安，经大川、太平、双石直至天全西南一带，走向为北东43°，倾向北西，倾角45°～65°，雅安市境内长约85km。

### 2.3.2 重力作用对崩塌、滑坡方向的影响

一般的斜坡失稳破坏，山地高差起伏产生的重力是决定性的动力来源。在地震力相对较小、地表破裂带不明显的情况下，重力方向可能仍对崩塌、滑坡方向起着全局性的首要控制性作用。

崩塌、滑坡的方向是指其运动主轴线在平面上的投影的方向。将所有的滑动方向按照10°进行分组，绘制崩塌、滑坡个数分布的玫瑰图，如图2-4所示。由此可知，崩塌、滑坡的优势方向非常明显地在南东东至南之间。

坡向定义为坡面法线在水平面上的投影方向，也就是坡体坡度最大的方向，可以看做该坡体的重力方向。通过ArcGIS中的坡向工具，在3×3的局部窗口中通过D8算法，确定像元到其临近像元方向上值的变化率最大的下坡方向，即为该像元的坡向。将震区内的所有坡体的坡向按照10°分组，绘制玫瑰图，如图2-3所示，可知优势方向为东南方向，这与滑坡的优势方向是吻合的。因此在芦山地震，重力方向对崩塌、滑坡方向起着全局性的首要控制性作用的推断得到了实震资料的证实。

以上研究表明，重力作用是对崩塌、滑坡的优势方向起全局性控制作用的首要因素。现从更精细的角度研究重力影响之外的其他因素的作用。

### 2.3.3 基于确定性分析方法的崩塌、滑坡方向的影响因素

1. 新构造应力场对崩塌、滑坡方向的影响

1)影响机理

芦山地震诱发了大量崩塌、滑坡和泥石流等地震次生山地灾害，其中以崩塌的数量最多。震区内广泛分布着白垩系夹关山组($K_2j$)砂泥岩互层、白垩系至古近系($K_2$—$E_1d$)

厚层大溪砾岩和泥盆系观雾山组($D_3gw$)灰岩等硬岩地层，岩体节理十分发育，在不利组合切割下，岩块通常发生以结构面控制破坏为代表的失稳破坏，如图 2-17 所示。

(a)宝盛大桥处的崩塌(30.309°N，103.034°E)　　(b)崩塌示意图

图 2-17　结构面控制崩塌方向

如 2.1 节所述，沙伊德格尔在对抗性原理中指出，在新构造应力场作用下，岩体内部会形成一对共轭的剪裂面(X 型破裂)，在硬岩地区易于形成崩塌的有效结构面；在软岩、土地区，地表径流的作用下易于形成滑坡底部的软弱结构面。新构造应力场受控于板块构造运动，在大范围上作用，作用时间长，累计效应显著。在应力场的主压应力方向上的坡体长期处于挤压状态，则易于发生崩塌滑坡灾害。实震资料表明，地震触发的崩塌、滑坡也有这样的规律。例如，艾南山通过对甘肃东部的天水地震和通渭地震中形成的长度大于 500m 的 386 次滑坡事件进行分析发现，滑动的优势方向与该区域的新构造应力场的主压应力方向一致(艾南山和唐少卿，1983)。由此认为，在芦山地震中，新构造应力场可能也是崩塌、滑坡方向的一个重要影响因素。

2)芦山地震震区新构造应力场状态

通常情况下，可以通过钻孔资料或者震源机制解来推求构造应力场方向，但是研究区可能不具备这些条件，为此，本书使用一种基于对抗性原理推求新构造应力场方向的方法。

根据对抗性原理，水系格局是内外营力作用的产物，外力赋予水系方向分布的随机性，而内力却使其具有系统性、规律性。在新构造应力场的作用下，沿共轭剪切方向，岩石容易遭受破坏而形成断裂带，平行于活动断裂方向上的岩石抗侵蚀能力减弱，这就为水系大致沿平行于活动断裂走向的方向发展演化提供了足够的空间，因而沿节理破裂发育的水系排列的优势方向可以反映新构造运动以来的应力分布状态。根据莫尔强度理论，共轭剪节理的锐角角平分线即为主压应力方向。若将区域内的河流看作一组共轭剪节理，考虑岩石内摩擦力的影响，剪裂角一般在 30°左右，那么共轭剪节理的夹角至少在 30°以上(何铭勋，1979)。

提取研究区域内的河网(图 2-18)，将河流的自由端或交汇点作为结点，然后用直线连接结点，湖泊则取其长轴方位，这样就得到该水系的折线图。以折线线段的长度表示相应的权重，每条线段就变成了一个包含方向和长度两个变量的统计单位。根据上述资料统计，绘制水系方向玫瑰图(图 2-19)，这里用极方向(pole direction)来代替河谷走向(旋转河谷走向 90°即可得到)。图中每条线的间距为 10°。从玫瑰图中用非参数统计方法，可以发现第一个河谷的优势走向为 90°；在第一优势方向两侧 30°以外的区域寻找第二优势走向，为 145°。将这两个方向视作在构造应力场作用下的一对共轭剪切方向，则此对剪切面相交的锐角等分线代表主压应力方向($P=113°$)。

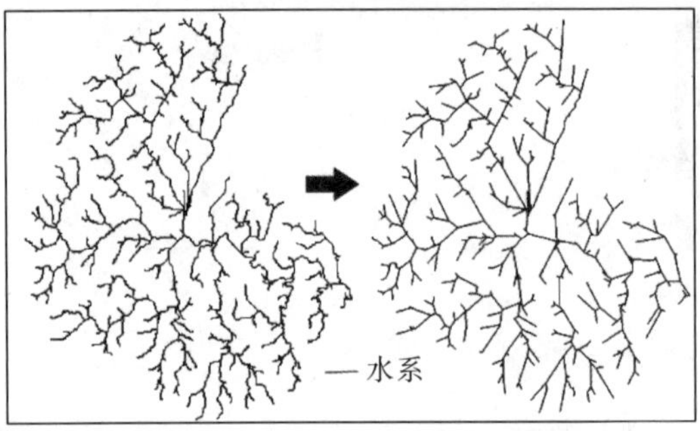


图 2-18 研究区域内的河网折线化

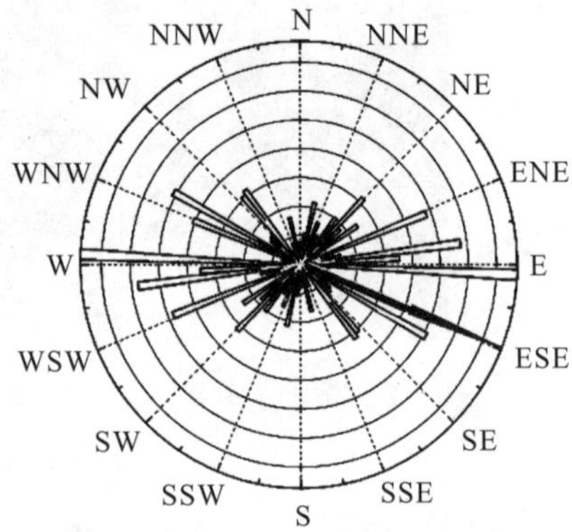


图 2-19 研究区域水系方向分布玫瑰图及主应力方向示意图

2. 地震加速度对崩塌、滑坡方向的影响

1)影响机理

地震荷载通过坡体的波动震荡产生的累进破坏和触发效应致使边坡失稳。累进破坏效应，是指在某一强度的外力或者地震作用下，作用一次岩土体并不能破坏，但是这一强度的外力或者地震力反复作用多次以后却引起了岩土体的破坏。触发效应是指无论是经过反复震荡的斜坡，还是天然斜坡处于或者接近极限平衡状态时，坡体继续受波动震荡作用的时候，震动产生的惯性力会激发坡体下滑，发生崩塌、滑坡(毛彦龙等，1998)。也就是说，在地震过程中，地震加速度累计量最大的方向上更容易产生崩塌、滑坡。

2)芦山地震台站最大累计加速度方向

已有研究证明，水平地震加速度对崩塌、滑坡的发生起主导作用(王秀英等，2009)，那么本书就选取水平方向地震加速度作为研究对象。将地震动记录中每个时间点的南北方向和东西方向的加速度矢量叠加，然后遍历整个地震动过程，将方位角相同的加速度大小累加，累加得到的最大值对应的方位角即为本台站最大累计加速度的方向。最大累计加速度综合了台站记录振幅、持时、方向等信息，比受干扰因素影响多的峰值加速度更能准确的反映真正的地震动水平，比一些表征能量的参数(如 Arias 强度)增加了方向属性，与崩塌、滑坡的方向关系更为密切。

选取Ⅶ度烈度区内的 7 个台站，求解其累计最大加速度方向，如图 2-20 所示。地震台站的加速度的时程记录中，一般同步记录北南方向、东西方向、垂直方向的加速度时程，在每个加速度时程记录时，起始触动向上的标注为正，反之向下的标注为负，根据这个原理，在上述的加速度记录过程中，正号分别代表着北、东、上，负号分别代表着南、西、下。将每个时间点的北南方向和东西方向的加速度合成，得到一组数据($\theta_0$，$l_0$)，其中 $\theta_0$ 表示方位角，$l_0$ 表示相对应的加速度的大小。将这一组数据每 10°分为一个单元统计，得到一组数据($\theta$，$l$)，其中，$\theta$ 表示在这个统计单元内以长度为权重的方向的加权平均值，$l$ 表示每个统计区间内加速度累加之和。在($\theta$，$l$)这组数据中，选取累计加速度大小($l$)的最大值 $l_{max}$，即为该台站的累计加速度最大值，$l_{max}$对应的角度即为最大累计加速度的方向。

考虑地震波传播的地形效应，将研究区域(Ⅶ度烈度区)做如下划分。芦山地震下盘地形简单，主要由平原、丘陵、中低山组成，地形效应对地震波传播的影响较小，因此，可将下盘作为一个单元处理；芦山地震的上盘由中高山组成，主要由宝兴河流域和天全河流域构成，该两流域的地形地貌差异明显，因此，在上盘采用按流域分区的原则。这样将研究区域划分为下盘、宝兴河流域、天全河流域三个分区，如图 2-20 所示。根据前

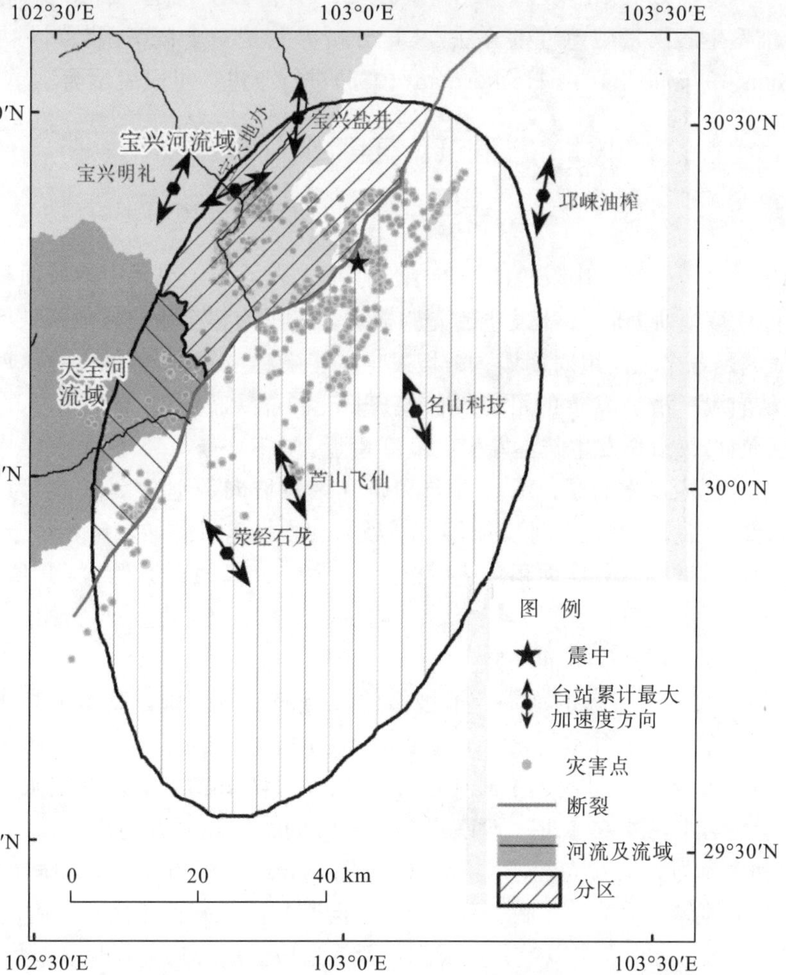


图 2-20　地震台站分布、台站的最大累计加速度方向及分区结果

人的研究，地震台站周围 20km 范围内的地震动可由台站记录所代表(王秀英等，2010)。据此，从图 2-20 可以看出，下盘台站基本随着断层的展布而均匀分布，基本可以将下盘内灾害点覆盖在影响范围内。而上盘台站分布在宝兴河流域内，其影响范围仅限于宝兴河流域。

根据以上分析可知，下盘区域内有四个加速度台站，由左下到右上的优势方向依次为南东—北北西、南东—北西、南东南—北北西、南—北。左下方的三个台站加速度优势方向大致一致，与断裂方向垂直，最上面的一个台站的优势方向与断裂方向的夹角较大。宝兴河流域内的台站集中在左上角，台站的优势方向分别为南—北、南西西—北东东、北北东—南南西。大致都是与断裂方向平行或者有较小的夹角。天全河流域区域内没有加速度台站。

3. 新构造应力场和当地加速度对崩塌、滑坡方向的影响

由图 2-3、图 2-4 可知，重力控制作用的绝对优势掩盖了其他因素对崩塌、滑坡方向的影响。为此，在研究其他因素对崩塌、滑坡的影响作用时，必须采用确定性系数分析方法消除这一掩盖效应。滑坡的确定性系数(CF)分析方法，是一种结合确定性系数来分析影响滑坡发生各因素敏感性的方法。CF 分析方法是一个概率函数，最早由 Shortliffe 和 Buchanan(1975)提出，由 Heckerman(1985)进行改进，可以表示为

$$CF=\begin{cases}\dfrac{PP_a-PP_s}{PP_a(1-PP_s)} & (PP_a\geqslant PP_s)\\ \dfrac{PP_a-PP_s}{PP_s(1-PP_s)} & (PP_a<PP_s)\end{cases} \tag{2-6}$$

式中，$PP_a$ 为因子分级 $a$ 中发生滑坡的条件概率，表示为 $a$ 单元中滑坡面积的百分比值；$PP_s$ 为事件在整个研究区 $A$ 中发生的先验概率，表示为整个研究区的滑坡面积百分比值。CF 值表征的是各个坡向组对崩塌、滑坡发生的影响程度。CF 值的变化区间是[−1，1]，CF>0 表示崩塌、滑坡发生的可能性较高；CF<0 表示崩塌、滑坡发生的可能性较低；CF=0 表示崩塌、滑坡发生与不发生的概率接近。

在每个分区内，将崩塌、滑坡方向和研究区域坡向数据分别以 10°为一组分组。在 ArcGIS 软件中将坡向数据与地震崩塌、滑坡方向数据进行叠加，计算每个因子层中每一类数据中地震滑坡的百分比面积。然后根据式(2-6)计算该数据类的 CF 值，从而定量确定各个方向的滑坡敏感性。得到三个分区内不同方向的 CF 值并与新构造应力场的主应力方向、最大累计加速度方向叠加，如图 2-21 所示。

由图 2-21 可知，下盘的崩塌、滑坡敏感性方向非常集中，基本上在东—南区间内；区域内均匀分布的四个台站的累计加速度优势方向完全控制了崩塌、滑坡的敏感性方向，新构造应力场主应力方向代表了其中一个崩塌、滑坡敏感方向。在宝兴河流域，崩塌、滑坡的敏感性方向集中在东北—西南方向、东方向、西北西方向；台站的累计加速度的优势方向和主应力方向共同控制了所有的崩塌、滑坡敏感方向，方向间的误差在 10°以内。在天全河流域，东北、东南、南、西等方向都是高敏感性方向；新构造应力场方向控制了其中一个敏感方向。由以上分析可知，新构造应力场方向是崩塌、滑坡方向的全局性的影响因素；各区域最大累计加速度方向则反映了当地除构造应力场以外的敏感性方向。

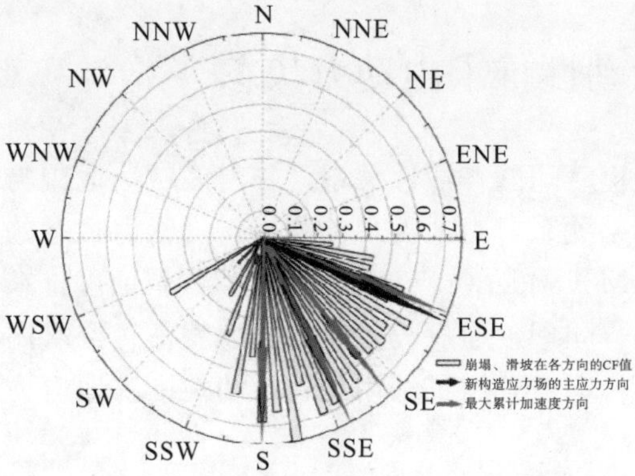


(a)下盘

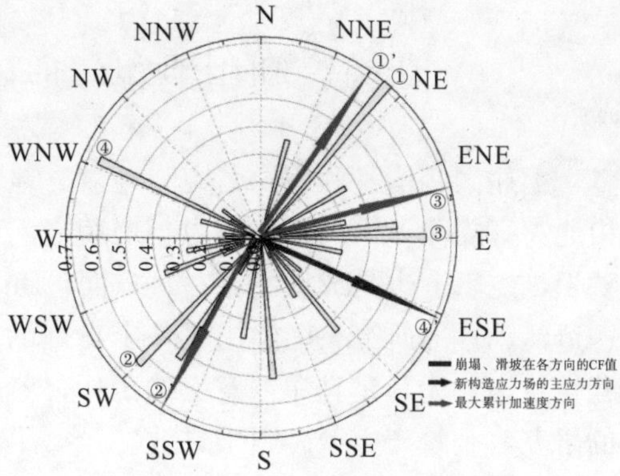


(b)宝兴河流域

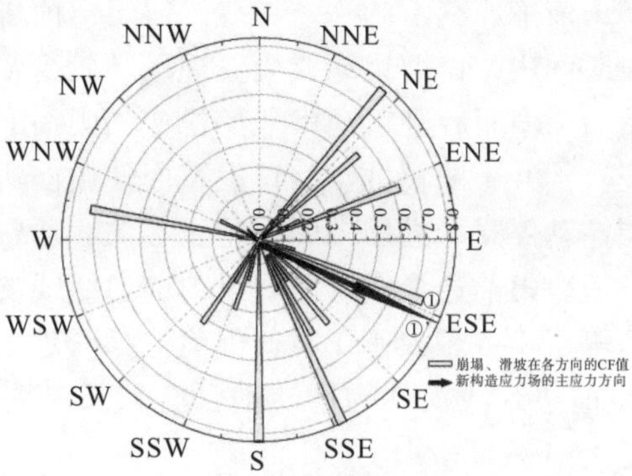


(c)天全河流域

图 2-21　各区域内敏感性方向影响因素分析

结论：

(1)一般大于 6.5 级(或 7 级)的地震都会出现永久位移或地表破裂。尽管芦山地震震级达到了 $M_s$ 7.0，但没有发生明显的地表破裂，属于典型的盲逆断层型地震，断层运动惯性力控制作用在芦山地震中表现不明显。通过统计分析，重力是崩塌、滑坡方向全局性的主要控制因素；新构造应力场方向也是崩塌、滑坡方向的全局性的影响因素；此外，各区域最大累计加速度方向反映了当地崩塌、滑坡的敏感性方向。上述三个因素对地震触发崩塌、滑坡方向的控制效应，对于盲断层地震可能是具有普适性意义的规律。

(2)在开展地震触发崩塌、滑坡方向预测的作业时，重力方向可以利用 ArcGIS 中的坡向工具直接确定。关于新构造应力场方向，可以基于对抗性原理，利用当地水系求得。并建议利用中国大陆现今地壳运动 GPS 速度场的最新观测结果进行校核，例如，本书计算的雅安地区新构造应力场主应力方向为 113°，GPS 速度场中的方向约为 122°，二者仅相差 9°，可以认为本书计算的青衣江流域的新构造应力场主应力方向得到了检验。关于研究区最大累计加速度的方向，可以根据当地的《场地地震安全性评价报告》中对应于三种不同随机相角的三条加速度时程曲线，将其两两组合，分别将其设定为沿 $X$、$Y$ 轴传播，按照矢量叠加的原理得到累计加速度方向分布的玫瑰图，取最大累计加速度方向作为当地最大累计加速度方向。

## 2.4　利用地貌、地震活动性推求内动力状态

上述案例均是利用内营力与地貌、地表过程之间的普适性关系，获得区域性地貌与山地灾害规律。而利用内营力与地貌之间的因果关系，由地貌现象获得对内营力状态的认识，逻辑上也是成立的，在这方面，Bull 和 McFadden(1977)用山前边缘线弯曲度推求构造活动性的研究，已给出了一个良好的范例。同理，通过较易获得的地貌信息推求内营力状态，无疑是具深远意义的工作，鉴于此，本书开展了利用地震活动性推求地应力的研究，企盼产生抛砖引玉之效。

### 2.4.1　通过山前边缘线弯曲度推断断层活动性

山前边缘线是山地与山前平原交汇的一条界线。假定山前边缘线由断层抑制，在断层活动初始或一定的一段时间内，山前边缘线受侵蚀破坏较少，且两河流之间山脊前端山嘴受片状流水侵蚀和重力崩塌而后退，但其速度很慢，因而山边线的走向弯曲度较小。如果断层活动减弱或停止，沟并不断侵蚀，沟口展宽而使山前边缘线变得弯曲。因而山前边缘线的弯曲度和断层活动停息后经历的时间呈正相关。通常用山前边缘线弯曲度大小来衡量断层活动时间长短。山前边缘线弯曲度以山前边缘线的实际长度和其间的直线长度之比来表示。当比值等于 1 或稍大于 1 时，山前边缘线近于直线，表示断层活动时间很近；弯冲度较大的山前边缘线反映构造活动已有较长时期，活动性已减弱进入平静期。

Bull 和 McFadden(1977)曾用这种方法对美国加利福尼亚州断层活动进行研究，指出断层北段，山边线弯曲度比值较低，反映断层近期有过活功。断层南段，弯曲度比值较大，表示构造相对稳定。

山前边缘线弯曲度除与断层活动时间的长短有关外，还受山地岩性和河流规模的影响。坚硬岩石山地河流和宽度较小山地的短小河流，其侵蚀速率都较小。如河流侵蚀速率和山嘴侵蚀后退速率相近，则山地边缘线弯曲度随时间的增长变化不大，不受断层活动以来的时间影响。

### 2.4.2　基于地震活动性的地应力计算修正模型

地应力是长大深埋隧道工程设计所需的重要参数，现场钻探是获得准确初始地应力的可靠手段，但是在铁路选线的可行性研究阶段，由于线路方案尚未确定，不宜开展大规模的地应力现场钻探工作，因此地应力评估模型的发展就成为具有明确应用背景的课题。

目前，在地应力场分布特征的研究中多采用统计实测地应力、建立回归模型的方法来分析主应力随埋深的分布规律。主要代表性的工作为：中国科学院武汉岩土力学研究所对中国大陆地区实测地应力沿埋深分布规律做的相关研究(景锋等，2007)；中国地震局地壳应力研究所根据统计的地应力实测数据对中国陆域八大地块水平主应力随埋深分布规律进行的回归分析(杨树新等，2012)。但是上述研究工作提出的回归模型中，由于公式仅有一个自变参量，即埋深 $H$，当模型的统计样本未涵盖评估区域时，就可能造成

较大误差。因此，希望在回归模型中引入能反映当地地应力状态的参数，对现有公式进行改进，通过增加信息量的手段，提高计算精度。

基于地震活动性参数 $b$ 值与地应力的反相关关系，以川藏交通廊道地应力分析为例，根据历史地震资料，绘制了 $b$ 值的空间分布云图；基于研究区已有地应力实测数据，以埋深 $H$ 和 $b$ 值作为自变参量，拟合得到地应力量值的评估模型。从而在仅利用社会公共资料的条件下，建立起一种与选线原则方案确定阶段精度要求相匹配的区域地应力计算方法。

1. $b$ 值与地应力的关系

1941 年 Gutenberg 和 Richter 通过对大量地震资料研究发现：地震震级 $M$ 与大于等于震级 $M$ 的地震数目 $N$ 之间存在式(2-7)所示的幂律分布关系，即 $G$-$R$ 关系。

$$\lg N = a - bM \tag{2-7}$$

式中，$a$、$b$ 为常数，是描述地震带内地震震级频度分布特征的重要参数，可以根据地震资料通过式(2-7)计算获得，其中 $a$ 反映平均地震活动水平，$b$ 反映大小地震的比例关系。

随后，在地震预报领域，研究发现：大震前震源及附近区域经常会出现某些震级档内的地震增多或减小，导致出现大小地震比例失调、$b$ 值减小的异常现象，此外，区域应力积累水平升高是大地震发生的必要条件，因此认为，$b$ 值反映了地应力状态，二者成反比。

之后，地震学家根据单轴压缩试验过程中产生的声发射(AE)现象对上述假说进行了验证。岩石的声发射现象描述为：岩石受力变形时，在岩体内原先存在或新产生的裂缝周围形成应力集中，这些局部应力集中区不均匀发展，并发生突然的破裂，从而向四周辐射弹性波的现象。声发射活动与地震活动的机制最为接近，在统计参数上与地震活动性的可对比性也最强，具体表现为：实验记录到的声发射次数与声压幅值关系满足幂律分布性质，幂指数 $m$ 值与 $b$ 值存在式(2-8)所示的关系。

$$b = m - 1 \tag{2-8}$$

最早的代表性实验为：Scholz(1968)通过岩石破裂实验发现，六种不同种类岩石单轴压缩实验中声发射 $b$ 值不仅为一常数，而且随着应力的增加 $b$ 值出现明显下降的现象，即岩石处于高应力状态时，$b$ 值低。

1986 年，国家地震局地球物理研究所(李纪汉，1978)对 Scholz 岩石破裂实验进行了验证。通过对五种岩石测量记录曲线和数据进行分析处理，得到实验结果与 Scholz 的实验结果相同，表现为：$b$ 值随应力的增加而降低，且在达到破裂应力之前 $b$ 值下降较快。声发射 $b$ 值随应力变化如图 2-22 所示。

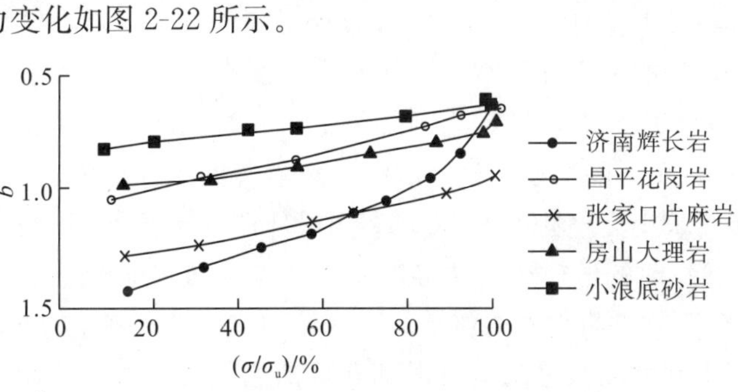


图 2-22　五种岩石声发射 $b$ 值随应力变化图

Wiemer 和 Wyss(1997)及 Wyss 等(2000)基于岩石破裂的实验研究以及矿山岩石破裂观测结果得到：岩体内构造应力的大小与 $b$ 值成反比，低 $b$ 值区具有更高的应力积累。

综上所述，$b$ 值与区域应力水平成反比的关系得到了证实。由于 $b$ 值是可以通过地震资料进行计算获得的参数，因此，在水平主应力随埋深分布规律统计回归方程的基础上，可以增加 $b$ 值作为反映各地地应力状态的信息参量来建立地应力的评估模型。

2. 川藏交通廊道 $b$ 值的空间分布

川藏交通廊道穿越印度洋板块俯冲欧亚板块形成的青藏高原，板块边界的作用力是构造变形的主要动力源，同时造成板块内部地震活跃、大地变形、高地应力等现象(姚令侃等，2012)。如图 2-23 所示，从青藏高原东缘进藏，需穿越三大缝合带(金沙江缝合带、班公怒江蛇绿岩缝合带、雅鲁藏布江蛇绿岩缝合带)和七大断裂带(龙门山断裂带、鲜水河断裂带、甘孜—理塘断裂带、金沙江—红河断裂带、甲桑卡—赤布张错断裂带、纳木错—仲沙断裂带、嘉黎—然乌断裂带)，构造活动较强烈。此外，进藏线路靠近龙门山地震带，穿越甘孜炉霍地震带、雅鲁藏布江地震带，地震烈度均在Ⅷ度以上，地震活动强烈。

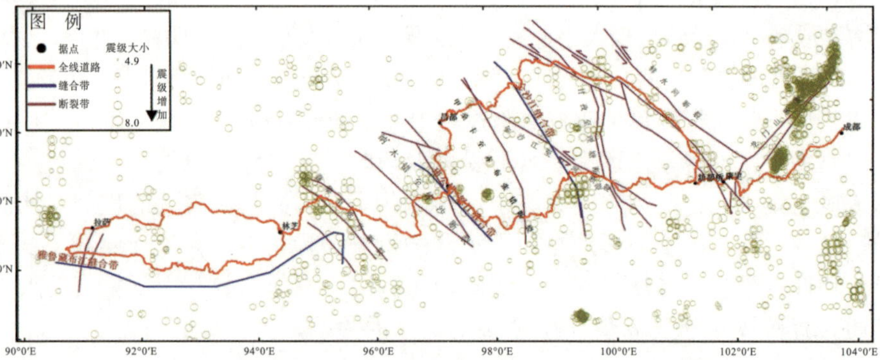


图 2-23 川藏交通廊道线路、断裂带、缝合带、中小地震震中分布图

以川藏交通廊道为例，将 28°～32.1°N、90.1°～104.1°E 范围内，1970 年 1 月至 2013 年年底 45 年间的地震资料作为研究基础(中小地震震中分布如图 2-23 所示)，将地震记录以 0.2 震级档为间隔进行分级整理；利用 ArcGIS 软件将研究区平面图以 0.1°×0.1°的间距进行网格化，挑选出以每个网格节点为圆心、半径为 $r$ 的圆形统计单元内的地震资料(易桂喜等，2004，2006)，对于多数节点，统计单元的半径 $r$ 值为 30km，但由于地震活动程度存在较大差异，对于地震分布较稀疏的局部区域，统计单元 $r$ 值可适当扩大，以满足统计所需的地震样本数；对于每一个统计单元，采用非线性拟合方法计算出常数 $a$、$b$ 以及拟合优度 $R^2$，确定能满足整个研究时段的最小完整性震级 $M_c$(刘丽芳等，2012)，不同统计单元的最小完整性震级是有差异的，计算中选择拟合优度 $R^2$ 取最大值时对应的震级为最小完整性震级 $M_c$；利用最佳拟合优度法(谢卓娟等，2012)，得到最小完整性震级取 $M_c$ 时的地震活动性参数 $b$ 值，作为该单元中心点(即网格节点)的计算 $b$ 值；利用 ArcGIS 软件将得到的整个研究区域扫描计算网格点的 $b$ 值对离散点进行插值计算，经数值范围和区域颜色调整后得到 $b$ 值的空间分布等值线图，即川藏交通廊道 $b$ 值空间分布云图，如图 2-24 所示。

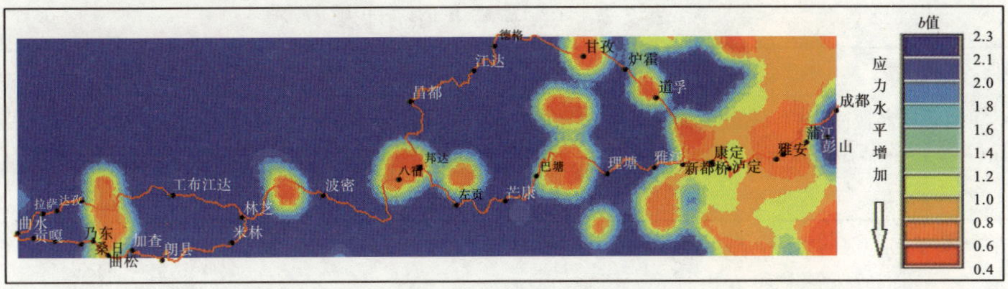


图 2-24　川藏交通廊道 b 值空间分布云图

由图 2-25 可知，通过精细计算发现，川藏交通廊道 b 值空间分布沿构造断裂带存在明显的空间差异，反映出不同断裂带以及同一断裂带不同断裂段现今应力积累水平的差异；川藏交通廊道中雅安、八美、道孚、甘孜、巴塘—二九六工班、邦达—八宿、通麦、墨竹工卡、曲松等地为异常低 b 值区，地应力积累水平较高。

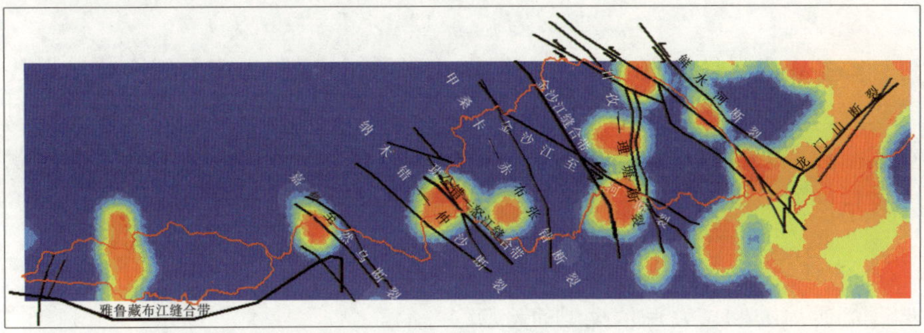


图 2-25　川藏交通廊道 b 值空间分布及断裂带、缝合带分布图

## 3. 川藏交通廊道地应力评估模型

### 1)川藏交通廊道地应力评估模型的建立

本书收集了 10 个测区(徐林生等，2002；曹忠权等，2003；彭华等，2006；景锋等，2007；王帮群和刘汉东，2007；赵勇进，2010；孙晓光，2011；秦向辉等，2013；吴满路等，2013)(具体测点位置如图 2-26 所示)，102 组原始实测数据。所收集的原始地应力数据测量方法多为钻孔应力解除法和水压致裂法，少数来自凯瑟尔效应法；地应力测试工程主要包括：南水北调西线一期工程、二郎山隧道、嘎隆拉隧道、大岗山水电站、两河口水电站等，相应测点的 b 值见表 2-2。

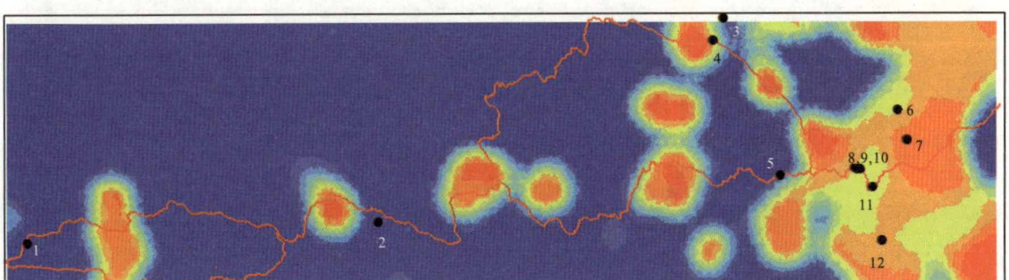


图 2-26　川藏交通廊道 b 值空间分布与实测点分布图

1. 冈底斯地块南部 CK3 钻孔；2. 嘎隆拉隧道；3. 泥曲 ZK09 钻孔；4. 甘孜绒岔寺，石门坎；5. 两河口水电站；6. 硗碛测点；7. 宝兴测点；8、9、10. 康定测点；11. 二郎山隧道；12. 大岗山水电站

表 2-2　实测点与 $b$ 值统计表

| 图中编号 | 1 | 2 | 3 | 4 | 5 | 6 | 7 | 8、9、10 | 11 | 12 |
|---|---|---|---|---|---|---|---|---|---|---|
| 测点 | 冈底斯地块南部 CK3 钻孔 | 嘎隆拉隧道 | 泥曲 ZK09 钻孔 | 甘孜绒岔寺、石门坎 | 两河口水电站 | 硗碛测点 | 宝兴测点 | 康定测点 | 二郎山隧道 | 大岗山水电站 |
| $b$ 值 | 2.5 | 2.5 | 1.5 | 0.611 | 1 | 1.035 | 0.63 | 1.04 | 1.03 | 0.89 |

注：在计算不出 $b$ 值的地区，做插值计算时令 $b$=2.5

中国陆域八大地块中，川藏交通廊道范围内青藏地块和南北地震带中段地块水平主应力随埋深分布规律统计回归方程如式(2-9)和式(2-10)所示。

青藏地块：

$$\sigma_1 = 0.0292 \times H + 5.185 \quad (R^2 = 0.81) \tag{2-9}$$

南北地震带中段：

$$\sigma_1 = 0.0209 \times H + 6.134 \quad (R^2 = 0.93) \tag{2-10}$$

通过计算各实测点最大主应力 $\sigma_1$ 与埋深 $H$ 的统计回归方程及拟合优度，找到实测数据记录较好的测点：两河口水电站测点、宝兴测点、泥曲 ZK09 钻孔测点；拟合上述三个测点实测数据以及各自地区的 $b$ 值，得到 $\sigma_1$、$H$、$b$ 值三者的关系式即川藏交通廊道地应力评估模型。

$$\sigma_1 = 2.27076 - 1.417 \times b + 0.05004 \times H \quad (R^2 = 0.72) \tag{2-11}$$

2)川藏交通廊道地应力评估模型的检验

分别用地应力评估模型和统计回归模型对建立评估模型时未使用的硗碛测点、康定测点和墨竹工卡测点实测数据进行计算分析。相应最大水平主应力实测值、地应力评估模型计算值及相对误差、统计回归模型计算值及相对误差见表 2-3。通过对 33 组数据分析发现：有 24 组(72.7%)数据地应力评估模型计算值的相对误差比统计回归模型计算值的相对误差小；有 28 组(84.8%)数据地应力评估模型计算值的相对误差小于 70%；有 23 组(69.69%)数据地应力评估模型计算值的相对误差小于 60%。

由此可见，地应力评估模型较统计回归模型计算效果更好，评估精度明显提高。

表 2-3　部分实测点最大主应力实测值、计算值、统计回归值对比表

| 实测地点 | $b$ 值 | 埋深/m | $\sigma_1$ 实测值/MPa | $\sigma_1$ 地应力评估模型计算值/MPa | 相对误差 1 | $\sigma_1$ 统计回归模型计算值/MPa | 相对误差 2 |
|---|---|---|---|---|---|---|---|
| 硗碛测点 | 1.035 | 80.50 | 5.25 | 4.83 | −0.08 | 7.82 | 0.49 |
| | | 117.50 | 6.66 | 6.68 | 0.00 | 8.59 | 0.29 |
| | | 135.00 | 5.25 | 7.56 | 0.44 | 8.96 | 0.71 |
| | | 167.00 | 5.47 | 9.16 | 0.67 | 9.62 | 0.76 |
| | | 174.50 | 13.06 | 9.54 | −0.27 | 9.78 | −0.25 |
| | | 192.07 | 15.27 | 10.42 | −0.32 | 10.15 | −0.34 |
| | | 201.27 | 18.63 | 10.88 | −0.42 | 10.34 | −0.44 |
| | | 214.37 | 23.73 | 11.53 | −0.51 | 10.61 | −0.55 |

续表

| 实测地点 | b 值 | 埋深/m | $\sigma_1$ 实测值/MPa | $\sigma_1$ 地应力评估模型计算值/MPa | 相对误差 1 | $\sigma_1$ 统计回归模型计算值/MPa | 相对误差 2 |
|---|---|---|---|---|---|---|---|
|  |  | 158.34 | 17.68 | 8.72 | −0.51 | 9.44 | −0.47 |
|  |  | 171.15 | 22.51 | 9.36 | −0.58 | 9.71 | −0.57 |
|  |  | 180.15 | 14.99 | 9.81 | −0.35 | 9.90 | −0.34 |
|  |  | 195.27 | 22.74 | 10.57 | −0.54 | 10.22 | −0.55 |
|  |  | 207.35 | 24.46 | 11.17 | −0.54 | 10.47 | −0.57 |
|  |  | 212.63 | 25.32 | 11.44 | −0.55 | 10.58 | −0.58 |
|  |  | 55.00 | 1.74 | 3.55 | 1.04 | 7.28 | 3.19 |
|  |  | 81.00 | 2.84 | 4.85 | 0.71 | 7.83 | 1.76 |
|  |  | 94.00 | 3.25 | 5.50 | 0.69 | 8.10 | 1.49 |
|  |  | 117.00 | 2.46 | 6.65 | 1.70 | 8.58 | 2.49 |
|  |  | 136.00 | 3.67 | 7.60 | 1.07 | 8.98 | 1.45 |
|  |  | 143.00 | 2.13 | 7.95 | 2.73 | 9.12 | 3.28 |
| 康定测点 | 1.04 | 172.00 | 6.41 | 9.40 | 0.47 | 9.73 | 0.52 |
|  |  | 186.00 | 6.31 | 10.10 | 0.60 | 10.02 | 0.59 |
|  |  | 86.00 | 3.46 | 5.10 | 0.47 | 7.93 | 1.29 |
|  |  | 92.90 | 4.81 | 5.45 | 0.13 | 8.08 | 0.68 |
|  |  | 103.50 | 5.6 | 5.98 | 0.07 | 8.30 | 0.48 |
|  |  | 108.86 | 4.89 | 6.24 | 0.28 | 8.41 | 0.72 |
|  |  | 114.50 | 5.47 | 6.53 | 0.19 | 8.53 | 0.56 |
|  |  | 121.50 | 18.19 | 6.88 | −0.62 | 8.67 | −0.52 |
|  |  | 131.00 | 9.52 | 7.35 | −0.23 | 8.87 | −0.07 |
|  |  | 162.50 | 23.95 | 8.93 | −0.63 | 9.53 | −0.60 |
|  |  | 171.90 | 30.69 | 9.40 | −0.69 | 9.73 | −0.68 |
|  |  | 185.17 | 16.61 | 10.06 | −0.39 | 10.00 | −0.40 |
| 墨竹工卡 | 0.77 | 250.00 | 30.00 | 13.69 | −0.54 | 12.48 | −0.58 |

注：相对误差 1=$\frac{\sigma_1\text{ 地应力评估模型计算值}-\sigma_1\text{ 实测值}}{\sigma_1\text{ 实测值}}$；相对误差 2=$\frac{\sigma_1\text{ 统计回归模型计算值}-\sigma_1\text{ 实测值}}{\sigma_1\text{ 实测值}}$

结论：

(1)为提高统计回归方程的计算精度，基于地震活动性参数 $b$ 值与地应力的相关关系，提出可利用实测点最大水平主应力 $\sigma_1$ 与埋深 $H$、地震活动性参数 $b$ 值拟合得到地应力评估模型，通过以川藏交通廊道为例的地应力评估模型与现行统计回归模型的对比分析表明，增加了地震活动性参数信息的评估模型较原统计模型计算效果更好。从而建立了一种与选线原则方案确定阶段精度要求相匹配的地应力预测方法。

(2)由于地震活动性参数 $b$ 值的确定对区域内发生地震的记录数据量有一定要求，因此该评估模型不适用于地震活动程度较弱的地区。

## 2.5 总 结

因为山区快速铁路在区间定线时适应微地形的灵活性弱，铁路要控制工程造价，更应注重交通廊道以及大范围方案的比选，这时更需关注的地貌尺度是大型和中型地貌，包括由新构造运动类型和强弱程度所形成的山岳、高原、平原等大规模构造地形；由各种地质构造形态(褶皱、断层)所形成的河谷、分水岭地形；由于外力作用对构造地形的改造所形成的各种剥蚀地形和堆积地形等。但在大方案比选阶段，开展全面细致的地勘工作是不现实的，因此，需要发展认识区域性规律的简便方法。首先，利用内营力与地貌、地表过程之间的普适性关系，对区域性地貌与山地灾害规律进行案例分析；基于地貌循环理论的山地灾害危险性评估方法，建立起一种利用 DEM 和 ArcGIS 技术的区域性崩塌、滑坡危险性预测方法；对抗性原理在判定山地灾害优势方向上的应用，认为新构造应力场方向是除重力方向外，影响崩塌、滑坡方向的全局性因素。其次，利用内营力与地貌之间的因果关系，由地貌现象获得对内营力状态的认识，开展利用地震活动性推求地应力的研究，提出可利用实测点最大水平主应力与埋深 $H$、地震活动性参数 $b$ 值拟合得到地应力评估模型。这些范例性研究尚不构成完整的体系，但在构造地貌学的时空尺度上，配合航卫片等遥感分析技术的应用，确定区域性山地灾害的规律，是很有挖掘潜力的研究方向。

## 参 考 文 献


艾南山．1987．侵蚀流域系统的信息熵．水土保持学报，(2)：1-8.

艾南山，唐少卿．1983．地表形态发育的对抗性原理．兰州大学学报，(2)：122-130.

曹忠权，谢平，金花等．2003．雅鲁藏布江断裂带附近地应力场的变化特征．地球物理学进展，18(1)：167-172.

丁彦慧，王余庆，孙进忠等．2000．地震崩滑预测方法及其工程应用研究．工程地质学报，8(4)：475-480.

何铭勋．1979．构造地质学中的赤平极射投影．北京：地质出版社.

黄润秋等．2009．汶川地震地质灾害研究．北京：科学出版社.

景锋，盛谦，张勇惠等．2007．中国大陆浅层地壳实测地应力分布规律研究．岩石力学与工程学报，26(10)：2056-2063.

李纪汉．1987．$b$ 值影响因素的初步研究．地震学刊，2：49-53.

李天池．1979．地震与滑坡的关系及地震滑坡预测的探讨//铁道部科学研究院西北研究所．滑坡文集(第二集)．北京：人民铁道出版社：127-142.

李忠生．2003．国内外地震滑坡灾害研究综述．灾害学，18(4)：65-71.

刘丽芳，李志海，蒋长胜．2012．云南地区地震目录最小完整性震级研究．地震研究，35(4)：491-499.

毛彦龙，胡广韬，赵法锁等．1998．地震动触发滑坡体滑动的机理．西安工程学院学报，20(4)：47-50，54.

牟乃夏，刘文宝，王海银等．2012．ArcGIS10 地理信息系统教程——从初学到精通．北京：测绘出版社.

牛之俊，王敏，孙汉荣等. 2005. 中国大陆现今地壳运动速度场的最新观测结果. 科学通报，50(8)：839-840.

彭华，崔巍，马秀敏等. 2006. 南水北调西线第一期工程调水区水压致裂地应力测量及其工程意义. 地质力学学报，12(2)：182-190.

乔建平，蒲晓虹. 1987. 川西南滇北接壤带地震滑坡概述. 山地研究，5(3)：181-186.

秦向辉，陈群策，谭成轩等. 2013. 龙门山断裂带西南段现金地应力状态与地震危险性分析. 岩石力学与工程学报，32(1)：2870-2876.

孙晓光. 2011. 墨脱公路嘎隆拉隧道应力测试与反演. 重庆：重庆大学硕士学位论文.

王帮群，刘汉东. 2007. 南水北调西线泥曲—杜柯河段三维初始地应力场反演. 隧道建设，27(2)：12-15.

王卫民，郝金来，姚振兴. 2013. 2013年4月20日四川芦山地震震源破裂过程反演初步结果. 地球物理学报，56(4)：1412-1417.

王秀英，聂高众，王登伟. 2009. 利用强震记录分析汶川地震诱发滑坡. 岩石力学与工程学报，28(11)：2369-2376.

王秀英，聂高众，张玲. 2010. 汶川地震触发崩滑与Arias强度关系研究. 应用基础与工程科学学报，18(4)：645-656.

王余庆，辛鸿博，高艳平等. 2001. 预测岩土边坡地震崩滑的综合指标法研究. 岩土工程学报，23(3)：311-314.

吴立新，史文中. 2003. 地理信息系统原理与算法. 北京：科学出版社.

吴满路，张岳桥，廖椿庭等. 2013. 汶川 $M_s$ 8.0地震后龙门山裂断带地应力状态研究. 地球物理学进展，28(3)：1122-1130.

谢卓娟，吕悦军，彭艳菊等. 2012. 东北地震区小震资料完整性分析及其对地震活动性参数的影响研究. 中国地震，28(3)：256-265.

徐林生，王兰生，徐进等. 2002. 二郎山公路隧道岩体应力测试研究. 华东公路，134：63-66.

徐锡伟，闻学泽，韩竹军等. 2013. 四川芦山7.0级强震：一次典型的盲逆断层型地震. 科学通报，58(20)：1887-1893.

许冲，戴福初，陈剑等. 2009. 汶川 $M_s$ 8.0地震重灾区次生地质灾害遥感精细解译. 遥感学报，13(4)：745-762.

许冲，戴福初，肖建章. 2011. “5·12”汶川地震诱发滑坡特征参数统计分析. 自然灾害学报，20(4)：147-153.

许冲，戴福初，姚鑫等. 2010. 基于GIS的汶川地震滑坡灾害影响因子确定性系数分析. 岩石力学与工程学报，29(z1)：2972-2981.

许冲，徐锡伟，吴熙彦等. 2013. 2008年汶川地震滑坡详细编目及其空间分布规律分析. 工程地质学报，21(1)：25-44.

许冲，徐锡伟，于贵华. 2012. 玉树地震滑坡分布调查及其特征与形成机制. 地震地质，34(1)：47-62.

许强，李为乐. 2010. 汶川地震诱发滑坡方向效应研究. 四川大学学报(工程科学版)，(增刊)：7-14.

杨景春，李有利. 2005. 地貌学原理. 北京：北京大学出版社.

杨树新，姚瑞，崔效峰等. 2012. 中国大陆与各活动地块、南北地震带实测应力特征分析. 地球物理学报，55(12)：4207-4217.

姚令侃，邱燕玲，魏永幸. 2012. 青藏高原东缘进藏高等级道路面临的挑战. 西南交通大学学报，47(5)：719-734.

易桂喜，范军，闻学泽. 2005. 由现今地震活动分析鲜水河中-南段活动习性与强震危险地段. 地震，

25(1)：58-66.

易桂喜，闻学泽，范军等. 2004. 由地震活动参数分析安宁河-则木河断裂带的现今活动习性及地震危险性. 地震学报，26(3)：294-303.

易桂喜，闻学泽，王思维等. 2006. 由地震活动参数分析龙门山-岷山断裂带的现今活动习性与强震危险性. 中国地震，22(2)：117-125.

殷跃平，张永双，马寅生等. 2010. 青海玉树 $M_s$ 7.1 级地震地质灾害主要特征. 工程地质学报，18(3)：289-296.

张勇，许力生，陈运泰. 2013. 芦山 4·20 地震破裂过程及其致灾特征初步分析. 地球物理学报，56：1408-1411.

赵勇进. 2010. 两河口水电站坝区地应力测试成果分析及探讨. 四川水利发电，29(2)：181-183.

中国地震局地震现场应急工作队. 2010. 玉树 7.1 级地震断层地表破裂带和地质灾害调查报. http://www.mlr.gov.cn[2010-4-24].

中国科学院青藏高原综合科学考察队，地球系统科学数据共享平台. 2009. 青藏高原水资源数据(分省). http://www.geodata.cn[2014-1-10].

中国科学院青藏高原综合科学考察队. 1983. 西藏地貌. 北京：科学出版社.

中国科学院青藏高原综合科学考察队. 1984. 西藏河流与湖泊. 北京：科学出版社.

Ambraseys N N，Menu J M. 1988. Earthquake-induced ground displacements. Earthquake Engineering and Structural Dynamics，16(7)：985-1006.

Bull W B，McFaddrn L D. 1977. Tectonic geomorphology North and South of the Garlock Fault. Californila：Geomorphology in Arid Regions：115-138.

Davis W M. 1899. The geographical cycle. Geographical Journal，14(5)：481-504.

Heckerman D. 1985. Probabilistic interpretation for MYCIN's certainty factors. Los Angeles：First Annual Conference on Uncertainty in Artificial Intelligence：167-196.

Jibson R W，Harp E L，Michael J A. 2000. A method for producing digital probabilistic seismic landslide hazard maps. Engineering Geology，58(3-4)：271-289.

Kamp U，Growley B J，Khattak G A，et al. 2008. GIS-based landslide susceptibility mapping for the 2005 Kashmir earthquake region. Geomorphology，101(4)：631-642.

Keefer D K. 1984. Landslides caused by earthquakes. Geological Society of America Bulletin，95(4)：406-421.

Newmark N. 1965. Effects of earthquakes on dams and embankments. Geotechnique，15(2)：139-160.

Rodríguez P M，Pérez G J，García M J. 2011. Applicability of Newmark method at regional，sub-regional and site scales：seismically induced Bullas and La Paca rock-slide cases(Murcia，SE Spain). Natural Hazards，59(2)：1109-1124.

Romeo R. 2000. Seismically induced landslide displacements：a predictive model. Engineering Geology，58(3-4)：337-351.

Scheidegger A E. 1979. The principle of antagonism in the Earth's evolution. Tectonophysics，55(3-4)：T7-T10.

Scholz C H. 1968. The frequency-magnitude relation of microfracturing in rock and its relation to earthquakes. Bulletin of the Seismolo gical Society of America，58：399-415.

Shortliffe E H，Buchanan B G. 1975. A model of inexact reasoning in medicine. Mathematical Biosciences，23(3-4)：351-379.

Strahler A N. 1952. Hypsometric(Area-Altitude) analysis of erosional topography. Geological Society of America Bulletin，63(11)：1117-1142.

Wiemer S，Wyss M. 1997. Mapping the frequency-magnitude distribution in asperities：An improved technique to calculate recurrence times. Journal of Geophysical Research，102(B7)：15115-15128.

Wyss M，Schorlemmer D，Wiemer S. 2000. Mapping asperities by minima of local recurrence time：San Jacinto-Elsinore fault zones. Journal of Geophysical Research，105(B4)：7829-7844.

# 第3章　滑坡地区铁路选线

自古以来，我国就是多滑坡灾害的国家。据国土资源部对全国地质灾害统计结果发现，无论是对已发生灾害的地质灾害点还是未发生灾害的地质灾害隐患点来说，滑坡灾害数量都是最多的，均在50%以上。在西部山区，滑坡的比例可能还会更高。滑坡所造成的危害既有直接影响又有间接影响，有时还会与地震、暴雨、洪水相伴成灾，堵江并形成堰塞湖甚至引发泥石流。据中国科学院成都山地灾害与环境研究所提供的资料表明，在中国已发现的近30万处新、老滑坡中，灾害性滑坡约1.5万处，每年因滑坡灾害造成的经济损失达十几亿元。

铁路一直是遭受滑坡危害最频繁、最严重的工程之一。滑坡对铁路的危害主要表现为：破坏线路、中断行车、危害站场、砸坏站房、推移桥墩、错断隧道、摧毁明洞、造成人身伤亡和行车事故。以一条铁路干线来说，中断一天的直接运输损失将达到100万元左右，而铁路中断对铁路所联系的地区所造成的间接损失难以估量。对山区快速铁路来说，快速列车较普通列车拥有更高的行车速度，一旦发生上述危害中的任何一种，所造成的损失将是普通列车的数倍。因此，绕避和防治滑坡具有重要的政治、经济和社会意义。鉴于滑坡会给铁路造成极其巨大的破坏，必须从源头上绕避和防治滑坡灾害，所以在滑坡地区的铁路选线就显得尤为重要。

## 3.1　滑坡及其危害

### 3.1.1　自然地质条件对滑坡的影响

1. 气候条件对滑坡的影响

中国大部分地区都是温带季风气候，温度和降水量随着纬度的不同而变化。总体上来说，北方降雨少，南方降雨多，东部降雨多于西部降雨。以秦岭—淮河为线，年总降水量约为800mm。此线以北，降雨稀少，为干旱、半干旱地区；此线以南，雨量丰富，为湿润地区。我国的新疆、青海、甘肃、西藏等西部地区，年降暴雨平均日数几乎为0。年降水量从西北向东南增加，至东南沿海年降暴雨平均日数最高可达10天。暴雨对滑坡、崩塌形成的影响最大。

降水量的多少决定了水动力作用的强弱。降雨下渗引起地下水活动状态的变化可成为滑坡、崩塌的直接诱发因素。因此，每到雨季，滑坡、崩塌频频发生。在雨量丰富的南方，因灾害性降雨引起的滑坡、崩塌较北方明显增多。暴雨来势凶猛，积水不易排除，往往会带来严重的地质灾害。

降雨诱发引起滑坡仅仅是直观的说法，具体来说是降雨下渗形成的地下水与斜坡上的岩土体之间的复杂相互作用诱发了滑坡(张玉成等，2007)。降雨主要通过以下四种途径诱发滑坡：①大量的地表水进入岩土体起到加载作用，增加坡体重量；②浸泡软化易滑地层，形成黏泥薄层，使抗剪强度大幅度降低；③土体的孔隙和岩体的节理裂隙被水充满并饱和，在增加动水、静水压力的同时，减小了其有效应力；④干湿交替导致岩土体开裂，使更多的水进入坡体，进一步恶化坡体状况(黄玲娟和林孝松，2002)。

受气候条件影响，我国年降水量的分布具有区域性和地带性特点。我国东部、东南部、西南部等湿润地区大多为季风气候，降雨多集中分布在这些地区，所以这些地区也是滑坡高发区域。受季风气候影响我国每年的降雨多集中在雨季 6 月、7 月、8 月三个月，所以每年的雨季也是滑坡高发的季节。

众多研究资料表明，除了地区和季节对滑坡的影响，滑坡还与累计降水量和日降水量有关。黄玲娟和林孝松(2002)对部分县区的滑坡与累积降水量和日降水量进行了统计。本书根据统计结果得到了滑坡与累计降水量和日降水量的关系，见表 3-1。

**表 3-1　滑坡与累计降水量和日降水量的关系**

| 累积降水量/mm | 日降水量/mm | 滑坡数量 | 滑坡规模 |
| --- | --- | --- | --- |
| 50～160 | ≥20 | 较少发生 | 小型滑坡 |
| 150 | ≥100 | 中等 | 中型滑坡 |
| 200～350 | ≥110 | 大量发生 | 大型、巨型滑坡 |

从总降水量看，总累积降水量≥70mm 时就开始产生滑坡，但滑坡数量较少而且规模较小；总累积降水量≥250mm 时，滑坡数量较多而且中型滑坡开始发生；总累积降水量≥300mm 时，滑坡大量发生而且大型、巨型滑坡开始产生。

2. 地形地貌对滑坡的影响

中国地势西高东低，大致存在三个巨大的阶梯，从“世界屋脊”的青藏高原向太平洋西岸呈阶梯式下降。地形复杂多样，西部多高原、崇山，东部多丘陵、平原。第一级阶梯是青藏高原，平均海拔在 4000m 以上，其范围在昆仑山、阿尔金山、祁连山以南；第二级阶梯是青藏高原的外缘以北、以东，海拔为 1000～2000m；第三级阶梯是指大兴安岭—云贵高原一线以东直至海边，一般海拔为 500m，地形平缓，切割较弱。

我国山区地形切割强烈，滑坡、崩塌分布较集中，形成规模大，所造成危害也很严重。坡度越大，势能越高，软弱面越暴露，斜坡越容易失稳。而在低山、丘陵地区，规模要比山区小。特别是在两级台阶的过渡地带，地形相对切割加剧，滑坡、崩塌、泥石流等灾害分布广泛，灾情更严重。

地形坡度的大小对滑坡的影响很大。对于大多数坡体来说，地形坡度越陡，坡体越容易失稳坍滑。对全国滑坡发生的原始地形坡度进行统计，对今后的滑坡防治、分析有一定的参考和指导作用。国土资源部的这次调查是按照惯例，将地形坡度分为 0°～10°、10°～25°、25°～40°、40°～60°、60°～90°五个等级。滑坡与地形坡度等级关系统计结果见表 3-2。

**表 3-2 地形坡度与滑坡关系**

| 地形坡度等级/(°) | 数量/处 | 所占比例/% |
|---|---|---|
| 0～10 | 1198 | 4.3 |
| 10～25 | 5199 | 18.8 |
| 25～40 | 10212 | 36.9 |
| 40～60 | 5215 | 18.9 |
| 60～90 | 5824 | 21.1 |

由表 3-2 可以看出滑坡主要发生在 25°～40°。将表 3-2 与此次调查统计的滑坡规模相比较发现巨型滑坡和大型滑坡相对集中在 10°～40°的坡度区间。随着滑坡规模的减小，发生的坡度区间逐渐上移，小型滑坡在 40°～60°的坡度区间较发育(李媛，2004)。

3. 地震活动对滑坡的影响

中国是一个板块内地震十分活跃的国家。它集中分布在：东部的中国台湾、渤海-鲁中及华北平原地区；北部的祁连山、吕梁山、贺兰山地区；西南的云南、西藏及四川西部地区；西北的天山及阿尔泰山地区。从震中分布看，大部分集中在挽近地质时期形成的构造带或断裂带上。较大的地震能使斜坡的土石内部结构遭到破坏，土石沿原有裂隙面或新生裂隙面滑动。所以地震是滑坡、崩塌的最主要触发因素之一。往往在烈度为Ⅶ度(或震级为 6 级)以上地震活动地区，尤其在坡度大于 25°的斜坡地带，地震诱发的滑坡、崩塌灾害特别严重。例如，1973 年 7 月 6 日炉霍发生的 7.9 级强震，引发了 137 处滑坡、崩塌。2008 年汶川“5·12”大地震导致大量的崩塌、滑坡、泥石流，如图 3-1 所示。从 2000～2010 年成都铁路局发生的滑坡、崩塌、落石、泥石流直方图(图 3-1)可以发现，2008 年发生的崩塌、滑坡要明显高于以往任何一年。如此多的崩塌、滑坡给成都铁路局带来了巨大的经济损失，仅 2008 年对崩塌、滑坡的治理费用就超过了 4.5 亿元，约为 2001 年的 9 倍。

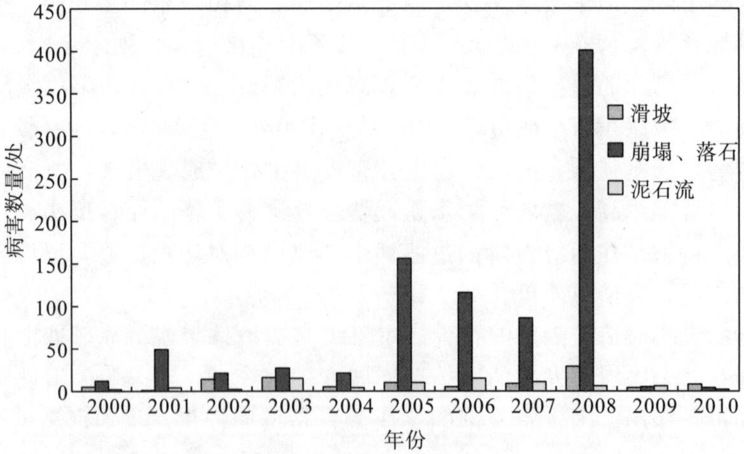


图 3-1 2000～2010 年成都铁路局发生的滑坡、崩塌、落石、泥石流直方图(据张玉芳)

绝大部分地震与深大断裂的活动性有关，地震就是由断裂带活动所引起的，“5·12”大地震就是最好的证据之一。强烈地震活动破坏岩石完整性、稳定性，加之这些活动性断裂带往往是地形坡度变化较大的地区，因此必将导致大量的自然边坡和人工边坡失稳并诱发崩塌、滑坡。在我国一些强烈地震带上都分布着大量滑坡。以发生“5·12”大地震的龙门山地震带为例，在龙门山地震带附近蕴含着大量的崩塌、滑坡、泥石流，如图 3-2 所示。

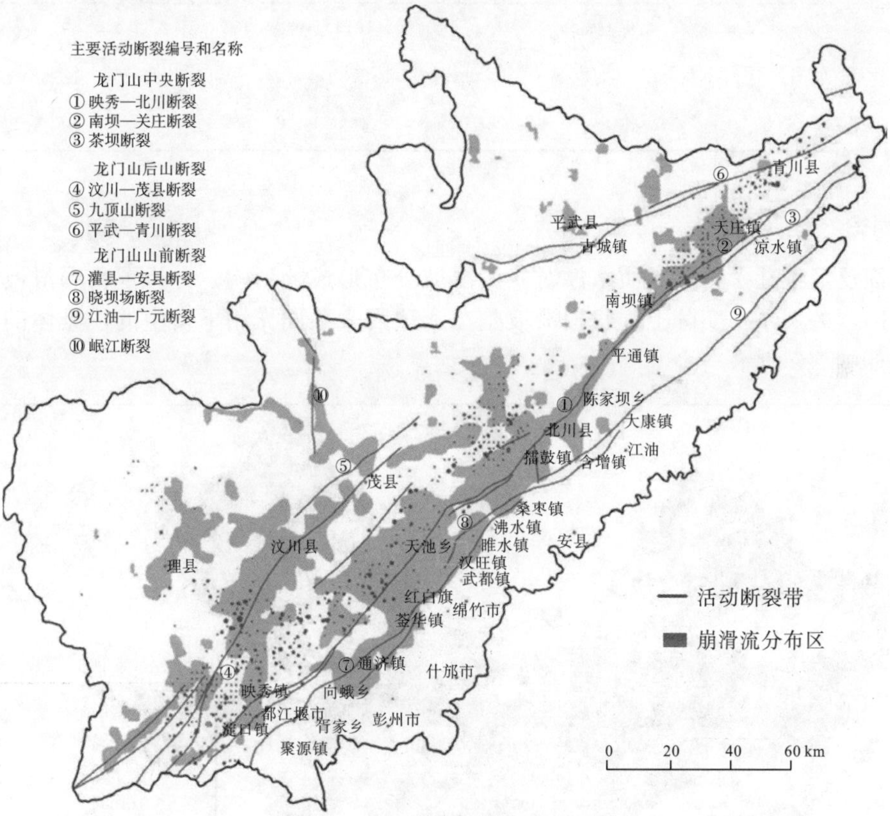


图 3-2　崩塌、滑坡、泥石流分布与断裂带关系(Wu et al.，2008)

4. 地层岩性对滑坡的影响

地层岩性的差异，是影响边坡稳定的主要因素，不同地层有其常见的变形破坏形式。松散沉积层中发生的滑坡多与黏土夹层有关，基岩中的滑坡多发生在千枚岩、页岩、泥灰岩和片岩等岩石分布区。这些地层岩性软弱、亲水性和可塑性强、遇水容易软化，有利于滑坡的形成。滑坡多沿着斜坡内的地质软弱面(断层面、节理面、裂隙面软弱夹层或岩层不整合面等)滑动。当岩层倾角与坡地倾角倾向一致，而岩层倾角小于斜坡坡度时，很容易沿岩层层面形成滑坡。

依据《县(市)地质灾害调查与区划基本要求》的实施细则，将滑坡按照坡体的物质组成成分分为土质、岩质和碎块石土三种滑坡。在已调查的滑坡点中，土质滑坡有 16143 处；岩质滑坡有 2789 处；碎块石土滑坡有 4534 处。其中以土质滑坡为主，占总滑坡比例的 69%(表 3-3)，除东部山区外，其他研究区土质滑坡所占比例极大，依次为：

西北地区占 84.9%，黄土高原地区占 72%，东南地区占 67.8%，西南地区占 67.1%，青藏高原地区占 53%。东部山区岩质滑坡数量占本区滑坡总数的 31.5%。土质滑坡在全国各种规模的滑坡中，都占到 60%以上，而岩质滑坡主要发生在巨型和大型滑坡中，并且随着滑坡规模的减小，岩质滑坡所占的比例越来越小(李媛，2004)。

**表 3-3　滑坡分类统计结果**

| 分类依据 | 滑坡类型 | 滑坡数量 | 所占比例/% |
|---|---|---|---|
| 物质组成 | 土质 | 16143 | 69 |
| | 岩质 | 2789 | 12 |
| | 碎块石土 | 4534 | 19 |

## 5. 中国滑坡分布规律

前面已经论述了自然地质条件对我国滑坡分布形成的影响，分析了我国滑坡发育与上述各因素的关系。实际上，我国滑坡是在上述因素共同作用下发生的，具体的发育分布范围如图 3-3 所示。

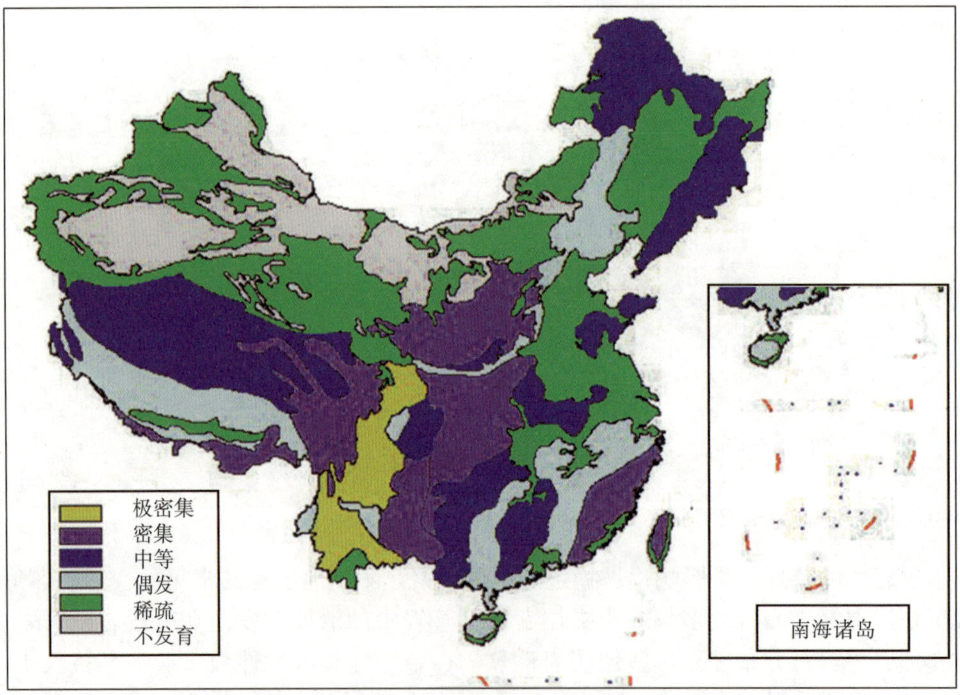


图 3-3　中国滑坡发育分布图

将中国的气候条件、地形地貌、地震活动、地层岩性对滑坡的影响结合中国滑坡发育分布图分析，可以概括出我国滑坡分布具有以下特征规律。

(1)从气候条件角度看，中国的滑坡集中分布在受季风气候明显影响、降水量集中的第一级地貌台阶前沿和第二级地貌台阶前沿的迎风坡地带，这些地带雨量集中且多暴雨，而且滑坡多集中发生在雨季。

(2)从地形地貌角度看，中国滑坡集中分布在我国地貌三大台阶的第一级前沿和第二级前沿等地形坡度大、沟谷切割强烈地带。

(3)从地震活动角度看，中国滑坡集中分布在地震活动强烈、频率高的地带，同时集中分布在深大活动断裂带上。

(4)从地层岩性角度看，我国不同的地区所发生的滑坡类型明显不同，但整体上还是以土质滑坡为主。

(5)我国滑坡分布具有区域性、地带性分布特点，多集中分布在东部、东南部、西南部地区，而西南部地区为滑坡最为密集的地区。

### 3.1.2　中国铁路滑坡灾害分布

1. 全国主要铁路滑坡灾害

滑坡对铁路的危害十分严重。据铁道部门统计，仅1978年发生在铁路上的滑坡、崩塌约有1700处；1982年，全国铁路沿线分布的大、中型滑坡有1000余处；多年来，平均每年因滑坡中断运输44次，中断行车800h以上，造成的直接经济损失达数千万元。在10000多公里的山区铁路中，以宝成铁路、陇海铁路宝天段、内昆铁路、成昆铁路、贵昆铁路、鹰厦铁路、渝怀铁路、太焦铁路、焦枝铁路、梅七铁路等10余条铁路滑坡灾害最为严重。

中国主要铁路的滑坡见表3-4。从全国主要铁路滑坡统计表可以看出，滑坡主要集中在中国西部几条山区铁路上，而且滑坡的平均密度较高。

表3-4　全国主要铁路滑坡统计表

| 线别 | 线长/km | 滑坡个数 | 线别 | 线长/km | 滑坡个数 |
|---|---|---|---|---|---|
| 成昆铁路 | 1085 | 183 | 黔桂铁路 | 607 | 32 |
| 宝成铁路 | 669 | 102 | 昆河铁路 | 469 | 24 |
| 川黔铁路 | 463 | 91 | 贵昆铁路 | 631 | 21 |
| 湘黔铁路 | 953 | 80 | 成渝铁路 | 504 | 21 |
| 湘渝铁路 | 850 | 46 | 南昆铁路 | 890 | 20 |
| 鹰厦铁路 | 694 | 56 | 陇海铁路 | 676 | 36 |
| 襄渝铁路 | 850 | 46 | 太焦铁路 | 210 | 30 |
| 阳安铁路 | 361 | 8 | 梅七铁路 | 70 | 10 |
| 京广铁路 | 1084 | 19 | 外福铁路 | 190 | 20 |

下面分别针对陇海铁路宝天段、宝成铁路、成昆铁路、鹰厦铁路四条不同时代滑坡灾害严重并且具有代表性的铁路加以论述。

(1)陇海铁路宝天段：宝天铁路始建于新中国成立前，全长155km。宝天铁路沿渭河峡谷行进，由于地形险峻、地质条件复杂、设计标准低、施工质量差，通车后各种路基病害相继发生，塌方滑坡不断，曾被誉为“十天九断道”的“铁路盲肠”。全路段地质灾害点多达300余处，20世纪治理费用超过5.0亿元，是原造价的1.8倍。在此期间共中断行车195天，最严重的是1954年和1981年分别中断运输1080h和1025h，相当于45

天和 42.7 天不通车(王恭先等，2007)。在 2008 年“5·12”汶川大地震中又发生了大量边坡灾害，占用大批治理资金，例如，汶川地震诱发 K1343 段发生黄土滑坡，整治工程费达 5000 万元。

(2)宝成铁路：宝成铁路始建于 20 世纪 50 年代，是中国第一条工程艰巨的铁路，修建在“蜀道难难于上青天”的秦岭山区。为了克服地势高差，以 3 个马蹄形和 1 个螺旋形的迂回展线上升，线路重列 3 层，高达 817m，随后以 2000 多米长的隧道穿过秦岭垭口，进入嘉陵江流域。在宝成铁路的建设期间，发生严重的滑坡达 58 处，崩塌和坍塌 232 处；建设后期在略阳—宝鸡段发生 12 个大滑坡，略阳—广元段也发生了大量大型坍塌，进行了长达 2 年的治理，治理费超过 2 亿元。在宝成铁路的运营期间，于 1981 年在百年一遇的暴雨袭击下，再次发生大规模滑坡、崩塌、河岸冲刷等路基病害，交通长时间中断，治理投资近 3 亿元。其中略阳—上西坝段，全长 135km，发生灾害点近 100 处，触发新、老滑坡 9 处，通车后治理费用远远超出原造价。1992 年 5～11 月该线马蹄湾至徐家坪区间 190km 处发生滑坡，砸坏明洞、堵塞线路，三次中断运输时长共达 35 天，被迫改线 4.896km，治理投资达 8500 万元(王恭先等，2007)。在 2008 年“5·12”汶川大地震时，K109＃隧道洞口崩塌造成的灾害损失超过 1.2 亿元。

(3)成昆铁路：成昆铁路始建于 20 世纪 60 年代，全长 1085km。成昆铁路沿线有 70％地段是山脉与河谷交错，地势极其险峻，地质条件极为复杂，为国内罕见。线路从海拔 500m 左右的川西平原南下，溯大渡河转牛日河而上，穿越海拔 2280m 的沙木拉达隧道后，沿孙水河、安宁河、雅砻江下至海拔 1000m 左右的金沙江河谷地带，再溯龙川江上行最终到达海拔 1900m 左右的滇中高原。尽管线路为了克服巨大的地形高差和绕避重大不良地质地段，盘山展线 7 处、跨越牛日河 13 次、跨越安宁河 8 次、跨过龙川江 49 次，但是仍然不可避免发生大量崩塌、滑坡等地质灾害。在成昆铁路建设期间，全线分布大型滑坡 183 处(治理了 103 处)、危岩 500 多处、崩塌落石 300 多处。在成昆铁路运营期间仍连续不断发生边坡灾害，导致多次中断交通，为保证通车，地质灾害治理费用巨大。

(4)鹰厦铁路：鹰厦铁路始建于 20 世纪 70 年代，北起江西省鹰潭市，南至福建省厦门市，全长 669km。其途经地区多山并且降水量大、降雨频次多，经常造成崩塌、滑坡使铁路中断事故。全线地质灾害点多达 3000 余处，20 世纪的治理费用达 4.6 亿元以上，为原造价的 1.18 倍。2010 年发生的水害，引发了大规模的滑坡、坍塌、泥石流，致使路堤垮塌，长时间中断交通，损失巨大。其中，边坡灾害的治理费超过 5.2 亿元。

## 2. 历史上大型铁路滑坡

### 1) 成昆铁路铁西滑坡

(1)滑坡概况：1980 年 7 月 3 日 15 时 30 分，在成昆铁路线的铁西车站上发生的铁西滑坡，可以说是迄今为止发生在我国铁路史上最严重的滑坡灾害(图 3-4)。铁西滑坡位于四川省越西县凉山牛日河左岸谷坡上。滑坡体长 120m，高 40～50m，此滑坡从采石场边坡下部剪切滑出，不仅掩埋了铁路涵洞、路基，并且堵塞了铁西隧道双线进洞口，堆积在路基上的滑坡体厚达 14m，体积为 $220\times10^4m^3$。越过铁路达 25～30m，掩埋铁路长达 160m，中断行车 40 天，造成严重的经济损失，仅工程治理费就达 2300 万元。

图 3-4　铁西滑坡

(2)发生滑坡原因：通过调查发现铁西采石场每天有 100 余人对山坡岩体进行频繁的爆破，不断采石。截至 1974 年年底，已累计采石 70300$m^3$，岩体结构日益遭受破坏和松弛，导致 1976 年在山坡上方出现明显的开裂、下错等蠕动变形。雨水和沟水渗入滑坡体内，不仅给滑体增加了水压力，也对滑坡面碳质岩起到了软化作用，加剧了山坡的变形，最终酿成滑坡灾害。因此，铁西滑坡的诱发因素主要是采石。而频繁的爆破震动和地下水活动起促进作用，加速了滑坡的形成和发展。

(3)滑坡整治方式：为尽快恢复通车，需要清除掉堆压在铁路上厚度超过 14m 的滑坡体，但这样对滑坡治理工作不利，会进一步引发后方滑体滑动。主要采取的方法是在滑坡体后缘清方减载，清方数量近 $60\times10^4 m^3$，并且增设排水系统。由于清方后路堑边坡高达 60～80m，为防止崩塌落石增建了双线明洞及棚洞。

2)南昆铁路八渡车站滑坡

(1)滑坡概况：南昆铁路八渡车站位于贵州省册亨县乃言乡境内八渡口南盘江北岸斜坡的半山腰上，车站线路纵贯九个向江边突出的山头，站内南宁端长 400m 的 DK372＋845～DK373＋245 地段，经过的 2＃、3＃、4＃山头为规模巨大的切层古滑坡(图 3-5)。该古滑坡原处于稳定状态，后因南昆铁路施工，改变了其自然环境地质条件，于 1997 年 7 月复活(卿三惠，2000)。

(2)发生滑坡原因：通过调查发现，铁路施工以挖方方式通过滑坡中偏上部，并没有切穿主滑动面，所以对主体滑坡而言，线路减载通过其上部，有利于保持滑坡稳定；但对次级滑坡来说，挖方通过主滑坡的部位恰好是次级滑坡的前缘，故在铁路动工后，3 个山头路堑边坡和相应挡护工程均发生不同程度的变形。古滑坡复活主要由降雨所致，该地区的雨季是每年的 5～8 月，在 1997 年 7 月降雨 27 天，累计降水量达到 428.4mm，为 80 年一遇的最大单月降雨。降雨的下渗增加了滑体的重量，减小了 $c$、$\varphi$ 值，产生了较大的动水压力，使得古滑坡复活。

图 3-5　南昆铁路八渡车站滑坡

(3)滑坡整治方式：八渡车站的整治以支挡工程为主，同时结合地表排水和地下排水工程。支挡工程在线路的右侧使用锚索工程，左侧使用锚索桩工程；地表排水工程设置 3 条自然排水通道截水、排水；地下排水工程使用泄水洞排水。

3)宝成铁路 109 隧道滑坡

(1)滑坡概况：2008 年 5 月 12 日 14 时 28 分，一场发生在我国四川省汶川县 $M_s$ 8.0 级的强烈地震导致宝成线 109＃隧道山体崩塌(图 3-6)。该处山体崩塌主要分为两部分：一是 K150+539～K150+739 段山体崩塌约 $12\times10^4m^3$，坍塌体砸坏棚洞的同时还截断了嘉陵江，致使上游江水陡涨，形成近 5m 高的堰塞湖，淹没铁路对岸的天汉省级公路。二是 K151+158～K151+248 段山体崩塌达 $2\times10^4m^3$ 左右，坍塌体摧毁棚洞 40m，掩埋棚洞出口，剪断隧道出口端拦石墙近 50m。由于列车脱线，加之油罐车着火燃烧，导致隧道内 626m 长的线路被完全破坏，钢轨严重扭曲变形、1206 根混凝土枕被剪断或压碎、

图 3-6　宝成铁路 109＃隧道滑坡

锚固桩被连根拔起、弹条及扣控件被挤断、多处钢轨焊缝被拉开、接触网线大范围脱落(赵满庆，2008)。致使宝成铁路中断行车长达 283h，中国由西北通向西南的大动脉就此中断。2008 年 5 月 24 日 10 时 30 分宝成铁路恢复通车。

(2)发生滑坡原因：地震作用触发。

(3)滑坡整治方式：宝成线 109＃隧道在地震和大火的双重破坏下受损十分严重，所采取的方法是对隧道洞口外的滑坡同时采用预应力锚索，山体边坡喷射混凝土防护，设置主动防护网，加固挡土墙。在隧道内对损坏严重的衬砌采用网喷混凝土和架设临时钢拱架方式支护加固。这些措施只能保证线路的暂时通车，无法保证隧道自身结构的可靠性。宝成线 109＃隧道已不能满足以后铁路安全行车的要求，所以铁路相关部门已在嘉陵江对岸重新开挖隧道保证以后行车安全。

### 3.1.3　铁路滑坡成灾模式

#### 1. 铁路滑坡的成灾类型

在铁路上发生的滑坡根据诱发的主要原因可以分为两个阶段：施工阶段和运营阶段。

(1)在施工阶段发生的滑坡多以人为因素为主。由于工程活动改变了原有地质环境和平衡条件，从而使得一些在自然条件下稳定的古、老滑坡发生失稳，这一类的滑坡发生较多。特别是在膨胀岩、土和软质岩分布地段及煤系地层中，路堑开挖后，出现了不少坍塌、滑坡。个别古滑坡由于地质情况复杂，勘测中对工程活动及人为环境变化的影响估计不足，在施工中产生局部复活，增加了较大的整治工程。在施工阶段发生的较大滑坡见表 3-5。

**表 3-5　施工阶段发生的较大滑坡**

| 线别 | 滑坡 | 滑坡原因 |
|---|---|---|
| 宝成 | 丁家河滑坡 | 勘测未发现滑坡，滑坡前缘挖方 |
| 南同蒲 | 冷泉滑坡 | 滑坡前缘开挖成路堑 |
| 成昆 | 沙北滑坡 | 前缘开挖路堑，大雨入渗 |
| 鹰厦 | k615 滑坡 | 施工期间，连续降雨入渗 |
| 渝怀 | DK615＋602～DK615＋830 滑坡 | 前缘开挖路堑，连降暴雨入渗 |
| 盘西 | 清水塘古滑坡 | 铁路公路工程修建，坡体上增加房屋建筑，居民生活用水肆意排放，滑坡后缘采煤形成采空区 |
| 内昆 | 两碗滑坡 | 上部人为活动明显，中部已修建公路及房屋，铁路在滑坡前缘小填小挖 |
| 渝怀 | 五隆纸厂滑坡 | 滑坡体上有部分水田，引水渠从滑坡中后部通过 |
| 南昆 | 猴子箐隧道出口滑坡 | 人为弃渣于 40 余米的岸坡上 |

施工期间发生的滑坡虽然不会对运营带来直接危害，但是这往往会增加大量的工程投资，造成大量的浪费，并为以后的运营带来安全隐患。从表 3-5 可以发现在施工阶段诱发滑坡主要因素如图 3-7 所示。

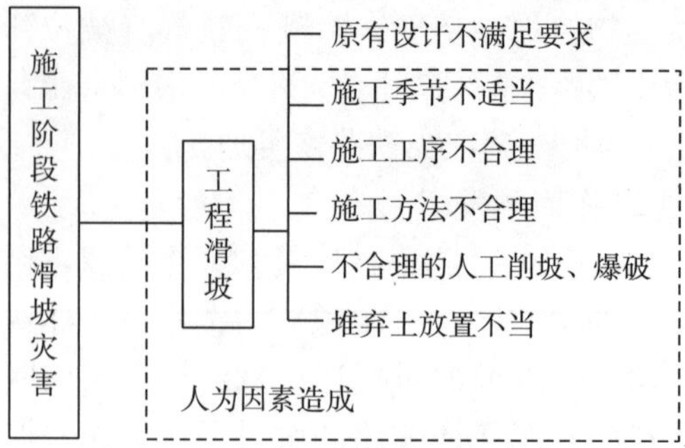


图 3-7　施工阶段铁路滑坡成灾原因

(2)运营期间发生的铁路滑坡是所有铁路危害中最频繁、最严重的灾害之一，尤其是宝成线、陇海线宝天段及成昆线，几乎年年都遭受滑坡、崩塌的袭击。滑坡一旦发生就会造成断道停运，给人们的出行带来不便，给铁路的安全运营带来隐患。据不完全统计，我国铁路沿线分布的大、中型滑坡点有 1000 多处，崩塌点数更多，导致铁路部门每年花费大量资金用于整治滑坡地质灾害隐患点。

在运营阶段发生的滑坡多以自然因素为主。滑坡主要是由突降暴雨、地震等自然因素所诱发的。在这一阶段发生的滑坡对铁路的安全运营影响极大，新中国成立以来，在铁路运营投产阶段发生的大型滑坡及破坏方式见表 3-6。其对铁路的破坏方式主要有四个方面：破坏线路和路基；危害站场，砸坏站房；破坏轨道、桥梁，错断隧道，破坏明洞；造成行车事故，旅客伤亡。

**表 3-6　运营阶段全国主要铁路线上滑坡破坏方式**

| 铁路 | 滑坡 | 破坏方式 | 铁路 | 滑坡 | 破坏方式 |
|---|---|---|---|---|---|
| 宝成铁路 | K122 附近滑坡 | 推移、掩埋轨道 | 贵昆铁路 | 二道岩滑坡 | 错断隧道 |
| 宝成铁路 | K216 附近滑坡 | 推移、掩埋轨道 | 成昆铁路 | 白石岩 2 号滑坡 | 错断隧道 |
| 成昆铁路 | 铁西滑坡 | 破坏线路路基 | 焦柳铁路 | 砂坝滑坡 | 破坏明洞 |
| 宝成铁路 | K105 滑坡 | 摧毁线路路基 | 宝天铁路 | K1357 滑坡 | 破坏明洞 |
| 贵昆铁路 | 桥舍桥滑坡 | 破坏桥梁墩台 | 襄渝铁路 | 赵家塘滑坡 | 错断隧道 |
| 贵昆铁路 | 格里大桥滑坡 | 破坏桥梁墩台 | 成昆铁路 | 弯高滑坡 | 货物列车颠覆 |
| 贵昆铁路 | 二甲桥滑坡 | 破坏桥梁墩台 | 成昆铁路 | K812 崩塌 | 中断行车 62h |
| 成昆铁路 | 会仙 4 号桥滑坡 | 破坏桥梁墩台 | 昆河铁路 | K146 附近滑坡 | 砸坏车厢 |
| 成昆铁路 | 玉田 3 线桥滑坡 | 破坏桥梁墩台 | 宝成铁路 | 马蹄湾附近崩塌 | 中断行车 20d |
| 成昆铁路 | 耳足桥滑坡 | 破坏桥梁墩台 | 南昆铁路 | 八渡车站滑坡 | 危害车站 |
| 湘黔铁路 | 普舍安桥滑坡 | 破坏桥梁墩台 | 太焦铁路 | 牛晶坪 3912 滑坡 | 危害车站 |
| 宝成铁路 | K190 滑坡 | 破坏隧道明洞 | 宝天铁路 | 伯阳隧道滑坡 | 威胁隧道安全 |
| 陇海铁路 | 卧龙寺滑坡 | 推移、掩埋轨道 | | | |

通过对表 3-6 运营阶段全国主要铁路线上的滑坡破坏方式可以总结出滑坡对铁路的危害，主要如图 3-8 所示。

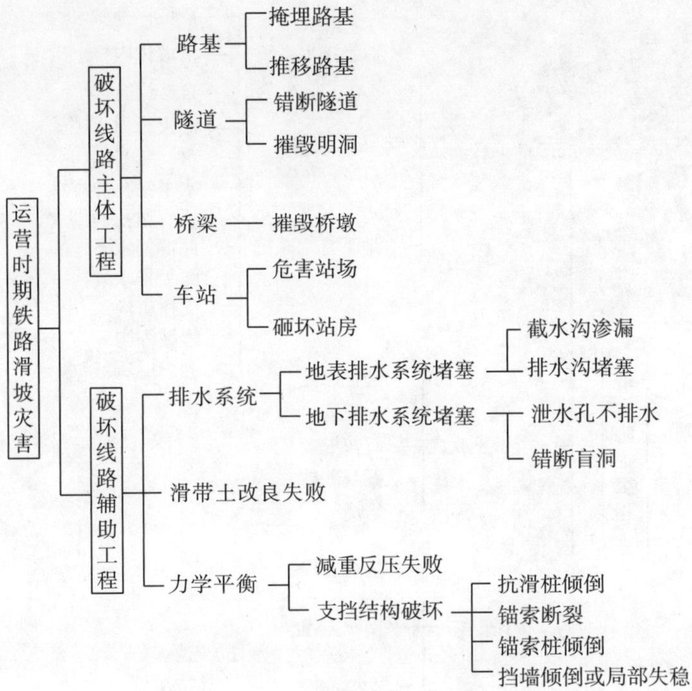


图 3-8　运营期间铁路滑坡成灾类型

## 2. 铁路滑坡工程防治模式

从新中国成立到现在，我国针对滑坡的防治技术经历了从无到有、从小到大、由浅及深、变被动治理为主动治理到主动防御的发展过程。从 20 世纪 50～60 年代的滑坡灾害频发、被动治理阶段到 80 年代的总结经验教训、加强研究阶段，再到如今的预防为主、全面提升防治技术阶段。经过几十年的积累，我国的边坡与滑坡防治技术已经达到了世界先进水平。目前我国铁路、公路、水利等部门针对滑坡所采取的防治技术如图 3-9 所示。

铁路工程针对滑坡采用的防治技术较公路、水利等部门侧重点不同。以南昆铁路为例，南昆铁路针对软弱、破碎边坡设计施工存在的困难，提出了分层开挖、分层稳定、坡脚预加固的设计思路，根据现场情况采用了不同的坡脚预加固结构，概括出三种最佳的铁路滑坡整治措施模式。

(1)以清方减载为主，结合增设拦排水工程并适当加强支挡的综合整治措施。由于施工机械化程度的提高，在条件允许的情况下，此方法可以使施工时间缩短，收效迅速。对于规模较大、工程地质及水文地质条件复杂的滑坡工点采取消方减载、引排地表及地下水、设置支挡加固工程，结合加强环境治理的综合整治方案进行根治。

(2)以抗滑桩为主，结合增设截、拦、排水措施的整治方案，这是目前整治滑坡中的主要手段。南昆线整治滑坡工点使用抗滑桩的数量巨大，工点也很多。

(3)预应力锚索技术已在南昆线整治滑坡工程中得到推广应用。其中宜耐站顺层滑坡工点，中寨边坡坍滑工点，平中 2＃隧道上方滑坡整治工点采用预应力锚索加固滑坡，效果明显。预应力锚索与抗滑桩相结合的锚索桩在整治加固以滑床为基岩且滑床坡度较

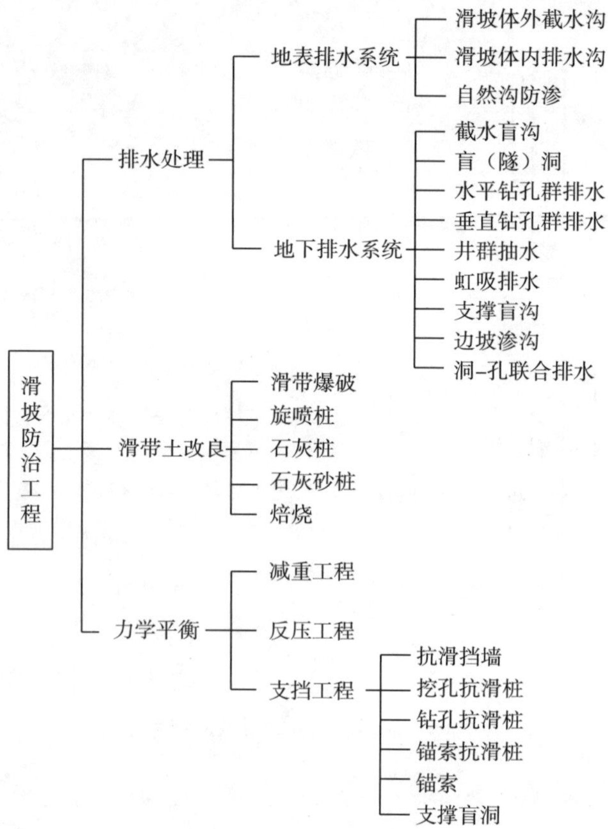


图 3-9 滑坡防治工程

陡的滑坡中，能减小抗滑桩的锚固深度、改善桩身弯矩以减小桩身截面，大大节省工程造价(韩春暄和蒋忠信，2000)。

通过对新中国成立以后几十年来在铁路建设中遇到的滑坡进行整治并总结经验，主要包括两种防灾模式。

1)在施工阶段从铁路滑坡的成灾原因入手

其防灾模式是：严格采用正确的施工方法，避免产生工程滑坡。在对已有滑坡调查发现，大量的滑坡都是工程滑坡，而工程滑坡是由不正当的人为因素造成的，所以在施工阶段应该严格的采用正确的施工方法，对施工人员进行施工培训，不盲目地抢工期。在施工中需要注意如下五点要求。

(1)合理安排施工流程。施工时序是不断变化着的，不同的开挖方式和支挡顺序都会使边坡的岩土体产生较大的变形，进一步影响了边坡稳定性。

(2)施工时间。在滑坡防治工程的前期勘察期间，应收集大气降雨、库(江)水位动态及附加荷载等数据，以科学合理的方法进行滑坡稳定性评价和设计(中华人民共和国国土资源部，2006)。在对滑坡进行施工时，应结合雨季和库(江)水位变化等特征，正确安排施工时间，避开雨季和工程地震的影响，尽量缩短施工工期，减小施工的不利影响，早日发挥工程效果。

(3)采取合理的施工方法与步骤。顺层滑坡的防治工程要在路堑边坡全面开挖之前竣工；先做好抗滑桩后再开挖路堑，或者分段跳槽开挖并及时支撑，以增强坡体稳定性。

(4)做好施工场地布置。加强管理施工用水和生活用水，必须归槽排除，防止下渗。施工材料堆放、弃渣场地要合理选择位置，既防止在坡体上加载引起滑动，又要防止水土流失或堵塞河道。要考虑切坡放炮的冲击振动影响，采用控制爆破技术。

(5)防止施工质量问题导致滑动。施工时应该对施工材料、施工质量严格把关，任何质量问题都会造成滑坡防治工程的失效。如挡土墙未留泄水孔或未设反滤层，使之成为堵水墙而引发滑坡。路堤填筑不密实，排水不畅，河水冲蚀坡脚在通车后产生滑坡。

2)在运营阶段从铁路滑坡成灾类型入手

其防灾模式是：按时检查，及时治理。基于铁路滑坡灾害的分类，对于破坏线路辅助工程的滑坡来说暂时并不会造成大的灾害，但这会造成安全隐患，并最终对铁路造成大的危害，破坏线路的主体工程，这些灾害轻者会造成断道，影响正常通车，重者使车毁人亡。在运营期间对破坏线路辅助工程的滑坡应该及时治理，避免发生更大的灾害，所以定期对滑坡防治工程检查就显得十分重要。对于已经发生蠕滑的滑坡，可以采用边监测边治理，在能保证安全行车的条件下允许铁路减速慢行通过。

## 3.2　滑坡地区铁路选线设计原则

铁路在复杂艰险山区进行选线时，展线十分困难，要充分利用河谷地区完成展线，但这会给铁路带来一定程度上的风险，因为河谷地区两岸有大量的自然边坡而且水资源丰富，这些地区往往伴随着大量滑坡、崩塌、泥石流等灾害。如果选择不当不仅会给人民的生命财产带来巨大的损失，而且在之后的维修过程中也将花费巨额的费用来治理。例如，南昆铁路的八渡车站由于在勘察期间工期紧迫再加上在本段的地质工作不够细致，而且现场的地质人员经验不足，在施工阶段古滑坡复活，花费了 9000 余万元进行治理。改革开放以来，根据中国山区已有的铁路建设的实践证明，铁路沿线对滑坡的防治应从勘测设计阶段入手，防灾于未然。凡是在勘测设计中对沿线灾害地质环境做了认真调查研究，并对如何防范滑坡的威胁做了认真处理的线段，铁路建成后一般都未发生滑坡破坏铁路建筑物影响安全运行的事件。后来发生灾害的工点则大都是在勘测设计中没有发现或对其活动规模估计不足的古滑坡上。而且铁路一旦建成，由于邻接的线路与桥隧工程的限制，再进行改建与防护常常存在很多困难。所以优质细致的勘测设计对铁路建成后的抗灾能力、运行安全起着决定性作用。对于如何发现滑坡地区最有效的选线原则，最好的办法就是对已建成通车的各铁路线进行总结归纳。从成昆线、宝成线、南昆线、鹰厦线、宜万线等铁路在勘察设计、施工建设中所遇到的大量滑坡灾害中总结经验、吸取教训。

### 3.2.1　滑坡区地质选线原则

新中国成立初期，全国上下百废俱兴，随着经济的发展，铁路、公路得到迅速的发展，但由于当时对地质选线的认识不足，地质专业人员勘测技术薄弱、路基专业人员缺少经验，施工时采用大量爆破，沿线大挖大填，在建铁路、公路发生大量的地质灾害，如崩塌、滑坡、泥石流，不仅延误了工期，增加了投资而且为将来的运营留下了安全隐患。

由于建成的铁路、公路发生如此多的地质灾害，地质、路基、选线等专业人才开始认真总结经验和教训，并且认识到地质选线的重要性，在其后的勘察设计当中应该优先考虑地质的重要性。

如今经过几十年的积累，确立了山区线路要坚持首先按地质条件选线的原则和思想，而且在勘察设计阶段充分利用已有地质资料和各种更加先进的仪器设备、技术，如卫星遥感技术，在铁路工程地质选线中，具有良好的效果，尤其是在大面积范围内做多方案比选的重点工程地段和地质复杂地段，更加具有优越性。遥感图像视域宽、信息丰富、能在较宽的带状范围内从宏观上初步查明线路方案通过地区的主要工程地质条件及控制线路方案的重大不良地质对线路的影响程度，从而达到不遗漏有价值的线路方案并为线路方案的比选提供较为充分的地质依据(戈清萍，1996)。

滑坡区地质选线的原则如下：

(1)对性质复杂、工程量大、采取整治措施也不易确保稳定的大型滑坡，线路应尽量绕避。当滑坡规模小、边界条件清楚、技术条件可能、经济上合理时，可选择在有利于滑坡稳定和线路安全的部位，采取有效的工程措施通过。

(2)当线路通过处于稳定状态的滑坡时，不应在滑坡体上部填方或在滑坡体下部挖方。

(3)选线阶段在认真进行地质调绘勘探的基础上，应注意对地貌、地形、地层结构和水文地质条件上具备潜在滑动可能的斜坡地段，做出预测预报，确保线路通过时，山体稳定条件不受到削弱和破坏。

### 3.2.2 滑坡区高程选择原则

从源头上避灾是提高铁路、公路抗灾能力的最高层次，铁路、公路选线设计方案选择绕避或躲避大型复杂立体分布的灾害，比提高铁路、公路结构物自身的抗灾能力，更为直接有效和经济节省。

#### 1. 河谷地区走高线位原则和存在巨型滑坡堵江风险时线位高程选择原则

##### 1)河谷地区走高线位原则

在高山峡谷地区以及山地丘陵地带，铁路一般沿河谷布线。但是这些地区动力地质作用强烈，有些河流还是沿断裂带发育的。由于在断裂带的附近往往会伴生次一级的构造，因而沿河谷或在河流一侧形成的断裂带宽度较大，延伸较远，直接控制着河谷的地貌和各种不良地质现象的形态和发展。这些稳定性差、地质环境脆弱的山体，对人类工程活动的敏感性强。在快速下切的构造活动地区，河谷岸坡陡峻，坡高可达数百米、数千米。在卸荷松动作用下，山坡产生时效变形，裂隙张开，趋于失稳。在线路通过处，稍有扰动即可酝酿发生大型的山体失稳，影响施工或中断运行。这类边坡在勘测期间容易被忽略，往往到施工时才暴露出问题(何振宁，2004)。

山区铁路选线不能像一般地区那样首选工程貌似简易的河谷线，而应尽早脱离灾害四伏的河谷，展线至相对平坦的高原面。如南昆铁路在跨南盘江进入贵州后，就采用了提前上高原面的顶效高位方案，即提前用足坡度爬升，较沿江方案提前约30km登上高原面，及早脱离了高逾千米、岩溶发育、崩塌和滑坡密布的南盘江北岸谷坡，爬上地质条件简单的顶效溶蚀高原面，减少了山地灾害(韩春暄和蒋忠信，2000)。同时，使该段线路总长缩短0.833km，桥隧总长减少37km，投资节省1.3亿元。通过对该段铁路建成通车后的几年运营考核发现，高位地段至今未发生大的地质灾害或病害。

在铁路选线上，除了南昆铁路顶效方案，还有罗平沿公路方案和内昆铁路新寨方案，这些高线位方案都提前成功地避开了不良地质发育的河谷，将线路设在了宽缓、稳定性高的斜坡和地形台阶上，是高位选线或展线的成功之作，对今后中国西部山区铁路建设有重要的借鉴意义(何振宁，2004)。所以铁路设计人员在以后的设计当中应当重视“高位选线”的原则。

2)存在巨型滑坡堵江风险时线位高程选择原则

在我国长江、金沙江、岷江、怒江、大渡河等多条江河流域的两岸分布着很多巨型滑坡，这些巨型滑坡一旦发生，上万方的土石就会轻易滑下，迅速堵塞江、河，形成堰塞湖。据(柴贺军等，1995)不完全统计，中国西部地区滑坡堵江事件多达147处。巨型滑坡堵江可造成多种危害：①滑坡发生在未全部堵塞江河时，会使水位抬高，河流冲击滑坡对岸，淹没对岸村庄或者铁路、公路。如1985年6月12日发生在湖北长江流域的新滩滑坡，体积约3000万$m^3$，虽然滑坡未造成完全堵江，但致使新滩镇被毁，涌浪高达59m，经济损失达832.4万元。②滑坡发生并完全堵江，使得上游回水，淹没上游地区。如1988年发生在四川省白沙河流域的吊板垭大型滑坡，体积约60万$m^3$，滑坡完全堵塞白沙河造成上游回水使208人受灾，毁坏房屋162间，毁坏煤矿1个，毁坏耕地315亩[①]，致使公路断道3.5km，对下游300km内的7500余人构成威胁，估计经济损失上亿元。③滑坡发生并完全堵江，造成下游溃坝洪水。如1786年6月发生在四川泸定的摩岗岭巨型滑坡，体积大约2500万$m^3$，滑坡完全堵塞大渡河，溃坝后形成泥石流，危害泸定—盘西公路。

巨型滑坡堵江所造成的灾害链危害后果甚至远远超过滑坡本身的危害，给铁路、公路带来了极大损失。例如，1976年发生在云南福贡的沙底乡大滑坡完全堵塞怒江迫使公路改线。1986年10月21日发生在云南保山的燕子窝大滑坡完全堵塞澜沧江虽然只有15分钟，但损坏了一座铁索桥。1967年8月29日13时23分发生在林芝县东久乡拉月村附近，距排龙乡以东约3km的拉月大塌方是川藏公路著名的大灾害之一。它属巨型的高位岩质滑坡，滑坡体积约1200万$m^3$，巨石最大体积约400$m^3$。东久河左岸半匹山从山坡高处快速滑下，迅速截断东久河，堵河时间长达20.5h，形成了一个长约2000m、宽150～500m、深达50m的堰塞湖，损毁川藏公路约4km，交通就此中断达4个月之久。

巨型滑坡发生后，无论是全部堵塞江河还是堵塞江河一部分都会使水位抬高，影响到上下游及滑坡对岸。在山区新建铁路沿河选线遇到这些巨型滑坡时，若仅按常规做法(如将桥梁跨河绕避到对岸)，则并不能规避滑坡堵江造成的风险。所以建议在新建铁路

① 1亩≈666.7$m^2$。

选线时对桥位是否会遭遇巨型滑坡危害进行专题论证。当巨型滑坡或潜在巨型滑坡附近设有桥梁时，桥梁高度需考虑滑坡堵江的影响。因为桥位选择较低，一旦发生滑坡堵江事件，堰塞湖上游回水可能会淹没上游的桥梁，堰塞湖若发生溃决，溃决洪水则会冲击下游桥梁。所以桥梁高度都应该考虑到滑坡发生后的灾害链效应，当不能准确估计时宁可采取较高的线位。

除此之外，还需考虑支沟发生大滑坡时对沿主河选线的影响。因为支沟发生滑坡形成溃决洪水也会影响到沿主河行进的线路和桥梁。例如，发生在雅鲁藏布江左岸一级支流帕隆藏布右岸支流的易贡藏布，其流域面积约 13533km$^2$(图 3-10)。1902 年易贡藏布左岸支流扎木弄巴沟曾发生过特大冰川泥石流，泥石巨流堵断易贡藏布长达一个月，形成巨大河道型湖泊。该湖因上游持续降水，湖水溢流坝顶产生溃决，形成特大溃决型洪水。该次灾害使川藏公路全线中断，冲毁通麦大桥、解放大桥等桥梁 10 余座，公路 50 余千米。冲走抢险部队 4 台推土机，1 台装载机，1 台发电机。此外，每年 3～4 月，易贡藏布上游的勒曲藏布常被麻果弄巴、百龙弄巴等沟谷雪崩堵断，形成断流，阻塞成湖，产生溃决型洪水。

图 3-10 西藏易贡藏布友沟扎木异巴堆积扇卫星影像图

2. 越岭地区通过长隧减少展线地段滑坡危害的原则

线路在选择越岭时，一般都会选择地质构造简单、岩体比较完整的分水岭垭口地段。一般都用隧道通过越岭垭口，在越岭高程选择时，就是越岭隧道高程与隧道长度选择。有两种选择：①越岭高程越高隧道越短，两端引线越长；②越岭高程越低隧道越长、两端引线越短。

对于采用高标高短隧道方案来说，隧道变短降低了工程难度，减少了初期引线和隧道总的建筑费用，但会给运营阶段带来大量的安全隐患工点和大量的滑坡等地质灾害工点，而在越岭地区通过选择低标高的长隧方案，有利于减少引线段滑坡、崩塌等山地灾害，虽然在施工阶段的初期投资较高，但在运营阶段所遇到的地质灾害明显减少，而且综合统计发现采用高标高短隧道方案初期投资和后期对引道地质灾害的治理费用与采用低标高长隧道方案接近。由于隧道施工技术的发展，目前我国已具备建设 20km 以上隧道的能力，隧道长度已经不是工程上的拦路虎。当然隧道标高不是越低越好，在越岭垭口地段的地下水比较丰富，这不仅仅是因为垭口地势比较低凹，地表水汇集下渗补给地下水，还因为破碎带等地质构造的存在，往往形成良好的储水体系，地下水的储量相应地增加。根据我国已建越岭隧道地下水发育情况也可以说明这一规律。如兰新铁路的乌鞘岭隧道、兰青线关角隧道、宝成线秦岭隧道以及成昆线的沙木拉达隧道等地下水都特别丰富。因此，在降低隧道标高的同时要尽量选在垂直构造线以上，这样可以相应地减小地下水对隧道的危害程度(何振宁，2004)。故只能是在合理的范围内尽量降低隧道标高以减小展线路段的滑坡灾害。

以川藏公路二郎山隧道为例：二郎山公路隧道轴线分水岭海拔 2948m、隧道海拔 2200m、最大埋深 748m、主洞长 4176m，于 1996 年 7 月开工，历时 5 年，2001 年 12 月竣工。开工时是国内最长、埋藏最深、海拔最高、地应力最大的特长山岭公路隧道，因此二郎山隧道被中国公路协会等机构评为 20 世纪中国公路十大桥梁、隧道工程之一。在 20 世纪末，修建 4km 的公路长隧道是需要下很大决心才能上马的工程，所以设计时仍着眼于尽量控制隧道长度，致使隧道线位选择标高较高，这样东西引道及延展线路仍处于三高地带，即高海拔、高寒冷和高地震烈度区地带，环境条件十分脆弱，在修建中和完工后，出现了大量的滑坡、泥石流、崩塌灾害，严重影响了正常的交通，同时给国家造成了巨大经济损失。

滑坡的东引道几乎一年四季都处于降雨和大雾弥漫之中，据现场施工统计，326 天的施工记录中，竟然有 289 天是雨天，也就是说一年时间里，晴天时间仅仅 1 个多月。大雪多雨的天气和脆弱的环境孕育了大量的山地灾害，引道附近主要有龙胆溪滑坡和二郎山滑坡群等 6 个滑坡，它们大都距隧道洞口 2km 范围之内，其外延线路上还有三处大的滑坡和崩塌体。

滑坡的西引道则是另一番景象，高寒缺雨，阳光明媚，但毕竟处于高海拔、地质活动敏感区域，所以在二郎山隧道修通之前，同样存在不少山地灾害和修建中的人为破坏，尤其是二郎山东西翼巨大的气候反差，自隧道贯通后小气候发生了明显的变化，西口附近雨量增加，更加重了地质灾害的发生概率。其中，在西引道较大的灾害有榛子林大滑坡、柳树湾滑坡、K2743+025～K2743+170 滑坡、和平沟泥石流沟等 8 处灾害，外延线上还有野猪湾 1＃滑坡、日地沟泥石流沟等八处大的山地灾害。

综上所述，二郎山隧道工程东西引道及外延线灾害治理费用已达 1.2 亿元，而且隧道两段展线的线形条件较差。若当时隧道长度再增加 1km，就能有效地降低二郎山隧道线位标高，这样就可能绕避两端洞口的山地灾害群，而且车辆运行条件进一步得到改善。当时二郎山隧道工程竣工决算 4.39 亿元，相当于 1km 的造价就在 1 亿元以上。二郎山隧道工程加长所增加的费用实际上与山地灾害整治工程投资持平。

3. 滑坡地区线路遇到水渠时处治原则

线路在通过滑坡区时避免不了会遇到一些工点，这些工点边(滑)坡的前缘或后缘会有水渠出现，在水渠离边(滑)坡工点较近的情况下，线路选择从前缘有水渠的边坡通过要优于后缘有水渠的边坡。因为对于一些后缘有水渠边坡来说，水渠里的水难免会渗出使得这些地区的地下水位线变高，大大增加了坡体的重量并且降低了坡体的 $c$、$\varphi$ 值，使得边(滑)坡体容易失稳。而对于水渠等水源在滑坡的前缘通过时，对边(滑)坡体内部的影响较小而且水位线相对较低，对边(滑)坡的稳定性有利。如图 3-11(a)、(b)所示，在其他条件相同时，只变换水渠位置的情况下，两边(滑)坡的水位线变化。从图 3-11 可以明显地看出，水渠在边(滑)坡后缘的水位线要明显高于水渠在前缘的水位线。

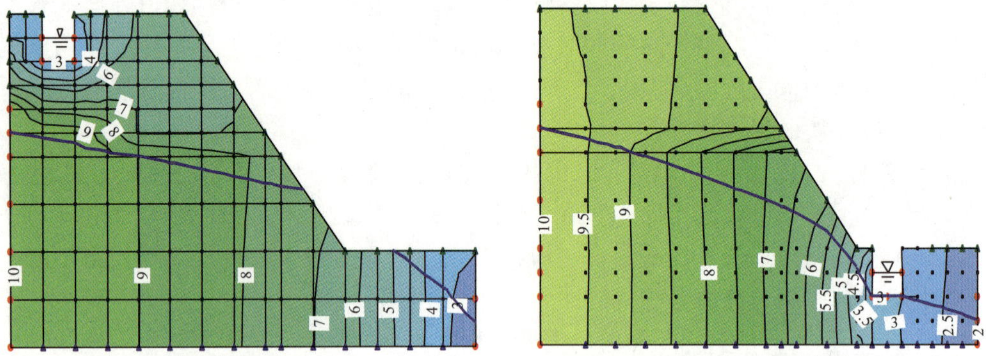

(a)水渠在边坡后缘　　(b)水渠在边坡前缘

图 3-11　$H$=10m 时总水头等值线(刘翠容，2005)

以西攀高速公路为例，通过对西攀高速公路沿线施工期间发生坍塌的边坡进行统计，见表 3-7。由表 3-7 可发现，所统计的 9 个滑坡工点中有 5 个工点都有水渠通过，其中 3 条水渠从滑坡的后缘通过，下渗水是引起滑坡的主要原因，另外的 2 条从滑坡体上通过也发生了滑坡的现象，在此统计中并未发现有从滑坡前缘通过的水渠造成滑坡的工点。因此，可以判断滑坡体上或者后缘分布水渠时会对滑坡造成影响，而分布在滑坡前缘的水渠对滑坡稳定性影响较小。

**表 3-7　西攀沿线施工期间坍塌边(滑)坡情况汇总表(游宏和姚令侃，2007)**

| 边坡里程 | 附近有无渠道 | 边(滑)坡处治原定方案 | 施工期间出现的问题 | 变更设计 | 事故原因初步分析 |
|---|---|---|---|---|---|
| K76+800～K76+913 | 有前进渠流经 | 修筑挡墙、拱形骨架护坡，植草 | 在部分挡墙基础开挖后，一部分坡面发生坍塌 | 未 | 冰水堆积层和全风化花岗岩受到降雨影响，发生表层坍塌 |
| K82+920～K82+975 | 上部后缘有前进渠流经 | 坡脚设路墙，坡面植草防护 | 滑坡发展为沿线全长 55m，滑坡全长约 60m，滑体平均厚度 7m，体积 19635m$^3$ | 抗滑桩、护面墙、截水沟 | 原废弃前进渠渗漏严重，坡体中有软弱夹层遇水软化，并导致内摩擦角、黏聚力急剧降低 |
| K87+650～K87+920 | 上部后缘有前进渠流经 | 线路为填方路堤通过，滑坡无防护 | 滑坡沿路线方向 270m，纵向长约 125m，滑体厚度为 8～10m，体积约 20 万 m$^3$ | 支撑渗沟、纵向盲洞 | 水沟在滑体上通过，未进行防渗处理；前进渠引水灌溉时，滑坡后缘侧界及表面大量水渗入造成土质推移式中浅层滑坡 |
| K90+994～K91+159 | 上部后缘有前进渠流经 | 设抗滑桩、桩板墙、截水沟，对前进渠浆砌防渗 | 四个抗滑桩坍孔 | 未 | 坡体中存在昔格达组软弱层加上丰富的地表水下渗 |

续表

| 边坡里程 | 附近有无渠道 | 边(滑)坡处治原定方案 | 施工期间出现的问题 | 变更设计 | 事故原因初步分析 |
|---|---|---|---|---|---|
| K117+885～K118+010 | 无 | 上部为框架梁防护 | 岩体破碎严重，已成框架梁工程废弃 | 改边坡工程为明洞工程 | 临时边坡暴露时间过长，坡面严重风化 |
| K137+820～K138+020 | 有一条常年排水引水渠流经 | 坡脚设路堑墙，坡面采用框架锚杆浆砌空心砖植草防护 | 滑体范围长约 50m，宽约 115m，滑体厚度为 2.6～8.3m | 设抗滑桩、仰斜排水孔、支撑渗沟、抗滑挡墙、截水沟 | 坡体的昔格达组软弱层使坡体物理力学性质降低，路堑边坡开挖破坏了斜坡平衡，雨季施工大量的地表水下渗加速了滑坡发展 |
| K151+280～K151+360 | 无 | 坡脚设路堑墙，坡面植草防护 | 滑坡全长约 95.5m，平均厚度为 10.02m，体积约 $43136m^3$ | 设抗滑桩、仰排水孔、截水沟 | 昔格达组、向斜构造、路堑边坡开挖破坏斜坡平衡等多因素作用形成突发性滑塌 |
| K159+400～K159+580 | 无 | 设护面墙 | 滑坡全长约 200m，平均厚度为 6.3m，体积约 12.8 万 $m^3$ | 设抗滑桩、挡土墙，盲洞、截水沟 | 昔格达组、向斜构造、路堑边坡开挖破坏斜坡平衡等多因素作用形成前剪后推式整体滑坡 |
| CK0+000～CK0+150 | 无 | 以清方减载为主，坡脚设框架锚杆 | 施工期多次滑塌，2005 年 3 月滑坡滑体长约 100m，宽 30～55m，平均厚度为 7～10m，体积约 6 万 $m^3$ | 设抗滑桩 | 昔格达组、向斜构造、坡体中存在软弱泥化夹层与倾向坡外的陡倾节理组合，路堑边坡开挖破坏斜坡平衡 |

在西攀高速公路上的红旗大堰距离滑坡工点较远而且常年流水流量变化不大，水渠的渗流量对边坡工程无影响。而另一条前进渠的里程比较长，多处工点紧邻前进渠，而且其常年流水量受上游引水流量的控制，变化大，故前进渠的渗漏或多或少地影响到了沿线的许多工点，其影响的程度随其相对位置的不同有所不同。

通过对以上的分析，可以得到滑坡地区线路遇到水渠时的两点治理原则。

(1)新建线路遇到水渠时应该抬高线路标高从水渠上方通过，边坡坡脚分布水渠对边坡影响小，且会降低边坡地下水位，对线路有利。

(2)若线路抬升标高困难，工程代价太大时，可以将已有水渠改线至对线路无影响处。

### 3.2.3　对大型滑坡或滑坡群平面绕避的选线原则

在灾害多发区铁路、公路建设的普遍规律是：节省初期投资，工程抗灾能力弱，运营维护费用增加，且一旦发生大型灾害，则可能造成生命财产的巨大损失；而初期投资大，工程抗灾能力强，运营养护费用降低，并可能避免未来灾害造成的损失。所以铁路、公路设计时的方案比选，是在节省初期投资和减少未来工程灾害风险的矛盾中进行统筹决策的过程。从已建成运营通车的选线经验表明：对于铁路通过地质复杂的大型滑坡及滑坡群及其他不良地质条件时，综合考虑修建成本与运营减灾费用，绕避滑坡工点可能比通过工点总体上更为有利。所以在选线设计时应尽可能绕避，使线路过河到对岸或采用隧道穿越滑坡(图 3-12)，并且视滑坡发展情况留有改线条件，以消除后患。在选择绕避方式时可采用如下不同绕避方式，根据线路具体情况具体分析，将以下四种绕避方式作比较选择出一条最好的方式。

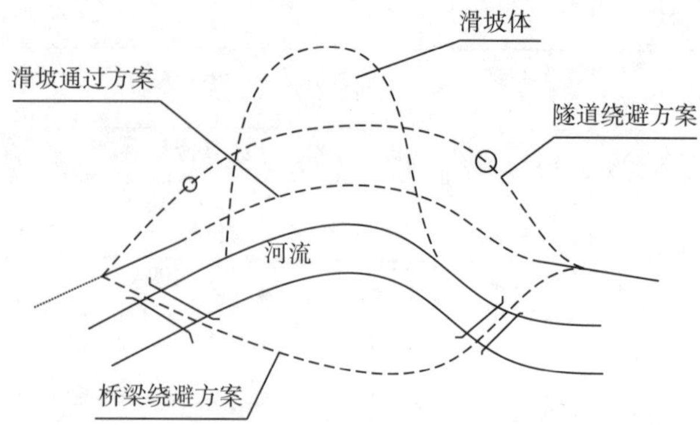


图 3-12 铁路绕避滑坡通过方案

1. 隧道绕避方式

当线路绕避滑坡时，如果线位的高程在滑坡的滑动面以下，山区高速铁路最佳的绕避方式是选择隧道方式，隧道方式可以避开大范围的滑坡等不良地质条件而且可以缩短线路的里程。

渝怀铁路为了绕避小溪巨型滑坡，线路出涪陵车站后即穿过涪陵隧道并跨越乌江至其右岸，以彻底避开滑坡的影响，为了绕避丁家坳大型滑坡体，设置了长 4742m 的杉树陀隧道；为了绕避土坎巨型滑坡，设计中将土坎车站大部分设在桥上，出站后设置了长达 9418m 的武隆隧道。内昆铁路为绕避手扒岩巨型滑坡，线路内移以 3055m 长隧道从滑坡下面通过。宝中铁路线上的虎山滑坡，位于黄土塬边，长约 400m，宽约 180m，滑坡壁高约 88m，据访问 1921 年海原大地震后，滑坡顶部塬边开裂，次年急剧下滑，至今 60 余年，堆积在一级阶梯后缘的滑动土体，无新的变形，考虑到线路以挖方通过滑坡后，破坏了原始地面稳定性，容易引起古滑坡复活，加之该段线路还有径河的河岸冲刷问题，经综合比较后，采用了以长 1070m 的隧道在滑坡床下通过的方案(李森，1993)。

但是隧道在设计时应该进行详细的地质勘察使隧道从滑面底端通过，同时尽量避免短隧道群，并且注意隧道洞门的选择，洞口位置的选择应贯彻“早进晚出”的原则，避开崩塌、滑坡、错落等不良地质发育地段和单薄的山脊、孤立山头等不利地段，洞口宜选择在坡面顺直、岩体完整地段。峡谷地段，线路应尽量贯彻“宁里勿外”的原则避免以傍山明线方式通过。

2. 桥梁跨河绕避方式

在河谷的滑坡地区选线时，线路一岸遇到滑坡时，如果另一岸的地质条件更好而且线路的平纵面线形满足条件的前提下，可以选择桥梁方式跨河绕到河的另一岸通过。例如，内昆铁路开厂沟 2 号特大桥栈桥方案，线路原以沿河路基行走于横江右岸，该段地形陡峻，部分陡岩节理发育，危岩落石、滑坡、岩堆发育，由于必须设站，内移改隧设站困难，故将线路外移设 580m 的顺河桥，改善了工程条件。再如，陇海铁路宝天段在增建二线时充分吸取了在新中国成立前期不重视地质选线的教训，为躲避不良地质条件采用桥梁 55 次跨越渭河，有效地减少了滑坡、崩塌、泥石流等灾害。

陇海铁路建河—葡萄园段的既有线位于渭河大断裂带上，渭河两岸地质条件均比较差，北岸的大型不良地质有 K1352 滑坡、黄龙滑坡群等，如图 3-13 所示。线路原来在黄龙顺河弯曲、病害严重，曾多次中断行车，如在 1962 年黄龙滑坡群塌方 40 万 $m^3$，造成中断行车 169h，1981 年再次滑坡塌方 60 万 $m^3$，造成中断行车 314h。1984 年铁路改线走桑家门地区，以长桥两跨渭河不但绕避了黄龙滑坡群，而且改善了线形。K1352 滑坡由两个并连的巨型破碎岩层滑坡组成，既有线以明洞、小桥、路堑形式通过滑坡体的中、下部，滑坡对既有工程威胁很大，1991 年仍在整治之中。增建第二线选线时吸取了桑家门改线的教训和经验，为绕避 K1352 滑坡，线路两跨渭河在水关设特大桥，走老葡萄村北侧，在桑家门与既有线并行两跨渭河葡萄园车站，如图 3-13 所示的 CK 方案，彻底绕避了病害(车晓明，2002)。

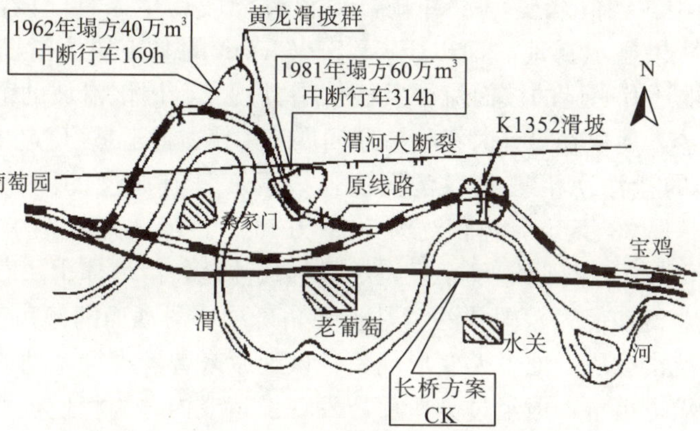


图 3-13　建河-葡萄园四跨渭河(车晓明，2002)

图 3-14　铁马特大桥

3. 桥梁跨越滑坡方式

对于一些范围较小、宽度较窄的滑坡可以利用桥跨间的净空使桥梁跨越滑坡方式通过。但是对于这样的跨越滑坡方式容易给以后的安全运营带来隐患。因此在选择桥梁跨越滑坡方式时，要对该滑坡工点进行更加详细的地质勘察，并选用跨度大的桥型。

成昆铁路上的铁马特大桥位于四川省越西县境内，在北段白石岩车站与越西车站之间，原有设计是采用路基和跨谷的桥梁经过，但经调查勘测发现该段线路均处在不稳定的坡体上，且有五处病害(图 3-14)。为了跨越牛日河河谷西岸的铁马湾滑坡体，避免线路隐患，采用单线预应力混凝土简支梁桥从滑坡前缘斜坡地段通过。该桥是改线所增加的工程，位于牛日河左岸Ⅰ、Ⅱ级阶地和坡积山麓地带。桥梁的布置由北向南为9孔23.8m预应力梁、2孔44m结合梁、17孔31.7m预应力梁，全桥总长882.27m，墩身最高的17＃墩墩高达50.4m。

4. 线路外移绕避方式

线路以外移的方式绕避滑坡时，线路的局部绕避方案改动较大，由于线路平纵面线形要求，应该提前展线加以绕避。

宝中铁路线上的红山头滑坡，位于峡口河左岸斜坡上，坡面倾向河心5°～60°，层间含有黏土软弱层，斜坡前缘受河水冲刷，孕育着滑坡产生条件。该滑坡长550m、宽65m，钻探勘测结果显示在地表面以下51.5～64.5m的黏土层为滑面，滑坡后缘壁高40m，坡体表面上还有明显的坡面流泥及浅层滑动现象。因该滑坡的范围较大，性质比较复杂，处理困难，所以在设计时在峡口迂回展线中绕避此滑坡(苟定才等，2004)。

内昆铁路上的盐津南滑坡是双沟同源，该滑坡具有典型的圈椅状地貌，主轴长500m，宽400m，厚30～75m，体积约为1000万$m^3$。该滑坡为巨型的顺层古滑坡，滑坡舌部已伸入横江河床，前缘隆起呈小丘，后缘形成洼地。滑坡体由块石土和巨大的滑动岩石等物质组成，滑动带为软塑状的砂黏土夹角砾层，滑动面的倾角为10°～20°，前缘反翘，具明显的抗滑坡段，地表无变形现象，该处原来曾考虑设车站或内移增大挖方以解决前后相邻段填方借土，但经过分析后，发现设站或内移均将使抗滑段减载，对滑坡的稳定不利，故决定调整站位，以单线路基在原来的内昆线位上通过(苟定才等，2004)。

### 3.2.4 对中、小型滑坡工点的整治通过原则

对于一些不能确保稳定的或者需要花费巨额的治理费用才能确保其稳定的大型滑坡或滑坡群来说不建议在滑坡体上通过。

对于一些规模较小、较孤立的滑坡的稳定性不满足要求时，但在治理后能够保证稳定安全的情况下，当线路绕避困难无法避开时，在治理滑坡方案的经济评价占优势的情况下，可采用如下不同通过方式通过滑坡工点。

1. 滑坡前缘通过方式

线路通过处于较稳定状态的滑坡时，选线原则是不破坏其稳定状态，在滑坡前缘以填方通过起到反压护道的作用(图3-15)，使得在修筑路堤的同时间接起到治理滑坡的功效。如无可靠的工程措施，切勿将线路摆在滑坡的主滑部位。线路通过处于不稳定状态的滑坡时，选线原则是提前治理并采用“一次性治理，不留后患”的原则。此种方法主要针对中、小范围的滑坡。

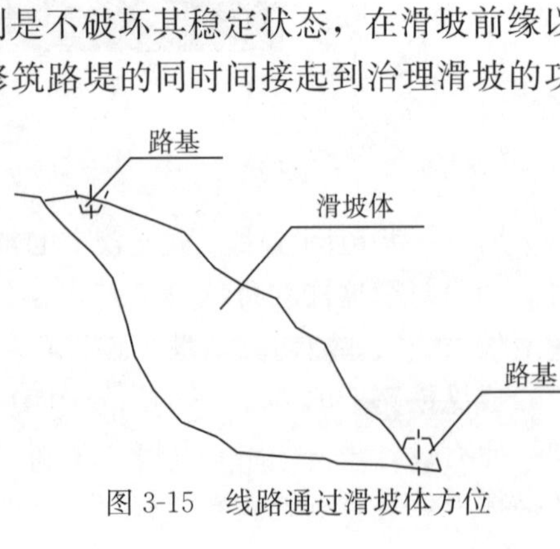

图3-15 线路通过滑坡体方位

内昆铁路上的滩头滑坡位于横江的右岸，该处滑坡的地层岩性为侏罗系砂页岩，岩层软硬相间，坡体倾向横江左岸。该滑坡呈圈椅状地貌，

主轴长 620m、宽 300～500m、厚 10～60m、滑体约 1200 万 $m^3$。该滑坡由块石土和滑动岩块组成，滑动带为碳质页岩，滑动面的倾角为 15°～20°，属于顺层滑坡。其前缘伸入河床以下 20m。该古滑坡体上即为滩头乡，有密集的建筑物，目前暂时没有变形和开裂现象发生，表明该滑坡还处于稳定状态。为了提高古滑坡稳定程度和采取有利于挡护工程，经过调查分析，决定将线位较原内昆线已建成的路基位置再向外移，改挖为填，从其更前缘以填方通过(苟定才等，2004)。

2. 滑坡后缘通过方式

线路通过处于较稳定状态的滑坡时，选线原则是不破坏其稳定状态，在滑坡后部以浅挖方通过起到削方减重的作用(图 3-15)，使得在修筑路堤的同时间接起到治理滑坡的功效。视情况增设抗滑建筑物，如无可靠的工程措施，切勿将线路摆在滑坡的主滑部位。

3. 滑坡任意部位通过方式

线路通过处于不稳定状态的滑坡时，选线原则是提前治理并采用“一次性治理，不留后患”的原则。根据线路平纵面线形的具体需要在滑坡体上选择对线路有利的部位通过，此种方法主要针对中、小范围的滑坡。

4. 桥梁通过方式

如若遇到铁路在滑坡体上需要设立桥墩时，由于桥梁对滑坡移动十分敏感，不建议使用桥梁通过滑坡体，如若必须使用时建议桥墩墩底在滑动面以下并使用支挡防护工程，选择影响范围小的地方快速通过。

滑坡地段桥址选择应考虑以下几个方面：

(1)应尽量选择靠近滑坡后壁的部分通过，那样桥位上游的滑坡物质不多、深度不厚，可以采用清除上游滑坡体物质、基础埋设于滑动面以下、隔断下游滑坡体物质对桥梁基础附近滑床的牵引、对滑坡后壁采取加固防护等措施消除滑坡对桥梁基础和墩身的影响。如郑西客运专线蔡家坡滑坡，主轴长约 550m、宽 350m、滑体厚 5～25m，滑坡处于蠕变阶段，经方案比较之后采用隧道从滑坡体后缘通过，而未采用在滑坡体前缘设桥通过；渝怀铁路开隆纸厂滑坡由相叠的大小两个滑坡组成，大滑坡主轴长 560m、宽 100～500m、滑体厚 15～45m，大小滑坡均处于蠕变阶段。土坎三线特大桥 0 号台至 3 号敦位于武隆纸厂滑坡体的后部，设计采用 40 根抗滑桩加固，整治效果良好。

(2)通过滑坡整治可以保证滑坡整体稳定的情况下，应尽量减少桥梁置于滑坡体上的桥墩数，以减小对滑坡体的扰动。

(3)如果线路上跨中、小型滑坡的滑坡台地、滑坡舌段时，可以增大桥梁跨度，不在滑坡体范围内设置桥墩。

(4)滑坡前缘一定范围内线路一般不宜以桥梁方式通过，以避免滑坡在滑动距离内或滑坡物质滚落对桥梁基础或墩身造成破坏。

## 3.3 高陡边坡段选线宜提前防控边坡演化成滑坡问题

高陡边坡是指开挖高度≥20m 的土质边坡或者开挖高度≥30m 的岩质边坡，其中路堑高边坡由于施工会使原来稳定山体受到扰动而产生各种不稳定因素，轻则导致边坡塌方最终演化成滑坡，并因变更设计造成整治工程费用增加，重则造成大段落线路被迫改线。在过去的几十年里这种灾害案例比比皆是。

### 3.3.1 复杂高陡边坡因不合理施工被迫改线的案例

(1)南昆铁路从南宁沿右江跨南盘江向西爬上云贵高原，百色站至板桃站西 K209+533~K313+784 段属低山丘陵区，线路沿澄碧河、乐里河上溯至米花岭隧道进口，设计高程自 149m 上升到 600m，走向与塘兴-潞城大断裂大致平行或局部重叠。设计中虽尽量控制边坡高度，但线路沿山坡爬高，高边坡路堑工点仍较多，且大部分深路堑高边坡工点岩层为泥岩夹砂岩、砂岩夹泥岩或局部夹页岩的软质岩。原施工图设计一般采用上护下挡的支护形式，路堑边坡下部挡墙一般为 12~15m。1994 年第四季度，由于施工单位未按设计要求采用跳槽开挖，并且在机械施工大拉槽之后，后续支挡工程的砌筑周期时间较长，进而导致在百色板桃段的几处深路堑工点相继出现边坡坍滑等病害。如 K233+372~K235+373 段线路中，K233+984~K234+184 路堑边坡最高为 47m，K234+394~K234+594 路堑边坡最高 30m，当第一段路堑开挖至路基面以上 10m、第二段路堑开挖接近路基面设计高程时，两段深路堑左侧边坡均出现山体开裂、边坡坍滑和路基面附近挤出隆起的现象。经将原线位加固整治及线路外移改线两方案比较后，采用线路外移改线方案，改线后总桥长增加 460m，投资增加 600 万元。其他如百色 2 号隧道出口路堑坍滑、板桃滑坡等均为路堑高边坡开挖过程中出现的病害，最后采用两排抗滑桩进行整治。

(2)长昆客运专线引入贵阳枢纽 DK693+180~DK693+480 段顺层边坡，岩层为泥质白云岩夹页岩、灰岩，线路走向与岩层走向夹角 17°，岩层倾角为 20°，视倾角 19°，路堑挖方右侧顺层段，原设计在路堑右侧设置路堑锚固桩及桩间土钉墙，锚固桩桩间距 5.0m，桩截面采用 1.5m×2.25m~2m×3m，共设置 47 根锚固桩。施工单位未按设计要求在坡脚设置预加固桩，而是直接采用长拉槽切坡一次开挖到路基面附近，结果导致形成顺层滑坡，如图 3-16 所示。

(3)贵阳枢纽东北环 DK34+019~DK34+064 段路堑右侧顺层边坡，边坡岩层为灰岩、白云岩、白云质灰岩，薄夹中厚层状，该段右侧为顺层边坡，代表性岩层产状为 SN/20°E，岩层倾向线路左侧，线路右侧挖方边坡顺层，在线路横断面上的视倾角为 18.4°。段内岩层代表性节理产状为 N15°E/50°NW，N85°W/90°，施工图设计为线路右侧路堑边坡坡脚设置锚固桩及桩间喷锚网护坡，共设锚固桩 9 根，桩间距 6m，坡面设置锚杆框架梁。

该段顺层路基施工采用了拉槽开挖方式，直接挖到了路基面附近，由于施工未设置抗滑加固桩及受到降雨影响，路堑右侧发生了顺层滑坡，线路纵向长 68m，位于线路右侧 75~90m，滑体内部地表裂缝纵横交错，最大拉裂带宽达 7m，滑体厚 4~12m，滑体物质为巨块状的灰岩质大块石，结构较紧密，本工程滑坡造成 6 栋(5 户)房屋不同程度

图 3-16　顺层滑坡

损坏，秦棋村至猫洞村乡道断道，供水水管断裂，通信电力线路中断，其原因是未对顺层高边坡按设计要求及时加固和坡脚预加固，而直接采用拉槽开挖。图 3-17 为顺层滑坡实测及加固图，图 3-18 为现场照片。

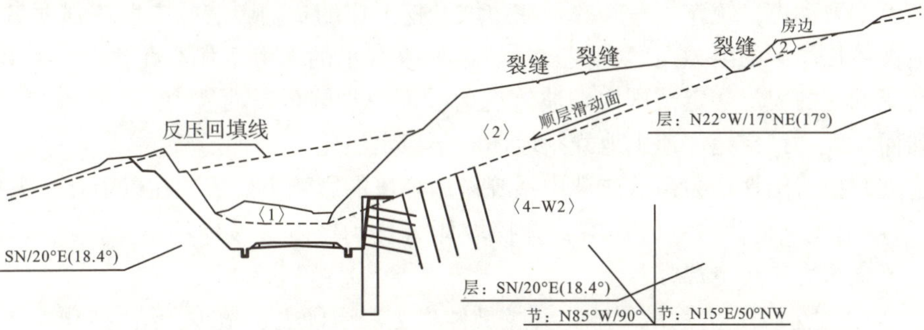


图 3-17　顺层滑坡实测及加固图

图 3-18　顺层滑坡顶部拉裂带

### 3.3.2 施工扰动造成边坡演化成滑坡的机理

从以上案例可以看出，高边坡工程演化为滑坡都是由于施工顺序不当引起的。据统计，世界上边坡(滑坡)灾害的75%以上与人类工程活动有关。中国西南铁路中的成昆、贵昆、川黔三条铁路的工程滑坡达350处之多，占工程建设中滑坡总数的71.2%，其中川黔铁路高达89.5%。川藏公路沿线的灾害类型齐全，分布广泛，暴发频繁，成为名副其实的“灾害博物馆”。其中，由边坡开挖引起的环境灾害占大部分，有的边坡环境灾害是在边坡开挖过程中或开挖后不久就发生，很快形成“工程-灾害-工程”灾害链；另外的环境灾害是在边坡开挖一定时间后才发生，这时边坡开挖对环境造成的是中、长期影响，形成“工程-环境恶化-灾害-工程”灾害链。

山地环境演化主要受地表外营力系统影响，而边坡开挖改变了山地边坡的外营力系统或改变了山地外营力系统作用的环境，从而边坡开挖影响了山地边坡环境的演化进程或引发山地边坡环境地质灾害。这种影响主要表现在两个方面：一方面是边坡开挖扰动了山地边坡环境；另一方面是边坡开挖改变了山地边坡局部甚至更大范围的水环境系统。

当然，边坡开挖对山地坡体的影响是有限的(有一定范围幅度)，而改变山地坡体演化进程的范围就主要集中在开挖扰动区内。首先，边坡开挖增大了边坡系统的重力势能，即增加了重力动力系统作用；其次，在边坡开挖形成的扰动影响区内坡体强度参数降低，即山地坡体扰动区的阻力系统减弱；最后，如果有水的入渗，那么在扰动影响区内特别是扰动影响区的表层一定范围内，坡体抗剪强度更加降低，而重力动力系统随坡体容重的增加而加大，结果是加速山地开挖坡体向不稳定演化。

边坡开挖对山地动力系统或动力系统作用环境的影响主要表现在以下几个方面。

(1)对山地风化营力系统影响：开挖坡体受扰动影响，坡体特别是浅层坡体结构疏松，使风化营力作用更加强烈。

(2)对山地水文动力系统影响：开挖坡体失去表层硬壳、植被，结构变差，增加了水的冲刷、侵蚀作用。扰动区为水的入渗提供了良好通道，水入渗可产生静水压力或动水压力，冬季冰冻更加剧了坡体结构的破坏。

(3)对山地重力动力系统影响：边坡开挖增加坡体的重力势能，即改变重力动力系统；如果水入渗，则增加了坡体容重，即增大了坡体在潜在滑动面的下滑力。

(4)对山地阻力系统影响：坡体松弛，抗剪强度降低，水入渗强度参数进一步下降，抗破坏阻力继续减小，开挖坡体坡面抗冲刷作用降低。

上述边坡开挖对山地边坡环境影响如图3-19所示，其造成的结果是山地边坡环境向不稳定演化加剧，使坡体环境对外力作用影响更加敏感。

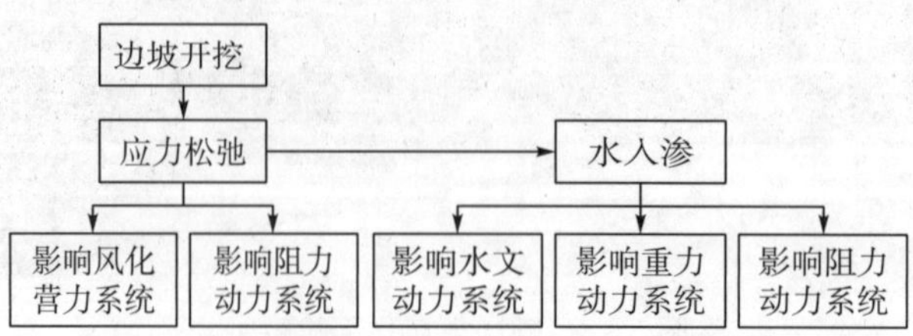


图3-19 边坡开挖对山地动力系统的影响

山地动力系统对边滑坡影响分析表明：复杂艰险山区特别是我国西部山区是地质构造运动活跃的地区，其山地环境演变及山地环境灾害是地球内外动力耦合作用表现明显的区域，其影响持续且明显，必须详细地了解、认识山地动力系统及其相互关系，才能从根本上开展我国西部山区山地环境问题分析和解决西部山区山地环境灾害的工作，并对山区工程活动进行指导，即西部山区山地动力系统对边滑坡体的稳定具有持续的不利影响。

1. 应力松弛对边滑坡体损伤分析

对于开挖的高边坡由于开挖应力松弛，会形成一个强扰动区。滑坡体或开挖坡体在应力松弛影响下，坡体单元的孔隙和微裂缝会扩展或演变，当应力松弛到一定程度，宏观裂纹形成或边坡土体结构发生明显的损伤，可以用损伤力学有关理论进行分析应力松弛对边坡单元的损伤影响(姚裕春，2005)。

滑坡体或开挖边坡体受扰动影响会发生应力松弛，岩土体结构必然发生损伤。一般情况下材料的破坏可以说是损伤积累过程，边滑坡体的变形破坏及损伤同样是一个逐渐积累的过程，当应力松弛达到一定程度后，坡体单元结构可能发生明显的(损伤)破坏，损伤力学理论可以研究结构性岩土体受损后的力学行为，可以用某一法则来较合理的描述岩土体受损后的性质，这一法则即损伤演变规律。

对于损伤变量可以有各种定义，为了材料的本构方程在考虑了损伤后不至于太复杂，法国学者 Lemaitre 提出了等效应变假设，经过推导得出基于弹性模量的损伤表达式为

$$D = 1 - E'/E \tag{3-1}$$

式中，$E$ 为无损材料的弹性模量；$E'$为损伤材料的弹性模量。

对于岩土体，它是一种天然损伤材料，无损时的弹性模量无法测得，为此张全胜等(2003)把基准损伤状态作为第一种损伤状态，而把发生了正损伤或负损伤的某一状态作为第二种状态，根据

$$\left.\begin{aligned} F &= \sigma A = \sigma' A' \\ D &= (A - A')/A \end{aligned}\right\} \tag{3-2}$$

推得

$$\left.\begin{aligned} \sigma' &= \sigma/(1-D) \\ E' &= (1-D)/E \end{aligned}\right\} \tag{3-3}$$

式中，$\sigma$，$A$ 分别为基准损伤状态的有效应力和有效承载面积；$\sigma'$，$A'$分别为损伤状态的有效应力和有效承载面积；$E$，$E'$分别为基准损伤状态和损伤状态的弹性模量。

由于边坡土体的变形模量是其受卸荷影响产生变形或破坏能力大小的一个重要参数，同时又能综合反映边坡土体的各种参数，姚裕春(2005)根据式(3-1)，对土体的变形模量进行土体强度损伤演变分析。通过对不同围压(不同扰动影响程度)情况下，根据岩土体变形模量的变化情况，计算出了岩土体的损伤变量 $D$。结果表明，边滑坡体在扰动初期(卸荷程度较低)的损伤较快发展、扰动中期(卸荷程度较大)的损伤缓慢发展和扰动后期(卸荷程度很大，以至完成卸荷)的损伤迅速发展，如图 3-20 所示，并通过离心模型试验得到了验证。

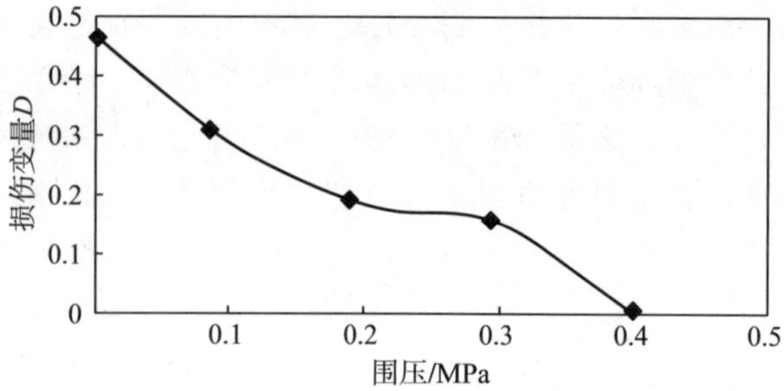


图 3-20 损伤变化趋势

## 2. 水入渗对边滑坡体损伤分析

边滑坡体除应力松弛是影响其稳定的因素外，水的入渗也是影响其稳定和变形的重要原因，水的入渗一是增加了边滑坡体的重量，二是降低了边滑坡体的强度参数，从而不利于边滑坡体的稳定，这种影响也可以从损伤力学的角度进行演变分析。

### 1)水入渗边坡土体微观单元的黏塑性模型

边坡岩土体一般均为天然沉积，都有一定的结构性(组构和胶结)和结构强度。胶结强度是形成边坡岩土体特别是土质边坡结构强度的主要原因之一，土质边坡中土颗粒表面带有一层结合水膜，颗粒之间通过结合水膜联结，这是土质(特别是黏土)边坡黏聚力和流变的根源，边坡土体随水的入渗和地下水的作用，由于水中的离子交换，引起土颗粒双电层结合水膜的变化，而结合水膜的厚薄关系到土颗粒之间的接触胶结强度，从而影响土体的强度参数。

土颗粒在结合水的作用下具有黏滞性和塑性变形特征，采用 Bingham 黏塑性模型，按 Drucker-Pranger 屈服准则，由式(3-4)计算屈服函数(孙钧，1999)：

$$F=\frac{6\sin\varphi}{3-\sin\varphi}\sigma_{\mathrm{m}}+\sqrt{3J_2}-\frac{6c\cdot\cos\varphi}{3-\sin\varphi} \tag{3-4}$$

式中，$J_2=[(\sigma_1-\sigma_2)^2+(\sigma_2-\sigma_3)^2+(\sigma_3-\sigma_1)^2]/6$；$\sigma_{\mathrm{m}}=(\sigma_1+\sigma_2+\sigma_3)/3$。对于每个单元逐一判断 $F$ 是否小于 0，若 $F<0$，则该单元处于黏弹性阶段，否则为黏塑性阶段。

当某时刻某单元出现屈服函数 $F>0$，则该单元进入黏塑性阶段，采用相关联的流动法则时，黏塑性应变率为

$$\begin{aligned}\{\dot{\varepsilon}\}&=\frac{1}{\eta}<\frac{F}{F_0}>\frac{\partial F}{\partial\{\sigma\}}\\&=\frac{1}{\eta F_0}\left(\frac{6\sin\varphi}{3-\sin\varphi}\sigma_{\mathrm{m}}+\sqrt{3J_2}-\frac{6c\cdot\cos\varphi}{3-\sin\varphi}\right)\left[\frac{6\sin\varphi}{3-\sin\varphi}\frac{\boldsymbol{P}}{9\sigma_{\mathrm{m}}}+\frac{\sqrt{3}\boldsymbol{Q}}{2\sqrt{J_2}}\right]\{\sigma\}\end{aligned} \tag{3-5}$$

式中，$F_0$ 为使系数无量纲化，对屈服函数 $F$ 取用的任意参考值，可取 1；$\eta$ 为黏滞系数；$\boldsymbol{P}$、$\boldsymbol{Q}$ 为系数矩阵，对于平面应变问题有

$$\boldsymbol{P}=\begin{bmatrix}1&1&0\\1&1&0\\0&0&0\end{bmatrix}$$

$$Q=\begin{bmatrix}2/3 & -1/3 & 0\\ -1/3 & 2/3 & 0\\ 0 & 0 & 0\end{bmatrix} \tag{3-6}$$

由式(3-6)和不同含水量对土体的强度参数 $c$、$\varphi$ 影响可以看出，随含水量的增大(水入渗增加)，土体强度参数特别是黏聚力 $c$ 降低幅度较大，土体单元屈服函数 $F$ 将迅速大于 0，进入黏塑性阶段，同样由式(3-5)可以看出随含水量的增大，土体强度参数(特别是黏聚力 $c$)降低，黏塑性应变率增大，而当含水量增大到一定程度后，由于 $c$、$\varphi$ 降低幅度减小，土体单元的黏塑性应变率变化将趋于缓慢增长。

2)水入渗土边坡破坏损伤分析

地表水(降雨)入渗使边坡土体含水量增加，土体中孔隙水应力增加，土体强度降低，土颗粒间结构会发生变化(受损)，损伤力学的有关理论的引入，可以研究结构性土体受损后的力学行为，于是采用前面的损伤力学理论进行水入渗对边坡土体的损伤分析。姚裕春(2005)根据式(3-1)对试验边坡采用土体变形模量进行土体强度损伤演变分析。

分析结果表明：初始阶段随着含水量的增加，土体损伤积累很快(土体中胶结物质破坏，土结构发生变形)，然后缓慢地增长，当达到一定程度后损伤变量发生突变(这时土体结构性完全丧失)，随含水量继续增大，损伤不再发展，达到损伤极值(土体黏聚力 $c$ 很低)，如图 3-21 所示。含水量的不同，边坡存在两种破坏形式：几何破坏(滑塌破坏)、材料破坏(拉裂缝破坏)，说明边滑坡体在水入渗较小的情况下，其变形以形成拉裂变形为主，如果水入渗到一定程度后，边滑坡体就可能发生突然滑塌破坏，如图 3-22 所示。

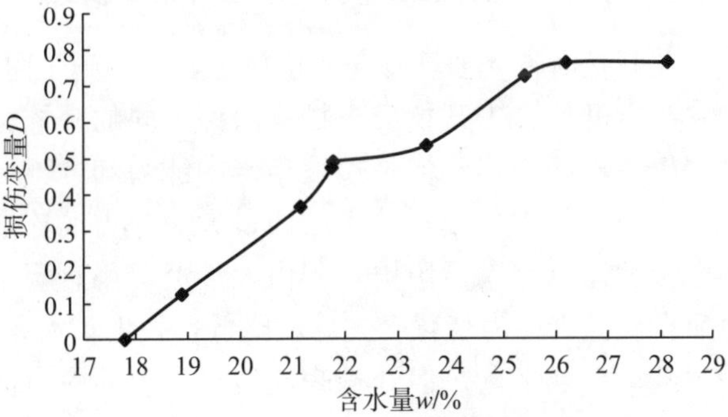


图 3-21　土体含水量与损伤变量

(a)拉裂破坏

(b)滑塌破坏

图 3-22　含水量不同边坡体破坏模式(姚裕春，2005)

边滑坡体的演变损伤分析表明：边滑坡体在受到扰动或雨水入渗影响的情况下，其坡体会发生损伤演变，且其损伤演变一般可分为三个阶段，分别是初期的快速损伤、中期的损伤缓慢发展及后期的快速损伤和突变。对于滑坡体而言，应判断出其所处的环境状态及当前所处的损伤状态，其滑坡治理才更加具有针对性，特别是当滑坡体处于中期损伤末段或后期损伤阶段。例如，滑坡体松散且含水量较大甚至饱和，其极可能发生损伤突变形成滑坡灾害，铁路选线时，应以绕避为主，或滑坡加固治理须充分考虑损伤突变的影响，即应提高设计安全储备，而不能以当前极限状态情况的滑坡参数进行加固治理设计。对于开挖高边坡而言，应采取及时开挖及时支护的理念，避免开挖边坡体处于损伤演变平衡区的后阶段。

### 3.3.3 可研阶段提前考虑施工方案

基于复杂高陡边坡因施工不当造成边坡演化成滑坡的机理分析，可见合理的施工方案是保证选线设计方案能够实施的必要条件之一。高陡边坡工程一般不属于控制性工程，其施工方案指导意见往往是在初步设计阶段提出的，详细施工方案是由施工单位在招投标阶段完成的。施工单位一般从施工简便及经济角度来制定施工方案，如施工人员更加偏爱先大开挖再支护的施工顺序，而且分层开挖、分层加固、坡脚预加固等特殊施工要求，也会造成建设成本增加。鉴于此，本书提出对于复杂高陡边坡段的选线设计，在可研阶段就应与线路方案配套提出施工方案的观点，这样在局部方案比选时，线路方案造价就能将由于特殊施工要求所造成的建设成本增加的情况考虑在内。

1. 复杂高陡边坡应采取及时支护或预加固后再开挖的施工模式

对于高边坡工点，在开挖时首先要选择正确的施工模式。施工时序大致可分为两种：开挖及时支护或先预支护后开挖；先开挖后支护。两种不同的开挖方式和支挡顺序虽然都会使边坡的岩土体产生一定的变形，但是边坡稳定的能力却各不相同。及时的支护将会降低坡体开挖面上的剪应力集中程度，减小坡面最大剪应力的连通程度，对坡体稳定性有利。及时支护还会使坡体单元应力历史过程由大逐渐减小直至平衡，最终保持边坡的稳定；而开挖完成后再支护则应力变化会先急剧降低，发生较大程度的应力松弛之后，再随支护的进行应力逐渐增大至平衡。但开挖完成后再支护的应力值要比及时支护应力值小，即滞后支护将会造成坡体发生较大的不可恢复损伤，坡体强度参数降低，且坡体开挖面剪应力集中程度大，结果对坡体的稳定不利，严重时会导致破坏失稳(姚裕春，2005)。

2. 切坡方案应考虑特殊施工方式费用增加的因素

在高边坡开挖的施工过程中，采用特殊的施工方式不仅增加施工的复杂程度，而且不利于大规模机械施工作业，工期需要相对延长。例如，在对一些边坡岩层风化破碎的地段进行挡墙边坡施工时，需采用跳槽开挖分段浇筑的施工方法；对于单排抗滑桩施工时，应由两端向中间推进以防主桩初期过大受力，分单、双号桩先后顺次施工；多排抗滑桩要精心研究施工顺序，并在施工中结合桩顶位移观测分析进行调整。由于施工的机械化程度的提高，目前的施工均采用机械拉槽开挖，设计中要求挡墙边坡采用跳槽开挖方法很难实现。为保证合理施工方案的实施，采用特殊施工方式将增加工程造价的情况应提前到可研阶段考虑。这样在高边坡通过方案与其他线路方案比选时，方案评价指标更为合理；若高边坡通过方案入选，由于已提前考虑了特殊施工方式增加的费用，在施工阶段也具备了要求施工队伍严格执行合理施工方案的经济条件。

## 3.4 滑坡易发区铁路选线作业技术框架与程式

滑坡区铁路选线作业技术是从宏观到微观，从整体到局部直至确定线路的具体位置三个层次入手绕避或整治通过滑坡，具体的选线作业技术框架如图 3-23 所示。

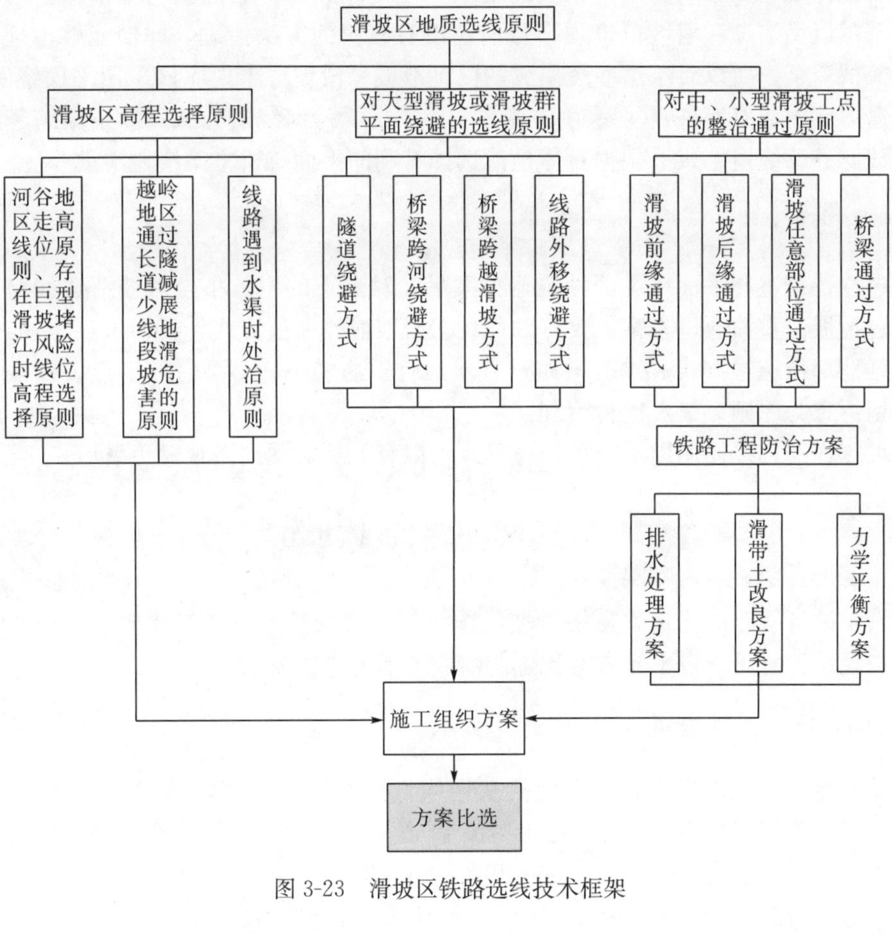


图 3-23 滑坡区铁路选线技术框架

在线路的网性方案和原则方案确定以后，局部方案的比选则成了滑坡区铁路选线作业的关键阶段。局部方案是指仅限于局部地段工程措施不同的方案，包括对局部地段的不良地质、平面障碍或高程障碍的绕避，平、纵断面设计的改善和小桥涵类型的选择等（易思蓉，2005）。滑坡区铁路选线的作业程式主要从滑坡的立体绕避方案、平面绕避方案、整治通过方案三个层次来逐层过滤掉滑坡最终完成滑坡区的铁路选线，使新建线路能够成功避开大量滑坡，大大地减小了滑坡引起的铁路灾害。

1. 立体绕避方案

所谓立体绕避方案指的是在滑坡区通过选择线路的高程来绕避滑坡，这种方案通常能够在宏观上避免大量的滑坡。所以在滑坡区铁路选线中立体绕避方案应该放在第一位。立体绕避方案主要有三种：①河谷地区走高线位原则、存在巨型滑坡堵江风险时线位高程选择原则；②越岭地区通过长隧减少展线地段滑坡危害的原则；③滑坡地区线路遇到水渠时处治原则。从上述三种立体绕避方案选择与线路所处在的地区相对应的方案。

2. 平面绕避方案

尽管立体绕避方案可以避开大量的滑坡，但是线路还是会遇到一些滑坡。对于那些无法绕开的巨型滑坡和滑坡群来说，目前还没有有效的方法治理，即使能够治理也需要花费巨额的资金。所以对于这些规模大的巨型滑坡和滑坡群来说应该采用平面绕避方案。平面绕避方案主要有四种：①隧道绕避方式；②桥梁跨河绕避方式；③桥梁跨越滑坡方式；④线路外移绕避方式。根据具体地形选择有利的平面绕避方案绕避滑坡。

3. 整治通过方案

经过立体绕避和平面绕避两种绕避方案后，对剩下的中、小型滑坡新建线路通过整治来通过滑坡。整治通过方案主要有四种：①滑坡前缘通过方式；②滑坡后缘通过方式；③滑坡任意部位通过方式；④桥梁通过方式。对于这些中、小型滑坡工点要以一次根治并且不留后患为原则对滑坡进行治理。

滑坡区铁路选线使用以上三种作业程式可以有效从宏观到微观避免滑坡。

## 3.5 滑坡区铁路选线决策要素

在滑坡地区线路的比选就是将滑坡区选线的所有局部方案进行比较，总结各种方案的优缺点及结论意见，以下是方案比选中需要考虑的决策要素。

1. 从线路长度及工程投资方面分析

线路长度及工程投资方面分析包括从选线方案的线路长度，桥梁、隧道所占比例，所消耗的工程投资来分析比较。由于桥梁、隧道和路基每公里的造价不同，以双线高速铁路为例，路基一般为 1400 万～2000 万元/km、桥梁为 4000 万元/km、对于五类围岩来说，隧道一般为 9000 万元/km，所以它们所占的比例不同，消耗的工程投资也会不同。绕避方案一般会使线路展长，或增加桥隧工程量，而通过方案线路长度会缩短，但滑坡整治工程有时会增加很大投资，同时增加了后期对整治工程养护维修工作量。

2. 从线形条件及行车速度方面分析

出于对安全和舒适度的考虑，山区高速铁路对平、纵面线形的要求较高。而在滑坡地区选线方案中，由于受到最大设计坡度和最小曲线半径的要求使得立体绕避和平面绕避方案受到较大的限制。所以在选择绕避滑坡方案时要兼顾平、纵面线形的要求。

3. 从工程地质施工难易角度分析

从工程地质施工难易角度分析主要包括方案沿线地势、桥梁工程量、隧道工程量、软基处理工程量来分析比较。由于山区山高谷深，施工要比在平原复杂得多，多半都是深隧、长桥，所以施工难度极大。滑坡整治工程一般难度较大，特殊情况时应在选线阶段就考虑是否具备施工条件。

4. 从地方配套及城镇规划方面分析

从地方配套及城镇规划方面分析主要包括选线方案距离城市发展区和居民集中聚居区的距离，是否符合该地区城镇规划要求，是否给该地区的交通带来便利，是否有利于带动地方城市发展。这样在仅从铁路角度考虑时，可能绕避方案有利，但照顾地方利益时也可选择通过滑坡方案。需强调的是，在人口密集区，滑坡治理措施需特别慎重，避免由于铁路修建引发滑坡危及当地人民生命财产事件。

5. 从施工及运营风险方面分析

铁路选线方案通过滑坡体时，除对线路进行工程投资比较外，还应根据滑坡体的特征进行施工风险评估。如滑坡体处于极限状态或蠕滑阶段，对滑坡体进行工程加固施工产生的扰动或施工过程出现的外界影响(震动或降雨入渗)均可能引起滑坡失稳，从而存在较大的施工安全风险，当滑坡体较为松散时，抗滑加固桩等在施工过程中同样存在较大风险，铁路选线宜以绕避为主；部分滑坡体在加固施工中虽然风险相对较小，但所处的环境复杂、长期受外界环境影响，其持续向不稳定方向演化，即外界环境对滑坡体存在中长期的影响，结果对长期运营存在风险，加固设计需考虑滑坡演变影响，提高一定的安全储备。

例如，贵广无砟轨道客运专线 DK51＋900～DK52＋120 平寨滑坡，铁路选线受两端隧道控制，需要经过滑坡影响区域，滑坡前缘长期受大冲沟冲刷临空影响，产生局部蠕变及滑移，且富水性很好，地下水及地表水入渗对滑体稳定性有较大影响，滑坡整治充分考虑了前缘冲沟影响，在冲沟侧设置了混凝土防冲刷挡墙，同时考虑了地下水和地表水入渗对滑坡演化的不利影响，路基采用桩板结构通过，采用了 3 排抗滑桩加固滑坡，滑坡抗滑桩在施工过程中均采用加强型锁口护壁，还增加了施工过程中的变形监测预警，滑坡加固代表性主轴断面如图 3-24 所示，从而避免施工风险和长期运营风险。

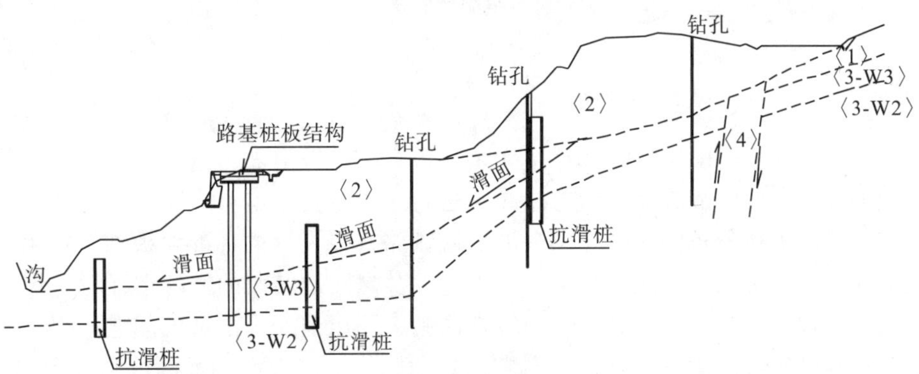


图 3-24　平寨滑坡代表性主轴断面

6. 从环境保护、水土保持及社会效益方面分析

铁路工程的环境保护及水土保持变得越来越重要，铁路选线通过滑坡区应符合环境保护和水土保持要求，即避免对滑坡体的大开挖，应减少植被破坏和水土流失。此外，在人口密集区域内，滑坡治理措施应与环境保护相协调，避免大面积开挖暴露以及大量的坡体圬工加固，应具有良好的环境及视觉效应，从而社会效益良好。

例如，位于重庆市北碚区同心镇境内的童家溪滑坡，滑坡体约为 195.3 万 $m^3$，由一个深部的大滑坡体和两个浅层的滑坡体组成。由于线路平面及标高受童家溪车站控制，兰渝铁路需要从大滑坡的中部顺滑坡主轴通过，铁路以隧道及路堑挖方通过，滑坡加固设置了 3 排加固抗滑桩。后期设计的渝黔铁路分左线和右线从兰渝铁路两侧通过此滑坡，渝黔铁路初步设计以低于兰渝铁路的标高以路堑通过此滑坡，结果会造成对该大滑坡的大面积开挖和影响到两个浅层滑坡，并对深部大滑坡前缘具有切坡作用，加固治理需再增加 3～4 排的大截面深层抗滑桩加固，结果会使得滑坡体上布满加固桩，且安全风险较大。后经多次方案优化，渝黔左右线最终采用压低标高以隧道形式从滑坡滑面以下通过，既避免了原方案的施工风险和路基工程的巨大投资，并符合环保、水保要求，同时具有良好的社会效益，图 3-25 为童家溪滑坡平面图。

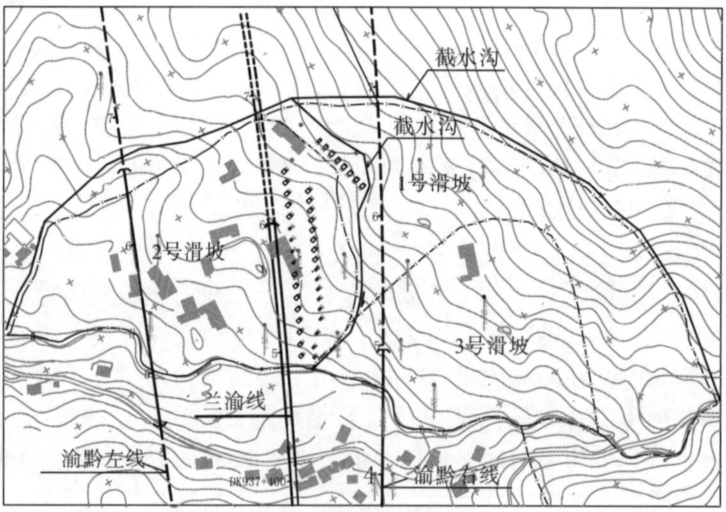


图 3-25　童家溪滑坡平面图

## 3.6　总　　结

复杂艰险山区往往山高谷深并存在大量地质灾害，以滑坡为主。滑坡会给铁路造成极其巨大的损失，所以滑坡地区的铁路减灾选线尤为重要。本章在现代设计法的概念框架下，按照滑坡灾害分布区划凝练出滑坡地区铁路选线设计的标准化模式，提出了滑坡区地质选线、高程选线、平面绕避、整治通过以及高陡边坡段的铁路选线设计原则和滑坡区铁路选线程式。此外，针对高陡边坡常因施工不当演变为滑坡的问题，提出了将施工要求提前到可研阶段考虑的观点；对顺层地段提出了“控制切坡高度”、“宁做下挡，勿做上挡”的选线原则；最后对滑坡区线路方案比选的决策要素进行了讨论。

# 参考文献

柴贺军，刘汉超，张倬元. 1995. 中国滑坡堵江事件目录. 地质灾害与环境保护，6(4)：1-9.

车晓明. 2002. 宝天铁路增建第二线 55 次跨渭河地质原因浅析. 铁道工程学报，(1)：66-70.

戈清萍. 1996. 遥感技术在铁路工程地质选线中的作用. 铁道工程学报，50(2)：359-362.

苟定才，屈科，黄润秋等. 2004. 内昆铁路沿河谷阶地段主要工程地质问题与线路方案的地质比选. 地球科学进展，(增刊)：223-227.

韩春暄，蒋忠信. 2000. 复杂地质艰险山区修建大能力南昆铁路干线成套技术. 成都：电子科技大学出版社.

何振宁. 2004. 区域工程地质与铁路选线. 北京：中国铁道出版社.

黄玲娟，林孝松. 2002. 滑坡与降雨研究. 湘潭师范学院学报，24(7)：55-62.

黄润秋，许强. 1997. 工程地质广义系统科学分析原理及应用. 北京：地质出版社.

李森. 1993. 宝中铁路主要工程地质问题浅谈. 铁道工程学报，(3)：51-55.

李媛. 2004. 中国地质灾害类型及其特征——基于全国县市地质灾害调查成果分析. 中国地质灾害与防治学报，15(2)：29-34.

刘翠容. 2005. 水文环境对西攀高速公路边坡滑坡工程影响的研究. 成都：西南交通大学硕士学位论文.

卿三惠. 2000. 南昆铁路八渡车站滑坡综合治理. 路基工程，88(1)：43-48.

孙钧. 1999. 岩土材料流变及其工程应用. 北京：中国建材工业出版社.

王恭先，王应先，马惠民. 2008. 滑坡防治 100 例. 北京：人民交通出版社.

王恭先，徐峻龄，刘光代等. 2007. 滑坡学与滑坡防治技术. 北京：中国铁道出版社.

王思敬. 2002. 地球内外动力锅台作用与重大地质灾害的成因初探. 工程地质学报，10(2)：115-117.

王翔，戚宗柯. 2002. 川藏公路二郎山隧道东西引道泥石流、滑坡病害初探. 海峡两岸山地灾害与环境保育研究，3：168-173.

王毅. 2003. 渝怀铁路选线设计. 铁道标准设计，(增刊)：58-63.

魏永幸，周成. 2001. 内昆铁路特殊地质问题及其路基工程技术. 路基工程，(5)：311-313.

姚裕春. 2005. 边坡开挖工程活动对环境影响研究. 成都：西南交通大学博士学位论文.

姚裕春，姚令侃，王元勋等. 2004a. 水入渗条件下边坡破坏离心模型试验研究. 自然灾害学报，13(2)：149-154.

姚裕春，姚令侃，袁碧玉. 2004b. 降雨条件下边坡破坏机理离心模型研究. 中国铁道科学，25(4)：64-68.

姚裕春，姚令侃，袁碧玉. 2006a. 边坡开挖迁移式影响离心模型试验研究. 岩土工程学报，28(1)：76-80.

姚裕春，姚令侃，袁碧玉. 2006b. 高边坡开挖支护分析. 路基工程，126(3)：33-35.

姚裕春，姚令侃，袁碧玉等. 2006c. 施工时序对边坡稳定性影响的离心模型试验及数值分析. 岩石力学与工程学报，25(5)：1075-1080.

姚裕春，姚令侃，袁碧玉. 2007. 开挖边坡自组织特性及灾害防治对策研究. 成都理工大学学报，34(1)：76-81.

易思蓉. 2005. 铁路选线设计. 成都：西南交通大学出版社.

游宏，姚令侃. 2007. 施工期昔格达地层失稳机理分析. 重庆交通大学学报，26(7)：90-94.

张全胜，杨更社，任建喜. 2003. 岩石损伤变量及本构方程的新探讨. 岩石力学与工程学报，22(1)：30-34.

张玉成，杨光华，张玉兴. 2007. 滑坡的发生与降雨关系的研究. 灾害学，22(1)：82-85.
赵满庆. 2008. 宝成线 109 号隧道抢险加固与思考. 铁道工程学报，(增刊)：281-286.
中华人民共和国国土资源部. 2006. 滑坡防治工程设计与施工技术规范. 北京：中国标准出版社.
Wu S R，Shi J S，Yao X，et al. 2008，Analysis and evaluation of geohazard in tensity of the Wenchuan earthquake，Sichuan. Geological Bulletin of China，27(11)：1753-1763.

# 第 4 章　陡坡地段铁路选线

在艰险山区修建高速铁路，由于线路的走向及场地的限制，许多隧道进出口的边、仰坡高陡，地质条件恶劣，在雨水及地震等自然灾害的作用下，会形成危岩、落石、崩塌等，对隧道及相邻的桥梁、路基等结构造成危害，影响山区铁路正常运营。如"5·12"汶川大地震中，宝成线 109 隧道就是由于边坡崩塌及落石，破坏了隧道洞口结构，损失惨重。随着西南艰险山区修建的高标准客运专线铁路项目日益增加，大量铁路穿越地区的地势起伏大、山高谷深、地形险峻，发生危岩落石、坡面崩塌的概率较高，且一旦侵入线路，造成的后果将是灾难性的。为此，铁路设计人员需通过合理选线及采取相应防治措施以尽量绕避重大的不良地质地段和较集中的落石地段，但由于山区山高坡陡地段覆盖范围广泛，且地质构造极为复杂，高陡边坡仍然无法完全避免。为完善艰险山区铁路选线技术，本章将针对艰险山区陡坡地段铁路选线涉及问题进行阐述，为工程人员提供借鉴和参考。

## 4.1　陡坡及其危害

### 4.1.1　陡坡的定义

高陡边坡在我国山区较为常见，一般分为两类：一是由于地壳运动而形成的自然斜坡；二是由于大量的人类工程活动而产生的人工陡坡。陡坡上的巨大岩体或土体在重力和其他外力作用下突然向下崩落的现象称为崩塌，个别岩石块体在重力和其他外力作用下突然向下滚落的现象称为落石，这两类不良地质现象在陡坡地段最为典型。

《水利水电工程边坡设计规范》、《公路路基设计规范》、《建筑边坡工程技术规范》等多部标准中提及高陡边坡定义，《岩土工程手册》将坡度为 30°～60°、岩质边坡高度为 15～30m、土质边坡高度为 10～15m 的边坡定义为高陡边坡。高陡边坡在铁路标准里目前尚无明确界定，《铁路边坡防护及防排水工程设计补充规定》建议岩质边坡坡高大于 30m、土质边坡坡高大于 15m 的定义为高边坡。现对各铁路建设和运营安全影响较大的高边坡进行调查统计，高边坡坡度区间分布见表 4-1。

**表 4-1　西南山区各铁路沿线高边坡调查统计表**

| 区段 | 坡度区间/(°) | 岩质高边坡分布/处 | 土质高边坡分布/处 |
|---|---|---|---|
| 贵广铁路<br>贵阳—贺州段 | 10～20 | 0 | 4 |
| | 20～30 | 7 | 19 |
| | 30～40 | 34 | 9 |
| | 40～50 | 27 | 3 |

续表

| 区段 | 坡度区间/(°) | 岩质高边坡分布/处 | 土质高边坡分布/处 |
|---|---|---|---|
| 贵广铁路<br>贵阳—贺州段 | 50~60 | 13 | 0 |
| | 60~90 | 0 | 0 |
| 兰渝铁路<br>广元—重庆段 | 10~20 | 0 | 1 |
| | 20~30 | 1 | 7 |
| | 30~40 | 18 | 4 |
| | 40~50 | 9 | 1 |
| | 50~60 | 5 | 0 |
| | 60~90 | 0 | 0 |
| 成绵乐城际铁路 | 10~20 | 0 | 2 |
| | 20~30 | 2 | 16 |
| | 30~40 | 13 | 4 |
| | 40~50 | 5 | 1 |
| | 50~60 | 0 | 0 |
| | 60~90 | 0 | 0 |
| 沪汉蓉铁路<br>重庆—利川段 | 10~20 | 0 | 0 |
| | 20~30 | 2 | 9 |
| | 30~40 | 21 | 5 |
| | 40~50 | 11 | 1 |
| | 50~60 | 4 | 0 |
| | 60~90 | 0 | 0 |
| 合计 | 10~20 | 0 | 7 |
| | 20~30 | 12 | 51 |
| | 30~40 | 86 | 22 |
| | 40~50 | 52 | 7 |
| | 50~60 | 22 | 0 |
| | 60~90 | 0 | 0 |

从表 4-1 可以看出，西南山区岩质高边坡坡度主要分布在 30°~40°，占所有岩质高边坡的 50%，其中坡度大于 30°的岩质高边坡达到 93%，对西南山区铁路建设和运营的安全性影响较大。西南山区土质高边坡坡度主要分布在 20°~30°，占所有土质高边坡的 59%，其中坡度大于 20°的土质高边坡达到 92%，对西南山区铁路建设和运营安全性影响较大。

### 4.1.2 陡坡危害

在山区修建铁路工程中，特别是沿江、河谷地段，受地形地貌、自然保护、经济技术条件等因素限制，不可避免地会遇到陡坡，被节理和岩层层面切割成破碎岩块，极易产生岩体的倾倒、崩塌、滑移等破坏，危及铁路工程安全。

崩塌落石在山区高陡边坡较为常见，但人们对其理解存在差异(胡厚田，1989)，苏联波波夫在《工程地质学》一书中提到：崩塌是大块的，常常是巨大的岩块之破碎，其发生照例是突然地，同时崩下的整块岩体翻落在山崖底下凸出的部分而撞碎。原铁道部工务局编写的《铁路路基养护》中定义：巨大的土体或岩层因长期经受风化侵蚀或震动作用，脱离山体，在自重的支配下，突然而猛烈地从高陡处翻滚到低的地方叫做崩塌。有些把崩塌定义限于边坡上的岩体崩落，不包括土体；有的强调崩塌过程，有的强调作用力、形成原因和影响因素。从山区崩塌落石现场调查来看，崩塌落石主要有两类情况：一是地质条件具备危岩落石的情况，地面横坡陡峻，岩层节理和裂隙极其发育，在节理和裂隙的切割下形成突兀或悬空的孤石危岩，部分孤石散落镶嵌在坡面土层中，在地震力的作用下造成突兀或悬空的岩石脱离母体成为危岩或牵引散落镶嵌于坡面中的孤石形成落石；二是不稳定斜坡土石掺和体，在地震力作用下土层溜塌后大的孤石形成落石危害道路工程。

一般来说，位于峡谷或山区河曲凹岸的陡崖边坡，存在倾倒式、拉裂式、滑移式和由岩体强度控制的破坏模式。当其岩石质坚、性脆、构造节理发育并存在深而直立，平行于坡面的张节理时，在暴雨、列车或汽车动荷载、地震等荷载作用下，极易发生岩体(或岩块)绕某点(或某条边)的倾倒式崩塌破坏；对软、硬岩互层的陡峻斜坡，由于抗风化能力差异，常在陡崖边部中、下部形成凹腔，加之垂直张节理作用，极易发生拉裂式破坏；当有外倾结构面存在时，则可能发生沿结构面平移式的崩塌破坏；当岩体无外倾结构面，无明显发育较深的张裂隙的陡崖边坡，但岩层节理发育，岩体较破碎时，则可能发生由岩体强度控制的沿潜在破裂面的破坏。

崩塌落石对铁路建设和运营的危害巨大，主要表现在以下几个方面。

1)崩塌落石直接造成行车事故与人身伤亡

崩塌落石虽不及滑坡规模巨大，但其发生处所多、频率高、防不胜防。在山区铁路施工和运营线上，都会造成重大事故。其中在运营线上，崩塌落石造成的行车和人身伤亡事故最多。

如宝成线丁家坝—大滩，K293～K365 处，1981 年 8 月 16 日 4 时，发生山体崩塌 720$m^3$，造成 812 次货车颠覆 7 辆，电力机车被打入嘉陵江中，中断行车 62h；成昆线 1979 年 K812 处崩塌，造成列车颠覆事故，砸坏货车多辆；宝成线军师庙车站 K312 处，岩石山坡高陡，1981 年 8 月 16 日，从 200m 高处落石砸到停留在该站第三股道的 164 次列车，落石穿透车厢，旅客死亡 1 人，伤 21 人。

2)崩塌落石破坏线路及其他设施，阻断行车

运营线上大规模突然崩塌的岩体，不仅堵塞线路，掩埋路基，而且还会摧毁线路设备，从而中断行车，给铁路运输造成重大损失。

如宝成线 K215＋575～K215＋625，石灰岩山体，岩层破碎，1978 年 9 月 12 日因连续降雨，山体崩塌 10000$m^3$，停留在线路上的约 1000$m^3$，崩塌石块最大 120$m^3$，砸坏线路和接触网，中断行车 86h。

3)崩塌落石击毁桥梁，中断行车，造成重大损失

山区铁路的崩塌落石有时能击毁边坡下的桥梁，中断行车，造成重大损失。襄渝线巴山—达县段，先后于1983年8月～1985年9月连续两次发生崩塌落石击毁坡下桥梁，因7月连降暴雨380mm，致使线路右侧82m高山坡上，滚落下12.6$m^3$孤石一块，将第一孔梁全部击毁，中断行车22h；K493+000下长坝1号大桥。灾害发生前连续15天降雨，共降333mm，1985年9月21日，陡坡上突然产生崩塌，最大岩块256$m^3$，击中该桥第一孔梁，致使桥梁折断，同一天又相继发生3次，损失巨大。

陡坡地段崩塌落石也是地震诱发最主要的次生灾害，对铁路工程危害极大。崩塌落石发生地段道路基本毁坏，中断行车。根据现场对挡石墙、钢轨栅栏、主(被)动柔性网等针对危岩落石设置的工程的损毁性及拦挡作用的调查，仅1处拦石墙成功地拦挡了落石，说明现有拦挡措施对地震形成的落石的防范作用有限，特别是对长段分布密集的危落石地段道路基本全部损毁。因此，在选线阶段特别是当线路经过长段分布密集的崩塌落石区域时必须考虑绕避，应将此类情况下的崩塌落石灾害作为控制线路选线的重要因素。汶川地震中宝成铁路109隧道由于巨大落石砸向轨道堵住洞门导致21043次列车脱轨，油罐车起火，宝成铁路中断了238h，如此惨重的损失警醒我们需提高对崩塌落石危害的重视。

## 4.1.3　陡坡地段减灾设计

近年来铁路建设逐渐向西部山区延伸，如沪汉蓉高速铁路汉蓉段、沪昆高速铁路长昆段等，某些铁道工程修建遇到了较为复杂的地形与地质情况，其主要表现在山区地面高差变化大、坡面变化频繁且险峻等方面。为满足路线平纵线形及水文地质环境保护等要求，不少路段往往采用全高架桥或半路半桥等特殊结构来穿越深大峡谷或河流，势必导致线路邻近陡坡设置。如塑黄铁路龙宫展线段在龙宫隧道出口后、滴水崖隧道进口前，即DK36+250～DK38+300，勘察查明该段线路通过崩塌落石地段有7个区1490m长。得出该段危石总量110100$m^3$，其中清除、加固危石数108155$m^3$。崩塌落石治理后受地形、地质条件影响，在自然应力作用下，有可能出现新的崩塌落石，难以彻底根治。由于受龙宫煤矿采空区影响，线路往山里靠的范围有限，完全躲避崩塌落石是非常困难的，只能以短隧道方案通过，线位改善后仍有局部通过崩塌区。

受经济技术条件的限制，为节约工程投资，我国传统山区铁路采用小半径曲线适应地形，争取路基长度，存在不少陡坡地段。随着国家技术及经济条件的大幅改善，对铁路标准要求逐步提高，选线理念也在逐步调整，但高标准铁路适应地形的灵活性弱，陡坡地段始终无法完全回避，即便通过先进的工程措施控制陡坡地段潜在灾害，风险始终存在。

陡坡地段对铁路构成较大危害的主要为崩塌落石问题，在勘察、设计及选线过程中，应加强对危岩的勘察及落石的计算分析，为陡坡地段铁路选线提供重要依据。针对不同类型的崩塌落石，选择不同的防灾减灾途径应遵循“绕避、预防、减轻”灾害方式采取合理处置措施。选线过程中，一方面可基于落石运行轨迹、影响范围及危害程度考虑是否绕避，另一方面可基于陡坡落石运行轨迹判断线位合理性，辅助开展工程选线，并针对性采取相应防治工程及监测预警措施。

## 4.2　陡坡危岩非接触式勘察技术

陡坡危岩是复杂山区重要的地质灾害之一，具有灾害点多、分布面广、突发性强、难以预测等特点。而在铁路勘察中，进行陡坡危岩调查是工程地质勘察的重要内容之一，目的是确定线路附近陡坡危岩的分布位置、规模及其对工程危害和影响大小。传统的陡坡危岩调查是以接触式勘察为主，方法主要以人工调查、测量工作为主，辅以非接触式的航、卫片解译，该方法存在野外工作量大、成本高、效率低、安全隐患大和精度低等问题。而随着高速铁路勘察精度的提高以及拟建铁路区域地形地质条件更加艰险复杂，很多高陡边坡，人很难上去，更不用说进行精确测量，如川藏铁路、渝昆高铁等铁路的修建，接触式勘察的弊端更加凸显，这为非接触式勘察技术的引入提供了契机，通过非接触测量方法来进行陡坡落石勘察，获取岩体结构面等必要参数，为工程设计服务。

岩体结构面的空间信息即产状，主要用倾角和倾向表示，最基础的方法就是“不在同一条直线上的三点确定一个平面”，所以采用非接触测量方法获取结构面产状的途径就是测量结构面上点的三维坐标。常见非接触测量方法主要有全站仪、数字摄影测量、三维激光扫描系统、无人机三维影像、测距仪及 GPS 等。通过非接触测量，无需到达测量点就可进行测量勘察，既保证了测量的有效性，又保证了测量人员的安全；同时，采用非接触测量方法进行勘察测量，具有精度高、不受天气影响、快捷、自动化、自动成图等特点，可大大提高勘察精度和效率。

### 4.2.1　测量原理

1. 全站仪

全站仪即全站型电子速测仪(图 4-1)，由电子测角、电子测距、电子计算和数据存储单元等组成的三维坐标测量系统，设站后能直接获取测量对象的三维坐标，能自动显示测量结果，与外围设备交换信息。在岩体结构面空间信息的采集中，可运用全站仪直接逐点测量结构面外露面上点的三维坐标，再根据“不在直线上的三点确定一个平面”，反算出结构面的空间方位。

全站仪测量的优点是：精度较高、可实现自动成图等功能；不足是：对场地要求高，在垂直方向上精度低不能满足需要，无人区无法使用，价格昂贵且测量精度受天气、温度等影响较大。

2. 摄影测量

摄影测量利用同一物体或地区在不同位置、不同方向的影像来重建物体三维表面模型。模拟摄影测量或解析摄影测量是人的双眼分别照准左、右影像上的“同名”像点(同一物体不同影像上的成像)，利用地面(物体)上一定数量(最少六个)的已知点位进行相对定向，只需观测六个标准点位的视差，通过精密的机械导杆进行空间模拟或计算机解算相对定向的元素，根据“同名”像点的解析(像空间)坐标，确定该点的三维空间(物空间)坐标。

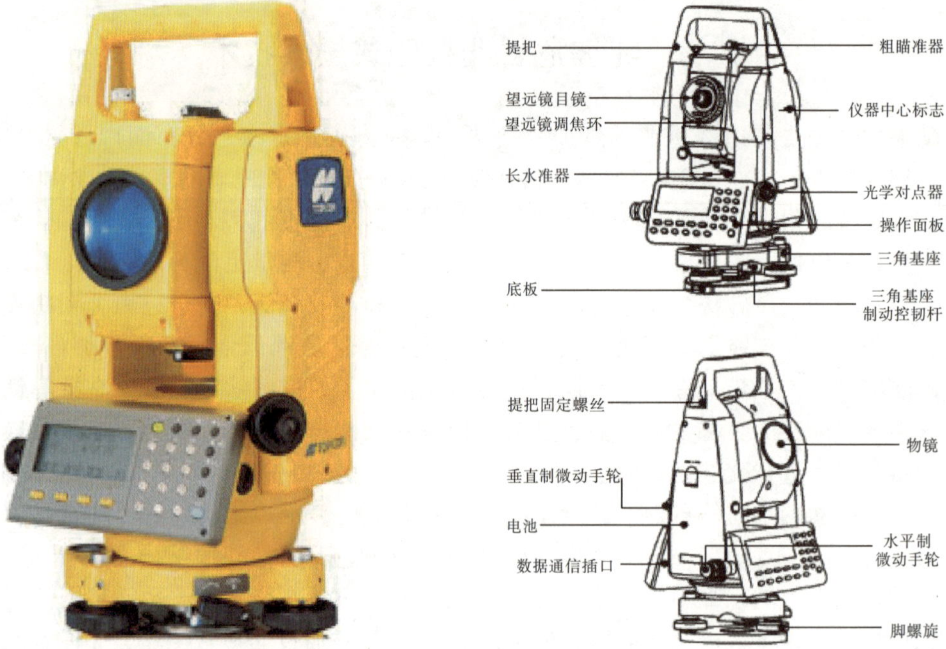


图 4-1　全站仪

3. 三维激光扫描

三维激光扫描技术是 20 世纪 90 年代中期开始出现的一项高新技术，是继 GPS 空间定位系统之后又一项测绘技术新突破(图 4-2)。它通过高速激光扫描测量的方法，大面积高分辨率地快速获取被测对象表面的三维坐标数据。可以快速、大量地采集空间点位信息，为快速建立物体的三维影像模型提供了一种全新的技术手段。三维激光扫描后的激光点云数据经过分类、去植被化处理后，可再现真实地形、地貌，结合测区全景影像，从而有利于陡坡危岩的遥感解译。通过机载、车载或手持激光雷达系统，量测边坡的三维坐标，生成数据影像及数字高程模型，获得陡坡危岩的空间分布形态的具体数据，实现遥感解译由定性化向定量化的转变，从而确定陡坡危岩的空间位置、规模大小、分布范围等信息(图 4-3)。

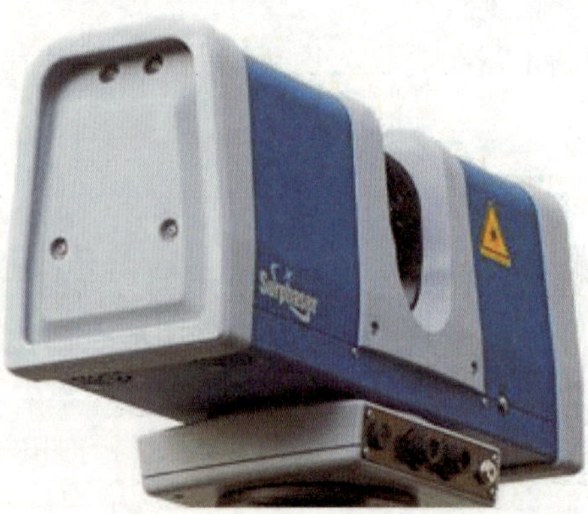

图 4-2　三维激光扫描仪

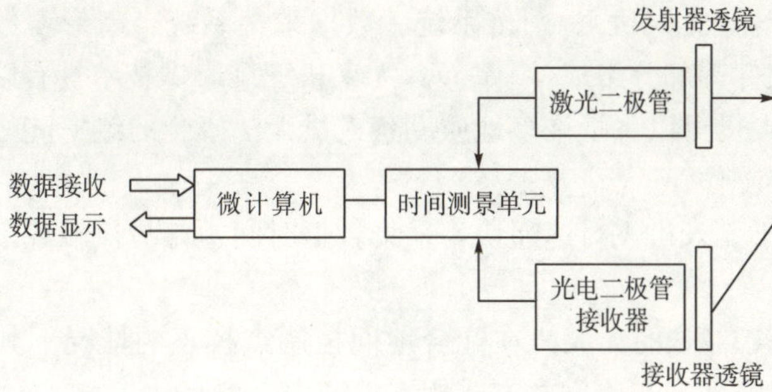


图 4-3　三维激光扫描控制原理图

系统主要由三部分组成，扫描仪、控制器(计算机)和电源供应系统。激光扫描仪本身主要包括激光测距系统和激光扫描系统，同时集成 CCD 和仪器内部控制及校正等系统。它主要按空间极坐标原理计算出扫描的激光点在被测物体上的三维坐标。

三维激光扫描由于其具有快速性、不接触性、穿透性、实时性、动态性、主动性、高密度、高精度、数字化、自动化等特性，在陡坡危岩勘察中具有以下优势。

(1)效率高：大面积的陡坡范围可在较短的时间完成整个坡面的扫描工作。

(2)高精度：同样搭载了 GPS 定位系统，形成了坡面的三维激光点云数据，可对陡坡危岩进行精确定位，对危岩进行量化处理。相比无人机勘察技术，精度要高。

(3)非接触式：三维激光扫描同样在距陡坡一定距离的坡脚或者山顶进行勘察工作。相比无人机勘察，其机动性要差。

4. 无人机三维影像

无人机三维影像技术是以无人机为飞行平台搭载传感器设备获取地面信息的遥感方式，依据是光学摄影机获取的像片，经过处理以获取被摄物体的形状、大小、位置、特性及其相互关系的航空摄影测量理论，配以先进的计数机后处理系统，形成一定比例尺寸的 3D 虚拟模型，来对勘察区间进行测绘工作(图 4-4)。

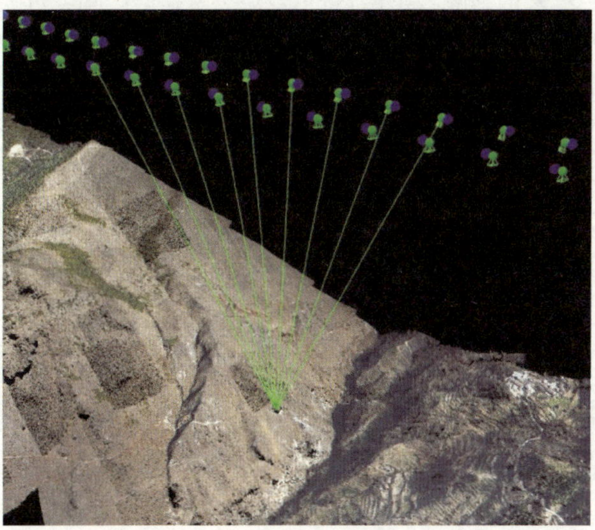

图 4-4　无人机摄影测量原理示意图

该系统主要由飞行器(无人机)、图传系统、数据采集系统、高像素数码相机、地面控制系统、数据处理软件等部分组成(图 4-5)。无人机三维影像技术具有以下特点。

(1)机动性强：无人机可以飞抵许多地质勘察人员无法攀爬的绝壁陡峰，进行航拍数据采集，从而完成勘察工作。

(2)效率极高：由于无人机飞行速递快，采集数据时间短，与接触式勘察相比其勘察效率大大提高。

(3)数据准确：搭载 GPS 的无人机在配合地面控制点校正的情况下其精度可以达到厘米级，完全满足设计精度，与原勘察方式相比精度大大提高。

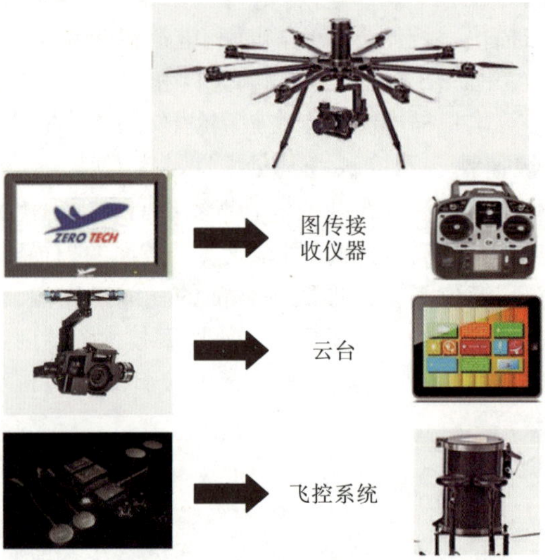


图 4-5 无人机系统组成

其通过对陡坡危岩工点区域进行无人机多点航拍，采集陡坡危岩不同角度且含有三维坐标信息的数码照片来得到陡坡危岩区的三维点云数据，陡坡危岩的信息在点云数据中被抽象为数以百万计的三维点坐标，这些点数据除了含有坐标信息同样含有色彩信息(RGB)。通过计算机处理后可以虚拟构建一个有着与其原型相一致或相近的一切外部几何特征的陡坡危岩模型，从而可以实现对陡坡危岩的几何尺寸、具体坐标、结构面特征在模型中进行勘测，得到关于这个陡坡危岩区任意一个陡坡危岩的准确几何、空间特征和地质特征。这样可以获得陡坡危岩基本勘察数据，为下一步工程设计提供地质参数。

5. 激光测距仪及 GPS 测量系统

测量系统如图 4-6 所示，可直接测得坡面出露结构面上点、线的空间数据信息，再通过与外部设备进行数据交换、处理，获取坡面出露结构面的立面图。手持测距仪及 GPS 测量测量的优点是精度高、不受天气的影响、快捷、自动化程度较高、可实现自动成图等功能，从而提供了一种准确测量结构面出露迹线并自动成图的方法和手段，大大提高了调查精度和效率。

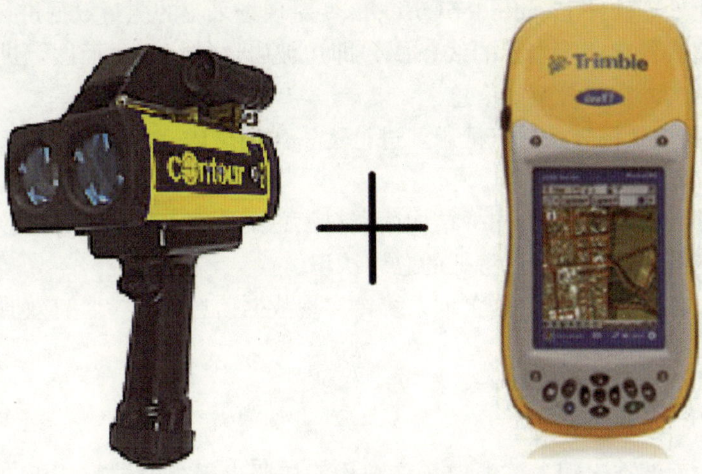


图 4-6　激光测距仪及 GPS

激光测距仪及 GPS 测量系统，是基于激光测距仪及 GPS 的测量原理，运用激光测距仪实现对结构面控制点的准确定位，再采用 GPS 测量出结构面各控制点的三维坐标，通过手持式 GPS 内置的 TerraSync 软件采集点状、线状、面状要素，再运用内业处理软件 Pathfinder Office 2.9 处理测量数据，生成包含结构面出露迹线各点准确坐标的线条图，进而通过数据交换处理反算出结构面产状等空间信息。

### 4.2.2　岩体结构面快速调查体系

在应用岩体结构面非接触测量技术的基础上，对岩体结构面进行快速地调查。

工程实践中，岩体结构面可根据结构面的规模、工程地质性状及其工程地质意义划分为断层型软弱结构面和裂隙型结构面，分级调查统计，获取结构面的工程地质特征。

为分析结构面对边坡稳定性影响程度，必须考虑结构面与工程边坡之间、不同结构面之间的组合关系，最简便直观的方法是将现场测量的结构面信息体现在工程地质素描图上。工程开挖边坡地质素描一般绘制立面图，将开挖揭露的岩体结构面按比例投影到与开挖面平行的竖直平面上。现场调查时，首先运用激光测距仪及 GPS 系统，测出边坡开挖的轮廓线(开挖边界、平台等)，然后逐条地测量断层型软弱结构面在开挖面上的露头线。获取主要结构面与边坡坡面、结构面与结构面之间的空间位置关系，再对结构面的充填情况、粗糙程度等信息进行补充描述，生成边坡工程地质素描图。

结构面快速调查强调定量调查与现场定性判断相结合，通过定量测量获取结构面与坡面、结构面与结构面之间的组合关系，寻找潜在不稳定结构体的位置和形成条件，取得边坡稳定性的定性认识。

1. 断层型软弱结构面调查

岩体中断层型软弱结构面的现场调查，是以专门、逐条、逐点的方式进行的，可采用如下步骤。

(1)现场调查中，对开挖面揭露的每一条结构面，根据实际出露位置，运用激光测距仪及 GPS 测量系统内置的 TerraSync 软件逐一采集出露结构面的点状、线状、面状要素，再运用内业处理软件 Pathfinder Office 2.9 对现场采集的测量数据进行处理，生成包含结构面出露迹线各点准确坐标的线条图，即边坡岩体结构面立面图，进而通过数据交换处理反算出结构面产状等空间信息。

(2)按前述描述指标体系逐点记录，进行逐一详细描述，点距一般为 0.5～1.0m；并建立该结构面在此揭露点的档案。

(3)将在不同露头调查到的同一结构面资料汇总于总结表，以获得对该结构面的空间展布规律、构造特征和工程地质特征的总体认识。

(4)将上述表格内容纳入数据管理系统，实现数据信息的科学、有效管理，为进一步分析提供所需的信息。

2. 裂隙型结构面调查

裂隙型结构面调查步骤，首先现场将结构面按照出露规模进行分析，研究其与其他结构面、临空面(坡面)之间的组合关系，然后对较长大裂隙，运用激光测距仪及 GPS 测量系统测量其结构面的空间信息，补充描述其发育程度、结合程度等；对长度较小的裂隙，则通过现场判断优势组数，简单记录结构面间距、张开度、胶结状况等。

采用传统的调查方法对可接触部位出露结构面的产状、特性等其他要素进行详细调查研究，获取岩体结构特征。边坡岩体结构面快速调查步骤如图 4-7 所示。

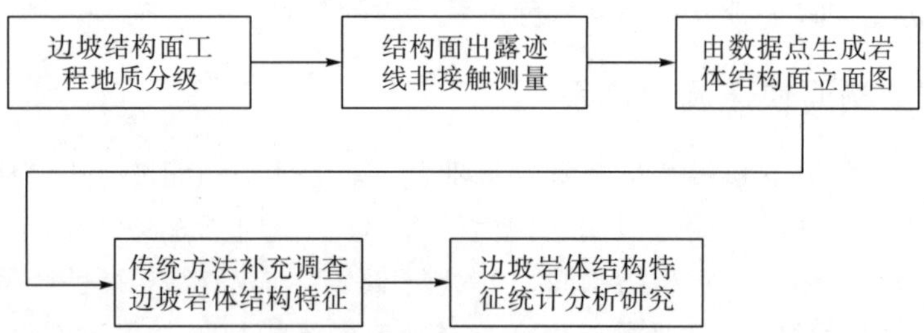


图 4-7 边坡结构面快速调查步骤

# 4.3 陡坡落石轨迹计算分析

鉴于陡坡地段铁路工程面临的风险以崩塌落石为主，本节重点介绍陡坡落石轨迹(唐红梅和易朋莹，2003；黄润秋等，2007；叶四桥等，2011；Xu et al.，2013)计算分析方法，为工程选线及防护设计提供依据。

## 4.3.1 陡坡落石轨迹计算

落石坡面情况运动复杂，运用现场抛石试验需要花费大量的时间及人力、物力，而由于资料较粗略，运用经验性分析不能较确切地反映落石运动特征。采用中国中铁二院工程集团有限责任公司开发的 RFA 软件模拟落石运动。

在已知边坡特征(几何形态、坡角、坡面摩擦和阻尼系数)和落石初始运动特征(运动方式、速度大小和方向)的前提下，从理论上来说，是可以完全计算出落石的整个运动轨迹及其运动过程参数的。在 RFA 软件模拟过程中，遵循如下几点规律。

(1)当坡面由陡变缓时，滚动或滑动运动模式不变，但在过渡点会发生由运动方向改变引起的速度减小，在这里不考虑过渡点的阻力作用，这种考虑从最终的防护结构设计来看是偏于保守的。

(2)当坡面由缓变陡时，以滚动或滑动模式运动的落石将改变为弹跳运动模式。

(3)当坡面法向阻尼系数较大而使落石不能继续弹跳进时(法向计算速度为零或负值)，以弹跳模式运动的落石将转化为滚动或滑动模式。如图 4-8 所示，在落石以滚动或滑动模式运动时，其运动轨迹即为坡面形状，其运动速度的变化主要受坡面摩擦作用控制，则平行于坡面的运动速度可计算为

$$v'' = (v'^2 + 2as)^{1/2} \tag{4-1}$$

$$a = g(\sin\theta - \mu\cos\theta) \tag{4-2}$$

$$v' = v_1'\cos(\theta_1 - \theta) \tag{4-3}$$

式中，$v''$为计算点的落石速度；$v'$为计算段初始点的落石运动速度；$v_1'$ 为前一计算点的落石运动速度；$\theta_1$ 为前一计算段的坡面角；$g$ 为重力加速度($9.8\text{m/s}^2$)；$a$、$s$、$\theta$、$\mu$ 分别为计算段内落石运动加速度、运动距离(坡面长度)、坡面角和坡角摩擦系数(根据滚动或滑动模式区别采用相应的滚动或滑动摩擦系数)。

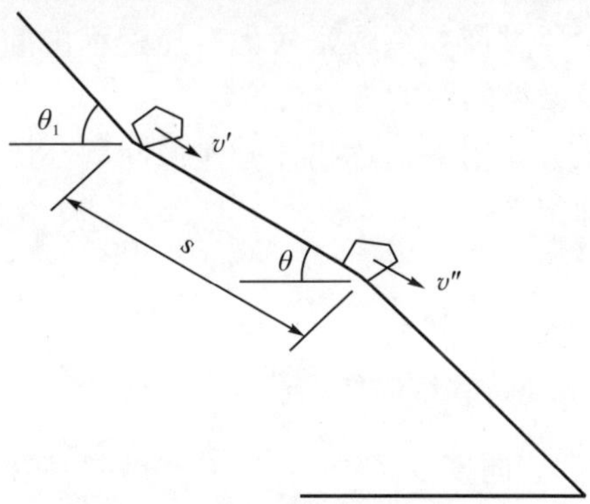


图 4-8　滚动或滑动模式计算示意图

从计算方式可以看出，两计算点间的坡面必须具有相同的坡面倾角和摩擦系数，若有不同，则必须分段计算。按此方法从运动起点一直计算到运动停止点、运动模式改变点或坡脚止落点。计算中的摩擦系数一般宜通过简单的现场滚石试验获得。

如图 4-9 所示，在弹跳运动模式下，其运动轨迹为各触地点间落石运动抛物线的组合，其运动速度的大小和方向均受坡面阻尼作用的影响，则触地后的落石弹起速度可计算为

$$v_x'' = A_1\cos\theta - A_2\sin\theta \tag{4-4}$$

$$v_y'' = -A_1\sin\theta - A_2\cos\theta \tag{4-5}$$

$$A_1 = R_t(v_x'\cos\theta - v_y'\sin\theta) \tag{4-6}$$

$$A_2 = R_n(v_x'\sin\theta + v_y'\cos\theta) \tag{4-7}$$

式中，$\theta$ 为计算点的坡面角；$v_x'$、$v_y'$、$v_x''$、$v_y''$ 分别为落石触地弹跳前后 $x$ 和 $y$ 方向(水平和垂直方向)上的速度；$R_t$、$R_n$ 分别为法向和切向恢复系数。以此计算速度作为落石抛物线运动轨迹的初始速度，可以计算出下一触点前的瞬间速度大小和方向、触地点位

置(运动抛物线与坡面线的解析交点)，并再次重复前一计算过程，如此不断进行，直到运动模式改变、运动停止或到达坡脚落点为止。

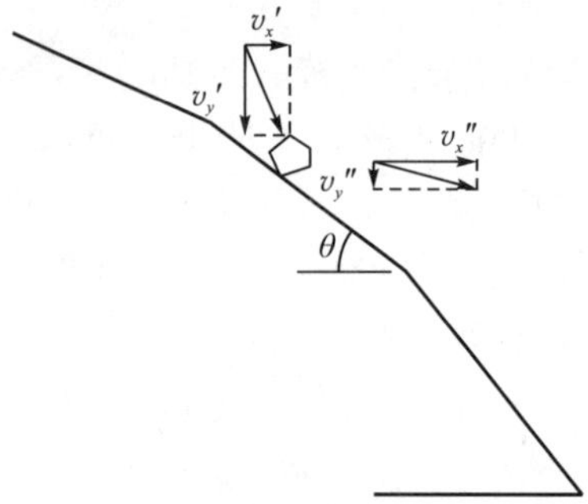


图 4-9 弹跳运动模式计算示意图

滚石在自由飞落过程中一旦遇到边坡坡面的阻挡，就会发生碰撞弹跳。碰撞弹跳是滚石运动过程中最复杂、最不确定的一种运动碰撞，可能是近乎完全的弹性碰撞，也可能是完全的非弹性碰撞，这取决于滚石和边坡土的物理力学性质、碰撞时的入射角、滚石的质量和入射速度等诸多因素。通常采用恢复系数法来描述滚石碰撞的问题。将滚石的碰撞问题当成刚体碰撞，通过恢复系数来考虑碰撞过程中的能量损失，避免了对滚石碰撞过程中非线性变形以及摩擦问题的直接讨论。

早在牛顿时代，恢复系数就用来描述物体的碰撞问题。最常用的恢复系数是分别定义法向和切向恢复系数，即定义：

$$R_{\mathrm{n}} = \frac{v_{\mathrm{rn}}}{v_{\mathrm{in}}} \tag{4-8}$$

$$R_{\mathrm{t}} = \frac{v_{\mathrm{rt}}}{v_{\mathrm{it}}} \tag{4-9}$$

式中，$R_{\mathrm{n}}$、$R_{\mathrm{t}}$ 分别为法向和切向恢复系数；$v_{\mathrm{in}}$、$v_{\mathrm{it}}$分别为碰撞前法向和切向速度；$v_{\mathrm{rn}}$、$v_{\mathrm{rt}}$分别为碰撞后法向和切向速度。

$R_{\mathrm{n}}$ 和 $R_{\mathrm{t}}$ 为 1 时，碰撞过程中无摩擦阻尼作用，碰撞为完全弹性碰撞；$R_{\mathrm{n}}$ 和 $R_{\mathrm{t}}$ 为 0 时，为完全黏滞阻尼状态，碰撞为完全非弹性碰撞。

滚石碰撞恢复系数 $R_{\mathrm{n}}$ 和 $R_{\mathrm{t}}$ 是正确估算滚石运动轨迹的两个重要的参数。这两个参数与边坡的坡度、边坡坡面覆盖层的地质力学性质、滚石自身的大小等因素有关。室内试验表明，随着边坡坡度的增大，法向恢复系数略有增大，但是对于切向恢复系数的影响却不是很明显；边坡坡面覆盖土越松散，碰撞就越趋向完全非弹性碰撞，相应的法向和切向恢复系数就越小。相反，边坡坡面出露的基岩越硬，碰撞就越趋向弹性碰撞，相应的法向和切向恢复系数就越大；小质量的滚石比同一边坡上的大质量的滚石的碰撞恢复系数要大。恢复系数的取值直接关系到所估算的滚石运动轨迹的可靠度。而由于滚石问题的复杂性，使得滚石碰撞的恢复系数非常离散，所以要得到可靠的滚石碰撞恢复系数，必须依赖于试验，在试验的基础上通过反分析得到恢复系数。

目前，尚没有规范明确给出 $R_{\mathrm{n}}$ 和 $R_{\mathrm{t}}$ 的取值范围。实践经验表明：滚石碰撞的法向恢复系数为 0.2～0.5，切向恢复系数为 0.4～0.9。一般边坡坡面有基岩出露时，取大值；坡面为没有植被覆盖或有少量植被覆盖的砾岩或硬土时，取中间值；坡面为松散残积土或黏土时，取小值。表 4-2、表 4-3 给出了铁道部运输局推荐的法向和切向恢复系数的取值。

表 4-2　法向恢复系数建议值

| 坡面特征 | 法向恢复系数 $R_n$ |
|---|---|
| 光滑而坚硬的表面和铺砌面，如人行道或光滑的基岩面 | 0.37～0.42 |
| 多数为基岩和砾岩区的斜面 | 0.33～0.37 |
| 硬土边坡 | 0.30～0.33 |
| 软土边坡 | 0.28～0.30 |

表 4-3　切向恢复系数建议值

| 坡面特征 | 切向恢复系数 $R_t$ |
|---|---|
| 光滑而坚硬的表面和铺砌面，如人行道或光滑的基岩面 | 0.87～0.92 |
| 多数为基岩和无植被覆盖的斜坡 | 0.83～0.87 |
| 多数为有少量植被的斜坡 | 0.82～0.85 |
| 植被覆盖的斜坡和有稀少植被覆盖的土质边坡 | 0.80～0.83 |
| 灌木林覆盖的土质边坡 | 0.78～0.82 |

在 RFA 软件中，恢复系数称为阻尼系数。计算过程中所需要的坡面阻尼系数取决于坡面覆盖层和植被特征，其值大小可通过 RFA 软件推荐的表 4-4 和表 4-5 进行经验性选取。

表 4-4　法向阻尼系数建议值

| 法向阻尼系数 $R_n$ | 坡面特征 |
|---|---|
| 0.37～0.42 | 光滑坚硬的表面，如铺砌面或光滑的层状岩石表面 |
| 0.33～0.37 | 基岩表面和砾石边坡 |
| 0.30～0.33 | 有崩塌堆积体和坚硬的土质边坡 |
| 0.28～0.30 | 软土质边坡 |

表 4-5　切向阻尼系数建议值

| 切向阻尼系数 $R_t$ | 坡面特征 |
|---|---|
| 0.87～0.92 | 光滑坚硬的表面，如铺砌面或光滑的层状岩石表面 |
| 0.83～0.97 | 基岩表面和无植被的崩塌堆积体 |
| 0.82～0.95 | 有少量植被的崩塌或砾石堆积体 |
| 0.80～0.83 | 植被覆盖的崩塌堆积体和植被稀少的土质边坡 |
| 0.78～0.82 | 灌木覆盖的土质边坡 |

该软件考虑到了岩块的几何形状、大小和密度、初始运动方式、坡面几何形态、坡面粗糙度、坡面滑动和滚动摩擦系数、法向和切向阻尼系数等基本输入参数及其不确定性特征，可模拟得出落石的冲击动能、弹跳高度、运动轨迹及其统计结果(Hoek，1984；Pfeiffer and Bowen，1989；Azzoni et al.，1995；陈世刚，2012)。

模拟情况如图 4-10 所示。

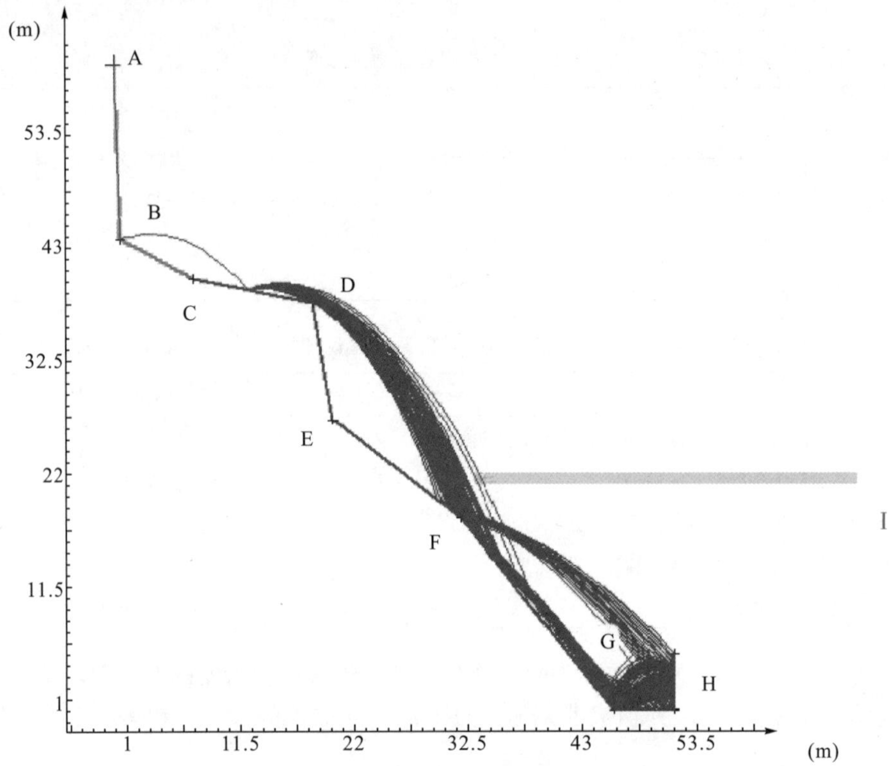


图 4-10 RFA 软件落石运动轨迹模拟结果

### 4.3.2 工程案例

贵广线某隧道出口段山体地形陡峭，两侧斜坡山体存在大量危岩体，该段路基两侧山坡为灰岩、泥质灰岩，岩体结构面发育，坡脚平坦洼地处与山坡缓坡处为膨胀土。

限于篇幅，采用自主开发的 RFA 落石分析软件，仅对路基影响最大的 17＃危岩体开展敏感度计算(共计算 5000 次)，计算中考虑落石碰撞产生的旋转效应，计算参数采用在指定范围内随机产生的正态分布数。计算结果显示，所有落石均在距路基中心约 26m 处停止运动，落点统计如图 4-11 所示，故本段危岩体对路基工程影响不大，线路方案可行。

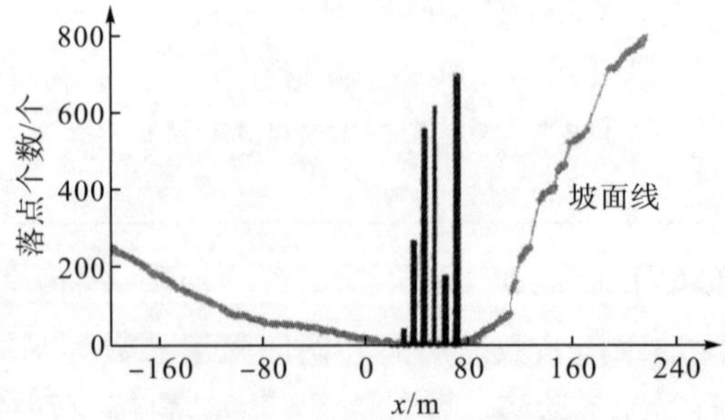


图 4-11 17＃危岩体落石落点统计

# 4.4　陡坡地段减灾措施

## 4.4.1　防治工程

崩塌滚石灾害防护措施可分为主动治理措施、被动防护措施和综合防治措施(图 4-12)。

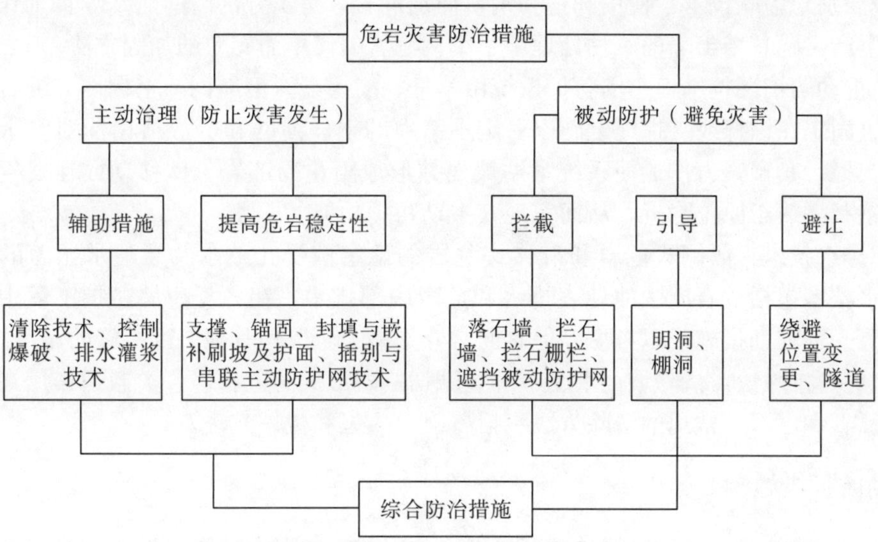


图 4-12　危岩灾害防治措施分类图

从危岩体分布区的综合防治上讲，危岩体的防治往往需要主动加固治理措施与被动防护措施相结合才能取得理想的防治效果。主动加固是针对单个危岩体的治理措施，被动防护是对片区危岩体进行整体的防护措施，被动防护措施在某些条件下更是不可或缺的。

危岩体防治方案的选择是由多种影响因素共同决定的。危岩体防治的工程措施很多，具体工程措施的选择需要综合考虑危岩体发育的地质环境条件与工程的特点及其相互关系、危岩体的类型和分布特点、危岩体的危险性等级，以及危岩体防治工程措施的适宜性和经济性等因素，最终才能选择出技术可行、安全可靠、经济合理、环保实用的防治措施。

1. 主动治理措施

(1)支撑技术：对危岩下部具有一定范围向坡内凹陷的岩腔、岩腔底部为承载力较高且稳定性好的中风化基岩，危岩重心位于岩腔中心线内侧时，可使用支撑体对危岩体进行危岩治理。

(2)锚固技术：锚固方法是边坡治理中的一种常见手段，对可确定的危石加固是一种较好的选择，技术成熟，结构简单，不明显改变环境。

(3)封填与嵌补技术：当危岩顶部存在大量较显著的裂缝或危岩底部出现比较明显的凹腔等缺陷时，宜采用封填技术进行防治。而嵌补技术是对外悬或坡面凹腔形成的危岩采用浆砌片石、混凝土或水泥砂浆填筑，以提高危岩稳定性的一种方法，嵌补结构必须要有稳定的基础，且必须与坡面紧密结合。

(4)灌浆技术：危岩中破裂面较多、岩体比较破碎时，为了确保危岩的整体性，宜进行有压灌浆处理。灌浆技术宜与其他技术共同使用。

(5)刷坡及护面技术：对于边坡坡度不大(坡度一般小于 45°)，裂隙发育，表层岩体破碎且有危岩突出坡面，但整体稳定性较好的边坡可使用此技术。

(6)插别与串联技术：使用圆钢和钢轨插别危岩，是工务部门的路基养护工作者通过长期的生产实践总结出来的一种处理中、小型危岩的简单而有效的加固方法。

(7)主动防护网技术：主动防护系统由锚杆、支撑绳、钢绳网、格栅网、缝合绳等组成，通过固定在锚杆或支撑绳上施以一定预紧力的钢丝绳网和(或)格栅网对整个边坡形成连续支撑，其预紧力作业使系统紧贴坡面并形成阻止局部岩土体移动或在发生较小位移后，将其裹缚于原位附近，从而实现其主动防护功能。

(8)排水技术：倾倒式危岩和滑移式危岩的稳定性受孔隙水及裂隙水压力的影响很大。排水技术包括危岩周围的地表排水和危岩内部排水，在各类边坡防护工程中，通常都应作为一种辅助措施予以考虑，但它通常并不能完全取代其他工程措施的作用。

(9)危石排除法：清除坡面上受节理裂隙切割所形成的危石、各类搬运作用在坡面上形成的孤石和浮石，常用的清除方法包括爆破、人工和机械方法。

2. 被动防护措施

(1)落石槽技术：当坡脚场地宽阔，即夹住设施能够退离坡脚足够距离时，由于无需采用太多的辅助工程措施，这种方法或许是最为简单有效而经济的落石防护措施。

(2)拦石墙技术：修建于落石路径上(坡脚或坡面上)的圬工拦挡结构，拦石墙通常由浆砌片石或现浇混凝土构成，在实践中，为了减小结构尺寸并提高其抗冲击能力，常在墙背回填砂砾等缓冲材料。

(3)拦石栅栏技术：常见于铁路沿线的简易拦石结构，由常用型钢或废旧钢轨及钢筋构成，也可采用木结构来作为短期或临时防护，结构简单，造价低，有时也设于拦石墙上以提高拦截高度。

(4)遮挡技术：该技术主要应用于线路工程，运用明洞、棚洞在线路上方作遮挡防护，因其有足够抗冲击力的钢筋混凝土顶盖，其上还铺有厚层碎石土并种草植灌木，加之土坡倾向线路之外，因此是防护线路不受落石冲击的有力措施。但是，该技术施工工艺复杂，工程造价高是其缺点。

(5)被动防护网技术：被动防护系统是一种能拦截和堆存落石的柔性拦石网，其显著特点是系统的柔性和强度足以吸收和分散所受的落石冲击动能并使系统受到的损失趋于最小，改变传统系统的刚性结构为高强度柔性结构。

3. 综合防治措施

崩塌与滚石的防治是一项复杂的系统工程，即使对单个危岩的防治而言，单一的防治技术往往不能取得满意的防治效果。因此，在危岩防治过程中，往往需要两种或两种以上的防治技术联合使用。

多种防治技术的联合可以是主动治理技术与主动治理技术的联合或被动防护技术与被动防护技术的联合，也可以是主动与被动防治技术的联合。如锚固－支撑联合技术、锚固－灌浆联合技术、护面－排水联合技术和主动与被动防治技术的联合等。

主动与被动防治技术的联合在崩塌与滚石防治工程中有着重要的地位。主动防治技术是针对单个危岩或具有相同特点的危岩群采用的防治措施，被动防护技术是对整个片区的危岩进行整体的防护措施。由于地质条件和危岩体的复杂性，不可能对研究区所有潜在失稳的危岩进行主动加固治理，也可能由于漏勘或主动加固技术施工难度大而没能进行主动加固治理，此时，被动防护技术就显得尤为重要。

此外，强震区陡坡地段铁路选线应考虑堰塞湖、不稳定斜坡体、滑坡、岩堆、泥石流等潜在不利因素的影响，绕避地震次生灾害严重地段，对不能绕避的地段，需在潜在危险区进行工程防护，并布设必要的监控预警设备予以监控，保证线路施工运营安全。在地震灾区对于路堑边坡的加固防护措施有：①预应力锚索抗滑桩，挂网，锚杆加固再喷混凝土防护；②锚索垫墩加固再施加喷锚防护；③预应力锚索地梁或框架地梁加固；④框架锚杆加固再施加坡面植被防护。在坡脚设置的防护性挡墙有坡脚矮挡墙、浆砌条石或混凝土挡墙等。

总之，崩塌与落石防治措施的选择需要综合考虑各种影响因素，但最终采取的防治措施应该是技术可行、安全可靠、经济合理、环保实用的。

### 4.4.2　监测预警

陡坡地段铁路选线应尽量绕避采空区、大型滑坡、严重的泥石流、山体大规模崩塌地段等大型不良地质地段，对不能绕避的地段，需在潜在危险区进行工程防护，并布设必要的监控预警设备，保证线路施工运营安全。

山区高速铁路高陡边坡防灾监控，采用 24 小时全天候自动监测方式进行，监测目标是“异物不上道，上道不撞车”。

为确保高速铁路运输安全，山区高速铁路高陡边坡应进行防灾监控。根据高速铁路高陡边坡的破坏类型，采用雨监测、地震监测、山区高速铁路高陡边坡防灾监控、山区高速铁路危岩落石监控。目前常用的监测方法有视频分析方法、红外激光轨面扫描成像方法、电网监测等，其特点可以概况如下。

(1)视频分析方法。目前视频监控领域较为流行的视频内容分析技术的延伸，通过对防洪点现场的视频图像进行分析来发现行车界限内的异物。此方法的优点是系统造价相对低廉，但是在恶劣天气下和夜间无法有效工作，同时还受到周边环境的影响，存在严重的误报。

(2)红外激光轨面扫描成像方法。此方法使用红外激光发射、探测和成像器材对轨面安全高度进行扫描，通过三角测量方法或飞行时间测距方法发现超过安全高度的异物截面轮廓。此方法在夜间和恶劣天气下能够有效工作，但仍然会受到杂物、飞鸟和动物的干扰，无法有效检测落石撞击导致轨枕损伤和穿过行车界限的障碍目标。

(3)电网监测。在防护网的上面敷设绝缘导线，当有坠物落到防护网上切断绝缘导线时，则产生报警信息(图 4-13)。此方案最大的优点是无误报，必须有横截面大于双电网的网格、质量大于电网导线承受能力的异物落在防护网上，才会产生报警。而且，电网对现场实际工况的适应能力强，可以根据防护网的形状尺寸，任意扩展。但对于落物在防护网上的积累情况无法通过监测信息上传，这是该方案的主要缺点。

图 4-13 电网在铁路防护网上的监测应用

## 4.5 总 结

山区铁路选线不可避免面临陡坡问题，崩塌落石风险尤为突出，已给铁路运营造成极大危害，所以应加强陡坡地段铁路选线的综合分析，提升山区铁路选线水平。

本章针对艰险山区陡坡地段铁路选线涉及问题进行阐述，首先介绍了陡坡定义及其危害，并论述了陡坡地段选线的制约因素；然后针对陡坡地段勘察问题提出了陡坡危岩非接触式勘察技术，并针对陡坡地段落石防护设计提出了高陡边坡落石轨迹计算分析方法，介绍了 RFA 落石轨迹分析软件；最后阐述了陡坡地段铁路选线及防治工程、监测预警技术等，为工程人员提供借鉴参考。

## 参考文献


陈世刚. 2012. 铁路隧道进出口段落石冲击力计算分析. 铁道工程学报，(5)：35-39.

胡厚田. 1989. 崩塌与落石. 北京：中国铁道出版社.

黄润秋，刘卫华，周江平等. 2007. 滚石运动特征试验研究. 岩土工程学报，29(9)：1296-1302.

唐红梅，易朋莹. 2003. 危岩落石运动路径研究. 重庆建筑大学学报，25(1)：17-23.

叶四桥，陈洪凯，许江. 2011. 落石运动模式与运动特征现场试验研究. 土木建筑与环境工程，(4)：17-23.

Azzoni A，Barbera G L，Zaninetti A. 1995. Analysis and prediction of rockfalls using a mathematical model. International Journal of Rock Mechanics and Mining Sciences and Geomechanics Abstracts，32(7)：709-724.

Hoek E. 1984. Acceptable risks and practical decisions in rock engineering. Departmentof Civil Engineering. University of Toronto，(9)：231-234.

Pfeiffer T J，Bowen T D. 1989. Computer simulation of rockfalls. Bulletin of the Association of Engineering Geologists，26(1)：135-146.

Xu J，Li A H，Wei Y X，et al. 2013. Simulation of the dangerous area by PFC for the lvchunba crag body. Proceedings of the Second International Conference on Geotechnical and Earthquake Engineering，Chengdu，(10)：371-379.

# 第 5 章　泥石流地区铁路选线

泥石流是松散固体物质(饱含泥沙、石块、巨砾)在降雨、溃决洪水等触发下，沿山区陡峻沟道、坡面的一种地表快速地质过程，是常见的山区地质灾害之一。其暴发突然，历时短暂，来势迅猛，短时间大冲大淤，破坏力巨大，常给人民的生命财产安全造成巨大的威胁，毁坏工程设施与各类建筑物等。如 1999 年 12 月受娜尼拉现象的影响，委内瑞拉北部阿维拉受强降雨的影响，数十条沟谷同时暴发大规模的泥石流，造成 3 万人丧生，经济损失达 100 亿美元，被认为是 20 世纪最严重的泥石流灾害(韦方强等，2000)。

我国山地面积辽阔，又处于季风气候区，降雨集中、地壳运动剧烈、地震频繁、地形陡峭、山体切割破碎，具备泥石流形成的三大基本条件。泥石流分布广泛，活动频繁，严重威胁山区铁路。

## 5.1　泥石流及其危害

### 5.1.1　中国泥石流分布

中国是一个多山的国家，山地面积占全国的 2/3 以上，全国典型的三大地形地貌台阶、独特的季风气候以及区域地质构造是中国泥石流发育的重要环境条件，据不完全统计，中国上万条泥石流沟的形成几乎都与上述条件有关。泥石流的分布，大体上以大兴安岭—燕山山脉—巫山山脉—雪峰山山脉一线为界，该线以东，即我国地貌最低的一级阶梯的低山、丘陵和平原，泥石流分布零星；该线以西，即我国地貌的第一、二阶梯，包括广阔的高原、深切的极高山、高山和中山区，是泥石流发育最为集中的地区，泥石流沟群常呈带状或片状分布。其中，成片地集中在青藏高原东南缘山地、四川盆地周边，以及陇东—陕南、晋西、冀北等以黄土高原东缘为主的地区。

从泥石流的成因来看，冰川泥石流主要分布于中国西部山区，并大部分集中于西藏东南部地区；暴雨型泥石流主要分布于西南地区，其次西北、华北和东北也有带状或零星分布。从泥石流物质组成来看，泥石流分布遍及西南、西北和东北的基岩山区；水石流分布于华北地区，而泥石流则分布于松散易蚀的黄土地区。从我国行政区来看，泥石流分布遍及 23 个省(市，区)(国家防汛抗旱总指挥部办公室和中国科学院水利部成都山地灾害与环境研究所，1994)。泥石流的影响因素及形成过程关系如图 5-1 所示。

分析我国泥石流形成的背景，不仅对研究我国泥石流的形成、特征、暴发时间、分布特征具有重要的意义，而且对环境保护、减灾防灾具有重要的指导意义。本节拟从我国的水文气象、地形地貌、地质岩性特征、深大断裂或活断裂、地震活动特征方面来揭示我国泥石流的分布特征。

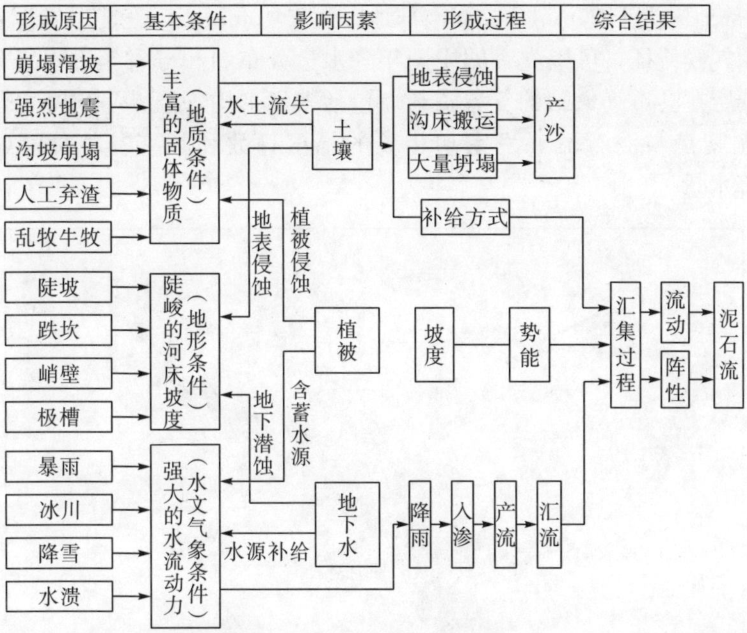


图 5-1　泥石流的影响因素及形成过程关系图(沈寿长和谭炳炎，1991)

## 1. 水文气象条件对泥石流的影响

泥石流的发育与一个地区的气候条件密切相关，尤其是与一个地区的降水量紧密相连。降雨是形成泥石流水体的最主要来源，其次是降雪形成的冰雪融水。一方面，水体是泥石流物质组成的一部分，泥石流为固液两相流体，液相就是水；另一方面，回流过程中的水体又是泥石流运动的激发因素，只有当水体形成强大的径流，才能携带大量的土石一起运动形成泥石流，因此，泥石流多发生在多暴雨的年月。受气候条件影响，我国年降水量的分布具有区域性和地带性特点，季风气候对我国泥石流的分布格局具有重要影响。我国东部、东南部、西南部等湿润地区主要受太平洋季风的影响，夏季雨量充沛，降水集中，多暴雨和大暴雨，每年降水多集中在 7 月、8 月、9 月三个月，是泥石流高发的季节。西部干旱和高寒区多发生冰雪消融型泥石流、冰壶溃决型泥石流和降雨型泥石流。

### 1)降水条件

众多泥石流发生的区域降水资料表明，年降水量小于 200mm 的地区一般无泥石流发生，年降水量为 200～600mm 的地区有泥石流发生，而年降水量大于 600mm 的地区为泥石流多发区(图 5-2)。从图 5-2 可以看出，我国泥石流多集中分布在东部、东南部、西南部地区。研究资料表明，泥石流需要在一定的雨强(小时雨强或十分钟雨强)激发条件下才能启动发生(陈宁等，2011)。因而泥石流的发育与暴雨(日降水量大于 50mm)分布和雨强关系十分密切，我国东南沿海潮湿地区一般要达到特大暴雨才发生泥石流，而西北干旱、半干旱地区日降水量在大雨以上就能发生泥石流。雨强(降雨强度)是影响泥石流发生的一个重要指标。从众多泥石流发生的小时雨强资料可以看出，东部地区大于

50mm/h、西部地区大于 25mm/h、西南部地区大于 40mm/h，就能激发泥石流。要确定泥石流流域的气候特征，可以先查阅中国年降水量分布图和分省年降水量分布图，再查阅泥石流流域所在县市气象站的气象资料，包括多年平均气温、平均降水量和平均蒸发量及极值，尤其是与泥石流暴发密切相关的暴雨日数和频率、各时段（24h、60min、10min）最大降水量。

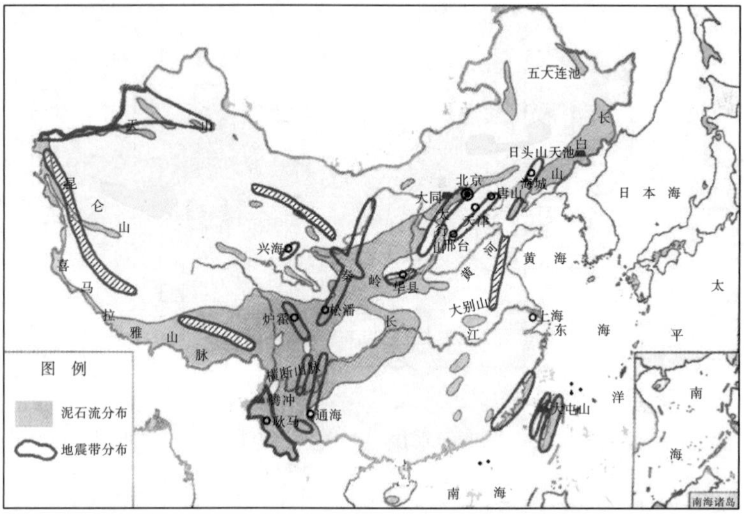


图 5-2　中国泥石流与地震分布图

2）冰雪融水和地下水

冰雪融水是高海拔山区，特别是青藏高原冰川和季节积雪地区泥石流形成的主要水源之一。冰川积雪消融水量与气温高低、辐射强弱、降水多少、冰面污化程度等因素密切相关，尤其是与温度和降水密切相关。在气温升高时，冰雪消融产生的径流如果再叠加一次短时降雨，将使径流急剧增加，容易激发消融型泥石流（杜榕桓和章书成，1985）。冰湖溃决型泥石流常与局地气温的突然上升相关。

地下水的发育程度是由地形、地貌、岩性、地质构造、大气降水等条件决定的。我国的地下水资源分布极为不平衡，最多的地区为每年 $1\times10^4\,m^3$，最少的地区为每年不足 $0.02\times10^4\,m^3$。我国地下水资源分布呈现出南多北少的特征，长江以北地区地下水资源量较少，占全国的 32.2%，长江以南地区地下水资源量占全国的 67.8%。地下水按赋存方式又分为孔隙水、裂隙水和岩溶水，按承压方式分为潜水和承压水。

地下水对泥石流的直接影响相对较小，但地下水可以通过出露来增加地表径流，从而影响相关土体的稳定性，进而影响泥石流的形成。地下水中的裂隙水等可以加剧岩石中基岩的风化速度和深度，对增加泥石流的物源起到促进作用（陈宁生，2011）。

3）水文因素

水文因素与泥石流形成的关系，主要表现为径流系数与泥石流形成的关系。径流系数越大，那么相同强度和相同量的降水所形成的地表径流就越大。因此，径流系数直接影响到形成泥石流的水体成分的多少和水动力条件的大小。径流系数是一个区域各种自然因素综合作用的产物，它与降水的性质(强度、总量)、前期降水量和下垫面状况(流域面积的大小、植被覆盖程度、地质地貌和人类经济活动)等密切相关。

2. 地形地貌对泥石流的影响

地表崎岖、山高坡陡、高低悬殊、切割强烈是泥石流分布区的地形特征。铁路沿线大部分地区为深切割的中山、高山区，山高谷深，沟壑纵横，地面支离破碎，岭谷高差可达数千米以上，为泥石流的形成提供了有力的地形。

1)地形高差

地形高差的大小决定了势能的大小，高差越大，势能越大，形成泥石流的动力条件越充足。当积累于沟谷内的松散物质在暴雨山洪激发下形成泥石流后，势能不断转化为动能，因此会具有巨大的动能，破坏力极强。因此，巨大的地形高差为泥石流提供了巨大的能量。地形相对高差小于 200m 的地区一般无泥石流分布，相对高差大于 200m 的地区有泥石流分布，而相对高差大于 1000m 的地区由于沟谷深切则为泥石流的高发地区。

2)山坡坡度

山坡坡度的大小，影响着松散物质的分布和集聚，泥石流的形成必须在一定的地形坡度条件下才能发生。只有地形坡度达到一定条件时才能使一定流速的水流具有冲刷、搬运能力。根据我国泥石流发生的实际资料分析表明，铁路沿线 82%的泥石流沟，其流域内平均山坡坡度为 25°～52.1°，而以岩屑和残余矿物为主的砾石类土的内摩擦角为 35°～45°，在这样坡度的坡面上，松散堆积物处于临界平衡状态或不稳定状态，稍加外力或在自重作用下，便能向坡下运动而聚集于沟床内。坡面上处于临界平衡状态的堆积物，只要有足够的水源，便能直接形成坡面泥石流。

3)沟床

沟床的陡缓和曲直与否，对泥石流的形成和运动影响极大。陡急的沟床上，堆积物易于启动，要求启动的动能较小，反之不然。顺直而陡急的沟床上，泥石流速度快、动能的能量消耗少。而弯道较多、坡度较缓的沟床上，泥石流流速较慢，能量消耗大，易于阻塞。泥石流沟的形成区，沟床比降一般较大，多在 250‰以上，即 14°以上，而堆积区的比降一般均在 100‰以下。

4)地貌特征

地貌单元的不同会对泥石流的形成有重要影响。我国三个地形阶梯的两个过渡带，是大型特大型泥石流的高发区域。其中第一过渡带是青藏高原向次一级高原或盆地的过渡地带，包括青藏高原东北部与黄土高原的结合部位、青藏高原东部与云贵高原的结合部位，以及青藏高原南侧金沙江、澜沧江、怒江流域，这些区域海拔为 3000～5000m，相对高差大于 1000m，山势陡峻，河谷深切，是大型特大型泥石流形成的有利地形，经常发育有暴雨型和冰川型两类泥石流。第二过渡带为高原盆地向我国地山丘陵的过渡带，包括大小兴安岭、长白山、燕山、太行山、秦岭、大巴山、雪峰山、武陵山地等，这一带海拔为1000～2000m，相对高差为500～1000m，地貌上多级易平面和多级宽缓河流阶地比较发育，具有形成大型特大型泥石流的条件(中国科学院成都山地灾害与环境研究所，2000)。

### 3. 地质构造和地震对泥石流的影响

大型特大型泥石流分布于不同构造体系的结合部位、构造体系急剧作弧形转弯的部位、互相穿插交汇或复合的部位、向斜翘起端、背斜起末端、深大断裂两侧以及新构造活动与地震强烈区。

#### 1)地质构造对泥石流的影响

褶皱、断裂和断层是地质构造的主要类型，其中对泥石流活动有直接影响的是断裂作用。地表处的断裂呈带状展布，在断裂带内，断层和裂隙发育，生成有利于加速风化进程的糜棱岩、压碎岩、角砾岩等，形成带状风化，断裂带上岩层破碎，具有深厚的风化壳，松散碎屑物储量丰富，滑坡、崩塌等侵蚀发育。

深大断裂是指规模巨大的向地下深切而且发育时期很长的区域性断裂。大型和特大型深大断裂构造带通常是地壳板块间的相互作用地带，是现代地震的多发区。大的断裂构造(岩石圈断裂、地壳断裂、基底断裂)不仅构成大陆地壳和大洋地壳的边界，而且也是地壳中断块的边界。这些深大断裂是中国大陆地形地貌形成的重要因素和边界，也是第四纪以来主要的活动断裂和地震活动的发震断裂，同时，深大断裂带的岩层极其破碎，它们对泥石流的分布起到了区域性的控制作用。我国泥石流多发区与这些大的断裂带关系密切。四川西部、西南部的高原山地就有许多条规模较大的深大断裂，有的可以延伸至云南省的中部和北部，如小江断裂带、安宁河断裂带等，这些断裂带内有多条次级断层，断裂带宽度大，影响范围广，岩石遭受强烈破坏，崩塌、滑坡等现象普遍发生，形成密集分布的泥石流群落。

#### 2)地震活动对泥石流的影响

地震活动可以为泥石流提供松散物源。地震在促使老断裂复活的同时，促进了新断层的产生。绝大部分地震与深大断裂的活动性有关，地震是断裂活动的证据之一。在地震活跃区内，裂隙、节理、劈理发育，侵蚀作用强烈。地震作用也会引起崩塌、滑坡、地裂等现象的发生，使大量的松散碎屑物质坠入河床内聚积，成为泥石流的重要物质来源。与此同时，这些现象还会破坏区域地表和植被，使暴雨对地表的冲蚀作用增强，有利于形成各种小冲沟，为汇集形成泥石流提供了水源和物质条件。当崩塌、滑坡造成堵江形成天然堆石坝后，随着江水的漫顶引起天然堆石坝溃决，造成山洪泥石流。因此，泥石流的形成与地震活动带有密切联系。从泥石流的分布范围看，我国泥石流较活跃地带大都为强烈地震带(图5-2)。如1933年四川岷江叠溪7.5级地震，产生大量崩塌、滑坡天然堆石坝堵塞岷江形成堰塞湖，地震45天后叠溪海子滑坡坝突然溃决，在岷江长约160km的河道上浪高60～12m，形成巨大的山洪泥石流，死亡2500余人，冲毁农田上万亩。

地震活动可以为泥石流提供水源。在冰川泥石流发育的区域，由地震引发的雪崩、冰崩堆积于沟道内，在高温天气下，迅速融化，与沟道内冰碛物和其他沟床物质一起，启动形成泥石流。另外，地震活动会引起崩塌、滑坡、雪崩等，它们阻塞河道，形成堰塞湖，堰塞湖溃决后形成泥石流，从而为泥石流活动提供水源(马东涛和石玉成，1996)。例如，1950 年 8 月 15 日西藏察隅和墨脱交界处发生 8.6 级特大地震，导致古乡沟上游流域产生大规模的冰崩、雪崩，形成的堵塞堆积石坝高达几十米。在接下来的几年中，这里崩滑不断发生，流动的冰雪融水往下搬运着碎屑冰碛，加上雪水和雨水的浸润，使得堵塞在堆石坝上游库区的淤积物处于饱和状态。1953 年夏天故乡沟流域持续高温，造成冰雪消融与洪水增大，冰川冰崩、雪崩不断，7 月 8 日，持续崩塌的堆积物首先堵住了冰川处的一个峡谷，使水头高达 20m，并很快出现过坝溢流。水流对坝面严重地冲刷，使坝体失去稳定，最终导致突然溃决，暴发了特大型黏性冰川泥石流，造成了 140 余人死亡，8 户民房和大片耕地被冲埋。强烈地震时，地下水也会受到挤压作用，沿着某些裂隙、节理等涌出地面，形成泉涌、冒水，侵蚀沟床和松散物质而形成泥石流。

地震活动为泥石流提供动力。当山脚或坡面的土体在雨季处于饱和状态时，在地震的作用下受到扰动，使土体结构产生破坏，进而坍塌并与汇流的雨水混合形成泥石流。1976 年唐山大地震，使得位于地震烈度Ⅷ度的天津碱厂废渣堆受强烈震动而突然液化，形成大规模废渣泥石流。

3)地层岩性对泥石流的影响

中国大地幅员辽阔，地层出露完整，太古宇、元古宇、下古生界、上古生界、中生界和新生界地层都有出露。一个地区的地层岩性与泥石流发育和形成密切相关，地层岩性决定或影响泥石流的性质。一般软弱岩层或软硬相间的岩层比岩性均一的坚硬岩层更容易遭到破坏，极易风化形成泥石流的物源，有利于形成泥石流，而坚硬的岩石多不利于泥石流的发育。千枚岩、板岩、片岩、泥岩、页岩等软岩和花岗岩、片麻岩等，都是铁路沿线出露地层的主要岩性。易风化形成坡积物，软岩又往往是软弱夹层发育的母岩，易于孕育大的滑坡，是泥石流物质来源的重要岩石类型(中国科学院成都山地灾害与环境研究所，2000)。高山地区由于地壳上升速率快、河流切割深、岩石风化强烈，不仅坡积物厚度大，而且强、全风化带的厚度也较大，暴雨时易形成表层滑坡，为泥石流的形成提供物源。

(1)地层岩性的分类。

依据软硬程度，岩石可以划分为六种类型：极硬岩石、次硬岩石、软硬相间岩石、次软岩石、极软岩石及各类松散土体。易发育泥石流的地层岩性归纳起来有以下几种类型：地层中固结较差的黏土岩类和各种成因的松散堆积土体、陆相地层、煤系地层、砂泥质岩类、黏土岩类、强烈风化的花岗岩。据统计，四川省泥石流流域中次软和极软岩石的分布占流域面积的 74.5%，极软岩石和次硬岩石占 21.1%。

(2)地层岩性资料收集。

可以查阅 1∶20 万地质图，收集泥石流流域内地层时代、产状与岩性；查阅中国第四纪地质图，确定形成松散固体物质的第四系地层和软质岩层的分布范围。

我国西北黄土高原，冲沟发育，加上黄土垂直节理发育，在水流作用下易于整体塌滑。黄土是陇东高原、陕北等广大区域暴雨泥流的主要物源，成为我国泥流发育的特殊地区。

从上述各因素与泥石流发育的关系及图 5-1 可以得出我国泥石流分布特征具有以下规律。

(1)我国泥石流具有区域性、地带性分布特点。多集中分布在东部、东南部、西南部地区。

(2)雨水泥石流集中分布在我国地貌三大台阶的第一级前沿和第二级前沿等地形坡度大、沟谷切割强烈地带。

(3)雨水泥石流集中分布在受季风气候影响明显、降水量集中的第一级地貌台阶前沿和第二级地貌台阶前沿的迎风坡地带，这些地带雨量集中且多暴雨。

(4)雨水泥石流集中分布在深大活动断裂带上。

(5)雨水泥石流集中分布在地震活动强烈、频率高的地带。这些地带多产生大量的崩塌、滑坡等物理地质现象，成为泥石流的重要物质来源地带。

我国泥石流分布及特征规律总结见表 5-1。

**表 5-1 我国区域泥石流分布及特征(康志成等，2004)**

| 各地泥石流 | 自然环境 | 泥石流分布 | 泥石流特征 |
|---|---|---|---|
| 青藏高原泥石流 | 高原上的极高山、高山峡谷是强烈地震活动带，有巨量冰碛物、寒冻风化物积累，冰雪融水和雨水水源相当充沛，年降水量由西北向东南递增，400～2500mm，降雨强度一般不高 | 昆仑山、唐古拉山、冈底斯山和喜马拉雅山坡地有泥石流分布；藏东、藏东南高山峡谷泥石流，呈条带集中分布；沿雅鲁藏布江、拉萨谷地泥石流呈片状散布，其余地段则零星分布 | 藏东南有各类泥石流，藏东和藏北多雨水和融冻泥石流，冰川泥石流和冰湖溃决泥石流有大型特大型规模，雨水泥石流和融冻泥石流有中小型。融冻泥石流为黏性，冰川泥石流多为黏性或过渡型，溃决泥石流为稀性，雨水泥石流兼有之 |
| 川滇横断山地及云贵高原泥石流 | 众多大江河上游的高山峡谷是活动性深大断裂带和地震活动带，风化碎屑物储量丰富，年降水量由北向南递增，650～2000mm，雨季降雨集中，多暴雨和大暴雨，降雨历时短，强度高 | 沿怒江、澜沧江、金沙江谷地两侧和雅砻江、大渡河、岷江、嘉陵江、乌江、珠江等江河上游泥石流呈条带状和片状分布；沿岷江、邛崃山、凉山和乌蒙迎风坡泥石流呈集中分布；在云贵高原上零星分布 | 属于雨水泥石流，其中沟谷泥石流为大型或中型规模，黏性较少，稀性较多；山坡泥石流规模较小，黏性泥石流较多，部分地区有水石流 |
| 西北黄土高原泥石流 | 高原沟壑区、丘陵沟壑区相对高度 200～500m，但切割密度很大，土质疏松、易碎、粉粒占优势，含有部分黏土和砾石，沟道面积小，间隙性溪沟，由集中降水产生的山洪为主要水源 | 东起吕梁山，西至祁连山，北达长城，南到秦岭。黄土区面积 30 万 $km^2$。泥石流沿黄河支流窟野河、无定河、延河三川河、汾河，以及洛河、泾河、渭河的上游成群分布，可化为晋西、陕北、陇东、陇西四个区 | 属于雨水泥石流，规模大小不等，以中小型规模居多，密度为 1.5～1.8$t/m^3$。当出现区域性大暴雨时，泥石流注入主河，在大支流甚至黄河中可能出现浆河现象，引起极为严重的水土流失 |
| 华北和东北中底山地泥石流 | 属中山低山丘陵，风化壳较厚，地震强度较高，崩滑体较为发育，年降水量为 800～1200mm，暴雨和大暴雨为主要水源 | 沿太行山、北京西山、燕山和长白山、千山的迎风坡，泥石流呈片状分布。西南和东南一带较为密集。沿大小兴安岭弧形地带，泥石流呈零星分布 | 多为中小规模的稀性泥石流，大型泥石流较少，黏性泥石流和水石流也较少 |
| 东南沿海和华中低山丘陵泥石流 | 中部和东部为低山丘陵，中国台湾、海南岛、香港特别行政区有中低山、支沟沟短流急，但有常流水、风化碎屑和人工弃渣为主要物源，年降水量为 600～2200mm，暴雨和台风大暴雨为主要水源 | 黄河、长江、珠江中游干支流的上游，泥石流呈零星分布。除自然泥石流外，还有相当部分属人为泥石流，如河南水口铅锌矿、江西德兴铜矿、福建潘洛铁矿、云南广浮硫铁厂、海南铁矿等 | 人工弃渣崩滑体引起的泥石流规模一般较大，黏性泥石流较多。自然泥石流属于中小规模，且多为山崩、滑坡、泥石流 |

### 5.1.2　铁路泥石流灾害基本概况

铁路国家运输的大命脉，在交通运输中起着重要作用，没有良好的安全环境就不能保证铁路畅通和实现运输安全。而泥石流严重影响着铁路的正常运行和行车安全。

1. 泥石流分布的广泛性

据不完全统计，截至 1994 年，全国有 52000 余公里营业铁路，其中有 32000 多公里在山区，根据全国铁路沿线普查建立技术档案的统计结果，全国铁路沿线已经发现并确认的泥石流沟有 1500 余条，分布在 300 多个区间内。受泥石流危害的铁路里程达 3000km 左右，受危害的桥涵长度为 200km 左右，虽然和铁路运营里程相比，里程较短，但危害严重，一处成灾，大动脉就有中断的可能。从 1949～1985 年，累计发生一般泥石流灾害 1200 余起，其中泥石流破坏铁路建筑、淤埋线路和车站的严重灾害事故已超过 300 余起，其中造成铁路脱轨、颠覆的有 10 余起，有 36 个车站被淤埋 44 次，由于泥石流暴发造成的行车中断累积达 7500 小时以上，造成了巨大的经济损失和社会影响(谭炳炎，1991)，其中，极大灾害、严重灾害发生时间和线路示于表 5-2。

**表 5-2　铁路泥石流极大灾害、严重灾害统计表(姚令侃，1994)**

| 灾类 / 铁路 | 极大灾害 | | 严重灾害 | |
|---|---|---|---|---|
| | 次数 | 发生时间 | 次数 | 发生时间 |
| 成昆铁路 | 2 | 1970 年 5 月 24 日<br>1981 年 7 月 9 日 | 9 | 1969 年(2 次)<br>1973 年<br>1981 年 8 月 16 日<br>1983 年 5 月<br>1984 年<br>1985 年<br>1989 年 9 月 4 日<br>1990 年 7 月 26 日 |
| 陇海铁路宝天段 | 1 | 1978 年 7 月 12 日 | 1 | 1981 年 8 日 |
| 宝成铁路宝略段 | 1 | 1981 年 8 月 21 日 | | |
| 青藏铁路 | | | 2 | 1959 年 7 月<br>1979 年 8 月 5 日 |
| 风上铁路 | | | 2 | 1977 年<br>1979 年 |
| 鹰夏铁路 | | | 2 | 1978 年<br>1987 年 |
| 长大铁路 | | | 1 | 1981 年 |
| 东川支铁路 | | | 5 | 1959 年<br>1960 年<br>1961 年<br>1964 年<br>1985 年 |
| 兰州枢纽 | | | 1 | 1964 年 7 月 |

2. 泥石流分布的地段性

全国泥石流分布除具有广泛性之外，还具有地段性的分布特征。在铁路沿线 1500 余条泥石流沟中，其中分布在西南、西北两个区域的泥石流沟就有 1089 条，其中成昆铁路四川段，从沙湾的曹沟(K147＋483)到攀枝花市的师庄小桥沟(K808＋027)止，全长 633.5km，在此范围内，分布有与铁路直交的，或虽与铁路不直交，但对铁路有危害的大小泥石流沟(坡)367 条(处)，平均 1.73km 有 1 处，其密度之大是其他铁路线所少见的。

3. 铁路沿线重大泥石流灾害情况

20 世纪 80 年代以来，各地铁路泥石流危害日益增多。1981 年是最为突出的一年，成昆铁路、宝成铁路、宝天铁路、铁山铁路等沿线发生了历史上最为严重的灾害，1982～1984 年各地较为平静，重大灾害少，1985 年开始，泥石流灾害日益回升，1985 年发生泥石流灾害 14 次，1986 年 18 次，1987 年 25 次，1988 年又是灾害较多的一年，也是淤埋车站最多的一年，累计发生泥石流 78 次，淤埋车站 6 个，其中成昆线 32 条泥石流沟发生了 54 起泥石流，断交 5 次，淤埋车站 2 个。山西境内南同蒲、北同蒲均发生灾害性泥石流，淤埋车站 4 个，兰州铁路发生泥石流 4 处，大秦铁路发生泥石流 2 次(谭炳炎，1991)。

### 5.1.3 铁路泥石流灾害案例

1. 成昆铁路利子依达沟泥石流

1)泥石流概况

1981 年 7 月 8 日晚至 9 日 7 时许在成昆铁路尼日车站到乌斯车站之间，利子依达沟突发山洪泥石流，夹带数十吨巨石的泥石流，冲毁了横跨利子依达沟上的长达 125m 的铁路大桥(图 5-3)，并在河心筑起一道天然大坝。当时由渡口开往成都的 442 次客车的两

图 5-3 利子依达沟灾害事故现场

辆机车、13 号行李车、12 号邮政车及 3 节客车车厢(9～11 号)从桥上坠下，其中机车及 11～13 号车坠入大渡河中，9 号和 10 号车掉在岸边，8 号硬座车厢在桥头的隧道内被强大的冲击力撞出钢轨，翻覆在隧道口外，造成 360 人伤亡的重大损失。

2)发生原因

该沟系大渡河的一条支沟，位于汉源县乌斯河附近，流程 8km 以上，流域面积约 $26km^2$。沿沟山高坡陡，沟谷多呈 V 形，沟中停积物不多，沟口扇形发育也不完全，具有典型的山区型泥石流的形态。从该沟的地貌形态、地质条件及沟床特征等方面的分析，该沟泥石流的形成有其独特之处：①泥石流的固体物质，主要来自分布在 1500～2000m 标高的冰碛层及由冰积层转化的其他坡积物，具有颗粒粗大、粒度不均及成分复杂的特点。②沟谷两岸上缓下陡的折线形山坡，十分有利于坡面堆积物的位移，并可很快地补给泥石流。③沟床坡度一般都在 20°以上，沟的平面形态又似串珠状，这样给泥石流的活动无疑增加了能量。该沟泥石流的冲淤特征，虽然受大渡河侵蚀基面的影响，但在很大程度上取决于雨量的大小，与阶梯状的沟床纵剖面形态也有关系。当降雨强度不大或延续时间不长时，泥石流常沿程淤积，沟床可发生下切，原来沟中停积的泥石，则成为新的泥石流的补充物质。

3)经验教训

(1)山区铁路建设，要重视山区型泥石流沟的调查研究，在调查中不能忽略沿沟堆积阶地的分布情况；对沟床的形态也要有充分的了解。

(2)跨沟桥梁位置的选择，应尽可能选在沟道顺直的部位，桥位上游沟道弯曲处与桥位间要保持一定的距离，以不小于 20m 为宜。

(3)泥石流沟的跨沟桥梁应尽可能考虑采用大跨，桥渡净空要以泥石流横截面的最大倾斜高度来控制，而不能仅满足计算流量通过的要求。

(4)最大泥石流流量的估算，要考虑沿途沟床下切后所增加的补给量。

### 2. 海南东环铁路 K230 段泥石流灾害

1)泥石流概况

海南东环铁路 $D_3$K211+000～$D_3$K213+200(运营里程 K230)段线路位于分界洲隧道以南，陵水县香水湾一带，属山前丘陵地貌，靠近海边，为全线仅有的在列车上可以观海的一段线路。线路左侧 40～150m 为东线高速公路，公路外侧为香水湾度假酒店。2010 年 9 月 30 日以来，海南遭受历史罕见的持续强降雨袭击。9 月 30 日～10 月 18 日，受弱冷空气和海南辐合带共同影响，陵水县普降大暴雨到特大暴雨，过程累计降水量达到 1306.6mm，这次降雨时间长、范围广、强度大，为该县自 1955 年 10 月有气象记录以来最大的降雨过程，在本次降雨过程之前的历年最大的连续降水量为 735.4mm，出现在 1998 年 7 月，历年 10 月平均降水量为 311.3mm。受这次强降雨过程影响，2010 年 10 月 18 日 16 时许，东环铁路 $D_3$K212+265 谷六园中桥右侧 3.3～3.7km 的蒙水岭山体发生滑坡，滑坡、崩塌形成的松散物质冲到沟中，沿沟而下，大量泥石流(以松散土体为主夹大量块石)第一次填埋桥墩 2～3m 深；至 17 时 50 分，第二次速度更猛的泥石流发生时，由于左侧下游高速公路的阻挡，填埋桥墩达 4～5m 深，淤泥、沙石、巨型孤石(最大直径达 10 余米)、树木等覆盖铁路 $D_3$K212＋109～$D_3$K212＋216 段路基及部分桥梁面约 1m 厚，涌入轨道面巨石约 2m×3m×4m，重 7～8t，损坏路基栅栏 450m、路基骨架护坡植被 1500m$^2$、路基排水沟 380m、桥防护栏杆 30m、路基及桥面电缆槽 360m，桥台锥体护坡部分损坏，铁路右侧的高速公路也被泥石流掩埋，现场没有造成人员伤亡。19 日上午在约 2h 的时间内，再次发生了四次泥石流活动(图 5-4～图 5-6)。由于海南东环铁路已经通车，为确保铁路运营安全，结合勘察设计周期、工程实施难度以及工期，根据泥石流现状以及未来发展趋势分析，拟定的整治方案有临时措施和永久措施两个方面，总的整治思路是“确保安全、永临结合”。综合整治投资总额约为 6000 万元。

2)经验教训

该场泥石流的源头距海南东环铁路 5.5km，在特大暴雨作用下，冲出泥石流固体物质达 1000 万 m$^3$ 以上，其最大泥石流块石粒径，与我国大陆历史上的历次大型泥石流相比也极为罕见，已属特大型泥石流灾害(图 5-7)。特大灾害形成具有突变特征，是一种非线性过程，用目前的认识和理论尚不能描述特大灾害的形成过程与形成机理；特大灾害的规模远远超过现有规范的有效控制范围，因此用现有减灾技术无法满足特大灾害的减灾需求。对于这类低频大型泥石流现象，铁路的减灾策略首选是在选线阶段平面绕避；对于既有线，则需建立泥石流灾害监测预警系统，执行铁路防洪行车安全雨量警戒制，采用降速乃至封锁区间等措施，确保行车安全。

图 5-4 2010 年 10 月 18 日海南东环铁路 K230 段泥石流灾害全景

图 5-5 谷六园中桥(K230＋097)梁底下仅余 2m 空间

图 5-6 $D_3$K212＋109～$D_3$K212＋216 路基及桥面被埋

图 5-7 泥石流搬运最大块石体积达 100m$^3$ 以上

## 5.2　泥石流地区选线基本原则

中国山区铁路建设的实践证明，铁路泥石流防治应从勘测设计阶段入手防灾于未然。凡是在勘测设计中对沿线灾害地质环境作了认真调查研究，并对如何防范泥石流的威胁作了认真处理的线段，铁路建成后一般都未发生泥石流破坏铁路建筑物影响安全运行的事件。后来发生灾害的工点则大都是在勘测设计中没有发现或对其活动规模估计不足的泥石流沟上。而且铁路一旦建成，由于邻接的线路与桥隧工程的限制，再进行改建与防护常常存在很多困难。所以优质细致的勘测设计对铁路建成后的抗灾能力、运行安全起着决定性作用。

通过发生在 20 世纪 50 年代后期到 60 年代初期的宝兰、青藏、东川支线等新建山区铁路上的大量泥石流灾害的经历与防灾实践，对穿越地质条件复杂的泥石流地区的勘测设计工作总结出这样的经验：山区线路要坚持首先按地质条件选线，线路走线与工程布置应遵循如下的原则。

(1)对严重泥石流沟或泥石流集中地段，应尽可能绕避。若沿河线两岸均有泥石流沟时，应“避重就轻”，必要时宁可增加跨越大河的桥梁工程以绕避重点泥石流沟。

(2)线路尽可能从流通段跨越泥石流沟，桥孔应遵循“宁宽勿窄”的原则，不轻易压缩，尽可能单孔跨越。

(3)若线路从洪积扇漫流区通过时应按漫流流路，分别设桥，不强行改沟，不开挖降低沟床，桥下净空应视淤积速度龙头高度和地形条件留有必要的余量。

(4)若用一般桥跨跨越泥石流沟没有足够的安全把握而地形条件又允许时，可采用隧道、明洞或渡槽通过。

这些经验在地质条件复杂、泥石流活动频繁的成昆铁路建设中取得了成功。下面列举该线上两个复杂区段。

案例一：成昆铁路金江站以南有 50km 线路沿金沙江峡谷进行。该段受元谋绿汁江深大断裂的影响，不良地质现象发育，地形陡峻。金沙江两岸密布泥石流沟 50 多条，此外尚有很多山坡型泥石流和大量崩塌落石等的威胁。由于金沙江具有巨大的侵蚀搬运能力，泥石流沟的洪积扇不甚发育。它是成昆铁路南段泥石流活动最严重的区段之一。铁路线无法绕避只得靠右岸一侧通过(图 5-8)。

这段线路设计时，采用对比较严重的泥石流沟或分布密集的山坡泥石流沟区段用隧道从其底部穿过，如龙潭隧道、红光隧道。对于受对岸大泥石流沟洪积扇挤压金沙江而引起本岸山体崩塌的地段线路内移用长隧道通过，如前进隧道、莲地隧道。对白沙沟泥石流沟的洪积扇顶部沟岸相对较稳定狭窄处用桥梁跨越，主桥采用 81.2m 大跨度下承钢梁，并按桥位处沟床冲淤变化趋势，桥下净空采用 13m 留有足够的余地。处于因地形条件限制不能从洪积扇顶部以上跨越的上格达沟，则在扇缘处通过，按扇缘受泥石流活动堆积与大河洪水切割作用下可能发生的进退消长变化规律确定桥位距金沙江的位置，以确保桥墩基础的安全和避免泥石流淤埋的危害。线路沿洪积扇等高线定线，按扇面流路分布情况在宽 700m 的范围内，布设 1 孔 64m、8 孔 32m 下承栓焊梁和 3 孔 24m 混凝土梁。桥梁总长达 439m，净空高度基本保持 13m。

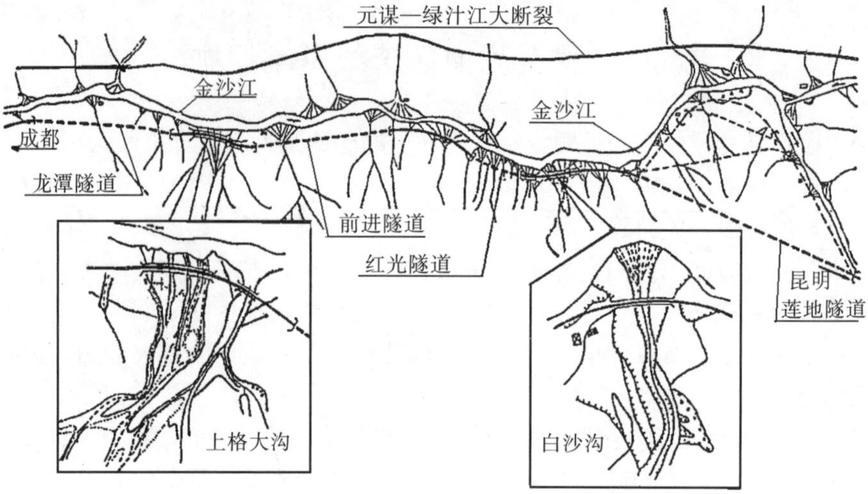


图 5-8　成昆铁路金沙江峡谷段平面图

案例二：成昆铁路西昌站以北 30km 长线路沿安宁河河谷行进。该段安宁河河谷正在安宁河主干断裂带上，其左岸为断块的上升盘，泥石流活动很发育，分布着大小泥石流沟 30 余条。在宽阔的安宁河河谷阶地上形成最宽处达 2km 的带状分布发育完整的堆积扇群(图 5-9)。

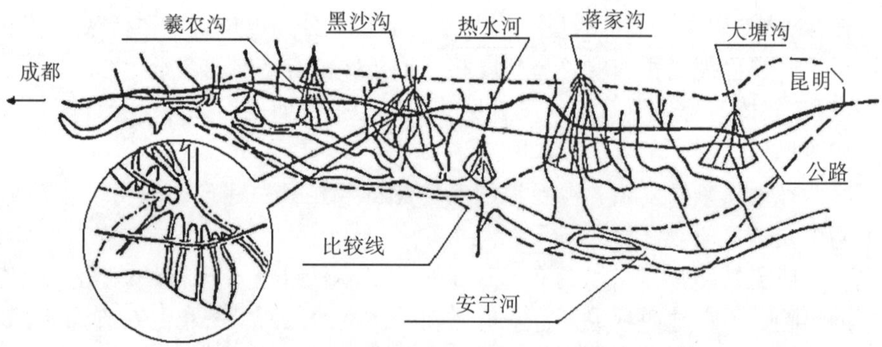


图 5-9　成昆铁路泸沽西昌段平面图

对该段线路的选线设计经四个线路方案比选，决定采用沿左岸中线方案。大部分泥石流沟都在远离沟口的扇缘通过。对流域面积为 15.7$km^2$ 洪积扇巨大而突出的黑沙河采用从扇腰通过，顺扇面等高线走向布线，在 3km 宽的扇面上分散布设七座桥梁，孔跨总长度达 300m。对另一条流域面积 12.4$km^2$ 的大塘河，洪积扇地势较高，扇上流路已相对稳定，采用从扇腰底部以明洞穿越的方式通过，明洞全长 175m。沿沟槽两侧设 200m 厂房护堤。

经 40 年运行考验，以上两段线路基本上未发生泥石流灾害。证明当时判断正确，方案经济合理。

在其他线路设计中，这类成功的实例也很多。例如，兰青铁路在平安驿车站以西，线路沿湟水河河谷的左岸进行。原设计方案要跨越大红沟、小红沟等严重的泥石流沟群。后经实地调查改用二跨湟水河以绕避，运行效果很好。

由以上阐述，可以总结出泥石流地区铁路选(定)线的一般原则。

1)选线原则

(1)绕避处于发育旺盛期的特大型泥石流、大型泥石流和泥石流群，以及淤积严重的泥石流沟。冰湖溃决泥石流地段和泥石流堵河地段，线路要远离堵河范围的河岸。

(2)峡谷河段据泥石流规模和泥痕，确定线路位置与高程。平面上铁路宜靠河，利用堆积扇尾部被主河洪水下切而畅排泥石流的条件，以矮桥、路基通过。在泥石流分布集中河段，尽可能走高线。

(3)宽谷河段据沟(河)床淤涨率和主河摆动趋势，确定线路位置与高程。在变迁性河段，铁路离河应宁远勿近。

2)定线原则

(1)跨越流通区时，平面上线位要利泄防冲，避开沟床纵坡由陡变缓的转折处和平面上的急弯部位。

(2)在沟口或扇顶通过时，要注意出山口可能的淤积或下切，及扇顶的可能上伸或下移。

(3)跨越泥石流扇时，线路尽量与流向正交，据扇面淤积率确定线路标高，不应在扇上挖沟设桥或作路堑。

(4)跨沟建筑物不得压缩沟床断面，不改沟并桥，沟中不宜设墩；标高根据泥痕高度、残留层厚度和输移大漂石所需高度等而定，留足净高。

## 5.3　泥石流地区定线主要因素及选线设计程式

### 5.3.1　泥石流地区定线主要因素关系分析

在一般条件下，铁路选线中重大决策的方案比较，牵涉的因素众多，除了各种各样的自然条件外，还有难以定量化表征的政策因素和社会因素，这些都使得寻求优化方案的过程复杂化。而泥石流地区的选线问题，不仅要研究用什么方式在什么部位通过每一条泥石流沟，更重要的是要结合泥石流地区的特点解决整个地段合理定线布站问题。这就需要综合整段内的泥石流、其他不良地质和水文现象、巨大工程以及车站布设等相互联系又相互制约的因素进行分析比较，从而对整个区域的选线原则方案作出正确的决策，显然其复杂程度更甚。对此问题的处理以往常只能凭工程师的经验和判断能力进行。为了对泥石流地区选线各因素之间的相互关系、决策推理的层次及过程有一个相对规范化、系统化的模式，本节将应用结构模型解析法提出影响定线主要因素的结构图。

本节将介绍利用结构模型解析法，确定泥石流地区铁路选线主要因素多级递阶结构图的方法。对泥石流地区的铁路选线方案的决策过程，根据对现有经验知识的总结，可以归纳成 11 个主要因素，它们之间的关系用有向图(图 5-10)表示。现定义 $\Omega=\{a_i \mid a_i$ 表示第 $i$ 因素$\}$为因素集，$R=\{r_{ij} \mid r_{ij}=1$，表示 $a_i$ 直接影响 $a_j$；否则 $r_{ij}=0\}$为关系集，则有向图(图 5-10)$=\{\Omega,R\}$。设图 5-10 的相邻矩阵为 $\mathbf{A}$，则图 5-10 用 $\mathbf{A}$ 表示为式(5-1)。

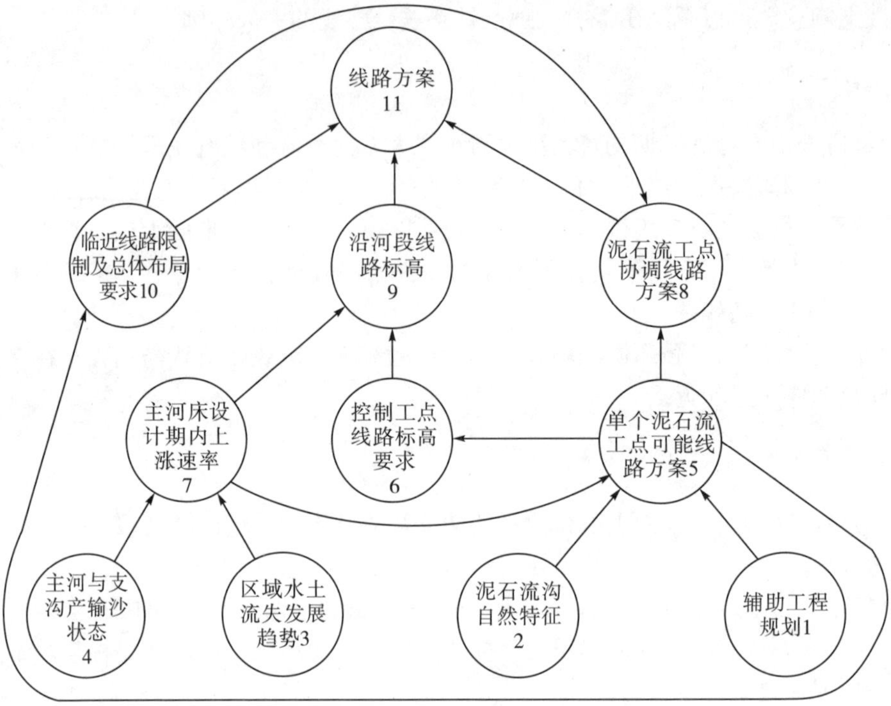


图 5-10 影响线路方案的主要因素及其关系

$$
\boldsymbol{A}=\begin{array}{c} \\ 1\\2\\3\\4\\5\\6\\7\\8\\9\\10\\11 \end{array}
\begin{array}{c}
\begin{array}{ccccccccccc} 1 & 2 & 3 & 4 & 5 & 6 & 7 & 8 & 9 & 10 & 11 \end{array}\\
\begin{pmatrix}
0 & 0 & 0 & 0 & 1 & 0 & 0 & 0 & 0 & 0 & 0\\
0 & 0 & 0 & 0 & 1 & 0 & 0 & 0 & 0 & 0 & 0\\
0 & 0 & 0 & 0 & 0 & 0 & 1 & 0 & 0 & 0 & 0\\
0 & 0 & 0 & 0 & 0 & 0 & 1 & 0 & 0 & 0 & 0\\
0 & 0 & 0 & 0 & 0 & 1 & 0 & 1 & 0 & 0 & 0\\
0 & 0 & 0 & 0 & 0 & 0 & 0 & 0 & 1 & 0 & 0\\
0 & 0 & 0 & 0 & 0 & 0 & 0 & 0 & 1 & 0 & 0\\
0 & 0 & 0 & 0 & 0 & 0 & 0 & 0 & 0 & 0 & 1\\
0 & 0 & 0 & 0 & 0 & 0 & 0 & 0 & 0 & 0 & 1\\
0 & 0 & 0 & 0 & 1 & 0 & 0 & 1 & 0 & 0 & 1\\
0 & 0 & 0 & 0 & 0 & 0 & 0 & 0 & 0 & 0 & 0
\end{pmatrix}
\end{array}
\tag{5-1}
$$

### 5.3.2 泥石流地区选线设计程式

为了弄清图 5-10 所示系统的结构，明确各因素间本质的关系，现分三个步骤对图 5-10进行处理。

1. 求解可达性矩阵 ***RM***

***RM*** 可由式(5-2)获得

$$
\boldsymbol{RM}=(\boldsymbol{A}+\boldsymbol{I})^{l}=(\boldsymbol{A}+\boldsymbol{I})^{l-1}\neq(\boldsymbol{A}+\boldsymbol{I})^{l-2}\neq\boldsymbol{L}\neq(\boldsymbol{A}+\boldsymbol{I})^{1} \tag{5-2}
$$

其中数值计算均按照布尔矩阵的运算法则进行。据此求得，当 $l=5$ 时，有

$$
\boldsymbol{RM} = \begin{array}{c} \\ 1 \\ 2 \\ 3 \\ 4 \\ 5 \\ 6 \\ 7 \\ 8 \\ 9 \\ 10 \\ 11 \end{array}
\begin{array}{c} \begin{array}{ccccccccccc} 1 & 2 & 3 & 4 & 5 & 6 & 7 & 8 & 9 & 10 & 11 \end{array} \\
\begin{pmatrix}
1 & 0 & 0 & 0 & 1 & 1 & 0 & 1 & 1 & 0 & 1 \\
0 & 1 & 0 & 0 & 1 & 1 & 0 & 1 & 1 & 0 & 1 \\
0 & 0 & 1 & 0 & 1 & 1 & 1 & 1 & 1 & 0 & 1 \\
0 & 0 & 0 & 1 & 1 & 1 & 1 & 1 & 1 & 0 & 1 \\
0 & 0 & 0 & 0 & 1 & 1 & 0 & 1 & 1 & 0 & 1 \\
0 & 0 & 0 & 0 & 0 & 1 & 0 & 0 & 1 & 0 & 1 \\
0 & 0 & 0 & 0 & 1 & 1 & 1 & 1 & 1 & 0 & 1 \\
0 & 0 & 0 & 0 & 0 & 0 & 0 & 1 & 0 & 0 & 1 \\
0 & 0 & 0 & 0 & 0 & 0 & 0 & 0 & 1 & 0 & 1 \\
0 & 0 & 0 & 0 & 1 & 1 & 0 & 1 & 1 & 1 & 1 \\
0 & 0 & 0 & 0 & 0 & 0 & 0 & 0 & 0 & 0 & 1
\end{pmatrix} \end{array} \tag{5-3}
$$

2. 级间分解

即将 **RM** 中各元素分为不同的等级。分解的步骤如下：

(1)设 $L_0 = \varnothing, k = 1, \varnothing$ 为空集。

(2) $\left\{L_k = a_i \in P - L_0 - L - L_{k-1} \mid RS'_{k-1}(a_i) I \quad AS'_{k-1}(a_i) = RS'_{k-1}(a_i)\right\}$；

式中，$\{RS'_{k-1}(a_i) = a_j \in \in P - L_0 - L_1 - L - L_{k-1} \mid \mathrm{RM}(i,j) = 1\}$；$\{AS'_{k-1}(a_i) = a_j \in \in P - L_0 - L_1 - L - L_{k-1} \mid \mathrm{RM}(j,i) = 1\}$。

(3)如果 $\{P - L_0 - L_1 - L - L_k\} = 0$ 则分级情况为 $\pi_2(P) = L_1, L_2, L, L_k$，否则转(4)。

(4)$k \to k+1$，转(2)。

这里 $l$ 为级数，$L_l$ 表示第 $l$ 级，即最后一级。$P$ 为该区域的节点集。对于本问题，级间分解的结果见表 5-3。

**表 5-3　级间分解结果**

| 级别 | 一 | 二 | 三 | 四 | 五 | 六 |
|---|---|---|---|---|---|---|
| 元素 | 11 | 9.8 | 6 | 5 | 10，7，2，1 | 4，3 |

现将 **RM** 按级别变形得 **RM′**[式(5-4)]。

$$
\boldsymbol{RM}' = \begin{array}{c} \\ 11 \\ 9 \\ 8 \\ 6 \\ 5 \\ 10 \\ 7 \\ 2 \\ 1 \\ 4 \\ 3 \end{array}
\begin{array}{c} \begin{array}{ccccccccccc} 11 & 9 & 8 & 6 & 5 & 10 & 7 & 2 & 1 & 4 & 3 \end{array} \\
\begin{pmatrix}
1 & 0 & 0 & 0 & 0 & 0 & 0 & 0 & 0 & 0 & 0 \\
1 & 1 & 0 & 0 & 0 & 0 & 0 & 0 & 0 & 0 & 0 \\
1 & 0 & 1 & 0 & 0 & 0 & 0 & 0 & 0 & 0 & 0 \\
1 & 1 & 0 & 1 & 0 & 0 & 0 & 0 & 0 & 0 & 0 \\
1 & 1 & 1 & 1 & 1 & 0 & 0 & 0 & 0 & 0 & 0 \\
1 & 1 & 1 & 1 & 1 & 1 & 0 & 0 & 0 & 0 & 0 \\
1 & 1 & 1 & 1 & 1 & 0 & 1 & 0 & 0 & 0 & 0 \\
1 & 1 & 1 & 1 & 1 & 0 & 0 & 1 & 0 & 0 & 0 \\
1 & 1 & 1 & 1 & 1 & 0 & 0 & 0 & 1 & 0 & 0 \\
1 & 1 & 1 & 1 & 1 & 0 & 1 & 0 & 0 & 1 & 0 \\
1 & 1 & 1 & 1 & 1 & 0 & 1 & 0 & 0 & 0 & 1
\end{pmatrix} \end{array} \tag{5-4}
$$

### 3. 求解结构模型

即在级间分解的基础上建立结构矩阵 $\boldsymbol{S}$。$\boldsymbol{S}$ 可以通过寻求级间的相互联系求得。$S(i,j)=1$ 表示次一级的 $i$ 因素与其上级 $j$ 因素间存在最大为一步的联系，据此得结构矩阵 $\boldsymbol{S}$ 如下：

$$
\boldsymbol{S}=\begin{array}{c} \\ 11 \\ 9 \\ 8 \\ 6 \\ 5 \\ 10 \\ 7 \\ 2 \\ 1 \\ 4 \\ 3 \end{array}
\begin{array}{c}
\begin{array}{ccccccccccc} 11 & 9 & 8 & 6 & 5 & 10 & 7 & 2 & 1 & 4 & 3 \end{array} \\
\begin{pmatrix}
0 & 0 & 0 & 0 & 0 & 0 & 0 & 0 & 0 & 0 & 0 \\
1 & 0 & 0 & 0 & 0 & 0 & 0 & 0 & 0 & 0 & 0 \\
1 & 0 & 0 & 0 & 0 & 0 & 0 & 0 & 0 & 0 & 0 \\
0 & 1 & 0 & 0 & 0 & 0 & 0 & 0 & 0 & 0 & 0 \\
0 & 0 & 1 & 1 & 0 & 0 & 0 & 0 & 0 & 0 & 0 \\
0 & 0 & 0 & 0 & 1 & 0 & 0 & 0 & 0 & 0 & 0 \\
0 & 0 & 0 & 0 & 1 & 0 & 0 & 0 & 0 & 0 & 0 \\
0 & 0 & 0 & 0 & 1 & 0 & 0 & 0 & 0 & 0 & 0 \\
0 & 0 & 0 & 0 & 1 & 0 & 0 & 0 & 0 & 0 & 0 \\
0 & 0 & 0 & 0 & 0 & 0 & 1 & 0 & 0 & 0 & 0 \\
0 & 0 & 0 & 0 & 0 & 0 & 1 & 0 & 0 & 0 & 0
\end{pmatrix}
\end{array}
\tag{5-5}
$$

$\boldsymbol{S}$ 反映了系统的多级递阶结构。现根据 $\boldsymbol{S}$ 即可绘制影响选线的主要因素多级递阶结构如图 5-11 所示。显然图 5-11 已使图 5-10 的复杂关系层次化、条理化，由下而上显示出了一种递阶的控制作用关系。

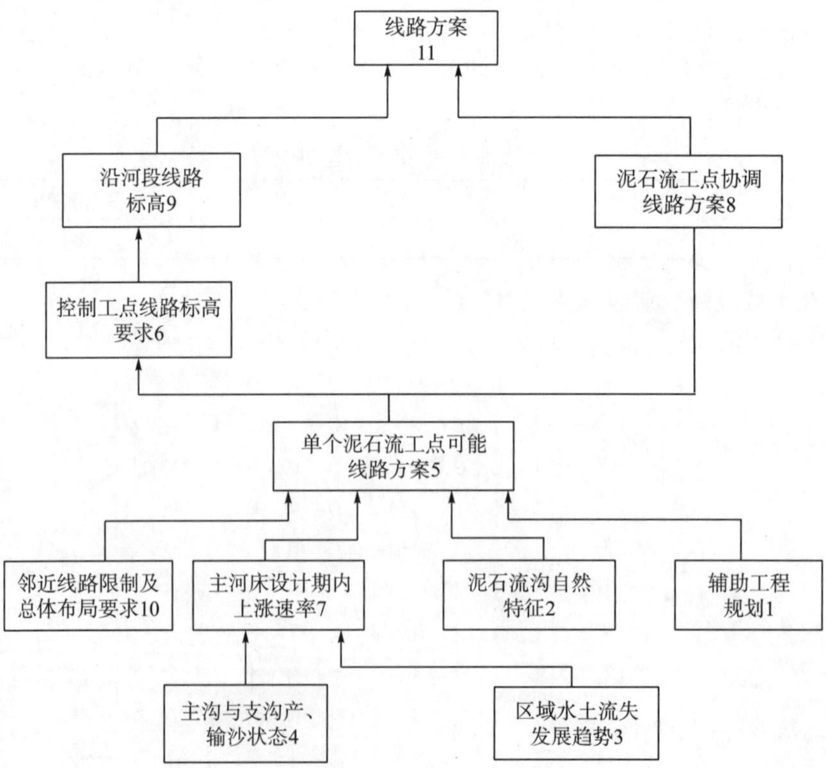


图 5-11 影响线路方案主要因素多级递阶结构

最下级的因素为主支沟产、输沙状态和区域水土流失发展趋势，这是泥石流地区选线首先要掌握的宏观资料，因为泥石流集中分布河段的输沙能力以及两岸支沟输入泥石流量的相对强弱将决定沿河铁路所经地带的环境变化规律。这里分两种类型：①主河道输沙能力大于或等于两岸支沟输入泥沙量，这时泥石流不会造成大范围内主河床持续上涨；②主河道输沙能力小于两岸支沟泥石流排入量，这种类型会造成泥石流物质沿河落淤、主河床上涨、河床质粗化，甚至使地形发生惊人的加积性变化，引起沿河铁路环境恶化和种种不良现象。根据现有主支沟产、输沙状态可确定现有河床上涨速度，但在整个铁路工程设计期内的河床上涨高度值还与区域水土流失的发展趋势有关。对此，除大地震等特殊外力作用外，最重要的影响因素是大规模的人类活动，如开矿弃渣、毁林开荒等可能造成环境急剧恶化。而对环境进行综合治理，加强水土保持措施可能在十几年内即扭转环境恶化趋势、减少泥沙下泄量、减轻或消除河段持续堆积成灾的根源。由此可知，对因素 4 的分析为基础，再加上对因素 3 的预测，就可以对主河床设计期内宏观变化的幅度有所认识。

由最低一级的推论已得到各泥石流沟设计期内末端的侵蚀基准面高度，据此可确定沿河线路高程的下限，就可以考虑对单个泥石流工点的处理。对具体工点处理的原则是，根据其自然特征，首先考虑采用提坡、内外移线路等手段使泥石流在自然条件下即可排导通过线路为好；当基于这种考虑的方案在受经济技术条件或邻近线段的制约无法实现

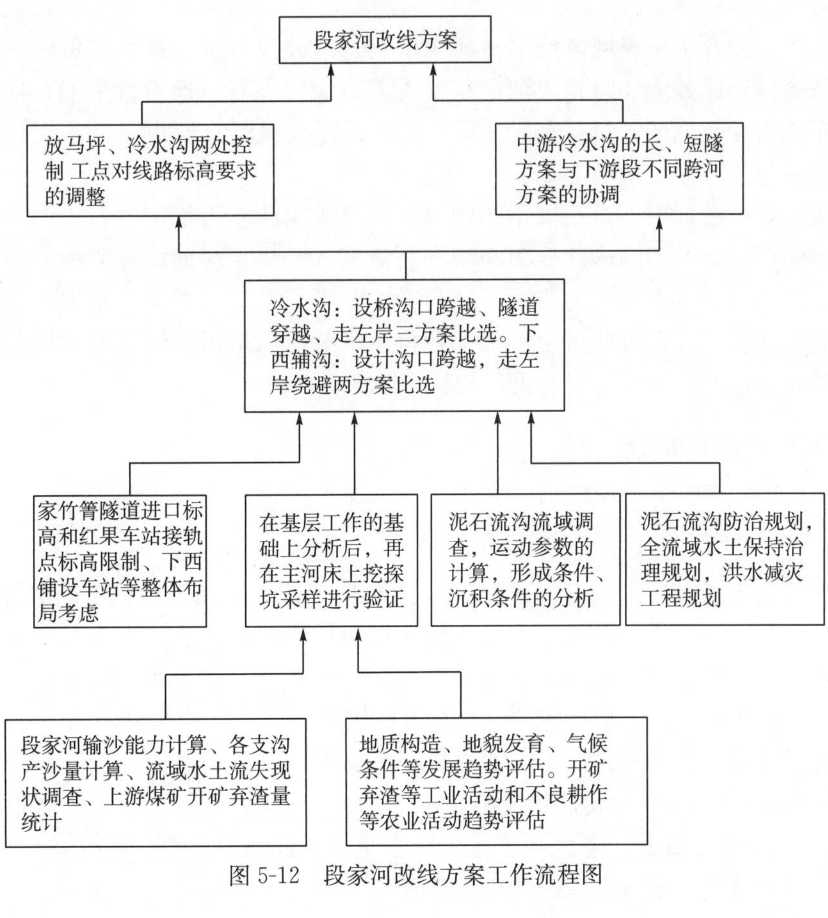


图 5-12　段家河改线方案工作流程图

时，再考虑修建辅助工程使工点排导能力与泥石流规模相匹配的措施；若还不行，再考虑采用明洞渡槽、隧道穿越或过河绕避等方案。

当对局部工点的可能方案逐一考虑后，即可对各工点的要求进行综合协调，寻找它们对提坡、内外移线路、过河绕避等线路位置分布的共同点，这些共同点的连线将构成线路位置可能带集，从中即可产生泥石流工点协调线路方案。协调方案应是对大多数工点都有利的方案，在有些情况它就可以作为线路方案。但有时个别工点或特殊地段难以协调，而它们对整体的标高或走向形成控制点，这时就需要以这些工点的要求作为限制条件，再和协调方案综合匹配，最后达到最高层目标。本书提出南昆线段家河改线方案时的工作过程是应用此模型完成的。现将每一环节的工作内容示于图 5-12。

本书所提出的影响线路方案主要因素及其关系有向图(图 5-10)是在对现有经验知识总结的基础上，并参照南昆线段家河线路走向与流域自然环境等背景材料提出来的。在不同的地区和条件下，主要因素及相互关系可能会有所不同，从而推导出的主要因素多级递阶结构会有差异，但是用结构模型解析法确定选线各主要因素关系及决策推理的层次这套方法是具有普遍适用性的。而且因素越多，关系越错综复杂，这套方法的优越性越显著。

## 5.4 泥石流地区主弱支强型河段铁路选线要点

泥石流主要发育于小流域，铁路沿河线主要是沿大河行进，线路尽可能设桥从泥石流的流通段跨越，或者增加跨越大河的桥梁工程以绕避泥石流严重的岸侧，这种平面绕避策略基本成为泥石流地区选线的范式。5.3 节所述按照泥石流集中分布河段每年两岸泥石流产沙量与主河输沙量的对比有三种类型，第一类主强支弱型，即主河的输沙能力大于泥石流沟产沙量；第二类主支平衡型，即主河的输沙能力等于泥石流沟产沙量；第三类主弱支强型，即主河的输沙能力小于泥石流沟产沙量。对前两种类型，采用上述选线原则是合理的，但对于第三种类型，必须考虑全河段淤涨的效应，减灾选线方针应是首先考虑高程绕避，否则可能付出惨痛的代价。本节即以东川支线铁路为例，对原线路选线设计思路与铁路运营期的状态进行剖析，以为后人殷鉴。

### 5.4.1 东川支线的概况

1. 线路地理位置及所经地区情况

东川支线位于云南省东北部，线路起于昆明塘子镇，向正北方沿小江断裂带前行，先后经过寻甸县、天生桥、功山、仓房后到达东川县浪田坝。沿线多为云贵高原中高山侵蚀剥蚀地貌及深切峡谷地貌，地形起伏较大，沟槽发育。其主要特征是岭谷呈南北向相间展布、山高谷深，自然坡度较陡，植被覆盖较差。

本段地区属高原季风气候，干湿季分明。一般旱季自 11 月初至次年 5 月下旬，共约 7 个月，雨季自 5 月至 10 月底，共约 5 个月。旱季多晴天，风速大，降水量仅为年总降水量的 16%。雨季多阴天，降水强度大，降水量为年总量的 84%。分布较为集中的降水，是东川泥石流频频暴发最活跃的水动力因素。5～10 月为雨季，降水量占全年降水量的 84%，其中 6～8 月更为集中，占全年降水量的 50%以上。降雨还具有多局地性暴雨，易产生控制面积小、历时短、强度大的单点暴雨，是该区形成灾难性泥石流的主要激发因素。

沿线主要发育的地层为第四系冲洪积、坡残积黏性土及碎石类土；古近系黏土岩及砂岩，夹褐煤；侏罗系砂岩、砂质页岩互层；三叠系砂岩夹白云岩、灰岩；二叠系玄武岩、灰岩及砂页岩；石炭系砂页岩互层夹煤层；寒武系粉砂岩、页岩、泥质灰岩；震旦系板岩、千枚岩、白云岩及砂岩。

沿线属金沙江水系，地表水主要为小江及其支流，旱季水量较小，雨季水量丰富。地下水以基岩裂隙水和岩溶水为主，水文地质条件复杂，地下水较丰富。

沿线地震基本烈度为 8～10 度，强地震动峰值加速度≥0.4$g$，相当于地震烈度≥Ⅸ，动峰值加速度为 0.40$g$。

东川支线属川滇经向构造带与华夏东北构造带结合过渡部位。构造发育，最主要的构造为小江断裂及其分支断裂，东川支线基本与小江断裂及其分支断裂相伴而行，多处穿越或处于断层破碎带上。

小江断裂北起巧家盆地，南止于建水南，大致为南北走向，长约 300km，可分北、中、南三段。是川滇菱形块体的东南边界断裂，构成青藏高原和华南块体的部分边界。北段北起巧家以北，向南止于蒙姑东南，全长 50km，走向为 NW5°，倾向南西，陡倾角，断裂地貌显示清楚，有断层槽地、断层崖，晚更新世以来左旋水平滑动速率达 4mm/a。中段对东川支线影响最大，其由东、西两支断裂构成，所夹持断裂带宽达 10～20km。东支自蒙姑西向南经东川、功山、寻甸、小新街、徐家渡一带，全长约 220km，其走向由 NW10°至 NE10°左右变化，主要由蒙姑—东川断层、东川—田坝断层、功山—寻甸盆地西缘断层、塘子—小新街盆地西缘断层、小新街盆地东缘—宜良断层、宜良—徐家渡断层、马家—南羊街断层、宜良盆地东缘断层组成，沿断裂地貌形成断层槽地、断层陡坎，水系左旋位错，切割全新世洪积扇，断错晚第四纪地层屡见不鲜。沿中段东支断裂发生过多次大震。中段东支断裂全新世以来左旋滑动速率为 2.5～11.3mm/a。西支由达朵北向南经乌龙、沧溪、羊街、杨林、汤池至澄江全长 235km，走向 SN 至 NE5°，中段西支断裂全新世以来左旋走滑速率为 2.5～12.0mm/a。南段，从澄江、宜良盆地南端向南延伸的段落，止于建水南山花一带，走向近南北，全长 130km。

受小江断裂及其分支断裂的影响，沿线地质构造运动剧烈，岩体破碎，风化作用强烈，特别是在小江及其上游大白河一带，岩体极为破碎，滑坡、崩塌、泥石流等不良地质灾害极为发育，其中的泥石流灾害规模之大十分罕见。沿东川支线有泥石流沟大小近百条，其特点是数量多、密度大、活动频繁、破坏损失严重、防治困难。

### 2. 原东川支线概况

原东川支线主要为开发东川铜矿而兴建。线路自贵昆线的塘子车站接轨，向正北方沿小江断裂带前行，先后经过寻甸县城、天生桥、功山后在仓房处转向东北方沿大白河河谷行进，最后到达东川站。线路全长 96.88km。

由于本线沿着小江断裂带行进，大多数地段处于横断山脉深切的 V 形河谷，岸坡陡峭，植被稀少，河流的相对高差往往能达到上千米，沿线地质活动十分剧烈，地震基本烈度为 8～10 度，因而地区的不稳定性和不良地质的危害较为严重。河流两岸的岩层，被纵横节理切割，加以风化作用，形成了很厚的破碎带，再加上天然植被覆盖较少，使得沿线的不良地质现象如滑坡、崩塌、泥石流、河床上涨等，十分普遍。在本线的功山至东川段约 50km 的区间内分布了近 90 条泥石流沟。一到汛期，泥石流集中暴发，极大地威胁到了线路的安全运营。本线在修建和运营期间屡屡受灾，是我国受灾最严重的病害铁路之一。

本线在 1958 年完成了施工设计，并在同年开工，但 1959 年 7 月和 1960 年 7 月大白河爆发了两次洪水，使正在施工的东川支线桥涵、路堤工程损失严重。设计单位在 1964 年对本线做了修改施工设计，在 1970 年 6 月正式交付运营。但线路在运营期间严重受灾，多处工程被毁，无法保证正常通行，最终不得不将老线废弃，并在 20 世纪 80 年代建设了新线来代替。

原有铁路的主要技术标准见表 5-4。

**表 5-4 主要技术标准表**

| 项目 | 单位 | 数据/值 |
|---|---|---|
| 铁路等级 | — | Ⅲ级专用线 |
| 正线数目 | — | 单线 |
| 最小曲线半径 | m | 200 |
| 限制坡度 | ‰ | 单机 22‰，双机 30‰(响水—仓房段) |
| 牵引种类 | — | 蒸汽 |
| 牵引质量 | t | 250 |
| 机车类型 | — | 东风 2 型 |
| 到发线有效长 | m | 初期 300m，远期 450m |

## 5.4.2 原东川支线采择低线方案的思路

东川支线终点站选定在东川县浪田坝，起点选择与贵昆铁路接轨通往昆明，线路廊道方向较为顺直，沿线除寻甸至天生桥，木树郎至牛矢窝两段外，其余线路为沿河线，线路所经的主要河流为杨林河、大白河及小江，同属金沙江水系，均不通航。在最初设计时选线面临的主要工程地质问题是泥石流。最严重的为莫伯渡—东川段，沿大白河行进，长约 17km。沿线的不良地质现象十分发育，大白河两岸交错分布着大小数十条泥石流沟，许多沟口都有巨大的堆积扇，最大的大白泥沟，堆积扇宽达 2km，一次大型的泥石流爆发流量达上百万立方米。

基于沿线的工程地质情况，在 1958 年施工设计时本线的莫伯渡—东川段对沿大白河左岸低线、沿右岸高线及沿右岸低线三个方案进行了分析比选(图 5-13)。其中，左岸低线方案因大白河左岸有大、小白泥沟等较大型的泥石流沟，工程造价较高，线路受泥石流威胁较大，安全性不足而被舍去；右线高线方案虽然土石方工程量较少，运营条件好，但相对于右岸低线方案，其隧道长度多 1.5km，桥梁较高，工程投资更多，也被放弃。最终推荐采用的右岸低线方案大多数地段利用大白河的河滩以路堤通过，虽然防护工程多，养护困难，但由于桥隧工程相对较少，主要工程投资比右岸高线方案省 104 万元，施工较易而被采用。

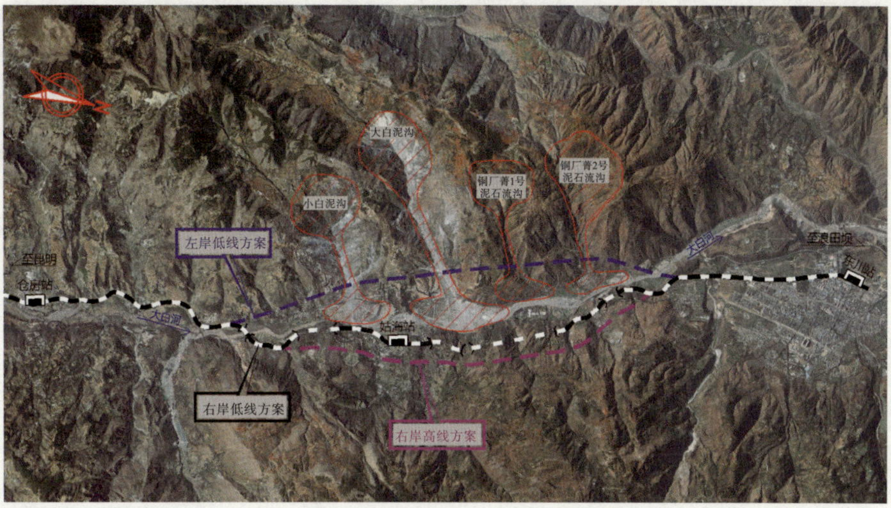


图 5-13　仓房至东川段方案比选示意图

然而，正是由于右岸低线方案对大白河河床上涨的严重程度估计不足，线路设计标高过低，使本段成为了东川支线受灾最严重的区段。

### 5.4.3　原东川支线的受灾情况及原因分析

原东川支线自 1958 年开始施工以来就屡次受灾，在 1960～1961 年施工期间暴发的泥石流造成了约 447 万元的损失，修复工程费达 3229 万元。同时，由于沿线河床不断上涨，淤埋线路，1972 年又投资了约 1200 万元，进行局部改线。最后导致本线的建设投资达到了最初设计时的 4 倍有余(沈寿长和谭炳炎，1984)。在投资增加的同时，由于受灾严重，铁路的寿命也大受影响，设计寿命由最初的 100 年降低到 30 年，而且无法保证汛期的正常通行。从 1970 年通车到 1985 年的 15 年中，泥石流常常破坏轨道、路基工程，冲毁桥梁，淤埋隧道，严重地破坏了铁路的安全运营。

常年的洪水和泥石流侵蚀，不仅直接破坏了铁路的工程设施，也使大量的桥、隧和路基工程失去了抗洪和防灾能力，使用寿命大大缩短，运营条件越来越差。当工程设施的养护维修成本超过运营的效益时，只能将老线废弃了。

泥石流对线路的危害主要有冲刷、淤积、漫流、改道、撞击、磨蚀、压迫河床、堵河阻水引起河床上涨等多种形式。其中以泥石流堵河，逐年淤积引起河床上涨最为严重。各种泥石流灾害同时出现、相互促进、共同发展，这也是小江地区泥石流活动的典型特征。在最初设计时，对泥石流灾害的考虑不周，是造成老线被废弃的根本原因，主要体现在以下几点。

1)对泥石流灾害的规模和发展趋势估计不足

在勘测设计时，错误地判断了泥石流沟的发展和衰退趋势。同时，采取了错误的施工方法，加剧了泥石流沟的发展。

如老干沟隧道，处于大白泥沟和铜厂箐 1 号泥石流沟对侧，据初测时调查，老干沟泥石流近百年来曾一度处于间歇状态，当时认为它趋向衰老，威胁并不严重。1958 年以后，由于线路上方公路和新村灌溉大沟的开挖和弃土，增加了松土的储备量，破坏了山体的平衡与地面植被。新村灌溉大沟修在一系列塌方体和有裂缝的地面上。1961 年通水后，灌溉沟大部分漏水，导致水流渗入山体，引起山坡坍塌，使老干沟泥石流复活。

而本线设计时根据对老干沟“趋向衰老”的认识，错误地估计了老干沟的发展趋势。在 1959 年设计时采用 3～12m 中桥跨过老干沟，其排洪净空考虑为 10m。其余均为河滩路堤，采用干砌片石防护。为防止对岸大白泥沟冲积扇逼迫大白河水流冲刷路堤，施工时在本段进行了改河，并设计了导流堤。但同年雨季，对岸大白泥沟发生的泥石流逼使大白河主流冲刷路基，将改移河段淤平，并将已成路堤、导流堤及其他防护工程全部冲毁，同时，老干沟泥石流的规模也在不断扩大，淤塞既有桥梁；1960 年，设计单位将线路内移，采用 7～12m 大桥跨越老干沟，桥下排洪净空约 19m，但很快又被淤埋。随即该段线路又相继采用了路堤、路堑及与老干沟隧道相接的明洞，但仍不能解决问题。在 20 世纪 80 年代泥石流暴发时，大白河主流灌入老干沟隧道，对铁路造成了严重破坏(陈光曦等，1983)，如图 5-14 所示。

图 5-14 大白河洪水灌入老干沟隧道

2)为节省工程投资，选取过低的线路标高

沿大白河下游行进的仓房—东川段，长约 22km，均为沿河线路。设计时为了节省一次性工程投资，选定了设计标高较低的方案。多数地段利用大白河的河流阶地和古老的泥石流堆积扇以路基和小桥通过，线路的抗灾能力很差，线路的多处工点受灾后无法修复，大段的线路被废弃。

如发窝大桥，位于大白河对侧的铜厂菁 1 号和 2 号两条泥石流沟之间。本段在最初设计时由于利用大白河的河流阶地走线，线路标高较低。而大白河受对岸泥石流沟堆积扇的挤压，主河槽不断向右移动，河床也逐年淤高，最后将发窝大桥淤埋，导致该段铁路最后废弃，如图 5-15 所示。

图 5-15　线路设计标高过低导致发窝大桥被淤埋

3)忽略了泥石流引起的河床淤涨，并没有在高程上避开泥石流灾害

仓房—东川段线路行经的大白河河床开阔，纵坡较缓，在短短的 20km 内，左岸分布有大、小白泥沟和铜厂箐 1 号、2 号泥石流沟以及蒋家沟等五条巨型泥石流沟，一到汛期，两岸的支沟会携带大量的固体物质到主河，造成河床快速上涨。

位于大白河右岸的小石洞沟，处于上游的拖沓沟和下游的小白泥沟两条大型泥石流沟之间，根据 1958～1963 年的观测资料，本处年平均河床上涨 25～30cm。本线在 1958 年最初设计时采用 1～10m 小桥跨越小石洞沟，后来被本沟泥石流淤埋。1964 年改线时将线路标高抬升了 9m，改为 2～16m 中桥，但由于大白河河床逐年淤高，到 1980 年桥下净空只剩下 3m。最后，只能再次抬升线路高程，采用长 160m 的大桥通过。

同样的情况也发生在多牛隧道、老干沟隧道、姑海车站以及石门坎 1 号、2 号隧道处。根据观测资料，这段河床近 20 年来，年平均上涨 1m 左右。在 20 世纪 80 年代，老线的多牛隧道、老干沟隧道已被埋入河床面以下，只得将老线全线废弃(李耀方，1992)，如图 5-16、图 5-17 所示。

图 5-16　河床淤涨淹没多牛隧道

图 5-17　河床淤涨导致原东川支线全线被废弃

本线在 20 世纪 60 年代建成通车后，就一直受到泥石流灾害的威胁，每年的 5～9 月汛期，都是泥石流的高发期，线路常常断道抢修，铁路的设计寿命由最初的 100 年降到 30 年。特别是在 1966 年强震后，大白河两岸部分山体失稳，支沟上游堆积的松散固体物质也明显增加，导致泥石流灾害迅速发展。如 20 世纪 60 年代复活的老干沟，1963 年堆积的松散物质只有 40 万 $m^3$，而 1977 年勘测时松散固体物质达到了 1450 万 $m^3$，为之前的 36 倍(王继康，1986)。

泥石流灾害的迅速发展，对铁路工程设施造成了很大的破坏，在 20 世纪 80 年代初，本线仓房站以后的大部分既有铁路设施、设备都已经十分脆弱，失去了抵御灾害的能力，濒临报废。

现在看来，本线在最初设计时，最大的错误在于虽然平面考虑了躲避泥石流灾害，但设计标高仅受大白河洪水位的控制，忽略了泥石流堵河严重区段的河床上涨问题，立体上并没有避开泥石流灾害，从而造成了线路严重受灾、大段铁路被废弃的严重后果。

## 5.4.4　东川支线新线与老线的对比分析

事实上，对于沿河线路受泥石流影响主河上涨的灾害严重区段，除了要考虑在平面上绕避，也要考虑立体绕避问题。而立体绕避，不仅仅是指个体工点的抬升，而是线路整体设计标高的抬升。

因此，设计单位在 1985 年对仓房以后的线路进行了重建。重建主要是在老线的基础上整体抬升线路高度，从而在立体上绕避灾害，线路平面示意如图 5-18 所示。

图 5-18　东川支线新老线位对比示意图

为了分析论证老线选取的设计标高是否合理，通过查阅 1964 年老线和 1985 年新线的设计资料，将受灾最严重的仓房—东川段线路标高与目前大白河的河床标高进行了对比，如图 5-19 所示。

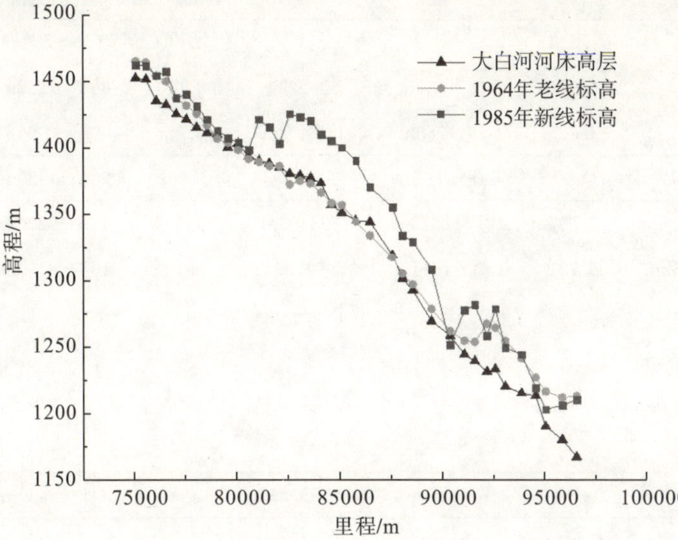


图 5-19　新老线位与河床高程对比图

由图 5-19 可以看出，如今老线在莫伯渡(K78)—发窝(K89)段，均被河床淤埋，最深处在河床面以下约 11m(大白泥沟附近)。还有少许段落平均仅高出河床面 6～7m，汛期也会被洪水淹没。而新线选择了高线位，其线路标高比老线平均高出约 20m，在大白泥沟处新老线位标高相差最大，为 53m。高线位使线路具有足够的标高，能够避开河床上涨的危害，增强了线路的避灾能力(图 5-20)。事实也表明，老线的设计标高选取过低，直接受到了河床快速淤积上涨的危害，最终导致被废弃。

图 5-20　东川铁路新线标高已明显高于大白河河床及老线

为了分析新线与老线在工程上的差异，选取本线受灾最严重的的仓房—东川段约 22km 的区间进行分析，结果见表 5-5。

**表 5-5 东川支线新线和老线主要工程数量及投资估算表**

| 项目 | | 指标万元 | 1964 年方案 | | 指标万元 | 1985 年方案 | |
|---|---|---|---|---|---|---|---|
| | | | 数量 | 投资/万元 | | 数量 | 投资/万元 |
| 长度 | 线路长度 | — | 21.6km | — | — | 22.019km | — |
| 桥涵 | 特大桥 | 4.564 | — | — | 4.564 | 1 座－500m | 2282 |
| | 大桥 | 4.071 | 1 座－130m | 529.230 | 4.071 | 6 座－1287m | 5239.377 |
| | 中桥 | 3.865 | 5 座－285m | 1101.525 | 3.865 | 2 座－148m | 572.02 |
| | 桥梁合计 | — | 6 座－415m | 1630.755 | — | 9 座－1935m | 8093.397 |
| 隧道 | $L\leqslant 1$km | 4.597 | 4 座－2813m | 12931.361 | 4.597 | 4 座－2200m | 10113.4 |
| | 1km$<L\leqslant$3km | 3.721 | 1 座－1611m | 5994.531 | 3.721 | 1 座－3450m | 12837.45 |
| | 3km$<L\leqslant$6km | — | — | — | — | — | |
| | 6km$<L\leqslant$10km | — | — | — | — | — | — |
| | 10km$<L\leqslant$15km | — | — | — | — | — | — |
| | $L>15$km | — | — | — | — | — | — |
| | 隧道合计 | — | 5 座－4424m | 18925.892 | — | 5 座－5650m | 22950.85 |
| 桥隧总长 | | — | 4839m | — | — | 7585m | — |
| 桥隧占线路比 | | — | 22.4 | — | — | 34.44 | — |
| 正线铺轨 | | 348.623 | 21.6km | 7530.257 | 348.623 | 22.019km | 7676.330 |
| 主要工程投资估算 | | — | 28086.904 万元 | | — | 38720.577 万元 | |
| 差额 | | — | 0 | | — | +10633.673 万元 | |

注：比较范围为东川支线仓房—东川段

可见新线在抬升线路标高后，桥隧比增加了约 12%，工程投资相对于老线增加了约 37.86%。其中，老线最长的多牛隧道为 1611m，而重建的新多牛隧道延长为 3403.68m(图 5-21)，最长的莫伯渡大桥由 130m 增加到了 453m(图 5-22、图 5-23)。另外如牛矢窝—浪田坝段，新线的线路标高比 1964 年老线设计标高提高了 30～35m。

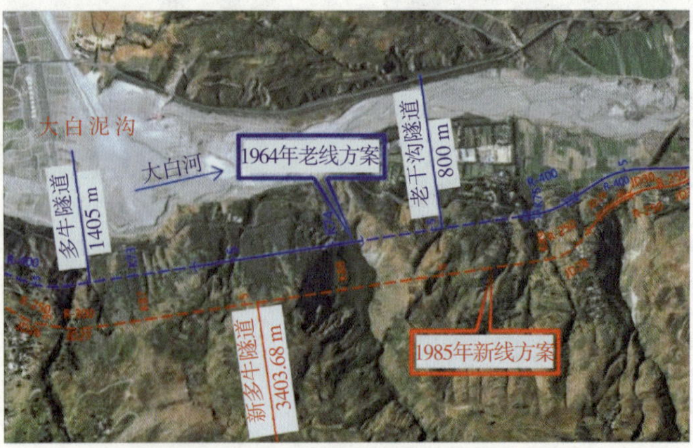


图 5-21 新线与老线位多牛隧道对比图

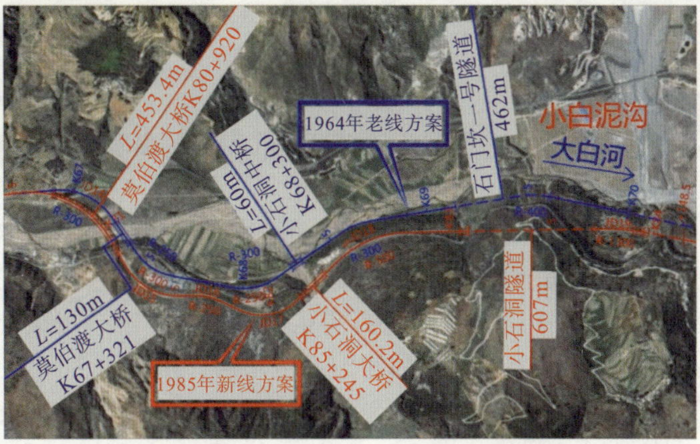


图 5-22　新线与老线位莫伯渡大桥对比图

图 5-23　新线跨越大白河莫伯渡大桥

新线的线路高程增加后，虽然工程投资有一定增加，但线路的安全性大大提高，可以避免泥石流灾害的威胁，保证线路的安全运营。而老线设计时为了节省投资，降低施工难度，选取了利用低阶地的低线方案，但付出了线路抗灾能力差的代价，在近 20 年中维修整治的费用已超过了初期建设投资的 4 倍(沈寿长和谭炳炎，1984)，然而仍然不能避免线路整段被废弃的结果。

总的来说，东川支线的新线相对于老线主要是抬升了线路标高，使得线路在立体上避开了主河河床快速上涨的危害。对于两岸泥石流发育的山区河流，当大量支沟的输沙能力大于主河的挟沙能力时，大量的固体物质会淤积在河床，造成河床快速上涨，从而降低沿河线路的相对标高。这对沿河线路来说是十分危险和不可逆的灾害。东川支线在设计时对大白河和小江流域的河床快速上涨估计不足，是造成老线受灾被废弃的根本原因，如图 5-24 所示。

山区沿河线一般线位越低、投资越省，但抗灾能力越弱；反之线位越高、投资越大，抗灾能力越强。在改革开放之前，受经济条件制约，铁路常为了减少桥隧工程，利用低阶地而走沿河低线来降低工程造价，因此原东川支线采择低线位方案有其合理性。但现在看来，低线位方案虽然节省了初期工程投资，但后期的维修养护花费达到了工程建设投资的 4 倍有余，且经常断道也造成社会经济损失，最后导致大段落工程废弃；而新线重选了高线位，虽然工程建设投资相比低线位方案高出约 40%，从线路的全生命周期来看，高线位方案在安全性和经济性上都更加合理。因此，在主弱支强型河

图 5-24　新线小石洞大桥

段，减灾选线应是首先考虑高程绕避方案，而且在经济性方面也应从铁路全生命周期角度来考量。

## 5.5 冰川泥石流堵江危害严重区段铁路选线策略

随着全球气候变化异常和人类社会经济活动的不断增强，极端天气和地质事件增多，泥石流堵河可能成为一种频繁的灾害事件。在青藏高原的海洋性冰川覆盖区，冰川泥石流堵河一直是高发事件，但铁路尚无在泥石流堵河危害严重区选线设计的案例和经验。本节以川藏交通廊道——帕隆藏布流域冰川泥石流堵河严重区段为例，提出铁路减灾选线策略。

### 5.5.1 帕隆藏布流域概况

1. 帕隆藏布流域地理位置及研究区自然环境

1)研究区地理位置

帕隆藏布流域东缘属于西藏八宿县，中部绝大部分属于波密县，西侧属于林芝县，位于29°07′~31°03′N、92°53′~97°07′E，即川藏公路西藏境内的中段位置，也是拟建川藏铁路的必经廊道。

2)研究区自然环境

帕隆藏布江位于西藏东部林芝县境内，源于八宿然乌乡然乌湖，发源于阿扎贡拉冰川，源头海拔4900m，主要由两条二级支流汇合而成，在门中村和扎曲河之间流入世界第一大峡谷雅鲁藏布大峡谷。帕隆藏布江自源头向北流入安贡错，折向西北经然乌错，呈南东-北西走向，到通麦附近有易贡藏布汇入，转向南流于觉东汇入雅鲁藏布江，流域面积$2.8631\times10^4 km^2$。全流域沿线全长266km，落差3360m，面积$2.8631\times10^4 km^2$，平均坡降12.6‰，分水岭总长约多1200km，分水岭海拔为4500~5000m。流域内多为海拔在6000m以上的山峰，但最高点却在拉月曲下游右岸的加拉白垒峰，海拔7284m(中国科学院青藏高原综合科学考察队，1981)。流域内有森林3500$km^2$，现代冰川4638.42$km^2$，分别占全流域面积的12.2%和16.2%。高山灌丛草甸及草原面积广阔，达20385.2$km^2$，占全流域面积的71.2%。

帕隆藏布流域(然乌—鲁朗)宽窄相间，然乌湖到中坝为高山峡谷段，水流湍急，两岸岩石风化强烈，泄溜岩屑堆发育；中坝以下至河口处，河谷宽窄相间，洪积扇、阶地发育。在宽谷两侧冰川泥石流发育，活动频繁，古今泥石流曾堵塞帕隆藏布。该区域自然条件优越，气候温暖湿润，降水丰富，农业发达。受印度洋暖湿气流的影响，区域内海洋性冰川发育。

### 3)研究区地貌特征

(1)地形地貌。

近于东西流向的帕隆藏布江，北岸谷坡为阳坡，南岸谷坡为阴坡。区域内相对高差大，河流深切，岸坡陡峭，相对高差在1500m以上，最大可以达到2800m。沿线支流流域基本属于壮年期早期、中期，阴阳坡没有明显的差别。支流河流基本发育在阳坡，同时发育了大量的湖泊，受到的外营力侵蚀类型，有冰川运动、冰雪侵蚀，也有河流侵蚀，因此在阳坡存在冰碛物、侧碛陇等典型的冰川侵蚀地貌，也存在河漫滩、河流阶地等典型的河流地貌，入河口坡度较缓，常存在较大面积的平缓地形；而阴坡则基本没有支流发育，只发育了少量湖泊。受到外营力的侵蚀类型基本上是冰川、冰雪侵蚀，形成典型的冰川侵蚀地貌，入河口较阳坡陡峭。

(2)地质条件。

帕隆藏布流域地层岩性主要为泥盆系、石炭系和侏罗系的灰岩、大理岩、板岩、砾岩和砂岩，以及大片燕山期的花岗岩。其中川藏公路南线然乌—鲁朗段的岩性主要包括三大类：以花岗闪长岩为主的火成岩、以板岩和大理岩为主的变质岩、多种成因的第四纪松散堆积物。

帕隆藏布流域属于青藏高原南部地震区(邓起东等，1980)。根据史料记载，西藏地震最早见于公元642年。川藏交通廊道西藏境内1921～1980年5级以上的地震达50多次。通麦到林芝一带，1938～1967年，发生了8次6级以上地震。地震的活动，会造成山体失稳，发育滑坡、崩塌以及冰崩、雪崩，同时泥石流、水毁灾害也紧随伴生。

(3)气候条件。

帕隆藏布流域内的气温和降雨都呈现垂直变化的规律。索通—培龙段年平均气温都在10～12℃以上；越往上游，年平均气温越低，最后到常年0°C以下的高山冰雪区。海拔4100m左右是年平均气温0°C线通过带。海拔5800m以上的山区有多年积雪和现代冰川发育。区域内雨季长，年内降水均匀。流域内的降水主要来自孟加拉湾，经由雅鲁藏布江下游通道的水汽沿程爬高所致，在通麦以下段降水丰沛，多年平均降水量可达1100～1400mm；波密多年平均降水量超过900mm；然乌一带年降水量超过700mm。

随着全球性气候趋于变暖，流域内海洋性气候呈现湿暖性变化趋势，降水量随着气温的升高呈现增加趋势，所以，冰川积累量增多，活动量相应增大，导致冰川泥石流、冰湖溃决频率增加，并伴生滑坡、滑塌等不良地质现象。

## 2. 帕隆藏布流域泥石流分布及泥石流堵河危险性评估

### 1)帕隆藏布流域泥石流分布

受印度洋季风气候的影响，帕隆藏布流域泥石流广泛分布，从然乌至鲁朗共计53条泥石流沟。流域内泥石流具有种类繁多，规模巨大，暴发频繁，危害深远，影响严重的特点。

通过对历史资料的收集和现场调查，绘制出了帕隆藏布流域各类(冰川型、降雨型、混合型)泥石流的分布图(图5-25)。

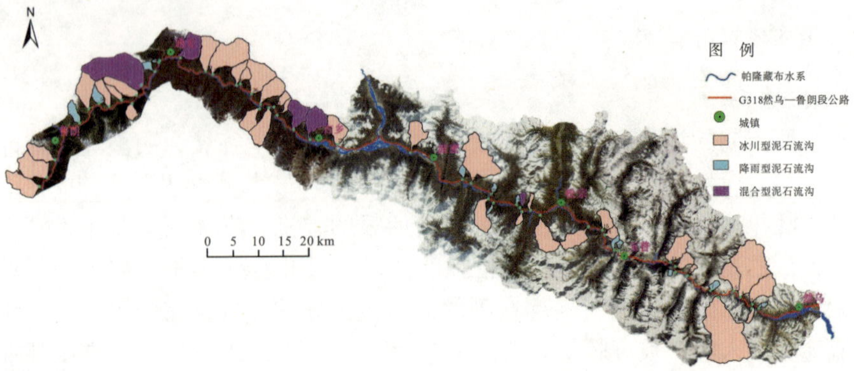


图 5-25 帕隆藏布流域泥石流分布图

从图 5-25 可以看出，泥石流沟大都分布在峡谷段，该区段主河下切严重，支沟的下切速率小于主河的下切速率。因此，受谷坡动力过程的影响，支沟泥石流较为发育，而峡谷段集中分布的支沟泥石流，常常将大量固体物质携带到主河中，堵塞帕隆藏布江，这也是帕隆藏布流域的典型山地灾害之一(杜翠，2015)。

2)泥石流堵河危险性评估

历史上，帕隆藏布流域曾发生过多次泥石流灾害，在帕隆藏布流域有多条泥石流沟具有堵塞帕隆藏布江的可能性，因此需要对帕隆藏布流域内的泥石流沟逐一进行分析，评估其堵河危险性。

通过查阅历史资料及现场考察，对帕隆藏布流域然乌—鲁朗 53 条泥石流沟进行了分析研究，并基于动力学与物质条件的泥石流阻塞大河综合判据，得出：然乌—松宗为峡谷段，有泥石流沟 16 条，其中判定堵江危险性属严重等级的有 10 条；松宗—波密为宽窄相间河段，波密—古乡为宽谷段，其间共有泥石流沟 12 条，属严重等级的 4 条；古乡—东久河与鲁郎河的交界处为峡谷段，有泥石流沟 22 条，严重等级的 14 条；最后一段到鲁朗已逐渐进入高原面，为相对宽谷段，有泥石流沟 3 条，严重等级的 1 条。综上所述，得到帕隆藏布流域泥石流堵江危险性区划如图 5-26 所示。

由图 5-26 可以看出，在帕隆藏布流域，泥石流沟堵河危险区均为峡谷段(达巴—动亚，古乡—东久)，峡谷段主河处于下切阶段，河道狭窄，泥石流堵河事件容易发生；宽谷段(波密—古乡)目前主河处于下切的间歇期，河段发生淤积现象普遍，甚至出现河中岛，泥石流堵河灾害相对较轻；在进入鲁朗河之后，逐渐进入高原面，泥石流灾害不严重，堵河可能性小。此外，根据国内近年来泥石流堵塞大河坝高的实际资料的分析，泥石流堵河壅水高度不超过 25m。因此提出，在泥石流堵河危险性严重区段，可将线路高程高于河床 25m，视为线位高程选择的约束条件(杜翠，2015)。

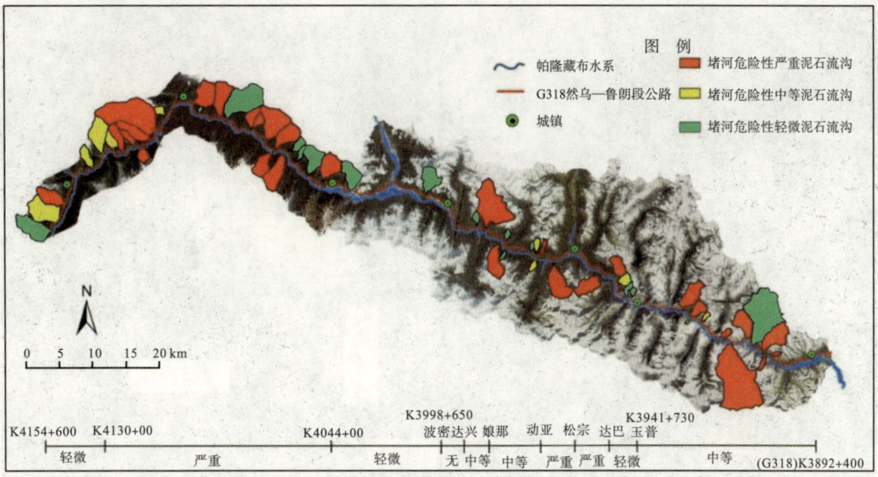


图 5-26　帕隆藏布流域泥石流沟堵江危险性评估图

## 5.5.2　帕隆藏布流域山麓地带地貌特征与冰碛台地

### 1. 帕隆藏布流域河谷地貌特征

1) 帕隆藏布河谷地貌分布

帕隆藏布流域由于其独特的地质构造、季风气候、降水条件等发育了各种类型的地质地貌，如泥石流扇、冰碛台地等堆积地貌，河流阶地等演化地貌，如图 5-27、图 5-28 所示。

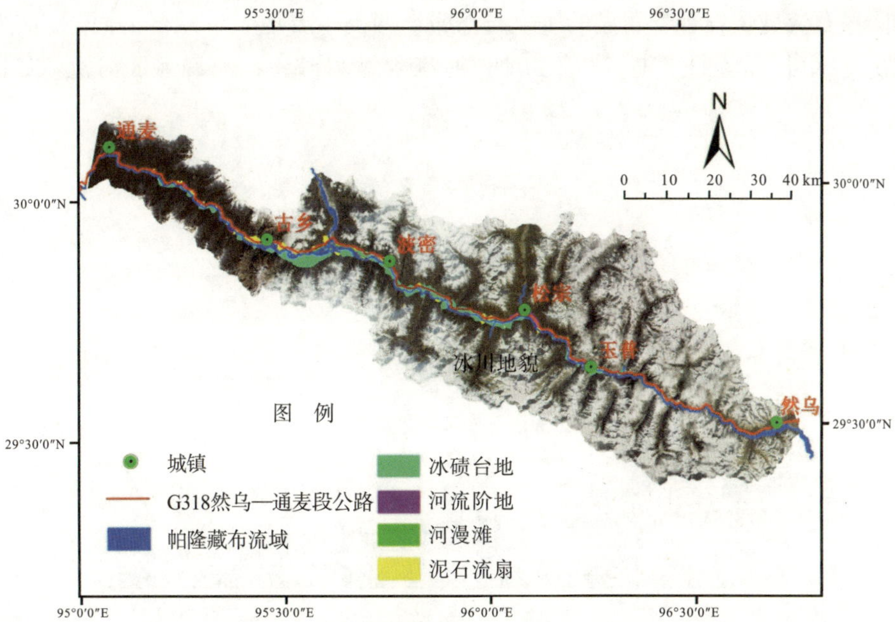


图 5-27　帕隆藏布流域河谷地貌分布图

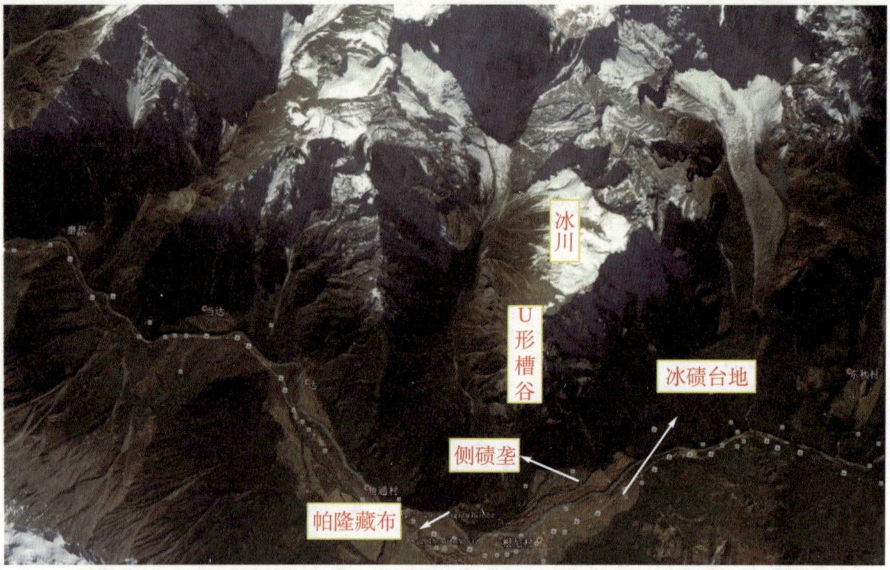


图 5-28 帕隆藏布流域松宗对岸冰川地貌示意图

沿帕隆藏布流域两岸的支沟发育了古冰川和现代冰川槽谷，不少沟谷源头至今还有现代冰川和多年积雪存在，沟谷中堆积了巨厚的古冰碛，部分搬运至主河形成一系列高冰碛台地，但历史上未形成贯穿主河的冰川。大量冰川运动到主河位置，在主河两岸堆积，在山麓地带分布着由冰川活动搬运物质堆积的冰碛地貌，从图 5-28 可以看出，帕隆藏布河谷左岸冰碛台地呈大量的连片分布。

2)帕隆藏布河谷立体地貌特征

帕隆藏布流域峡谷有着明显的垂直自然带，两侧主要地貌单元自上而下：两侧高处山顶依次是冰川、剥蚀地貌、冰碛台地、河流阶地(公路)、河漫滩、河流，如图 5-29 所示。

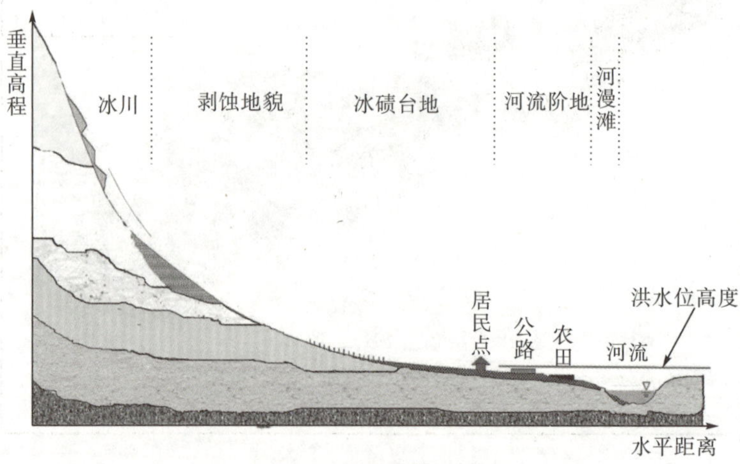


图 5-29 帕隆藏布河谷两侧立体地貌特征

从河谷横断面的立体分布上看，在帕隆藏布流域，冰川分布区的海拔一般在 4500m 以上，海拔高、坡度陡，此分布区无法进行选线，剥蚀地貌由于其纵坡较陡，一般坡度在 25°以上，线路无法布设。在山麓地带的冰碛台地、河流阶地、河漫滩可被利用，但对于高等级的铁路来说，河流阶地、河漫滩一般都是沿河分布，线位较低，在泥石流堵河危险性严重区段，当发生泥石流等其他灾害堵塞主河时很容易被淹没，不具有可利用性。因此，对帕隆藏布流域的沿河高等级线路而言，冰碛台地横坡平坦，且具有较为合理的海拔。

## 2. 帕隆藏布流域冰碛台地可利用性探讨

### 1)帕隆藏布流域冰碛台地来源及特征

帕隆藏布流域发育着我国独特的海洋性冰川，与大陆性冰川不同的是，海洋性冰川具有降雨补给充足、海拔高、消融快、活动强烈的特点。帕隆藏布流域冰川地貌的形成，是海洋性冰川强烈运动的结果，海洋性冰川的侵蚀和堆积能力共同营造了帕隆藏布流域多样的冰川地貌。区域内从山岭到谷地都分布着古冰川遗迹，保存得十分完整。帕隆藏布流域山麓地带的冰碛台地主要由古冰川携带来的冰碛物堆积而成。冰碛物主要由一些较老冰期、活动性较强的冰川通过支沟携带到帕隆藏布河谷，在流域内广泛分布。

随着青藏高原的急剧隆升和全球气候变暖的趋势，帕隆藏布流域内分布的现代冰川高度多在 4500m 以上(图 5-30)，普遍高于古冰川的平均高度，也因此高于目前流域内冰碛台地的海拔(2800～3000m)。由于现代冰川的活动范围已经难以企及冰碛台地，流域内的冰碛台地是属于较稳定的地貌。

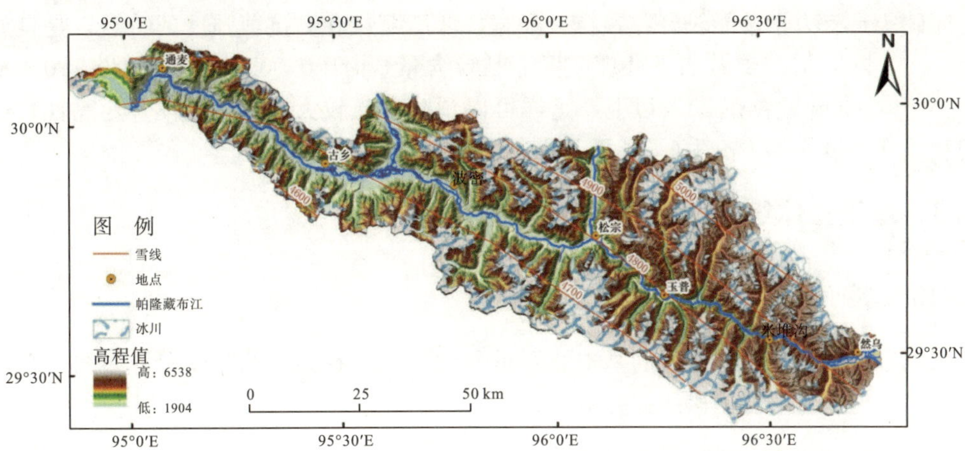


图 5-30　帕隆藏布流域现代冰川与雪线分布图

### 2)冰碛物工程性质分析

冰碛物在工程上一般有两种使用方法：一是作为原地基；二是作为填筑材料。通过现场采集冰碛物样本后进行颗粒分析实验、大直剪试验和相对密度试验，获得以下结论。

通过颗粒分析实验发现，冰碛物的不均匀系数 $C_u$ 很大，为 63.26；曲率系数 $C_c$ 较小，为 0.45。说明冰碛物大小混杂，且在某一粒径范围内有缺失。

通过大型直剪实验发现，得出冰碛物中粒径为 5mm 的粗颗粒含量大致在 70%左右，形成了骨架结构，细颗粒填充在粗颗粒之间的间隙，起到骨架密实作用。说明冰碛物的凝聚力小，内摩擦角大。

通过相对密度实验，得出冰碛物的最大和最小干密度，为工程应用提供数据支撑，在实际应用中可进行相应的压实处理，以保证工程质量。

冰碛物行强夯和碾压在经过处理之后可作为较好的地基。冰碛物较好的力学性能也可作为良好路基填料。

综上所述，冰碛物工程性质良好，具有承载力高、防渗透性能较好、抗剪能力高的特点。

可提出冰碛物作为地基的处置措施如图 5-31 所示。

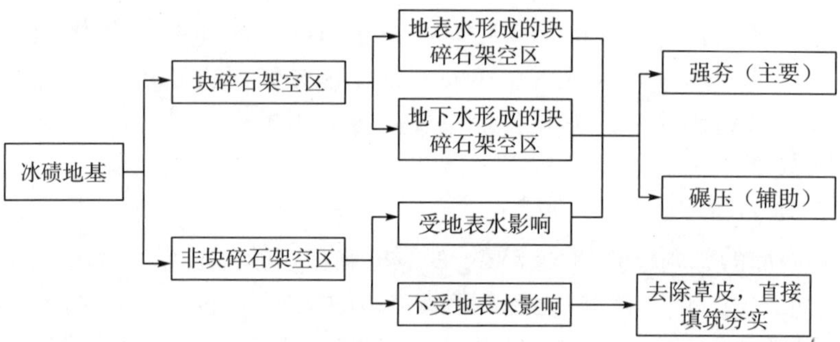


图 5-31　冰碛层地基及处理

冰碛土具有力学性能较好、颗粒级配宽、低压缩性和高抗剪强度的特点，是良好的填料。在实际应用中要做如下处理：保证黏粒含量(小于 0.005mm)在 10%～20%范围内，小于 0.1mm 颗粒在 20%以上，这样可以预防存在较大孔隙，保证一定黏性，避免细粒物质在渗流作用下流失(马泽平，2013)。

### 5.5.3　基于立体绕避原则的铁路线位方案

1. 线路方案研究

根据以上分析，铁路选线的基本思路是利用处于河谷地带的冰碛台地布线。下面以这一思路研究玉普—波密段线路方案。

1)玉普—波密段铁路初步方案平纵面设计

研究区内川藏铁路玉普—波密段铁路位于西藏林芝地区波密县境内帕隆藏布流域，线路自玉普乡西侧引出，在帕隆藏布江左岸向西北方行进，经达巴村后跨帕隆藏布江至松宗镇，之后转向西南，在帕隆藏布江左侧经动亚、达兴后到达波密，线路长度为 61.4km。

铁路的主要技术标准表见表 5-6。

**表 5-6　玉普—波密段主要技术标准表**

| 项目 | 单位 | 数据/值 |
| --- | --- | --- |
| 铁路等级 | — | Ⅰ级 |
| 正线数目 | — | 单线 |
| 速度目标值 | km/h | 160 |
| 最小曲线半径 | m | 一般 2000m，困难 1600m |
| 限制坡度 | ‰ | 12‰，加力坡 24‰ |
| 牵引种类 | — | 电力 |
| 牵引质量 | t | 2700 |
| 机车类型 | — | 货机 HXD2，客机 SS |
| 到发线有效长度 | m | 650m(预留 850m) |
| 闭塞类型 | — | 站间自动闭塞 |
| 行车指挥方式 | — | 调度集中 |

2)平面设计原则

(1)平面曲线半径。平面曲线半径的选择，根据路段旅客列车的最高设计速度应因地制宜、由大到小、合理选用，预留进一步提速条件，优先采用 2500～5000m，最小曲线半径一般地段采用 2000m、困难地段采用 1600m。

(2)缓和曲线长度。缓和曲线长度应根据曲线半径按照缓和曲线长度表尽量选用“推荐”值，预留进一步提速条件，慎用“一般”及“困难”值(表 5-7)。

**表 5-7　缓和曲线表**

| 圆曲线半径/m | 缓和曲线长度采用值/m | | |
| --- | --- | --- | --- |
| | 推荐 | 一般 | 困难 |
| 12000 | 140 | 130 | 120 |
| 11000 | 160 | 140 | 130 |
| 10000 | 170 | 150 | 140 |
| 9000 | 190 | 170 | 150 |
| 8000 | 210 | 190 | 170 |
| 7000 | 240 | 220 | 190 |
| 6000 | 280 | 250 | 230 |

续表

| 圆曲线半径/m | 缓和曲线长度采用值/m | | |
|---|---|---|---|
| | 推荐 | 一般 | 困难 |
| 5500 | 310 | 280 | 250 |
| 5000 | 340 | 300 | 270 |
| 4500 | 380 | 340 | 310 |
| 4000 | 420 | 380 | 340 |
| 3500 | 480 | 430 | 380 |
| 3200 | 480 | 430 | 380 |
| 3000 | 480 | 430 | 380 |
| 2800 | 480 | 430 | 380 |

3)纵断面设计原则

(1)全线限制坡度 12‰，加力坡 24‰。坡度折减按《铁路线路设计规范》(GB 50090—2006)有关规定执行，用于曲线坡度折减的货物列车长度为 800m。

(2)相邻坡段的连接宜设计为较小的坡度代数差，最大代数差一般不大于 10‰，困难条件下不大于 15‰。当相邻坡段代数差≥1‰时，一般地段用半径为 15000m 的竖曲线连接，困难地段用半径为 10000m 的竖曲线连接。

(3)竖曲线与圆曲线、缓和曲线、道岔均不得重叠设置。

(4)纵断面宜设为较长的坡段。最小坡段长度不宜小于 400m。

按照上述主要技术标准和平纵面设计原则，在 1：1 万的地形图上，按照尽量利用冰碛台地的原则，确定玉普—波密段的线路平纵面方案如图 5-32、图 5-33 所示。

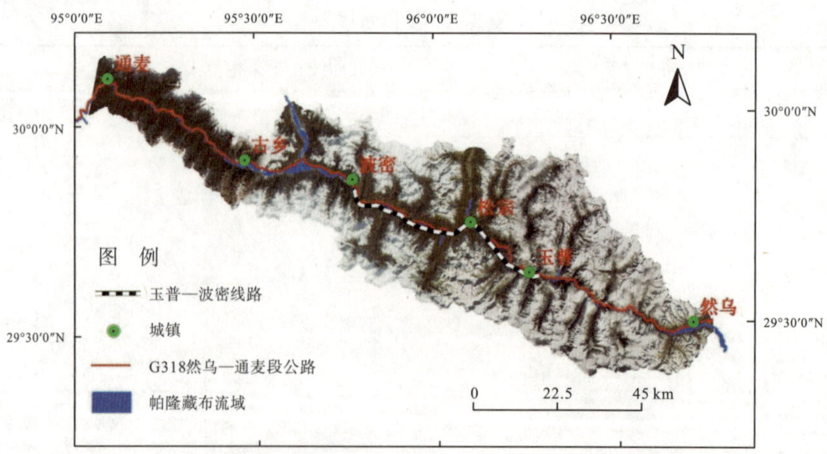


图 5-32 帕隆藏布流域玉普—波密线路平面示意图

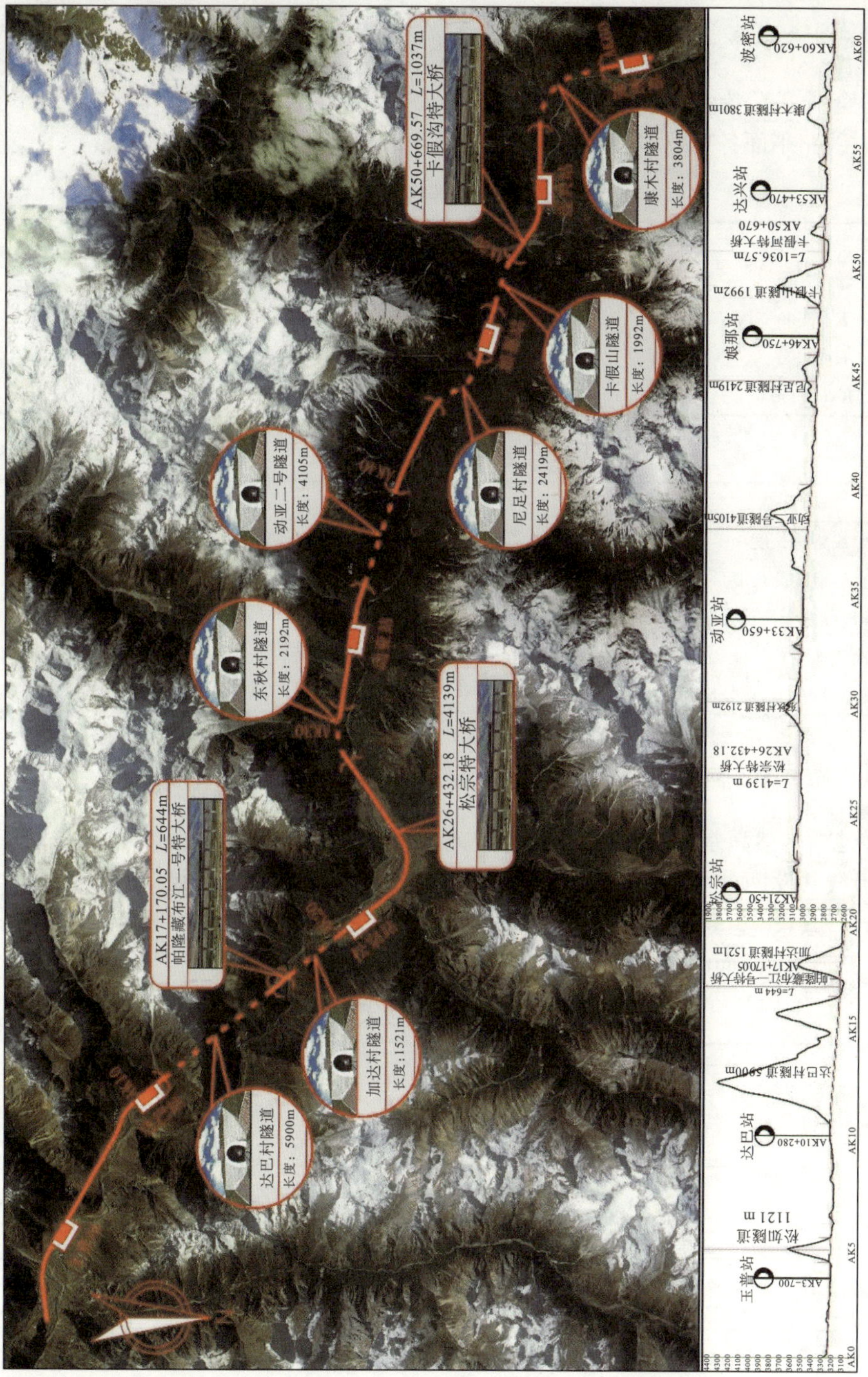


图 5-33　王普—波密段研究方案线路平纵断面示意图

## 2. 线路方案合理性分析

### 1)平面方案分析

本段全长 61.4km，共设曲线 12 个，曲线长度共 16.695km，占线路长度的 26.38%。线路平面各项技术特征见表 5-8、表 5-9。

表 5-8 曲线半径分布表

| 曲线半径/m | 个数 | 长度/km | 占线路长/% |
|---|---|---|---|
| $R<2000$ | 8 | 10.051 | 16.37 |
| $2000\leqslant R<2500$ | 3 | 4.753 | 7.74 |
| $2500\leqslant R<5000$ | 0 | 0 | 0 |
| $5000\leqslant R<10000$ | 1 | 1.891 | 3.07 |

表 5-9 线路平面技术特征表

| 项目 | 单位 | 数量 |
|---|---|---|
| 线路总长度 | km | 61.4 |
| 直线地段总长度 | km | 44.71 |
| 直线地段占全长百分比 | % | 72.8 |
| 曲线地段总长度 | km | 16.69 |
| 曲线地段占全长百分比 | % | 27.2 |

### 2)纵断面方案分析

本段地面自然高差约 494m，线路上行方向拔起高度约 788m，下行方向拔起高度约 294m，沿线共设两处坡度为 20‰的紧坡，长约 3.87km。本段共设 3 座特大桥，全长 5819.28m。共设 12 处隧道，全长 27773.7m。全线桥隧合计 34220.6m，桥隧比例为 55.73%，线路纵断面的技术特征见表 5-10。

表 5-10 线路纵断面技术特征表

| 项目 | | 单位 | 数量 |
|---|---|---|---|
| 拔起高度 | 上行 | m | 788 |
| | 下行 | m | 294 |
| 最大坡度地段 | 线路长度 | km | 1.87 |
| | 占全长百分比 | % | 3.04 |
| 紧坡地段 | 段落及总长度 | 处-km | 2-3.87 |
| | 占全长百分比 | % | 6.3 |
| 桥梁 | 特大桥 | 座-延长米 | 3-5819.28 |
| | 大桥 | 座-延长米 | 3-627.62 |
| | 合计 | m | 6446.9 |
| | 桥梁所占比例 | % | 10.5 |

续表

| 项目 | | 单位 | 数量 |
|---|---|---|---|
| 隧道 | $L<1000$m | 座-延长米 | 2-957.16 |
| | $L>1000$m | 座-延长米 | 10-26816.54 |
| | 合计 | m | 27773.7 |
| | 隧道所占比例 | % | 45.23 |
| 桥隧合计 | | m | 34220.6 |
| 桥隧比例 | | % | 55.73 |

3)冰碛台地布线方案减灾效应分析

从表 5-8~表 5-10 可以看出，本段地面自然高差约 370m，线路上行方向拔起高度约 388m，下行方向拔起高度约 20.8m，沿线共设四处坡度为 20‰的紧坡，长约 10.1km。可见利用冰碛台地布线的方案虽然较以往走低阶地的方案线位较高，但是能基本适应地形，是桥隧比例相对较低的合理方案。现将设计线位与帕隆藏布主河河床的高程对比，如图 5-34 所示。

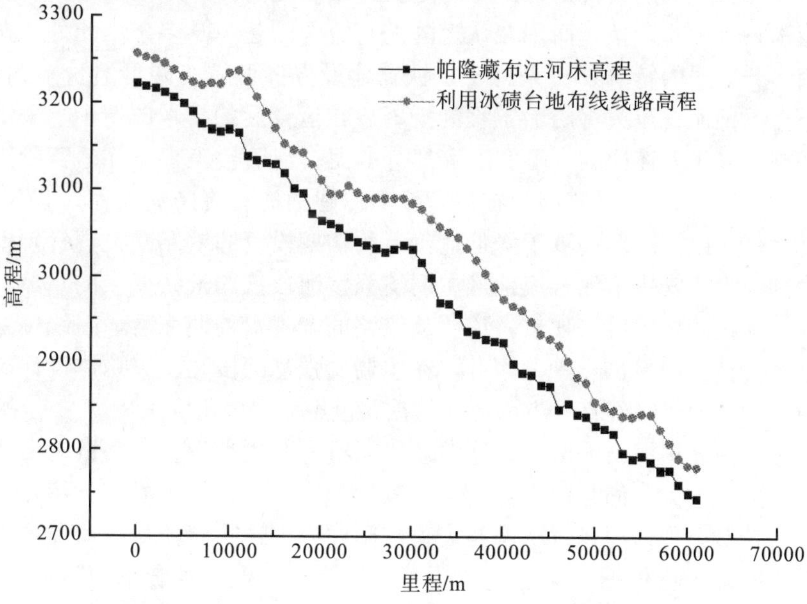


图 5-34　松宗—波密段线路与河床高程对比图

从图 5-34 可以看出，该段线位高程高于主河平均达 40m，线路与河床高差最小段(尼足村附近)为 29.8m。由于帕隆藏布属于冲刷下切的河流，在铁路 100 年使用期内，河床高度只会继续降低，线位与河床高程差将增大，按照前述泥石流堵河壅水高度不大于 25m 的判据，现有线位既能满足泥石流堵河壅水高度的约束条件，在工程技术经济方面又相对合理。表明在帕隆藏布流域利用山麓地带的冰碛台地布线，可控制泥石流堵河风险，使高程绕避策略具有可操作性。

## 5.6 总结

鉴于泥石流地区的铁路选线已有较多论著，尤其是对重点泥石流沟的治理，已有较丰富的经验。因此，本章的重点放在泥石流密集分布区段铁路选线与减灾总体设计方面。

泥石流地区的选线问题，不仅要研究用什么方式在什么部位通过每一条泥石流沟，更重要的是要结合泥石流地区的特点解决整个地段合理定线布站问题。这就需要综合整段内的泥石流、其他不良地质和水文现象、巨大工程以及车站布设等相互联系又相互制约的因素进行分析比较，从而对整个区域的选线方案作出正确的决策，对此问题的处理以往只能凭工程师的经验和判断能力进行。为了对泥石流地区选线各因素之间的相互关系、决策推理的层次及过程有一个相对规范化、系统化的模式，本章应用结构模型解析法建立了确定选线主要因素多级递阶结构的方法，不仅为泥石流地区铁路空间位置定线的决策过程提供了相对规范化的推理程序，也希望为铁路选线定量化决策技术的发展有所裨益。

我国铁路网中的长大干线，很大一部分是在 20 世纪 50～60 年代建成的，限于当时对泥石流灾害的认识和勘察技术水平的限制，泥石流问题在新线建设阶段未能得到很好处理，使得大部分的地质灾害是在施工和运营阶段发现的。如成昆铁路勘测设计阶段确定的泥石流沟只有 100 余条，而现在认定的泥石流沟已达 300 多条；此外，在当时国民经济底子尚十分薄弱的特殊历史条件下，铁路建设方针偏重于降低造价节约初期投资，这样有时不得不把泥石流灾害防治工程的投资放在运营后的技术改造中，采用分期加强方案逐步实施。基于上述原因，事实上大部分的泥石流防治工程是在运营阶段逐步实施完成的。如 21 世纪以前，铁路部门在运营线上修建的泥石流防灾工程计有 800 处以上，投资累计达 3 亿元以上。但偏重于降低造价节约初期投资的铁路建设方针，也可能在经济上并不合理。为此安排了泥石流地区主弱支强型河段铁路选线要点的章节，以东川铁路支线老线、新线的技术经济比较，说明从线路的全生命周期来看，高线位方案(新线)在安全性和经济性上都更加合理。因此，在主弱支强型河段，减灾总体设计应是首先考虑高程绕避方案，而且在经济性方面也应从铁路全生命周期角度来考量。

藏东南地区由冰川泥石流堵江、冰湖溃决泥石流两大类沟谷灾害链对沿线的公路及重大工程威胁危害巨大，而且沟谷灾害链的发生频率高于地震的发生频率，一般重现期为十年尺度。针对此种情况，对于沟谷灾害链问题应在选线阶段尽量避免沟谷灾害链风险，主要采用的方法是根据沿线前进的线路采用绕避方案，或者采用隧道通过。此外，考虑沟谷灾害链干流水位大幅度提高，在峡谷段需大段落采用高线位方案，以规避干流中发生的超常水害，这是非传统的做法。但一般线位越高投资越大，因此如何在较高部位选出可控制工程投资的有利地形带，就成为高程绕避减灾策略得以实施的技术关键。帕隆藏布流域冰碛台地横坡平坦，沿河呈相对连续带状分布，且冰碛物作为铁路地基具有良好的工程性质。从工程角度利用冰碛台地布线是可行方案，从防灾角度其线位高程又能满足高于泥石流堵河壅水高度的控制条件。因此，在帕隆藏布流域利用山麓地带的冰碛台地布线，成为沟谷灾害链危害严重路段实施高程绕避策略的良好案例。

# 参 考 文 献

包黎明，王应铭，龙锦永等．2006．铁路路基设计规范．北京：中国铁道出版社．

陈德明，王兆印，何耘．2002．泥石流入汇对河流影响的实验研究．泥沙研究，6(3)：22-28．

陈光曦，王继康，王林海．1983．泥石流防治．北京：中国铁道出版社．

陈宁生，陈瑞．2002．培龙沟泥石流及其堵江可能性探讨．山地学报，20(6)：738-742．

陈宁生等．2011．泥石流勘察技术．北京：科学出版社．

陈兴长，崔鹏，裴来政等．2010．溪洛渡坝区下游癞子沟泥石流发育特征及堵江可能性分析．灾害学，25(1)：45-49．

程尊兰，党超，刘晶晶等．2007．藏东南部泥石流堵河实验研究．地学前缘，(11)：181-186．

党超，程尊兰，刘晶晶．2009．泥石流堵塞主河条件．山地学报，(9)：557-563．

邓起东，张裕明，环文林等．1980．中国地震烈度区划图编制的原则和方法．地震学报，2(1)：90-110．

杜翠．2015．高寒、强震山区沟谷灾害链判据与线路工程减灾对策．成都：西南交通大学博士学位论文．

杜翠，姚令侃，杨运林等．2012．基于动力学与物质条件的泥石流阻塞大河综合判据．水利学报，43(增刊 2)：128-132．

杜榕桓，章书成．1985．西藏古乡沟 1953 年特大冰川泥石流剖析．中国科学院兰州冰川冻土研究所集刊，第四号(泥石流研究专辑)．北京：科学出版社．

杜寅堂，柳世辉，王齐荣等．2006．铁路设计规范．北京：中国计划出版社．

顾淦臣．2000．国外冰碛土心墙高土石坝的管涌事故——兼论瀑布沟土石坝心墙材料的选择．水电站设计，16(2)：47-52．

郭国和．2009．川藏公路南线泥石流堵塞坝溃决机理与洪水特征研究．重庆：重庆交通大学硕士学位论文．

郭志学，曹叔尤，刘兴年等．2004．泥石流堵江影响因素实验研究．水力学报，(11)：39-45．

国家防汛抗旱总指挥部办公室，中国科学院水利部成都山地灾害与环境研究所．1994．山洪泥石流滑坡灾害及防治．北京：科学出版社．

何易平．2003．泥石流对山区河流河床演变的影响．北京：中国科学院博士学位论文．

何易平，胡凯衡，韦方强等．2001．川藏公路帕隆藏布流域段泥石流活动特征．水土保持学报，15(3)：76-80．

黄翔超．2012．汶川震区典型泥石流堵江可能性分析．成都：成都理工大学硕士学位论文．

黄翔超，常鸣，赵学宏．2011．水磨沟泥石流基本特征及堵江可能性分析．南水北调与水利科技，9(6)：127-132．

康志成，李焯芬，马蔼乃等．2004．中国泥石流研究．北京：科学出版社．

李耀方．1992．东川铁路支线勘测设计的回顾．路基工程，(6)：1-5．

梁光模，程尊兰．2001．西藏公路水毁研究．成都：四川科学技术出版社．

刘翠容，姚令侃．2012．泥石流堵塞大河的特点及异岸受灾判据研究．四川大学学报(工程科学版)，44(5)：93-100．

刘伟．2006．西藏典型冰湖溃决型泥石流的初步研究．水文地质工程地质，(3)：89-90．

鲁安新，邓晓峰，赵尚学等．2006．2005 年西藏波密古乡沟泥石流暴发成因分析．冰川冻土，28(6)：956-960．

陆建明. 2011. 粗颗粒土抗剪强度影响因数分析. 山西建筑，37(17)：79-80.
吕儒仁，唐邦兴，朱平一. 1999. 西藏泥石流与环境. 成都：成都科技大学出版社.
罗德富，毛济周. 1995. 川藏公路南线(西藏境内)山地灾害及防治对策. 北京：科学出版社.
马东涛，石玉成. 1996. 试论地震在泥石流形成中的作用. 西北地震学报，18(4)：38-42.
马泽平. 2013. 川藏交通廊道冰碛物工程性质研究. 成都：西南交通大学硕士学位论文.
尼玛卓玛. 2005. 川藏公路沿线古冰碛区大型滑坡治理. 中国公路，(16)：97-99.
屈智炯，刘开明，肖晓军等. 1992. 冰碛土微观结构、应力应变特性及其模型研究. 岩土工程学报，14(6)：19-27.
沈寿长，谭炳炎. 1984. 铁路泥石流灾害概况及研究方向. 铁道工程学报，(1)：74-79.
沈寿长，谭炳炎. 1991. 泥石流防治理论与实践(第2集). 成都：西南交通大学出版社.
施雅风，杨宗辉，谢自楚等. 1964. 西藏古乡地区的冰川泥石流. 科学通报，(6)：542-544.
谭炳炎. 1991. 中国铁路沿线泥石流病害及防灾技术综述. 泥石流防治理论与实践，(2)：204-212.
唐川，黄润秋，黄达等. 2006. 金沙江美姑河牛牛坝水电站库区泥石流对工程影响分析. 工程地质学报，14(2)：145-151.
唐川，李为乐，丁军等. 2011. 汶川震区映秀镇“8·14”特大泥石流灾害调查. 地球科学——中国地质大学学报，36(1)：172-180.
田连权. 1995. 西南山地灾链的区域分异. 山地研究(现山地学报)，13(2)：116-120.
田连权，张信宝，吴积善. 1981. 试论泥石流的形成过程，泥石流论文集(1). 北京：科学技术文献出版社：54-57.
王继康. 1986. 东川铁路支线泥石流灾害简介. 铁道工程学报，3(4)：144-147.
王文濬，章书成，王家义等. 1985. 西藏古乡沟冰川泥石流特征. 中国科学院兰州冰川冻土研究所集刊第4号(中国泥石流研究专辑). 北京：科学出版社：98-123.
韦方强，谢洪，Lopez J L，Perez D. 2000. 委内瑞拉1999年特大泥石流灾害. 山地学报，18(6)：580-582.
西藏自治区国土资源厅地质环境处，四川地勘局101地质工程队. 2002. 西藏林芝地区波密县地质灾害调查与区划报告. 8-25.
肖晓军，屈智炯. 1988. 高低压力下冰碛土的应力-应变特性. 成都科技大学学报，4：7-12.
徐永年，匡尚富，黄永键等. 2002. 泥石流入汇的危险性判别指标. 自然灾害学报，11(3)：33-38.
姚令侃. 1994. 泥石流地区铁路选线辅助决策系统的研究. 成都：西南交通大学博士学位论文.
姚令侃，邱燕玲，魏永幸. 2012. 青藏高原东缘进藏高等级道路面临的挑战. 西南交通大学学报，47(5)：719-734.
余忠水，德庆卓嘎，马艳鲜等. 2009. 西藏波密天摩沟“9·4”特大泥石流形成的气象条件. 山地学报，1：82-87.
喻林青，蔡庆娥. 2007. 冰碛物滑坡中的锚固工程实验. 山地学报，25(1)：99-102.
张斌，屈智炯. 1991. 冰碛土的应力-应变-强度特性的研究. 成都科技大学学报，3：29-34.
张金山，谢洪. 2008. 岷江上游泥石流堵河可能性的经验公式判别. 长江流域资源与环境，17(4)：651-655.
张金山，沈兴菊，谢洪. 2007. 泥石流堵河影响因素研究——以岷江上游为例. 灾害学，22(2)：82-86.
中国科学院成都山地灾害与环境研究所. 1989. 泥石流研究与防治. 成都：四川科技出版社.
中国科学院成都山地灾害与环境研究所. 2000. 中国泥石流. 北京：商务印书馆.
中国科学院成都山地灾害与环境研究所，西藏自治区交通科学研究所. 1999. 川藏公路典型山地灾害研究. 成都：成都科技大学出版社.

中国科学院青藏高原综合考察队. 1983. 西藏地貌. 北京：科学出版社.

中国科学院青藏高原综合考察队. 1986. 西藏冰川. 北京：科学出版社.

中国科学院青藏高原综合科学考察队. 1981. 西藏水利. 北京：科学出版社.

周必凡，李德基，罗德富等. 1991. 泥石流防治指南. 北京：科学出版社.

朱平一，程尊兰，游勇. 2000. 川藏公路培龙沟泥石流输砂堵江成因探讨. 自然灾害学报，9(1)：80-83.

朱平一，何子文，汪阳春等. 1999. 川藏公路典型山地灾害研究. 成都：成都科技大学出版社.

庄建琦，葛永刚，陈兴长. 2012. 震后都汶公路沿线泥石流沟堵江危险性评估. 工程地质学报，20(2)：195-204.

Leonov M P. 1990. Causes and character of movements of the loamy sand moraine in the foundation of the Plyavinyas hydroelectric station powerhouse. Power Technology and Engineering，23(11)：657-660.

Zhang J S，Shen X J. 2011. Discriminance of the possibility of debris-flow blocked the main river by grey correlation degree-A case strudy on the upper reaches of the min river. International Conference on Management and Service Science，MASS 2011.

# 第 6 章　岩溶地区选线

岩溶又称喀斯特(Karst)，是指可溶性岩石(碳酸盐岩、石膏、岩盐、钙质胶结的砾岩等)在水的溶蚀和侵蚀作用下，产生的各种地质作用、现象和形态的总称。在交通等基础设施建设大发展的今天，由于岩溶及岩溶水发育的不均匀性决定了工程勘察难于彻底查清、施工运营容易出现各种工程问题和环境问题，乃至造成各种灾害，有必要研究岩溶地区发育特征、致灾成因机理、减灾选线技术等问题，达到减少工程灾害的目的。

## 6.1　岩溶及其危害

### 6.1.1　岩溶形态特征及类型

岩溶形态分为地表和地下两大类别。地表岩溶形态主要有溶蚀洼地、漏斗、落水洞、溶沟、溶槽、干谷、盲谷、石芽、峰林、峰丛等。地下岩溶形态主要有溶洞、溶腔、溶隙，溶洞按照充填物情况分为空溶洞、充填(半充填)溶洞，并划分为充水与干溶洞；当溶洞位于地表水径流转化为地下水的径路上、存在常流水时则成为暗河。溶洞内的钟乳石、钙华、石笋、石柱、石幔等时常形成壮观、绚丽的溶洞景观。

从工程出发，岩溶按其埋藏条件分为裸露型岩溶、覆盖型岩溶、埋藏型岩溶。裸露型岩溶最为常见，覆盖型岩溶和埋藏型岩溶更难查清，更容易出现工程问题和环境问题。

### 6.1.2　岩溶发育的基本条件

岩溶的发生、发展必须具备一定的条件。虽然这些条件是多方面的，但其中主要的是：具有可溶性岩石；具溶蚀能力和流量足够的水；地下水有下渗、流动的途径。前者属岩性问题，后两者主要决定于水文地质条件与构造条件。因此，地层岩性、地质构造、地下水运动等决定了岩溶发育的基本特征。

### 6.1.3　岩溶发育的一般规律

1. 岩溶与岩性的关系

我国西南山区的可溶岩大多为碳酸盐类岩系。从碳酸盐岩的结构来说，一般晶粒越粗大，岩石的空隙越大，吸水率越高，抗侵蚀能力越弱，溶解度越大，溶蚀越快，岩溶发育也就越强烈。质纯层厚的岩层，岩溶发育强烈，且形态齐全、规模较大；含泥质或其他杂质的岩层岩溶发展较弱。薄层碳酸盐岩地层，岩溶化程度较弱。一般情况下，岩溶化程度最强的为灰岩，其次为白云质灰岩和白云岩，再次为泥质灰岩。如川黔铁路下二叠统茅口组灰岩质纯层厚岩溶发育极强，中三叠统青岩组上部、下部灰岩及白云质灰岩岩溶发育强烈，中三叠统青岩组中部泥质灰岩岩溶发育微弱。

## 2. 岩溶与地质构造的关系

地质构造对岩溶发育的关系极为密切。实践表明，它不仅控制着岩溶发育的方向，而且还影响着岩溶发育的规模和大小(铁道部第二勘测设计院，1984)。

岩层产状为水平或缓倾时，地下水以水平运动为主，岩溶形态主要是水平溶洞。岩层倾斜较陡时，地表水多沿层理下渗，地下水运动较强烈，岩溶发育方向主要受层面的控制。对于单斜地层来说，岩溶一般顺层发育，且倾角陡的比倾角缓的相对发育。

断裂构造为地下水活动和岩溶作用提供了极为有利的条件，岩溶常沿着断裂破碎带发育，地表溶蚀洼地、漏斗、落水洞常成带状分布，地下溶洞比较多，规模比较大，有的发育成地下岩溶大厅或暗河。如大巴山隧道刘家坡断层发育三个大溶洞，有的溶洞长达 300m 以上，深度可达 80m。一般情况下，张性断层附近的岩溶发育程度较强，而压性断层附近的岩溶发育程度相对较弱。

在褶皱发育地区，因背斜轴部张性节理发育，在地形上往往处于山区分水岭地段，雨水和地表水顺节理下渗作垂直运动，并向两翼或沿断层方向运动，岩溶的形态以垂直方向为主。而在向斜轴部，虽然裂隙多呈闭合状态，但地下水多汇集于此，常发育暗河，所以岩溶亦较发育。

当可溶岩与非可溶岩接触时，其接触面是岩溶水动力现象最活跃的场所，岩溶作用强烈，常在这些接触面附近形成一系列的漏斗、落水洞、岩溶泉等岩溶现象。如大巴山隧道北段地区大量岩溶泉沿灰岩与砂页岩接触带出露。

## 3. 岩溶及岩溶水的垂直分带性

岩溶及岩溶水动力剖面分带的划分，对指导铁路选线、预测隧道涌水量以及如何确定相应的工程措施等，具有重要的理论意义与实用价值。岩溶发育的垂直分带性取决于可溶岩地区水文地质的垂直分带。一般在岩性单一的可溶岩中，地下水具有四个垂直分带(图 6-1 和表 6-1)(铁道部第一勘测设计院，1999)。

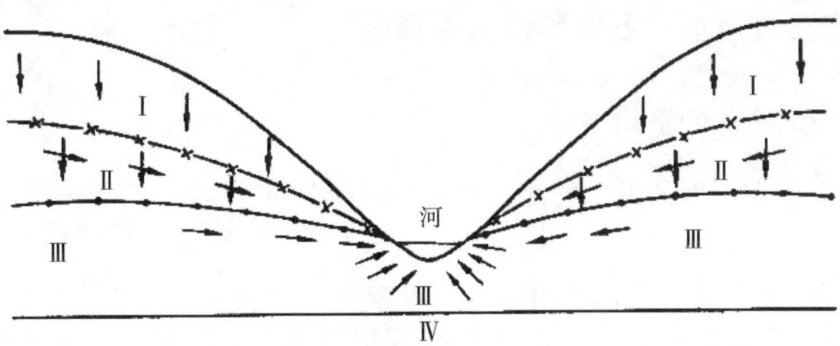


图 6-1　各垂直带内地下水流动条件图

Ⅰ. 垂直渗流带；Ⅱ. 季节交替带；Ⅲ. 水平径流带；Ⅳ. 深部缓流带

表 6-1　地下水垂直分带特征表

| 分带 | 特征 |
| --- | --- |
| 垂直渗流带（包气带） | 为临时性地下水运动带，以垂直运动为主。地表水通过裂隙垂直向下运动。此带厚度决定于地形及水文地质等条件。切割微弱地区，厚度数米至百米左右；山区一般为数百米 |
| 季节交替带（季节变动带） | 地下水运动随季节变化。呈周期性交替，旱季时地下水位降低，为垂直运动；雨季时地下水位升高，为水平运动，厚度变化无常，达数十米或仅数米 |
| 水平径流带（完全饱和带） | 本带为地下水最低水位以下的地带，分布较深，包括河床下水流区及谷底减压区，地下水向具侵蚀基准面作用的河谷方向流动，有的具承压性 |
| 深部缓流带（深循环带） | 此带水的流动方向不受当地水文网的直接影响，受地质构造决定，地下水不向河流排泄而向远处排泄，地下水交替缓慢 |

对应于地下水在可溶岩中的垂直分带，岩溶发育垂直分带特点如下：

(1)在地表，溶岩受地表径流的影响，岩溶形态以溶沟、溶槽、石芽等为主。

(2)在垂直渗流带，地下水以垂直运动为主，岩溶形态以漏斗、落水洞、竖井等为主，如有上层滞水发育，局部也可能形成水平溶洞。

(3)在季节交替带，地下水的运动随季节变动，呈周期性的升降变化。当水位升降变化剧烈时，地下水以垂直运动为主；水位变化不大时，则以水平运动为主。在此带中岩溶发育最强烈，常形成复杂的大型溶洞、暗河、地下湖等。

(4)在水平径流带，地下水的运动也相当强烈，常沿裂隙及层面发育大量水平和倾斜的溶洞，构成互相连通的地下通道。

(5)在深部缓流带，地下水运动相对较缓慢，它的流动方向不受当地水文网排水作用的直接影响，一般受地质构造、岩层结构等因素控制，此带中岩溶一般不发育，往往只有小溶洞及溶孔等。但当条件适宜时，如深部岩溶水具承压性质；深部承压水含较多的游离 $CO_2$；深部岩溶水水温较高；深部岩溶水流经碳质页岩、煤层、含硫化物的岩层时；深部淡水与盐水相混合或冷热水相混合等，在很深的地下仍能形成相当规模的溶洞。应特别注意的是：由于工程位置多高于大的河流即区域(当地)侵蚀基准面，因此，工程基本涉及的是前三带，特别是由于地壳的升降运动，即使在大地、区域(当地)侵蚀基准面以下一定深度，岩溶亦可能发育，这在长江流域较为突出，因此，对于工程是否位于深部滞留带应该慎重决策。

### 6.1.4　岩溶及岩溶水的不均匀性与难预测性

1. 山区岩溶及岩溶水的不均匀性

众所周知，岩溶发育的不均匀性是岩溶地区存在的普遍现象。岩溶发育不均匀性的强度和特点，主要受控制岩溶发育因素的组合关系、变化而定，也就是说，岩溶发育的不均匀性，是由地层岩性、地质构造、地下水运动、地形地貌等因素的组合关系以及它们的演化过程决定的。

我国西南地区多属构造剥蚀山地，在地壳运动中处于剧烈上升或相对稳定状态。地质构造复杂，断层、褶皱发育，并且褶皱中常发育断层；由于地层条件控制，山区大多由碳酸盐岩层与非碳酸盐岩岩层呈互层状产出。非碳酸盐岩岩层为相对隔水层，迫使碳酸盐岩岩层中的岩溶水沿褶皱轴向或断层方向作纵向运动。因此，山区岩溶及岩溶水发育极不均匀，常成带状分布。

如前所述，岩溶及岩溶水在垂直方向上存在分带性，这本身就表明了岩溶及岩溶水在垂直方向上是不均匀的。构造剥蚀山区沟谷河流发育，在同一区域存在多条河流，而岩溶水总是力争与其区内主要河流的侵蚀基准面相适应，在岩溶水系统演变过程中存在袭夺现象(图 6-2)。从岩溶水系统袭夺演变过程，可看出山区岩溶及岩溶水发育极不均匀。

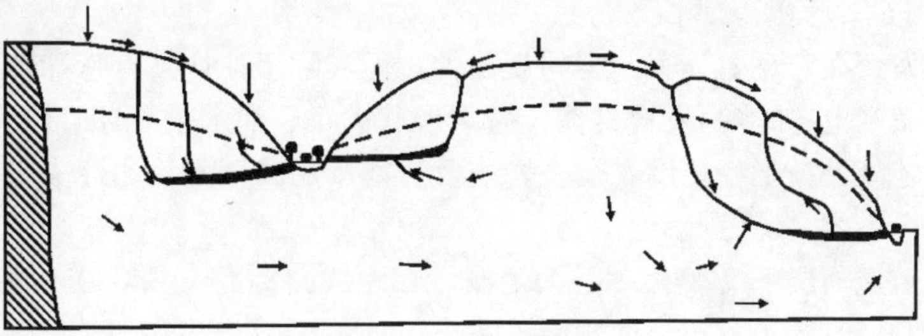

(a)岩溶发育初期

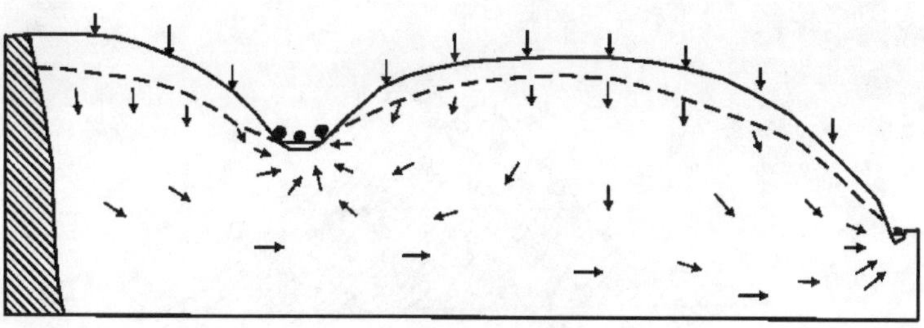

(b)局部岩溶水系统发育阶段

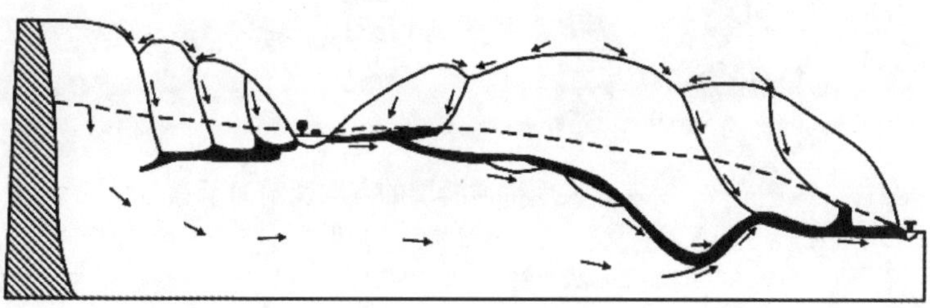

(c)岩溶水系统的袭夺

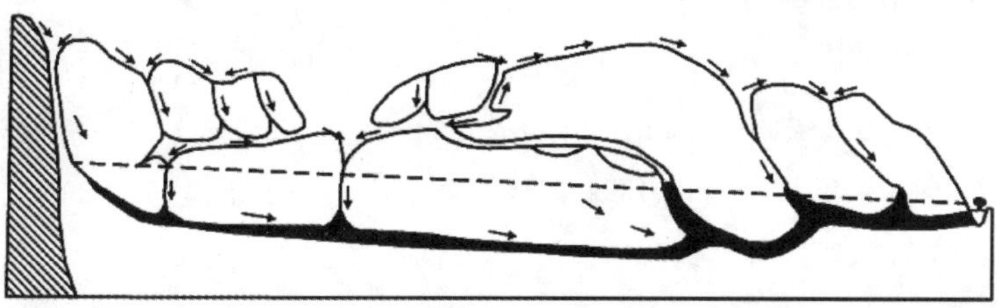

(d)统一地下河系的形成

图 6-2　岩溶水系统袭夺演变过程模式图

岩溶历史的演化与地壳运动关系密切。当地壳上升，侵蚀基准面下降时，岩溶水在适应侵蚀基准面的过程中剧烈下切，形成垂直岩溶系统；当地壳处于相对稳定状态时，岩溶水则作水平方向运动，形成水平岩溶系统；当地壳处于间歇性上升时，相应地出现了垂直岩溶系统与水平岩溶系统断续地相互交替的现象。例如，在河谷斜坡上常出现有不同高程的水平溶洞层。这说明山区岩溶演化历史存在阶段性，某一个部位某一时期岩溶极为发育，多为水平岩溶系统；某一时期岩溶发育相对较弱，岩溶多为垂直岩溶系统，这决定了岩溶无论在形态上，还是在规模上，在整个地质剖面中都是不均匀的。

2. 山区岩溶及岩溶水的难预测性

虽然岩溶发育在宏观上具有一定的规律性，但实际上往往具有特殊性。在实际工程建设中需要从微观上(如溶洞发育具体位置、形状大小、涌水量等)准确预测岩溶及岩溶水发育情况，才能保证工程建设安全。岩溶及岩溶水的高度不均匀性决定了准确预测岩溶具体情况十分不容易。

天生桥隧道逆断层下盘发育一巨大溶洞，在距线路标高下约 300m 处还发育著名的天生桥暗河(图 6-3)(铁道部第二勘测设计院，1984)。这违背了一般情况下张性断层附近的岩溶发育程度较强，而压性断层附近的岩溶发育程度相对较弱的一般规律，说明天生桥岩溶发育受多因素控制，具有一定的特殊性。

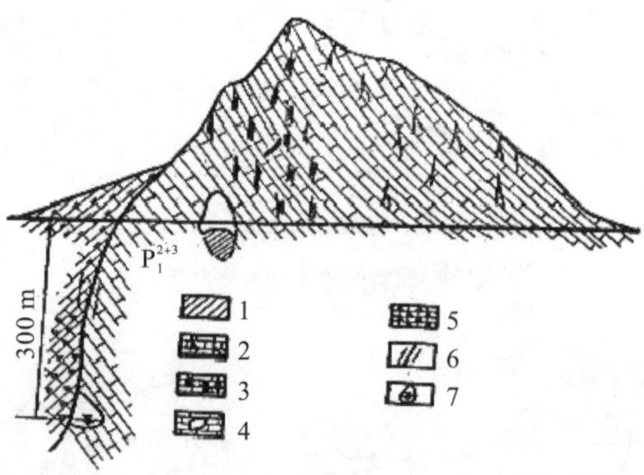


图 6-3　发育于天生桥逆断层的溶洞及暗河示意图

1. 黏土；2. 具裂隙状灰岩；3. 具溶蚀充填状灰岩；4. 具有洞穴的灰岩；
5. 角砾状灰岩；6. 逆断层；7. 暗河

### 6.1.5　山区岩溶的危害

新中国成立以来，岩溶山区已建成了许多铁路、公路，运行状况一直良好，并在国民经济建设中发挥了巨大作用。但是，由于铁路、公路所经地区，山高水深，岩溶地质十分复杂，因而在施工及运行中也出现了不少岩溶工程地质问题。下面就山区岩溶对工程及环境的危害进行叙述。

1. 岩溶及岩溶水对隧道工程的危害

岩溶隧道主要地质灾害可分为岩溶溶洞、突水突泥、地表塌陷及地表水源枯竭，以及充填黏土、黏土夹块石岩溶地段的围岩变形破坏等，隧道岩溶危害问题归纳起来就是岩溶水、溶洞和其充填物的问题，岩溶对隧道工程的危害如图 6-4 所示。

- 岩溶对隧道工程的影响
  - 岩溶突水涌泥
    - 诱发工程灾害与人员伤亡
    - 引起地表塌陷和沉陷
    - 造成水资源减少与枯竭
    - 土地资源恶化
    - 地质环境恶化
    - 水质污染
  - 洞穴堆积物
    - 堆积物塌陷，造成工程伤害
    - 堆积物下沉，造成结构物破损
  - 岩溶洞穴
    - 洞穴使隧道悬空、降低隧道使用可靠度
    - 洞穴塌陷，破坏地表
    - 给隧道施工带来极大的困难

图 6-4　岩溶对隧道工程的危害图

1)岩溶洞穴对隧道工程的危害

在岩溶地区修建的隧道，由于洞穴的存在，使建筑物全部或部分悬空，降低了隧道的使用可靠度，给隧道后期运营带来巨大的影响。如天生桥隧道开挖至中部遇到长 90m、宽 120m、高约 120m(隧道底下的空间高度大于 50m，再下为块石堆积)的溶洞大厅，线路悬空(图 6-5)，曾做过高填方与桥跨方案比较，由于技术上的困难，且造价昂贵，施工不易，不得不在隧道内再加弯道，于右侧绕避(铁道部第二勘测设计院，1984)。

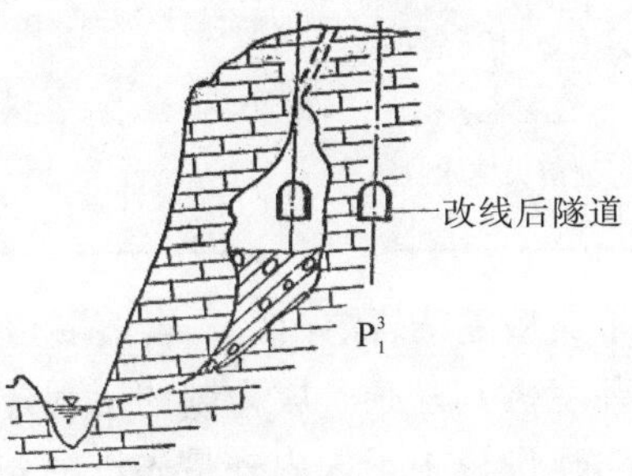


图 6-5　天生桥隧道溶洞大厅断面示意图

溶洞塌陷危害比较大，常常导致隧道停工，地表建筑物被毁坏，甚至造成人员伤亡。张花高速舒家湾隧道进口采用短台阶法已初期支护 70m(ZK27＋573～ZK27＋633)，继续向前掘进，掘进至 ZK27＋634，在隧道左侧边墙发现一大溶洞，随即发生塌方，直至地表，塌方数量近 $2700m^3$，造成两人受伤，隧道被迫停工将近一个月。

2)岩溶突水突泥对隧道工程的危害

岩溶隧道施工突水突泥是山区隧道建设中常见的地质灾害，国内外一百多年的隧道修建历史中，岩溶地区发生过许多严重的地质灾害，其中以涌水突泥(沙)最为常见，且危害性极大，给隧道建设造成了许多困难。

国外因岩溶问题而引起的隧道塌方、涌水、突泥等事故时有发生，如意大利和瑞士之间的勒奇山隧道因岩溶塌陷、涌水、突泥死亡 25 人(Lemmerer，1996；Zojer，1997)。

据王遇国(2010)报道，我国早期建成的长隧道(长度大于 3km)中，洞身穿过碳酸盐岩岩层的隧道占 41.27％，其中西南、中南地区占岩溶隧道的 65.38％，其他地区占

34.62%。在26座长隧道的修建过程中，几乎不同程度地遇到了恶劣地下水危害，其中发生过较大岩溶涌水灾害的有10座，占38.64%。而西南、中南地区的17座岩溶隧道中，有近50%的长隧道在施工和运营过程中发生过较大规模的岩溶涌水灾害(表6-2)。由此可见，隧道涌(突)水是岩溶隧道施工和运营过程中常见的一种施工地质灾害。例如，圆梁山隧道穿越毛坝向斜高水位富水区、冷水河浅埋段和桐麻岭背斜等复杂岩溶地段，发生多次涌水、突泥灾害，施工数次受阻，给各方面造成了严重的损失，耽误了工期。

**表6-2 部分早期建成岩溶隧道灾害表**

| 序号 | 隧道名称 | 危害原因 | 灾害情况 |
|---|---|---|---|
| 1 | 贵昆铁路岩脚隧道 | 溶洞及管道大突水 | 机具冲毁、人员伤亡 |
| 2 | 水柏铁路嘎多隧道 | 岩溶涌泥严重 | 地表开裂，裂缝宽30cm |
| 3 | 株六铁路新水花隧道 | 岩溶涌水 | 洞左侧100m以外的西坑村老屋区地面变形、开裂 |
| 4 | 衡广铁路南岭隧道 | 岩溶涌水、涌泥 | 地表稻田、井泉疏干，地面塌陷约65处，施工工期延长，使既有线下沉，断道6h |
| 5 | 京广铁路大瑶山隧道 | 岩溶涌水、涌泥 | 施工多次发生淹井事故，井水、泉水、水库枯竭，地表塌陷约413处，影响范围数平方公里，掩埋轨道，造成中断行车 |
| 6 | 渝怀铁路圆梁山隧道 | 岩溶多次突水突泥(最大30万$m^3/d$) | 机具冲毁、人员伤亡，影响施工 |
| 7 | 渝怀铁路歌乐山隧道 | 岩溶严重涌水 | 地表水塘、井泉疏干、水库漏水，地面塌陷，环境影响大 |
| 8 | 襄渝铁路大巴山隧道 | 岩溶突水、突泥(最大20万$m^3/d$) | 机械台车都被埋，施工被迫中断 |
| 9 | 内昆铁路新寨隧道 | 岩溶涌水 | 淹没隧道，对施工造成极大的影响，地表水塘、井泉疏干 |
| 10 | 华蓥山高速公路隧道 | 岩溶大突水(最大68万$m^3/d$) | 施工设备被冲毁，淹没淤塞隧道，造成停工等一系列损失 |

刚建成的宜万铁路穿越了典型复杂岩溶山区，岩溶隧道约占隧道总长的75.3%，岩溶强烈发育，岩溶、地下水环境极其复杂，成为制约工程建设的突出问题，如何处治是维系工程成败的关键。该铁路建设集中了国内外最先进的技术和设备，为了克服岩溶困难，施工单位一座隧道需要投资数千万元的设备。溶腔很可能在掌子面前方只露一角，数十个钻孔也难以准确探测岩溶洞穴形状，造成多次突水突泥灾害。据王遇国(2010)报道，野三关岩溶隧道日常涌水量达20万$m^3/d$，最大涌水量达15.1万$m^3/h$，历经88次突泥、突水考验，2007年8月5日发生突水突泥事故，造成52人被困，13人死亡；马鹿箐岩溶隧道全长7879m，曾经相继5次发生特大突水灾害，最大涌水量72万$m^3/h$，2006年1月21日突水，3人随隧道突水逃出洞外，11人死亡，2008年4月11日泄水洞突水造成4人死亡，一人失踪。由此可见，岩溶隧道建设一旦发生突水事故，就会带来严重损失。宜万铁路岩溶隧道重大灾害见表6-3。

**表6-3 宜万铁路岩溶隧道重大灾害表**

| 隧道名称 | 长度/m | 最大埋深/m | 岩溶、突水情况 | 重大灾害 |
|---|---|---|---|---|
| 马鹿箐隧道 | 7879 | 650 | 19次突泥突水，2006年遭遇5次罕见特大突水，最大涌水量72万$m^3/h$ | 2006年11人死亡，3人冲出洞口；2008年4人死亡，1人失踪 |
| 野三关隧道 | 13976 | 684 | 76处岩溶岩腔，88次突泥突水，最大涌水量达15.1万$m^3/h$ | 52人被困，11人死亡；泥沙与块石约5.4万$m^3$ |

续表

| 隧道名称 | 长度/m | 最大埋深/m | 岩溶、突水情况 | 重大灾害 |
|---|---|---|---|---|
| 大支坪隧道 | 8775 | 495 | 溶腔 82 个，大型岩溶、溶腔 26 个，大规模突水突泥 14 次，涌水量 36.3 万 $m^3$/d | 突泥 1.4 万 $m^3$，隧道 540m 范围全断面封死 |
| 云雾山隧道 | 6682 | 800 | 11 条断层、3 条地下暗河、76 处溶洞、溶腔，正常涌水 4.6 万 $m^3$/d，最大涌水量 17.2 万 $m^3$/d | Ⅰ线被淹 1000 多米、Ⅱ线被淹 400 多米 |
| 齐岳山隧道 | 10528 | 670 | 187 处大型岩溶管道、溶洞；22 处大型溶腔；18 次突水，最大涌水量 200 万 $m^3$/h | 4 级泵站，水泵 100 多台，排水管总长 25km，累计抽水 6300 万 $m^3$ |

3)洞穴堆积物对隧道工程的危害

洞穴堆积物因松软易坍塌下沉，极易造成施工人员伤亡和机械的损坏，洞穴堆积物坍塌下沉，还会改变洞穴周边的应力和位移分布形态，影响隧道结构的稳定。张花高速老庄隧道左线掘进至 ZK72+308，刚立完拱架，还没来得及喷射混凝土，随即大量的松土坍塌下来，在拱顶形成空洞，拱架被压断，掘进台车严重受损，所幸没有造成人员伤亡。

2. 岩溶对桥涵工程的危害

如果岩溶洞穴未处理到位，会造成基础悬空，或由于桩底下伏溶洞顶板过薄，因荷载过大而发生坍塌，引起桥墩破坏；洞穴填充物较低的承载力和较大的压缩量，可造成基础位移和沉降、桥墩倾斜等；钻孔施工岩溶桩基主要的病害有漏浆、塌孔、斜孔、弯孔、卡钻、混凝土流失、夹泥断桩、地面塌陷、沉渣过厚等，影响施工的正常进行。

岩溶地区的地表水与地下水关系极为密切，具有相互补给的特点，异于非岩溶地区，因而流量不易计算，发洪水时岩溶地表水容易冲刷、淹没桥涵。图 6-6 为贵昆铁路平坝羊昌河一带排除岩溶水害的情况。该处地层为三叠系石灰岩，河床溶蚀严重，河水、泉水受季节变化影响很大，雨季羊昌河河床地下水大量上冒，且汇水面积圈定过小，因此，原设计流量偏小。1960 年铁路建成后，在雨季，既有桥涵建筑物远远不能通过比设计大得多的流量，以致淹没大量农田，不得不炸毁路堤，排除洪涝，造成严重损失。事后增设了四处中、小桥，才解除了岩溶水害威胁(铁道部第二勘测设计院，1984)。

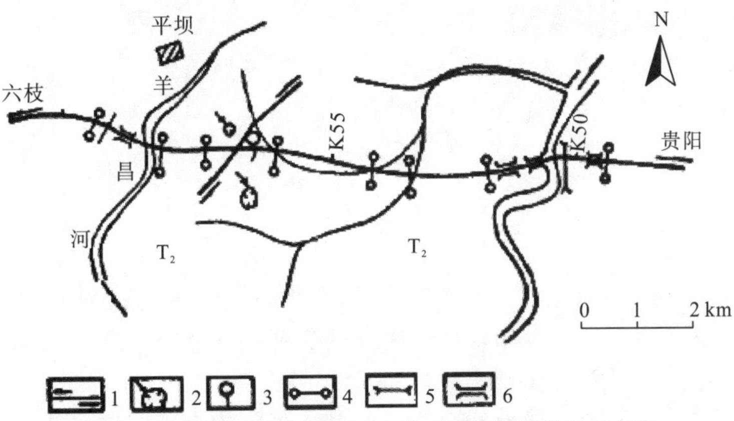


图 6-6　贵昆铁路平坝羊昌河一带建筑物平面分布示意图

1. 平移断层；2. 落水洞；3. 泉；4. 原建涵洞；5. 原建小桥；6. 新建中小桥

### 3. 岩溶对路基工程、车站的危害

岩溶对路基工程的危害主要表现为岩溶地面塌陷，另外岩溶洼地、落水洞等在雨季时成为涌水点，浸泡路基，引起下沉。溶沟溶槽、石芽易引起路基不均匀沉降。

根据统计(陈国亮，1994)，截至1989年2月，全国铁路沿线共发生岩溶塌陷376处，受害较重的有54处，这54处岩溶塌陷，多数是由沿线车站、城市、水源地抽取岩溶地下水诱发的，或者是由隧道施工排水诱发的。塌陷造成车站破坏、路基沉陷、桥涵开裂。云南省境内的贵昆铁路沿线自1965年建成通车以来，陆续发现岩溶地面塌陷。树舍变电所于1985年年初开挖场地，场地下为三叠系风化较深的长石石英砂岩，厚10～14m，其下为三叠系的白云质灰岩，岩溶甚发育，有一暗河潜伏于场地附近，如图6-7所示。场地开挖前未发生任何塌陷，开挖后两年雨季中产生10个塌陷坑，塌陷使基础悬空，并引起场地边坡坍滑。至1987年年底，贵昆铁路已发现塌陷117处。1976年7月7日在K606+475路段发生塌陷，塌陷坑长15m、宽6m、深5m，中断行车61小时40分；1979年9月1日在K534+0.24路段发生塌陷，塌陷坑长6m、宽2.5m、深3m，造成2502次列车颠覆，断道14小时25分。仅这两次塌陷造成的直接经济损失就达3000万元。

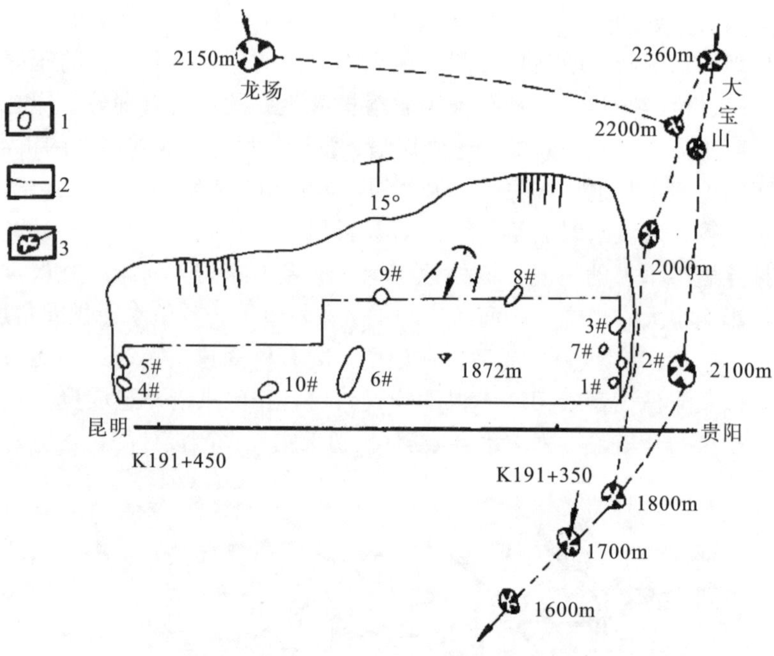


图6-7 树舍变电所岩溶塌陷平面示意图

1. 塌陷与编号；2. 场地基坑范围；3. 暗河

湘桂铁路屯里站—五合站，1990年3月28日16时40分，道中心突然发生直径1m、深1m的岩溶塌陷，当即被一少年发现，用红色塑料发出警告，4004列车紧急刹车，停在塌陷坑前，防止了一次列车颠覆事故。

浙赣铁路分宜车站，在距铁路线0.05～1.4km范围内有9个抽水井，使地下水水位降至6～30m，在铁路线附近发生80余处岩溶地面塌陷，翻车1次(王子江，1999)。

4. 岩溶及岩溶水对环境的危害

因工程建设造成环境破坏最为常见的是岩溶隧道大量涌水，疏干地下水和地表水，造成地面塌陷。

在岩溶地区修建隧道工程，溶洞、暗河、溶隙管道比较多，隧道开挖将不可避免地揭露充水围岩，疏排地下水。随着地下水不断地涌入隧道，地下水的储存量势必大量消耗，使降落(位)漏斗不断扩展，从而袭夺其影响范围内的补给增量，引起地下水渗流场和补排关系的明显变化，继而导致地表井泉干涸，河溪断流，直接影响当地工农业生产及人民的生活。隧道突水，尤其是岩溶和断裂带的突水，因其量大，影响范围极广。张花高速梅花隧道最大埋深 100m，全长 1000m，在隧道施工期间，碰到许多岩溶水的问题，由于采取以排为主的原则来治理岩溶水，导致大量水土流失，造成地表水库、水塘、井泉干枯，影响了居民和企业的生产、生活用水，且对森林生态环境造成了局部破坏，导致树木大量死亡。

隧道涌水突泥带走大量泥沙和溶洞内充填物，导致溶洞失稳，引起上覆松散土层内有效应力和水压力的改变，引起岩溶地面塌陷和地面沉降。大瑶山隧道在 ZK1994＋636～ZK1994＋637 处发生涌泥、涌沙，掩埋轨道，造成中断行车，塌陷坑约 413 处。衡广复线某隧道的涌水在地表范围出现 300 个塌洞和陷坑，给当地农田造成很大的破坏。

在岩溶地区，由于地表水直接进入地下水循环系统，因此，对岩溶地区的交通、水利等工程的建设，非常容易导致工程附近溶洞和地下水资源的污染与破坏，而且一旦破坏，将很难治理。隧道涌水造成的水质污染主要有两种方式：一是隧道大量涌水，疏干了充水围岩，加速了水交替的速度，利于氧化作用充分进行，从而促使地下水中某些金属元素(Fe、Cu、Pb、Zn 等)含量增加或 pH 发生显著变化；二是将受其他水体补给时被污染的或在隧道施工环境中被污染的地下水不经处理就直接排入周围环境，引起地表水和地下水二次污染。

## 6.2　岩溶致灾成因机理

### 6.2.1　岩溶致灾成因类型

岩溶对工程建设的危害种类繁多，按致灾成因可分为突水突泥致灾、改变水文地质条件致灾、基岩(溶洞)稳定性差致灾、工程设置不合理致灾四大类，其特征见表 6-4。

**表 6-4　岩溶致灾成因分类特征**

| 岩溶致灾成因类型 | 主要导因 | 主要灾害 |
|---|---|---|
| 突水突泥致灾 | 地下工程施工揭露溶洞、暗河等岩溶突然发生突水突泥；运营中多次涌水涌沙 | 淹没隧道、塌方、机毁人亡、疏干环境水、地面塌陷、建筑物开裂破坏 |
| 改变水文地质条件致灾 | 地下工程排水；地表抽水 | 地面塌陷、地面不均匀沉降，建筑物开裂破坏 |
| 基岩(溶洞)稳定性差致灾 | 溶洞围岩厚度不够或破碎；溶洞充填物软弱；溶沟、溶槽、石芽发育 | 岩溶塌陷(或塌方)、不均匀沉降，建筑物基础悬空、开裂破坏 |
| 工程设置不合理致灾 | 排水设施不合理、反坡施工 | 淹没隧道、机毁人亡 |

从既有工程因岩溶导致灾害的情况看，地下工程施工突水突泥最难预测、灾害程度高，同时将改变周围水文地质条件，发生二级灾害。下面仅就突水突泥致灾、改变水文地质条件致灾机理进行探讨。

## 6.2.2 突水突泥致灾机理

### 1. 岩溶隧道突水突泥致灾特点

根据王遇国(2010)的研究，岩溶隧道开挖施工，可能揭露岩溶构造(如溶腔、溶洞、溶管等)，岩溶突水调查结果显示，这些洞穴一般高压富水，并饱含各种泥、沙等充填物，给隧道开挖施工带来巨大的潜在威胁。一旦人为激活该岩溶构造，会发生威胁安全生产和人员生命的突水突泥事件。大量突水事件表明，通过提前释放水压，可以大大降低突水突泥的风险。对于反坡隧道，突水突泥极易造成隧道淹没，给人民的生命财产带来巨大损失，影响施工继续进行，如云雾山隧道突水。齐岳山隧道 629 溶腔、云雾山隧道 617 溶腔处理，由于是反坡隧道，都是在平导贯通后，对溶腔水进行排放处理。岩溶隧道突水突泥致灾具有如下特点：

(1)隧道开挖后防突层达不到防突安全厚度；

(2)岩溶高水压，致使岩溶防突岩层破坏，水量丰富，携沙能力强；

(3)丰富的岩溶充填物；

(4)隧道开挖施工的影响。

### 2. 防突岩层断裂破坏突水突泥机理

#### 1)防突岩层力学模型

根据王遇国(2010)的研究，岩溶隧道开挖施工中，当隧道在溶洞旁边通过时，易发生突水灾害，如图 6-8 所示。溶洞可能在隧道上方、下方、前方与侧面，隧道和溶洞之间存在防突岩层，若发生突水：当该岩层厚度较薄，水压较高的情况下，易失稳破坏，发生突水突泥；该岩层厚度足够，存在局部裂隙，水容易沿裂隙渗出，发生涌水；岩层厚度较大，不发生失稳，但存在较多裂隙，降低岩体强度，发生防突岩层断裂破坏突水。

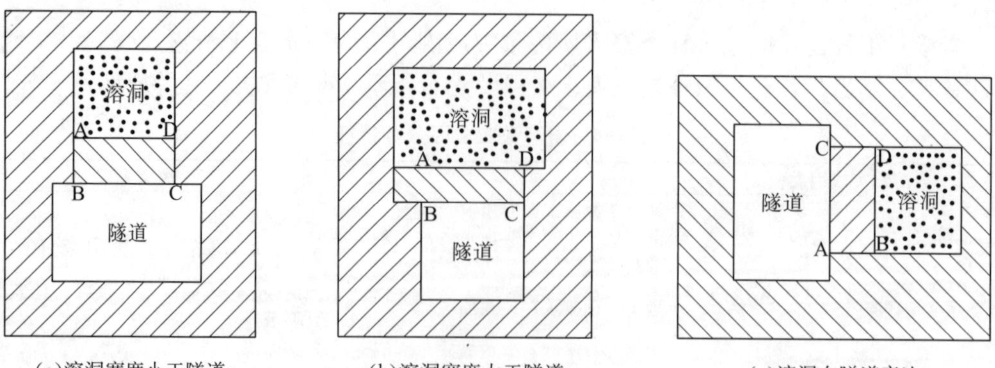


(a)溶洞宽度小于隧道　　(b)溶洞宽度大于隧道　　(c)溶洞在隧道旁边

图 6-8 溶洞与隧道关系图

将防突岩层受力简化为图 6-9 所示受力模型，该模型两端固定，溶洞侧受水压力作用，简化为作用在固支梁上的均布荷载 $q$，隧道侧无变形，简化为应变为零的两端固支梁。梁高 $h$ 为防突岩层的厚度，梁长 $l$ 为溶洞与隧道间防突岩层宽度。

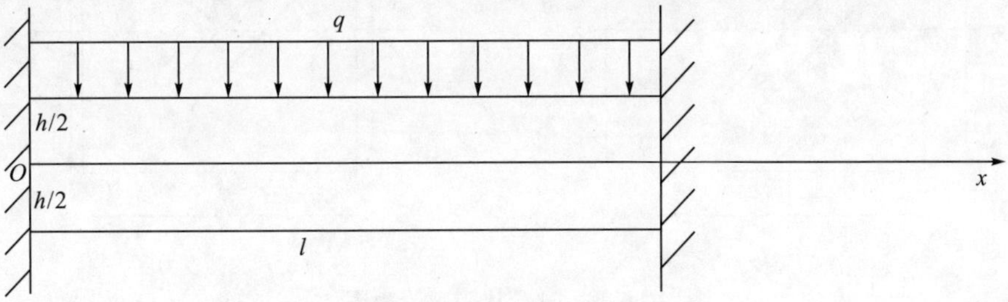


图 6-9　防突岩层受力模型

经简化、推导出防突岩层应力状态公式为

$$\begin{cases}\sigma_x = -\sigma_0 - \dfrac{q}{2J}\left(x^2 - lx + \dfrac{l^2}{6}\right)y + \dfrac{q}{24J}\left(8y^3 - \dfrac{6-3\mu}{1-\mu}h^2y - \dfrac{\mu}{1-\mu}h^3\right) \\ \sigma_y = -\dfrac{q}{2J}(4y^3 - 3h^2y + h^3) \\ \tau_{xy} = \dfrac{q}{4J}(l-2x)\left(\dfrac{h^2}{4} - y^2\right)\end{cases} \tag{6-1}$$

2)防突岩层断裂破坏判别

丁遂栋和孙利民(1997)给出了沿中心裂纹开裂的应力强度因子表达式为

$$k_{\mathrm{I}} = \alpha\sigma\sqrt{\pi a} = \left[\frac{2b}{\pi a}\tan\frac{\pi a}{2b}\right]^{1/2}\sigma\sqrt{\pi a} \tag{6-2}$$

防突岩层的 $A$、$B$ 两条裂隙，裂隙长度为 $2a$，分别处于图 6-10 所示位置。$A$ 裂隙受压剪作用；$B$ 裂隙受拉剪作用(图 6-11)。依据防突岩层应力状态公式，推导出裂隙断裂破坏判别式为

$$\begin{cases}k_{\mathrm{I}} = \left[\dfrac{2h}{(1+\beta)\pi Aa}\tan\left(\dfrac{(1+\beta)\pi Aa}{2h}\right)\right]^{1/2}\sigma_\alpha\sqrt{\pi a} \\ k_{\mathrm{II}} = \left[\dfrac{2h}{(1+\beta)\pi Aa}\tan\left(\dfrac{(1+\beta)\pi Aa}{2h}\right)\right]^{1/2}\tau_\alpha\sqrt{\pi a}\end{cases} \tag{6-3}$$

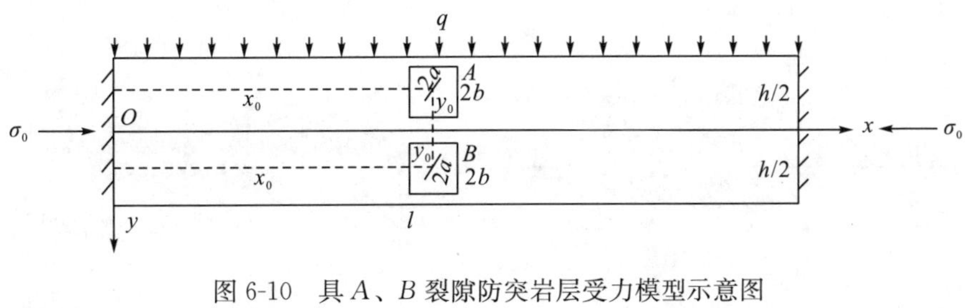


图 6-10　具 $A$、$B$ 裂隙防突岩层受力模型示意图

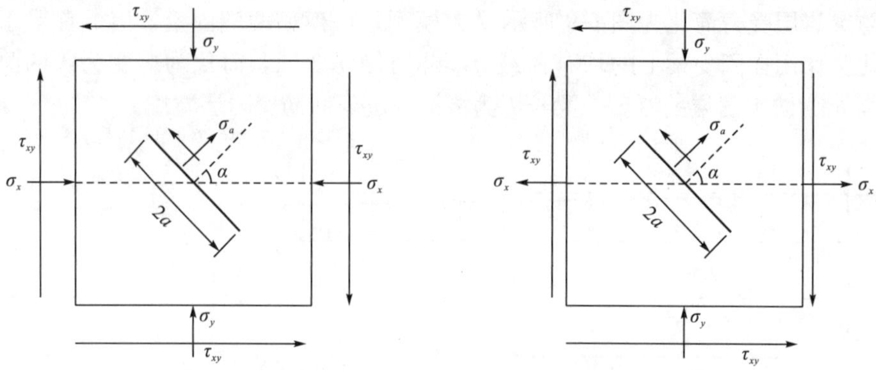

(a)$A$ 裂隙受力图　　(b)$B$ 裂隙受力图

图 6-11　$A$、$B$ 裂隙受力图

当处于压剪(Ⅱ型)破坏时，裂隙断裂破坏判别式为

$$\lambda_{12}k_{\mathrm{I}}+k_{\mathrm{II}}=k_{\mathrm{II}C} \tag{6-4}$$

式中，$\lambda_{12}$ 为压剪系数。

当处于拉剪(Ⅰ型)破坏时，裂隙断裂破坏判别式为

$$k_{\mathrm{I}}+k_{\mathrm{II}}=k_{\mathrm{I}C} \tag{6-5}$$

3. 防突层失稳突水突泥机理

岩溶隧道防突层失稳突水突泥，是防突层的失稳和充填体受力达到极限，发生破坏，

充填物涌出，水挟沙在隧道中的流动，水、沙淹没、掩埋隧道，冲击损坏机械设备、人员伤亡的过程。

1)防突层失稳突水突泥力学模型

图 6-12 为溶洞处于隧道上方的防突岩层失稳突水模型，$l$、$h_y$ 和 $b$ 分别为防突岩层岩梁的长度、厚度和宽度，$E$ 为弹性模量，$I$ 为梁横截面惯性矩，且 $L \gg h_y$。防突岩层岩梁上部作用着水压力 $P$，其大小为岩溶洞穴水压 $h_s$，梁两端作用着原始应力场应力和开采形成的附加力两者的合力 $N$，岩溶构造防突岩层厚度为 $h_y$，其上方存在岩溶密实充填体，其厚度为 $h_c$。假设岩溶构造防突岩层的简化岩梁在力作用下发生弯曲变形，设轴线的挠度曲线方程为

$$y=f(x)=\delta\sin\left(\frac{\pi}{L}\right)x \tag{6-6}$$

式中，$\delta$ 为 $x=L/2$ 处的挠度。

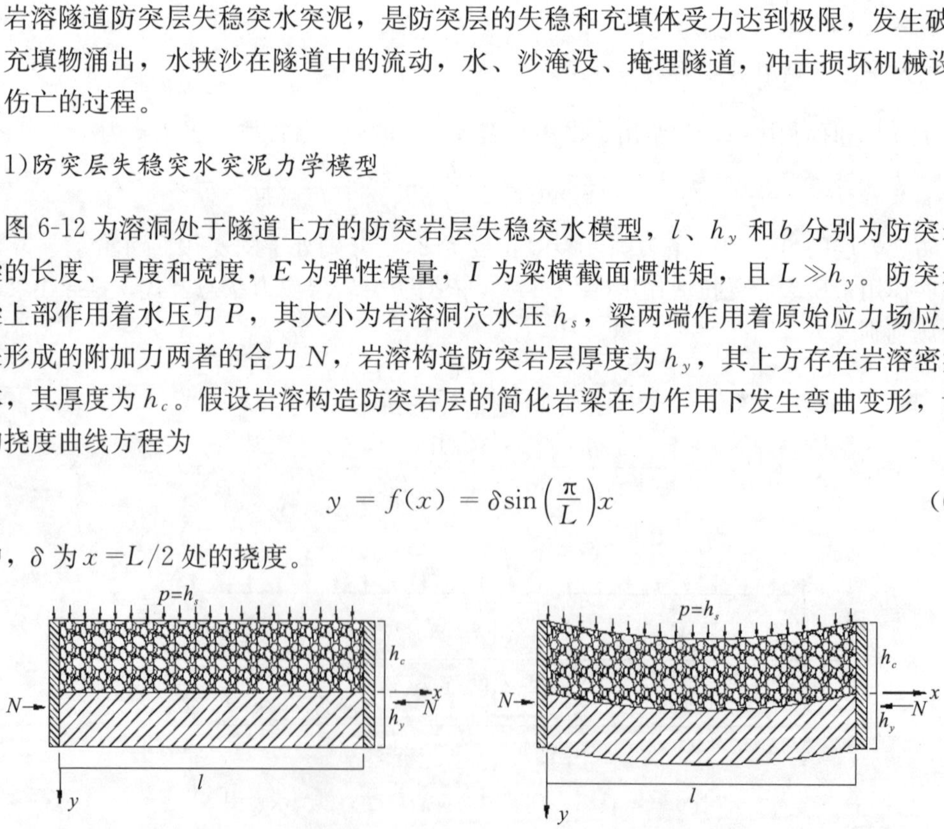

(a)防突岩层变形前　　(b)防突岩层变形后

图 6-12　防突岩层失稳突水模型

2)岩溶隧道开挖防突层失稳临界厚度

根据弹性力学理论、土力学理论、尖点突变理论，推导出岩溶隧道开挖防突层失稳临界厚度公式为

$$h_y=\sqrt[3]{-\frac{t}{2}+\sqrt{\left(\frac{t}{2}\right)^2+\left(\frac{r}{3}\right)^3}}+\sqrt[3]{-\frac{t}{2}-\sqrt{\left(\frac{t}{2}\right)^2+\left(\frac{r}{3}\right)^3}} \tag{6-7}$$

式中，$t=-1.217\dfrac{NL^2}{E}$；$r=-2.154\left(\dfrac{L}{E}\right)^{\frac{5}{3}}s^{\frac{2}{3}}=-\left(\dfrac{L}{E}\right)^{\frac{5}{3}}s^{\frac{2}{3}}\left\{0.97L\left[\tau_f c'+\left(\dfrac{N}{h_c}-\mu\right)\right]\tan\phi'-0.618(h_s-\gamma_y h_y+\gamma_c h_c)L^2\right\}$。

当水平力 $N$ 越大，防突岩层发生的突变强度就越大；而水头 $h_s$ 越高，水平力 $N$ 越大。在隧道建设施工过程中，要及时观测水头 $h_s$，水平力 $N$，防止发生失稳破坏。隧道开挖后一段时间，将发生蠕变，水平力 $N$ 将减小，承载能力将降低，从而防突岩层发生突变失稳破坏而发生突水灾害。

### 6.2.3　改变水文地质条件致灾机理

1. 改变水文地质条件致灾过程模式

岩溶发育地区溶洞、暗河、溶隙管道比较多，岩溶水发育，且已形成天然状态的补给、径流、排泄途径。但新建地下工程(隧道)将不可避免地揭露充水岩溶管道系统，疏排岩溶水，从而形成新的排泄点，而地表抽排岩溶水，也将形成新的排泄点。随着岩溶水不断地涌入隧道或地表不断被抽排，岩溶水的储存量势必大量消耗，在岩溶管道中产生压强差，使降落漏斗不断扩展，从而袭夺其影响范围内的补给增量，引起地下水渗流场和补排关系的明显变化，继而导致地表井泉干涸，河溪断流等灾害，井泉、河溪由排泄点变为补给点，同时径流途径将发生变化。在水文地质条件改变过程中岩溶发育地区一般将伴随岩溶地面塌陷等灾害发生。改变水文地质条件致灾过程模式如图 6-13 所示。

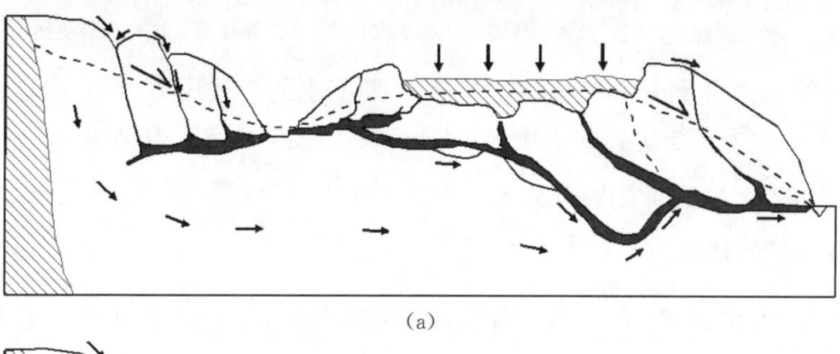

(a)

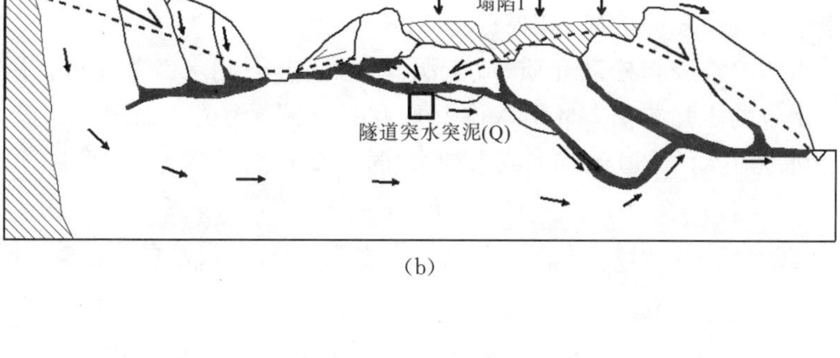


(b)

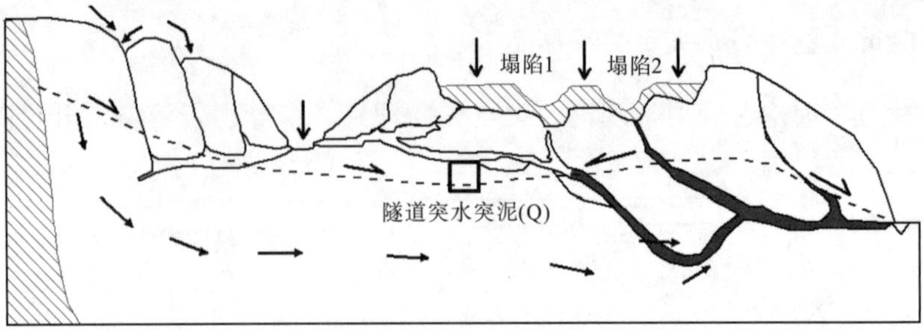


(c)

图 6-13 岩溶发育地区改变水文地质条件致灾过程模式图

## 2. 岩溶地面塌陷的受力分析

根据陈国亮(1994)的研究，岩溶地面塌陷的发生，实际上是土洞的抗塌力小于致塌力的结果。抗塌力的方向一般垂直向上，致塌力的方向一般垂直向下，如图 6-14 所示。

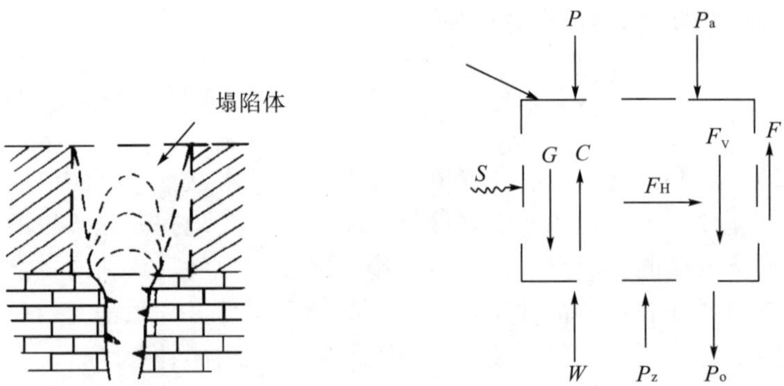


(a) (b)

图 6-14 塌陷体受力状态图

$P$. 荷载力；$C$. 内聚力；$F_v$. 垂直渗压力；$S$. 冲击力；$W$. 浮力；$G$. 自重力；$F_H$. 侧向渗透力；$P_z$. 气体正压力；$P_a$. 大气压力；$F$. 摩擦力；$P_o$. 气体负压力

致塌力一般包括自重力($G$)、荷载力($P$)、地下水的渗透压力(垂直渗压力 $F_v$、侧向渗透力 $F_H$)、气体负压力($P_o$)和正压力($P_z$)、大气压力($P_a$)、振动力($S$)。抗塌力一般包括岩土体的内聚力($C$)、地下水浮力($W$)、摩擦力($F$)。

## 3. 岩溶地面塌陷的机制

根据陈国亮(1994)的研究，岩溶塌陷的机制较为复杂，前人提出的主要有潜蚀效应、真空吸蚀效应、压强差效应、垂直渗压效应、自重效应、浮力效应、土体强度效应、振动效应等，本章仅就压强差效应加以叙述。

压强差是指岩溶空腔与松散介质(或土洞)接触面上下侧水、气流体，因岩溶管道水位变化而产生相应的压强差值。此值水位上升为正，下降为负。如图 6-15(a)所示，当岩溶管道中 $B$ 点水无流动(坑道无排水或未抽水)时，$A$ 点的压强为

$$P_A = P_a + h_1\gamma_w \tag{6-8}$$

式中，$P_a$ 为标准大气压，kPa；$h_1$ 为 $A$ 点的静水头，m；$\gamma_w$ 为水的容重，kN/m$^3$。

当 $B$ 点的水骤然流动，水头发生变化时，如图 6-15(b)所示，$A$ 点的压强为

$$P'_A = P_a - h_2\gamma_w + \frac{V_B^2 - V_A^2}{2g}\gamma_w + h_w\gamma_w \tag{6-9}$$

式中，$h_2$ 为 $A$、$B$ 两点的高差，m；$V_A$、$V_B$ 分别为 $A$、$B$ 两点的水流速度，m/s；$g$ 为重力加速度，m/s$^2$；$h_w$ 为由 $A$ 点到 $B$ 点的损失水头，m。

$A$ 点在 $B$ 点变动前后所产生的压强差为

$$\Delta P = P'_A - P_A = -(h_1 + h_2)\gamma_w + \frac{V_B^2 - V_A^2}{2g}\gamma_w + h_w\gamma_w \tag{6-10}$$

当 $A$、$B$ 两点水流速度很小或相等时，损失水头亦较小或趋于 0，此时：

$$\Delta P = -(h_1 + h_2)\gamma_w \tag{6-11}$$

式中，$h_1 + h_2$ 为水位下降幅度，m；$h_2\gamma_w$ 值在模型试验中为测得的真空度 $\Delta P'$；$h_1\gamma_w$ 为土体浮力的减少值。当 $h_1 = 0$ 时，$\Delta P' = \Delta P$。如果水头上升 $\Delta h$，则 $A$ 点的压强 $P'_A = P'_a + h_1\gamma_w + \Delta h\gamma_w$，$A$ 点的压强差 $\Delta P = \Delta h\gamma_w$，$\Delta h$ 为水位上升幅度，m。

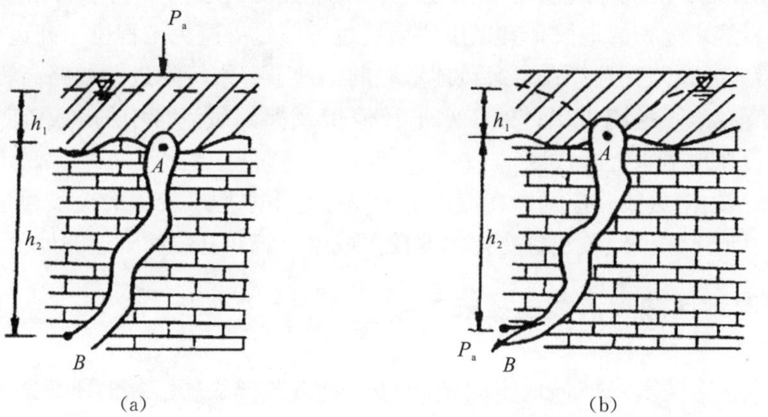


图 6-15　压强差形成过程示意图

压强差作用于土骨架，使土体受力变形、散离，以致塌陷。同时使土层中水力梯度增大，水汽流体运动增强，潜蚀与吸蚀能力增大，压强差作用是地下水位变动时导致岩溶塌陷的主要机制。它包含了水蚀、气蚀的共同作用，非单一的真空吸蚀(负压)或潜蚀作用。

当地下水位变动时，压强差产生的效应，由水体压力和气体压力即液压、气压的迅速传递，可在较短的时间内波及到有水位变动的范围内，产生众多的几乎同步的塌陷。这一现象是单一的潜蚀和真空吸蚀难以解释的。

## 6.3　岩溶地区铁路选线技术

如前所述，岩溶对铁路、公路工程的危害是工程建设的一大障碍。它关系到施工风险、工程造价、养护条件和运营安全。岩溶地区道路工程建设要妥善地处理岩溶危害，又要以线路方案选择为首要环节。

在岩溶地区的线路方案选择有其自身的特点，如果处理得当可以达到减灾、降低造价的目的。

### 6.3.1 岩溶地区选线原则

通过对大量既有道路工程选线经验、教训的分析，《铁路工程不良地质勘察规程》(TB 10027—2012)对岩溶山区选线原则归纳如下。

(1)线路应绕避或以大交角通过岩溶强烈发育地带，构造发育带、地表塌陷、土洞分布密集地带，可溶岩与非可溶岩的接触带，岩溶水富集区。

(2)线路应以大交角与暗河相交、避免与暗河平行走行，并保证暗河安全顶板、底板厚度。

(3)线路应选择在非岩溶化地区或岩溶发育微弱、范围最窄、层数最少、顶板稳固、受岩溶水影响小的地带通过。

(4)河谷地区线路宜选择在岩溶发育较弱的一岸通过，并应高于岩溶水排泄带，避免位于岩溶地下水位以下，且绕避谷坡上岩溶负地形和无水溶洞群。

(5)峰林谷地、峰丛洼地及溶丘洼地地区线路宜绕避垭口并高于岩溶水的最高洪水位，可能受岩溶水危害的地段，宜采用桥梁通过。应尽量避免工程位于高边(仰)坡下。

(6)越岭地区线路宜选择在岩溶负地形之间、地下分水岭附近；线路高程宜在垂直渗流带中，不宜在水平径流带中；处于水平径流带及深部缓流带中的隧道宜采用人字坡，平行导坑应设在地下水上游一侧。

(7)覆盖型岩溶区线路应选择在覆盖土较厚、地下水埋藏较深的地段通过，宜绕避多元土层结构、地下水埋藏较浅且变化幅度较大或水位线在基岩面附近的地段。

### 6.3.2 岩溶地区减灾选线主要技术

#### 1. 充分利用遥感技术、加强地质调查研究，线路选择从岩溶相对不发育地带通过

岩溶的发育主要受地层岩性和地质构造控制。一般可溶岩含量越多，受构造影响越大，岩溶越发育。可溶岩和非可溶岩的接触带有利于地下水的富集，岩溶水的化学、物理作用特别强烈，是岩溶和岩溶水特别发育的地带。通过遥感图像地质解译成果资料，宏观分析区域范围内岩溶地貌、地层岩性、地质构造等发育情况，经地质调绘分析，线路避开有利于岩溶发育的地层、构造带、可溶与非可溶接触带，选择从岩溶相对不发育地带通过，降低岩溶突水突泥风险。

黔桂铁路扩能改造工程都匀—龙里段，沿既有线改扩建方案罗家山隧道全长 6714m，如图 6-16 所示，进口段及洞身大部分段落通过可溶岩，出口段小部分通过石英砂岩地层，虽然洞身仅穿越一条断层，但平面上通过三条断层交汇的断层三角带，更主要的是洞顶地表岩溶洼地、漏斗、落水洞、岩溶泉十分发育。隧道施工可能遇到岩溶突水，疏干岩溶水和地表泉水并将产生严重的环境地质问题。相对于沿既有线改扩建方案罗家山隧道，大取直方案定水坝隧道全长约 8536m，如图 6-17 所示，虽然洞顶地表可溶岩溶蚀洼地、漏斗、落水洞、竖井星罗棋布，但洞身通过石英砂岩等碎屑岩类，隧道涌水量小，对环境的破坏也小。因此，采用定水坝隧道取直方案(曹化平和王科，2011)。

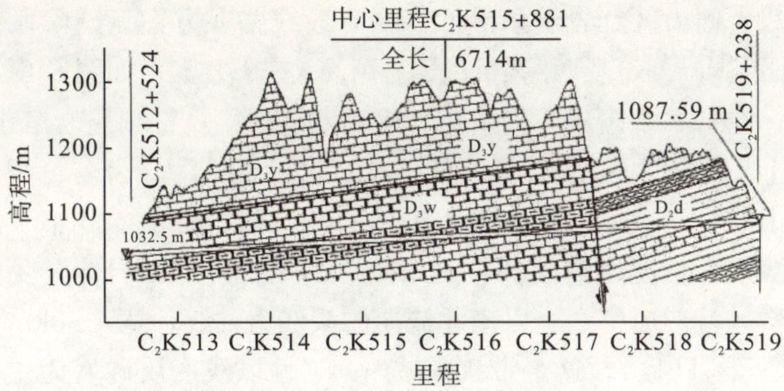


图 6-16　罗家山隧道地质纵断面图

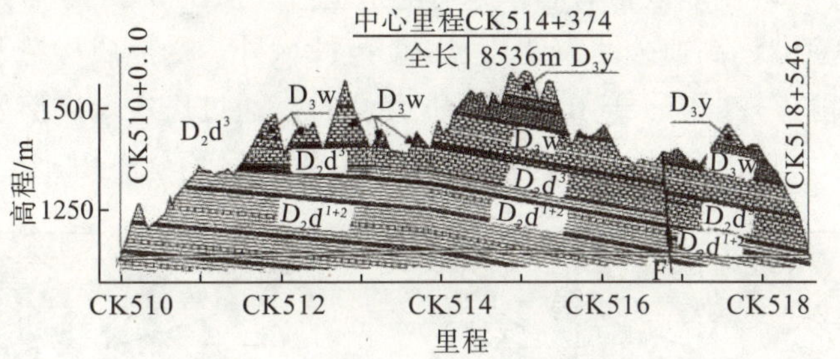


图 6-17　定水坝隧道地质纵断面图

蒙河铁路蒙自—卧龙谷段绕行方案线路行进于山脚地带，地形较平缓，工程以低填浅挖路基及桥梁为主；取直方案线路行进于缓丘及溶蚀低中山区，处于蒙自、卧龙谷盆地及边缘地区，属构造溶蚀、剥蚀低中山及山间盆地地貌；出露地层为新近系泥岩、砂岩夹砾岩、褐煤及石膏，三叠系中统碳酸盐岩，构造上属南盘江断裂带影响区，地下水较丰富，岩溶发育，区域断层横穿隧道，该隧道长 3.7km，工程风险较大。所以，绕行方案线路长度虽长 1.9km，但最终仍然推荐岩溶相对不发育的绕行方案(图 6-18)。

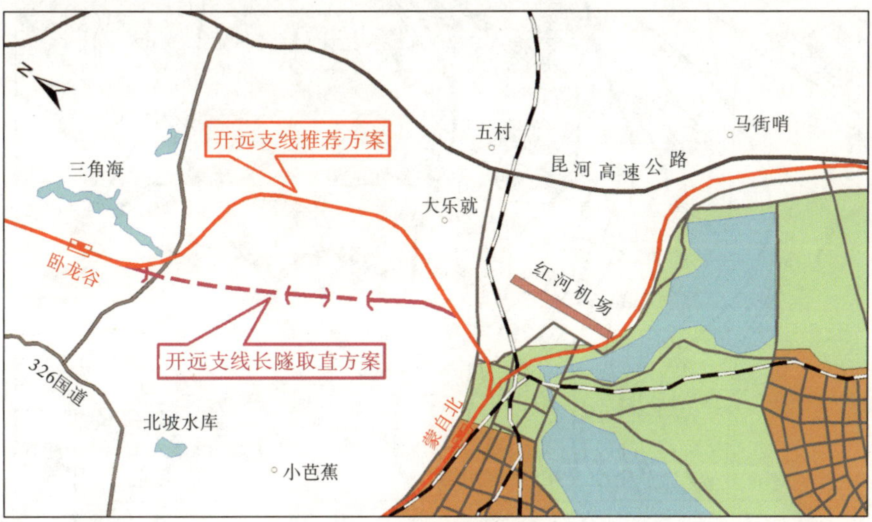


图 6-18　开远支线方案

武广客运专线大瑶山区红岩至乐昌武江峡谷段线路在方案竞选阶段有武江左岸短隧(AK)、两跨武江短隧($A_2K$)及两跨武江长隧($A_1K$)三个方案，如图 6-19 所示。通过遥感判释和现场调查，在基本掌握地质构造与岩溶的发育规律，特别是岩溶水的补给、径流、排泄条件的基础上，确定本区可大致以南北向的武江为界，分为东、西两区。区内的控制性构造——瑶山复背斜、瑶山断裂带为主体的经向构造带主要分布于西区，且自西向东构造影响及岩溶发育程度逐渐减弱；而东区燕山期“诸广山岩体”受构造影响自东向西逐渐减弱。这样，就形成了一个以南北流向的武江为轴线，宽 4～8km 的构造相对较为简单的带状区域(下称 H 区)。这个带状区域内，岩性以浅变质砂岩为主，虽有碳酸盐岩分布，但岩溶不发育，地下水天然排泄条件好，无区域断层与溶蚀槽谷形成的不利组合，地质条件明显优于其两侧地区，有利于越岭隧道通过。从图 6-19 可知：$A_1K$ 方案与既有大瑶山隧道(包括京港澳高速公路粤北段)均位于 H 区外，受地质构造及岩溶影响较为严重，且 $A_1K$ 方案隧道较既有大瑶山隧道的长度更长，通过斑古坳岩溶发育区的段落也更长，工程地质、水文地质条件相对更差；AK、$A_2K$ 方案均位于 H 区内，受地质构造及

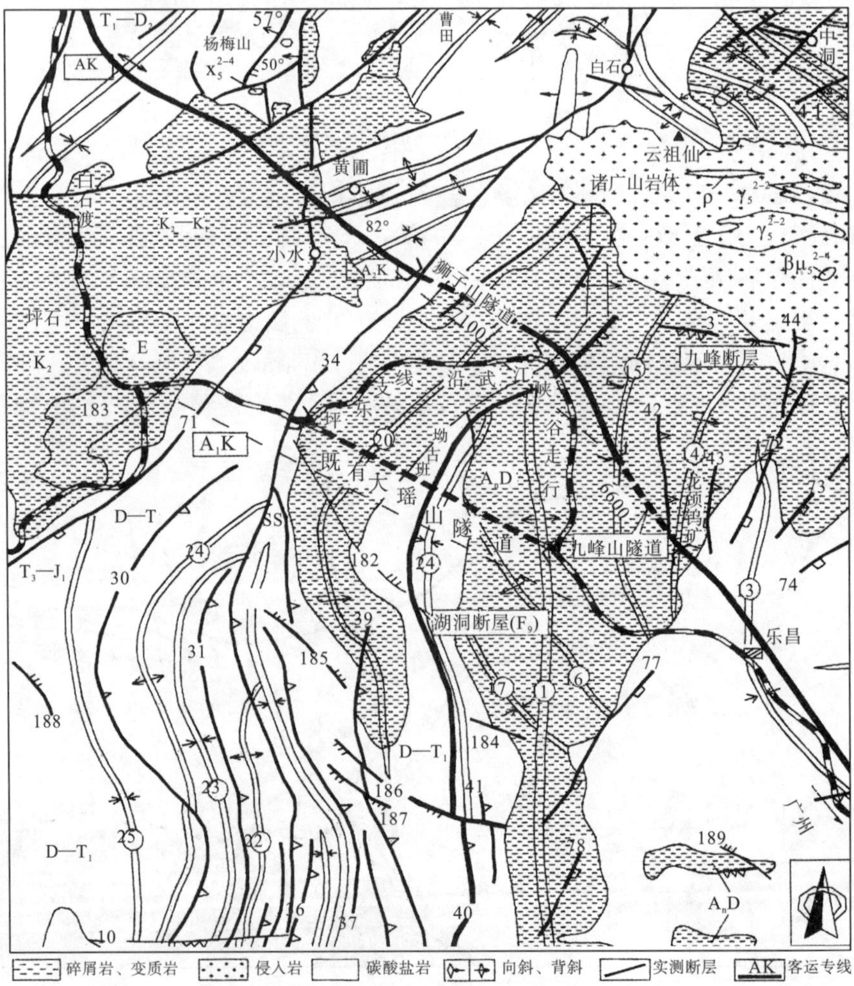


图 6-19　大瑶山地区地质及线路方案图

岩溶影响较轻，地质条件相对较好，但 $A_2K$ 方案两跨武江，且桥位与武江斜交，又与坪乐支线(老京广线)干扰严重，故从工程地质、水文地质条件比较，以 AK 方案为优。大瑶山区是武广铁路客运专线的控制性工程地段，本段线路方案的确定，是地质选线工作在武广铁路客运专线方案竞选中发挥重要作用的体现，推荐方案已在勘察设计中采纳并得到施工验证(曹化平和王科，2011)。

贵广线穿越桂林岩溶地区线路走向做了临河短隧道方案、长隧道方案、18‰长隧道方案三个方案。临河短隧道方案通过岩溶发育区的长度为 84.45km，其中沿河谷地段线路走行于可溶岩与非可溶岩接触地带，岩溶特别发育，谷地覆盖性岩溶地段多处发生岩溶地面塌陷，孤峰地段漏斗、竖井、落水洞、岩溶泉、消水洞十分发育，该方案将对漓江沿线岩溶风景产生严重破坏，因此，此方案地质条件最差。长隧道方案及 18‰长隧道方案大部分地段线路基本一致，甚至重合，通过岩溶发育地段的长度为 44～60km。其中近一半岩溶中等发育，主要是线路走向垂直通过岩溶发育区，尽可能减短了岩溶对线路工程的影响。因此，长隧道方案及 18‰长隧道方案明显优于短隧道方案。而 18‰长隧道方案越岭的长隧道减短至 13km 左右，从施工难度及工程数量上考虑，优先推荐 18‰长隧道方案(曹化平和王科，2011)。

### 2. 加强岩溶斜坡地区地质测绘与综合分析，选择线路从岩溶安全带通过

斜坡地段的岩溶水总是以最短的途径向河流等排泄基准面排泄，因而斜坡地段以横向岩溶水为主。岩溶斜坡地带存在一个岩溶安全带，即岩溶水最低排泄点与山顶面靠河谷最外侧的洼地、竖井等垂直岩溶形态之间的地带。安全带内的岩溶水的发育程度相对微弱，是隧道通过的最佳位置。

尽量靠近岩溶水的主要排泄区，易于查清岩溶及岩溶水的发育情况，走行在岩溶水垂直渗流带相对安全区。例如，郑万铁路巫溪地区选线，沿大宁河绕行方案虽然线路绕长 7.3km，但线路在排泄区行进，走行在岩溶水垂直渗流带相对安全区，与“白龙过江”暗河交叉处铁路已高出暗河近 70m(图 6-20)。

(a)

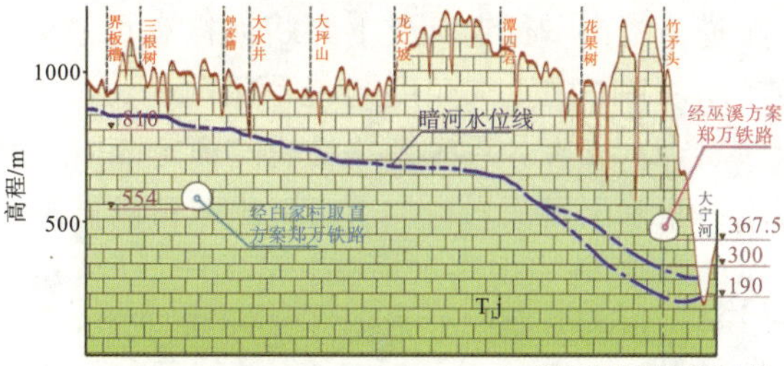


注：流量分别为枯水期和平水期

(b)

图 6-20　郑万铁路沿大宁河绕行方案

渝怀铁路乌江峡谷段通过可溶岩的隧道22座，其中白沙沱1号隧道、枳城隧道、武隆隧道、板桃隧道、杉树沱隧道5座隧道在平面上与暗河相交，通过精心的地质选线，有4座隧道选择在岩溶安全带通过，揭示溶洞很少，施工非常顺利。只有武隆隧道因距河谷太远、位置偏低，线路与暗河相交，施工阶段在雨季发生了特大岩溶涌水，冲走了一些机具设备，损失不小，这是值得吸取深刻教训的地方。

3. 采用综合勘察手段、抬高线位，选择隧道从岩溶垂直渗流带或暗河安全顶板之上通过

岩溶垂直渗流带相对水平径流带岩溶发育较弱，而且主要为雨季下渗的“过路水”，地下水集水面积小，突水突泥可能性大大降低。有条件时岩溶隧道应抬高线路高程，从岩溶垂直渗流带内通过(图6-21)。

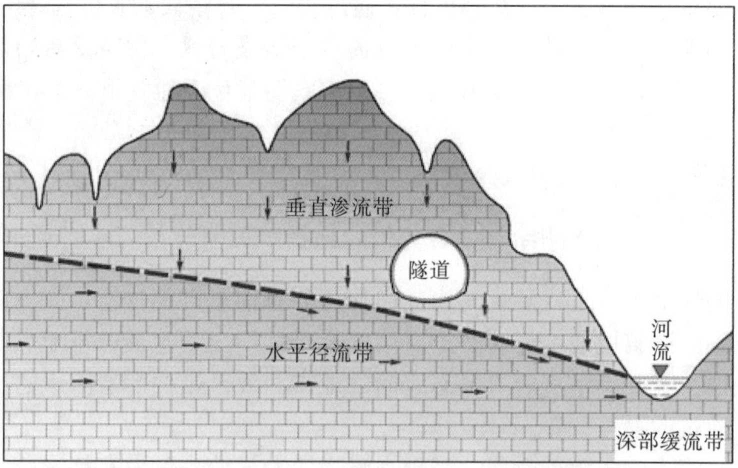


图6-21　隧道从岩溶垂直渗流带内通过示意图

渝利铁路丰都—石柱段线路将穿越方斗山背斜，控制该段线路方案的主要地质问题是方斗山背斜段的岩溶和岩溶水。北线、中线方案位于岩溶水水平径流带，据测算隧道最大静水压力达4MPa。地表有较多岩溶大泉与三个大型水库，施工堵水难度极大，隧道开挖袭夺地表水，将影响两个镇7个村，约16000人的生产生活用水，引起较大的环保问题。靠近龙河(南线)方案，线路于岩溶垂直渗流带，根据深孔测试，隧道最大静水压力约0.67MPa，岩溶突水的风险大大降低，故采用靠近龙河(南线)方案(图6-22)。

隧道与暗河平行走行或下穿暗河极有可能因施工袭夺暗河水，诱发突水灾害。隧道应位于暗河顶板之上大角度与地下暗河相交，并保证安全顶板厚度，防止暗河与隧道连通，诱发突水灾害。兰渝铁路桔柑隧道定测阶段调查发现在$D_1$K385+950的祠沟沟口有一泉水，泉水出露灰岩岩坎下部，出水口已被洪积卵砾石土覆盖，泉水点高程946m。距离泉水3km的陈家山滴水坝有一溶蚀洼地(高程2000～2030m)，洼地有水并发现两处落水洞，根据调查及访问发现该洼地水通过落水洞补给沟口泉水。为查明暗河位置，选择合理线路位置，采用电测深、大地电磁等物探方法探测暗河位置。大地电磁物探资料显示，DK方案地下暗河位置距泉水点距离约1400m，地下暗河顶板高程980m，该处轨面高程为972m。如图6-23所示，受坡度限制，调整高程困难，洞身正好位于暗河之下，隧道施工极有可能袭夺暗河水，诱发突水灾害。如图6-23所示，推测地下岩溶水通道与

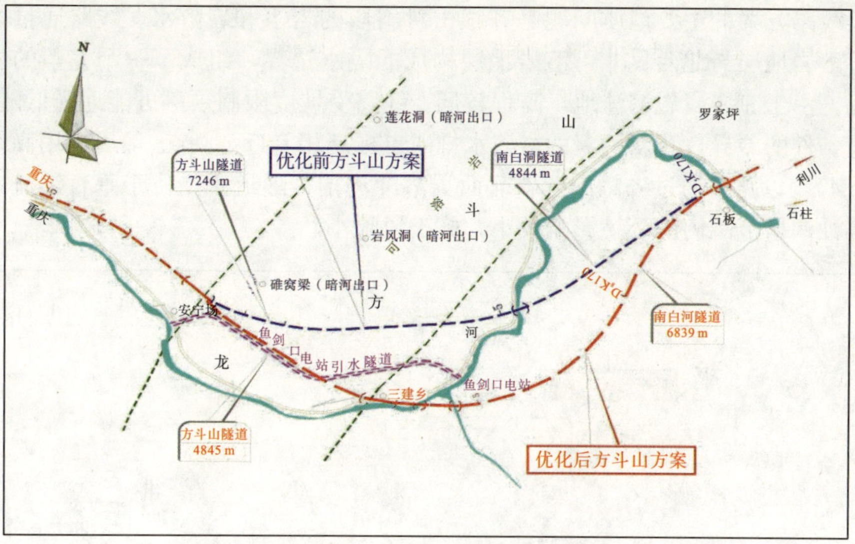


图 6-22　方斗山线路方案优化

$D_1$K 正洞相交里程 $D_1$K385＋923 附近，该里程隧道路肩高程为 985m，该处暗河顶板高程为 954m，路肩高出岩溶水通道 31m，隧道位于暗河之上，不会诱发突水灾害，且有足够顶板厚度，故推荐 $D_1$K 方案。

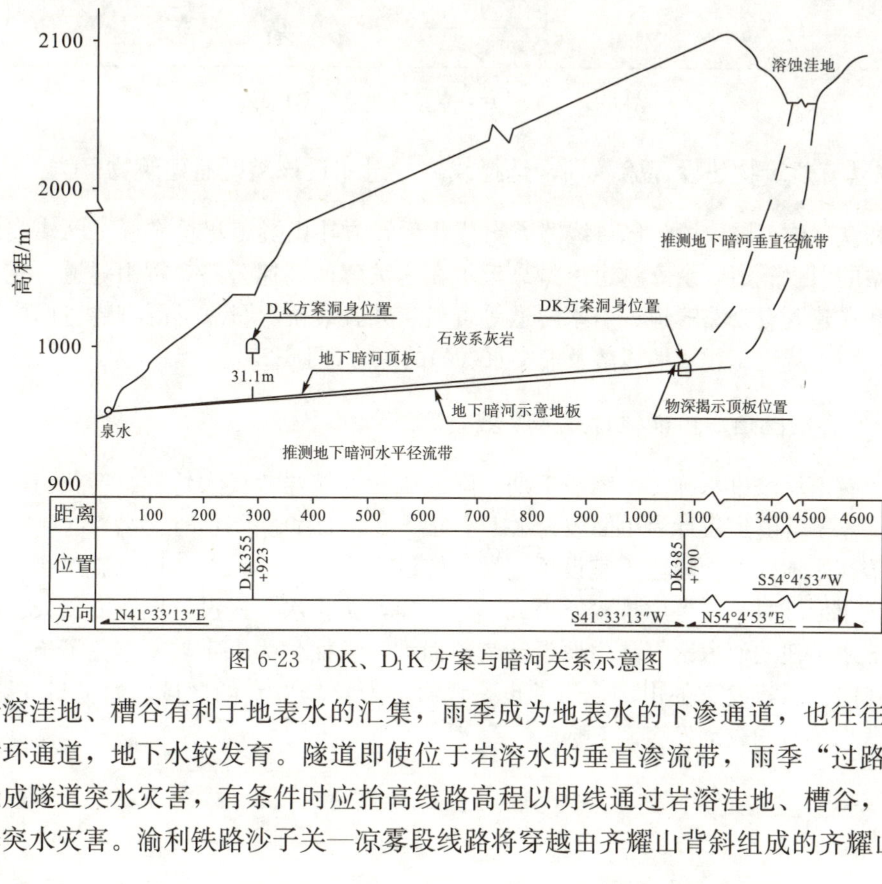


图 6-23　DK、$D_1$K 方案与暗河关系示意图

岩溶洼地、槽谷有利于地表水的汇集，雨季成为地表水的下渗通道，也往往是地下水的循环通道，地下水较发育。隧道即使位于岩溶水的垂直渗流带，雨季“过路水”也往往造成隧道突水灾害，有条件时应抬高线路高程以明线通过岩溶洼地、槽谷，避免隧道雨季突水灾害。渝利铁路沙子关—凉雾段线路将穿越由齐耀山背斜组成的齐耀山山脉，

控制该段线路方案的主要地质问题是齐耀山背斜段的岩溶和岩溶水。线路通过区域背斜核部的可溶岩地层与北西翼非可溶岩地层构成的隔水边界，组成了一个完整的岩溶水文地质单元。由于凉雾属岩溶洼地，高程较低。线路受坡度限制须尽可能地降低隧道高程。由于排泄条件的差异，背斜两翼的岩溶水排泄点标高相差近200m。最后采用高线短隧方案(图6-24)，以路基通过齐耀山背斜北西翼溶蚀沟槽，隧道主要位于垂直渗流带内，对白杨塘溶蚀沟槽范围内的环境影响较小，施工风险小。

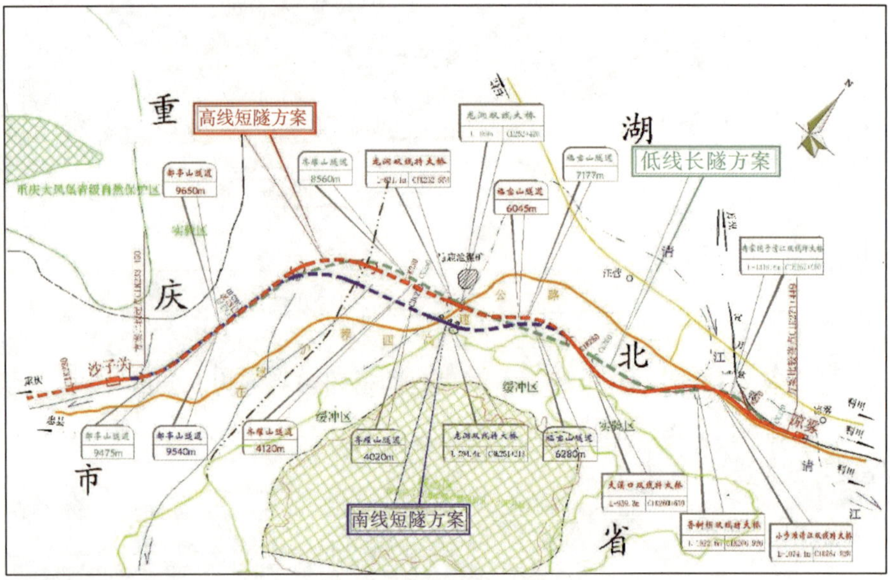


图 6-24 沙子关—凉雾段线路方案比较

4. 掌握既有建筑物建设经验教训，选择线路尽量靠近该类既有建筑物

渝利铁路施工图阶段，经过线路方案优化后，方斗山隧道尽量靠近了已建成的鱼剑口水电站的引水隧道，余家隧道尽量靠近了在建沪蓉西高速公路齐耀山隧道，充分利用已建成和在建既有公路隧道、引水隧道等资料，并且线位尽量靠近既有隧道形成的降水漏斗内，减小隧道工程遭遇岩溶及涌突水(泥)的风险(图6-25)。

5. 岩溶发育的隧道尽可能设计成人字坡

避免隧道反坡排水施工，缩短工期、降低风险，如株六线大竹林、新花苗、六盘水枢纽的何家寨等隧道设计为单面坡，水害十分严重，工程整治耗资巨大。

岩溶富水地区长大隧道不宜设单面坡，应设人字坡(图6-26)，以利施工排水。万不得已需设单面坡时，应考虑排水通道或平导贯通，防止水害淹没导坑造成损失。水柏线引入六盘水枢纽的何家寨等隧道原设计为单面坡，后优化为人字坡，避免了施工运营过程中的风险。岩溶发育的山区，通常也是危岩落石比较发育的区域，如贵州安顺附近，岩溶及危岩落石均较为发育。

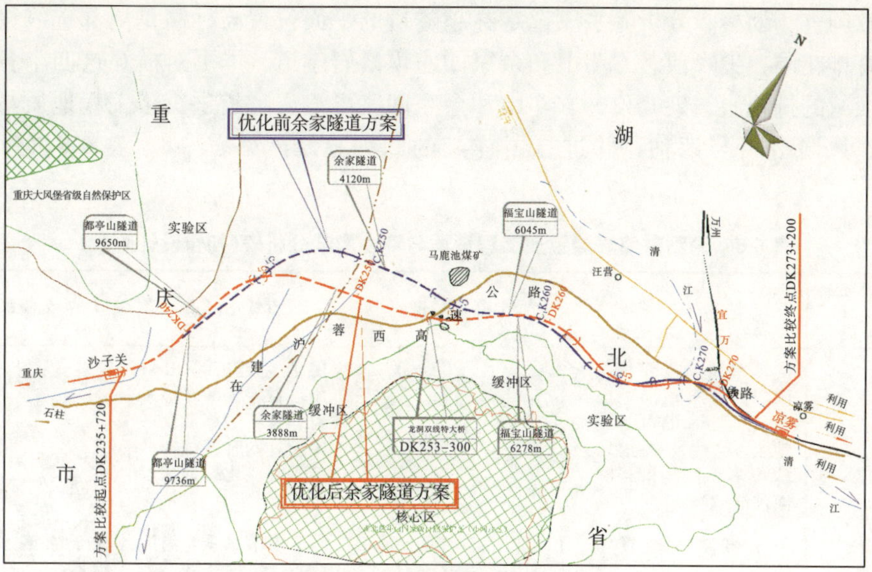


图 6-25　余家隧道线路方案优化

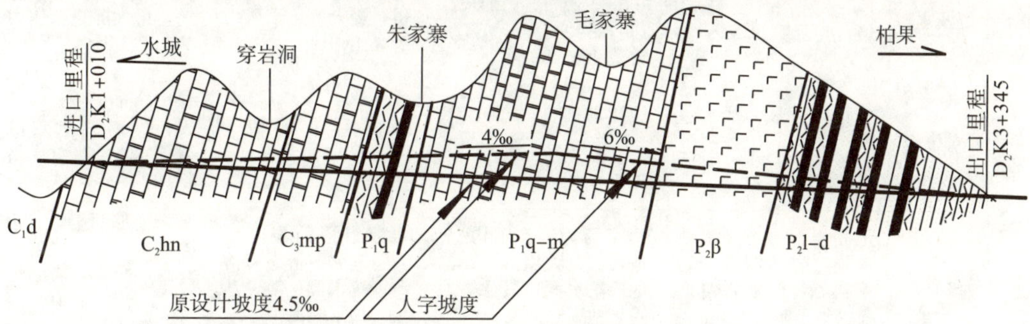


图 6-26　人字坡设计图

## 6.4　岩溶地区减灾选线与总体设计

渝利铁路长 264.406km，地处我国中、西部地区的接合部，沿线线路需要穿越四个核部为灰岩、白云质灰岩等可溶岩的基本成南北向的条状中低山背斜，这四个背斜段地表漏斗、落水洞、溶沟、溶槽、溶蚀洼地等岩溶地貌发育，多顺构造线串珠状分布，特别是嘉陵江组地层，岩溶现象最为发育，在地貌上多为岩溶槽谷负地形，槽谷地表水均通过漏斗、落水洞、溶蚀裂隙等转入地下，而未形成地表水系，反映出地下溶洞比较发育，地下岩溶水十分丰富，隧道施工中可能遇较大型溶洞和突水、突泥。特别是齐耀山背斜，充分利用宜万铁路建设中所遇到风险的经验，在这四个条状背斜的南北向几十公里范围内选择穿越位置，通过引入在运输要求与线路标准的技术条件框架内，以工程建设与运营安全可靠、技术经济合理为目标，体现了岩溶地区铁路选线设计的技术创新。下面是整个定测与初步设计，采用风险分析与评估技术，逐步优化线路设计的典型过程。

渝利铁路需横穿四个核部为灰岩、白云质灰岩等可溶岩的明月背斜、苟家场背斜、方斗山背斜、齐耀山背斜，经预可行性研究、可行性研究，初步确定了线路穿越的通道，如何通过调查、勘察、分析等手段选定穿越隧道的平面位置与标高是局部选线设计的关键，共有排花洞、尖峰顶、方斗山和余家四座可溶岩隧道。本书对横穿这四个背斜的线路所经区域的排花洞、尖峰顶、方斗山和余家四座可溶岩隧道进行了工程地质与环境影响分析、风险分析与评估，并进行了详细的归纳总结，见表 6-5、表 6-6（何小勇等，2010）。

**表 6-5 渝利铁路岩溶隧道工程地质与环境影响分析表（初步设计阶段）**

| 分析结果＼隧道名称 | 排花洞隧道 | 尖峰顶隧道 | 方斗山隧道 | 余家隧道 |
|---|---|---|---|---|
| 地质构造 | 隧道穿越明月峡背斜南段。背斜轴部地层为 $T_2l$、$T_1j$ 的可溶岩地层，岩溶发育强烈，地貌多为低洼槽谷和溶蚀洼地 | 隧道穿越苟家场背斜。轴部地层为 $T_2l$、$T_1j$ 可溶岩，两翼地层为砂泥岩非可溶岩。背斜轴部张性裂隙极为发育 | 隧道穿越方斗山背斜。背斜核部岩溶发育、背斜中部发育一断裂，同时各种构造节理、风化裂隙和层理发育 | 主体构造为齐耀山背斜，褶皱为主，岩溶发育在背斜核部，地层产状东翼陡，局部直立、倒转，西翼缓 |
| 与地下水位关系判识 | 位于岩溶水垂直渗流带 | 位于岩溶水水平径流带及深部缓流带 | 位于岩溶水垂直渗流带或季节交替带 | 位于岩溶水垂直渗流带 |
| 地下水位及水压 | 地下水潜水位高于隧道，最大水压约 1.95MPa | 地下水位为 340～500m，高于隧道标高 259.9～313.6m，最大水压 2.4MPa | 地下水潜水位高于隧道，最大静止水压力为 3.1MPa | 地下水潜水位高于隧道，最大静止水压力为 1.22MPa |
| 最大涌水量 $Q$ | 预计隧道最大涌水量 6.3 万 $m^3/d$，暴雨后水量数倍增长 | 预计隧道最大涌水量 4.2 万 $m^3/d$，暴雨后水量数倍增长 | 最大涌水量 18.9 万 $m^3/d$ | 最大涌水量 3.8 万 $m^3/d$。遇到岩溶管道水，涌水量成倍增加 |
| 岩溶发育特征 | 地表岩溶形态为溶蚀洼地、岩溶漏斗、岩溶槽谷，地下岩溶形态为地下暗河、溶洞 | 苟家场背斜蓄水构造。地表可见大型溶洞、洼地、落水洞、漏斗等地貌，地下暗河发育 | 岩溶沿层面裂隙发育，其岩溶形态有溶洞、落水洞、溶蚀洼地、地下暗河等 | 岩溶沿层面裂隙、构造裂隙发育，岩溶呈串珠状分布，岩溶形态为岩溶洼地、漏斗、落水洞等 |
| 环境影响 | 影响范围内共计人口 8900 人。耕地面积：农田约 3700 亩，旱地约 7200 亩；水塘 36 口约 30 万 $m^3$ 蓄水量。该镇范围内人口比较集中的雷波、长湾、中槽沟等地方共修建了 18 个深水提灌站解决吃用水及灌溉用水。隧道离排花洞风景区 860m | DK109＋295～DK112＋548 段通过地层为灰岩地层，DK111＋800 左侧 200m 处有岩溶泉，主要用于该地村民的灌溉及生活用水。DK110＋850 左侧 826m 处有一金星水泥厂，DK111＋850 处左侧 980m 处有一石坝湾水库，该水库常年积水面积为 0.31$km^2$，总库容为 29.32 万 $m^3$，灌溉面积为 400 亩 | 山上有两个大的岩溶泉，主要用于白布滩电站及农业灌溉。线路的左侧有江山水库，积水面积约为 0.34$km^2$，库容为 14.3 万 $m^3$；另外一处冉家槽水库积水面积为 0.52$km^2$，库容为 15 万 $m^3$，老官坝水库最大，常年积水，面积为 0.9$km^2$，库容为 52 万 $m^3$ | 山上地表有零星泉眼，规模较小，有泉水流出，水量不大。影响范围内有村民约 3800 人，牲畜约 7500 头，农田 3900 亩，旱地约 7000 亩。隧道附近有星斗山国家级自然保护区 |

**表 6-6 渝利铁路岩溶隧道风险分析表（初步设计阶段）**

| 序号 | 工程地质及环境影响分析汇总 | 可能引起的主要风险 |
|---|---|---|
| 1 | 四座岩溶隧道均穿越背斜构造，背斜核部为二叠系、三叠系的可溶岩，背斜翼部为砂泥岩的非可溶岩，背斜核部岩溶强烈发育，断裂存在，同时各种构造节理、风化裂隙和层理发育 | 突水（泥）风险 |
| 2 | 四座岩溶隧道均为背斜蓄水构造。地表可见大型溶洞、洼地、落水洞、漏斗等地貌，岩溶呈串珠状分布，地下暗河发育 | 突水（泥）风险 |

续表

| 序号 | 工程地质及环境影响分析汇总 | 可能引起的主要风险 |
| --- | --- | --- |
| 3 | 四座岩溶隧道地下水水位均高于隧道，最大静水压力为 1.22～3.1MPa，水压力极高 | 突水(泥)风险、工期投资风险、地表失水(第三方损失)风险 |
| 4 | 四座岩溶隧道推算最大涌水量 3.8 万～18.9 万 $m^3/d$，遇到暴雨或岩溶管道水，涌水量还将成倍增加，涌水量极大 | 突水(泥)风险、工期投资风险、地表失水(第三方损失)风险 |
| 5 | 排花洞隧道、齐耀山隧道位于岩溶水垂直渗流带，方斗山隧道位于季节交替带，尖峰顶隧道位于岩溶水水平径流带及深部缓流带。在垂直渗流带内隧道所遇岩溶形式以垂直发育的溶洞、溶缝、岩溶管道为主；而在水平径流带内，可能遇到以水平发育的溶洞、岩溶管道形式为主，并有可能遇到暗河 | 突水(泥)风险、地表失水(第三方损失)风险 |
| 6 | 四座隧道不同程度地穿过须家河组或吴家坪组含煤地层，可能产生瓦斯危害。重庆市在开采二叠系煤层的部分矿井，在长兴组或茅口组灰岩中曾经突然遭遇岩溶孔隙内储集的瓦斯气体而引发事故 | 瓦斯风险、工期投资风险 |
| 7 | 隧道穿越盐溶角砾岩夹石膏，珍珠冲组泥岩、页岩，具膨胀性，节理发育，岩体破碎，隧道通过这些软质岩或软弱夹层，可导致冒顶、塌方、片帮、坍塌等 | 塌方风险 |
| 8 | 四座岩溶隧道地表均分布水田、旱地、水塘、水库等，地表居民点分布密集，共计数万居民在利用岩溶水作为生活和农业生产用水，同时尖峰顶隧道地表还有水泥厂、榨菜厂、养猪场，采用岩溶水作生产用水，如地表发生失水，将严重影响附近居民的生产生活，存在严重的环保问题 | 地表失水(第三方损失)风险 |
| 9 | 隧道开挖可能揭穿暗河、溶洞，需对部分段落进行注浆及其他岩溶治理措施，会减慢施工进度，且几个岩溶隧道都为全线的主要工期控制点，工期紧张 | 工期投资风险 |

总结表 6-5 和表 6-6，分析比较得出风险比较如图 6-27 所示(何小勇等，2010)。

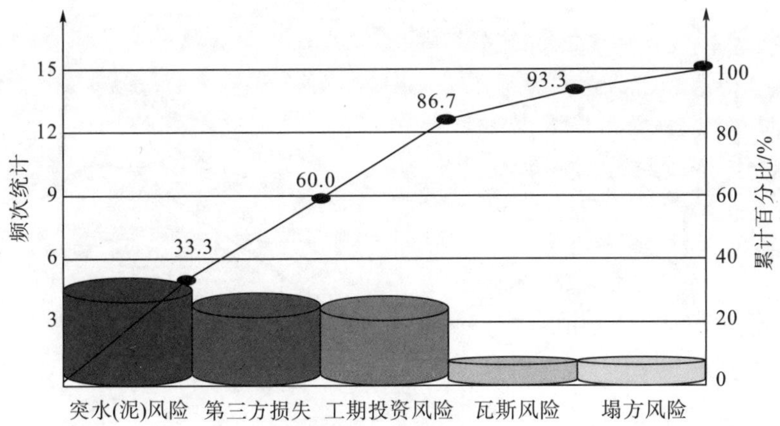


图 6-27　排列比较图

由以上分析可见，渝利铁路岩溶隧道风险中的岩溶突水(泥)风险、第三方损失和工期投资风险出现频次比例最高，三者占据了全部频次的 86.7%，是选线总体设计的关键。

通过分析渝利铁路运输需求、运输条件、技术标准、自然条件与当代土建工程技术水平，创新性地提出了此类地区选线设计的指导性原则(图 6-28)，并在线路方案优化设计中加以实际应用(何小勇等，2010；赵万强等，2010；曹化平和王科，2011)。

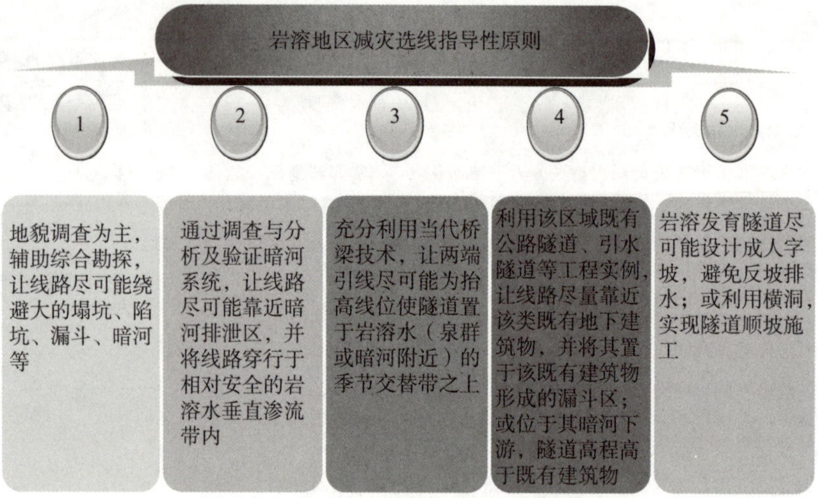


图 6-28　岩溶地区减灾选线指导性原则图

根据指导性原则，在施工图阶段，经过详细地质调查和线路方案优化后方斗山隧道绕避了连花洞、岩风洞和碓窝梁三处大暗河(图 6-22)。

根据指导性原则，在施工图阶段，经过详细地质调查和线路方案优化后排花洞隧道线路平面尽可能地靠近了暗河排泄区御临河(图 6-29)，方斗山隧道线路平面尽可能地靠近暗河排泄区龙河(图 6-22)。

图 6-29　排花洞隧道线路方案优化示意图

根据指导性原则，在施工图阶段，经过综合地质勘察和线路方案优化后方斗山隧道从初步设计的 280m 标高抬高到施工图设计的 300m 标高(图 6-30)，尖峰顶隧道从初步设计的 280m 标高抬高到施工图设计的 335m 标高(图 6-31 和图 6-32)，使隧道置于岩溶水的季节变动带之上。尖峰顶隧道从初步设计的单面坡优化设计为人字坡(图 6-32)，余家隧道由小人字坡优化设计为大人字坡(图 6-33)。

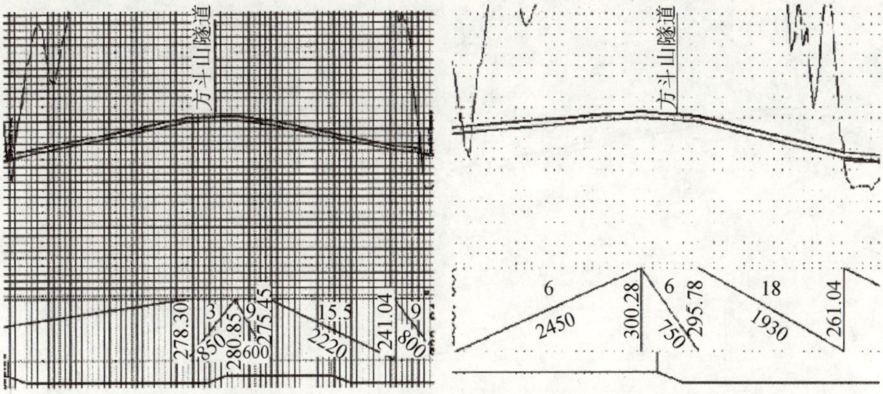


图 6-30　方斗山隧道纵断面优化示意图

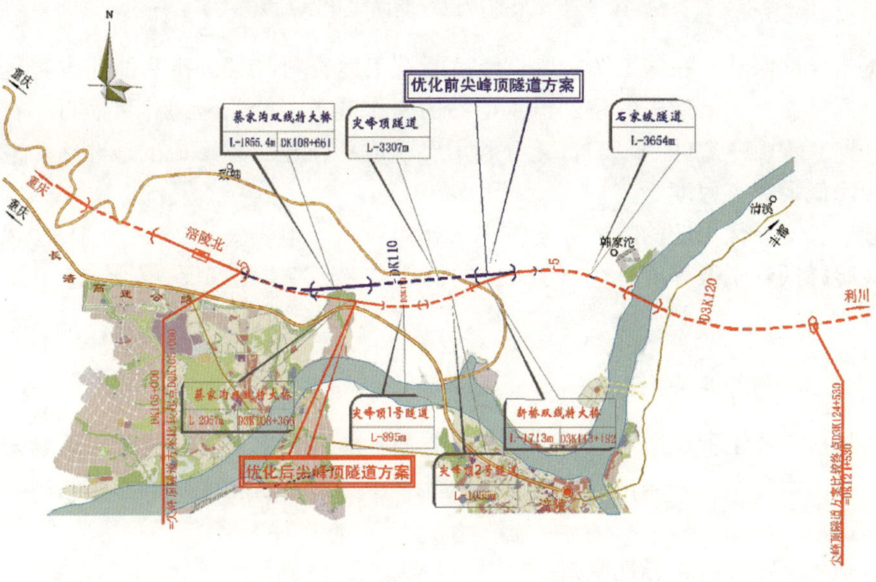


图 6-31　尖峰顶隧道线路方案优化示意图

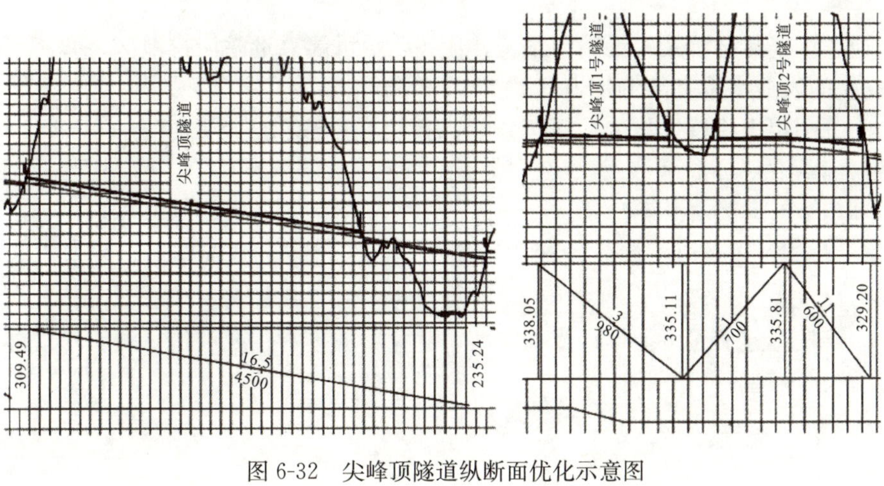


图 6-32　尖峰顶隧道纵断面优化示意图

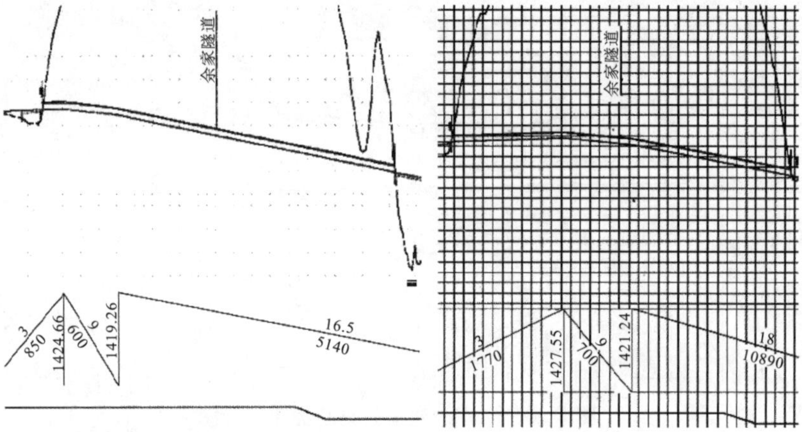


图 6-33　余家隧道纵断面优化示意图

根据指导性原则，在施工图阶段，经过既有工程资料收集分析和线路方案优化后方斗山隧道尽量靠近了已建成的鱼剑口水电站的引水隧道，余家隧道尽量靠近了在建泸蓉西高速公路齐耀山隧道(图 6-25)，充分利用已建成和在建工程形成的漏斗区，减少了灾害发生或降低了灾害程度。

经施工验证，优化后的隧道方案将突水(泥)风险、地表失水(第三方损失)风险、工期投资风险降低到中低程度，达到了减灾的目的，受到各方的好评。

## 6.5　总　　结

岩溶地区主要工程地质问题有以下几个方面：隧道突水涌泥对施工与运营安全的危害以及对地下水环境的影响；岩溶洞穴与松软堆积物对工程稳定性的影响；岩溶塌陷对地表工程的危害。

岩溶地区减灾选线指导性原则：

(1)地貌调查为主，辅助综合勘探，让线路尽可能绕避大的塌坑、陷坑、漏斗、暗河等。

(2)通过调查与分析及验证暗河系统，让线路尽可能靠近暗河排泄区，并将线路穿行于相对安全的岩溶水垂直渗流带内。

(3)充分利用当代桥梁技术，尽可能抬高桥梁两端线位，将隧道置于岩溶水(泉群或暗河附近)的季节交替带之上。

(4)利用该区域既有公路隧道、引水隧道等工程实例，让线路尽量靠近该类既有地下建筑物，并将其置于该既有建筑物形成的漏斗区；或位于其暗河下游，隧道高程高于既有建筑物。

(5)岩溶发育隧道尽可能设计成人字坡，避免反坡排水；或利用横洞，实现隧道顺坡施工。

# 参 考 文 献

曹化平，王科. 2011. 铁路岩溶隧道工程地质选线研究. 高速铁路技术，(1)：31-36.

陈国亮. 1994. 岩溶地面塌陷的成因与防治. 北京：中国铁道出版社.

丁遂栋，孙利民. 1997. 断裂力学. 北京：机械工业出版社.

何小勇，裴志远，毕强. 2010. 渝利线岩溶地区选线技术总结. 复杂艰险山区铁路选线与总体设计论文集. 北京：中国铁道出版社：55-61.

铁道部第二勘测设计院. 1984. 岩溶工程地质. 北京：中国铁道出版社.

铁道部第一勘测设计院. 1999. 铁路工程地质手册. 北京：中国铁道出版社.

王遇国. 2010. 岩溶隧道突水灾害与防治研究. 北京：中国铁道科学研究院博士学位论文.

王子江. 1999. 分宜车站岩溶地面塌陷隐患及整治. 中国综合运输体系发展全书·科技教育集(上). 北京：人民交通出版社：148-150.

赵万强，匡亮，郑宗溪. 2010. 岩溶地表(地下)水环境对山区铁路选线的影响. 复杂艰险山区铁路选线与总体设计论文集. 北京：中国铁道出版社：80-86.

中铁二院工程集团有限责任公司. 2012. 铁路工程不良地质勘察规程. 北京：中国铁道出版社.

Lemmerer J. 1996. Lofer Northern by pass-the larchberg tunnel. Felsbau，14(3)：134-139.

Zojer H. 1997. The effects of tunnelling on nature resource. Felsbau，15(2)：104-107.

# 第 7 章 高地震烈度山区铁路选线

我国的地震活动主要分布在 5 个地震区 23 条地震带上，绝大多数均处于山区，其中青藏高原东缘与四川盆地扬子板块之间地质条件极为复杂，具有活跃的断裂构造体系和高山峡谷地形地貌，是中国大陆地形最陡峭的地方。青藏高原地震区，位于喜马拉雅-地中海地震带上，受太平洋板块和印度板块的挤压，地震断裂带十分发育，是我国最大的一个地震区，也是地震活动最强烈、大地震频繁发生的地区。西部山区铁路的建设，不可避免地要穿越高地震烈度区。

长期以来，工程界关注地震动作用造成工程结构物的破坏，研究结构物抗震设计来减轻灾害损失。发生在山区的地震，如 1989 年美国加州 $M_w6.9$ 级洛马—普雷塔大地震，1991 年格鲁吉亚 $M_w7.0$ 级拉恰地震，1999 年中国 $M_w7.5$ 级台湾地震，2002 年伊朗 $M_w6.5$ 级埃瓦吉地震，2004 年日本 $M_w6.6$ 级新潟县中越大地震，2005 年克什米尔 $M_w7.6$ 级地震，2008 年中国 $M_s\,8.0$ 级汶川地震，2013 年中国 $M_s\,7.0$ 级芦山地震，由于山区复杂地质陡峭地形，地震诱发了大量的崩塌滑坡，对线路工程造成严重破坏。铁路是抗震救灾的生命线工程，一旦遭遇严重震灾，不仅会阻碍抢险救灾，加重次生灾害，而且会严重滞后地区经济的恢复。不同于工程结构物的抗震设计，地震诱发的次生山地灾害只能在线路原则方案确定前解决，在选线阶段采取绕避策略从源头上避免或减轻灾害。

## 7.1 山区地震及其危害

### 7.1.1 “5·12”汶川大地震铁路工程震害

2008 年 5 月 12 日 14 时 28 分，四川汶川发生 $M_s\,8.0$ 级大地震。本次汶川地震发生在地质环境脆弱的龙门山山区，地震引起大量的崩坍滑坡等次生地质灾害，使地震近场区的铁路、公路工程受到不同程度的损坏(中铁二院工程集团有限责任公司，2008；朱颖和魏永幸，2008)。

本次地震，近场区广岳铁路广济—岳家山段(地震烈度Ⅸ～Ⅺ度)、宝成铁路上寺—后坝段(地震烈度Ⅶ～Ⅷ度)、成灌铁路都江堰境内段(地震烈度Ⅶ～Ⅷ度)受损严重，特别是通过龙门山山前断裂的广岳铁路，尤为严重。铁路工程突出、典型震害及其特征有以下几个方面。

1. 桥梁工程

1)近场区的桥梁出现纵向、横向移位，甚至落梁

受地震影响，近场区的广岳、成灌、德天、宝成等铁路，不同程度出现桥梁纵向、

横向移位，其中以广岳铁路最为严重，如图 7-1、图 7-2 所示。靠近龙门山山前断裂的广岳铁路化肥厂中桥出现落梁，如图 7-3 所示。

图 7-1　桥梁纵向移位

图 7-2　桥梁横向移位

图 7-3　广岳铁路化肥厂中桥出现落梁

2)近场区高度较高的桥墩出现破坏

近场区高度较高的桥墩出现破坏，桥墩破坏主要表现为：①桥墩弯曲受压引起混凝土开裂与剥落(图 7-4)，其中，矩形墩尤为严重。②桥墩受剪切，出现沿水平施工缝的剪切破坏，广岳铁路较高桥梁的桥墩几乎全被剪断，有很明显的水平贯通裂缝，多位于墩的下部 1/3～1/6 部位，个别墩有 2～3 道裂缝，裂缝大多在施工缝或其附近部位，如图 7-5 所示。

图 7-4　桥墩开裂与剥落

图 7-5　桥墩沿施工缝的剪切破坏

3)桥梁支座损坏严重

受地震作用梁体发生纵横向移位，造成支座帽栓弯曲、被拔出或被剪断，支座脱离梁体、支承垫石被拉裂，支座上、下板移位，甚至支座倾覆，如图 7-6～图 7-11 所示。(陈克坚和袁明，2008；戴胜勇，2008)

图 7-6　锚固螺栓弯曲

图 7-7　支座受拉脱空

图 7-8　支座移位及倾覆

图 7-9　支座上、下摆错移

图 7-10　垫石被破坏

图 7-11　梁体横移、支座帽栓剪断

## 2. 路基工程

1)傍山路基遭受崩塌落石袭击而损毁

破碎山体或存在不利构造面的陡岩，在地震作用下出现以局部岩块与母岩分离为基本特征的崩塌，该现象十分普遍和突出，其后果也十分严重。本次汶川地震，多条铁路多段傍山路基遭受崩塌落石袭击而损毁，位于震中附近的省道映秀—卧龙线映秀—耿达段、国道213线映秀—汶川段因地震引起的崩塌而几乎全部损毁。宝成铁路109隧道，地震引起南口端崩塌岩石约2万$m^3$，砸毁20余米长的棚洞，中部被约10万$m^3$落石覆压，并将嘉陵江拦腰截断，形成堰塞湖；因塌方造成21043次货物列车脱线，油罐车起火燃烧，致宝成线中断行车283h。2008年6月8日2时40分，达成线金堂—道观音间K302+800处突发岩崩，落石砸断钢轨，并与运行的40074次货物列车相撞。图7-12为宝成铁路区金龟岩大桥右侧200m高处陡岩在地震时发生坍塌，落石砸坏桥台。图7-13为广岳铁路上道的体积近100$m^3$的落石。

图7-12　宝成铁路金龟岩大桥右侧200m高处陡岩坍塌

图7-13　广岳铁路上道的体积近100$m^3$的落石

2)松散土体在地震作用下产生坍塌或滑坡

土坡，特别是松散的土坡，在地震作用下容易出现滑坡。图7-14为广岳铁路一处滑坡，滑坡堵塞河道，形成堰塞湖，继而影响上游地段路基工程。

图7-14　广岳铁路某滑坡

3)地震烈度Ⅷ度及以上地区填方路基普遍出现下沉

现场调查表明，在地震烈度Ⅷ度及以上地区，填方路基普遍出现下沉，路基下沉最大达1m左右，在桥台附近，由于桥路差异变形，路基下沉现象明显、直观。据成都铁路局统计资料，宝成铁路路基因地震灾害引起路堤下沉地段共 39 处(段)，长 49.5km，如广元至广汉 280km 范围内，多数路堤均有不同程度的下沉，桥台后路堤普遍下沉较大，下沉量一般为 30～300mm，最大下沉 500mm。图 7-15 为宝成铁路清江 2 号大桥成都段桥台锥体下沉情况。图 7-16 为广岳铁路某桥台台后填土下沉情况。

图 7-15　宝成铁路清江 2 号大桥成都段锥体下沉

图 7-16　广岳铁路某桥台台后填土下沉

4)部分位于陡坡地段的挡土墙出现破坏

广岳铁路发生坍塌的几处路肩墙均为低矮衡重式路肩墙，除了穿心店车站外，均位于半填半挖的陡坡路基地段，表现为挡墙墙身失稳连同基础一起坠入陡崖。路肩溜坍一般也发生在陡坡路基地段，表现为轨枕以外的浅挖路堑或原地面溜坍后道砟散落，轨枕悬空，如图 7-17 所示(李建国等，2008；舒华武和王兴宁，2008；舒磊和杜世回，2008；张奕斌和侯小军，2008)。

图 7-17　局部挡土墙破坏

### 3. 隧道工程

1)隧道洞口边仰坡坍滑或崩塌

汶川地震中，隧道工程震害相对较少，但隧道洞口边仰坡坍滑或崩塌较多。图 7-18 为广岳铁路某隧道进口段落石上道(甘目飞，2008)。

图 7-18　广岳铁路某隧道进口段落石上道

2)位于断层附近的隧道局部开裂

汶川地震中，位于断层带的个别隧道出现开裂等病害。图 7-19 为宝成铁路朝阳隧道受地震作用出现开裂情况。

图 7-19　宝成铁路朝阳隧道受地震作用出现开裂

汶川地震铁路工程震害现象表明：近场高烈度区(特别是断裂带、不良地质区段)工程震害突出，傍山路基及隧道洞口段遭受崩塌落石袭击，傍山线路潜在地震堰塞湖的威胁。这些突出灾害，对铁路构成巨大威胁且难以采用工程加以克服，需要在铁路规划和选线阶段加以解决。

### 7.1.2 汶川地震对高地震烈度山区铁路选线与设计的启示

汶川地震具有以下特点：①震级高，震源浅，破坏性强。震级为里氏 8.0 级，震源距地表 14km。地表变形剧烈，在映秀-北川主断裂(龙门山中央断裂)，最大的地表垂直和水平位移达 4～6m。沿主断裂，强烈的地表变形，无坚不摧，破坏性极强。②地表破裂延伸长，地震震害重灾区范围大。汶川地震主断裂为龙门山断裂带之映秀-北川断裂，地表破裂由映秀至北川，历时约 100s，断裂延长约 300km。地表破裂延伸长，造成本次地震烈度大于Ⅺ度的极重灾区面积达 680km$^2$，区内房屋几乎完全倒塌，且出现大规模崩塌、滑坡现象；地震烈度Ⅷ度以上区域总面积约 7200km$^2$，区内房屋倒塌或破坏，崩塌、滑坡现象普遍。③汶川地震发生在地质环境脆弱的龙门山，地震诱发的次生地质灾害问题十分突出。据不完全统计，汶川地震造成崩塌滑坡 18000 处。崩塌、滑坡掩埋村庄、城镇，直接造成人员伤亡；崩塌、滑坡造成 35 个堰塞湖，部分堰塞湖造成村庄、道路被淹没；崩塌、滑坡造成道路被掩埋，难以及时清除，峡谷地段，无法迂回，致使救援受阻，给救援工作带来极大困难。受降雨影响，部分滑坡转化为泥石流，部分地震震裂的山体形成新的滑坡，引起水土流失，严重破坏生态环境。地震引起的崩塌、滑坡以及由此衍生的堰塞湖、泥石流等次生地质灾害，在较长一段时间内影响灾区生态环境的恢复，给灾区恢复重建带来巨大的困难。

“5·12”汶川地震突出的地震及地震次生地质灾害，给高地震烈度山区铁路工程选线与设计敲响了警钟，提出了新的挑战。基于减轻地震及地震次生灾害对铁路的影响，笔者认为在高地震烈度山区铁路规划、选线及设计中必须重视以下三个问题，遵守三大原则。

(1)必须重视具有“生命线”意义铁路工程规划与选线。

本次地震，四川境内 9 条铁路、7 条高速公路、16 条国(省)道、2754 条农村公路不同程度受损，其中通往重灾区的道路受到严重破坏，当救灾人员、救灾物资源源不断快速流向灾区时，却因通往重灾区的道路全部损毁，外面的人员、物资进不去，里面的伤员、信息出不来，给救援工作增加了极大的难度。对于高地震烈度山区，如何做好“生命线”工程的规划与选线，需要反思和研究。

(2)必须重视基于预防地震次生地质灾害的综合选线。

“5·12”汶川地震诱发大量崩塌、滑坡、泥石流等次生地质灾害，对道路工程造成巨大破坏，同时对灾后恢复重建影响巨大。高地震烈度山区道路工程规划设计，必须重视基于预防和减轻地震诱发崩塌、滑坡等次生地质灾害的综合选线和总体设计，绕避潜在地震诱发大型次生地质灾害的地段。

(3)必须重视地震近场效应及近场区工程选线与工程选型。

在地震近场区，尤其是断裂带附近，地表出现强烈的隆起、沉陷、断裂、移位等变形，桥梁、路基工程震害十分突出，通过断裂带的隧道也有损坏。对于高地震烈度山区道路工程，应重视地震近场效应，做好近场区工程的规划与设计，选择有利于防灾减灾的工程形式通过。

## 7.2　高地震烈度山区铁路综合选线与总体设计

### 7.2.1　高地震烈度山区铁路综合选线原则

规划建设的成都—兰州铁路，位于著名的“南北向地震构造带”的中段，穿越“5·12”汶川地震发震断裂带——龙门山断裂带。龙门山地质构造强烈，大型活动性断裂密集，影响范围广(宽度近 60km)，属典型的高地震烈度频发及波及区。“5·12”汶川地震，破坏和改造了龙门山断裂带的地质环境，特别是诱发了大量的地质灾害，给通过该地区的成都—兰州铁路的选线和工程设计带来巨大的挑战。结合成兰铁路选线，中国中铁二院工程集团有限责任公司主持开展了《成兰铁路地震次生地质灾害特征及分布规律研究》、《成兰铁路高地震烈度山区铁路综合选线关键技术研究》等课题研究。基于前述高地震烈度山区铁路综合选线三大原则，在相关研究成果的基础上，总结提出高地震烈度山区铁路综合选线原则意见 16 条(朱颖等，2009)。

(1)高地震烈度山区铁路选线，应综合考虑地质、地震因素，重视活断层、不良地质等特殊场地的地震放大效应、近场区的地震近场效应，线路应绕避大型不良地质发育地段、绕避地震及地震次生震害严重地段；必须通过时，应以简单易修复的工程形式通过。

(2)对于活断层，线路应绕避，无法绕避时应选择活动性相对较弱的安全岛通过，或在断层宽度较窄处以大角度通过。

活动断裂，地震作用下容易产生破裂，地震及地震次生地质灾害往往沿活动断裂呈带状分布。因此，铁路选线首先应绕避活动断裂，无法绕避时则应选择活动性相对较弱的“安全岛”通过，或在断层宽度较窄处以大角度通过，尽量降低地震及地震地质灾害对铁路的影响。

(3)铁路重大、复杂工程应尽量躲开绕避断裂束，线路不宜在断裂束，特别是断裂密集处、交汇处及活动断裂的端点、拐角处，设置大中桥、高桥、隧道、高填深挖等难以修复的大型建筑物。

活动断裂的一些特殊构造部位是强震发生的处所，如不同方向的活动断裂的交汇部位，活动断裂的拐弯段，活动断裂的端点等都是强震发生的可能部位，其中以不同方向的活动断裂的交汇部位发震的概率最高。因此，应尽量避开这些地段。同时在此段内不宜修建重大的或难于修复的建筑物，如隧道、大桥和高桥等，最好是以易于抢修的低填浅挖路基通过。

(4)对于宽大的活动断裂带，线路应在查清区域性活动断裂结构和稳定性差异的基础上，选择相对稳定的部位通过，重点工程必须置于“安全岛”内。

活动断裂带内不同构造部位具有不同的活动性，应在查清区域性活动断裂结构和稳定性差异的基础上，选择相对稳定的部位通过，重点工程必须置于“安全岛”内，降低地震对重点工程的影响。

(5)线路不应在活断层主动盘迂回展线，工程应尽可能布置于构造被动盘。

受发震断裂主动盘效应影响，断裂主动盘地震效应大于被动盘，断裂主动盘地震灾害重于被动盘，地震地质灾害密度也远远大于被动盘，断裂主动盘水平应力大于被动盘。

而地震构造被动盘相对稳定，震动、位移相对较小，不仅可减小对工程的破坏性，而且，还可大大降低因地震引起的山体崩塌、滑坡、泥石流等地震次生灾害对铁路工程的危害性。因此，线路应避免在断裂主动盘迂回展线，降低地震及地震地质灾害对铁路的影响，线路与活动断裂平行时应将线路置于构造被动盘，减小地震及次生灾害对铁路的破坏。

(6)线路应绕避潜在地震诱发次生地质灾害的地段，尽量选择在工程地质条件相对良好、地形开阔平坦或缓坡地段。

地震地质灾害主要为崩塌、滑坡、泥石流等重力不良地质现象。地形陡峻，形成临空面是形成重力不良地质现象的必要条件。线路选择在工程地质条件良好、地形开阔平坦或缓坡地段，可预防地震地质灾害对铁路的破坏。

(7)线路应选择在非液化土层或液化土层范围较窄的地段通过。

饱和砂与饱和粉土在地震时可能产生液化现象，而使其承载力大幅度降低，甚至完全消失，如通海、昭通、海城及唐山地震，都有许多实例说明这一点。所以应尽量选择在非液化地段或液化层埋藏较深及最窄地段通过，并且不应将液化层直接作为建筑物的持力层。

(8)线路应避免短隧道群，洞口位置的选择应贯彻“早进晚出”的原则，洞口宜接长明洞。

隧道洞口是崩塌落石多发地段，在地震力的作用下极易发生斜坡重力地质灾害，而且一旦因地质灾害造成隧道内列车出轨、翻车事故，抢险救灾困难极大，极易形成灾害链。线路应避免短隧道群，洞口位置的选择应贯彻“早进晚出”的原则，应采取“无仰坡进洞”，洞口宜接长明洞。

(9)峡谷地段，线路应尽量避免以傍山明线方式通过。

地震地质灾害具有沿沟谷呈线状分布的特点，顺河傍山地段，在地震力作用下极易诱发崩塌、滑坡、泥石流等地震地质灾害。为避免地震次生地质灾害对铁路的破坏，峡谷地段，线路应避免以傍山明线方式通过，线路内移以隧道通过。

(10)河谷地段应选择合理线路高程，避免地震形成堰塞湖衍生洪水灾害对铁路的破坏。

在河谷地段应研究地震诱发大型古(老)滑坡复活和产生大型滑坡的可能性，预测大型滑坡堵塞河流形成堰塞湖的可能性。评估堰塞湖造成上游水位上涨和堰塞湖溃决衍生洪水灾害对铁路的系统破坏，选择合理线路高程，避免堰塞湖衍生洪水灾害对铁路工程的系统破坏。

(11)线路应绕避潜在产生大型滑坡、崩滑的顺层地段。

在地震力的作用下，顺层地段极易大范围发生顺层滑坡、崩滑，而反倾地段大多发生浅表崩塌、岩屑流，相对破坏性较弱。因此，线路应尽量走反倾坡。

(12)线路通过泥石流发育区时，应选择合理平面位置和高程，从有利部位以合理工程类型通过，避免地震诱发泥石流灾害对铁路的破坏。

地震形成大量松散堆积物，为泥石流的发生提供了丰富的松散固体物质，在强降雨的作用下极有可能形成泥石流。线路应选择合理平面位置和高程，从泥石流有利部位以合理工程类型通过，避免地震形成泥石流灾害对铁路的破坏。

(13)线路应绕避潜在不稳定斜坡、松散的山坡堆积层以及可能发生大规模滑坡、崩塌的不稳定悬崖深谷、高耸孤立山丘等易发生地震次生地质灾害地段。

山坡严重变形、不稳定的悬崖深谷地段自然边坡稳定性差，在地震力的作用下极易失稳，发生滑坡、崩塌、泥石流等重力不良地质灾害。易塌陷的地下坑洞在地震力的作用下极易发生震陷。高耸孤立的山丘对地震波有放大作用。这些地段均为易发生地震次生地质灾害地段，线路应绕避。

(14)隧道洞口应避开崩塌、滑坡、错落等不良地质发育地段和单薄的山脊、孤立山头等不利地段，洞口宜选择在坡面顺直，岩体完整地段。

隧道洞口一旦因地质灾害造成隧道内列车出轨、翻车事故，抢险救灾困难极大，极易形成灾害链。所以隧道洞口应避开崩塌、滑坡、错落等不良地质发育地段和单薄的山脊、孤立山头等抗震不利地段，洞口宜选择在坡面顺直，岩体完整地段。

(15)以隧道穿越动性断裂时，从有利于救援角度，应选择合理位置通过，双线铁路宜分修。

活动断裂不宜处于长大隧道洞身段，以免救援困难，不得已以隧道穿越活动性断裂时应考虑调整线位使其处于洞口附近以利于破坏后的修复及救援。

(16)特殊结构、高墩、大跨桥梁不得跨越活动性断裂。

地震地表破裂大多沿着活动断裂发生。地表破裂产生位错可造成桥梁断裂、落梁等重大灾害。特殊结构、高墩、大跨桥梁修复困难，因此，特殊结构、高墩、大跨桥梁不得跨越活动性断裂。

### 7.2.2　高地震烈度山区铁路总体设计原则

高地震烈度山区铁路勘察设计，除做好铁路综合选线外，还必须做好工程选型，做好工程总体设计。结合成兰等高地震烈度山区铁路设计，归纳总结高地震烈度山区铁路总体设计原则意见。

(1)破碎地层深挖方地段，优先选择隧道通过。

隧道是一种对抗震较为有利的构筑物，对于破碎地层深挖方地段，应优先选用隧道通过。

(2)穿越活动断裂带，应选择易于修复的工程形式通过。

线路穿越活动断裂带，应选择易于修复的工程形式通过，应优先选择路基通过，若需设置桥梁跨越的，须设置低矮、简支结构桥梁。

(3)位于堰塞湖下游的铁路桥梁，应采用一跨或大跨方案跨越主河槽。

位于堰塞湖下游的铁路桥梁，一般不宜在主河槽内设置桥墩，若必须设置桥墩，则应在其上游增设防护工程，对桥墩进行横向冲击力检算，确保发生泥石流时桥梁的安全。

(4)路基支挡应选用抗震性能较好的轻型支挡结构。

从地震震害情况来看，高大的重力式挡土墙抗震性能较差，而轻型支挡结构如加筋土挡土墙、锚杆挡土墙、桩间挡土墙、桩板墙或桩锚结构等抗震性能较好。因此，在高烈度地区宜采用上述轻型支挡结构。高烈度地区宜采用锚杆(索)框架梁护坡，不宜采用喷锚网护坡。

(5)桥台后高路堤应优先选用加筋路堤。

汶川大地震中铁路桥台路堤破坏严重，而加筋路堤抗震性能良好，桥台后高路堤应优先选用加筋路堤，竖向间隔0.6m满铺一层高强度水平土工格栅加筋。

(6)石质路堑开挖应采用光面爆破、预裂爆破等控制爆破技术。

常规的爆破开挖方法(大爆破施工)由于冲击和震动作用，使路堑边坡岩体破碎、松动，稳定性降低，对抗震非常不利；由于岩体结构松动，地震时容易产生崩塌落石等严重震害。采用光面爆破、预裂爆破等控制爆破技术能够很好地解决上述问题。

(7)加强隧道洞口段落石防护。

隧道洞口段，应采取加强落石防护的措施，有条件时尽量延长明洞，并做好防落石措施。桥隧相连地段，如果有条件，隧道尽量延长，并遮盖桥台，避免危岩落石对线路可能造成的损害。

(8)隧道穿越活动断裂带时应预留变形条件。

隧道穿越活动断裂带时，除对衬砌进行相应加强外，还应采取改变衬砌洞形，加大断面净空，加密设置变形缝，使之具有一定的错位适应能力及补强空间。

## 7.3 基于构造地貌与断裂活动特征的廊道选择

选线设计是整个公路、铁路设计中一项关于全局的总体性工作，高地震烈度山区的选线，不但是从源头上减轻地震灾害，而且在节省初期投资和减少未来地震灾害风险的矛盾中起着统筹规划作用的多目标决策过程。目前国家标准和铁路公路行业规范并未设定不能修建道路的禁区，是否采用通过高地震烈度区的方案，仍应是通过技术、经济、灾害风险等多方面因素综合比选后决定。若从全局考虑认定通过高地震烈度区为最为有利的方案时，除按规范进行工程抗震设计外，更重要的是在选线设计各作业阶段都需贯彻风险调控的理念，最大限度地减少风险。

选线设计中的走向选择即确定线路的基本交通廊道，是选线设计中关系线路全局的最根本问题。线路走向是否合理，直接关系到线路本身的工程建设和运营效果，影响路网结构、沿线社会经济效益等。

高地震烈度山区，由地震引起的震害主要反映在两个方面：第一，由于地震作用造成地面破坏所导致的各种工程破坏，在山区，主要是斜坡失稳、山坡变形等，这种震害是间接的；第二，直接由地震的振动作用造成工程上的破坏，属直接工程震害。实震资料说明，地震触发崩塌、滑坡造成道路工程的损毁远大于直接由地震振动作用造成的工程直接震害。总体上看，地震触发山地灾害对道路的影响，远大于地震振动直接作用造成工程的破坏，成为道路工程震害的主要形式。对山地灾害的预防(防治)不能单纯依靠工程措施，应该主要在线路设计的源头——选线阶段就开始考虑。

### 7.3.1 线路工程可利用的构造地貌

干线公路和快速铁路采用较高的技术标准。设计行车速度越高，对线路几何线形的要求越苛刻。尤其是铁路线形，为保证机车车辆在曲线上运行安全、轮轨间的接触正常及牵引质量，铁路对线路几何形态平顺的要求比公路高得多，要求的最小曲线半径大、限制纵坡小。在山区自然条件制约和公路铁路自身技术标准限制的条件下，山区线路定线时可选择余地小，被择方案相对就少。由于在区间定线阶段优化余地小，所以优化设计的重点只能是放在更宏观的作业层面上，更应注重交通廊道以及大范围方案的比选。

## 1. 山间小盆地与断裂相伴生

地形决定了选线条件，并在很大程度上影响线路的主要技术标准。高地震烈度山区多为新构造运动的造山带，强烈的构造运动使区域地形地貌陡峻，地形条件往往成为该区域线路的控制性因素。

在地形陡峭的山区常常会镶嵌一些宽谷或线状分布的盆地，这些在崇山峻岭中镶嵌的平缓、顺直的盆地在历史上一般已自然演化形成经济据点和交通廊道，成为铁路应利用的有利地形，铁路从此通过也符合服务地方，满足社会、经济要求的宗旨。此外，崩塌、滑坡、泥石流是山区铁路常年遭受的山地灾害，其发生频率远远大于地震，利用山区盆地布线还能有效地减轻铁路服务期内的山地灾害。

但这些山间盆地往往是活动断裂所塑造的地貌，它们沿断裂带分布，受断裂控制，盆地边缘多为断层，是与断裂相关的构造盆地。如上述中鲜水河流域，就是与鲜水河断裂带相伴生的山间盆地。这些山间盆地的形成演化与断裂带的构造变形具有较好的对应关系，根据盆地形成与构造作用的关系，Allen 等(1990)将这些构造盆地分为挠曲类盆地、伸展类盆地和走滑类盆地三大类，分别沿逆断层、正断层与走滑断层走向分布(图 7-20)。

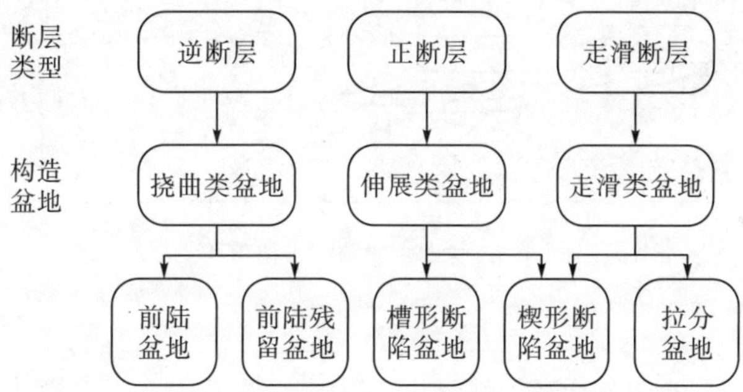


图 7-20　与断裂相关的构造盆地

这种分类方法既阐明了盆地的形成机制，又揭示了盆地的构造性质。Liu(1986)指出，断裂构造盆地的应力环境和盆地边界的控制断层是一致的。根据活断层及附近区域大量地应力测量结果，逆断层挠曲类盆地的应力状态为 $\sigma_{H\max} > \sigma_{H\min} > \sigma_z$，正断层伸展类盆地的应力状态为 $\sigma_z > \sigma_{H\max} > \sigma_{H\min}$，走滑断层、走滑类盆地的应力状态为 $\sigma_{H\max} > \sigma_z > \sigma_{H\min}$。其中，$\sigma_z$ 为垂直应力，实测垂直应力基本等于上覆岩层的重量，即 $\sigma_z = \gamma H$；$\sigma_{H\max}$，$\sigma_{H\min}$ 分别为最大、最小水平应力。

## 2. 断裂构造盆地

### 1)挠曲类盆地

挠曲类盆地是在挤压性造山过程中，岩石圈褶皱冲断，在俯冲、挤压和逆冲负荷作用下岩石圈弯曲沉降并充填而形成压陷盆地。在造山带前缘的稳定地区，挠曲类盆地被称为前陆盆地(图 7-21)，大型挠曲类盆地多是板块或地块碰撞挤压形成的前陆盆地。随着远离造山带，前陆盆地的挠曲作用减弱，并在前缘隆起，形成低山丘陵。如成都盆地是龙门山前陆盆地，龙泉山则是成都盆地的前缘隆起(李勇等，2006)。随着逆冲带向前扩展，前陆盆地被卷入褶皱中，造山带不断加厚并向前陆推进，原前陆盆地被推覆掩盖、破裂萎缩，有可能在造山带内部残留小盆地，如雅江盆地就是前陆盆地边缘的残留盆地(颜仰基和吴应林，1996)。

根据挤压构造应力的差异和边界逆冲断层结构变化，挠曲类盆地可分为三种基本类型：单侧断裂型挠曲盆地、对冲断裂型挠曲盆地和叠瓦断裂型挠曲盆地。单侧断裂型挠曲盆地一侧发育褶皱和逆断层，另一侧由于地壳弯曲形成前缘隆起高地，盆地沉积不对称，靠近断裂一侧盆地沉积较深(图 7-21)。对冲断裂型挠曲盆地两侧都有逆冲断层发育，且断层逆冲方向相反，盆地是在两条对冲式逆断裂中形成的压陷盆地，盆地两侧边缘都有较深的沉积(图 7-22)，江西萍乐拗陷带就是这类盆地的典型代表。叠瓦式断裂型挠曲盆地两侧都有逆断层发育，断层逆冲方向相同，断裂大致平行排列，如图 7-23 所示，盆地位于两条叠瓦式断裂间的楔形体洼地。叠瓦式断裂型挠曲盆地多是在逆冲带向前扩展过程中，原单侧断裂型挠曲盆地基础上发展而来的，随着持续的构造作用，盆地易被推覆掩盖、破裂萎缩。

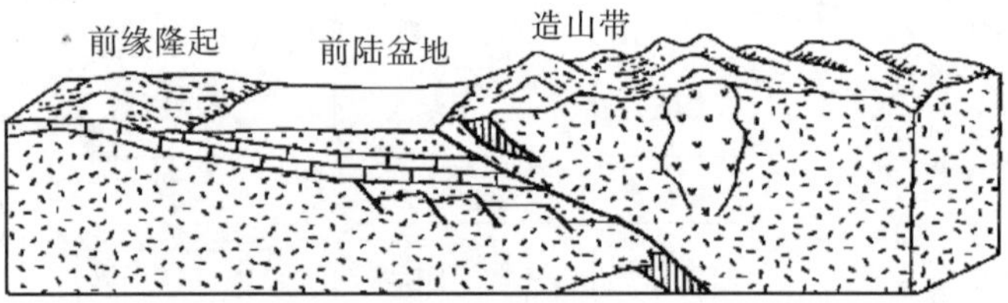


图 7-21　前陆盆地示意图(刘和甫等，2000)

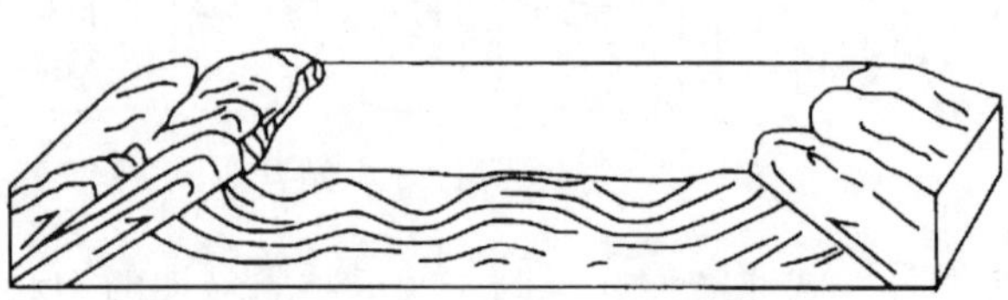

图 7-22　双侧断裂型挠曲盆地示意图

图 7-23　叠瓦式断裂型挠曲盆地示意图

2)伸展类盆地

伸展类盆地是在拉张应力状态下，伴随正断层的拉伸扩张而陷落形成的断陷盆地。山区正断层形成的机理与受区域构造引张的平原地区有明显的不同。目前普遍认为，地壳表层岩石中断裂是一个脆性剪裂面，剪切滑移是形成断层的普遍力学模式。由于地面与空气间无剪应力作用，形成断层的三轴应力状态中，有一主应力轴垂直地平面，根据这一假设，Anderson(1951)分析了在均质介质体中形成正断层的应力状态为 $\sigma_z > \sigma_{H\max} > \sigma_{H\min}$，这也和大量正断层附近观测结果相符合。正断层的应力状态和莫尔应力圆(图 7-24)表明，引起正断层的有利条件是：最大主应力在铅直方向上逐渐增大，或者最小主应力在水平方向上减小，水平拉伸和铅直上隆是最适合于发生正断层的应力状态。

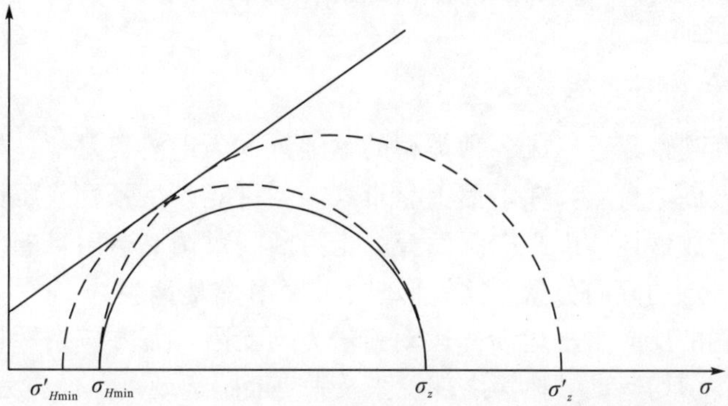


图 7-24　正断层的应力状态和莫尔应力圆

在造山带区域挤压应力场作用下，受强烈挤压的地壳物质一方面在水平向缩短，另一方面在垂向增厚，自由地表抬升，$\sigma_z$ 增大，发育一些与主压应力方向一致的正断裂，形成一些与主压应力方向垂直的小断陷。如青藏高原地区，南北向的区域挤压应力，但在高原内部发育有走向南北、北北东、北北西的喜马拉雅张裂系断裂。另一种情况是在主压应力作用下派生次级构造形成局部拉应力。在区域挤压应力场作用下，发育一些轴面或断面与主压应力方向近于垂直的褶皱，但在褶皱轴部，则转化为拉张作用，形成一些与主压应力方向平行的局部拉张应力场，发育与褶皱轴向一致的断陷盆地。如青藏高原内部在晚新生代发育了多种类型、以近东西向和近南北向为主的伸展构造。

山区断陷盆地以断层为界与山地分隔，边界断层形成高大的断层崖和断层三角面。在平面上盆地沿断层线呈长方形或菱形，在剖面上受断层围限方式控制，单侧有断裂形成楔形断陷盆地(图 7-25)，双侧有断裂形成槽形断陷盆地(图 7-26)。盆地内堆积有较厚的第四纪松散沉积物。断陷盆地基地常有一些正断层发育，形成一些小型地堑或地垒，构成复式断陷盆地。

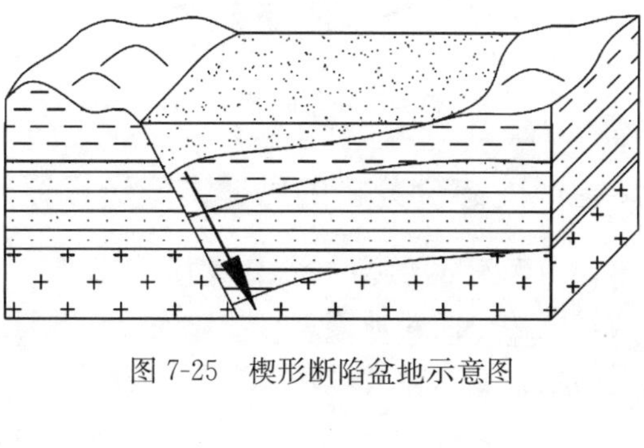

图 7-25　楔形断陷盆地示意图

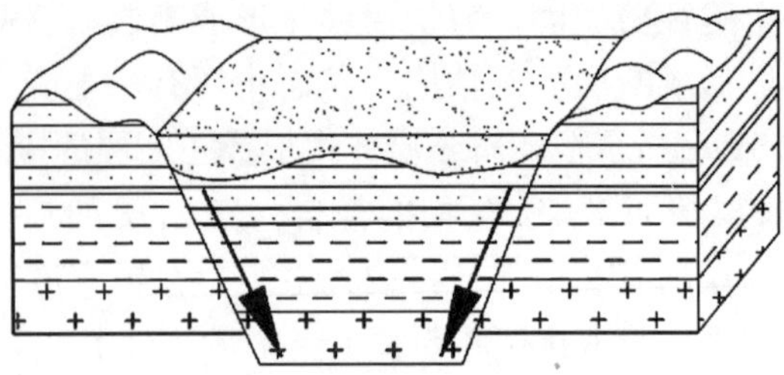

图 7-26 槽形断陷盆地示意图

3)走滑类盆地

沿大型走滑断裂带附近形成各种类型的盆地统称为走滑类盆地，如果是纯的走向滑动断层，断层在剖面上直立，在平面上呈直线，不可能产生张性或压性分量，断裂两侧岩体守恒，不能形成盆地。山区广泛发育的走滑断裂对调节造山带的差异压缩和伸展具有重要作用，有一定的倾向分量，这就形成了山岭和盆地地貌。

由于断层两侧的反向水平运动，运动前进方向受限，后方应力亏损，在断层末端产生分支正断层，将剪切运动转换为局部拉张及垂直断陷运动以实现应力调整而终止破裂，因而形成楔形断陷盆地。单条走滑断裂在地貌上表现为断裂前端的隆起山岭和末端的断陷盆地。走滑断层一般不会单独出现，而往往是多条走滑断层羽列状阶步叠接组成走滑断裂带，由于两条羽列状断层之间相向运动，往往发育拉分盆地(图 7-27)。拉分盆地是沿走滑断裂带发育多且大的盆地，在右旋右阶或左旋左阶条件下形成，多呈菱形或狭长矩形。拉分盆地的规模变化很大，大者长逾百公里，宽数十公里，小者长数百米，宽只有数十米，如甘孜盆地就为鲜水河断裂带和玉树－甘孜断裂带形成的大型拉分盆地，盆地宽 20km。在形成演化过程中，拉分盆地的宽度相对稳定，决定于两条边界走滑断层的间隔，长度决定于两条边界走滑断层的重叠距，并随着走滑断层持续滑动而不断增长，一般长宽比达 3 即停止发育。

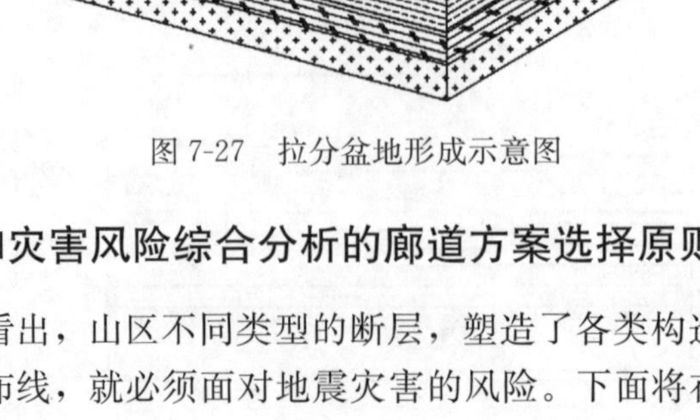

图 7-27 拉分盆地形成示意图

## 7.3.2 基于地形和灾害风险综合分析的廊道方案选择原则

从上述介绍可以看出，山区不同类型的断层，塑造了各类构造盆地，若要利用这些地形条件有利的区域布线，就必须面对地震灾害的风险。下面将在对不同类型断裂的活动性与强震震害特征分析的基础上，提出廊道方案选择的原则。

1. 近逆断层的选线原则

逆断层的活动性特点是高震级低频率，需要较长的时间累积应力应变，一般地震活动周期较长。强震作用的上下盘效应明显，上盘产生宽广的地表变形和破坏，分支和次级断裂发育。而下盘挤压下陷，活动性弱，破坏效应沿主断裂迅速衰减，如图 7-28 所示，汶川地震触发崩塌、滑坡面积距断层衰减关系表明，在上盘 20km 后衰减，在下盘 6km 后迅速衰减(崔鹏等，2011)。前陆盆地范围很广，一般线位具有远离断裂带的条件；若铁路必须建设在断裂附近时，线位应选择在下盘的盆山过渡区域，这样相对可减轻地震风险。而对于前陆残留盆地，已被卷入断层上盘之中，地震破坏作用强烈，不建议选线利用。

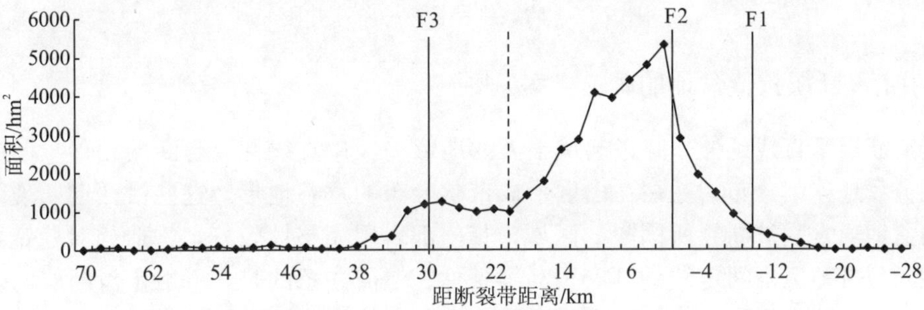


图 7-28　汶川地震触发崩塌、滑坡面积距断层衰减关系(崔鹏等，2011)

2. 利用正断层断陷盆地的廊道方案原则

正断层从地震破坏效应来看，由于上盘效应，地震破坏作用比下盘强，对线路是不利因素；但上盘的断陷盆地在地形上有利，同时海拔较下盘低，可大幅降低线路高程。由于正断层以张性为主，断层面的正应力小，摩擦阻力也低，所以正断层仅需较小的应变能量即可位移，因此产生的地震能级较小。如有历史记录的正断层地震超过 7 级的仅两次，最大的一次是 1959 年 Hebgen Lake $M_w$7.29 级地震(王海云，2004)。综合考虑地震风险和地形条件，一般仍建议铁路沿正断层上盘断陷盆地布线，并采用工程抗震设计抵御地震风险。

当雄-羊八井断裂带位于年青唐古拉山东南麓，总体走向北东、南北展布，是班公湖-班戈-嘉黎地震带中段的次一级地震构造带，主要由正断层和左旋走滑断层组合而成，断层倾角 50°～66°。正断层控制了明显的地貌特征，由桑雄、谷露、当雄、宁中、羊八井、吉达果六个盆地及其间的烟它、九子拉、当雄南、宁中西南、羊八井南五个横向隆起组成，全长 240km，宽 5～25km，是一条狭长的断陷谷地带(李祥根，2010)。青藏铁路古露—羊八井段利用该断陷盆地布线约 150km(图 7-29)，该段线路地形平坦、工程简易，并使线路高程控制在 4300～4600m 内(盆地西北侧为高原面，海拔 6000m，盆地东南侧为藏东三江深切河谷区，山地平均海拔达 5500m)，避免了海拔过高出现的多年冻土问题。青藏铁路古露—羊八井段是利用正断层上盘断陷盆地选线的成功范例。

图 7-29 青藏铁路古露—羊八井段

3. 利用走滑断层构造盆地的廊道方案原则

走滑断层呈直线延伸，穿过起伏很大的地形仍保持直线性，与断层相伴生的断陷盆地和拉分盆地连续分布，往往在山区形成带状分布的宽谷地形。这些沿活动断裂带间断分布的盆地通常是被断裂所围限的区域，其内部岩层完整性较好，构造相对稳定，符合活动性断裂带地区空间定线的“安全岛”条件。但需注意的是，一般走滑断层的发震频率较高，也可能发生强震，为此提出采用简易工程的风险调控策略。线路通过走滑类盆地，由于不受高程障碍的限制，只需注意绕避平面障碍，因此可大量采用路基工程，修建一条桥隧比例低、造价省、受灾后容易修复的线路，实现以简易工程为主体通过走滑断裂带密集区的理念(姚令侃等，2012)。此外，走滑断层的断错地貌迹象明显，如断错水系、断错阶地、断塞塘等。根据这些地貌标志，容易准确地确定断裂带的位置，为定线阶段避让断层提供较精确的信息。

安宁河断裂带处于康滇地轴的轴部，是川滇南北构造带的重要断裂带。断裂带分为东、西两支，近平行展布，两支间距 4～9km。断裂总体上呈南北走向，倾向东或西，倾角 60°～80°。安宁河断裂带控制了现代地貌的发育和断陷谷、断陷盆地的发育。冕宁—德昌段，在东、西两支断裂之间的狭长地带，自第四纪以来因两侧断裂强烈活动而形成了典型的断陷盆地，并堆积了巨厚的第四纪地层。冕宁—石棉段，总体上处于隆起状态，但其两侧分布有一系列断陷盆地。东支断裂东侧有孟获城盆地、拖乌盆地、中心乡盆地、曹谷盆地等，西支断裂西侧有冶勒盆地、大桥盆地、惠安盆地、冕宁盆地等(唐荣昌等，1993)。中更新世以来，西支断裂失去了早先的强烈活动，晚更新世以来的主要活动集中在东支断裂上(苏生瑞等，2002)，通常所谓的安宁河活动断裂带是指西昌以北段的东支断裂。成昆铁路沿安宁河宽谷段走线约 90km(图 7-30)。安宁河流域是我国著名的泥石流密集分布区，铁路漫水湾—德昌段沿线分布有泥石流沟 53 条，以沟谷型泥石流为主。由于该段河谷宽缓，谷宽平均达 5km，阶地开阔，泥石流洪积扇可自由发育，泥石流动能至洪积扇前缘已消减殆尽，线路在大型洪积扇前缘通过。40 余年的运营实践表明，该段的泥石流灾害比两段毗邻区段峡谷段的灾害少得多，应该说是成功的铁路选线设计。

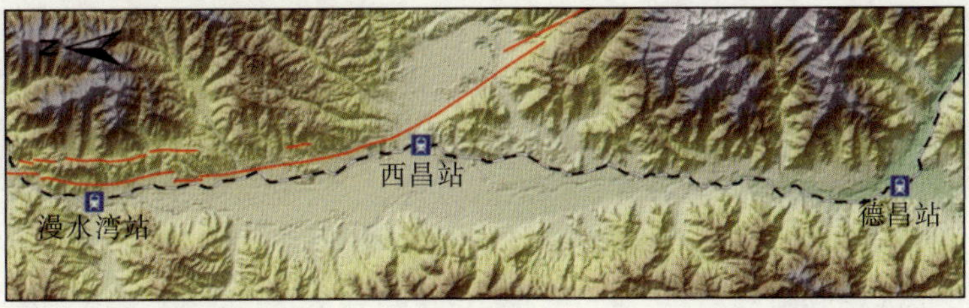


图 7-30　成昆铁路漫水湾—德昌段

# 7.4　基于地震波传播地形效应的定线技术

廊道方案确定后的区间定线，就是在廊道范围内择优选择地质条件、气候条件、地形条件综合好的部位通过。对线路定线有影响的因素众多，选线是一个综合的过程，往往需要考虑各种外在因素。但本节仅从地震波的角度，从地震波传播的地形效应来来谈减灾选线要点。风险调控的重点是尽量选择在地震动作用相对较弱的部位通过。

与平原地区相比，山区地震动更为复杂，如 1971 年，Pacoima 坝左岸山体顶部在 San Fernando 地震事件中记录到高达 1.25$g$ 的加速度(Boore，1972)，表明地震波在山区的传播特性受地形效应的影响。地震波的地形效应一直是研究的前沿和热点问题，目前还没有明确定量估计地形效应的方法，只是对一些典型地形得出了比较一致的定性结论，通过大量的宏观震害调查、地震仪观测、理论分析和模型试验(Boore，1972；邢伟，2007；赵嘉喜等，2008)，对孤立凸出地形的地震动放大效应达成了共识，自然山体上部的陡缓转折部位、单薄孤立山脊是地震动放大效应的凸出地形(邱燕玲等，2014)。Bard 用三种主要物理现象对地形效应进行解释：地表振动对入射波的入射角有很强的敏感性，尤其是 SV 波在临界角附近入射时；地形起伏形成的不规则几何体，以及地表表层介质不均匀性形成的横向介质变化，在地震波的传播过程中起到聚焦或散焦作用；体波和面波在特征地形下产生的向下和向外传播的散射波，以及散射波与直射波之间的干涉作用(Bard and Riepl-Thomas，1999)。

地震触发崩塌、滑坡受震中距、地形以及地质这三大因素的影响(黄润秋和李为乐，2008)，但在相同岩性条件下，邻近斜坡的崩塌、滑坡发育差异直接反映了斜坡地震动的强度差异，体现了地形这一因素对地震动的影响。在缺乏地震监测台阵数据记录的情况下，地震触发崩塌、滑坡为观察地震宏观地形效应提供了一种有效途径。

## 7.4.1　地震动高程放大效应与定线要点

地震动沿一维高程放大的效应一直是地形效应中最为关注也是最富争议的问题。国内外都通过地形监测台阵获得了一些反映地震动沿山体高程变化的数据，如美国 Kagel 山、Josephine 山(Davis and West，1973)，山顶与山脚两测点相比表现出放大效应，希腊 Sourpi 山、法国 Mont Saint Eynard(Pedersen et al.，1994)、中国四川自贡西山公园(王海云和谢礼立，2010)多测点表现出放大。美国 Robinwood Ridge(Hartzell et al.，1994)，中国青川东山、狮子梁、桅杆梁，绵竹市九龙镇清泉村山前斜坡(罗永红，2011)多次监测结果表现出沿高程加速度变化无明显规律性。总体上看，这些监测结果并没有一致的结论，但基本上还是给出了一个共性结论，即山顶对山底存在一种放大效应。

铁路选线廊道方案选择和确定大段落线路高程时，考虑的尺度是宏观山势或地势台阶，高程效应是否在区域性的尺度上体现，这才是铁路选线关注的问题。采用震后遥感影像解译并结合野外调查的方法，在 3300km$^2$ 芦山地震灾区范围内解译出 1792 个崩塌、滑坡等地震次生斜坡山地灾害，海拔分布范围为 600～2800m。采用空间分辨率为 30m 的 DEM 进行空间分析获取高程信息，按每 200m 间距划分区间，分别统计Ⅸ、Ⅷ、Ⅶ度区各高程区间的面积及其区间内的灾害面积，得出Ⅸ、Ⅷ、Ⅶ度各高程区间的灾害密度分布图(图 7-31)。从图中可以看出，在芦山地震灾区，灾害密度与区域性海拔高程并没有明显的关系。

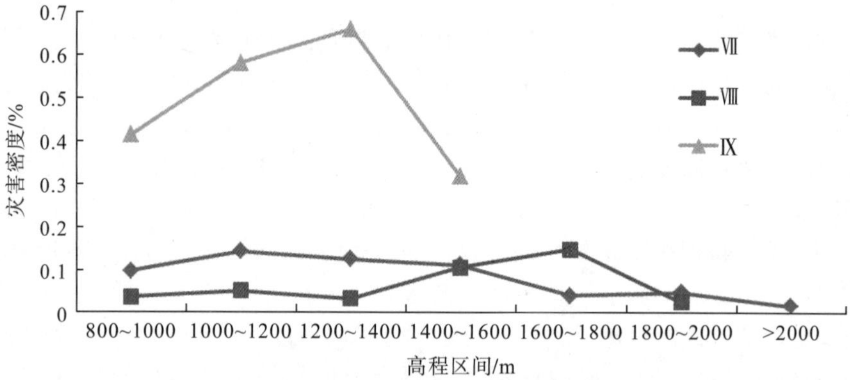


图 7-31　各高程区间灾害密度

为了进一步分析高程放大效应对选线的影响，对单条线路进行了详细的考察。县道 X074 太平镇中林村—大川镇处于芦山地震的Ⅷ、Ⅶ度区，线路总长 30km，是一条越岭线，线路最高处垭口和中林村之间的海拔高差达 550m。线路总体走向与主震断裂(大川—双石断裂)走向一致，距该断裂带的距离约为 0.5～1.5km。线路通过地层为三叠系须家河组浅灰色厚层中粗粒、细粒岩屑砂岩，线路平面及沿线 48 处边坡塌方灾害分布如图 7-32 所示。

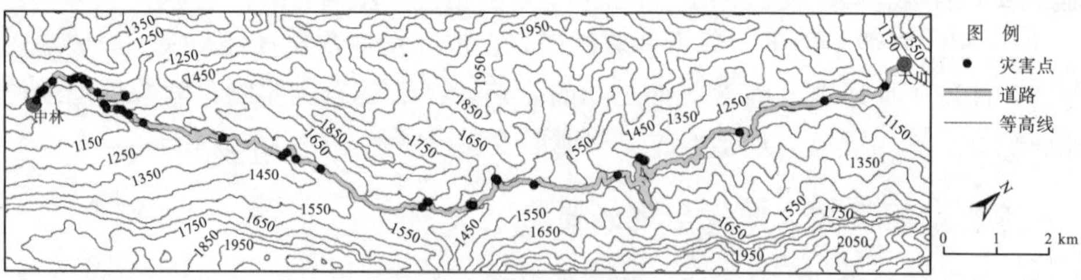


图 7-32　线路平面和边坡塌方灾害点分布

图 7-33 是边坡塌方灾害点的海拔与震中距关系，图 7-34 是按同一震中距(以 1km 计)对线路边坡塌方方量进行统计。两图对比来看，在震中距 8km(线路起点)至震中距 10km 处，线路处于爬坡上升段，就线路高程而言，系单调增加，就震中距而言，基本是逐步远离震中，但塌方方量是急剧下降的，说明震中距是地震触发灾害强度的控制因素；此后，线路高程继续爬升至垭口，而后下坡至线路终点，该段线路边坡塌方量起伏不大，

仅在震中距 14km、17km 处出现两个小峰值，从图 7-33 来看，两处峰值出现在线路分水岭附近。

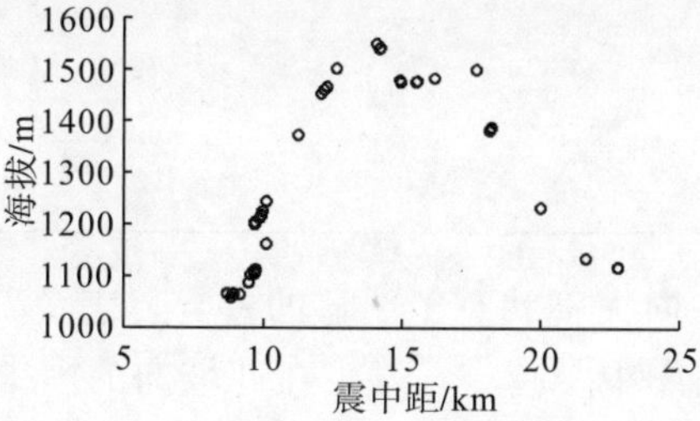


图 7-33　边坡塌方灾害点海拔与震中距关系

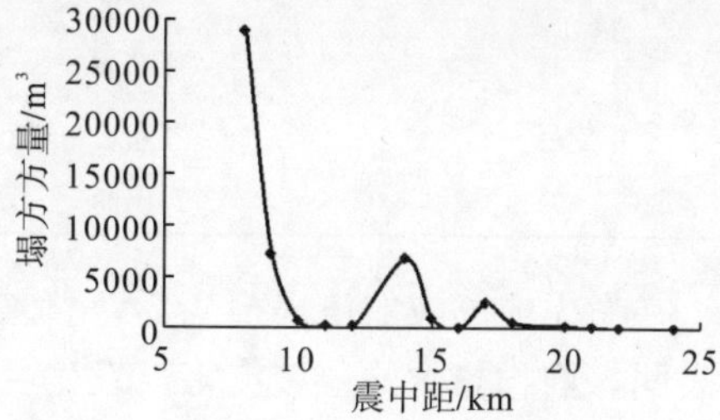


图 7-34　塌方方量与震中距关系

综上所述，芦山地震实震资料表明，从大范围看(研究区达 3300km²)，区域性地震动的强弱程度与海拔并无密切的关系；宽厚山体或大地势台阶也不存在明显的地震动沿高程递增的规律性；但就单个山体而言，顶部地震动大于底部的现象是存在的。因此，在铁路选线确定大段落线路高程时，可不考虑高程放大效应；但一般不宜采用山脊线方案。此外，自然山体上部的陡缓转折部位、单薄孤立山脊部位等是对地震波具有放大作用的局部地形，这种发生在山体上部的“放大效应”仍需在个体工程布设时加以考虑，如路桥工程上方的斜坡面存在条形山脊或陡缓转折变化部位时，由于这种地形更易触发崩塌、滑坡，抗震设防需考虑对高位坡体的防护。

## 7.4.2　山体坡向效应与定线要点

崩塌、滑坡等边坡塌方方向主要是受斜坡坡面方向控制的，但在地震波传播的方向上，坡向效应也有所体现。文献从汶川地震航卫片图分析中，指出在与发震断裂带近于垂直的沟谷斜坡中，在地震波传播的背坡面一侧的滑坡发育密度明显大于迎坡面一侧，并将这种现象称为“背坡向”效应，且这种现象在 1999 年中国台湾 $M_w7.6$ 级地震和 2005 年巴基斯坦 Kashmir $M_w7.6$ 级地震中也有体现(许强等，2010)。

芦山地震是盲逆断层(徐锡伟等，2013)，震源为一点源。按地震波传播方向对灾害点的塌方方向进行处理，即确定塌方灾害点相对震中的塌方方向。如图 7-35 所示，做出震中和灾害点的射线及其切线方向，以 90°划分 4 个区域。A 区域是背坡向，C 区域是迎坡向，B、D 区域为切向。从总体统计来看(表 7-1)，发生在各个方向的灾害数量基本一样，迎坡向和背坡向没有明显差异。但从各方向灾害发生的面积来看，背坡向是迎坡向的 1.27 倍，说明背坡向发生的灾害一般规模更大。

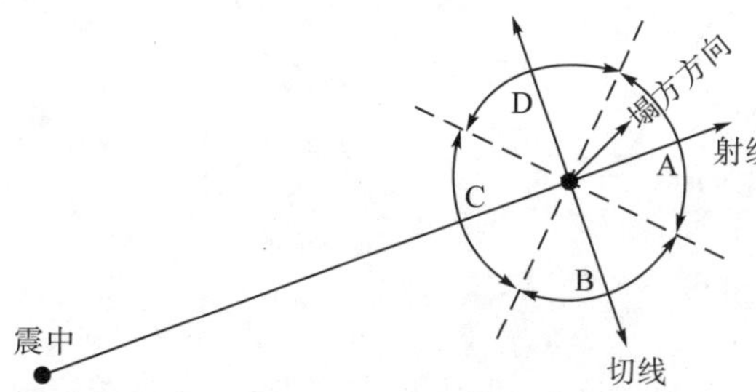


图 7-35　灾害点相对震中的塌方方向

**表 7-1 芦山地震灾害点相对震中的塌方方向统计**

| 区域 | 方向 | 个数 | 总面积/万 $m^2$ |
|---|---|---|---|
| A | 背坡 | 465 | 79.9 |
| B | 切向 | 435 | 72.9 |
| C | 迎坡 | 478 | 62.9 |
| D | 切向 | 414 | 72.2 |

在考虑地震波的传播距离后，背坡向和迎坡向灾害就有了明显的差异，表 7-2 的数据表明，面积越大的边坡灾害，发生在背坡向的震中距越小，发生在迎坡向的震中距越大。这一结果说明震中距较小时，背坡向的边坡灾害严重，当震中距较大时，迎坡向边坡灾害严重。

**表 7-2 迎、背坡向大型塌方的平均震中距**

| 面积/$m^2$ | 平均震中距/km | |
|---|---|---|
| | 背坡向 | 迎坡向 |
| ≥500 | 16.2 | 14.6 |
| ≥1000 | 16.3 | 15.7 |
| ≥5000 | 15.3 | 15.2 |
| ≥10000 | 9.9 | 20.1 |
| ≥20000 | 10.6 | 20.2 |

虽然地震波的入射方向很难确定，但总体来看，由于地壳介质的密度由地表往下随地层深度而增大，由斯奈尔定律，地震波由下往上传播时，其入射方向将逐渐接近垂直地表。因而，地震波一般以陡倾角出射地面。从震中到远场，其出射角的倾斜度应是先增加再减小，直到波垂直出射。由于地震波倾斜入射，迎坡面和背坡面山体就有地震动响应的差异。

对体波的直射和反射，P 波是振动方向与波的传播方向一致的拉压波，拉应变下岩体产生的破裂结构面与波的振动方向垂直；S 波是振动方向与波的传播方向垂直的剪切波，剪应变作用下岩体产生的破裂结构面与波的振动方向平行。对直射波和反射波，P 波的拉应力和 S 波的剪应力都使背坡面易于产生顺坡向的裂隙[图 7-36(a)]。这种“背坡向”效应是体波作用效应，发生在体波占地震波主要能量成分的近场区。

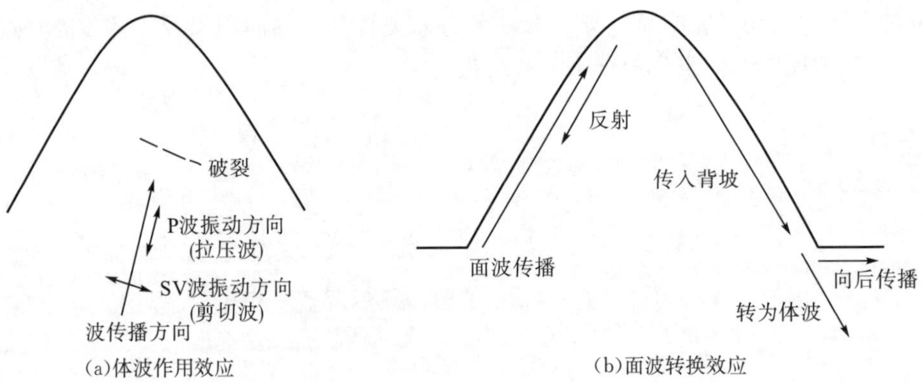


图 7-36 地震波的山体坡向效应

根据弹性波在自由界面的散射，波动方程解的形式及特性与参数 $p_1$、$p_2$ 的取值有关。由于 P 波波速大于 S 波波速，在实数范围内 $p_1 < p_2$，因此，P 波与界面法线的夹角大于 SV 波与界面法线的夹角。对 SV 波入射到自由界面，波在自由边界面产生反射 SV 波和反射转换 P 波，根据斯奈尔定律，满足：

$$q = \frac{\sin\theta_1}{c_S} = \frac{\sin\theta_2}{c_S} = \frac{\sin\theta_3}{c_P} = \frac{1}{c_x} \tag{7-1}$$

式中，$\theta_1$ 为直射 SV 波与界面法线的夹角；$\theta_2$ 为反射 SV 波与界面法线的夹角；$\theta_3$ 为反射转化 P 波与界面法线的夹角；$c_P$、$c_S$ 分别为 P 波和 S 波波速；$c_x$ 为界面上波的视速度。

由于 $c_S < c_P < c_x$，$\theta_1 = \theta_2 < \theta_3$，只有在 $0 < \sin\theta_1 < c_S/c_P$ 时，才能求得实值 $\theta_3$；当 $c_S/c_P < \sin\theta_1 < 1$ 时，不存在普通的反射 P 波，有 $c_P > c_x > c_S$，此时，$p_1$ 为虚数，$p_2$ 为实数

$$p_1 = iv_1, v_1 = \sqrt{1 - \frac{c_S^2}{c_P^2}} \tag{7-2}$$

$$p_2 = \sqrt{\frac{c_x^2}{c_P^2} - 1} \tag{7-3}$$

这样方程的解是

$$F(z) = A_1 \exp(kp_1 z) + A_2 \exp(-kp_1 z) \tag{7-4}$$

$$G(z) = B_1 \exp(-ikp_2 z) + B_2 \exp(ikp_2 z) \tag{7-5}$$

当 $z$ 无穷大时，振幅一定有限，即 $A_1 = 0$，代入式(7-4)、式(7-5)可得：

$$\varphi(x,z,t) = A_2 \exp(-kv_1 z)\exp[ik(x - c_x t)] \tag{7-6}$$

$$\psi(x,z,t) = B_1 \exp[ik(x - p_2 z - c_x t)] + B_2 \exp[ik(x + p_2 z - c_x t)] \tag{7-7}$$

式中，$\varphi(x,z,t)$ 为沿自由表面 $x$ 轴以视速度 $c_x$ 传播的振幅沿垂向 $z$ 轴按指数衰减的一种非均匀平面 P 波。

当 SV 波入射自由界面时，存在一个临界角 $\theta$，当 SV 波以大于临界角入射到自由界面时，将产生上述沿自由表面传播的表面波。临界角 $\theta = \arcsin(c_S/c_P)$，地表附近的岩石，其泊松比 $\nu$ 接近于 1/4，此时 $c_P = \sqrt{3}c_S$，临界角 $\theta = 35°$。

倾斜入射时，山体的迎坡面在分界面的入射角大，在背坡面入射角小，因此，迎坡面易产生上述表面波。考虑入射体波极限入射角，即垂直入射，当山体坡度大于 35° 时即将产生上述表面波。而在倾斜入射角为 $\alpha$ 时，迎坡面在坡度 $35° - \alpha$ 时即将产生表面波。

随着地震波在地表的传播，面波逐渐累积并转为地震波能量的主要成分。在面波起主要作用的远场区，沿地表传播的面波传入迎坡面后，在山顶部位发生复杂的传播过程，主要分为两部分：一部分反射回迎坡面，另一部分传向背坡面；在背坡面传播的面波在山脚发生波型转换，一部分转为体波向下传播，另一部分面波向后传播[图 7-36(b)]。迎坡面振动将更为强烈。

综上所述，根据场地与区域主要活断层的相对位置关系，当坡体两岸条件相同时，在体波占地震波主要能量的近场区，线路应选择迎坡向，在面波占地震波主要能量的远场区，线路应选择背坡向。

### 7.4.3　峡谷地形屏蔽效应与定线要点

2013年“4·20”芦山7.0级地震触发了大量的崩塌、滑坡、堰塞湖等地质灾害沿断裂带及河谷分布，其中崩塌灾害连续、密集分布的区域为峡谷地段(崔鹏等，2013；裴向军和黄润秋，2013)。铜头-朱沙峡谷、一线天峡谷、金鸡峡是由三条水流横向切割北东东走向的上白垩统—古新统大溪砾岩组厚层块状粗砾岩山系形成的三段峡谷，但其间还保留了大片原始山系形成的高地(图7-37，图7-38)。根据相对震中的位置关系，铜头-朱沙峡谷、一线天峡谷地震波的传播方向是由东向西，而金鸡峡地震波的传播方向是由西向东，峡谷两侧灾害的统计结果见表7-3，峡谷两侧崩塌灾害的发育程度有较大的差异，在地震波入射的一侧震害严重，而在另一侧震害较轻。

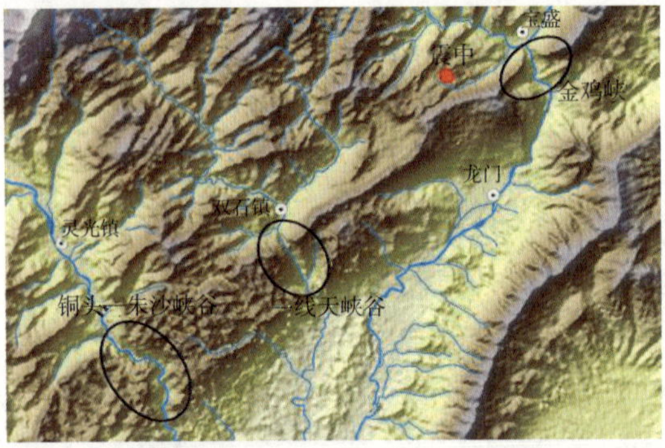


图7-37　峡谷地形研究区域

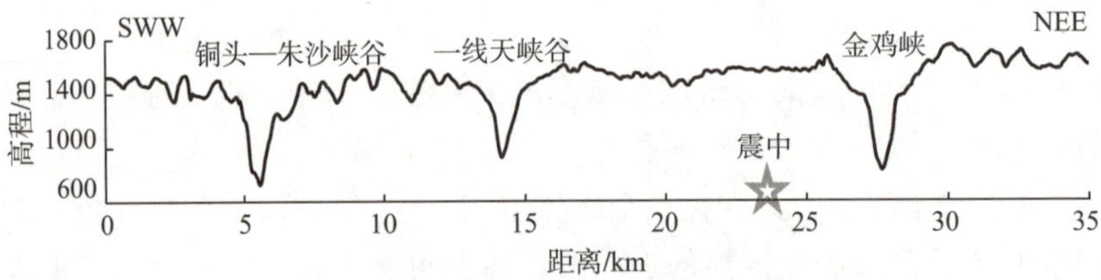


图7-38　地形断面图

**表7-3　峡谷段两侧灾害对比**

| 区域 | 地震波传播方向 | 震中距离/km | 灾害总面积/万 $m^2$ | |
|---|---|---|---|---|
| | | | 西 | 东 |
| 铜头—朱沙 | 东→西 | 18 | 0.4 | 3.5 |
| 一线天 | 东→西 | 10 | 1.1 | 15.6 |
| 金鸡峡 | 西→东 | 3.5 | 4.3 | 0.4 |

地震触发崩塌、滑坡受震中距、地形以及地质三大因素的影响(黄润秋和李为乐，2008)，但在相同岩性条件下，邻近斜坡的崩塌、滑坡发育差异直接反映了斜坡地震动的强度差异，体现了地形这一因素对地震动的影响。根据上述峡谷两侧震害差异的现象，推论地震波在传播过程中，经过保留有分水高地的峡谷地形时，地震波的强度降低，即峡谷地形有隔震效应。

Rayleigh 面波是沿地表传播的不均匀 P 波和 SV 波的叠加。将半空间的表面作为 $x$-$y$ 平面，指向半空间内部的方向是 $z$ 轴的正方向，对位移场作限制性假定，令质点在 $y$ 方向的位移是零，波动方程简化到 $x$-$z$ 二维平面，Rayleigh 波的势函数可表示为

$$\varphi = A\exp\left(i\omega \frac{x}{c_{\mathrm{R}}} - i\omega t - \omega z\sqrt{\frac{1}{c_{\mathrm{R}}^2} - \frac{1}{c_{\mathrm{P}}^2}}\right) \tag{7-8}$$

$$\psi = B\exp\left(i\omega \frac{x}{c_{\mathrm{R}}} - i\omega t - \omega z\sqrt{\frac{1}{c_{\mathrm{R}}^2} - \frac{1}{c_{\mathrm{S}}^2}}\right) \tag{7-9}$$

式中，$\varphi$、$\psi$ 分别为 P 波和 SV 波的势函数；$\omega$ 为圆频率；$t$ 为时间；$c_{\mathrm{R}}$、$c_{\mathrm{P}}$、$c_{\mathrm{S}}$ 分别为 Rayleigh 波、P 波和 SV 波波速；$A$、$B$ 为振幅因子；$i=\sqrt{-1}$。

从式(7-8)和式(7-9)可知，Rayleigh 波在 $z$ 方向上呈指数衰减，一个波长深度时，振幅已衰减到 0.18%，波的主要能量集中在地面表层小范围内。Rayleigh 波遇到峡谷地形障碍的散射作用，可对峡谷地形隔震效应现象进行理论解释。

地震波在传播过程中，由于地球表面不规则地形界面、地球内部不均匀介质的影响，引起波动性质的改变都称为地震波的散射，均匀弹性介质位移场的积分表示方程，亦弹性动力学的积分表象定理为

$$\begin{aligned} u_m(r) = &\oint C_{ijkl}\left[G_{mi}(r,r')u_{k,l}(r') - u_i(r')G_{mk,l}(r,r')\right]n_j(r')\mathrm{d}s' \\ &+ \int X_i(r')G_{mi}(r,r')\mathrm{d}v' \end{aligned} \tag{7-10}$$

式中，$r$ 为场点 $(x,y,z)$ 的坐标；d$v$、d$s$ 为关于 $r$ 在区域 $\Omega$ 上的体积分和面积分；$C_{ijkl}$ 为介质弹性张量的分量；$G_{im}(r,r')$ 为参考介质的格林函数，表示在位置 $r'$ 处作用的单位点源，在一定边界条件和初始条件下所产生在位置 $r$ 处的响应；$u_i$ 为位移张量的分量；$n_j$ 为边界外法线单位矢量；$X_i$ 为体力张量的分量。

如图 7-39 所示，Rayleigh 波在半空间自由表面由左向右传播，遇到一峡谷地形，由于侧向几何空间上的阻断，Rayleigh 波在峡谷左侧界面上将发生散射，产生沿峡谷界面传播的散射面波及向半空间内部传播的散射体波。忽略散射体波，为分析峡谷地形对 Rayleigh 波的影响，引入格林函数 $G_{ki}(r,r')$，表示在位置 $r'$ 处作用的单位点源，在半空间峡谷边界条件下所产生在位置 $r$ 处的响应，取右侧峡谷由平面 $S_1$、$S_2$、$S_3$、$S_4$、$S_5$ 组成的封闭区域，且 $r'$ 在区域以外，根据式(7-10)弹性动力学的积分表象定理，区域内的运动可写成

$$u_k = \int_{S_1+S_2+S_3+S_4+S_5}\left[G_{ki}(r,r')\sigma_{ij}(r') - u_i(r')C_{ijmn}G_{km,n}(r,r')\right]n_j\mathrm{d}s \tag{7-11}$$

式中，$u_i$ 为位移张量的分量；$\sigma_{ij}$ 为应力张量的分量；$C_{ijmn}$ 为介质弹性张量的分量；$n_j$ 为边界面外法向矢量的分量。

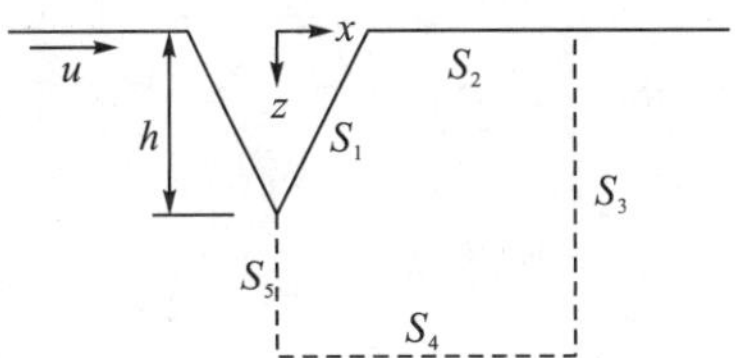


图 7-39　峡谷地形示意图

在 $S_1S_2$ 是自由表面，即 $\sigma_{zz}|_{z=0}=0$，$\sigma_{xz}|_{z=0}=0$，式(7-11)在 $S_1S_2$ 上的积分为零；在 $S_3$ 取 $x=\infty$，由于 $x<r'$，式(7-11)在 $S_3$ 上的积分恒为零；在 $S_4$ 取 $z=\infty$，由于 Rayleigh 波在 $z$ 方向上呈指数衰减，式(7-11)在 $S_4$ 上的积分为零，则式(7-11)仅在 $S_5$ 上有积分，即

$$\begin{aligned} u_k &= \int_{S_5} [G_{ki}(r,r')\sigma_{ij}(r') - u_i(r')C_{ijmn}G_{km,n}(r,r')]n_j \mathrm{d}s \\ &= \int_h^{\infty} [G_{ki}(r,r')\sigma_{ij}(r') - u_i(r')C_{ijmn}G_{km,n}(r,r')]n_j \mathrm{d}s \end{aligned} \tag{7-12}$$

式中，$h$ 为峡谷切割深度。

由上面的分析，在 $S_5$ 上包括入射场及沿峡谷界面传播的散射场。当 $h\ll\lambda$ 时，入射波几乎能全部穿过峡谷，散射场很弱，在 $S_5$ 上为入射场；当 $h\gg\lambda$ 时，由于入射 Rayleigh 波的能量主要集中在一个波长范围内，入射场不能穿过峡谷障碍，在 $S_5$ 上仅为散射场。因此，对含各种频率成分的 Rayleigh 波，峡谷地形能阻断高频成分波的直射，$h$ 越大，屏蔽的入射波频率范围越广，对波长比地形尺度大得多的波几乎没有影响。

对高频成分，由于对 $h\gg\lambda$ 的 Rayleigh 波在图 7-40 简化峡谷地形的传播路径，可看成在楔形界面间的传播。

Rayleigh 波在楔形界面间的传播是一个复杂的过程，如图 7-40 所示的一个楔形界面，Rayleigh 波由表面 $S_0$ 传至 $S_1$，夹角为 $\theta$。在 $S_0$ 上的入射场 $u^0$，应力 $\sigma_{ij}(x,z)$，满足 $\sigma_z|_{z=0}=0$，$\sigma_{xz}|_{z=0}=0$ 的自由边界条件，在 $S_1$ 上，应力 $\sigma_{ij}(\xi,\eta)$ 旋转了 $\theta$ 角，不满足 $\sigma_\eta|_{\eta=0}=0$，$\sigma_{\xi\eta}|_{\eta=0}=0$ 的自由边界条件，因而在 $S_1$ 上产生散射场 $u^1$，使 $S_1$ 满足自由边界条件。由于散射场 $u^1$ 作用，$S_0$ 上不再满足自由边界条件，在 $S_0$ 上产生散射场 $u^2$，由于散射场 $u^2$ 作用，$S_1$ 上又不满足自由边界条件，产生散射场 $u^3$，如此无休止的重复，使波场的问题极为复杂。

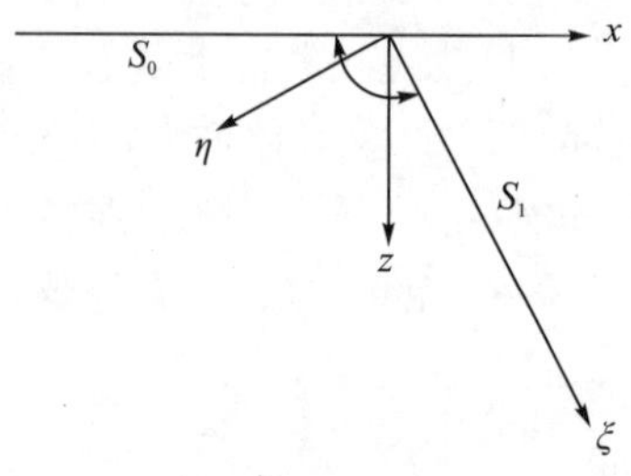


图 7-40　楔形界面几何示意图

Hudson 和 Knopoff(1964)最早理论分析了 Rayleigh 波在楔形界面间的传播，核心思想是散射场仅取一次散射 $u^1$，使 $u^0+u^1$ 在 $S_1$ 上满足自由边界条件。Mal 和 Knopoff(1966)的理论分析和实验结果有较好的对应关系，该方法也仅取场散射场 $u^1$，入射场 $u^0$ 在 $S_1$ 上产生正向传播的透射波 $u_{\mathrm{T}}^0$，在 $S_0$ 上产生负向传播的反射波 $\bar{u}_{\mathrm{R}}^0$，散射场 $u^1$ 在 $S_0$ 上产生负向传播的透射波 $\bar{u}_{\mathrm{T}}^1$，在 $S_1$ 上产生正向传播的反射波 $u_{\mathrm{R}}^1$。$S_0$ 上 $\bar{u}_{\mathrm{R}}^0+\bar{u}_{\mathrm{T}}^1$ 满足自由边界条件，$S_1$ 上 $u_{\mathrm{T}}^0+u_{\mathrm{R}}^1$ 满足自由边界条件，近似计算 Rayleigh 波在楔形界面的传播系数和反射系数。

$u=\nabla\varphi+\nabla\times\psi$，根据弹性均匀介质应力应变关系 $\sigma_{ij}=\lambda\delta_{ij}u_{k,k}+\mu(u_{i,j}+u_{j,i})$，省

去时间因子 $\exp(-i\omega t)$，入射场 $u^0$，在 $S_0$ 上的应力 $\sigma_{ij}(x,z)$ 表达式如下：

$$\sigma_{xz}=\mu\omega^2A\frac{2i}{c_{\mathrm{R}}}\sqrt{\frac{1}{c_{\mathrm{R}}^2}-\frac{1}{c_{\mathrm{P}}^2}}\left[-\exp\left(-\omega z\sqrt{\frac{1}{c_{\mathrm{R}}^2}-\frac{1}{c_{\mathrm{P}}^2}}\right)+\exp\left(-\omega z\sqrt{\frac{1}{c_{\mathrm{R}}^2}-\frac{1}{c_{\mathrm{S}}^2}}\right)\right]\exp\left(i\omega\frac{x}{c_{\mathrm{R}}}\right) \tag{7-13}$$

$$\sigma_z=\mu\omega^2A\left(\frac{2}{c_{\mathrm{R}}^2}-\frac{1}{c_{\mathrm{S}}^2}\right)\left[\exp\left(-\omega z\sqrt{\frac{1}{c_{\mathrm{R}}^2}-\frac{1}{c_{\mathrm{P}}^2}}\right)-\exp\left(-\omega z\sqrt{\frac{1}{c_{\mathrm{R}}^2}-\frac{1}{c_{\mathrm{S}}^2}}\right)\right]\exp\left(i\omega\frac{x}{c_{\mathrm{R}}}\right) \tag{7-14}$$

在 $S_1$ 上，应力 $\sigma_{ij}(\xi,\eta)$ 旋转了 $\theta$ 角，则

$$\sigma_{\xi\eta}\big|_{\eta=0}=-\mu\omega^2A[C_1\exp(-i\omega a\xi)-D_1\exp(-i\omega b\xi)] \tag{7-15}$$

$$\sigma_{\eta}\big|_{\eta=0}=\mu\omega^2A[C_3\exp(-i\omega a\xi)-D_3\exp(-i\omega b\xi)] \tag{7-16}$$

其中，

$$a=\frac{1}{c_{\mathrm{R}}}\cos\theta-i\sqrt{\frac{1}{c_{\mathrm{R}}^2}-\frac{1}{c_{\mathrm{P}}^2}}\sin\theta \tag{7-17}$$

$$b=\frac{1}{c_{\mathrm{R}}}\cos\theta-i\sqrt{\frac{1}{c_{\mathrm{R}}^2}-\frac{1}{c_{\mathrm{S}}^2}}\sin\theta \tag{7-18}$$

$$C_1=\left(\frac{2}{c_{\mathrm{R}}^2}-\frac{1}{c_{\mathrm{P}}^2}\right)\sin2\theta+\frac{2i}{c_{\mathrm{R}}}\sqrt{\frac{1}{c_{\mathrm{R}}^2}-\frac{1}{c_{\mathrm{P}}^2}}\cos2\theta \tag{7-19}$$

$$D_1=\left(\frac{2}{c_{\mathrm{R}}^2}-\frac{1}{c_{\mathrm{S}}^2}\right)\sin2\theta+\frac{2i}{c_{\mathrm{R}}}\sqrt{\frac{1}{c_{\mathrm{R}}^2}-\frac{1}{c_{\mathrm{P}}^2}}\cos2\theta \tag{7-20}$$

$$C_3=\left(\frac{2}{c_{\mathrm{R}}^2}-\frac{1}{c_{\mathrm{P}}^2}\right)\cos2\theta-\frac{2i}{c_{\mathrm{R}}}\sqrt{\frac{1}{c_{\mathrm{R}}^2}-\frac{1}{c_{\mathrm{P}}^2}}\sin2\theta+\frac{1}{c_{\mathrm{P}}^2}-\frac{1}{c_{\mathrm{S}}^2} \tag{7-21}$$

$$D_3=\left(\frac{2}{c_{\mathrm{R}}^2}-\frac{1}{c_{\mathrm{S}}^2}\right)\cos2\theta-\frac{2i}{c_{\mathrm{R}}}\sqrt{\frac{1}{c_{\mathrm{R}}^2}-\frac{1}{c_{\mathrm{P}}^2}}\sin2\theta \tag{7-22}$$

在 $-\infty<\xi<\infty$，$0\leqslant\eta<\infty$ 上，分布虚拟源 $\xi'$，使 $S_1$ 上式(7-23)和式(7-24)的应力与式(7-15)和式(7-16)相等并相反，以此满足 $S_1$ 上自由边界条件：

$$-\frac{\omega}{2\pi}\sigma_{\xi\eta}(\xi',0)\delta\xi'\int_{-\infty}^{\infty}\exp[i\omega p(\xi-\xi')]\mathrm{d}p \tag{7-23}$$

$$-\frac{\omega}{2\pi}\sigma_{\eta}(\xi',0)\delta\xi'\int_{-\infty}^{\infty}\exp[i\omega p(\xi-\xi')]\mathrm{d}p \tag{7-24}$$

由此计算出的势函数：

$$\delta\varphi^1(\xi,\xi')=-\frac{\delta\xi'}{2\pi\mu\omega}\int_{-\infty}^{\infty}\frac{-2ip\sqrt{p^2-1/c_{\mathrm{S}}^2}\sigma_{\xi\eta}+(2p^2-1/c_{\mathrm{S}}^2)\sigma_\eta}{F(p)}\cdot\exp[i\omega p(\xi-\xi')-\omega\sqrt{p^2-1/c_{\mathrm{P}}^2}\eta]\mathrm{d}p \tag{7-25}$$

$$\delta\psi^1(\xi,\xi')=-\frac{\delta\xi'}{2\pi\mu\omega}\int_{-\infty}^{\infty}\frac{-(2p^2-1/c_{\mathrm{S}}^2)\sigma_{\xi\eta}-2ip\sqrt{p^2-1/c_{\mathrm{P}}^2}\sigma_\eta}{F(p)}\cdot\exp[i\omega p(\xi-\xi')-\omega\sqrt{p^2-1/c_{\mathrm{S}}^2}\eta]\mathrm{d}p \tag{7-26}$$

式中，$F(p)$为 Rayleigh 方程，即

$$F(p)=\left(2p^2-\frac{1}{c_{\mathrm{S}}^2}\right)^2-4p^2\left(p^2-\frac{1}{c_{\mathrm{P}}^2}\right)^{1/2}\left(p^2-\frac{1}{c_{\mathrm{S}}^2}\right)^{1/2} \tag{7-27}$$

$$\varphi^1 = QA\exp\left(-i\omega\frac{\xi}{c_R} - \omega\eta\sqrt{\frac{1}{c_R^2} - \frac{1}{c_P^2}}\right) \tag{7-28}$$

$$\psi^1 = -QA\frac{c_S\left(\frac{2}{c_R^2} - \frac{1}{c_S^2}\right)}{2i\sqrt{\frac{1}{c_R^2} - \frac{1}{c_S^2}}}\exp\left(-i\omega\frac{\xi}{c_R} - \omega\eta\sqrt{\frac{1}{c_R^2} - \frac{1}{c_S^2}}\right) \tag{7-29}$$

$$Q = \frac{c_R}{4P}\left[\frac{\frac{2i\sqrt{\frac{1}{c_R^2} - \frac{1}{c_S^2}}}{c_R}C_1 - \left(\frac{2}{c_R^2} - \frac{1}{c_S^2}\right)C_3}{\left(\frac{1}{c_R} - a\right)} - \frac{\frac{2i\sqrt{\frac{1}{c_R^2} - \frac{1}{c_S^2}}}{c_R}D_1 - \left(\frac{2}{c_R^2} - \frac{1}{c_S^2}\right)D_3}{\left(\frac{1}{c_R} - b\right)}\right] \tag{7-30}$$

$$T = \frac{c_R}{4P}\left[\frac{\frac{2i\sqrt{\frac{1}{c_R^2} - \frac{1}{c_S^2}}}{c_R}C_1 + \left(\frac{2}{c_R^2} - \frac{1}{c_S^2}\right)C_3}{\left(\frac{1}{c_R} - a\right)} - \frac{\frac{2i\sqrt{\frac{1}{c_R^2} - \frac{1}{c_S^2}}}{c_R}D_1 + \left(\frac{2}{c_R^2} - \frac{1}{c_S^2}\right)D_3}{\left(\frac{1}{c_R} - b\right)}\right] \tag{7-31}$$

$$P = \frac{c_P c_S\left(\frac{2}{c_R^2} - \frac{1}{c_P^2} - \frac{1}{c_S^2}\right)}{\sqrt{(c_P^2 - c_R^2)(c_S^2 - c_R^2)}} + 2\sqrt{\left(\frac{1}{c_R^2} - \frac{1}{c_P^2}\right)\left(\frac{1}{c_R^2} - \frac{1}{c_S^2}\right)} - 2\left(\frac{2}{c_R^2} - \frac{1}{c_S^2}\right) \tag{7-32}$$

根据上面分析，在 $S_0$ 上，总场 $u(x) = u^0 + \bar{u}_R^0 + \bar{u}_T^1 = u^0 + \bar{u}^R$，定义反射系数 $A_R = \bar{u}^R/\bar{u}^0$，$u(x) = u^0 + A_R\bar{u}^0$；在 $S_1$ 上，总场 $u(\xi)$ 包括 $\bar{u}^1$、$u_T^0$、$u_R^1$ 及体波 $u_B$，$u(\xi) = \bar{u}^1 + u_T^0 + u_R^1 + u_B = u^T + \bar{u}^1 + u_B$，定义传递系数 $A_T = u^T/u^0$，$u(\xi) = A_T u^0 + \bar{u}^1 + u_B$，体波根据式(7-25)和式(7-26)位移分布计算，则

$$u_i(\xi) = A_T u_i^0 + Q\bar{u}_i^0 + \frac{\omega A c_R}{c_S^2\sqrt{1/c_R^2 - 1/c_S^2}}[A_i\exp(-i\omega a\xi) + B_i\exp(-i\omega b\xi)]i = \xi,\eta \tag{7-33}$$

其中，

$$A_\xi = -\frac{4iaa_1}{c_R F_1(a)}\sqrt{\left(\frac{1}{c_R^2} - \frac{1}{c_S^2}\right)\left(\frac{1}{c_S^2} - a^2\right)} \tag{7-34}$$

$$B_\xi = -\frac{b_1}{F_1(b)}\left(\frac{2}{c_R^2} - \frac{1}{c_S^2}\right)\left(2b^2 - \frac{1}{c_S^2}\right) \tag{7-35}$$

$$A_\eta = \frac{2ia_1}{c_R F_1(a)}\left(2a^2 - \frac{1}{c_S^2}\right)\sqrt{\left(\frac{1}{c_R^2} - \frac{1}{c_S^2}\right)} \tag{7-36}$$

$$B_\eta = -\frac{2bb_1}{F_1(b)}\left(\frac{2}{c_R^2} - \frac{1}{c_S^2}\right)\sqrt{\frac{1}{c_P^2} - b^2} \tag{7-37}$$

$$a_1 = \frac{1}{c_R}\sin\theta + i\sqrt{\frac{1}{c_R^2} - \frac{1}{c_P^2}}\cos\theta \tag{7-38}$$

$$b_1 = \frac{1}{c_R}\sin\theta + i\sqrt{\frac{1}{c_R^2} - \frac{1}{c_S^2}}\cos\theta \tag{7-39}$$

$$F_1(p)=\left(2p^2-\frac{1}{c_S^2}\right)^2+4p^2\left(\frac{1}{c_P^2}-p^2\right)^{1/2}\left(\frac{1}{c_S^2}-p^2\right)^{1/2} \tag{7-40}$$

半无限空间 Rayleigh 波的格林函数 $G_i(r,r')$ 是(Herrera，1964)

$$G_i(r,r')=\frac{i}{\rho\omega^2A^2c_RP}\sqrt{\frac{1}{c_R^2}-\frac{1}{c_S^2}}u_i^0(r')\bar{u}(r)\quad r<r' \tag{7-41}$$

$$G_i(r,r')=\frac{i}{\rho\omega^2A^2c_RP}\sqrt{\frac{1}{c_R^2}-\frac{1}{c_S^2}}\bar{u}_i^0(r')u(r)\quad r>r' \tag{7-42}$$

在 $S_0S_1$ 上取无穷远组成封闭区域，根据式(7-10)表象定理，在 $S_0$ 附近，有

$$u_k(x)-u_k^0(x)=-\int_{S_1}C_{ijmn}u_i(x')G_{km,n}(\xi,\xi')]n_j\mathrm{d}s \tag{7-43}$$

$$A_R=\frac{\bar{u}^R}{\bar{u}^0}=\frac{u_k-u_k^0}{\bar{u}^0}=\frac{i}{\rho\omega^2A^2c_RP}\sqrt{\frac{1}{c_R^2}-\frac{1}{c_S^2}}\int_0^{\infty}u_i(\xi')\sigma_{i\eta}(u)\mathrm{d}\xi' \tag{7-44}$$

同理，

$$A_T=\frac{i}{\rho\omega^2A^2c_RP}\sqrt{\frac{1}{c_R^2}-\frac{1}{c_S^2}}\int_{-\infty}^{0}u_i(x')\sigma_{i\eta}(u)\mathrm{d}x' \tag{7-45}$$

联立求解式(7-33)、式(7-44)、式(7-45)，可得

$$A_T=\frac{1+Q^2}{1-Q^2}T+\frac{2Q}{1-Q^2}R \tag{7-46}$$

$$A_R=\frac{1+Q^2}{1-Q^2}R+\frac{2Q}{1-Q^2}T \tag{7-47}$$

其中，

$$R=-\frac{i}{P}\left(\frac{A_\xi C_1-A_\eta C_3}{2a}-\frac{B_\xi D_1-B_\eta D_3}{2b}-\frac{A_\xi D_1-A_\eta D_3-B_\xi C_1+B_\eta C_3}{a+b}\right) \tag{7-48}$$

$A_T$ 反映经过 $\theta$ 角后，面波传递的振幅，$A_T^2$ 则反映了传递能量，计算结果如图 7-41 所示。

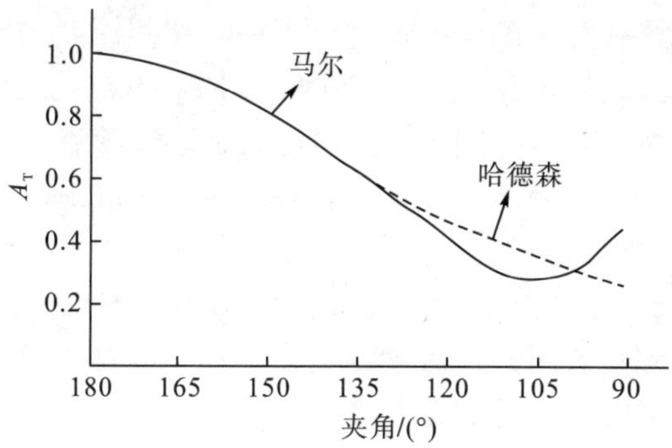


图 7-41　传播系数 $A_T$ 计算结果

由此可见，当夹角 $\theta=180°$时，$u^0$ 能全部传播，当夹角 $\theta<180°$ 时，$u^0$ 只能部分传播，在 100°～110°达到一个极小值。对峡谷地形，谷坡越陡，传播系数 $A_T$ 越小，屏蔽效应越显著。

沿介质表面传播的 Rayleigh 波遇到峡谷地形障碍，由于波的散射作用，长波长能直

接穿过地形障碍向后传播，而短波长只有散射部分穿过峡谷地形障碍，因而峡谷地形在空间上能有效阻断高频成分 Rayleigh 波的传播。这种屏蔽效应是由波长、峡谷切割深度和谷坡坡度决定的，波长越短，深度越大，谷坡越陡，这种屏蔽效应越明显。

1970 年达吉斯坦苏拉克河峡谷的奇尔凯伊堤坝闸门区有记录到这种峡谷地形的隔震效应，苏拉克河峡谷是切割上白垩统石灰岩的 V 形对称峡谷，其深度为 250m，最大宽度为 300m，在峡谷的奇尔凯伊堤坝闸门区两侧对称布有 10 个地震记录仪。图 7-42 是峡谷两侧高 200m 观测点在 1970 年 12 月 24 日地震中速度时程的频谱分析结果(麦德维杰夫，1981)。地震发生在峡谷右岸一侧，地震波的传播方向是由右至左，峡谷左右两侧频谱分析结果对比，峡谷左侧高频成分的地震波明显降低。这一仪器监测数据，定量地说明了峡谷地形具有隔震效应这一结论的合理性。

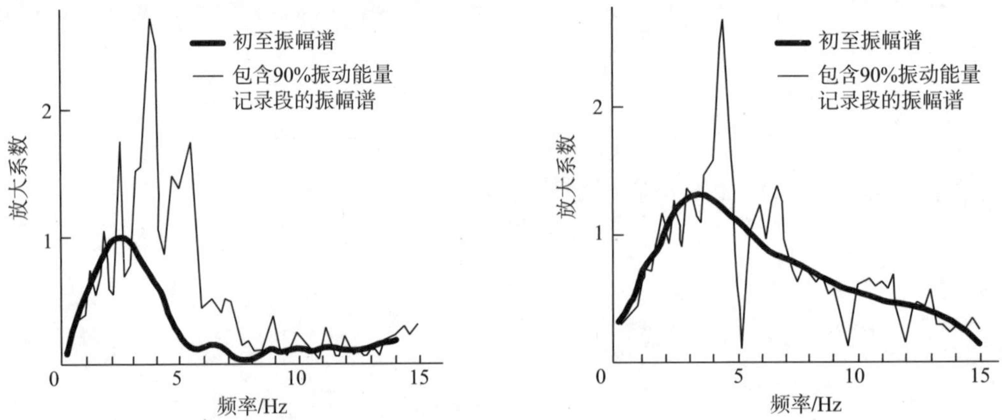


(a)左侧　(b)右侧

图7-42　峡谷两侧观测点速度时程的频谱分析(麦德维杰夫，1981)

芦山地震三段峡谷的震害调查及苏拉克河峡谷地震记录分析，都反映出地震波的强度在峡谷两侧具有明显的差异，在地震波入射一侧振动强烈，在另一侧减弱。根据对 Rayleigh 面波在峡谷障碍地形散射作用的理论分析，波长远大于峡谷切割深度的波，几乎能全部直接入射到达峡谷对岸侧；波长远小于峡谷切割深度的波，仅能散射穿过峡谷障碍到达峡谷对岸侧。因此，峡谷地形能有效阻断 Rayleigh 波高频成分的直射，而且峡谷深度越大，屏蔽入射波的频率范围越广。对波长远小于峡谷切割深度的波，散射波的强度和峡谷坡度有关，对自然界的坡度范围，谷坡越陡，散射波的强度越弱，峡谷地形的屏蔽效应越显著。

对新建线路，选线通过峡谷地形时，根据活动断层与峡谷之间的相对位置，应避免选择峡谷入射方向的一侧；若因其他因素制约，不得不选在入射方向一侧时，则需采取工程加强措施，特别是需考虑地震次生山地灾害的防治。

最后需要说明的是，本节在进行峡谷地形隔震效应理论分析时，将峡谷上方设为台地，这种概化对于河谷间存在着较宽阔的分水高地时是合理的，在其他情况时亦可作为参考。

### 7.4.4　临空面效应与曲线定线要点

无论从宏观震害调查、强震观测、理论计算或模型试验结果来看，局部多临空面的突出地形对地震波的影响是明显的。地震崩塌通常发生在对地震波有明显放大效应的部位，如河谷中上部地形转折部位、单薄山脊部位和多面临空的孤立山体部位等(图 7-43)。汶川地震崩塌、滑坡的分布统计规律研究表明，崩滑灾害的发生部位一般都位于山脊附件或山坡的坡肩，这与山脊和坡肩对地震波的放大作用直接相关。三维凌空的地形、凸出的台地、孤立山包，应力容易集中，也是斜坡破坏的易发部位。如在海拔 1500～2500m，汶川县广泛发育中山山脊和夷平面台地，是三维凌空的地形、凸出台地、孤立山包最为发育的地区，崩塌、滑坡发生的密度最大。超过 2500m 高程的山体这三种地貌较不发育，崩滑灾害发生率降低。

图 7-43　具有多临空面的山体地震作用下的崩塌面积远大于临近区域

这种临空面造成的震动放大效应在线路工程上也有反映。将都汶路紫坪铺—映秀段的 59 个路堑墙挡墙工点在汶川地震中的受损情况统计结果列于表 7-4，可见位于平曲线上凸曲线侧的路堑墙毁坏比例高达 35.3%，明显高于位于直线段的工点被毁坏的比例，而位于凹曲线侧的工点被毁坏的比例最少。

**表 7-4　不同平面线形的路堑墙毁坏率统计**

| 工点所处路段平面线形 | 工点数量 | 被毁坏工点数 | 被毁坏工点百分比/% |
|---|---|---|---|
| 直线段 | 33 | 8 | 24.2 |
| 凹曲线侧 | 9 | 1 | 11.1 |
| 凸曲线侧 | 17 | 6 | 35.3 |

综上所述，铁路选线在区间定线的平面设计阶段，应尽量避免设置小半径曲线；此外，凸曲线侧要避免设置深路堑或高大支挡工程。

## 7.5　总　　结

在大批实震资料的支持下，本章提出了高地震烈度山区铁路规划中必须遵守的三大原则、综合选线原则意见和总体设计原则意见。高地震烈度区传统的铁路选线设计主要注重工程布置的环节，即工程结构抗震设计，对选线这一从源头上减灾的重要措施有所忽略。本书基于断裂构造地貌理论，从对活动断裂塑造的地貌格局和强震灾害效应的综合考虑，指出逆断层下盘挠曲盆地、正断层上盘断陷盆地、走滑断层断陷盆地和拉分盆地，均是铁路廊道可利用的地貌单元。基于汶川地震、芦山地震的实震资料，提出区域性地震动的强弱程度与海拔无关，宽厚山体或大地势台阶不存在地震动沿高程递增的规律，确定大段落线路高程时不考虑高程放大效应；峡谷地形线路应避免布置在地震波入射方向一侧；近场区线路应选择布置在地震波传播的迎坡向，远场区在背坡向；应尽量避免设置小半径曲线，凸曲线侧要避免设置深路堑或高大支挡工程等定线要点。从而初步建立了高地震烈度山区铁路减灾选线设计技术框架。

# 参考文献


陈建春，高福荣，汪洵波. 2008. 冶勒大坝地震动力反应分析. 四川水力发电，27(4)：99-104.

陈克坚，袁明. 2008. 汶川地震后对铁路桥梁抗震设计有关问题的思考. 铁路工程学报，(增刊)：176-182.

崔鹏，陈晓清，张建强等. 2013. “4・20”芦山7.0级地震次生山地灾害活动特征与趋势. 山地学报，31(3)：257-265.

崔鹏，何思明，姚令侃等. 2011. 汶川地震山地灾害形成机理与风险调控. 北京：科学出版社.

戴胜勇. 2008. 宝成铁路清江7号大桥地震抢险保通及思考. 铁路工程学报，(增刊)：304-307.

甘目飞. 2008. 隧道工程在汶川地震中的震害调查及病害浅析. 铁路工程学报，(增刊)：228-233.

何蕴龙，陆述远. 1998. 岩石边坡地震作用近似计算方法. 岩土工程学报，20(2)：66-68.

黄润秋，李为乐. 2008. “5・12”汶川大地震触发地质灾害的发育分布规律研究. 岩石力学与工程学报，27(12)：2585-2592.

李建国，楮宇光，杜玉柱. 2008. 汶川地震铁路路基工程震害调查与分析. 铁路工程学报，(增刊)：91-95.

李祥根. 2010. 中国地震构造运动. 北京：地震出版社.

李勇，周荣军，Densmore A L 等. 2006. 青藏高原东缘大陆动力学过程与地质响应. 北京：地质出版社.

刘和甫，汪泽成，熊保贤等. 2000. 中国中西部中、新生代前陆盆地与挤压造山带耦合分析. 地学前缘，7(3)：55-72.

罗永红. 2011. 地震作用下复杂斜坡响应规律研究. 成都：成都理工大学博士学位论文.

罗永红，王运生，王福海等. 2010. 青川县桅杆梁斜坡地震动响应监测研究. 工程地质学报，(1)：27-34.

麦德维杰夫 C B. 1981. 地震小区划. 黄秀铭译. 北京：地震出版社.

裴向军，黄润秋. 2013. “4・20”芦山地震地质灾害特征分析. 成都理工大学学报(自然科学版)，40(3)：257-263.

祁生文，伍法权，孙进忠. 2003. 边坡动力响应规律研究. 中国科学(E辑)，33(增刊)：28-40.

邱燕玲，姚令侃，朱颖等. 2014. 高烈度地震山区铁路减灾选线技术. 西南交通大学学报，49(6)：972-980.

舒华武，王兴宁. 2008. 铁路地震地质灾害成因分析及防治对策研究. 铁路工程学报，(增刊)：54-61.

舒磊，杜世回. 2008. 对宝成铁路遭受汶川地震破坏情况的分析与思考. 铁路工程学报，(增刊)：107-112.

苏生瑞，黄瑞秋，王士天. 2002. 断裂构造对地应力场的影响及其工程应用. 北京：科学出版社.

唐荣昌，韩渭滨. 1993. 四川活动断裂与地震. 北京：地震出版社.

王海云. 2004. 近场强地震动预测的有限断层震源模型. 哈尔滨：中国地震局工程力学研究所博士学位论文.

王海云，谢礼立. 2010. 自贡市西山公园地形对地震动的影响. 地球物理学报，53(7)：1631-1638.

王良琛. 1981. 混凝土坝地震动力分析. 北京：地震出版社.

邢伟. 2007. 地震冲击波对坡面位移和地面形状的影响. 水土保持应用技术，(4)：6-8.

徐锡伟，陈桂华，于贵华等. 2013. 芦山地震发震构造及其与汶川地震关系讨论. 地学前缘，20(3)：11-20.

许强，李为乐. 2010. 汶川地震诱发大型滑坡分布规律研究. 工程地质学报，18(6)：818-826.

许再良，李国和，李翔. 2008. 沂沭断裂带区域工程地质与铁路选线勘察. 北京：地震出版社.

颜仰基，吴应林. 1996. 巴颜喀拉-川西边缘前陆盆地演化. 岩相古地理，16(3)：16-29.

姚令侃，邱燕玲，魏永幸. 2012. 青藏高原东缘进藏高等级道路面临的挑战. 西南交通大学学报，47(5)：719-734.

张培震，徐锡伟，闻学泽等. 2008. 2008 年汶川 8.0 级地震发震断裂的滑动速率、复发周期和构造成因. 地球物理学报，51(4)：1066-1073.

张奕斌，侯小军. 2008. 宝成铁路 109 隧道快速抢险综合施工及管理技术. 铁路工程学报，(增刊)：287-291.

张倬元，王士天，王兰生. 1994. 工程地质分析原理. 北京：地质出版社.

赵嘉喜，齐辉，郭晶等. 2008. 出平面线源荷载对半空间中半圆形凸起的圆柱形弹性夹杂的散射. 工程力学，25(5)：235-240.

中铁二院工程集团有限责任公司，四川省地震局工程地震研究院. 2008. 2008 年 5 月 12 日四川汶川 8.0 级地震震害特征及其对铁路交通的影响. 成都：中铁二院工程集团有限责任公司，四川省地震局工程地震研究院.

中铁二院工程集团有限责任公司. 2008. 汶川地震工程震害调查及铁路工程抗震设计标准研究. 成都：中铁二院工程集团有限责任公司.

朱颖，魏永幸，钟新. 2009. 高烈度地震山区铁路综合选线及总体设计研究汶川大地震工程震害调查分析与研究. 北京：科学出版社.

朱颖，魏永幸. 2008. 汶川大地震道路工程震害特征及工程抗震设计思考. 铁路工程学报，(增刊)：86-90.

Allen P A，Allen J R. 1990. Basin Analysis：Principles and Applications. London：Blackwell Scientific Publication.

Alves S W. 2004. Nonlinear analysis of Pacoima dam with spatially non-uniform ground motion. California Institute of Technology，Pasadena，CA.

Anderson E M. 1951. The Dynamics of Faulting. Edinburgh：Oliver and Boyd.

Bard P Y，Riepl-Thomas J. 1999. Wave Propagation in Complex Geological Structures and Their Effects on Strong Ground Motion. Southampton：WIT Press.

Boore D M. 1972. A note on the effect of simple topography on seismic SH waves. Bulletin of the Seismological Society of America，62：275-284.

Boore D M，Harmsen S C，Harding S T. 1981. Wave scattering from a step change in surface topography. Bulletin of the Seismological Society of America，71(1)：117-125.

Chopra A K，Wang J T. 2010. Earthquake response of arch dams to spatially varying ground motion. Earthquake Engineering and Structural Dynamics，39(8)：887-906.

Darbre G R，De Smet C A M，Kraemer C. 2000. Natural frequencies measured from ambient vibration response of the arch dam of Mauvoisin. Earthquake Engineering and Structural Dynamics，29：

577-586.

Davis L L, West L R. 1973. Observed effects of topography on ground motion. Bulletin of the Seismological Society of America, 63: 283-298.

Hartzell S H, Carver D L, King K W. 1994. Initial investigation of site and topographic effects at Robinwood ridge California. Bulletin of the Seismological Society of America, 84: 1336-1349.

Herrera I. 1964. On a method to obtain a Green's function for a multilayered half space. Bulletin of the Seismological Society of America, 54: 1087-1095.

Hudson J A, Knopoff L. 1964. Transmission and reflection of surface waves at a corner: 2. Rayleigh waves(theoretical). Journal of Geophysical Research, 69(2): 281-289.

Liu H F. 1986. Geodynamic scenario and structural styles of Mesozoic and Cenozoic basins in China. American Association of Petroleum Geologists Bulletin, 70(4): 337-395.

Mal A K, Knopoff L. 1966. Transmission of Rayleigh waves at a corner. Bulletin of the Seismological Society of America, 56(2): 455-466.

Pedersen H, Le Brun B, Hatzfeld D, et al. 1994. Ground-motion amplitude across ridges. Bulletin of the Seismological Society of America, 84(6): 1786-1800.

# 第 8 章　近场区大地形变预测及线路工程对策

大量震害调查资料显示，地震对建筑物、构筑物的破坏，主要是由强地震动或地表破裂(亦称永久位移)引起的。地震动是地震引起的地表及近地表地球介质的运动，是一个十分复杂的动力作用过程。地震动对工程结构反应的影响除了与幅值、持时、谱特征“三要素”有关外，地震动时程的某些细节也会对结构反应产生重要影响。地表永久位移变形是发震断层运动引起地表出现破裂或塑性形变的总称，主要表现为地表抬升或水平错断，有时亦指地震断层在地表的露头。通常由雁行排列的张性或张扭性破裂组成。往往伴生挤压脊(地震鼓包)、地震沟槽、小地堑以及各类原生、次生、感应等形成的地表裂隙，包括由地形效应产生的张破裂。对跨断层的铁路线，地震时产生的地表永久位移所造成的危害，往往较短时的地震动更为严重。通常情况下，地表破坏都伴随着水平位移与竖向位移。竖向永久位移容易导致线路发生错断，从而使线路在断点处及附近区域内的竖向连续性受到破坏，对其修复时工程量较大，特别是已经使用最大坡度的情况下，竖向位移的发生可能导致数公里甚至十几公里的铁道进行改线，其工程量可想而知。水平永久位移一般会引起线路平面图的破坏，通常情况下是令钢轨扭曲、断裂，形成弯道，使其失去运营能力。在线路工程选线之初，对活动断裂可能引起的永久位移进行危险性分析，预估活动断裂出现的地表永久位移量及相应概率，可为重要工程选址、灾害预测、地震应急、地震对策等提供宝贵的参考意见，在工程建设之初尽可能地规避或减轻永久位移灾害。

## 8.1　地表形变概论

大量资料表明，一般大于 6.5 级(或 7 级)的地震会产生地表破裂形成地表永久位移，主要表现为地表抬升、水平错断、挤压推覆等。1906 年，旧金山大地震中出现长达 430km 的地表断裂带；1932 年，甘肃昌马 7.5 级地震出现了长达 120km 的地表断裂带；1931 年，新疆富蕴 8 级地震，地表破裂带长度达到 150km。如图 8-1、图 8-2 所示。

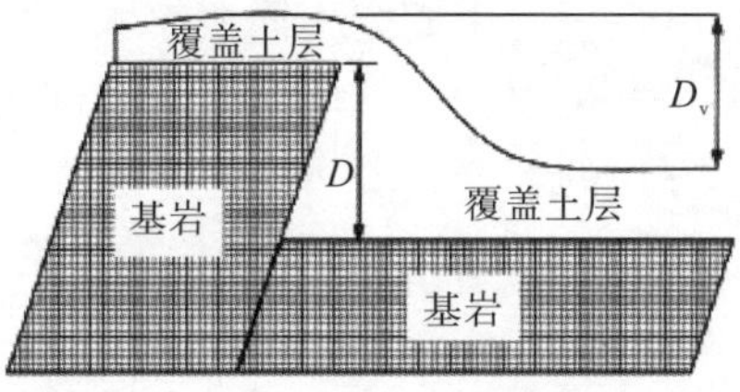


图 8-1　地震产生的竖向永久位移示意图

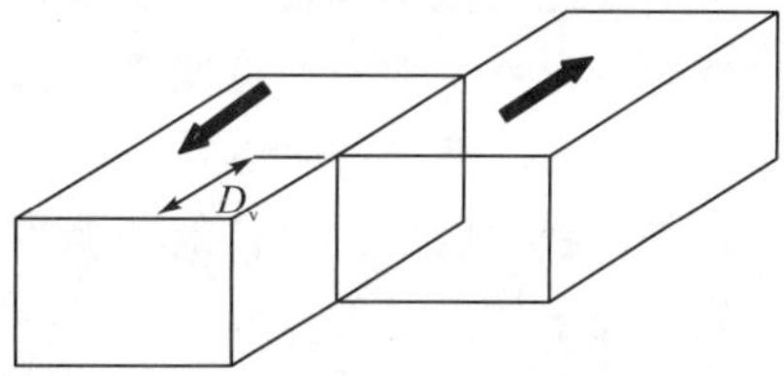


图 8-2　地震产生的水平永久位移示意图

铁路选线设计是从源头上减轻地震灾害的根本对策，而大地变形的正确预测是从定量化的角度提出减灾策略的关键。活断层引发地表出现永久位移受很多因素影响，如断层的力学性质和产状、第四系松散层厚度及断层构造部位等。由于可参考的大震资料甚少，至今该方向的研究成果仍然有限。对于活断层引起的地表及地下形变场，目前已发展有弹性半空间位错位移场理论，可以给出半空间中倾斜剪切断裂、张性断裂及逆断裂错动引起的地表面及内部位移场的完备解析计算式(Okada，1992)，但是该方法中地壳介质仅被简单地视为弹性半空间介质，场地的局部土层效应考虑不全面，同时没有考虑传播介质的非弹性衰减，不适用于离断层地表迹线一定距离以外的场地。此外，矩形位错面引起的弹性半空间位移场，是基于点源引起的弹性半空间位移场计算公式，沿整个断层面积分得到的。对于能够导致地表破裂或产生地表永久位移的破坏性地震来说，破裂面的尺寸通常都是相当大的，这时采用这种解析方法的计算量就会相当巨大，对一般工程来说过于复杂繁重。相比之下，国内外许多学者利用有限的强震数据进行过一些统计分析，得到了一些地表破裂尺度及地表最大永久位移与震级等的定量关系式，如Weertman(1965)、Aki(1968)、Bonilla 等(1984)、Bonilla(1988)、邓启东等(1992b)、Wells 和 Coopersmith(1994)以及 Lee 等(1995)。不过，全球范围内沿断层地表位移分布现场的详细调查研究仅有 14 个，且地震引起的地表位移分布各不相同，难以确定不同震级地震引起的地表位移的分布模式。不过，自断层地表迹线向两侧方向，永久位移的衰减是非常快的，因此对于跨越断层的线路工程而言，通常最为关心的是地表最大永久位移量，以便在设计阶段预留变形量。因此，对于线路工程来说，基于统计关系式预估地表永久位移量，简捷有效。不过，许多长距离工程即便不跨越断层，也可能通过距断层地表迹线很近的区域。另外，活动断裂附近如果存在拟建的地下隧道工程，那么必须明确工程所在区域的永久位移量。因此，在得到断层地表投影迹线上的永久位移的基础上，还应建立永久位移沿地表及沿深度方向的衰减模型，以在工程设计阶段简便地估计断裂附近区域的永久位移量。这类研究无疑和铁路按设计地震烈度设防的技术需求更为接近。

## 8.2 地表形变概率危险性分析

地震概率危险性分析，基于地质构造和地震活动性资料，给出不同概率水准条件下工程场地的地震动参数。概率危险性分析具有如下基本假定：同一个潜在震源区内，任何地方发生地震的概率是相同的，其平均发生率在时间轴上为常数，且地震事件之间是独立、随机的。地震的次数随震级的增高呈指数下降，场点地震动参数可表达为距离和震级的函数。永久位移的概率危险性评估方法是基于强震数据得出的地表变形统计关系式，结合上述地震概率危险性分析框架，进一步给出工程使用期内不同概率水准条件下的最大地表变形量及地表形变沿断层迹线的分布形式。可以说，目前对强震引起的大地形变量的上限值已有较清晰的认识，借助各种计算方法的综合计算可以进一步缩小估计误差的范围，获得以米为单位的预测量，这种精度的数据如只作为选线阶段的决策依据，是基本满足要求的。

地震概率危险性分析早在 20 世纪 60 年代末就已被用于评价地面震动危害并建立抗震设计参数(Cornell，1968)。Cornell 给出的超越概率计算公式为

$$v_k(z) = \sum \alpha_n(m_0)\int_{m_0}^{m_n} f_n(m)\left[\int_0^{\infty} f_{kn}(r\,|\,m)\cdot p(D > d\,|\,m, r)\cdot \mathrm{d}r\right]\cdot \mathrm{d}m \quad (8\text{-}1)$$

式中，$\alpha_n(m_0)$表示震级位于$m_0 \sim m_n$的地震的年平均发生率；$f_n(m)$表示发生$m$级地震的概率密度函数；$f_{kn}(r|m)$表示发生$m$级地震且场点距离断层为$r$时的概率密度函数；$P(D>d|m,r)$表示发生$m$级地震且场点距离断层为$r$时出现的地表永久位移超过$d$的概率。

吴景发(2009)参照 Cornell 地震危险性概率分析框架，给出了断层上场点永久位移量大于最大值($D_{\text{site}}>d_{\max}$)的年超越概率为

$$p(d)=\nu(m_0)\int_{m_0}^{m_u} f(m)\cdot\left[\int_0^{\infty} f(r|m)P(\text{slip}|m,r)P(D_{\text{site}}>d_{\max}|m,r,\text{slip})\text{d}r\right]\text{d}m \tag{8-2}$$

式中，$\nu(m_0)$为断层上震级为$m_0 \sim m_u$的地震年平均发生率，通过对地震带未来百年地震活动趋势预测结果得到，反映地震带地震活动水平的时间非均匀性；$f(m)$为震级为$m$的地震的概率密度函数；$f(r|m)$为发生震级$m$的地震与长点间距离的概率密度函数；$P(\text{slip}|m,r)$为给定震级$m$和距离$r$下的地表出现破裂的概率；$P(D_{\text{site}}>d_{\max}|m,r,\text{slip})$为给定震级$m$和距离$r$，且已知地表破裂条件下的场点发生大于最大地表永久位移水平$d_{\max}$的年超越概率；$d_{\max}$为最大地表永久位移，根据与震级间的统计关系式确定。断层上最大地表永久位移与震级的关系可描述为

$$\lg d_{\max}(m)=g+hm+f(R,m^2,\text{source},\text{localcondition}) \tag{8-3}$$

### 8.2.1 方法简介

地震可以引发一系列不利后果，如地震动超越一定水平可能产生液化等，这些不利后果都可以进行概率风险性评估。永久位移概率危险性分析也是这类概率风险性评估的一个特例。该方法的前提是，明确地震发生的概率模型，并假定地震发生时，产生了不利事件。跨断层永久位移的风险性评估相对简单，因为其中只需要考虑一个潜在震源区的作用，而地震动风险性评估则要包含很多震源区的作用。另一个简化在于，目标潜在震源区中不是所有地震都会影响到场点的永久位移，而所有地震都会多少影响到场点的地震动水平，其影响大小取决于距离。不过，断层永久位移的风险性评估需要确定一个额外的有条件概率，就是已发生的地震影响到场点的概率。不过这个条件概率对场点最终结果的影响与断层距无关(因令断层距等于零)，因此估计起来较为简单。虽然现实中，其影响肯定与震源距有关。比如说，沿着断层长度的位移分布是不均匀的，亦或不连续，静态位移场随着断层距衰减等。但是，通常桥梁的跨度都比较小，仅在百米量级，相比整体估计的不确定性来说这种衰减效应已经算小了，因此跨越断层位置的位移更具研究价值。图 8-3 表示一个长宽为$L$和$W$的断层，倾角$\delta$，从地表延伸至地下$H=W\sin\delta$深度，断层表面上三个可能的破裂，以及距断层中心$x$远处的场点。三个破裂中，3 号破裂影响到了场点，1 号破裂在深部破裂没有导致地表破裂，2 号破裂虽然导致地表破裂，但破裂并没有水平扩展至场点。潜在破裂的长度和宽度，$L_{\text{R}}(M)$和$W_{\text{R}}(M)$，都与震级相关。

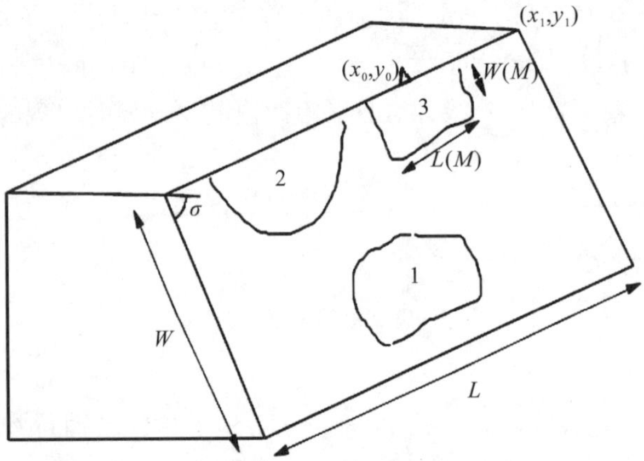


图 8-3 断层及其上可能的破裂

若用随机变量 $D$ 来表示当一个地震发生并导致地表破裂时，地表跨断层处位移的绝对值。$D_{\text{site}}$则表示同样前提下，场点处地表跨断层位移的绝对值。令 $P(d,t)$ 表示时间 $t$ 内 $D_{\text{site}}$超过 $d$ 的概率：

$$P(d,t) = P\{D_{\text{site}} > d \mid t\} \tag{8-4}$$

永久位移是地震发生的直接后果，因此式(8-3)中的风险性概率受地震发生的概率模型的控制。下文就介绍基于两个不同的地震发生概率模型推导出的风险性概率，分别是泊松地震的风险性模型及时间相关地震的风险性模型。

### 8.2.2 泊松地震的风险性模型

假定断层上地震的发生是相互独立的，在 $t$ 时间内发生的地震的数量符合泊松分布，且其重现期是指数随机变量。通常用于实践时，可以离散可能地震的震级，用 $M_i$，$i=1$，…，$N_i$ 代表可能的震级，相应地，$n_i(t)$表示 $t$ 时间内断层所在潜源上发生地震的数目的期望值。于是，事件$\{D_{\text{site}}>d \mid t\}$可看作是选择性泊松过程，与地震发生率比例相关(考虑到不是每一次破裂都延伸至地表且引起场点永久位移，即便引起，位移水平也不一定超过 $d$)。基于统计的非相关性，超越概率是各震级水平下超越概率的总和，表示为

$$m(d,t) = \sum_{i=1}^{L} q_u(d) n_i(t) \tag{8-5}$$

式中，$m(d,t)$ 为在时间 $t$ 内，所有地震导致的场点位移超越 $d$ 的期望数目；$q_i(d)$为与震级相关的比例分配因子，其含义为，假定断层上发生震级为 $M_i$ 级地震的情况下，场点处跨断层位移超过 $d$ 的条件概率，由式(8-6)估计：

$$\begin{aligned} q_i(d) &= P\{D_{\text{site}} > d \mid \text{event } M = M_i \text{ occurred}\} \\ &= P\{D > d \mid \text{event } M = M_i \text{ occurred}\} \times P\begin{Bmatrix}\text{rupture breaks} \\ \text{ground surface}\end{Bmatrix} \times P\begin{Bmatrix}\text{rupture extends} \\ \text{horizontally to the site}\end{Bmatrix} \end{aligned} \tag{8-6}$$

于是，$t$ 时间内发生这些地震情况下，位移水平 $d$ 被超越的重现期为指数分布，其均值为 $t \mid m(d,t)$，由此得到位移水平 $d$ 被超越的概率为

$$p(d,t) = P\{D_{\text{site}} > d \mid t\} = 1 - e^{-m(d,t)} \tag{8-7}$$

一个潜在震源区内泊松地震的发生率，通常认为符合分段 Gutenberg-Richter 关系：

$$\lg N(M) = a - bM \quad M \leqslant M_{\max} \tag{8-8}$$

式中，$M_{\max}$为该断层的最大可能震级；$a$ 和 $b$ 为常数。于是：

$$n_i(t) = t\int_{M_i-\Delta M/2}^{M_i+\Delta M/2} N(m)\mathrm{d}m \tag{8-9}$$

式中，$\int_{M-\Delta M/2}^{M+\Delta M/2} N(m)\mathrm{d}m$ 表示震级在 $(M-\Delta M/2, M+\Delta M/2)$ 的地震的年平均发生次数。泊松过程是无记忆的，完全由平均率定义。

### 8.2.3　时间相关地震的风险性模型

相关数据表明，有时同一断层上会重复发生震级相近的地震，其复发频度比 Gutenberg-Richter 关系外推的结果更高，可称其为特征地震(characteristic earthquake)。根据地震弹性回跳理论，断层上发生大震的机会取决于上一次大震至今的时间，其间应变能逐渐累积到足以产生另一次大震。即其重现期符合对数正态分布，但还需额外确定一个参数——上次特征地震迄今时间，亦即离逝时间。不过，由于大震数据本身匮乏，大震的规律性难以再现，断层分段存在不确定性，大震中相邻断层段间存在相互作用且易存在近邻破裂，种种原因导致这种时间相关的地震模型只用在少数沿着板块边界的断层上，且距下次特征地震发生的时间通常只能模拟为指数随机变量。

时间相关的特征地震模型，可视为广义泊松过程。该模型与泊松过程类似，假定地震的发生在时间轴上是整齐有序的。亦即，忽略短时间内出现多次地震的概率。假设 $\lambda(t, t_0)$ 表示特征地震的发生率，其与时间相关。则时间间隔 $t$ 内，发生地震次数的期望值(上一次特征地震发生时数值为 0)为

$$n(t \mid t_0) = \int_0^t \lambda(\tau, t_0)\mathrm{d}\tau \tag{8-10}$$

而这些地震引发的位移水平超过 $d$ 的平均超越数目为

$$m(d, t \mid t_0) = q_i(d) n(t \mid t_0) \tag{8-11}$$

相应的超越概率为

$$p(d, t \mid t_0) = 1 - \mathrm{e}^{-m(d, t \mid t_0)} \tag{8-12}$$

计算期 $t$ 内超越数目同样符合泊松分布。

### 8.2.4　所有地震的组合效应

假定小震的发生符合泊松分布，特征地震符合广义泊松过程，小震的发生与特征地震的发生是统计不相关的，则位移水平 $d$ 的超越数目也符合广义泊松过程，其超越数目期望值 $m_{\mathrm{tot}}(t \mid t_0)$ 等于泊松地震引起的 $m_{\mathrm{pois}}(t)$ 与特征地震引起的超越数目期望值 $m_{\mathrm{ch}}(d \mid t, t_0)$ 的总和：

$$m_{\mathrm{tot}}(t \mid t_0) = m_{\mathrm{pois}}(t) + m_{\mathrm{ch}}(d, t \mid t_0) \tag{8-13}$$

相应的超越概率等于：

$$p(d, t) = 1 - \mathrm{e}^{-m_{\mathrm{tot}}(d, t \mid t_0)} \tag{8-14}$$

计算任意事件引起的超越概率的更常用的公式，如下：

$$p(d, t) = 1 - \prod_j [1 - p_j(d, t)] \tag{8-15}$$

式中，$p_j(d,t)$ 代表单个事件引起的位移水平 $d$ 的超越概率，或同类概率模型描述的一类事件引起的位移水平 $d$ 的超越概率。

### 8.2.5 破裂延伸至地表并影响到场地的概率

某一断层上的破裂延伸至地表的可能性可借助下述参数估计：前次地震的直接观测、历史地震的震源深度分布、破裂宽度与震级之间的关系式等。为展示本书方法的步骤，本书中假定震级越大，破裂延伸至地表的可能性越大。也就是说，震级越大，破裂宽度 $W_R(M)$ 相对于断层宽度 $W$ 来说越大。

$$P\begin{Bmatrix}\text{rupture breaks}\\ \text{ground surface}\end{Bmatrix} \equiv r_W(W, W_R) = \min\left(1, \frac{W_R(M)}{W}\right) \tag{8-16}$$

类似地，假定震级越大，断层破裂扩展至场地的可能性也越大。也就是破裂长度 $L_R(M)$ 越大。但断层破裂扩展至场地的可能性同时取决于场地相对于断层边缘的位置(因为本书限定：破裂必须沿着断层长度 $L$ 契合)。本书假定，只要破裂契合断层长度，则沿着断层长度，破裂发生的可能性是相等的，于是有

$$P\begin{Bmatrix}\text{rupture extends}\\ \text{horizontally to the site}\end{Bmatrix} \equiv r_L(L, L_R, x)$$

$$= \begin{cases} 1 & L_R(M) \geqslant L \\ \min\left(1, \dfrac{L_R(M)}{L - L_R(M)}\right) & L_R(M) < L, |x| \leqslant \dfrac{L}{2} - L_R(M) \\ \min\left[1, \dfrac{\dfrac{L}{2} - |x|}{L - L_R(M)}\right] & L_R(M) < L, |x| > \dfrac{L}{2} - L_R(M) \end{cases} \tag{8-17}$$

式中，$|x|$ 为场点距断层长度中心的距离(图 8-3)。在式(8-17)中，$|x| \leqslant 0.5L - L_R(M)$ 对应着靠近断层中心的场点；而 $|x| > 0.5L - L_R(M)$ 对应着靠近断层端部的场点，场点的这两种分类取决于破裂长度，也就是说取决于地震震级。

### 8.2.6 破裂长度和宽度的回归公式

破裂尺度随着震级呈指数增长，但是沿着断层长度和宽度的增长率却取决于孕震区的类型。例如，在加利福尼亚州浅层孕震区，破裂长度 $L_R$ 和宽度 $W_R$ 在小震时随震级成比例增长。对大震时，破裂宽度受到孕震区宽度的限制(约 18km)，而破裂长度却可以继续增长。为了估计式(8-16)和式(8-17)之中的 $r_W$ 和 $r_L$，选用的破裂长度 $L_R$ 和宽度 $W_R$ 公式为

$$\lg L_R(M) = 0.5113M - 1.9341 \tag{8-18}$$

以及

$$\lg W_R(M) = 0.2292M - 0.5218 \tag{8-19}$$

式(8-18)、式(8-19)是基于 Wells 和 Coppersmith 数据库中加利福尼亚州地震数据，利用最小二乘法拟合得到的。

如在概率中进一步考虑 $L_R(M)$ 和 $W_R(M)$ 估计的不确定性，可以依据式(8-20)和式(8-21)。

$$P\begin{Bmatrix}\text{rupture breaks}\\ \text{ground surface}\end{Bmatrix}\int_0^{\infty} r_W(W,y)f_{W_R}(y)\mathrm{d}y \tag{8-20}$$

$$P\begin{Bmatrix}\text{rupture extends}\\ \text{horizontally to the site}\end{Bmatrix}=\int_0^{\infty} r_L(W,y)f_{L_R}(y)\mathrm{d}y \tag{8-21}$$

式中，$f_{L_R}(y)$和$f_{W_R}(y)$各自代表$L_R(M)$和$W_R(M)$的概率密度函数。

### 8.2.7 跨断层地震位移的回归模型

概率危险性分析模型中最关键的部分，在于跨断层永久位移预估公式的选择。对此，既可以选用已有的模型，如 Wells 和 Coppersmith 提出的模型或 Lee 等提出的 $d_{max}$ 模型，也可以发展一个新的模型。

Wells 和 Coppersmith 提出的模型，是基于世界范围数据统计出的地表位移对数值与震级之间的线性关系，分不同断层类型统计，同时也有针对所有断层类型情况的统计。举例来说，对所有断层类型(由于统计数据量大，这种条件下的统计相对来说最为稳定)，他们使用了 148 次地震($5.6\leqslant M\leqslant 8.1$)的地震数据。回归得到的位移对数值的标准偏差是 0.36，或偏差系数 2.3，与地震动幅值定标律的离散程度大抵相当。

Lee 等使用了大约 2000 条美国西部的三分量地震动数据，将峰值地面位移视作震级、震源距、传播类型特征、不同地质场地和局部场地条件组合的函数，得到当震中距<140km 时 $d_{max}$(cm)如下：

$$\begin{aligned}\lg d_{max} = {} & M - 2.2470\lg(\Delta/L_R) + 0.6489M + 0.0518s - 0.3407\upsilon - 2.9850 - 0.1369M^2 \\ & + (-0.0306S_L^1 + 0.2302S_L^2 + 0.5792S_L^3) + [-0.3898r - 0.2749(1-r)]R/100\end{aligned} \tag{8-22}$$

式中，$M$ 为震级；$R$ 为震中距，km；$\Delta$ 为“代表性”震源-台站距(下文将具体定义)；$L_R$ 为破裂长度；$\upsilon$ 为运动方向指标($\upsilon=0$ 为水平运动，$\upsilon=1$ 为垂直运动)；$r$ 为经过岩石的水平波程比；$s$ 为地质场地条件指标($s=0$ 为沉积场地，$s=2$ 为地质岩石，$s=1$ 为不能明确分类的场地)；$S_L^1$，$S_L^2$，$S_L^3$ 是与局部场地参数 $S_L$ 有关的局部土壤条件指标，($S_L^1=1$ 为岩性土或硬土条件，否则为 0；$S_L^2=1$ 为深部土壤条件，否则等于 0；$S_L^3=1$ 为深部非黏性土条件，否则等于 0)。

“代表性”震源-台站距，最早由 Gusev 提出的，取决于实际距离及破裂的尺度，如

$$\Delta = S\left(\ln\frac{R^2+H_R^2+S^2}{R^2+H_R^2+S_0^2}\right)^{-1/2} \tag{8-23}$$

式中，$H_R$ 为震源深度；$S$ 为震源尺寸；$S_0$ 为震源相关半径。当震中距较小时($R<5$km)，震源尺寸 $S$ 由式(8-24)确定：

$$S=\begin{cases}0.0729(5.5-M)10^{0.5M}, & M<4.5\\ -25.34+8.51M & 4.5\leqslant M\leqslant 7.25\end{cases} \tag{8-24}$$

场点处的震源相关半径 $S_0$，取决于辐射能量的频率以及距震源的距离。Gusev 和 Lee 等将 $S_0$ 近似表达为

$$S_0 \sim \beta T/2 \tag{8-25}$$

式中，$\beta$ 为震源区剪切波速；$T$ 为主波动的周期，也就是位移傅氏谱中最大幅值对应的周期。位移傅氏谱的形状取决于震源-场点距，以及拐角频率 $f_1$ 和 $f_2$(与破裂长度 $L_R$ 和宽

度 $W_R$ 有关)。根据强地震动统计研究，对单侧破裂断层，$f_1$ 与整个断层错动持时 $\tau_1$ 有关，$f_2$ 则与位错在整个破裂宽度上的传播时间 $\tau_2$ 有关：

$$\tau_1 \sim 1/f_1 = L_R/2.2 + W_R/6 \tag{8-26}$$

$$\tau_2 \sim 1/f_2 = W_R/6 \tag{8-27}$$

式(8-23)和式(8-24)中的破裂长度和宽度取自 Trifunac：

$$\lg L_R(M) = 0.5M - 2 \tag{8-28}$$

以及

$$\lg W_R(M)\begin{cases} L_R, & M \leqslant 4.25 \\ 0.25M - 1, & M > 4.25 \end{cases} \tag{8-29}$$

这两个公式与破裂尺度的地震学估计数据一致，与强地震动的估计数据也一致。确定峰值位移时，Lee 假定用于估计震源相关半径的主周期为 $T = \tau_1/2 \sim \tau_1/3$。于是，对于 $\beta \sim 3\text{km/s}$，有

$$S_0 = \frac{1}{2}\min(S_f, S) \tag{8-30}$$

式中，$S$ 为震源尺度[由式(8-24)给出]，$S_f$ 为

$$S_f = \begin{cases} L_R(M), & M < 3.5 \\ L_R(M)/2.2 + W_R(M)/6, & 3.6 < M \leqslant 7 \\ L_R(M_{\max})/2.2 + W_R(M_{\max})/6, & M > M_{\max} = 7 \end{cases} \tag{8-31}$$

式中，$L_R(M)$ 和 $W_R(M)$ 由式(8-18)和式(8-19)确定。

假定破裂是对称的，断层两侧两点之间的相对位移等于一侧绝对位移的 2 倍：

$$D = 2d_{\max} \tag{8-32}$$

于是超越条件概率则为

$$P\left\{D > d \left| \begin{matrix} \text{event } M = M_l \text{ occurred} \\ \text{and ruptured the surface} \end{matrix} \right.\right\} = 1 - \frac{1}{\sqrt{2\pi}\sigma}\int_{-\infty}^{\lg d} e^{\frac{-1}{2[(\lg x - \mu)/\sigma]^2}} \mathrm{d}x \tag{8-33}$$

## 8.2.8 相关参数

整个概率危险性分析中，需确定大批参数。包括描述发震区地质情况和断裂带特征参数，地震活动性参数(如起算震级、震级上限、年平均发生率)和断裂带特征参数(如断层方位、倾角、埋深、断层长度和断层宽度)。具体推算某一指定断层上的永久位移时，应该从断层所处区域的地震地质构造资料和地震活动资料入手，确定永久位移概率评估所需的参数。

### 1. 基础资料

工程场地地震安全性评价最重要的任务是了解工程场地所在区域范围内的地震活动规律，预测在工程使用年限内周围可能发生地震的地点、强度以及可能对工程场地的影响。对工程场地地震安全性评价的主要依据之一是对区域地震活动性的认识，而对地震活动性规律的认识需要建立在完整可靠的地震资料的基础上。

#### 1)区域地震地质构造背景

区域地震构造资料可以给出区域内构造活动和地震活动的相互关系，提供发震构造

确定潜在震源区及地震构造区划分的依据。区域地震构造资料主要包含以下几个方面的内容：第四纪以来断层活动时代、性质(走滑断层、正断层、逆断层及其混合型)和运动特性(黏滑和蠕滑)；断层活动分段。涉及发震构造、潜在震源区范围和震级上限的确定；第四纪以来活动盆地的展布和沉积厚度；现代构造应力场特征，主要表示区域应力场的总体作用方向和块体运动方向，对确定发震构造和潜在震源有意义；$M\geqslant 4.75$ 地震的震中分布情况。

2)断层所处区域的地震活动环境

地震活动性是指一定区域内一定时期的地震活动特性，包括地震的时间、空间分布特点和地震频度、地震强度的变化。进行地震活动性分析，主要是采集地震观测系统测定的(或历史资料中记载的)地震发生的时间、空间位置(震中和震源深度)和强度(震级或震中烈度)等基本参数并研究这些参数之间的相互关系。对区域地震活动性的研究主要分为两大部分：一是地震资料的整理和分析，主要包括地震目录的编制以及区域地震分布图两个部分；二是地震活动时空特征分析，主要包括历史地震记载的完整性讨论、区域地震活动性的空间分布分析、区域地震的时间分布分析以及地震活动强度的估计等几个部分。

3)研究断层上的地震发生模型

基于断层所处的区域地震地质构造背景和地震活动环境分析，合理评价研究断层未来地震活动性、强震发生的构造部位，并充分考虑地震发生时空分布及迁移特征，确定地震发生模型、不同震级地震可能发生的部位和震源深度。根据地震活动环境评价的结果确定地震发生模型，总可以确定为 Gutenberg-Richter 模型、分段 Gutenberg-Richter 模型和特征地震模型中的一个；根据区域地震构造综合分析的结果确定强震发生的构造部位，在这些部位中适当增加地震发生的权重；根据地震的深度分布特征分析结果确定不同震级地震的震源深度。如果仅依赖研究断层的数据得不到这些模型参数，按照构造类比原则适当扩大统计区域，或论证采用已有模型参数的可靠性。

2. 地震活动性参数

由于地震活动过程的复杂性，以往传统的分析工作强调地震活动时空分布不确定性的一面，采用的是均匀分布的处理方法。其基本假设是地震的发生在时间上平稳，空间上均匀。这种假设与地震活动时空不均匀特征不相符。地震并不是在任何地方都能发生，也不是在可能发生地震的地方发生各级地震的可能性都相同。地震活动与当地的地质构造及地球物理场等特征有密切的关系。另外，地震应变能从积累到释放要有个过程，地震活动在时间上呈现出相对平静与相对活跃相交替的特点。地震活动性参数主要包括：震级上限、起算震级、震级－频度关系中的 $b$ 值和地震年平均发生率。

1)起算震级 $M_0$

起算震级是指对工程场点可能有影响的最小震级。我国大陆地区绝大多数是浅源地震，历史上不少 4 级左右的地震也有可能造成轻破坏，因此地震动概率危险性分析中，起算震级通常设定为 4 级。但在永久位移概率危险性分析中，起算震级应该以使地表发生永久位移的最小震级计算。统计资料显示，通常 6.5 级以下地震引起地表破裂的可能性较小，但是当地震震源深度非常浅时，也可能引起地表破裂。

2)震级上限 $M_{uz}$

震级上限是指震级一频度关系式中累积频度趋于零时的震级。确定震级上限的依据主要有两个：①当历史资料足够长，且该带已历经了几个活动周期时，可按该地震带已发生过的最大地震强度确定；②具有相似构造环境的地区，可能发生同样强度的地震，可按已知地震构造条件进行类比外推。

3)年平均发生率

地震年平均发生率是一定区域内平均每年发生大于等于起算震级的地震的总数，表征区域的地震活动水平，其数值受 $b$ 值和统计时段的影响。地震年平均发生率的大与小，对地震危险性分析的结果影响很大。因此，年平均发生率也是地震危险性分析中的重要参数之一。

4)震级-频度关系中的 $b$ 值

$b$ 是震级-累积频度关系曲线的斜率(图 8-4)，表征不同大小地震频数之间的比例关系。$b$ 值对概率危险性评估的结果影响较大，因此 $b$ 值的选择应慎重。由于各类因素的影响，$b$ 值曲线在震级-频度曲线两端常出现掉头现象，其小震一段掉头，其主要原因在于小震漏记。若以可信时段历史地震小震取 5 级，可基本消除小震漏记现象。$b$ 值在大震端也会出现偏低现象。这种高震级掉头现象，也可能与统计范围，统计时段的数据不足有关。某一地区的 $b$ 值一般使用历史地震资料求计算。但由于可利用的震级十分有限，且中强震多有遗漏，因此所得到的 $b$ 值往往偏低。现代地震资料因其记录时间太短，得到的 $b$ 值不能真正反映一个地区全面的地震活动特征。考虑地震记载事件与震级范围的可靠性与完整性，可以按不同震级范围地震的完整记载时段和频数分别统计，从而拟合成同一条直线。

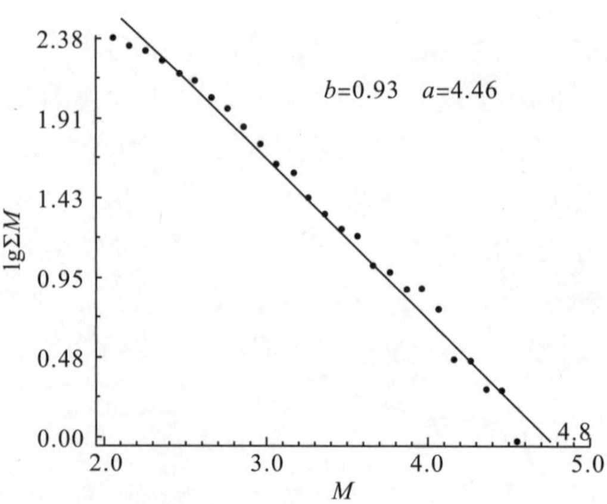


图 8-4 震级-频度曲线一例

通过 $b$ 可得震级密度分布函数中 $\beta$ 值，$\beta=b\ln 10$。$\beta$ 指潜在震源区内所有 $M_0 \leqslant M \leqslant M_{uz}$ 地震所遵循的分布中的系数。震级概率分布函数为

$$f(M)=\begin{cases}\dfrac{\beta e^{-\beta(M-M_0)}}{1-e^{-\beta(M_{uz}-M_0)}}, & M_0 \leqslant M \leqslant M_{uz} \\ 0, & \text{其他}\end{cases} \tag{8-34}$$

$b$ 值与该区的应力状态及地壳破裂强度有关，其统计由该区域或地震带内实际拥有的地震数据统计而得。$b$ 值统计时，由于各地震带拥有历史和仪器记录资料的情况差异很大，因此统计时应根据实际数据情况处理。当地震资料相对比较完整时，可利用给定时段和震级范围的历史地震资料进行统计；对于历史地震资料记载时间短、资料少，但近期仪器记录的中小地震比较丰富时，可采用历史地震和近期小震结合的方法求 $b$ 值；对严重缺乏地震资料的地带，可根据地质构造和地震活动性的类比原则，直接采用所在地震区的 $b$ 值。

5)空间分布函数 $f_{imj}$

空间分布函数的确定，需依赖潜在震源区的可靠度、中长期地震预报成果、大震的减震作用、小震活动、强震复发间隔与构造空段、面积等因素。通常分 4.0～5.5 级、5.6～6.0 级、6.1～6.5 级、6.6～7.0 级、7.1～7.5 级、7.5 级以上六个震级档进行统计。小于 6 级地震受构造控制不明显，具有随机性，可采用面积等权分配原则确定：

$$f_{imj}=\frac{S_i}{\sum S_i} \tag{8-35}$$

式中，$S_i$ 为第 $i$ 个潜在震源区的面积。

对于 6～7.5 级各档地震，需综合考虑所有因素，针对每个因素计算其荷载。将所有因素的总荷载在地震带内归一化，得到各潜在震源区的空间分布函数。

7.5 级以上地震的潜在震源区对总的地震危险性贡献较大。同一潜在震源区或断层上，7.5 级以上地震的复发间隔通常在百年至千年量级范围内。因此，必须使用历史地震重复间隔的统计数据，取其下限，按均匀分布模式计算年平均发生率，再与整个地震带的年平均发生率相比，得到 7.5 级以上震级档的空间分布函数。

3. 断层模型参数

1)断层的方位特征

描述断层方位特征的参数，主要有断层的走向、倾角、滑动类型(正断层、逆断层、走滑断层或混合型)及滑动量，对隐伏活动断层，还包括上缘埋深、断层迹线在地表的垂直投影位置等。描述断层运动特征的参数，主要来自近场活动构造调查，依据现有地质、水文地质资料、目测判断、物探作业结果等共同判断。

2)破裂面几何参数

断层的几何参数，主要指断层的长度和宽度。通常震源破裂面的尺度随震级呈几何级数增大，但区域地震地质构造背景、断裂性质和产状不同，相同震级的破裂规模也会

有所差异。目前针对破裂面长度和宽度，大多采用其与震级的统计经验关系。业已存在按断裂性质描述的破裂长度、宽度与震级的经验关系均有如下形式：

$$\begin{cases}\lg L(M) = a - bM \\ \lg W(M) = c - dM\end{cases} \tag{8-36}$$

就指定断层及断层附近的地震而言，应依据物探结果、震源运动学反演结果和历史地震的烈度长、短轴长度等资料，推算不同震级下的历史地震震源深度、破裂长度、破裂宽度产状，评估该断层合适的经验关系参数。

3)地表破裂长度、地表永久位移分布与震级关系

地表破裂长度是震源破裂面延伸到地表的长度，通常与震级、震源破裂面的尺度、地壳力学性质和局部场地条件相关。对于中等地震、岩石场地，地表可能出现破裂，但当第四纪覆盖物很厚时，地表可能不出现破裂；大震级地震时，无论基岩或土质场地条件，都会出现地表破裂，但其表现形式不同，调查结果也会有较大分歧。通常估计地表破裂长度，也可采用如下形式的统计经验关系式：

$$\lg L_R = b - aM \tag{8-37}$$

地表最大永久位移与震级的模型不多，Wells 和 Coppersmith(1994)收集了 244 次历史地震记录资料，并根据其中 80 次震级 5.2～8.1 级地震的地表位移资料，给出了最大地表永久位移与震级的关系：

$$\lg d_{\max} = 0.82M - 5.46 \tag{8-38}$$

Lee(1995)统计了美国西部 2000 个三分量地震动记录，利用震级、震中距、传播特性、不同地质单元和局部场地条件的组合效应，给出了震中距小于 140km 地表破裂两侧相对位错的经验公式，如式(8-22)。总体上，全球范围内沿断层地表位移分布现场的详细调查研究非常有限，且地震引起的地表位移分布各不相同，因此地表位移统计关系式的精度不够高，难以确定不同震级地震引起的地表位移的分布模式。

## 8.3 龙门山中央断裂地表永久位移概率危险性评估

本节以龙门山断裂带为例(图 8-5)，分析龙门山中央断裂在未来一定时间内，发生地表形变的危险性概率。龙门山位于四川盆地西北边缘，广元市、都江堰市之间，北东—南西走向。包括龙门、茶坪、九顶等山。东北接摩天岭，西南至岷江边。绵延 200 多千米。海拔 1000～1500m。龙门山最高峰海拔 2345m，海拔由盆地边缘 2000m 向西逐渐升高到 3000m 以上，主峰九顶山海拔高达 4984m。

龙门山推覆构造带由后山断裂、前山断裂、中央断裂及山前隐伏断裂等组成，右旋走滑兼逆冲运动性质长约 500km，宽 40～50km。后山断裂包括北段青川断裂、中段汶川—茂汶断裂和南段耿达—陇东断裂。其中，汶川—茂汶逆断裂走向 25°～45°，由一系列倾向北西的叠瓦状逆冲断层组成。中央断裂走向 N45°E，倾向北西，倾角 60°左右，由北段茶坝—林庵寺断裂、中段北川—映秀断裂与南段盐井—五龙断裂组成。映秀—北川逆断裂位于彭灌杂岩东南缘，总体走向 35°～45°，由数条次级逆断层组成叠瓦式构造带。前山断裂走向 N35°～45°E，倾向北西，倾角 50°～70°，由北段江油—广元断裂、中段灌县—江

油断裂与南段双石—大川断裂等斜列而成。灌县—江油断裂为脆性逆断裂。山前隐伏断裂指发育在成都平原西北缘的隐伏结构。地表仅断续出露一些小断层和倾向南东、发育于隐伏断裂上盘的上三叠统须家河组和侏罗系组成的单斜构造。在几何结构上，龙门山中央断裂带是由基本破裂单元组成的虹口、龙门山镇-清平和北川-南坝等次级破裂带侧列构成，其中虹口次级破裂带长 39km，是以逆冲倾滑运动为主的段落(吴景发，2009)。

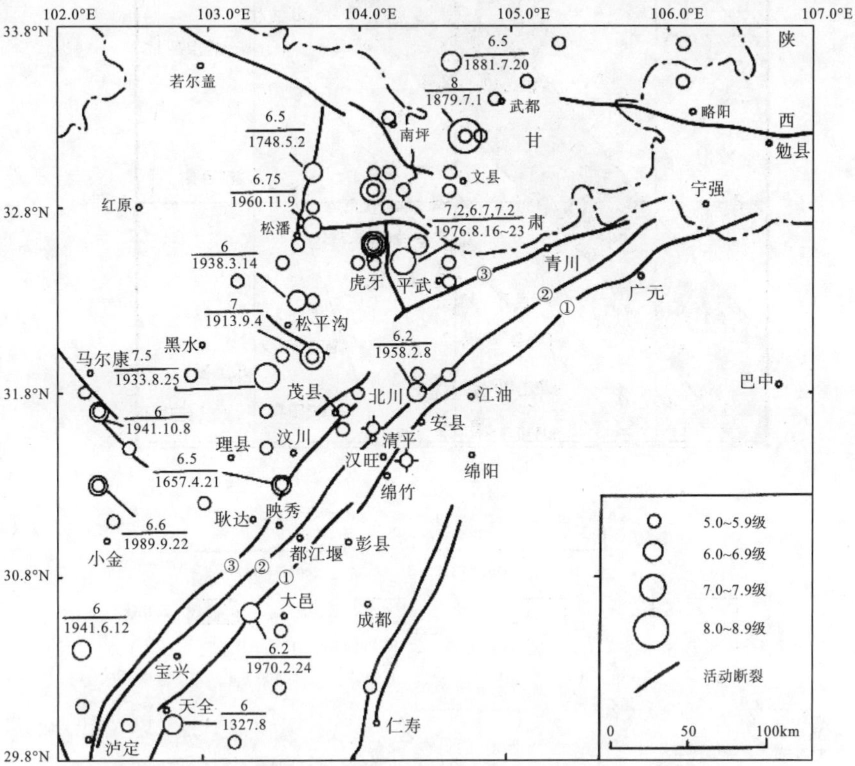


图 8-5　龙门山断裂带主要断裂分布图

根据吴景发(2009)，龙门山断裂带及其周边区域潜在震源可按图 8-6 划分。本例中的龙门山中央断裂位于其中 13 号潜在震源区。

根据龙门山相关历史强震资料(图 8-7)，龙门山断裂带上地震主要分布在中部。2008 年之前，在该断裂带上，发生的最大地震震级为 6.5 级。历次破坏性地震主要发生于龙门山断裂带东北段，而 2008 年汶川地震，则发生于断裂带的中部。断裂带的南部虽然强震次数较少，但仅发生的两次地震都在 6 级以上(吴景发，2009)。

张秋文等(2002)认为，在进行大陆板内活动断裂地震危险性定量计算和评估时，不能简单地套用地震复发间隔概率密度函数或概率积累分布函数，而应该根据当前地震的活动水平，判断当前是属于丛内的活跃期还是丛间的平静期，据此选择复发间隔函数。由龙门山断裂带上历史强震的 *M-T* 图(图 8-8)可以看出，在 1913 年以前，强震复发平均间隔为 125 年，而在 1913 年以后，强震复发平均间隔为 17 年。复发周期前后差别甚大，且汶川地震之后，龙门山断裂带应力得到较大的释放，不管从地震序列，还是地震孕育方面看，龙门山断裂带都将进入一个相对平静期，因此此处分析暂不考虑特征地震复发的作用(吴景发，2009)。

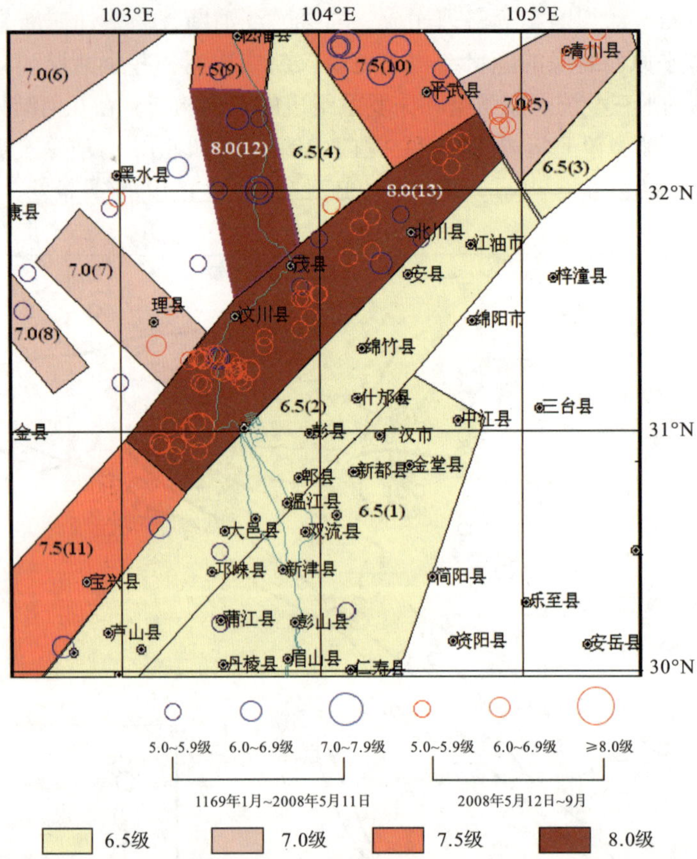


图 8-6 龙门山断裂带附近潜在震源区划图(吴景发，2009)

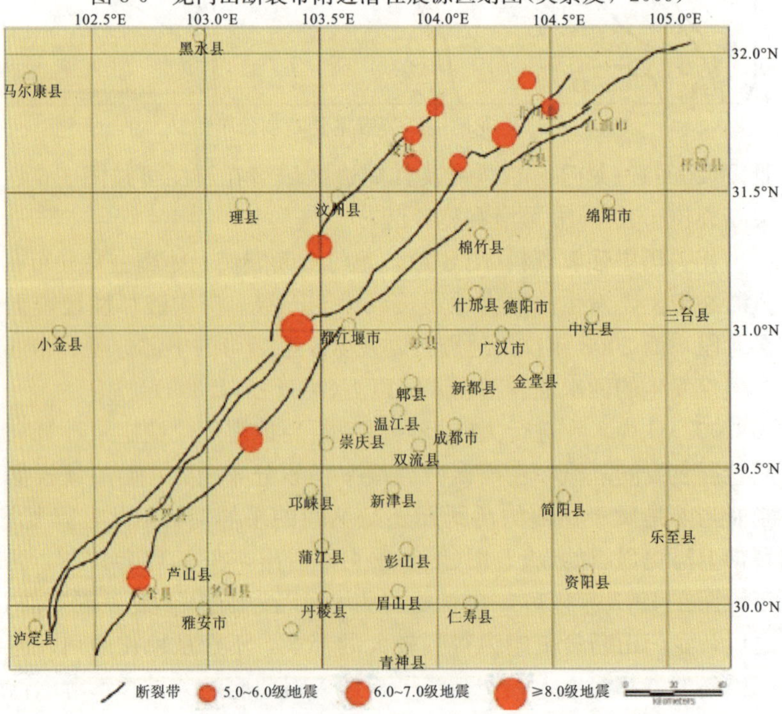


图 8-7 龙门山断裂带上历史破坏性地震分布(吴景发，2009)

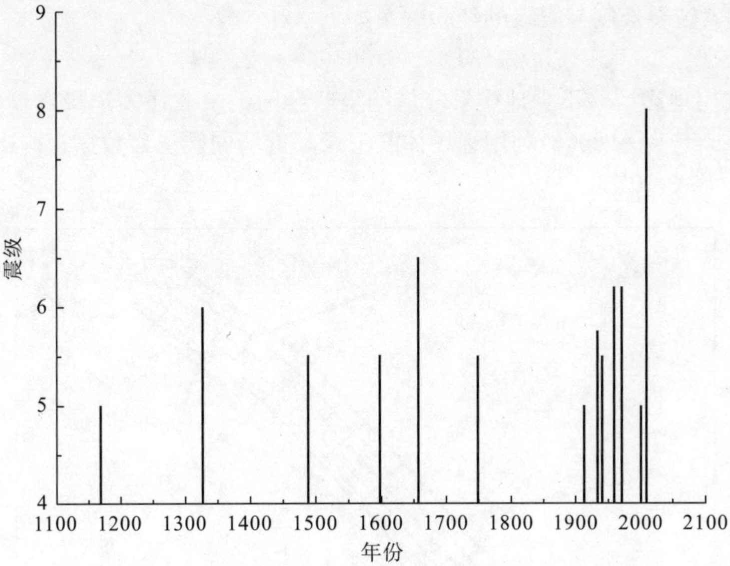


图 8-8　龙门山断裂带上强震 $M$-$T$ 图(吴景发，2009)

《中国历史强震目录(公元前 23 世纪至公元 1911 年)》以及《中国近代强震目录(公元 1912～1990 年)》资料表明，龙门山地震带大于 5 级的地震自公元前 193 年以来共发生 239 次。其中 6～7 级共有 38 次，7～8 级有 10 次，8 级以上有 3 次(1654 年天水地震、1879 年武都地震和 2008 年汶川地震)。由此，可初步绘出震级-频度曲线如图 8-9 所示，根据曲线的斜率可确定 $b$ 值，约为 0.72。根据上述资料给出的龙门山地震带上地震事件的数量，统计得到的年平均发生率为 $\nu_0=4.76$。

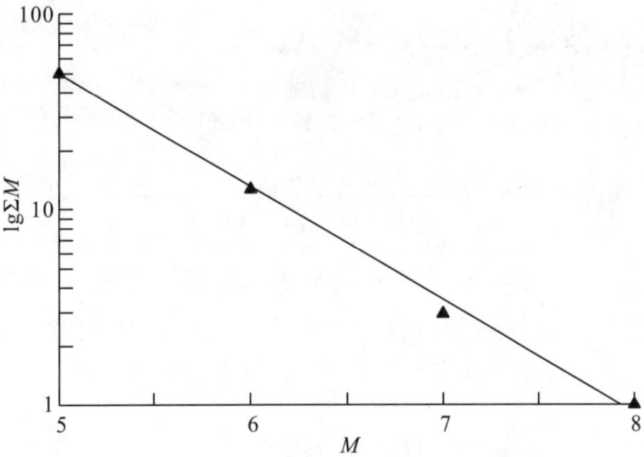


图 8-9　龙门山地震带震级－频度曲线图

统计资料显示，通常 6.5 级以下地震引起地表破裂的可能性较小，但是当地震震源深度非常浅时，也可能引起地表破裂。因此，本节中永久位移概率危险性评估的起算震级，取为 6.0。由于该地震带历史上有 3 次地震达到 8 级，因此震级上限定为 8.0。

破裂长度、宽度与震级的经验关系式，采用式(8-39)计算：

$$\begin{cases}\lg L(M)=0.9346M-5.5250\\ \lg W(M)=1.3401M-8.3869\end{cases}\tag{8-39}$$

选用的地表破裂长度与震级的经验关系如下：

$$\lg L_R(M) = 0.5836M - 2.7241 \tag{8-40}$$

2008 年汶川地震后，不少地震学家借助全球台网记录或强震记录对汶川地震破裂过程进行了反演。王卫民(2008)利用远场体波记录及近场同震位移数据，构造了双“铲状”地震断层模型(图 8-10)。

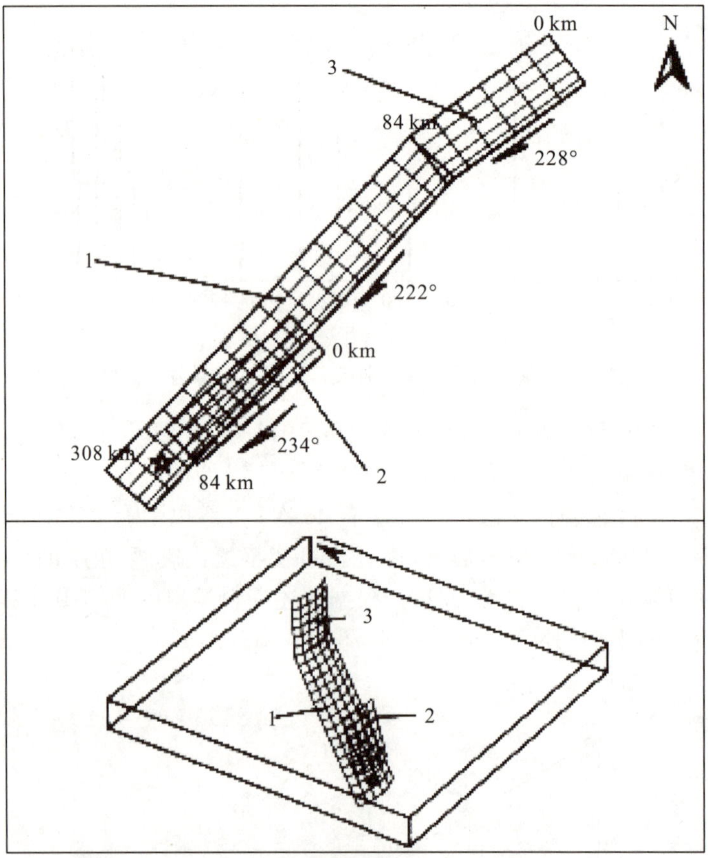


图 8-10　汶川地震双铲状断层震源模型

张勇等(2008)利用全球地震台网的长周期地震记录，反演了汶川地震的震源机制和动态破裂过程(图 8-11)。最终认为，汶川地震的发震断层走向 225°、倾角 39°、滑动角 120°，以逆冲为主，兼具右旋走滑分量，平均滑动量约 2.4m。

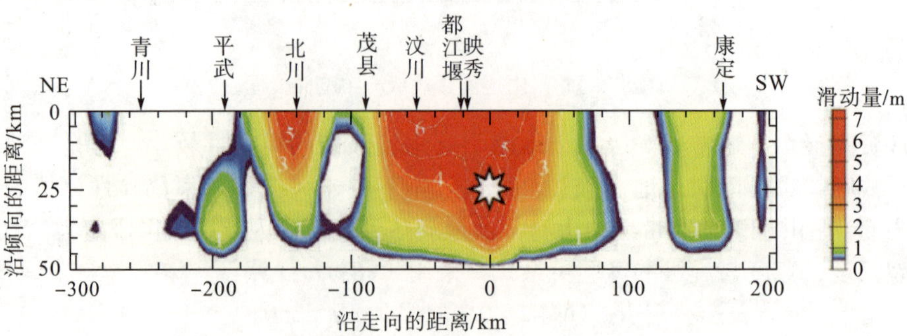


图 8-11　张勇等反演的汶川地震断层面静态滑动量分布

Furuya 等(2010)使用 ALOS / PALSAR 数据模拟演算了 2008 年的汶川大地震相关的同震形变，演算结果显示北川断层在西南走向上的倾角约为 55°，彭灌断层在西南走向上的倾角约为 35°。Nakamura 等(2010)通过反演远震波形得出了最大走滑位移为 11m，最大地震矩为 $1.2\times10^{21}$ N·m，同时通过对宽频地震波的正向推演认为破裂主要源于由逆冲主导的具有低倾角和走滑运动主导的高倾角断裂带，并且破裂的发生在这两种形式间会发生转化。根据 Huang 等(2012)的研究，汶川大地震有大约 100s 的破裂持续时间，破裂始发于震中，并延伸到东北方向约 280km，平均破裂速度约 2.8km/s。Hartzell 等(2013)基于远震、强地面运动波形和大地偏移数据集模拟演示了汶川地震断层破裂的过程，模拟数据显示滑移断层地震矩为 $1.0\times10^{21}$ N·m，并揭示了彭灌断层、北川断层等的破裂走向(图 8-12)。下文计算中采用张勇等的反演结果。

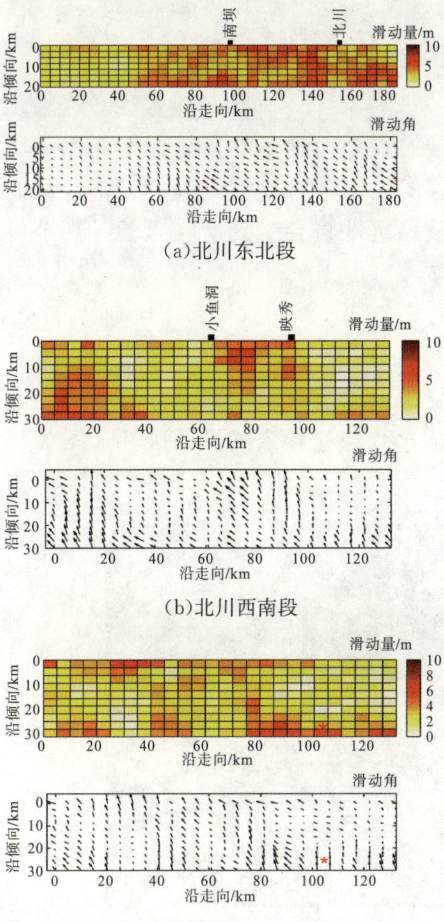


图 8-12　Hartzell 等反演的汶川地震破裂面滑移量

基于以上参数，借助编制的 Fortran 程序，得到龙门山中央断裂 50 年内永久位移的超越概率，如图 8-13 所示。从图 8-13 可以看出，未来 50 年出现地表永久位移为 1m 时的概率是 0.01343。汶川地震现场调查结果显示，汶川地震最大水平位移约在 6.5m，从图中看对应的 50 年超越概率大约为 0.00333。

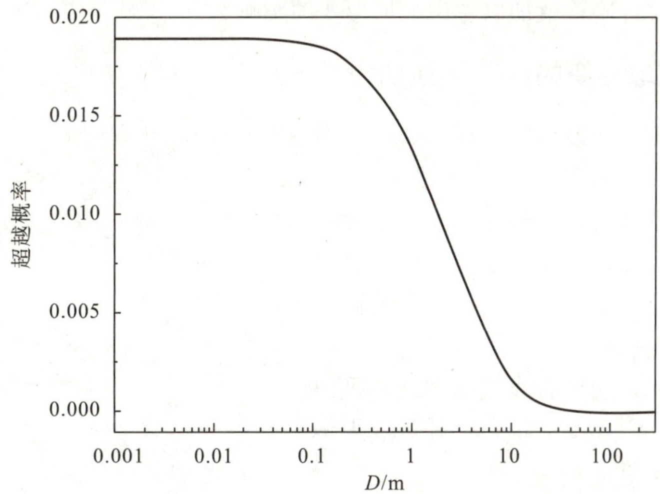


图 8-13　龙门山断裂带地表永久位移超越概率

## 8.4 近场区地表形变作用下的线路工程减灾对策

铁路属于轨道交通，铁轨能够提供极光滑及坚硬的媒介让列车的车轮在上面以最小的摩擦力滚动，铁轨附置于路基上面，地表永久位移的发生势必导致路基的变形，从而导致轨道的变形，如果列车在变形的轨道上运行，其稳定性将会受到严峻考验，甚至可能导致翻车。因此线路工程的防震减灾是十分重要的。

### 8.4.1 近场区大地形变下的线路工程灾害简介

大地形变导致线型工程发生破坏：一方面，断裂带上的线路工程完全毁坏；另一方面，断裂两侧地体上的线路发生错位。图 8-14 为竖向永久位移导致的铁路破坏，图 8-15 为水平永久位移导致的铁路破坏。

图 8-14 竖向位移对铁路的影响

图 8-15 水平位移对铁路的影响

为保障线路的平顺性，线路的恢复将导致断裂两侧地体上部分线路的废弃。为使线路恢复的工程量最小，废弃工程量最小，恢复线路应尽量利用原有线位。对跨断裂带的线路，需在选线设计阶段就加以考虑大地形变的影响。

### 8.4.2 考虑大地形变的跨断层线路设计

假设断层两侧地块发生刚性位移，线路在断层破碎带处错断，在两侧地块上线形完好。震后对线路的恢复重建是在保证线路线形要求的原则条件下，尽可能利用原线路，使工程量最小。下面以铁路线形要求为例，来讨论同震地表位移对线路的影响。

线路平面的基本线形有直线和曲线，平面曲线设计如图 8-16 所示，曲线基本要素为偏角 $\alpha$、半径 $R$、缓和曲线 $l_0$。

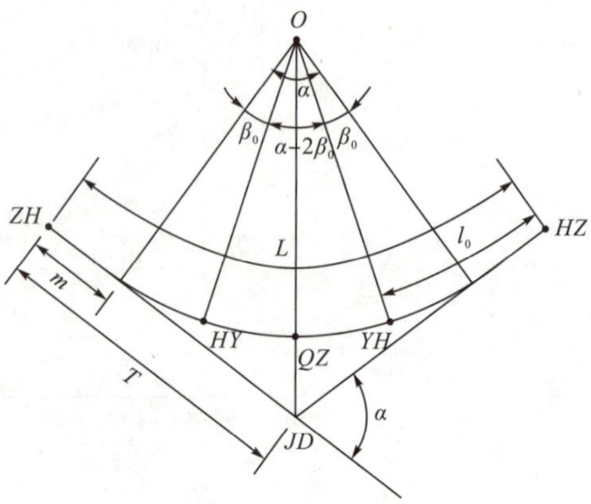


图 8-16 线路平面曲线

切线长：

$$T = (R + P) \times \tan\frac{\alpha}{2} + m \tag{8-41}$$

曲线长：

$$L = \frac{\pi(\alpha - 2\beta_0)R}{180} + 2l_0 = \frac{\pi\alpha R}{180} + l_0 \tag{8-42}$$

式中，$P$ 为内移距，$P=\frac{l_0^2}{24R}-\frac{l_0^4}{2688R^3}\approx\frac{l_0^2}{24R}$；$m$ 为切垂距，$m=\frac{l_0}{2}-\frac{l_0^3}{240R^2}\approx\frac{l_0}{2}$；$\beta_0$ 为缓和曲线角，$\beta_0=\frac{90l_0}{\pi R}$。

1. 断层在曲线上

根据断层运动方向，被错断的曲线，在一侧地块上向曲线外侧偏移，在另一侧地块上向曲线内侧偏移，如图 8-17 所示，虚线为原线路，$JD'$为原线路导线交点，实线为错断后曲线。曲线两侧导线发生沿断层方向的平移，导线方位角不变，因此曲线偏角 $\alpha$ 不变，仅导线的交点位置发生变化，由图中 $JD'$变到 $JD$。直缓点和缓直点是曲线段的起点和终点，曲线错断前的直缓点和缓直点分别为 $ZH'$、$HZ'$，曲线错动后 $ZH'$、$HZ'$变到 $ZH''$、$HZ''$，$ZH$、$HZ$ 为按原设计曲线要素，重建曲线段的直缓点和缓直点。

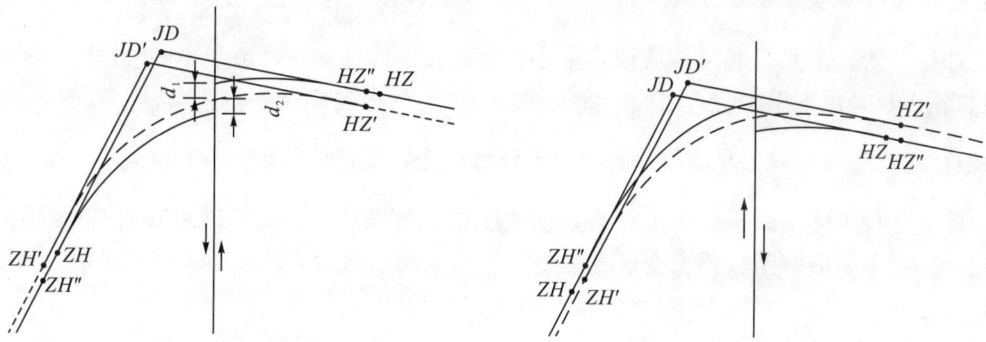


(a)右侧地块向曲线外侧偏移　　(b)右侧地块向曲线内侧偏移

图 8-17　曲线段断层错动

对图 8-17(a)所示错动，左侧 $ZH$ 在 $JD$ 和 $ZH''$之间，左侧直线段将加长，重建曲线不占用原线路的直线段；右侧 $HZ$ 在 $JD$ 和 $HZ''$之外，右侧直线段变短，重建曲线将占用原线路 $HZ''$、$HZ$ 之间的直线段 $S$。为计算长度 $S$，对图 8-17(a)的曲线做细部图，如图 8-18 所示。

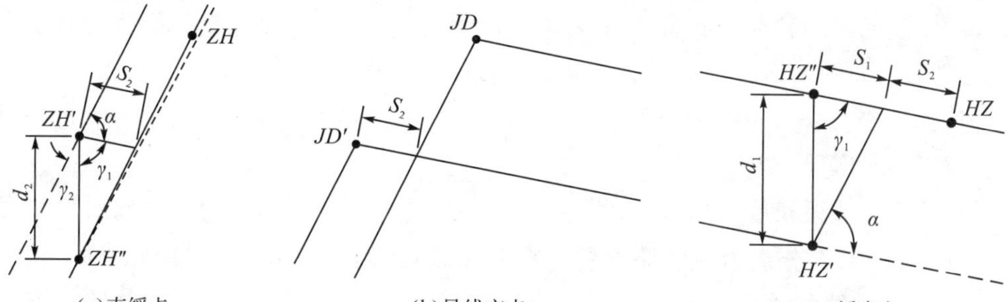


(a)直缓点　　(b)导线交点　　(c)缓直点

图 8-18　曲线细部图

设两导线与断层的夹角分别为 $\gamma_1$，$\gamma_2$，如图 8-18 所示，$\gamma_1$ 为右侧导线与断层之间的夹角，根据几何关系，有

$$\frac{\sin\alpha}{d_1} = \frac{\sin(\alpha + \gamma_1)}{S_1} \tag{8-43}$$

$$\frac{\sin\alpha}{d_2} = \frac{\sin(\alpha + \gamma_1)}{S_2} \tag{8-44}$$

$$D = d_1 + d_2 \tag{8-45}$$

式中，$D$ 为断层相对变形量。

由式(8-43)～式(8-45)可得：

$$S = S_1 + S_2 = \frac{\sin(\alpha + \gamma_1)}{\sin\alpha} \times D \tag{8-46}$$

对图 8-17(b)所示错动，同理，可得：

$$S = \frac{\sin\gamma_1}{\sin\alpha} \times D \tag{8-47}$$

由于有 $\gamma_1 + \gamma_2 + \alpha = 180°$的几何关系，则可对图 8-17(a)和图 8-17(b)两种情况进行统一。设 $\varphi$ 为线路向曲线内侧偏移一侧导线与断层的夹角，则向曲线外侧偏移一侧线路，按原设计曲线要素修复有 $S = \frac{\sin\varphi}{\sin\alpha} \times D$ 长度直线段需改建为曲线段。即在线路设计时，曲线外移一侧需预留 $S$ 长度直线段，最小夹直线长度应加上 $S$，由于 $\varphi \in [0, 180° - \alpha]$，因此当 $\varphi=0$ 时，不用预留直线段，此时线路一侧直线段与断层平行，当 $\varphi=90°$时，预留最大直线段 $S = \frac{D}{\sin\alpha}$。要使预留直线段工程量最小，设计曲线偏角 $\alpha=90°$。

此外，也可适当减小曲线半径 $R$，使曲线段长度减小。因此，线路设计选用大半径曲线跨断层也是应对断层错断变形的措施。

2. 断层在夹直线上

在断层错动中，由于靠近断层的夹直线破坏严重，同时为了尽可能利用原线路，减少废弃工程量，线路恢复是调整夹直线段，并保留尽可能多的两条曲线段。

按两侧地块发生刚性位移的假设，断层错动使线路发生如图 8-19 的变形，虚线为断层错断后的原线路，在断层两侧错断成一对平行线。为使尽可能多的曲线被利用，最佳的方案是每个曲线完整保留远离断层一侧的缓和曲线，圆曲线半径 $R$、圆心位置不变，增加或减少圆曲线的长度，这样曲线偏角将发生改变，$\Delta\alpha$ 为改变量，导线交点位置由 $JD''$变到 $JD$。如图 8-19 所示，恢复线路左侧曲线偏角变为 $\alpha_1 + \Delta\alpha$，导线交点变到 $JD_1$；右侧曲线偏角变为 $\alpha_2 - \Delta\alpha$，导线交点变到 $JD_2$。这样问题的核心变成求解满足条件的 $\Delta\alpha$，进而可求解交点位置。

设原来夹直线段长度为 $L_J$，与断层的夹角为 $\varphi$，且 $\varphi \in [0, \pi/2]$，做如图 8-20 的几何分析图，$T'_1$、$T'_2$ 分别为原线路左侧、右侧曲线切线长，$T_1$、$T_2$ 分别为恢复线路左侧、右侧曲线切线长，$D$ 为断层相对变形量，其他长度符号所代表的含义如图 8-20 所示。

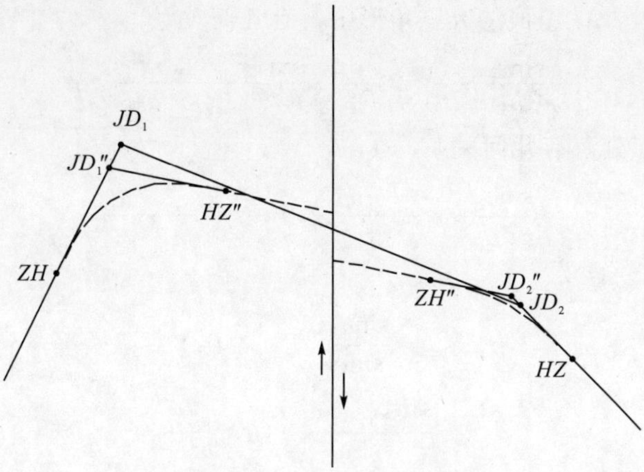


图 8-19　夹直线上断层错动

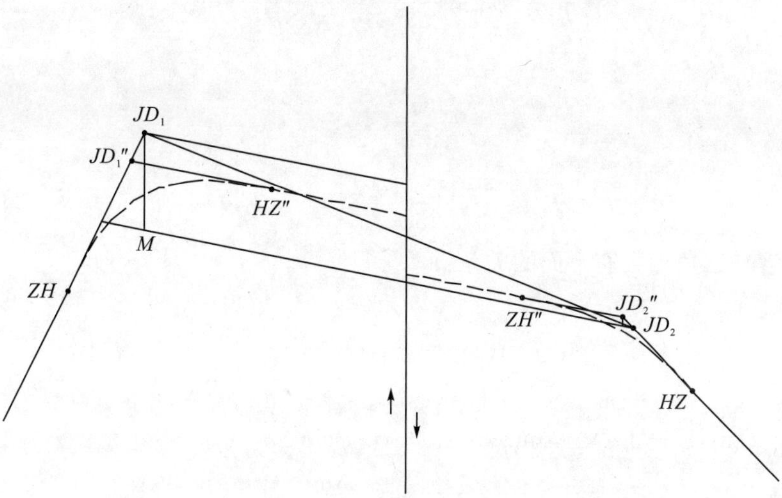


(a)全貌图

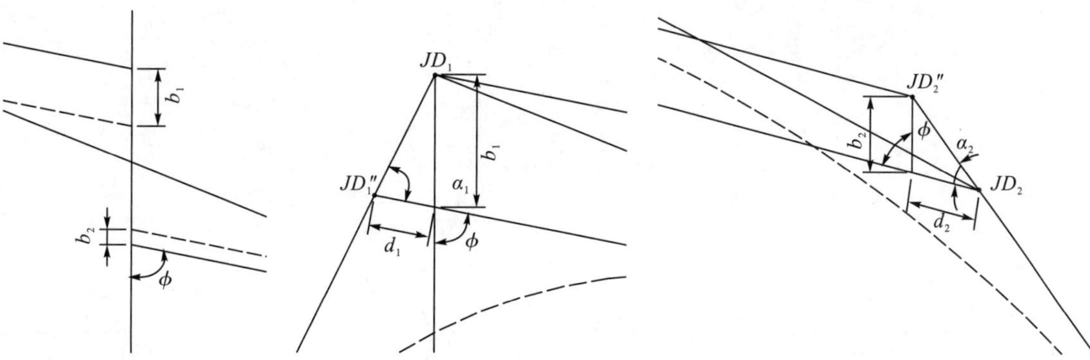


(b)断层处细部图　　(c)左侧导线交点处细部图　　(d)右侧导线交点处细部图

图 8-20　夹直线上断层错动几何分析图

在由 $JD_1$、$JD_2$、$M$ 组成的大三角形中，有几何关系：

$$\frac{\sin\Delta\alpha}{D+b_1+b_2}=\frac{\sin(\varphi-\Delta\alpha)}{T_1'+T_2'+L_J-d_1+d_2} \tag{8-48}$$

在左侧导线交点处，有几何关系：

$$\frac{\sin\alpha_1}{b_1}=\frac{\sin\varphi}{T_1-T_1'}=\frac{\sin(\varphi+\alpha_1)}{d_1} \tag{8-49}$$

由此有

$$b_1=\frac{\sin\alpha_1}{\sin\varphi}(T_1-T_1') \tag{8-50}$$

$$d_1=\frac{\sin(\varphi+\alpha_1)}{\sin\varphi}(T_1-T_1') \tag{8-51}$$

在右侧导线交点处，有几何关系：

$$\frac{\sin\alpha_2}{b_2}=\frac{\sin\varphi}{T_2'-T_2}=\frac{\sin(\varphi-\alpha_2)}{d_2} \tag{8-52}$$

由此有

$$b_2=\frac{\sin\alpha_2}{\sin\varphi}(T_2'-T_2) \tag{8-53}$$

$$d_2=\frac{\sin(\varphi-\alpha_2)}{\sin\varphi}(T_2'-T_2) \tag{8-54}$$

曲线要素和三角函数有下面的关系：

$$\sin\Delta\alpha=\frac{2\tan\frac{\Delta\alpha}{2}}{1+\tan^2\frac{\Delta\alpha}{2}} \tag{8-55}$$

$$\begin{aligned}\sin(\varphi-\Delta\alpha)&=\sin\varphi\cos\Delta\alpha-\cos\varphi\sin\Delta\alpha\\&=\sin\varphi\times\frac{1-\tan^2\frac{\Delta\alpha}{2}}{1+\tan^2\frac{\Delta\alpha}{2}}-\cos\varphi\times\frac{2\tan\frac{\Delta\alpha}{2}}{1+\tan^2\frac{\Delta\alpha}{2}}\end{aligned} \tag{8-56}$$

$$\begin{aligned}T_1-T_1'&=(R_1+P_1)\left[\tan\left(\frac{\alpha_1+\Delta\alpha}{2}\right)-\tan\frac{\alpha_1}{2}\right]\\&=(R_1+P_1)\left[\frac{\tan\frac{\alpha_1}{2}+\tan\frac{\Delta\alpha}{2}}{1-\tan\frac{\alpha_1}{2}\cdot\tan\frac{\Delta\alpha}{2}}-\tan\frac{\alpha_1}{2}\right]\end{aligned} \tag{8-57}$$

$$\begin{aligned}T_2'-T_2&=(R_2+P_2)\left[\tan\frac{\alpha_2}{2}-\tan\left(\frac{\alpha_2-\Delta\alpha}{2}\right)\right]\\&=(R_2+P_2)\left[\tan\frac{\alpha_2}{2}-\frac{\tan\frac{\alpha_2}{2}-\tan\frac{\Delta\alpha}{2}}{1+\tan\frac{\alpha_2}{2}\cdot\tan\frac{\Delta\alpha}{2}}\right]\end{aligned} \tag{8-58}$$

这样将未知量均化为关于 $\tan\frac{\Delta\alpha}{2}$ 的表达式，将式(8-50)～式(8-58)代入式(8-48)中，

求解关于 $\tan\dfrac{\Delta\alpha}{2}$ 的一元四次方程，即可解答问题。

### 3. 断层在直线上

#### 1)断层附近有曲线

断层在直线段，但断层附近有曲线段，利用曲线段即可调整恢复线路，如图 8-21 所示，虚线为断层错断后的原线路，实线为调整恢复的线路。断层错动前后，导线方位角不变，仅导线交点位置发生变化，由图中 $JD''$ 变到 $JD$。根据断层运动方向，有导线交点向曲线内移和外移两种情况。

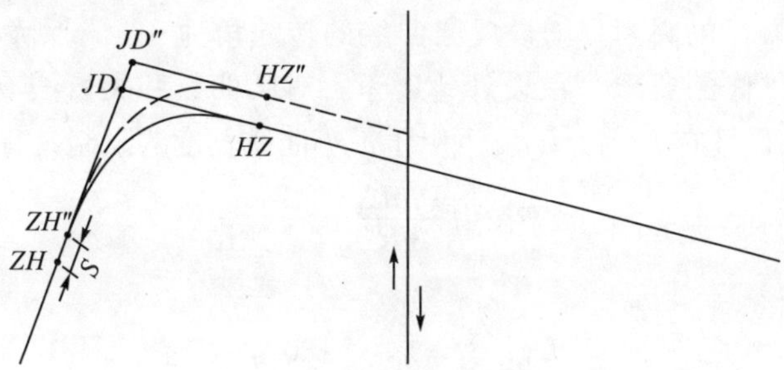


(a)导向交点向曲线内移

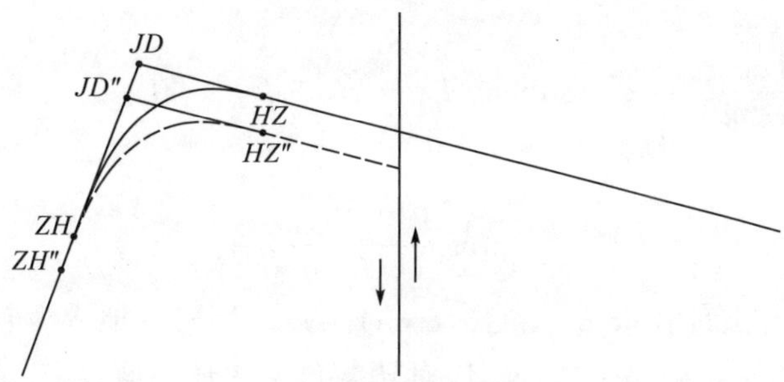


(b)导线交点向曲线外移

图 8-21　利用断层附近曲线段调整恢复线路

对图 8-21(a)导线交点内移的错动，恢复线路需占用曲线直缓点外的直线段，曲线外侧需预留 $S$ 长度直线段，根据前面分析，可知：

$$S=\frac{\sin\varphi}{\sin\alpha}\times D \tag{8-59}$$

式中，$\alpha$ 为曲线偏角；$\varphi$ 为直线与断层的夹角；$D$ 为断层相对变形量。

对图 8-21(b)导线交点外移的错动，恢复线路占用曲线缓直点外的直线段，由于该直线段足够长，不考虑预留变形长度。

#### 2)断层附近无曲线

断层附近无曲线可以利用，可假设线路以无限长直线段穿过断层，地震位移使断层两侧线路错断为两条平行线，如图 8-22 所示，虚线为原线路，实线为错断后曲线。为贯通线路，需在错断部位增设一组反向曲线。

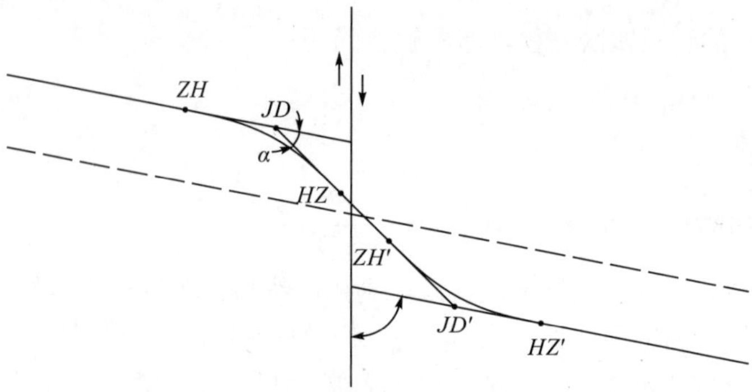


图 8-22 直线段断层错动

设 $\varphi$ 为线路与断层的夹角，增设反向曲线的转向角为 $\alpha$。为保障行车平稳、旅客舒适，以及线路养护维修的要求，在设计速度下，对圆曲线和夹直线有最小长度的限制，分别为 $L_{Y\min}$，$L_{J\min}$，且有 $L_{Y\min}=L_{J\min}$。由于最小曲线长度的限制，有

$$\alpha - 2\beta_0 = \frac{180L_Y}{\pi R} \geqslant \frac{180L_{Y\min}}{\pi R} \tag{8-60}$$

即

$$\alpha \geqslant \frac{180L_{Y\min}}{\pi R} + 2\beta_0 = \frac{180}{\pi R}(L_{Y\min} + l_0) \tag{8-61}$$

根据几何关系，有

$$\frac{D\sin\varphi}{\sin\alpha} = 2T + L_J > L_Y + 2l_0 + L_J > 2L_{Y\min} + 2l_0 \tag{8-62}$$

即

$$\alpha < \arcsin\frac{D\sin\varphi}{2(L_{Y\min} + l_0)} \tag{8-63}$$

转向角 $\alpha$ 要同时满足式(8-61)和式(8-63)的限制要求，地表位移 $D$ 越小，满足式(8-63)的转向角 $\alpha$ 越小，要满足式(8-61)对转向角 $\alpha$ 的最小值要求，则圆曲线的半径越大，就可能超过最大曲线半径的限制条件。在地表位移较小时，就很难有满足条件的转向角 $\alpha$。例如，设计行车速度 120km/h，则相应的 $L_{J\min}=L_{Y\min}=80\text{m}$，由于反向曲线的圆曲线半径一般不小于 4000m，取 $l_0=20$，圆曲线的最大曲线半径为 12000m，根据式(8-61)，$\alpha \geqslant \frac{180}{\pi R_{\max}}(L_{Y\min}+l_0)=0.48°$，设 $\varphi=90°$，在地表位移 $D=1.6\text{m}$ 时，就没有满足条件的转向角 $\alpha$。此时，为满足线型要求，就必须在大范围内调整线路。

设计行车速度大、地表形变小时，在错断的两条平行线上增设一组反向曲线的方案是不可行的。因此，线路应避免以直线段通过断层。

综上所述，对跨断层线路设计，宜以大曲线半径通过断层，地震后可通过减小曲线半径的措施恢复线型要求。若不降低原线路设计水准，在线路设计时，曲线外移变形一侧需预留 $S=\frac{\sin\varphi}{\sin\alpha}\times D$ 长度的直线段，最小夹直线长度需加上 $S$；要使预留直线段工程量最小，设计曲线偏角 $\alpha=90°$。不宜以直线段通过断层。若以直线段通过断层，也应在断层附近设一曲线。

## 8.5 总　结

大地震时，沿地震破裂带产生的大变形现象，是汶川地震后才引起我们重视的一种铁路震害模式。其特点不仅是在破裂带附近的线路工程全毁，而且由于地震引发的大地形变导致线路错位，按原标准恢复线路必然会造成大量废弃工程，这是快速铁路才会体现出严重性的一种震害。针对这种震害模式，应以减少废弃工程为目标，提出减灾对策。

目前活动断裂近场区强地震动模拟均采用震源—传播途径—场地条件一体化的思路，本书针对该方法进行了改进，提出了一种基于弹性位移解析解的子源地震动相位谱改进的方案，可以有效地减小或消除随机合成方法中随机数对模拟地震动场的干扰，通过对北岭及汶川地震主震近场强地震动的模拟，对方法的有效性进行校核。针对以曲线线型穿越断裂带的情况，导出了为减轻地震大地形变震害的线路平面预留变形量计算公式；在线路转向角可选择的情况下，推导了能使废弃工程量最小的转向角最佳取值方法；针对以直线线型穿越断裂带的情况，提出了先按便线标准恢复运营的减灾方案。针对地震引发大地形变导致线路错位的震害模式，以减少废弃工程为目标，提出了大地变形量预测模型和预留变形量的减灾选线对策。

## 参 考 文 献


柴炽章，张文孝，廖玉华. 2001. 危险率函数在地表破裂型地震危险性评估中的应用. 中国地震，17(3)：271-279.

陈达生. 1984. 地震引起的地表破裂长度与震级之间的经验关系. 华北地震科学，2(2)：26-32.

陈培善，白彤霞，李保昆. 2003. $b$ 值和地震复发周期. 地球物理学报，46(4)：510-519.

邓起东，陈社发，赵小麟. 1994. 龙门山及其邻区的构造和地震活动及动力学. 地震地质，16(4)：389-403.

邓起东，刘百篪，张培震等. 1992a. 活动断裂工程安全评价和位错量的定量评估. 北京：地震出版社.

邓起东，于贵华，叶文华. 1992b. 地震地表破裂参数与震级关系的研究. 北京：地震出版社.

董津城. 1999. 发震断裂的安全距离规定简介. 工程抗震，6：14-16.

傅承义. 1954. 基本建设中的地震知识. 北京：中华全国科学技术普及协会.

龚平，曾心传. 2000. 地震危险性分析中常见地震发生概率模型的合理性及局限性研究. 地震研究，23(1)：57-62.

郭安宁. 2000. 强震地表破裂宽度与震级的统计关系研究. 西北地震学报，22(3)：301-305.

国家地震局震害防御司. 1995. 中国历史强震目录. 北京：地震出版社.

国家质量技术监督局. 2001. 地震现场工作第二部分：建筑物安全鉴(GB 18208.2—2001). 北京：中国标准出版社.

郝重涛，梁小华，陈国光等. 2000. 龙门山断裂带地震断错危险性工程评价. 工程地质学报，8(增刊)：23-26.

胡聿贤. 1988. 地震工程学. 北京：地震出版社.

黄玮琼. 1989. $b$ 值统计中的影响因素及危险性分析中 $b$ 值得选取. 地震学报，11(4)：351-161.

江道崇. 1995. 龙门山地震带地震活动特征的研究. 四川地震，4：10-18.

蒋溥，梁小华，董津城. 2000. 断裂地震地表断错危险性的工程评价——以北京平原区为例. 工程地质学报，8(增刊)：37-41.

梁明剑. 2008. 兰州市活断层地震危险性评价. 兰州：中国地震局兰州地震研究所硕士学位论文.

梁小华，蒋溥，董津成等. 2002. 断裂地震地表断错危险性评价. 地震地质，24(4)：495-502.

林爱明，卢振恒. 2008. 2008年中国四川汶川大地震的地震断层. 国际地震动态，(10)：7-9.

刘忠书，李愿军. 1983. 中国强震地表破裂的基本特征. 地震研究，6(1)：51-58.

柳煜，王爱国，李明永. 2006. 大柳树高坝F201断层避让距离研究. 地震研究，29(4)：379-385.

钱洪，罗灼礼，闻学泽. 1990. 鲜水河断裂带上特征地震的初步研究. 地震学报，12(1)：22-29.

冉洪流，周本刚. 2004. 断层地表潜在突发位移的概率评价初探. 地震地质，26(1)：133-140.

四川省革命委员会地震办公室. 1975. 四川地震目录. 成都：国家地震局成都地震大队.

孙建宝. 2002. 地震活动断层段潜在地表位移概率评价及基于GIS的系统设计. 北京：中国地震局地质研究所硕士学位论文.

王爱国，马巍，石玉成. 2005. 活动断裂地震变形与重大工程场地安全距离研究. 地震研究，28(4)：359-364.

王卫民，赵连锋，李娟等. 2008. 四川汶川8.0级地震震源过程. 地球物理学报，51(5)：1403-1410.

吴景发. 2009. 汶川地震灾后重建断层避让距离研究. 哈尔滨：中国地震局工程力学研究所硕士学位论文.

徐锡伟，闻学泽，叶建青等. 2008. 汶川 $M_s$ 8.0地震地表破裂带及其发震构造. 地震地质，30(3)：597-629.

徐锡伟，于贵华，马文涛等. 2002. 活断层地震地表破裂“避让带”宽度确定的依据与方法. 地震地质，24(4)：470-483.

徐锡伟，张培震，闻学泽等. 2005. 川西及其邻近地区活动构造基本特征与强震复发模型. 地震地质，27(3)：446-461.

易桂喜，闻学泽. 2000. 活动断裂带的整体地震复发行为及其与分段地震复发行为的关系. 地震学报，22(5)：527-537.

易桂喜，闻学泽，徐锡伟. 2002. 川滇地区若干活动断裂带整体的强地震复发特征研究. 中国地震，18(3)：267-276.

张培震，徐锡伟，闻学泽等. 2008.2008年汶川8.0级地震发震断裂的滑动速率，复发周期和构造成因. 地球物理学报，51(4)：1066-1073.

张秋文，张培震，王乘等. 2002. 中国大陆若干地震构造带的地震准周期丛集复发行为. 大地测量与地球动力学，22(1)：56-62.

张四昌. 1981. 我国地震形变带的初步研究. 地震研究，4(1)：44-52.

张勇，冯万鹏，许力生等. 2008.2008年汶川大地震的时空破裂过程. 中国科学(D辑)，38(10)：1186-1194.

赵纪生，刘艳琼. 2008. 基于第四代地震区划的跨越发震断层永久位移概率分析方法. 地震工程与工程振动，28(4)：22-27.

赵纪生，周正华. 2008. 灾后城镇重新选址的地震地质灾害评估纲要. 世界地震工程，24(2)：26-31.

赵纪生，师黎静，吴景发等. 2009. 汶川8.0级地震地表破裂迹线附近建筑物震害科考报告. 哈尔滨：中国地震局工程力学研究所.

赵纪生，魏景芝，吴景发等. 2008. 汶川8.0级地震滑坡，崩塌机制. 震灾防御技术，3(4)：379-383.

中国地震局. 2011. 地震现场工作第3部分：调查规范(GB/T 18208.3—2011). 北京：中国标准出版社.

中国地震局震害防御司. 1995. 中国历史强震目录(公元前23世纪至公元1911年). 北京：地震出版社.

中国地震局震害防御司．1999．中国近代强震目录(公元 1912～1990 年)．北京：中国科学技术出版社．

中华人民共和国国家质量监督检验检疫总局，中国国家标准化管理委员会．2015．中国地震动参数区划图(GB 18306—2015)．北京：中国标准出版社．

周锡元等．1992．评价地震动和地面破坏效应的概率分析方法．北京：地震工程研究文集：365-375.

Aki K. 1968. Seismic displacements near a fault. Journal of Geophysical Research，73(16)：5359-5376.

Biasi G P，Weldon R J. 2006. Estimating surface rupture length and magnitude of paleoearthquakes from point measurements of rupture displacement. Bulletin of the Seismological Society of America，96：1612-1623.

Bonilla M G. 1988. Minimum earthquake magnitude associated with co-seismic surface faulting. Bulletin of the Association of Engineering Geologists，25(1)：17-29.

Bonilla M G，Mark R K，Lienkaemper J J. 1984. Statistical Relations among Earthquake Magnitude，Surface Rupture Length，and Surface Fault Displacement. Bulletin of the Seismological Society of America，74(6)：2379-2411.

Cornell C A. 1968. Engineering seismic risk analysis. Bulletin of the Seismological Society of America，58(5)：1583-1606.

Furuya M，Kobayashi T，Takaada Y，et al. 2010. Fault source modeling of the 2008 Wenchuan earthquake based on ALOS/PALSAR data. Bulletin of the Seismological Society of America，100(5B)：2750-2766.

Hartzell S，Mendoza C，Ramirez-Guzman L，et al. 2013. Rupture history of the 2008 Mw 7.9 Wenchuan，China，earthquake：evaluation of separate and joint inversions of Geodetic，teleseismic，and strong-motion data. Bulletin of the Seismological Society of America，103(1)：353-370.

Huang B S，Chen J H，Liu Q Y，et al. 2012. Estimation of rupture processes of the 2008 Wenchuan earthquake from jointanalyses of two regional seismic arrays. Tectonophysics，578：87-97.

Lee V W，Trifunac M D. 1995. Pseudo relative velocity spectra of strong earthquake ground motion in California. California：Civil Engineering University of Southern California.

Lee V W，Trifunac M D，Todorovska M I，et al. 1995. Empirical equations describing attenuation of the peaks of strong ground motion，in terms of magnitude，distance，path effects and site conditions. California：Civil Engineering University of Southern California.

Nakamura T，Tsuboi S，Kaneda Y，et al. 2010. Rupture process of the 2008 Wenchuan，China earthquake inferred from teleseismicwaveform inversion and forward modeling of broadband seismic waves. Tectonophysics. 491(1-4)：72-81.

Okada Y. 1992. Internal deformation due to shear and tensile faults in a half-space. Bulletin of the Seismological Society of America，82(2)：1018-1040.

Todorovska M I，Trifunac M D，Lee V W. 2007. Shaking hazard compatible methodology for probabilistic assessment of permanent ground displacement across earthquake faults. Soil Dynamics and Earthquake Engineering，27(6)：586-597.

Trifunac M D. 1993a. Broad band extension of fourier amplitude spectra of strong motion acceleration. California：Civil Engineering University of Southern California.

Trifunac M D. 1993b. Long period fourier amplitude spectra of strong motion acceleration. Soil dynamic and earthquake engineering，12(6)：363-382.

Weertman J. 1965. Relationship between displacements on a free surface and the stress on a fault. Bulletin of the Seismological Society of America，55(6)：945-953.

Wells D L，Coppersmith K J. 1994. New empirical relationships among magnitude，rupture length， rupture width, rupture area, and surface displacement. Bulletin of the Seismological Society of America, 84(4): 974-1002.

Youngs R R, Arabasz W J, Anderson R E, et al. 2003. A methodology for probabilistic fault displacement hazard analysis. Earthquake Spectra, 19(1): 191-219.

Zhang G Z, Qu C Y, Shan X J, et al. 2011. Slip distribution of the 2008 Wenchuan Ms 7.9 earth quake by joint inversion from GPS and InSAR measurements: a resolution test study. Geophysical Journal International, 186(1): 207-220.

# 第 9 章　工程与环境协调的选线设计

近年来，随着整个社会经济、文明的发展，人们的环境保护意识不断提高，铁路设计不能只局限于满足交通运输功能及经济发展的要求，还要保护沿线的生态环境，创造一个沿线地区经济发展和生态系统共赢的大环境。铁路选线是铁路设计中最根本、最重要的工作，在选线阶段重视生态环境保护，是实现工程与环境协调的根本措施。

## 9.1　山区铁路环境选线的总体原则

### 9.1.1　山区环境的特殊性

为实现铁路建设与环境保护的协调发展，山区铁路必须贯彻“环境选线一票否决”的原则。当前铁路建设标准高，选线控制因素多，山区铁路选线需要兼顾铁路安全、工程投资和环境等各方面的因素，力争各因素间和谐统一，实现铁路的综合效益最大化。山区快速铁路建设具有的特点主要体现在以下三个方面。

1. 丰富的自然保护区

中国地大物博，旅游资源丰富，特别是西部山区的自然保护区分布较多。截至 2010 年年底，我国已建立各种类型、不同级别的自然保护区 2035 个，总面积达到 12370.92 万 $hm^2$，约占国土面积的 12.88%。西南五省已建立各种类型、不同级别的自然保护区 463 个，总面积 5326.37 万 $hm^2$，占全国自然保护区数量的 22.75%，占面积的 43.06%。其中，国家级自然保护区 49 个，面积 4121.08 万 $hm^2$；省级自然保护区 115 个，面积 559.65 万 $hm^2$；市县级自然保护区 299 个，面积 645.64 万 $hm^2$。

虽然我国的自然保护区比较多，但由于人类活动导致生态环境恶化，我国也是世界上生态脆弱区面积最多的国家。环境保护工作亟待加强。根据国家环保局 2006 年公布的数据，中国国土面积的 60%以上已经变为生态脆弱区。生态脆弱区内个体之间依赖性强但稳定性较差，特别是对于西南复杂艰险山区，由于人类活动少，对环境变化相对敏感，容易受到外界的干扰发生退化演替，大规模的工程建设必将改变当地生态系统的循环方式，给生态环境造成一定的影响。

2. 重力灾害发育

我国西部山区处于印度板块向欧亚板块的俯冲带，地质构造复杂，构造活动剧烈，地貌由高原、盆地及其周边山系组成，山地灾害频发，地质环境和生态环境脆弱。一方面，沿线山地灾害对道路构成严重威胁。道路为线状延伸的串联系统，一处受灾断道，全线瘫痪，成灾率高，敏感性强，影响面广；另一方面，兴建道路的巨大工程活动又会严重地扰动、污染或破坏沿线的地质环境、生态环境和水环境，形成工程滑坡、弃渣泥石流等山地灾害，破坏植被，造成水土流失与水资源枯竭，因此保护环境是工程与环境协调选线的重要原则。

南昆铁路八渡车站位于贵州省册亨县乃言乡境内八渡口南盘江北岸斜坡的半山腰上，车站线路纵贯九个向江边突出的山头，站内南宁端DK372+845～DK373+245长400m地段，经过的2＃、3＃、4＃山头为规模巨大的切层古滑坡(图3-5)。古滑坡分主、次两级，车站线路位于主、次滑坡的相接部位。该古滑坡原处于稳定状态，后因南昆铁路施工，改变了自然环境地质条件，于1997年7月复活(卿三惠，2000)。

3. 山区快速铁路挖大于填

山区铁路的选线设计存在着显著的环境与工程难以协调的矛盾，只能通过长大桥梁和隧道工程进行解决。路基和隧道的开挖产生了大量弃土，除了部分可用于路堤填筑外，其余大部分需要寻找一个堆放空间进行处理。由于桥跨路段不能解决弃土问题，山区的特殊地形又导致弃土运输十分困难，长大隧道的弃土处理成为山区快速铁路建设中的一个难题，弃土的随意排放不但会占用土地资源，还会破坏地表植被和森林树木的生长，对土地资源匮乏的山区产生较大影响。

随着我国铁路工程建设不断向西部山区延伸和施工技术的不断发展，铁路工程中长大隧道越来越多。成兰铁路为双线电气化铁路，正线长度为457.592km，该项目新建隧道全长332.438km，其中包括14座特长隧道、2座长度超过20km的隧道，最长的隧道是长28.398km的平安特大隧道，隧道长度占全线里程的68％。随着这些长大隧道的建设，隧道弃土场的设计将成为铁路选线中的一大问题。

西部地区工程建设条件复杂、生态环境脆弱，铁路工程受环境影响突出。要建设生态环保型铁路，推进绿色通道建设，铁路建设的选线过程就应重视环境保护工作，从源头上将工程对环境的破坏减小到最低程度，积极地开展环境保护工作，实现环境保护与铁路经济、社会效益的最大化发展。

### 9.1.2 选线应遵循的环境保护法律法规

我国环境保护法律涉及面广而且比较系统，各种环境保护法都是环境法律体系的组成部分，自然环境作为它们的共同作用的对象，使它们成为一个整体，环境保护法根据各自不同的关注点有着不同的内容和侧重点，与铁路选线有关的环境保护法律一般包括以下两类。

1. 整体环境保护法

整体环境保护法是把各种环境要素作为一个整体加以全面综合保护的法律规范的总称。主要有《宪法》中的环境保护条款、《环境保护法》、《环保规划法》、《国土整治法》等。

《宪法》中的环境保护条款第九条规定：国家保障自然资源的合理利用，保护珍贵的动物和植物。禁止任何组织或者个人用任何手段侵占或者破坏自然资源。第二十二条规定：国家保护名胜古迹、珍贵文物和其他重要历史文化遗产。第二十六条规定：国家保护和改善生活环境和生态环境，防治污染和其他公害。国家组织和鼓励植树造林，保护林木。

《环境保护法》第十三条规定：建设污染环境的项目，必须遵守国家有关建设项目环境保护管理的规定。建设项目的环境影响报告书，必须对建设项目产生的污染和对环境的影响作出评价，规定防治措施，经项目主管部门预审并依照规定的程序报环境保护行政主管部门批准。环境影响报告书经批准后，计划部门方可批准建设项目设计书。第十七条规定：各级人民政府对具有代表性的各种类型的自然生态系统区域，珍稀、濒危的野生动物自然分布区域，重要的水源涵养区域，具有重大科学文化价值的地质构造、著名的溶洞和化石分布区、冰川、火山、温泉等自然遗迹，以及人文遗迹、古树名木，应当采取措施加以保护，严禁破坏。第十九条规定：开发利用自然资源，必须采取措施保护生态环境。

2. 自然保护法

自然保护法是因保护某些特殊的自然和人工环境因素，维护生态平衡和环境的优美和谐而产生的社会关系的法律规范。我国涉及法律的保护区主要包括以下几类：自然保护区、风景名胜区、森林公园、地质公园、生物圈保护区、世界遗产和文物保护单位。

1)自然保护区

中国的自然保护区内部大多划分成核心区、缓冲区和外围区三个部分。核心区是保护区内未经或很少经人为干扰过的自然生态系统的所在，核心区内严禁一切干扰；缓冲区是指环绕核心区的周围地区，只准进入从事科学研究观测活动；外围区可以进入从事科学试验、教学实习、参观考察、旅游以及驯化、繁殖珍稀、濒危野生动植物等活动。《中华人民共和国自然保护区条例》第 32 条规定：在自然保护区的核心区和缓冲区内，不得建设任何生产设施。在自然保护区的实验区内，不得建设污染环境、破坏资源或者景观的生产设施。自然保护区面积一般较大，交通等基础设施建设无法做到绕避，不得不穿越保护区的核心区或缓冲区时，应对自然保护区的内部功能区划或者范围、界线进行适当调整。

2)风景名胜区

风景名胜区是指风景资源集中、环境优美、具有一定规模、知名度和游览条件，可供人们游览欣赏、休憩娱乐或进行科学文化活动的地域。《风景名胜区条例》第 26 条规定“在风景名胜区内禁止进行下列活动：开山、采石等破坏景观、植被和地形地貌的活动”。如果铁路以路基形式通过风景名胜区的话，就存在破坏植被和地形地貌的情形，因此在实际选线中，对风景名胜区，尽量采取绕避，无法绕避时，则采取隧道方式，并将隧道进出口设立在核心景区范围之外，并得到风景名胜区管理机构的审核同意。

3)森林公园

森林公园是以森林景观、森林环境及其他相关方面作为生态、休闲、观光旅游的主要对象而设置的公园。森林公园内选线，应合理利用地形，因地制宜地选线，尽量利用原有林区道路，对景观敏感地段，应提出相应的景观控制要求。

《森林法》第十八条规定：进行勘察、开采矿藏和各项建设工程，应当不占或者少占林地；必须用或者征用林地的，由用地单位依照国务院有关规定缴纳森林、植被恢复费，森林植被恢复费专款专用，由林业主管部门依照有关规定统一安排植树造林，恢复森林植被，植树造林面积不得少于因占用、征用林地而减少的森林植被面积。

《国家森林公园条例》第十三条规定：国家级森林公园内的建设项目应当符合总体规划的要求，其选址、规模、风格和色彩等应当与周边景观与环境相协调，相应的废水、废物处理和防火设施应当同时设计、同时施工、同时使用。在国家级森林公园内进行建设活动的，应当采取措施保护景观和环境；施工结束后，应当及时整理场地，美化绿化环境。第十五条规定：建设项目确需使用国家级森林公园林地的，应当避免或者减少对森林景观、生态以及旅游活动的影响，并依法办理林地占用、征收审核审批手续。

4)地质公园

地质公园是以具有特殊地质科学意义，稀有的自然属性、较高的美学观赏价值，具有一定规模和分布范围的地质遗迹景观为主体，并融合其他自然景观与人文景观而构成的一种独特的自然区域。地质公园是地质遗迹景观和生态环境的重点保护区，地质科学研究与普及的基地。

5)生物圈保护区

生物圈保护区是一种新型的自然保护区，是根据“世界生物圈保护区网络章程框架”设立，在联合国教科文组织“人与生物圈计划”范围内得到国际上承认的地区。将传统的绝对保护过渡到开放式、多功能的积极保护。它由两个区域组成：中心区和缓冲区。在中心区内强调保护生物物种，在缓冲区内开展实用研究，开发小型的项目。

6)世界遗产和文物保护单位

世界遗产是指被联合国教科文组织和世界遗产委员会确认的人类罕见的、目前无法替代的财富，是全人类公认的具有突出意义和普遍价值的文物古迹及自然景观。铁路应远离世界遗产保护区，使得保护区位于铁路影响范围以外。

文物保护单位为中华人民共和国对不可移动文物所核定的最高保护级别。全国重点文物保护单位不得不拆除，需要迁移的，须由省(自治区，直辖市)政府报国务院批准。在铁路选线时，一般要避开文物保护单位的保护范围，采取在文物保护单位振动安全距离以外通过或在建设控制地带采取深埋隧道的方式通过。

### 9.1.3 山区铁路环境选线的原则

环境选线是在工程、地质选线的基础上，根据线路与环境敏感区的相互关系，结合山区铁路桥隧段落非常集中的实际情况(弃土很多且集中)，研究环保选线原则和合理的工程处理技术。选线是一个系统复杂的过程，在复杂的地质情况下通过工程克服不良地质是后期补救措施，而选线作为克服和控制不良地质是从源头上进行防控的，是保证勘察设计质量的关键环节，山区铁路选线必须坚决贯彻“环境选线一票否决”的选线原则。

山区铁路常常需要通过风景名胜区和自然保护区，山区快速铁路建设需要因地制宜地对自然环境进行保护。环保选线要求线路绕避重要环境敏感区，合理选择线路方案和隧道进出口，以实现环境保护与铁路建设和谐统一。因此，山区铁路选线应选择环境破坏小的方案，通过绿色选线，从源头上减少铁路建设的环境问题。山区铁路环保选线的总体原则有以下几点。

1)远离核心区

对地质公园、生物圈保护区、世界遗产和文物保护单位等破坏后就无法恢复的保护区要采取绝对绕避。在铁路选线中，对世界生物圈保护区和世界遗产要做到绝对绕避，以达到铁路建设和后期运营阶段对保护区“零影响”的目标。确保线路不进入珍稀濒危野生动物的栖息地，线路方案的选取应确保不影响珍稀濒危野生动植物的栖息地，从而保证其生活环境的完整性和连续性。

九寨沟是世界遗产，其周围分布的环境敏感区众多，根据九寨沟景区规划，以九寨沟口为中心的 7km 范围内为限制开发区，禁止进行大型土木工程的建设(图 9-1)，限制开发区是九寨沟站站址选择必须考虑的重要因素。九寨沟站站址设置按“近而不进”景区的原则进行综合比选。

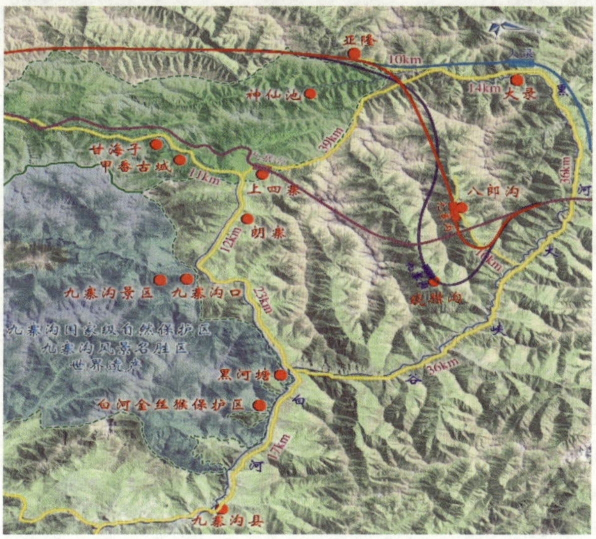


图 9-1　九寨沟拟选站位示意图

2)绕避环境敏感区

铁路通过环境敏感区应绕避重要环境敏感区，首先选择线路外移通过环境敏感区，无法绕避时，只能以桥梁方式通过或隧道下穿通过，桥梁方式通过能够减小对地面的破坏避免侵占河床、湿地和大面积的山体开挖并能少占耕地，桥梁建成后形成的通道能够作为动物通道使用，缓解路基对铁路两侧的阻隔作用；隧道从地下穿过首先要减轻震动对环境的影响，合理选择隧道的洞口，并保证隧道开挖不破坏地下水系。

青藏铁路沿线经过几个自然保护区，铁路建设时，为绕避林周澎波黑颈鹤自然保护区，铁路建设选择了羊八井方案；在保护区实验区，建设者合理设计并增加了以桥代路和动物通道工程，使得保护区内部之间能够较好连通。青藏高原是我国珍稀野生动物的栖息地，为了不影响野生动物自由迁徙，青藏铁路建设单位在沿线建立了 33 个野生动物通道，这在我国重大工程建设项目中尚属首例；在藏羚羊迁徙季节，施工单位主动停工让道，最大限度地保证铁路沿线野生动物的正常活动；开展野生动物穿越动物通道诱导试验研究，2004 年仅从可可西里五北大桥动物通道经过的藏羚羊就有数千只，从而使青藏铁路在建设过程中做到了不影响野生动物自由迁徙(图 9-2)。

图 9-2 青藏铁路野生动物通道

3)兼顾铁路的环保作用选线

对森林公园等待开发的森林地区，要做好该区域的交通规划工作。铁路交通是地方经济发展、旅游资源开发的重要基础服务设施，线路和车站的选取为景区资源的开发提供帮助；此外，林区铁路有着很好的隔火作用，林区景观也提高了铁路沿线的观赏性。充分发挥铁路的社会服务功能，做到线路走向、站区交通景观与景区发展规划协调，真正体现铁路与沿线旅游开发、地方经济发展的和谐统一。例如，南昆铁路的建成通车，不但改善了既有景区的交通条件，而且促进了沿线新的旅游资源的开发，一些独具特色的铁路工程也成为新的旅游景观(图 9-3)。据统计，铁路通车头两年，通过铁路来百色地区和黔西南旅游的人数已达到 156.3 万人，并有良好的增长势头。

图 9-3 南昆铁路优美风景

4)尽量不调整保护区界线

铁路受到环境的限制无法绕避自然保护区一定要从自然保护区内通过的时候，首先要使线路穿越距离较短、在核心区或缓冲区边缘穿越、以隧道形式穿越，应充分进行方案比选，优化通过保护区的工程形式。如果线路以路基或路堑形式长距离穿越切割保护区的核心区或缓冲区，对保护区的影响太大，使得保护区的功能区划改变或保护区范围、界线调整失去意义时，需要撤销原保护区，并在异地建设新保护区进行补偿，此时同样需要得到保护区所在地的人民政府批准。条件允许时，可以通过改河、改沟等方式减小环境对铁路的影响，通过取直河道、改桥为路堤，节省投资。

青藏铁路在选线过程中遇到很多的自然保护区，对穿越可可西里和三江源自然保护区的线路方案进行了优化，在经过可可西里地区时，原有青藏公路已经将原保护区一分为二，为了避开这两个保护区，青藏铁路沿原有青藏公路选线，降低了对环境的影响。

综上所述，在环保选线过程中，要全面调查沿线区域范围内的风景名胜区、自然保护区、水源保护区、森林公园、文物古迹、地质公园等环境敏感区域的分布情况，筛选出有可能影响、制约线路走向方案的环境敏感区域。依据制定的环保选线工作原则，对各条线路方案均进行了同精度比较，再提出环保推荐方案。

由于山区铁路地形地质复杂，不确定性多，各种风险较大，我国已建成的铁路项目有不少成功和失败的例子，其中不少失败案例的源头在选线上，必须要引起高度重视。铁路选线的关键和灵魂是：在地质条件明晰的前提下，通过技术经济比较，选出满足施工、运营质量安全的最优线路方案，力求技术先进、经济实用。

铁路环境选线应该遵循“远离核心区，绕避保护区，与环境协调，少调整界线”的原则：法律法规不准通过的地区要做到平面绝对饶避；铁路穿过可能会对环境造成影响的要通过桥梁、隧道等方式进行绕避；林区铁路要在保护环境的基础上进行合理选线，林区铁路结合森林防火，长大隧道的弃土可在 V 形沟谷设置弃土场；铁路选线尽量减少对自然环境的破坏，对保护区造成破坏而又不得不修建，可调整保护区界线采取异地补偿的方法来减少对环境的破坏。

### 9.1.4　山区铁路建设的环境保护措施

道路工程与环境的相互作用，鉴于山区环境的脆弱性和道路的易损性，在短时间内进行的大规模的工程活动必将挠动地表，其结果必将反馈于工程建设本身，引起更多的工程灾害，同时造成经济损失和人员伤亡。因此线路工程与环境之间的关系是互馈的和相互影响的，处理不好便会形成“工程-灾害-工程”的恶性循环(王元勋，2003)。

为了保障经济、社会的可持续发展，实现工程建设与环境保护相协调，要把人与自然协调发展作为工程建设的重要目标，铁路建设中采取必要的环境保护措施来扭转上述恶性循环，实现工程建设与环境保护的双赢。德国提倡拿出铁路总投资的 10%用于铁路建设的环境保护工作，铁路建设应该由被动的不破坏转变为铁路建设与主动的改善自然环境。

铁路建设对环境的保护作用主要可以分为保护植被和增加山区坡体稳定性减少水土流失的作用。首先，铁路建设能够增加就业机会，减少对传统农牧作业方式的依赖；其次，铁路建设可以改变当地能源结构，减少山区村民砍伐树木作为燃料；最后，按防火隔离带标准设计的铁路能够增强林区的防火能力。山区铁路弃土按V形沟谷弃土场设计后的边坡稳定性较好；在泥石流沟道筑坝能控制河床下切，稳定岸坡；弃渣可以控制河道溯源侵蚀，对于开发土地资源有利。铁路的建设促进当地经济的发展，反过来又开始新的工程建设；与此同时能够减少水土流失，增加森林和山区植被覆盖率，使得山区生态环境得到改善。山区铁路建设对环境保护作用如图9-4所示。

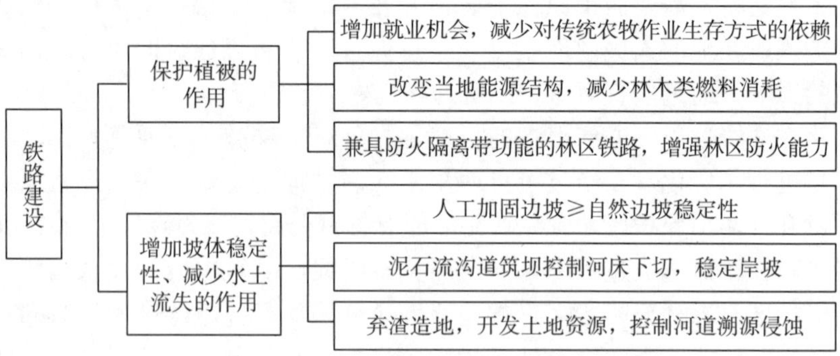


图9-4　工程建设改善生态环境

综上所述，为了实现铁路建设与环境保护的协调发展，铁路选线设计严格遵守“环境选线一票否决”的选线原则。但在具体作业层面，由于目前通过自然保护区时规范建议采取的措施主要是绕避通过，这样做法的结果往往是以铁路增加投资来换取环境保护效益。本书提出工程与环境协调的选线设计理念，其实质是在保证环境效益的同时，也希望尽量节省铁路投资，从而实现环境保护和铁路建设双赢的格局。这样就要求选线时借鉴第11章所论述的可拓决策方法，不仅殚精竭虑、尚需开阔视野，在协调工程与环境不相容问题方面提出新的思路。以下仅以林区铁路选线和山区铁路弃土场工程设计两个问题为例论述如下。

## 9.2　铁路与林区防火基础设施一体化设计技术

森林是十分宝贵的战略资源，也是维护生态安全的主体。森林火灾不但破坏森林生态系统，危害生态安全，而且是造成资源和生命财产损失的最严重的灾害之一。森林火灾突发性强、破坏力大且影响面广，特别是重大火灾的发生往往伴随着恶劣的极端天气条件，扑救极为困难。

我国是一个森林火灾多发的国家，据统计1988～2006年全国平均每年发生森林火灾7537次，火灾烧毁森林面积9.7万$hm^2$、火灾受害率为0.56‰，因森林火灾死亡54人、受伤146人(汤宛地和袁菲，2011)。山区森林资源丰富，地形坡度较大使得大火蔓延更加迅速，增加了大型火灾的危险；同时，由于山区森林连接成片，地形复杂，交通不便，巡山护林困难，消防人员很难快速到达事发现场，错过救火的最佳时机，给扑救工作带来很大的困难。

在森林防火中，林区道路可以起到阻隔林火蔓延的作用，是森林防火重要的基础设施。合理的林区道路网能够保证及时输送灭火人员和物资到达火灾现场，以利于迅速扑灭森林火灾。目前，受国家投资和地形地貌的影响，我国林区道路密度低，路况差，病害多，有利于防火的公路网密度为 400m/km$^2$(孙科辉等，2004)，然而我国林区防火道路网密度仅为 150m/km$^2$。国外林区道路修建成网，密度一般达到 1000m/km$^2$，有利于开展森林防火工作(胡娜，2009)。与发达国家相比，我国林区道路的建设亟待加强。

据统计，森林火灾中地表火发生最为频繁，占森林火灾总数的 90% 以上，铁路工程对于地表火和地下火有很好的阻隔作用。例如，1987 年大兴安岭“5·6”大火，东部火场的南界由于有铁路线作为依托，便于实施扑火措施，因此东部火场南界扑火效果明显，但其余地域火场缺乏铁路的依托，基本按自然规律扩展，扑火没有起到多大作用(王秋华，2010)。出于对环境保护的考虑，目前过林区铁路主要选择绕避或以隧道方式穿过两种方案，以减少树木的砍伐量，针对我国林区由于资金短缺防火基础设施极不完善的现状，合理的设计可使铁路成为林区防火基础设施的重要组成部分，铁路建设对于改善森林的环境安全状态有着积极的作用。但是目前对兼具防火功能的林区铁路设计研究甚少，本节即从选线与横断面设计等方面对林区铁路设计进行专题研究。

### 9.2.1　林区铁路设计技术

1. 林区铁路的总体要求

林区铁路的设计，选线是极为重要的一步，林区铁路选线首先要在兼顾林区防火要求的基础上，以林区火灾发生后救援及时快捷为原则，充分利用有利地形进行选线；横断面布置方式决定了铁路的隔火效果，是设计工作的重点。林区铁路的设计方法与常规铁路有所不同，林区铁路设计技术如图 9-5 所示。

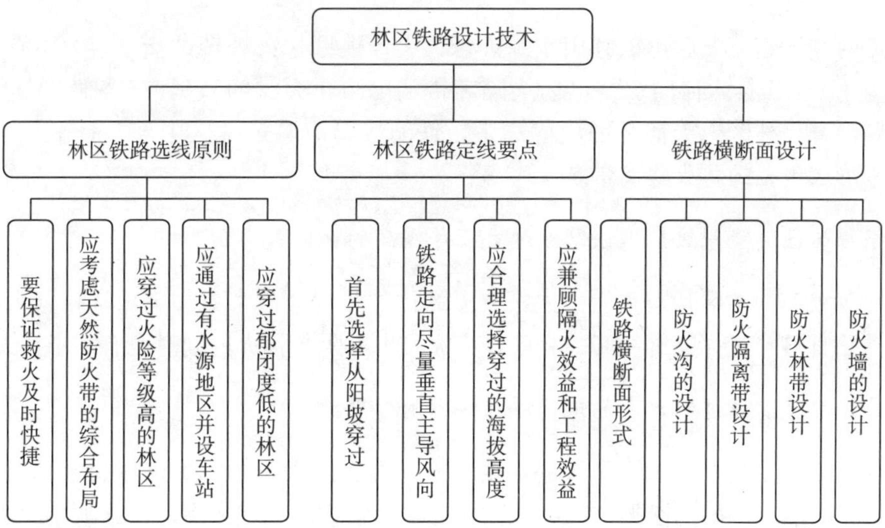


图 9-5　林区铁路设计技术

2. 林区铁路选线布局原则

根据对森林火灾蔓延机理认识的加深和大量的林火蔓延调查发现道路可以作为隔火带有效地阻止林火的蔓延，同时有了道路的依托也方便扑火人员开设人工阻火线进行灭火(魏东，2012)。林区铁路选线要兼顾铁路建设与环境保护的协调发展，铁路隔火功能和方便救火的优点说明了铁路建设对森林安全有益，在选线过程中应遵循以下原则。

1)林区铁路设计首先要保证林火扑救的及时和快捷

林区铁路的修建要保证救火人员快速到达火灾现场，林区道路网规划模式可以采用扇形和鱼骨形(图 9-6)。当铁路部分穿过林区或穿过道路网密集的林区，可将路网规划为扇形路网，此时铁路与公路通过车站连接；当铁路横穿整个林区时，林区路网以铁路为依托，多条纵向公路防火通道直接与铁路连接以构成防火通道网络，火灾发生时直接通过铁路向两侧森林输送灭火物资。

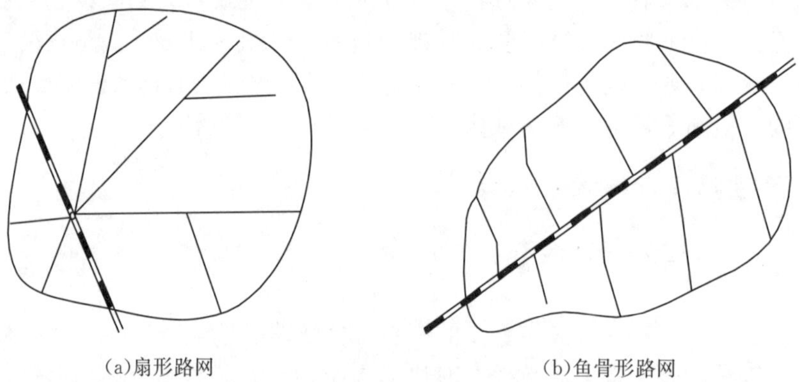


图 9-6 林区道路网规划模式

2)线路设计考虑天然防火带(河流、山脊线)的综合布局

河流两侧发生火灾后可以利用水源进行灭火；根据林火现场试验，南方山脊防火线的宽度为 10m，4 行木荷防火树的防火隔离带就可阻止火灾的蔓延(田晓瑞，2000)。因此河流和山脊是林区内天然的防火隔离带，铁路线路应穿过林区中部并且平行于河流、山脊线以形成更多的防火隔离带。

3)根据林区火险等级区划铁路穿过火险等级高的林区

火险等级高的林区，防火能力差，火灾的预防和救援需求更加突出。根据火险等级区划，铁路直接穿过火险等级高的林区，火灾发生后阻断林火的同时也有利于扑火工作。

4)铁路尽可能通过有水源的地区并在水源附近设站

目前以水灭火是森林火灾扑救的主要方式，林区内水资源不足已成为森林灭火重要的瓶颈因素(谢绍锋和肖化顺，2010)。铁路运输大量物资的优势促进了水源的再次分配，使得火灾发生时可及时地利用铁路运送水源扑救火灾，因此应在水源附近设站以解决消防水源的问题。

5)铁路应穿过森林郁闭度低且易燃性高的林区

森林郁闭度低的地方，树冠遮盖面积小，蒸发量大，树木底层湿度小，发生火灾危险性大；油松、侧柏等树种含油较多，很容易燃烧，危险性高。铁路应尽量选择穿过郁闭度低且易燃性高的林区。

### 9.2.2　林区铁路定线要点

森林防火就是防止森林火灾的发生和蔓延，即对森林火灾进行预防和扑救，预防森林火灾的发生，首先要了解森林火灾发生的规律，运用科学技术手段，最大限度地减少火灾发生次数和火灾造成的损失。森林火灾受气候、地形条件的影响具有明显的随机性和突发性。由于林区地形复杂多变，而地形又是影响林火蔓延的重要因素。为了满足森林隔火的要求，以地形因素为指导的林区铁路定线要点如下。

1)铁路首先选择从阳坡通过

山的向阳侧直接受到太阳照射，平均温度高、蒸发量大且湿度低；白天气流顺坡而上形成上坡风，夜晚空气顺坡下滑，形成下坡风，对火的强度和蔓延速度影响很大。经调查，阳坡时森林火灾发生次数较多(于成龙，2007)，因此铁路应首先选择从阳坡穿过。

2)铁路走向与当地森林防火季节主导风向垂直

风能降低林内湿度，加速可燃物干燥，增大火灾发生的可能性；火灾发生后，风能改变热辐射、增加热平流并补充氧气加速燃烧进程，使林火烧得更旺盛。铁路能够阻断大火沿风向的蔓延，因此铁路走向应与当地森林防火季节主导风向垂直，夹角在 80°～100°为宜(王明玉等，2010)。

3)铁路高程宜选择在易发生火灾的海拔高度

在山区低海拔地区，人类活动频繁，交通方便，一旦着火易于扑救，不易酿成大火；山区中部人员活动相对较少，而且森林干燥度较大，容易发生火灾；高海拔地区随着海拔高度增加，温度降低，蒸发减小，湿度变大，发生林火的可能性降低。根据统计资料，西藏地区森林火灾多发生在海拔 2800～3600m 的阳坡森林中(田晓瑞等，2007)，此时铁路可从此海拔范围内通过。

4)铁路定线横坡应选择隔火效益和工程综合效益好的部位

铁路横穿坡体，在布线时需同时考虑隔火效益和工程造价两方面的因素，这里提出一种选择最佳定线横坡坡度的简单方法。

森林火场燃烧和蔓延状况随地面坡度的不同而有很大的差异。地面坡度增大时，热辐射和对流增大，大火蔓延速度快、强度高。坡度每升高 5°，林火的蔓延速度就要加快 1 倍(胡娜，2009)，因此铁路设于地面坡度越陡的区带，隔火效益越显著；但当坡度大于 35°时，由于燃烧物容易滚落形成新的火场，直接对扑火队员的生命安全造成威胁(魏晓燕，2006)，不宜直接扑打，所以从隔火的角度考虑，铁路定线横坡坡度越大越好，但不宜超过 35°。现定义反映铁路隔火效益的无量纲数 $g$，本例中按地面坡度 $\theta$ 从 0°～35°呈线性增加考虑隔火效益 $g$ 随 $\theta$ 的变化，同时定义横坡为零时 $g$ 取 0，35°时取 1；若从铁路工程经济性角度考虑，一般地面横坡越陡，路基工程造价越高，现定义反映铁路工程

经济性的无量纲数 $h$，本例中按 0°～35°范围 $h$ 呈线性降低考虑 $h$ 随 $\theta$ 的变化，同时定义在横坡为零时 $h$ 取 1，35°时 $h$ 取 0。按照以上定义，在坐标系中可画出反映 $g$、$h$ 随 $\theta$ 变化的两条直线，如图 9-7 所示，得出交点横坐标为 17.5°。即在本例中若选择地面坡度为 17.5°左右的坡度带布线，铁路的隔火功能和工程经济性的综合效益最高。

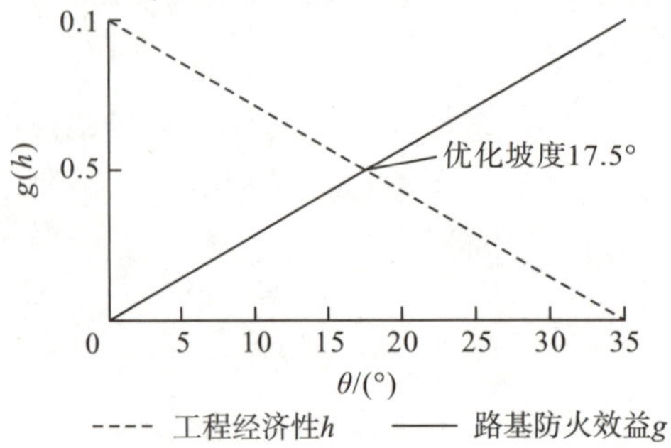

图 9-7 过林区铁路布线的最优地面坡度

### 9.2.3 林区铁路横断面设计

铁路是一条带状建筑物，对林区火灾蔓延有良好的阻断作用，横断面设计是决定隔火效果的关键，设计时应考虑与防火沟、防火隔离带、防火林带和防火墙等防火基础设施的设计相结合。人为因素是影响森林燃烧的因素之一，特别是中小面积的火灾，人为扑救对于控制火灾蔓延会起到重要的作用，以下介绍几个人工灭火的案例。

案例一：2011 年 3 月 8 日上午 11 时 21 分，保山市隆阳区汉庄镇王宫村突发森林火灾。火线长约 200m，火场在一个洼子内呈东、东北、东南三条线发展。在火灾现场看到，为了防止火灾蔓延，救援人员正在忙碌着开起一道宽约 30m，长度达 500 余米的隔离带(图 9-8)。

案例二：公路作为防火隔离带有着明显的隔火优势。12 月 5 日 12 时 20 分许，道孚县鲜水镇孜龙村呷乌沟发生山地灌丛草地火灾，该场火灾共造成 22 人死亡(图 9-9)。大片的山地被烧得黑漆漆的，触目惊心，但是从图中可以看出，道路左侧是被烧焦的土地，而道路右侧由于有隔离带的阻隔保持完好无损，道路作为防火隔离带发挥了重要的作用。

图 9-8 防火隔离带图

图 9-9 道孚县“12・5”山地灌丛草地火灾

防火林带是在林区内种植难燃的树种，防火树种一般四季常青且含水量大，它在两侧发生森林大火后能够延缓火灾的蔓延，为灭火增加时间，目前是林区防火的有效措施

(图 9-10)。

图 9-10　防火林带

本书在研究 1987 年大兴安岭“5・6”大火后发现，东部火场南界表现出与其他的自然火场边界显著不同的特征，火场发展很不充分，这可以用人类扑火行动去解释。实际情况是：一方面，铁路本身作为隔离带将两侧的森林分为两部分；另一方面，东部火场的南界有铁路线作为依托，便于实施扑火措施(主要是扑打防火隔离带或点逆风火)，人类影响易于见效。在这场大火中，除东部火场南界扑火效果明显外，其余地域火场基本按自然规律扩展，扑火没有起到多大作用(刘义祥，2012)。

从防火角度林区铁路应尽量设计为路堤或路堑形式以起到隔火作用，与路堑相比，路堤兼有防火隔离带与防火墙的优点，具有更好的立体隔火效果，是二者中首选的工程形式。林区内的火灾可分为地下火、地表火和树冠火三种形式，铁路路基坡脚外选用卵石土、粗砾土等铺设防火带能够很好地将地表火、地下火阻断，因此铁路横断面设计时主要考虑阻断树冠火的蔓延。

1. 平原铁路横断面

《铁路工程设计防火规范》规定：铁路通过林区时，应设置自铁路外侧线路中心距林木投影边缘不应小于 30m 的防火隔离带。防火隔离带能有效地阻止树冠火的蔓延，是林区有效的防火基础设施，在隔离带中，可保留树木只清理枯草杂枝，从而为消防人员提供安全的灭火场地(顾永强，2009)。

防火沟可以阻止地表腐殖质层引起的地下火的蔓延，铁路两侧边沟和排水沟也能实现这一功能，因此可将防火沟与边沟等结合在一起设计；当面向铁路侧墙体为防火墙或设置耐火极限为 3.0h 并高于轨面 4.0m 的防火隔墙时，防火间距可适当减少，但不应减少到 50%(中华人民共和国铁道部，2007)。因此铁路与树木边缘距离不满足规范要求时，应设置防火墙对铁路机车予以保护。

因此由内向外横断面依次为路基、边沟(防火沟)、防火隔离带、森林(树木高度取林芝地区平均树高 15m)，对于平原微丘区可采用如图 9-11 所示的这种断面形式。

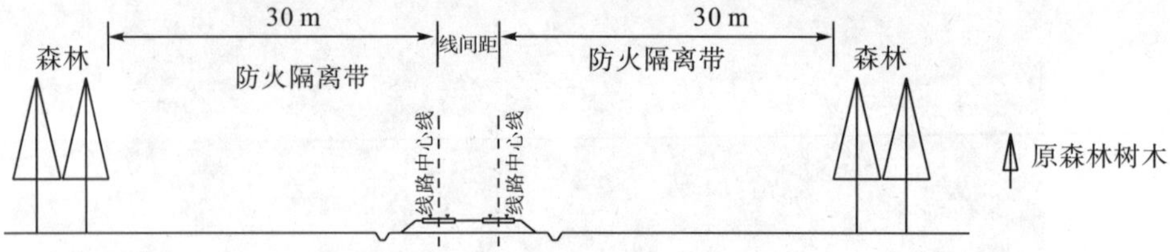


图 9-11　林区铁路横断面图示意

2. 斜坡铁路横断面

斜坡路基可设置成半填半挖路基的形式，此时铁路不但在横向隔断地表火和地下火，垂直方向上也能阻止树冠火的蔓延。对于斜坡路基虽然目前规范尚无横断面设计的具体图示，但基本原则是基于林火传播的立体特征进行横断面设计的，现以半填半挖路基为例说明斜坡路基横断面设计的方法。

斜坡上地下火的传播规律与平地相同，但树冠火沿斜坡向上蔓延速度加快，坡度为 24°时火的蔓延速度可达到 10m/min，坡度每升高 5°，林火的蔓延速度就要加快 1 倍；地表火则可能出现燃烧物沿坡滚落的情况，形成新的火场。

斜坡路基下侧森林一旦发生火灾，由于热辐射和热对流的影响大火向上蔓延迅速，因此按规范要设置 30m 宽的防火隔离带。防火林带不但能够阻止上坡火的蔓延降低风速，与单纯的防火隔离带相比还可减少森林内的水土流失，起到保护环境的作用，因此可将隔离带设计为防火林带；根据防火林带的野外阻火实验，下坡火的蔓延速度只有上坡火蔓延速度的 0.16 倍(田晓瑞，2000)，路基上侧主要考虑阻断滚落的燃烧物，因此从经济性的角度考虑铁路两侧防火隔离带不必设置成对称形式，上侧防火隔离带宽度可适当缩短，根据规范本例中取最小值 15m。斜坡铁路横断面如图 9-12 所示。

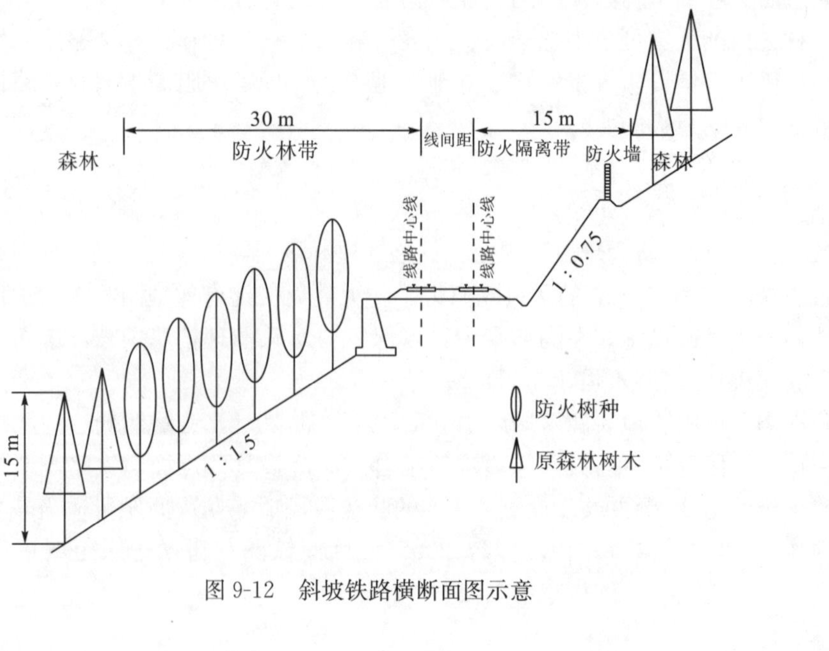


图 9-12　斜坡铁路横断面图示意

为了阻断上侧林区滚下的燃烧物和由燃烧引起的倾倒的树木，斜坡路基上侧还应设置一面防火墙以保护铁路安全。林区防火墙可与防落石墙的设计相结合，陡坡地段不宜设置防火墙的地段应以防护网代替。

### 9.2.4　运营期间林区铁路防火要求

发生森林火灾 90%是人为火源引起。距离林道越近，人的活动更加频繁，发生林火的可能性就越大。运营期间应做好林区铁路防火管理工作，以防止铁路引发森林火灾。

1. 严格控制铁路沿线火灾隐患

铁路上行驶的客货列车，是产生明火或散发火花的火源，加强对铁路本身火源的检控，保证铁路员工的用火安全，建立健全火车内部火灾的扑救办法。在防火期内，机车通过林区时，必须设有防火装置，严禁喷火漏火。

2. 加强可燃物的调控

调控可燃物是森林防火的一个重要手段，尤其是温带地区的森林，干燥季节长，地表可燃物载量大，通过人工或自然的手段清理降解可燃物，减少其载量，是减少森林火灾的发生，降低燃烧强度的重要手段。铁路边坡种植难燃的灌木进行绿化，避免由铁路向森林的蔓延。铁路两侧防火隔离带内易着生阳性杂草，燃烧性强，是引起森林火灾的重要地段，在秋季火烧防火线是很好的预防措施。

3. 铁路车站防火

铁路车站要满足设计防火规范的要求，避免车站成为火源。车站垃圾要定点排放，集中处理，完善铁路的垃圾回收工作，避免垃圾焚烧产生的火灾隐患。

4. 森林防火知识培训

对施工管理人员和车站员工定期进行森林防火知识培训，宣传防火安全管理办法，加强相关法律和政策的学习。特别是在防火期内严禁人员在林区内使用火种。

5. 加强森林防火信息指挥系统建设

目前利用 3S[遥感(remote sensing，RS)、地理信息系统(geographical information system，GIS)、全球定位系统(global positioning system，GPS)]技术、数据库技术、网络技术建立森林防火信息系统的研究日益活跃，对于减少森林火灾损失具有重要作用。

完善林区的防火救灾体系，增加林区防火基础设施的建设力度；注重灭火队伍的建设，森林火灾发生时，铁路部门应当按照森林火灾应急预案做好扑救森林火灾的有关工作，服从森林防火指挥机构的统一指挥，应当优先组织运送森林火灾扑救人员和扑救物资。

## 9.3 V形沟谷填垦开发性弃土场设计技术

弃土的随意排放不但会占用土地资源，还会破坏地表植被和森林树木的生长，对本来土地资源宝贵的山区产生影响；弃土受到雨水和地表径流的冲刷时将引起严重的水土流失，甚至会诱发泥石流滑坡等地质灾害；西部山区生态环境敏感度高，人类活动较少，弃土场的随意设置会对动植物的生存产生严重的影响，破坏环境甚至危及生态平衡；山区内道路稀少，长距离的弃土运输无疑会增加铁路造价，对施工组织不利。因此，如何做好弃土场的设计也是决定山区铁路选线成功与否的关键因素之一，弃土场也是铁路工程建设的一个重要组成部分。场址的选择，应与选址、工程的选址同时进行；弃土场工程造价，也需列入方案比选范畴。

对于工程建设项目引起的土地破坏，目前虽然有一定的政策规定加以约束，但实施效果却不甚理想。在理论研究方面，现有成果多集中于矿山和采煤等领域，对铁路建设等项目的研究尚不多见。山区快速铁路面临的重大难题是，由于隧道比高，造成严重的挖大于填的局面。如何处理弃土、并减少工程建设对环境的破坏，是一大难题，目前国内有学者针对这一问题提出了通过沟头弃土方法来控制溯源侵蚀(蒋忠信和崔鹏，2006；巫锡勇和朱宝龙，2008)的观点。山区存在着大量的V形沟谷，通过弃土填平复垦之后，首先是造地增加了土地资源；其次是若能选择在沟头填筑则能有效地控制V形沟谷溯源侵蚀现象，减少水土流失，这当然也解决了铁路的弃方处理问题，可有一石三鸟之效。显然这是值得在山区快速铁路设计中推广应用的措施，但是若能通过弃土场工程的合理设计，节约弃土场工程投资，则更趋完美，这就是本节研究的目的。

### 9.3.1 影响V形沟谷弃土场稳定性因素分析

#### 1. V形沟谷地形对弃土场稳定性提高效应分析

弃土场的稳定性受到雨水的影响最大，但是自重下的稳定性主要由弃土场所处的地形因素决定。在V形沟谷中，同等坡度的弃土场比平地的弃土场有更高的稳定性，本节通过有限元分析软件ANSYS对边坡弃土进行数值模拟，得到安全的弃土场解决方法。

1)平地弃土场稳定性分析

根据《有色金属矿山排土场设计规范》，目前国内的排土场，一般堆置高度为60～80m，个别可超过150m(汽车或窄轨运输排土场)，因此在计算时取排土场的高度为50m，规范中还指出剥离物堆置的平均安息角大都大于35°，因此采用工程中常用的边坡坡比1∶1.5建模，取出弃土场中的一段进行数值模拟，模型尺寸如图9-13所示。

为了便于比较不同填料的弃土的稳定性，本书采用不同性质的填料进行比较，其中工况一黏聚力为8kPa，内摩擦角为35°；工况二黏聚力为5kPa，内摩擦角为32°。两种工况的具体参数见表9-1和表9-2。

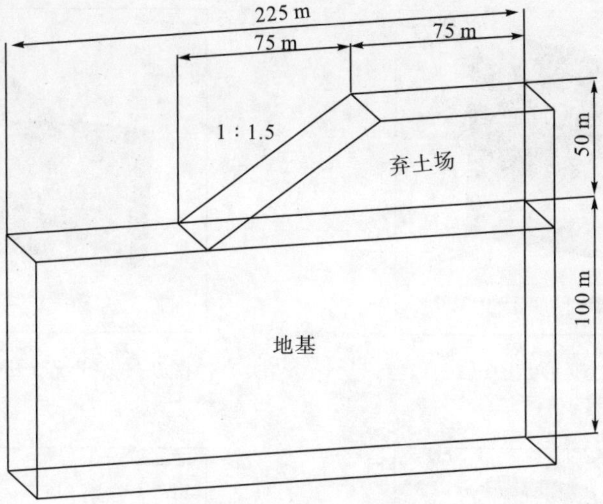


图 9-13　弃土场计算模型

**表 9-1　工况一计算参数表**

| 项目 | 天然密度/(kN/m³) | 黏聚力/kPa | 内摩擦角/(°) | 弹性模量/MPa | 泊松比 |
|---|---|---|---|---|---|
| 弃土 | 18 | 8 | 35 | 38 | 0.35 |
| 基岩 | 27 | — | — | 800 | 0.3 |

**表 9-2　工况二计算参数表**

| 项目 | 天然密度/(kN/m³) | 黏聚力/kPa | 内摩擦角/(°) | 弹性模量/MPa | 泊松比 |
|---|---|---|---|---|---|
| 弃土 | 18 | 5 | 32 | 38 | 0.35 |
| 基岩 | 27 | — | — | 800 | 0.3 |

弃土场的边界条件为长边施加 $Z$ 方向的位移约束，底面施加限制 $Y$ 方向的位移约束，左右面限制其沿 $X$ 轴方向的位移约束。

在 ANSYS 中模拟运算，通过强度折减法，工况一最终在 $C'=4.25\text{kPa}$，$\psi'=21.25°$ 时，土体内出现明显的滑裂面，表明土体破坏，此时，土体的安全系数是 1.88；工况二最终在 $C'=3.23\text{kPa}$，$\psi'=22°$时，土体内出现明显的滑裂面，表明土体破坏，此时，土体的安全系数是 1.54。

由图 9-14～图 9-19 可知：工况一在安全系数为 1 时，边坡的最大塑性变形出现在坡脚位置，其值为 0.00056m，安全系数为 1.88 时弃土中心形成弧形滑裂面，产生破坏，此时土内最大塑性位移为 0.0207m；工况二在安全系数为 1 时，边坡的最大塑性变形为 0.0018m，安全系数为 1.54 时弃土中心形成弧形滑裂面，产生破坏，此时土内最大塑性位移为 0.0195m。

2) V 形沟谷弃土场稳定性分析

在 V 形沟谷中，首先假定沟谷沟底坡度为 0，此时由于沟壁两侧的保护作用，弃土场的稳定性有所增加，与平面弃土相比，同样高度和坡度的弃土场安全系数会显著提高。

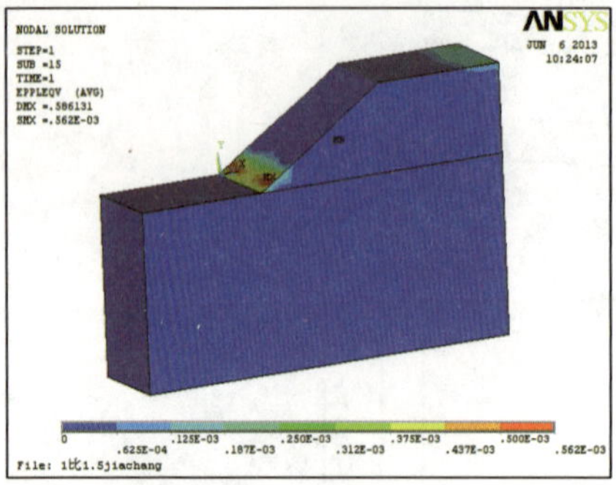

图 9-14 工况一塑性变形云图($F_s=1$)

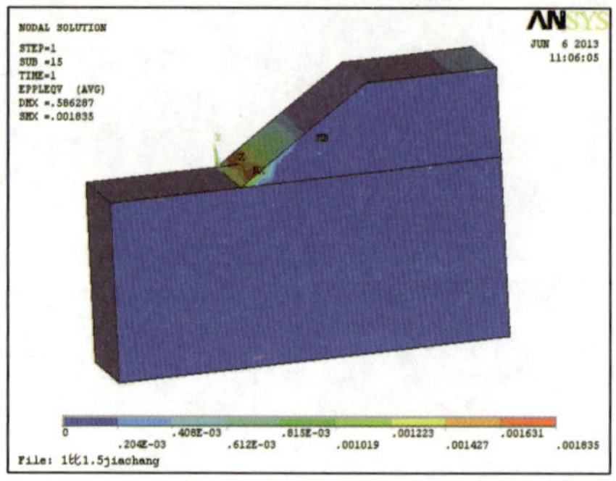

图 9-15 工况二塑性变形云图($F_s=1$)

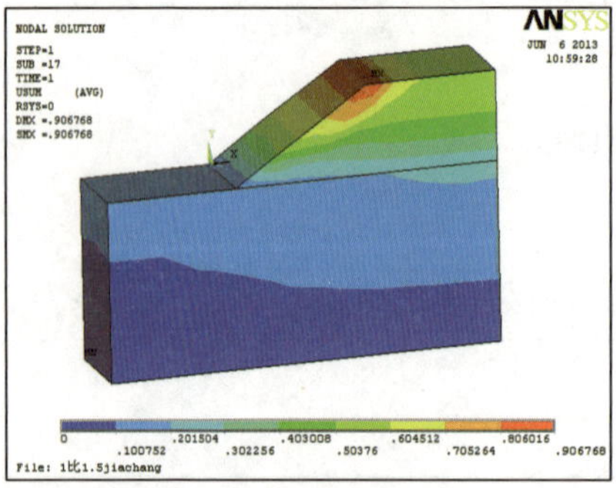

图 9-16 工况一沉降变形云图($F_s=1.88$)

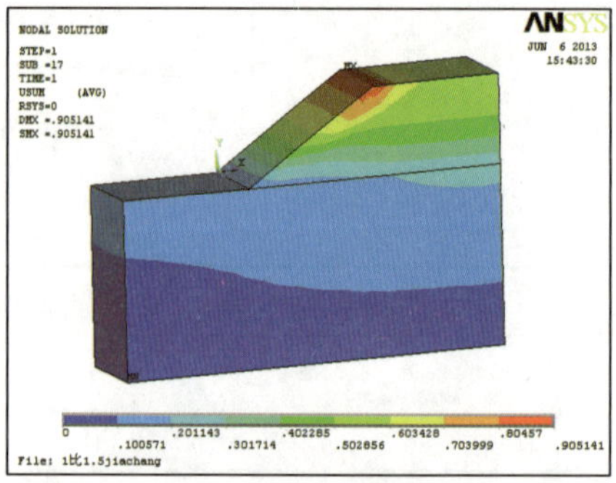

图 9-17 工况二沉降变形云图($F_s=1.54$)

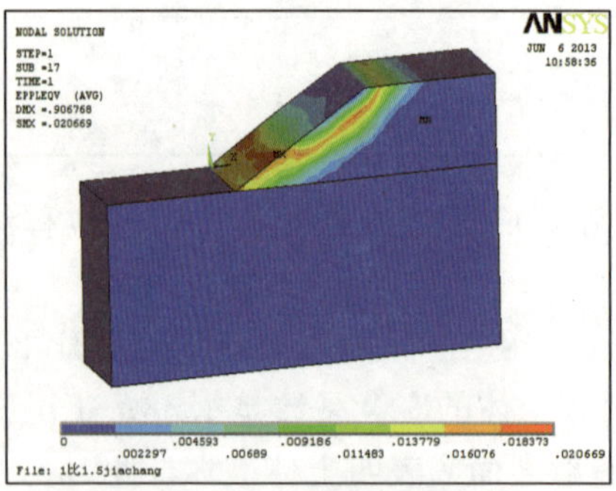

图 9-18 工况一破坏状态($F_s=1.88$)

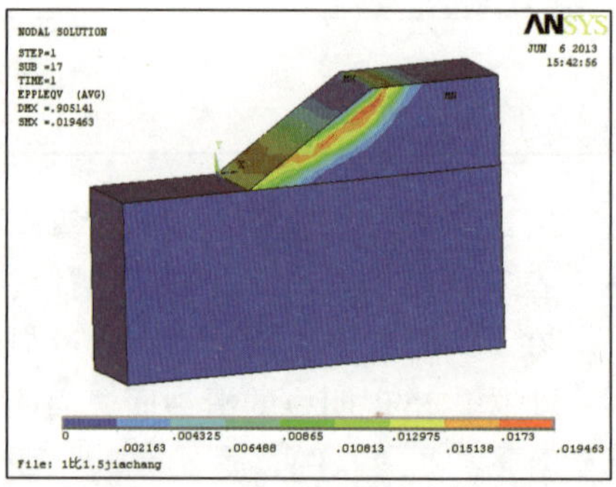

图 9-19 工况二破坏状态($F_s=1.54$)

该模型的尺寸为沟谷高度 50m，弃土场边坡坡比为 1∶1.5，为了防止边界效应，弃土场上顶取 75m 长，如图 9-20 所示。同样在这个模型中按表 9-1、表 9-2 中两种工况参数取值进行模拟计算。

ANSYS 模拟运算如图 9-21～图 9-24 所示，通过强度折减法，工况一最终在 $C'=4.16$kPa，$\psi'=20°$时，ANSYS 计算发散，表明土体破坏，此时，弃土的最大沉降量为 0.788m，最大塑性变形为 0.037m，土体的安全系数是 1.923；工况二最终在 $C'=3.05$kPa，$\psi'=21°$时，ANSYS 计算发散，表明土体破坏，此时，弃土的最大沉降量为 0.502m，最大塑性变形为 0.024m，土体的安全系数是 1.64。

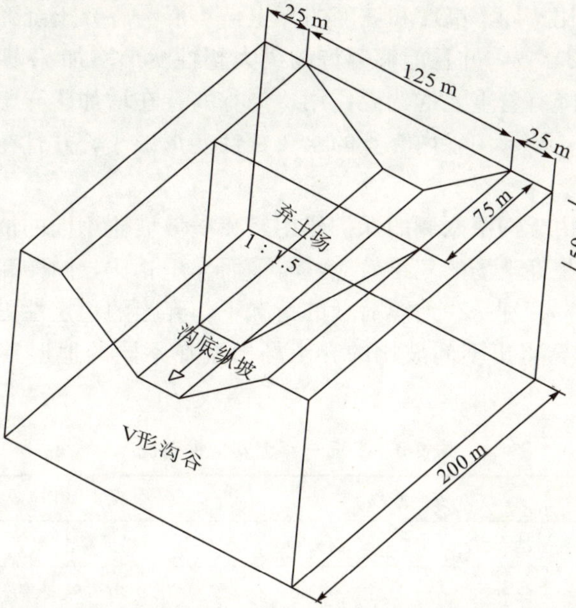


图 9-20　V 形沟谷弃土场三维模型

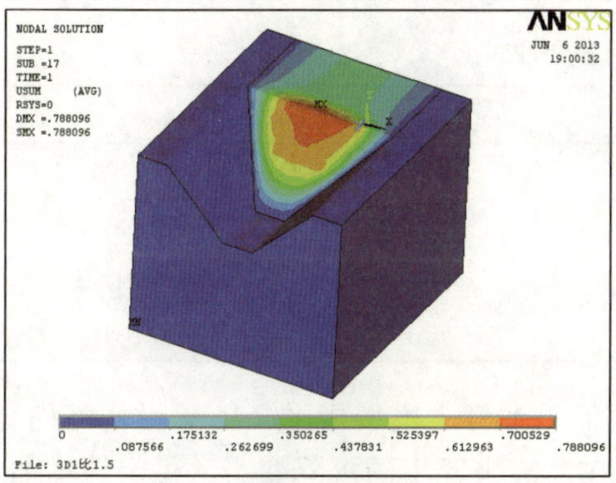


图 9-21　工况一沉降变形云图($F_s$=1.923)

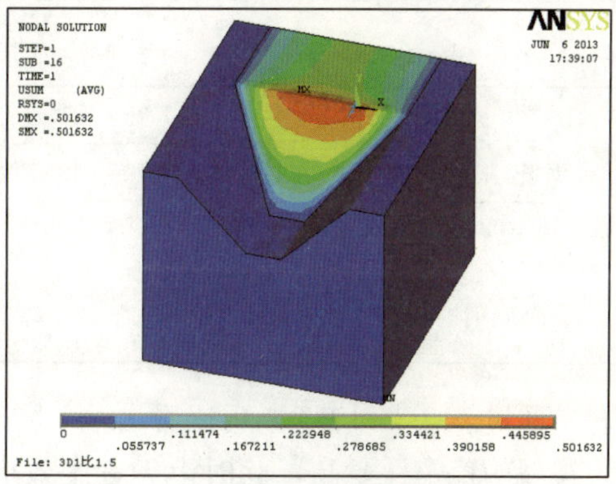


图 9-22　工况二沉降变形云图($F_s$=1.64)

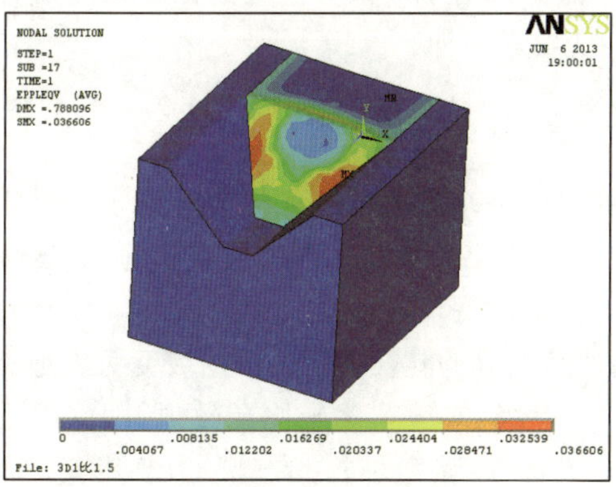


图 9-23　工况一破坏状态($F_s$=1.923)

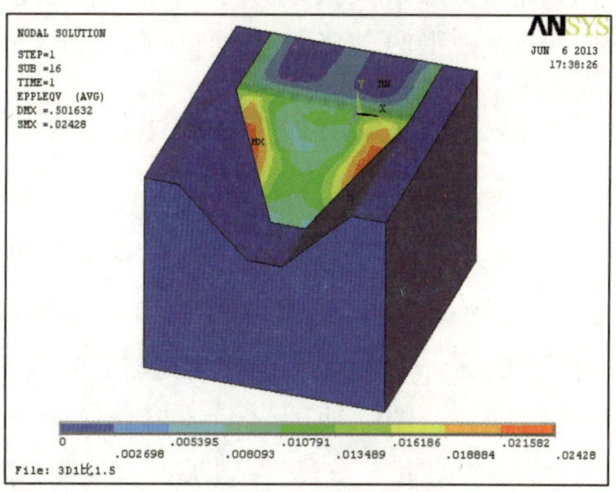


图 9-24　工况二破坏状态($F_s$=1.64)

与平地弃土场相比，同等高度和坡度的弃土，V形沟谷弃土沉降变形仅仅是平地弃土沉降的86.8%和85.6%，并且能够容许的最大塑性变形增加77.1%和24.7%。由此可见，沟谷对弃土沉降有着重要的约束作用，沟谷的存在增加了弃土场的安全性。在安全系数相同的情况下，V形沟谷内弃土的永久塑性变形减小，并且在弃土场内部没有生成滑裂面。

V形沟谷弃土场由于沟壁两侧的保护作用，在横坡坡比不同的情况下，弃土场的稳定性有所增加，这就是弃土场的三维效应，与平面弃土相比，同样高度和坡度的弃土场安全系数会显著提高，特别是在地震荷载的情况下，弃土的稳定性更强。建立不同的模型，通过ANSYS计算得出不同坡比的弃土场模型在不同的地形条件下的安全系数见表9-3和表9-4。

**表9-3 工况一弃土安全性对比**

| 坡度<br>坡比 | 安全系数 | | 相应最大塑性位移 | |
|---|---|---|---|---|
| | 平地弃土 | 沟头弃土 | 平地弃土 | 沟头弃土 |
| 1∶1.5 | 1.82 | 1.92 | 0.024 | 0.037 |
| 1∶1.8 | 2.09 | 2.16 | 0.033 | 0.041 |
| 1∶2 | 2.29 | 2.36 | 0.035 | 0.046 |

**表9-4 工况二弃土安全性对比**

| 坡度<br>坡比 | 安全系数 | | 相应最大塑性位移 | |
|---|---|---|---|---|
| | 平地弃土 | 沟头弃土 | 平地弃土 | 沟头弃土 |
| 1∶1.5 | 1.55 | 1.64 | 0.018 | 0.029 |
| 1∶1.8 | 1.75 | 1.85 | 0.020 | 0.042 |
| 1∶2 | 1.9 | 2.05 | 0.015 | 0.051 |

通过表9-3和表9-4可以看出，与同等规模的平地弃土模型相比，在V形沟谷内弃土模型的稳定性要高，此时由于三维效应的存在，沟头弃土的沉降变小，稳定性增加，相同安全系数条件下，永久塑性变形量从平地弃土的光滑划裂面变为V形沟谷接触面变形，而且变形量大大地减小；在进行数值模拟计算时，由于沟头弃土场的三维效应的存在，弃土模型收敛条件更加良好，能够允许塑性变形量增加。

2. V形沟谷坡度对弃土场稳定性影响研究

在V形沟谷中，对弃土场稳定性影响较大的另外一个因素是沟底坡度，为了研究实际地形条件下弃土场的安全性，在相同坡比条件下，本书建立了不同底坡坡度的ANSYS模型，模型高度等尺寸与图9-20中的模型相当，只是沟底坡度不同。

在山区，影响地质土体稳定性的一个重要因素是地势的陡缓程度。根据坡度对坡地类型进行划分，国际地理学会地貌委员会将坡地分为七级：0°～2°为平原至微倾斜坡；2°～5°为缓倾斜坡；5°～15°为斜坡；15°～25°为陡坡；25°～35°为急坡；35°～55°为急陡坡；大于55°为垂直坡。一般认为坡度倾角小于10°时边坡的稳定情况为优良，边坡倾角为10°～20°时斜坡的稳定性较好(李志勇和苏永华，2010)。因此本书在建立弃土场模型时按照5°

为一个间隔建立不同坡度的模型进行弃土场的边坡稳定性分析，计算结果见表 9-5 和表 9-6，根据坡度和安全系数的大小关系得到图 9-25 和图 9-26。

**表 9-5　工况一弃土安全性对比**

| 坡比＼坡度 | 0° | 5° | 10° | 15° |
|---|---|---|---|---|
| 1∶1.5 | 1.923 | 1.824 | 1.777 | 1.690 |
| 1∶1.8 | 2.16 | 2 | 1.977 | 1.768 |
| 1∶2 | 2.36 | 2.22 | 2.15 | 1.977 |

**表 9-6　工况二弃土安全性对比**

| 坡比＼坡度 | 0° | 5° | 10° | 15° |
|---|---|---|---|---|
| 1∶1.5 | 1.64 | 1.5 | 1.4 | 1.21 |
| 1∶1.8 | 1.85 | 1.65 | 1.47 | 1.27 |
| 1∶2 | 2.05 | 1.9 | 1.8 | 1.7 |

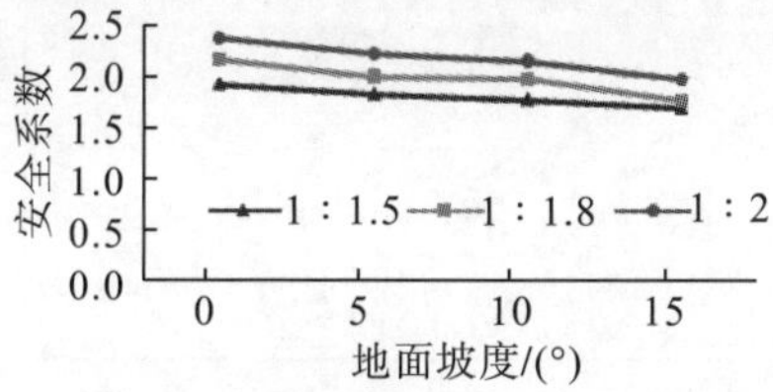

图 9-25　工况一弃土安全系数表

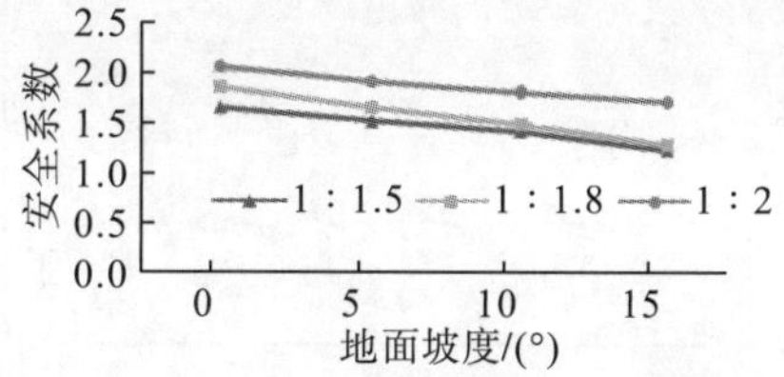

图 9-26　工况二弃土安全系数表

通过表 9-5、表 9-6、图 9-25 和图 9-26 可以看出：

(1)随着坡比的增加，弃土的安全系数降低。

(2)随着弃土沟沟底坡度的增加，弃土场的下滑力增加，安全系数降低。

(3)随着弃土场边坡坡比的降低，弃土场的占地面积显著增加，特别是沟底坡度增加的时候，占地面积增加好几倍。在坡比为 1∶1.8 时，沟底坡度小于 10°时安全系数保持很小的变化，而且占地面积较小，可以选择在此范围内布置弃土场。

(4)弃土的黏聚力对弃土场稳定性影响很大，山区弃土土体的黏聚力偏小，设计时大型弃土场应该进行稳定性分析。

## 9.3.2　V 形沟谷弃土场挡土坝设计

沟谷弃土场稳定性优于平地弃土场，而且在这种地形条件下，弃土沟边坡的坡比对土地资源的要求较高，特别是沟底坡度本身较大的时候，坡比为 1∶2 时，沟底坡度 15°的弃土场边坡的占地面积是平沟的 3 倍；在山区沟谷中，人类活动少，沟谷下游少有村民居住，对弃土支挡工程的稳定性要求不是十分严格，即使弃土场发生失稳破坏也不会造成大的经济损失，简易挡土坝工程造价低，能够满足弃土场设计要求。因此为了节约土地面积，建议在斜坡沟谷中的弃土场修建一个简易的挡土坝工程，该挡土坝选择承载能力优良的土方进行压实处理，经过处理的挡土坝安全系数有所提高，对工程有利。

1. 挡土坝的设计

在 9.3.1 节中通过不同坡比和不同底坡坡度的计算得出在坡比为 1∶1.8，底坡坡度为 10°的时候，弃土场占地面积少，而且安全系数相对较高，因此选择在这种地形条件下进行挡土坝的设计。

《水利水电工程水土保持技术规范》10.3.7 节规定，堆置高度 40m 以上的弃土(石、渣)场应采用多台阶堆置，平台宽度不宜小于 2m；每 40～50m 设置一道宽 5m 以上的平台。根据上述规定，弃土场高度取 80m，在中间位置设置宽度为 10m 的平台，下部为路堤式挡土坝。本书建立四个模型进行对比研究：模型 1 不设挡土坝，模型 2 设一个台阶，模型 3 只在下部设挡土坝并压实，模型 4 在整个坡面前部都设置挡土坝(图 9-27～图 9-30)。

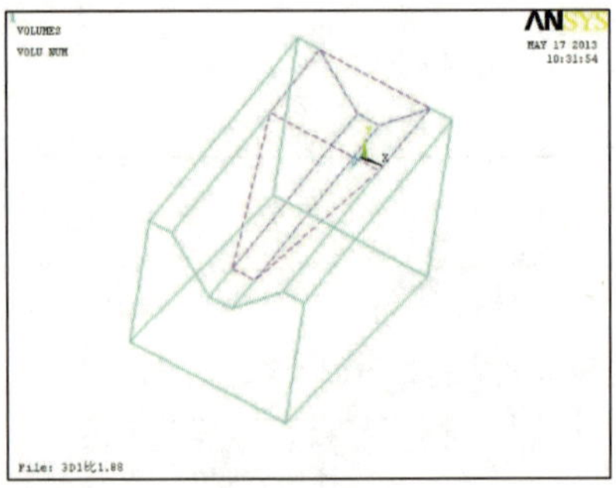

图 9-27 模型 1

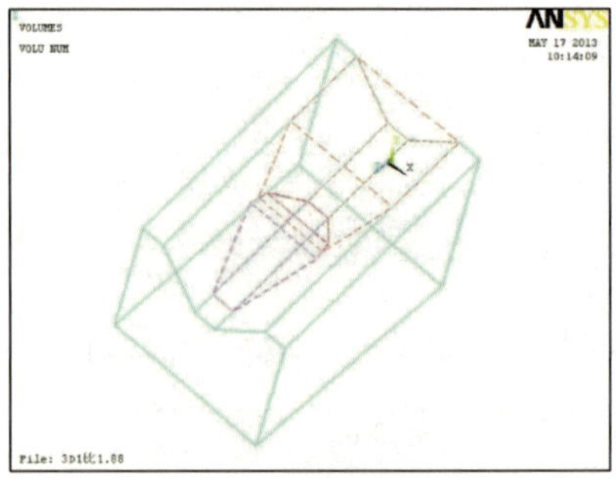

图 9-28 模型 2

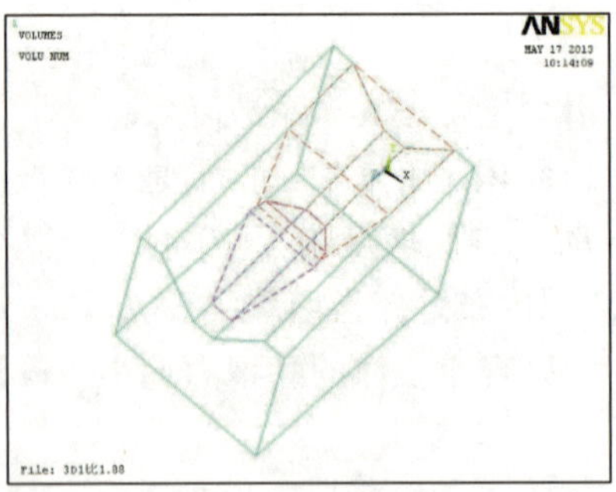

图 9-29 模型 3

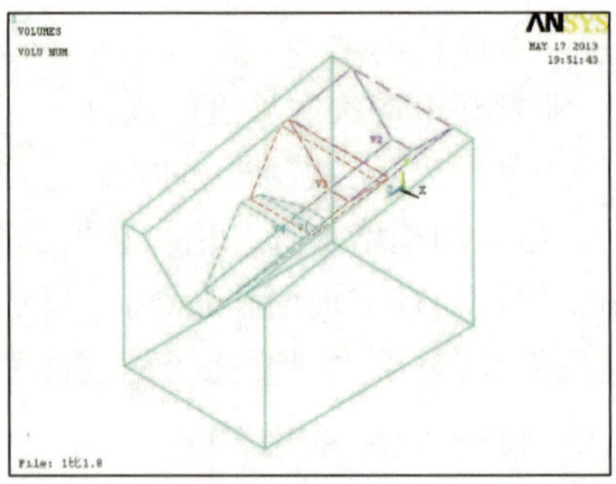

图 9-30 模型 4

以上模型分为三种材料：原沟谷为基岩、弃土场使用隧道中的弃土、挡土坝选择参数良好的土体。其具体参数见表 9-7。

**表 9-7 计算参数表**

| 材料 | 天然密度/($kN/m^3$) | 黏聚力/kPa | 内摩擦角/(°) | 弹性模量/MPa | 泊松比 |
|---|---|---|---|---|---|
| 弃土 | 18 | 5 | 32 | 38 | 0.35 |
| 弃土坝填料 | 22.8 | 16 | 35 | 38 | 0.35 |
| 基岩 | 27 | — | — | 800 | 0.3 |

## 2. 计算过程

本书通过 ANSYS 建模对上述四个模型进行静力分析，最终得到结果如表 9-8 和图 9-31～图 9-34 所示。

**表 9-8　弃土模型静力分析结果**

| 模型 | 安全系数 | 最大沉降/m | 最大塑性变形/m |
|---|---|---|---|
| 模型 1 | 1.47 | 0.354 | 0.0140 |
| 模型 2 | 1.8 | 0.683 | 0.0305 |
| 模型 3 | 1.9 | 0.757 | 0.0623 |
| 模型 4 | 2.3 | 0.518 | 0.0304 |

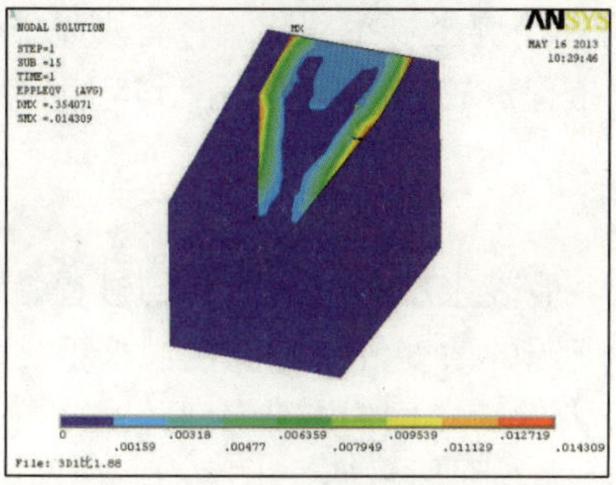

图 9-31　模型 1($F_s$=1.47)

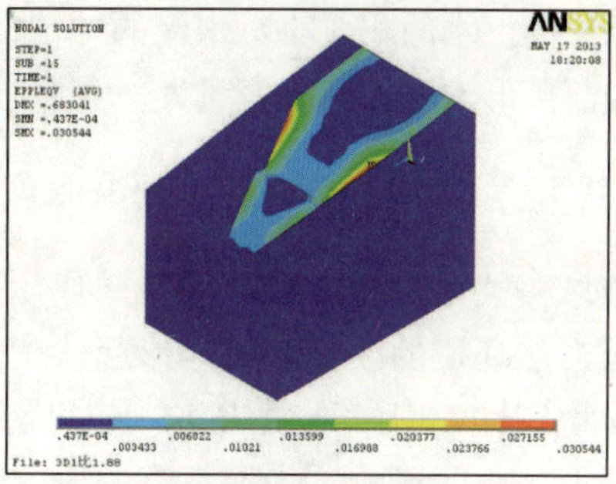

图 9-32　模型 2($F_s$=1.8)

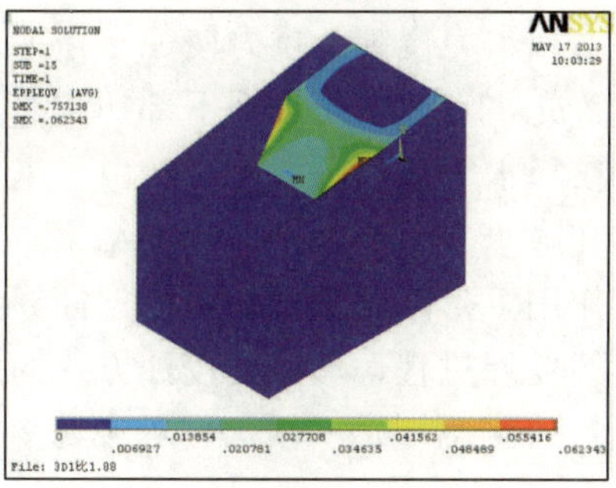

图 9-33　模型 3($F_s$=1.9)

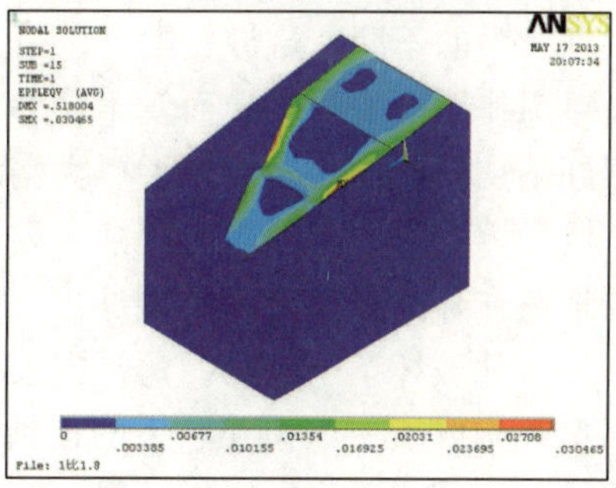

图 9-34　模型 4($F_s$=2.3)

## 3. 结论

通过以上的分析可以得到以下结论：

(1)通过对比三个模型的最大安全系数可知，挡土坝的修建能增加弃土场的稳定性；通过对比模型 1 和模型 2 的安全系数可知，分级填筑能够增加弃土场的稳定性；通过对比模型 3 和模型 4 可知，挡土坝的大小对弃土场的安全型较为重要，太小的挡土坝不能改变弃土场的破坏状态。

(2)与没有挡土坝的弃土场相比，有挡土坝的弃土场能够节约土地面积，相同的地形条件下能够增加弃土土方的容纳量，降低弃土场选址的压力，同时该种工程可以充分利用弃土，造价要低于其他支挡工程。

(3)挡土坝的修建能够在一定程度上提高弃土场的稳定性，该设计简单、施工方便、造价低，是一种值得推广的弃土场设计方案。

### 9.3.3 V形沟谷沟头填垦开发性弃土场设计

对于距离超过几十千米的长大隧道就不得不另选弃土场，在保证经济安全的原则下，可以利用沟谷源头回填作为弃土场从而消灭弃渣，经过9.3.1节的分析，V形沟谷用作弃土场安全性好，而且对溯源侵蚀有一定的控制作用。

山区铁路选线过程中，等级较低的既有线或公路往往为利用低阶地而走沿河低线来减少工程造价，新建快速铁路只能在其上方布线；此外为了减少沿河线地质灾害，提倡选择高线位的方案，这就为沟头弃土的实现奠定了基础。若在沟谷源头设置弃土场，由于沟谷源头的汇水面积较小，水流的冲蚀作用弱，有利于弃土场工程稳定；特别是“肚大口小”的葫芦形沟谷，弃土容量大，需要修筑的支挡工程量较小，更适合作为弃土场使用。

1. 沟头开发性填垦控制溯源侵蚀原理

流域侵蚀是指在内外力的共同作用下，流域内地表土层剥离、输移的过程。从而导致流域自然环境的改变，如地形起伏变化和水土资源的改变等。溯源侵蚀严重破坏了土体整体稳定性，引发地质灾害，使得滑坡崩塌较为发育，同时产生大量松散堆积物源，加上地形地貌的影响，为泥石流的形成和发展创造了有利的条件。由于溯源侵蚀的存在，冲沟的下切速度加快，形成更深的沟壑，引起边坡失稳、崩塌、滑坡、碎屑物堆积于河道和泥石流等地质病害。

根据营力的不同，流域侵蚀可以分为重力侵蚀和水力侵蚀。重力侵蚀是指地表土石物质在重力作用下失去平衡而发生位移的过程。首先，沟坡由于坡面下部切沟在水流作用下不断下切，切沟之间形成了孤立沟坡，沟坡在降水等条件下，碎屑物由于重力作用产生下滑。重力作用下的溯源侵蚀主要是在重力和降水等因素共同作用的结果。水力侵蚀是指地表在降雨和径流的机械冲击、破坏搬运作用下形成的侵蚀。水力侵蚀导致地表破碎，极大地破坏了土地资源，根据坡面流流动的发展过程，形成了侵蚀方式的演化和发展，最终构成了一个相互联系的侵蚀链，即面蚀—细沟侵蚀—浅沟侵蚀—切沟侵蚀—冲沟侵蚀，这是个逐步发展的过程。

弃土场应选择在主沟或支沟的沟头部，沟头填垦的环境效益最为明显，特别是能够缓解沟头侵蚀，其原理如下。

(1)沟头区的汇水面积相对较小，对弃土场表面的冲蚀较弱，同时沟头区的坡度较小，故支档防护工程和引排水工程规模较小，工程简易且造价较低采用护脚等简易支挡工程便可保持其稳定。

(2)弃土场的坡度限定在1∶1.8～1∶2.2的范围之内，采用逐级放坡的形式便可满足边坡自身的稳定性，且由于沟头面积较大，弃土量也较大。

(3)在沟头设置弃土场能够有效控制溯源侵蚀，减少水土流失。

(4)沟头填方易与沟道两岸及后缘连成一体，不但没有占用有限的土地资源，形成较大的平坦场面反而对复垦有利。

### 2. 弃土场防止溯源侵蚀的措施

弃土场完成后流域内的坡面侵蚀的防治主要是通过增加地面覆盖、保护土壤免受雨滴的直接击溅或通过工程措施改造坡形，拦截被击溅起来的泥沙免遭水土流失来实现。具体有以下几种措施。

#### 1)植被覆盖

采用覆盖法就是要在荒山荒坡上因地制宜，种草种树。应该尽量实施灌草混交，可选择耐干旱、贫瘠的牧草和豆科植物，合理地利用有利时机，促使其萌芽成活，尽快提高植被覆盖率；严禁破坏林草，通过封山育林和补植，恢复自然植被。

#### 2)农业技术措施

改变地面微小地形，增加地面粗糙率为主的水土保持农业技术措施：拦截地表水，减小土壤冲刷，主要包括横坡耕作、沟垄种植和水平犁沟。

以增加地面覆盖为主的水土保持农业技术措施：其作用是保护地面，减缓径流，增加土壤抗蚀能力，主要有间作套中、草田轮作、宽行密植，利用秸秆杂草等进行生物覆盖、免耕或少耕等措施。

以增加土壤入渗为主的农业技术措施：疏松土壤，改善土壤的物理化学性质，增加土壤的抗蚀性和蓄水能力，主要有增施有机肥、深耕改土并配合浅耕，以减少降水损失，控制水土流失。

#### 3)坡面治理工程

梯田是治坡工程的有效措施，同时可以适量增加截流防冲工程，截流防冲工程主要是山坡截水沟，在坡地上从上到下每隔一定距离，横坡修筑的可以拦蓄输排地表水的沟道，它的功能是可以改变坡长，拦蓄暴雨，并将其排至蓄水工程中去。

### 3. 沟头开发性填垦的步骤

我国西南地区山岭较多，由此导致山区耕地面积有限，这一问题严重影响了当地的经济发展，充分地利用有限的资源增加耕地面积能够给当地人民群众带来很多好处。弃土场主要由土石组成，沟头弃土完成后能够形成空旷的土地，变沟为田，增加耕地面积。沟头开发性填垦的步骤如下。

(1)在铁路隧道出口就近选择建造弃土场的沟头部位，测定占用土地面积，将占用土地的土壤层先期推置于场地周边待复垦之用。

(2)分级填筑弃方，原地面坡度为 10°～20°，弃土坡度为 1∶1.8～1∶2.2，逐级修建全高的浆砌或干砌堡坎，以不出现弃土边坡及其水平流失。各级高差应较小，以有利于堡坎的稳定。

(3)平整弃土表面，形成梯地状。弃土场底部一般不设排水工程，可只设简易盲沟排除弃土中的地下水以利稳定。

(4)将推于周边的土壤层推覆于弃土面上，在地方政府和村民的配合下，复垦成农田，或为铁路林场苗圃。

4. 沟头开发性填垦的注意事项

1)沟谷填平后流域内的排水设计

铁路建设期间弃土场边坡水土流失以沟蚀为主，坡面冲刷物质大部分堆积在弃土场坡脚和施工便道上，随水流汇集到河网中的物质一般不超过侵蚀总量的15%。

2)弃土场的限制高度

弃土场高度为30～200m，弃土场基底与地面坡度小于24°的情况下，其稳定性良好。当原地面坡度超过24°时，需在坡脚处采取防护工程措施；当原地面坡度超过45°时，除在坡脚处具有逆向地形，形成天然稳定基础外，将难以保持排土场的整体稳定。目前国内的排土场，一般堆置高度为60～80m，个别可超过150m。

3)弃土场的压实度

山区公路弃土场在施工过程中，控制好填筑过程中压实度是影响弃土场稳定性和用途的一个重要因素。弃土场的高度越高，则工后沉降越大；岩质地基下的弃土场的工后沉降小于土质地基下的弃土场的工后沉降；弃土场的压实度越大，则其工后沉降越小；弃土场的工后沉降与场地条件密切相关。

4)弃土场选址在地质条件良好的区域

弃土场位置选择和设计是土方工程的一项重要内容，弃土场如选择在陡坡上，甚至在滑坡体上，极易产生工程滑坡，或者诱使古滑坡复活。弃土随意堆放于挖方坡顶，会给边坡施加不小的超载，并可能造成坡顶积水，在荷载作用和雨水下渗的影响下，很容易造成边坡滑塌失稳或者形成泥石流(韩信和张敏静，2008)。

## 9.4 总　结

我国山区，尤其是西部地区筑路条件复杂、生态环境脆弱，环境条件对铁路建设严重制约，铁路工程对环境影响不容忽视。近年来，随着国家有关法律法规的完善以及人们环保意识的加强，在铁路选线过程中有意识地绕避国家明令禁止通过的自然保护区、风景名胜区、文物保护单位以及为保护沿线的饮用水源取水口及大型的噪声、振动等敏感建筑物等因素述，称为“环保选线”。“环境选线一票否决”的选线原则得到坚决地贯彻和实施。但由于目前通过自然保护区时规范建议采取的措施主要是绕避通过，这样做法的结果往往是以铁路增加投资来换取环境保护效益。本章提出工程与环境协调的选线设计理念，与环保选线的理念有所不同，其实质是在强调环境保护的同时，希望尽量节省铁路投资，从而实现环境保护和铁路建设双赢的格局。这样就要求选线时借鉴第3章所论述的可拓决策方法，不仅殚精竭虑、尚需开阔视野，在协调工程与环境不相容问题方面提出新的思路。为此以林区铁路选线和山区铁路弃土场工程设计两个问题为例进行了专题讨论，企盼产生抛砖引玉之效，提升环境选线的思维模式与思维境界，推动工程与环境协调的选线设计技术的发展。

# 参 考 文 献

白红元. 2004. 铁路选线过程中的环境保护. 科学技术通讯，(6)：32-35.

陈廷方. 2009. 西部山区道路工程与环境的相互影响机制及其评价. 成都：西南交通大学博士学位论文.

顾永强. 2009. 国外如何防范森林火灾. 中国减灾，(11)：36-37.

韩信，张敏静. 2008. 弃土场位置选择和设计原则方法探讨. 公路，(9)：282-285.

何海清，姚令侃，王建. 2010. 土工格栅加固高路堤的抗震性能分析. 路基工程，(3)：78-79.

胡娜. 2009. 基于森林防火所需的普洱林区道路网研究. 昆明：西南林学院硕士学位论文.

黄建雄，彭立，李宏泉等. 2011. 不同用途的山区高速公路弃土场施工控制标准研究. 公路工程，36(3)：22-25.

蒋忠信，崔鹏. 2006. 山区道路工程与环境协调的设计原理. 铁道工程学报，91(1)：4-10.

李志勇，苏永华. 2010. 半填半挖路基稳定性分析理论与方法. 北京：科学出版社.

刘义祥. 2012. 火灾调查. 北京：机械工业出版社.

卿三惠. 2000. 南昆铁路八渡车站滑坡综合治理. 路基工程，88(1)：43-48.

孙科辉，肖金香，冯敏玉. 2004. 江西森林火灾与火险天气分析及综合预防技术措施. 江西农业大学学报，26(3)：394-398.

汤宛地，袁菲. 2011. 浅析森林火灾干扰指标在森林健康评价中的作用. 森林防火，2011(1)：35-38.

田晓瑞. 2000. 防火林带阻火机理研究. 北京：北京林业大学博士学位论文.

田晓瑞，舒立福，王明玉. 2007. 西藏森林火灾时空分布规律研究. 火灾科学，16(1)：10-13.

王明玉，任云卯，赵凤君. 2010. 北京西山防火林带空间布局与规划. 林业科学研究，23(3)：399-404.

王秋华. 2010. 森林火灾燃烧过程中的火行为研究. 北京：中国林业科学研究院博士学位论文.

王元勋. 2003. 土质边坡稳定性分析的离心模型试验研究. 成都：西南交通大学硕士学位论文.

王志峰，张百永. 2006. 山区高速公路弃土场的综合设计探讨. 公路工程与运输，(6)：192-197.

魏东. 2012. 灭火技术及工程. 北京：机械工业出版社.

魏晓燕. 2006. 灭火作战辅助决策模型研究与GIS模块开发. 昆明：西南林学院硕士学位论文.

文定元. 1997. 防火林带研究现状. 森林防火，(2)：23-24.

巫锡勇，朱宝龙. 2008. 重力侵蚀作用下昔格达地层滑坡特征分析. 工程地质学报，16(4)：450-458.

谢绍锋，肖化顺. 2010. 基于GIS的森林消防水资源空间区域分布优化配置研究. 西北林学院学报，25(1)：127-130.

于成龙. 2007. 基于GIS和RS森林火险预测的研究. 哈尔滨：东北林业大学博士学位论文.

张永双，金逸民，吴树仁. 2005. 人工弃渣诱发泥石流的动力学研究. 地球学报，(12)：571-576.

中国科学院水利部成都山地灾害与环境研究所. 2000. 山地学概论与中国山地学研究. 成都：四川科学技术出版社.

中华人民共和国建设部. 2007. 有色金属矿山排土场设计规范(GB 50421—2007). 北京：中国计划出版社.

中华人民共和国铁道部. 2007. 铁路工程设计防火规范(TB 10063—2007). 北京：中国标准出版社.

# 第 10 章　基于不确定性分析的山区铁路选线方案评价方法

铁路建设项目投资巨大，往往会消耗大量的人力、物力和财力，并且我国铁路承担了国内大部分的中长途货运和客运的运输任务，对铁路周边地区的政治、科技、经济、军事等的发展起着非常重要的作用。新建铁路基本走向方案综合比选，是在铁路建设前期需要解决的重要问题，其基本走向方案选择的是否合理，直接影响到该铁路建成后能否满足国家经济建设需要，影响到线路设计的质量，工程造价和运营条件的好坏并最终决定一条铁路的经济效益。尤其在我国，铁路运输承担着国家客货运的主要运输任务，对国家的政治、经济、国防以及铁路沿线所经区域的政治、经济、文化的发展都有着重要作用，因此作为铁路建设宏观决策的新建铁路基本走向方案比选工作具有举足轻重的作用(李远富，2008)。

现行的山区铁路方案比选的决策过程，主要是在确定性分析的框架下，开展方案的技术、经济评价(郝瀛，2000)，有追加投资偿还期法、投资与运输支出折现值法、资金利税率法、投资回收期法、净现值法以及内部收益率法等。通过计算列出各方案的技术经济指标(方案比较表)，其中各定量因素的值大都以货币指标来衡量(工程投资、运费支出)，即以货币作为方案比较的统一尺度，然后以换算工程运营费的大小来决定方案的取舍。但山区铁路，尤其是一些具特殊性质的铁路(如国防性铁路、开发性铁路等)，存在一些难以完全用货币来衡量的定性指标(如社会效益指标，环境影响指标等)，在方案评价体系中如何体现定量指标和定性指标的综合效应，一直是难点问题；此外，山区快速铁路往往具有以政府投资为主，受宏观经济形势的影响较大的特点；特别是自然灾害对山区铁路的影响也是方案评价时必须考虑的风险。因此，现行的方案技术、经济评价方法不能完全适用于山区铁路，需要在此基础上发展新的方案评价方法对铁路线路方案从技术、经济、社会效益、环境优劣、灾害风险等各方面进行综合评价。

本章以成贵、成兰等已建山区铁路选线设计和方案比选案例以及汶川地震等实震资料为基础，充分利用现有的经验和技术，并吸收多目标决策、效用理论、风险分析、可靠性数学、随机过程理论等现代数学方法，建立了适用于原则方案比选阶段的复杂艰险山区铁路选线方案评价模型。对现行的方案技术、经济评价体系(郝瀛等，1997；朱茵等，2000)进行补充和扩展，并希望推动基于不确定多目标决策理论的选线优化方法和方案评价体系的形成。

## 10.1　基于耦合度模型的铁路发展需求性分析

我国各地区经济发展极不平衡，同时各个地区已有铁路的规模差距较大，如从宏观格局来看，东部沿海各地区经济较为发达，而已有铁路网则是北方地区更为完善(蓝兰，

2011)。目前是我国铁路现代化建设的关键阶段，各地区对于铁路的发展都有一定的需求，但一定时期内，铁路的投资是有限的，必须把有限的资源和经费使用到最需要的地方，如何评价地方对铁路发展的需求程度已成为国家路网规划的重要依据，但目前国内外尚缺少关于铁路发展需求性定量化的研究(余沛，2010)。铁路建设是以服务地方经济发展为基本宗旨的，在制定铁路发展方针时，当然应以铁路与地方经济的协调程度为依据，评价地区对铁路发展的需求性(费志荣，2008)。本节即通过建立关于铁路-经济耦合系统的耦合度模型，提出铁路发展需求度的计算方法，为新建铁路规划布局提供科学依据。

### 10.1.1　铁路-经济系统耦合原理

1. 耦合的基本概念

耦合原本是物理学中的概念，现今主要用于描述系统与系统之间或者系统与内部子系统之间相互作用、相互影响的现象(Li et al.，2012)。系统与内部或多个系统之间保持健康发展的前提，是系统内部或系统之间各个要素协调发展，相互协作、促进、配合形成良性循环的发展态势，从而达到共同的发展目标，即协同发展，耦合度用来衡量这种协同状态的度量。

2. 铁路-经济耦合系统的作用机制

铁路系统由线路长度、运输能力、客运量、货运量等要素组成，它受到地区国民经济总产值、人均收入、工农业总产值、人口总数、人口结构的影响，同时会受到地理环境、自然气候以及其他交通方式(包括公路、水运、航空)的运输线路、运输能力、客货运量的影响。而地区经济系统是按地理或行政区域分布划分的(本节主要以省为单位)，以地域空间为载体的经济范畴，主要由地区的 GDP 或人均 GDP、三次产业结构等必要经济因素构成，并按照经济规律运行的经济综合体，是一个具有独立性且具有开放性的不断变化的动态要素系统。它与地区的人口数量和结构、交通发展状况等都有密切关系。本节主要考察铁路系统和地区经济系统的相互关系(余沛，2010)。地区经济的状况影响铁路系统的发展，地区经济的发展产生更多的铁路运输需求，吸引更多地对铁路建设项目进行投资，进而促进铁路网的完善和铁路运输能力的提高，同时客货运量的增加使得铁路运输效率提高，成本降低；另外，随着铁路系统的发展，商品、货物、人口的流动加速，有利于商品的交易和市场的扩展，从而促进国民收入的增加和地区经济的发展(武旭等，2005；孙雪花，2009)。从此角度来看，可视铁路系统与地区经济系统为独立存在的实体且相互联系，二者互为反馈。依据系统工程的观点，反馈机制是实现地区经济整体平稳发展、长期维持系统稳定的途径(费志荣，2008)。根据以上分析，可以看出这两个系统存在相互影响、相互作用、相互依赖的耦合关系，可构成一个更大的耦合系统，即铁路-经济耦合系统。铁路-经济耦合系统的交互作用机制如图 10-1 所示。

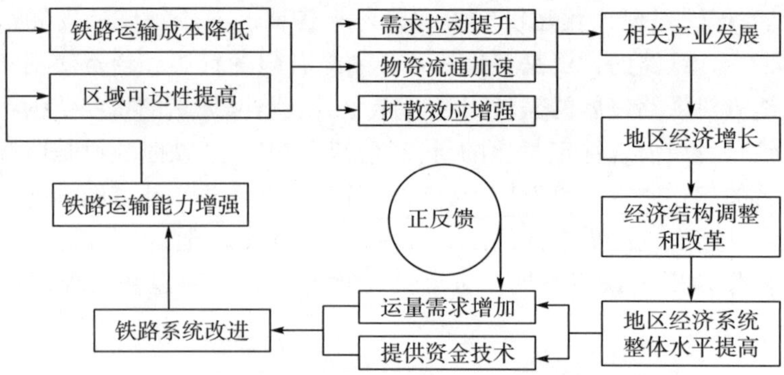


图 10-1　铁路-经济耦合系统交互作用机制

## 10.1.2　铁路-经济系统耦合评价模型

### 1. 指标体系

由于铁路系统与地区经济系统之间存在着耦合关系，本节通过对相关研究铁路和经济相互关系的论文中指标的选取进行统计分析，最终确定耦合度模型的指标体系(孙爱军，2007；付晓豫等，2010；王永明和马耀峰，2011；何志工，2012；罗圆，2013)，具体指标选取见表 10-1。对于指标体系中的不可量化指标，通过语言类方法进行描述，即分为很差或很低、较差或较低、一般、较好或较高、很好或很高五类，并通过专家打分的方法对各省情况进行评价，并将其量化为对应的数值(0.1、0.3、0.5、0.7、0.9)，归入可量化指标进行统一处理。

**表 10-1　铁路-经济耦合系统指标体系**

| 系统 | 指标 | 说明 |
|---|---|---|
| 铁路系统 | 可量化指标 | 铁路运营里程 |
| | | 铁路密度 |
| | | 客运量 |
| | | 铁货运量 |
| | | 旅客周转量 |
| | | 货物周转量 |
| | 不可量化指标 | 路网规划是否合理 |
| | | 其他交通运输发展程度 |
| 地区经济系统 | 可量化指标 | 地区生产总值 |
| | | GDP 增长率 |
| | | 人均 GDP |
| | | 人均 GDP 增长率 |
| | | 工业总产值 |
| | | 农业总产值 |
| | | 交通运输、仓储和邮政业收入 |
| | | 工业总产值占 GDP 比重 |
| | | 农业总产值占 GDP 比重 |
| | | 交通运输、仓储和邮政业收入占 GDP 比重 |
| | 不可量化指标 | 矿产资源开发程度 |
| | | 边境贸易发达程度 |

### 2. 指标权重的确定

本节采用熵值法估算各指标的权重(孙雪花，2009)。在计算铁路-经济系统耦合度水平时，由于各指标所包含的信息量不同，导致它们对耦合系统的绩效贡献程度不同。当某一指标在不同样本中的差异较大时，说明该指标包含的信息量多、对耦合系统的绩效贡献大，给其赋予较大的权重。熵值法是根据相应指标的客观数据来决定各指标的权重，在一定程度上避免了主观因素带来的偏差。

设 $x_{ij}$ 为第 $i$ 个子系统的第 $j$ 个指标的数值（$i=1,2,\cdots,n;j=1,2,\cdots,m$），其中 $n$ 和 $m$ 分别为子系统个数与指标个数。熵值法确定上述指标权重的步骤如下。

(1)计算在第 $j$ 项指标下第 $i$ 个评估对象指标值的比重 $P_{ij}$：

$$P_{ij}=\frac{x_{ij}}{\sum_{i=1}^{n}x_{ij}} \tag{10-1}$$

(2)计算第 $j$ 项指标的熵值 $e_j$：

$$e_j=\frac{1}{\ln m}\sum_{i=1}^{m}p_{ij}\ln\frac{1}{p_{ij}} \tag{10-2}$$

(3)计算第 $j$ 项指标的差异性系数 $g_j$：

$$g_j=1-e_j \tag{10-3}$$

(4)计算指标的权重：

$$\lambda_{ij}=\frac{g_j}{\sum_{i=1}^{n}g_j} \tag{10-4}$$

### 3. 绩效系数

铁路-经济耦合系统的评价指标较多，各指标含义不同、量纲不同，为了便于统一计算和比较，将对各指标进行标准化处理。设变量 $u_i$ ($i=1$, 2)是铁路－经济系统的子系统，即铁路子系统和经济子系统；$u_{ij}$ 为第 $i$ 个子系统的第 $j$ 个指标的绩效系数，其值为 $x_{ij}(j=1,2,\cdots,n)$；$\alpha_{ij}$、$\beta_{ij}$ 是系统处于稳定时，指标的上限值和下限值。耦合系统的绩效系数 $u_{ij}$ 可表示为

$$u_{ij}=\frac{\alpha_{ij}-x_{ij}}{\alpha_{ij}-\beta_{ij}}\quad (u_{ij}\ 为正效应) \tag{10-5}$$

$$u_{ij}=\frac{\alpha_{ij}-x_{ij}}{\alpha_{ij}-\beta_{ij}}\quad (u_{ij}\ 为负效应) \tag{10-6}$$

绩效系数 $u_{ij}$ 表示指标对整个系统的功效贡献大小，正效应值越大(负效应值越小)，越有利于实现系统的整体功能目标。

### 4. 子系统的综合发展程度

由于耦合系统是由若干个不同而又相互作用的子系统构成的，对于系统内各个子系统的综合发展程度，可利用线性加权求和的方法来计算：

$$u_i = \sum_{j=1}^{n} u_{ij} \tag{10-7}$$

式中，$\lambda_j$ 为第 $j$ 个指标的权重；$u_{ij}$ 为第 $i$ 个子系统的第 $j$ 个指标的绩效系数；$u_i$ 为第 $i$ 个子系统综合发展程度。

5. 耦合度定义与计算

铁路-经济耦合系统包括铁路系统和经济系统两个子系统，分别用 $S_1$ 和 $S_2$ 表示，则 $S_1$ 和 $S_2$ 两个子系统的综合发展程度为 $u_1$、$u_2$，借鉴物理学中的容量耦合模型(Illingworth，1996)可得到该系统的耦合度可以表示为

$$C = 2 \times \left[\frac{u_1 \times u_2}{(u_1 + u_2) \times (u_1 + u_2)}\right]^{\frac{1}{2}} \tag{10-8}$$

6. 耦合协调度定义与计算

耦合度作为反映铁路运输系统与经济系统耦合程度的重要指标，它对判别铁路系统与经济系统耦合作用的强度，预警二者发展秩序等具有十分重要的意义。然而，耦合度在有些情况下却很难反映出铁路运输与经济系统的整体功效与协同效应，特别是在多个地区对比研究的情况下，耦合度计算的上下限一般取自各个地区的基准年数和发展规划数，单纯依靠耦合度判别有可能产生误导，因为每个地区的铁路运输业与社会经济发展都有其交错、动态和不平衡的特性。例如，当 $u_1=u_2=0.2$ 时，系统 $S_1$ 和 $S_2$ 的耦合度 $C=1$；当 $u_1=u_2=0.8$ 时，系统 $S_1$ 和 $S_2$ 的耦合度 $C=1$;，很明显，前者的发展水平低于后者。为此，定义铁路-经济耦合系统的耦合协调度，耦合协调度不仅能评判不同铁路系统与地区经济系统相互耦合的协调程度，而且可以反映出不同地区铁路-经济耦合系统发展水平的相对高低，从而区别出由于铁路系统和地区经济系统发展同时偏低带来耦合度高的伪协调。耦合协调度可表示为

$$\begin{aligned} D &= [C \times T]^p \\ T &= au_1 + bu_2 + q \end{aligned} \tag{10-9}$$

式中，$D$ 为耦合协调度；$C$ 为耦合度；$T$ 为反映铁路与地区经济两者整体效益或水平的综合评价指数；$p$、$a$、$b$、$q$ 为待定参数，$p>0$，$0>a>1$，$0>b>1$，$-0.5>q>0.5$，一般取 $p=0.5$，$a=0.5$，$b=0.5$，$q=0$。

根据耦合协调度 $D$ 值的大小，可以把铁路－经济系统的耦合协调度水平划分为四个阶段(刘耀彬等，2005)：①当 $0 \leqslant D \leqslant 0.3$ 时，地区铁路与经济发展属于低度协调，相互作用较弱，从长远考虑，随着经济的逐步发展，对铁路有较大需求，应合理规划长远的铁路建设项目以适应将来经济发展对铁路的需求；②当 $0.3 < D \leqslant 0.5$ 时，地区铁路与经济发展属于中度协调，进入快速发展时期，经济发展对铁路需求急迫，应加快建设速度以适应当前经济发展对铁路的需求；③当 $0.5 < D \leqslant 0.8$ 时，地区铁路与经济发展达到高度协调，达到良性耦合阶段，相互作用较强，铁路与经济处于稳定发展时期，经济发展对铁路的需求相对较弱；④当 $0.8 < D \leqslant 1$ 时，地区铁路与经济发展达到极度协调，两者都发展到较高水平且保持较好的一致性，在较长时间内，铁路都能满足经济发展的需求，铁路建设应适当放缓。

7. 铁路发展需求度的定义与计算

在耦合系统的发展过程中，耦合度 $C$ 与耦合协调度 $D$ 都有逐步增大的趋势。在铁路-经济耦合系统中，耦合度 $C$ 表示铁路与经济发展的同步性，主要由两者的发展水平的差异大小决定，若经济发展较快而铁路发展较慢，则经济发展对铁路的需求较大，反之则需求较小。由铁路系统与经济系统发展水平差异产生的铁路需求称为差异需求，其表达式为 $N_1=u_2-u_1$。耦合协调度 $D$ 表示耦合系统的整体发展水平和协调程度，当 $D$ 值达到 1 时，表示耦合系统处于完全协调状态，且各项指标发展达到上限值。根据前面的分析可以看出，随着耦合协调度的增大，协调发展增长趋势减缓，经济对铁路的需求逐步减弱，由铁路-经济耦合系统向更高协调发展水平的发展趋势产生的需求称为潜力需求，$N_1=1-D$。则铁路发展需求度表达式为

$$N = k_1N_1 + k_2N_2 \tag{10-10}$$

式中，$N$ 为铁路发展需求度；$N_1$ 为差异需求；$N_2$ 为潜力需求；$k_1$、$k_2$ 为其相应系数，本节考虑到我国属于发展中国家，铁路与经济仍有较大发展潜力，则建议暂按 $k_1=0.75$，$k_2=0.25$ 取值。

### 10.1.3　实例分析

本节利用全国 27 个省铁路发展情况的统计资料(国家统计局，2011)进行实例分析。考虑到指标之间的相关性以及数据的可操作性，选取铁路运营里程、铁路密度、铁路旅客周转量、铁路货运周转量作为铁路系统的评价指标，选取地区生产总值、GDP 增长率、人均 GDP、人均 GDP 增长率、工业总产值、农业总产值、交通运输仓储和邮政业收入、工业总产值占 GDP 的比重、农业总产值占 GDP 的比重、交通运输仓储和邮政业收入重占 GDP 的比重为地区经济系统的评价指标。

根据以上资料，代入权重、综合发展程度、耦合协调度以及铁路发展需求度的计算公式得到铁路综合发展程度 $u_1$，经济综合发展程度 $u_2$、耦合协调度 $D$ 以及铁路发展需求度 $N$。考虑到铁路投资经费有限，本节以长大干线的铁路里程作为考察对象，令“十二五”期间铁路发展规划(蓝兰，2011；张江宇，2011)的长大干线新建铁路里程总量为 $E$，$N_i$ 表示第 $i$ 个省的铁路发展需求度，$M_i$ 表示第 $i$ 个省的铁路发展相对需求量，则有

$$M_i = \frac{EN_i}{Q + \sum N_i} \tag{10-11}$$

式中，$Q$ 为总量的修正值，表示需求总量与“十二五”期间铁路发展规划总量的差异，考虑到“十二五”之后发展的需求，$Q$ 取 15000km。

代入以上数据，结果见表 10-2。

**表 10-2　铁路-经济耦合度模型计算结果**

| 省(直辖市，自治区) | 铁路综合发展程度 $u_1$ | 经济综合发展程度 $u_2$ | 耦合协调度 $D$ | 铁路需求度 $N$ | 铁路需求量 $M$/km | 规划铁路新增里程/km | 规划与模型计算相差值/km |
|---|---|---|---|---|---|---|---|
| 内蒙古 | 0.3961 | 0.6615 | 0.8399 | 0.1811 | 2732 | 3500 | 768 |
| 河南 | 0.5579 | 0.5710 | 0.8743 | 0.1032 | 1556 | 2118 | 562 |

续表

| 省(直辖市，自治区) | 铁路综合发展程度 $u_1$ | 经济综合发展程度 $u_2$ | 耦合协调度 $D$ | 铁路需求度 $N$ | 铁路需求量 $M$/km | 规划铁路新增里程/km | 规划与模型计算相差值/km |
|---|---|---|---|---|---|---|---|
| 辽宁 | 0.4575 | 0.5940 | 0.8483 | 0.1486 | 2242 | 2721 | 479 |
| 山东 | 0.4998 | 0.5844 | 0.8601 | 0.1288 | 1942 | 2267 | 325 |
| 陕西 | 0.5427 | 0.4855 | 0.8444 | 0.1131 | 1705 | 1921 | 216 |
| 河北 | 0.5957 | 0.5531 | 0.8797 | 0.0877 | 1323 | 1500 | 177 |
| 湖北 | 0.4433 | 0.5146 | 0.8228 | 0.1560 | 2353 | 2492 | 139 |
| 四川 | 0.4106 | 0.5409 | 0.8181 | 0.1716 | 2587 | 2701 | 114 |
| 山西 | 0.4634 | 0.5266 | 0.8328 | 0.1464 | 2208 | 2248 | 40 |
| 广东 | 0.4703 | 0.5016 | 0.8280 | 0.1438 | 2169 | 2166 | −3 |
| 吉林 | 0.4393 | 0.4787 | 0.8114 | 0.1587 | 2394 | 2306 | −88 |
| 江西 | 0.4597 | 0.3855 | 0.7875 | 0.1552 | 2340 | 2165 | −175 |
| 黑龙江 | 0.6089 | 0.4108 | 0.8345 | 0.0928 | 1399 | 1215 | −184 |
| 湖南 | 0.6353 | 0.4261 | 0.8464 | 0.0811 | 1222 | 1005 | −217 |
| 安徽 | 0.3134 | 0.5484 | 0.7791 | 0.2237 | 3374 | 3150 | −224 |
| 新疆 | 0.2143 | 0.3411 | 0.6820 | 0.2798 | 4220 | 3971 | −249 |
| 江苏 | 0.5489 | 0.5328 | 0.8607 | 0.1082 | 1632 | 1279 | −353 |
| 甘肃 | 0.2468 | 0.4162 | 0.7168 | 0.2604 | 3927 | 3559 | −368 |
| 贵州 | 0.3080 | 0.5007 | 0.7661 | 0.2256 | 3403 | 2998 | −405 |
| 广西 | 0.4702 | 0.4312 | 0.8063 | 0.1472 | 2220 | 1795 | −425 |
| 福建 | 0.3169 | 0.4678 | 0.7625 | 0.2202 | 3321 | 2889 | −432 |
| 浙江 | 0.5242 | 0.3567 | 0.7929 | 0.1321 | 1993 | 1200 | −793 |
| 青海 | 0.3268 | 0.2911 | 0.7128 | 0.2226 | 3357 | 1137 | −2220 |
| 宁夏 | 0.4011 | 0.2942 | 0.7356 | 0.1901 | 2867 | 522 | −2345 |
| 云南 | 0.2517 | 0.3037 | 0.6897 | 0.2587 | 3901 | 1527 | −2374 |
| 海南 | 0.3467 | 0.2694 | 0.7100 | 0.2166 | 3266 | 344 | −2922 |
| 西藏 | 0.2749 | 0.1641 | 0.6371 | 0.2682 | 4044 | 0 | −4044 |

通过分析表 10-2 中的计算结果得到如下结论。

(1)用该方法计算的铁路发展需求量与“十二五”期间铁路发展规划的新建铁路里程作比较，考虑模型的精确度，以 1000km 以下作为合理的相差范围，则大部分省(直辖市，自治区)能保持较好的对应关系。

(2)西藏、云南、青海、宁夏、海南五省(直辖市，自治区)其“十二五”期间铁路发展规划里程与其铁路发展需求量理论值相差较大，建议在今后铁路发展规划中加大这些地区的铁路建设力度以满足其经济发展的需求(图 10-2)。

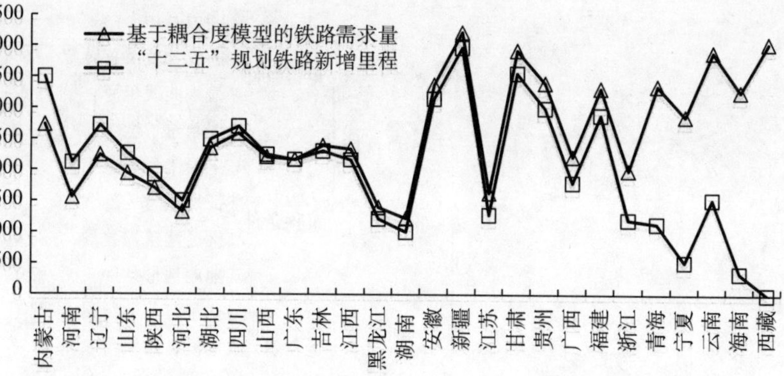


图 10-2　铁路需求程度与“十二五”期间铁路规划对比分析

## 10.2　基于离差投影的山区铁路选线方案比选模型

铁路选线方案比选是复杂的多属性决策问题。有时需要考虑众多的指标因素，既有线路条件、主要工程数、工程投资费等定量指标，又涉及建设环境条件、对沿线周边产生的政治经济意义等定性指标。目前铁路选线设计的经济、社会及环境效益综合评估的理论和方法研究及其与实践的结合尚处于探索阶段。最近，文献(李远富等，2000；吴小萍和詹振炎，2001；陈俊和邵海鹏，2011)分别用模糊综合评判法、灰色关联度以及物元分析的方法对铁路选线的方案比选进行了研究，但这些方法都存在模型比较复杂、计算过程比较繁琐的问题，而且这些方法不能将技术经济定量指标和社会环境影响定性指标综合起来评价，在将专家意见由定性向定量转化时，可能由于表达专家意见表达的不完整性而最终导致结果不符合实际情况。

在实际的选线决策过程中，决策问题自身往往具有复杂性、信息的模糊及不确定性，决策信息不仅以精确数来表示，还有以区间数、三角模糊数或者语言模糊数等形式来表示，属性值以此多种类型来表示的决策问题称为混合型多属性决策问题(夏勇其和吴祈宗，2004)。本节引入基于离差投影的混合型多属性决策方法(闫书丽等，2006；周宏安和刘三阳，2007；杨静和邱菀华，2008)对铁路选线设计中方案比选的一些难于直接定量的指标和专家意见定量化，将定量指标和定性指标综合起来考虑，从而对铁路选线方案优选作出合理的排序，建立了选线方案比选模型。

### 10.2.1　铁路选线方案比选指标体系

有关铁路选线设计方案评价的指标较多(李远富，2000；易思蓉，2009；陈俊，2011)，考虑的侧重点有差异，相应的评价指标的选取也各有不同。本节从铁路选线设计的各方案与社会经济、环境、效益等大系统的协调发展出发，将方案综合比选系统的评价指标体系分为总目标层、宏观目标层和微观目标层：宏观目标层由技术可行性、经济合理性、施工及环境影响、社会政治经济意义四个目标组成，微观目标层指标是对宏观目标层目标的细化分解，如图 10-3 所示，它包括定量和定性指标，指标体系主要用于原则方案的评价。同时，实际进行方案评价时，可根据相应方案的性质、规模以及不同地区线路方案的具体情况选择相应的指标。

- 山区铁路选线方案评价指标体系
  - 技术可行性
    - 运营条件
      - 能力利用率
      - 曲线长度及总转角
      - 最小曲线半径
      - 线路总长度
    - 工程条件
      - 主要工程数量
      - 征地量
      - 拆迁建筑物数量
      - 地质地形条件
  - 经济合理性
    - 运营费
      - 与列车有关运营支出量
      - 固定设备维修费
      - 列车起停车附加费
    - 工程费
      - 土建工程投资费
      - 相关工程投资费
      - 机车车辆购置费
      - 预备费用及其他费用
  - 施工及环境影响
    - 工程对生态环境的影响
    - 工程对历史、文化名胜的影响
    - 江河湖泊等对工程的影响
    - 不良地震条件对工程的影响
  - 社会政治经济意义
    - 满足地方需求和发展的能力
    - 吸引客货流的能力
    - 改善路网布局的意义
    - 促进周边地区经济发展
    - 对城市规划布局的影响

图 10-3 山区铁路选线方案评价指标体系

设要对某段铁路线路进行比选的选线方案为 $X=(X_1,X_2,\cdots,X_m)$，方案的指标集(也称属性集)表示为 $C=\{C_1,C_2,\cdots,C_n\}$，其中决策指标 $C_j\{j\in N_1=(1,2,\cdots,k_1)\}$ 的取值为精确数(技术可行性指标)，指标 $C_j\{j\in N_2=(k_1+1,k_1+2,\cdots,k_2)\}$ 的取值为区间数(如工程静态总投资)，$C_j\{j\in N_3=(k_2+1,k_2+2,\cdots,n)\}$ 的取值为三角模糊数(由定性指标转化)，指标的权重集为 $W=(w_1,\cdots,w_n)(0<w_i<1,w_1+\cdots+w_n=1)$ 是未知的，线路决策方案 $X$ 的决策矩阵记为 $\boldsymbol{A}=(a_{ij})_{m\times n}$，决策矩阵 $\boldsymbol{A}$ 经过规范化后的矩阵为 $S=(s_{ij})_{m\times n}$。指标的类型一般分为效益型和成本型，效益型是指取值越大越好的指标；成本型是指取值越小越好的指标。设 $I_1$、$I_2$ 分别表示效益型和成本型的下标集合。

### 10.2.2 方案比选决策原理及方法

定义 10.2.1 记 $\alpha=[a^L,a^U]=\{x\,|\,0<a^L\leqslant x\leqslant a^U,a^L,a^U\in R\}$，称 $\alpha$ 为一个区间数。显然，当 $a^L=a^U$ 时，区间数 $\alpha$ 退化为普通的实数。

定义 10.2.2 记 $\alpha=(a^l,a^m,a^u)$，其中 $0<a^l\leqslant a^m\leqslant a^u$，则称 $\alpha$ 为一个三角模糊数。三角模糊数是一类特殊的模糊数，其隶属函数为(徐泽水，2004)

$$\mu_a(x)=\begin{cases}0, & x<a^l\\ (x-a^l)/(a^m-a^l), & a^l\leqslant x\leqslant a^m\\ 1, & x=a^m\\ (a^u-x)/(a^u-a^m), & a^m<x\leqslant a^u\\ 0, & x>c\end{cases}\tag{10-12}$$

定义 10.2.3　(投影思想原理)设 $\boldsymbol{\alpha}=(a_1,a_2,\cdots,a_n)$ 和 $\boldsymbol{\beta}=(\beta_1,\beta_2,\cdots,\beta_n)$ 为两个向量，称

$$\mathrm{Pr}j_{\beta}(\boldsymbol{\alpha})=\frac{\sum_{j=1}^{n}\alpha_j\beta_j}{\sqrt{\sum_{j=1}^{n}\alpha_j^2}\sqrt{\sum_{j=1}^{n}\beta_j^2}}\cdot\sqrt{\sum_{j=1}^{n}\alpha_j^2}=\frac{\sum_{j=1}^{n}\alpha_j\beta_j}{\sqrt{\sum_{j=1}^{n}\beta_j^2}}\tag{10-13}$$

为 $\boldsymbol{\alpha}$ 在 $\boldsymbol{\beta}$ 上的投影。一般，$\mathrm{Pr}j_{\beta}(\boldsymbol{\alpha})$ 越大表明 $\boldsymbol{\alpha}$ 与 $\boldsymbol{\beta}$ 越接近(王应明，1999)。

根据定义 10.2.3，可以定义指标取值分别为精确数、区间数和三角模糊数时的投影算子如下：

当取值为精确数时，向量 $\boldsymbol{\alpha}=(a_1,a_2,\cdots,a_n)$ 在 $\boldsymbol{\beta}=(\beta_1,\beta_2,\cdots,\beta_n)$ 上的投影如定义 10.2.3 所示。

当指标取值为区间数时，区间数向量 $\boldsymbol{\alpha}=([a_1^L,a_1^U],[a_2^L,a_2^U],\cdots,[a_n^L,a_n^U])$ 在 $\boldsymbol{\beta}=([\beta_1^L,\beta_1^U],[\beta_2^L,\beta_2^U],\cdots,[\beta_n^L,\beta_n^U])$ 上的投影为

$$\mathrm{Pr}j_{\beta}(\boldsymbol{\alpha})=\frac{\sum_{j=1}^{n}(\alpha_j^L\beta_j^L+\alpha_j^U\beta_j^U)}{\sqrt{\sum_{j=1}^{n}[(\beta_j^L)^2+(\beta_j^U)^2]}}\tag{10-14}$$

当取值为三角模糊数时，三角模糊数向量 $\boldsymbol{\alpha}=[(\alpha_1^l,\alpha_1^m,\alpha_1^u),\cdots,(\alpha_n^l,\alpha_n^m,\alpha_n^u)]$ 在向量 $\boldsymbol{\beta}=[(\beta_1^l,\beta_1^m,\beta_1^u),\cdots,(\beta_n^l,\beta_n^m,\beta_n^u)]$ 上的投影为

$$\mathrm{Pr}j_{\beta}(\boldsymbol{\alpha})=\frac{\sum_{j=1}^{n}(\alpha_j^l\beta_j^l+\alpha_j^m\beta_j^m+\alpha_j^u\beta_j^u)}{\sqrt{\sum_{j=1}^{n}[(\beta_j^l)^2+(\beta_j^m)^2+\beta_j^u)^2]}}\tag{10-15}$$

结合上面三个投影算子，下面构造同时含有精确数、区间数和三角模糊数的混合型指标向量

$$\boldsymbol{\alpha}=(a_1,\cdots,a_{k_1},[a_{k_1+1}^L,a_{k_1+1}^U],\cdots,[a_{k_2}^L,a_{k_2}^U],(a_{k_2+1}^l,a_{k_2+1}^m,a_{k_2+1}^u),\cdots,(a_n^l,a_n^m,a_n^u))$$

在向量

$$\boldsymbol{\beta}=(\beta_1,\cdots,\beta_{k_1},[\beta_{k_1+1}^L,\beta_{k_1+1}^U],\cdots,[\beta_{k_2}^L,\beta_{k_2}^U],(\beta_{k_2+1}^l,\beta_{k_2+1}^m,\beta_{k_2+1}^u),\cdots,(\beta_n^l,\beta_n^m,\beta_n^u))$$

上的投影为

$$\mathrm{Pr}j_{y^+}()=\frac{\sum_{j=1}^{k_1}a_j\beta_j+\sum_{j=k_1+1}^{k_2}(\alpha_j^L\beta_j^L+\alpha_j^U\beta_j^U)+\sum_{j=k_2+1}^{n}(\alpha_j^l\beta_j^l+\alpha_j^m\beta_j^m+\alpha_j^u\beta_j^u)}{\sqrt{\sum_{j=1}^{k_1}(\beta_j)^2+\sum_{j=k_1+1}^{k_2}[(\beta_j^L)^2+(\beta_j^U)^2]+\sum_{j=k_2+1}^{n}[(\beta_j^l)^2+(\beta_j^m)^2+(\beta_j^u)^2]}}\tag{10-16}$$

定义 10.2.4　设 $\hat{a}=[a^L,a^U]$,$\hat{b}=[b^L,b^U]$ 是两个正区间数，则称

$$D(\tilde{a},\tilde{b})=\frac{\sqrt{2}}{2}\sqrt{(a^L-b^L)^2+(a^U-b^U)^2} \tag{10-17}$$

为两个区间数的距离(徐泽水，2004)。

定义 10.2.5　设 $\tilde{a}=[a^l,a^m,a^u]$,$\tilde{b}=[b^l,b^m,b^u]$ 均为三角模糊数，则称

$$D_H(\tilde{a},\tilde{b})=\sqrt{\frac{1}{3}[(a^l-b^l)^2+(a^m-b^m)^2+(a^u-b^u)^2]} \tag{10-18}$$

为模糊数 $\tilde{a}$,$\tilde{b}$ 的距离(徐泽水，2004)。

定义 10.2.6　称 $S$={最好，很好，好，较好，一般，较差，差，很差，最差}或 $S$={最大，很大，大，较大，一般，较小，小，很小，最小}为语言类模糊数集，其对应的三角模糊数数表达形式定义为：最差=[0，0.1，0.2]，很差=[0.1，0.2，0.3]，差=[0.2，0.3，0.4]，较差=[0.3，0.4，0.5]，一般=[0.4，0.5，0.6]，较好=[0.5，0.6，0.7]，好=[0.6，0.7，0.8]，很好=[0.7，0.8，0.9]，最好=[0.8，0.9，1]；最小=[0，0.1，0.2]，很小=[0.1，0.2，0.3]，小=[0.2，0.3，0.4]，较小=[0.3，0.4，0.5]，一般=[0.4，0.5，0.6]，较大=[0.5，0.6，0.7]，大=[0.6，0.7，0.8]，很大=[0.7，0.8，0.9]，最大=[0.8，0.9，1]。

每个方案各指标之间的取值由于单位、量纲和数量级的不同，指标之间不能随便进行比较和计算，为了消除这种差异对决策结果的影响，在求解多属性决策问题时，首先要对决策矩阵进行规范化(标准化)处理。对于不同的指标类型(效益型和成本型)以及不同的指标取值类型(精确数、区间数和三角模糊数)，它们的规范化方法不同，本章采用下面的规范化方法。

当指标取值为精确数时的规范化方法：

$$s_{ij}=\frac{a_{ij}}{\sqrt{\sum_{i=1}^{n}(a_{ij})^2}},j\in I_1,s_{ij}=\frac{1/a_{ij}}{\sqrt{\sum_{i=1}^{n}(1/a_{ij})^2}},j\in I_2 \tag{10-19}$$

当指标取值为区间数的规范化方法：

$$\begin{cases} s_{ij}^L=\dfrac{a_{ij}^L}{\sqrt{\sum_{i=1}^{n}(a_{ij}^U)^2}} \\ s_{ij}^U=\dfrac{a_{ij}^U}{\sqrt{\sum_{i=1}^{n}(a_{ij}^L)^2}} \end{cases},i\in m,j\in I_1$$

$$\begin{cases} s_{ij}^L=\dfrac{(1/a_{ij}^U)}{\sqrt{\sum_{i=1}^{n}(1/a_{ij}^L)^2}} \\ s_{ij}^U=\dfrac{(1/a_{ij}^L)}{\sqrt{\sum_{i=1}^{n}(1/a_{ij}^U)^2}} \end{cases},i\in m,j\in I_2 \tag{10-20}$$

当指标取值为三角模糊数时的规范化方法：

$$s_{ij} = \left(\frac{a_{ij}^l}{a_i^{u+}}, \frac{a_{ij}^m}{a_i^{u+}}, \frac{a_{ij}^u}{a_i^{u+}}\right), a_i^{u+} = \max_j\{a_{ij}^u\}, j \in I_1$$

$$s_{ij} = \left(\frac{a_i^{l-}}{a_{ij}^u}, \frac{a_i^{l-}}{a_{ij}^m}, \frac{a_i^{l-}}{a_{ij}^l}\right), a_i^{l-} = \max_j\{a_{ij}^l\}, j \in I_2 \tag{10-21}$$

离差最大化法是通过计算指标取值数据之间的“距离”来度量指标之间的差异程度。通常，如果所有备择方案关于第 $j$ 个指标 $C_j$ 的取值 $a_{ij}(i \in m)$ 之间的差异(或距离)越大，则说明该指标对方案比选所起的作用越大；反之，说明该指标对方案比选所起的作用越小。所以，从指标值对方案进行排序或比选的影响角度考虑，无论指标本身重要程度如何，各备择方案之间哪个指标的取值离差越大，它就应该被赋予越大的权重；反之，离差越小权重就越小。

接下来运用上面的离差思想，考虑在已知规范化决策矩阵 $\boldsymbol{S}$ 的情况下指标权重的具体求法。

对于指标 $C_j$，假设方案 $X_i$ 与其他方案的偏差用 $D_{ij}(W)$ 表示，则可定义：

$$D_{ij}(\boldsymbol{W}) = \sum_{k=1}^{m} \mathrm{d}(s_{ij}, s_{kj}) w_{1,j}, i = 1, \cdots, m, j = 1, \cdots, n$$

并且设

$$D_j(\boldsymbol{W}) = \sum_{i=1}^{n} D_{ij}(\boldsymbol{W}) = \sum_{i=1}^{m}\sum_{k=1}^{m} \mathrm{d}(s_{ij}, s_{kj}) w_{1,j}, j = 1, \cdots, n$$

对指标 $C_j$ 而言，$D_j(\boldsymbol{W})$表示所有方案与其他方案的偏差，而指标权重向量 $W$ 的选择应该使所有指标对所有方案的总偏差最大。所以构造偏差函数：

$$D(\boldsymbol{W}) = \sum_{j=1}^{n} D_j(\boldsymbol{W}) = \sum_{j=1}^{n}\sum_{i=1}^{m}\sum_{k=1}^{m} \mathrm{d}(s_{ij}, s_{kj}) w_j$$

故通过求解下面单目标最优化问题就可以求出指标的权重向量 $\boldsymbol{W}$：

$$\begin{cases} \max D(\boldsymbol{W}) = \sum_{i=1}^{m}\sum_{j=1}^{n}\sum_{k=1}^{m} \mathrm{d}(s_{ij}, s_{kj}) w_j \\ s.t. \sum_{j=1}^{n} w_j^2 = 1, w_j \geqslant 0, j = 1, \cdots, n \end{cases}$$

下面求解此问题。为此构造拉格朗日函数：

$$L(\boldsymbol{W}, \delta) = \sum_{i=1}^{m}\sum_{j=1}^{n}\sum_{k=1}^{m} \mathrm{d}(s_{ij}, s_{kj}) w_j + \frac{1}{2}\delta\left(\sum_{j=1}^{n} w_j^2 - 1\right)$$

对上面拉格朗日函数分别对 $w_j$ 和 $\delta$ 求偏导，并令其为 0，可得

$$\begin{cases} \dfrac{\partial L}{\partial w_j} = \sum_{i=1}^{m}\sum_{k=1}^{m} \mathrm{d}(s_{ij}, s_{kj}) + \delta w_{1,j} = 0 \\ \dfrac{\partial L}{\partial \delta} = \sum_{j=1}^{n} w_{1,j}^2 - 1 = 0 \end{cases}$$

则有

$$w_{1,j} = -\frac{\sum_{i=1}^{m}\sum_{k=1}^{m} \mathrm{d}(s_{ij}, s_{kj})}{\delta}, j = 1, \cdots, n \tag{10-22}$$

注意到 $\sum_{j=1}^{n} w_{1,j}^2 = 1$，得到：

$$\delta = \pm \sqrt{\sum_{j=1}^{n} \left[ \sum_{i=1}^{m} \sum_{k=1}^{m} \mathrm{d}(s_{ij}, s_{kj}) \right]^2} \tag{10-23}$$

把式(10-23)代入式(10-22)中，有

$$w_j = \frac{\sum_{i=1}^{m} \sum_{k=1}^{m} \mathrm{d}(s_{ij}, s_{kj})}{\sqrt{\sum_{j=1}^{n} \left[ \sum_{i=1}^{m} \sum_{k=1}^{m} \mathrm{d}(s_{ij}, s_{kj}) \right]^2}}, j = 1, \cdots, n \tag{10-24}$$

对权重做归一化处理后得到：

$$w_{1,j} = \frac{\sum_{i=1}^{m} \sum_{k=1}^{m} \mathrm{d}(s_{ij}, s_{kj})}{\sum_{j=1}^{n} \sum_{i=1}^{m} \sum_{k=1}^{m} \mathrm{d}(s_{ij}, s_{kj})}, j = 1, \cdots, n \tag{10-25}$$

### 10.2.3 基于离差投影的铁路选线方案比选模型

基于离差投影的铁路选线方案比选模型的一般步骤如下：

根据铁路选线各线路方案的决策问题写出决策矩阵 $\boldsymbol{A} = (a_{ij})_{m\times n}$，然后利用式(10-19)～式(10-21)对决策矩阵进行规范化处理得到规范化矩阵 $\boldsymbol{S} = (s_{ij})_{m\times n}$。

根据式(10-25)计算指标的权重 $w_j, j = 1, \cdots, n$，然后对规范化矩阵 $\boldsymbol{S} = (s_{ij})_{m\times n}$ 进行加权处理得到加权规范化矩阵 $\boldsymbol{Y} = (y_{ij})_{m\times n}$。

根据矩阵 $\boldsymbol{Y} = (y_{ij})_{m\times n}$，确定各类指标的正理想方案 $Y^+ = (y_1^+, y_2^+, \cdots, y_n^+)$ 和负理想方案 $Y^- = (y_1^-, y_2^-, \cdots, y_n^-)$，方法如下。

对于精确实数型指标：

$$y_j^+ = \max_{1\leqslant i\leqslant m} y_{ij}, y_j^- = \min_{1\leqslant i\leqslant m} y_{ij}, j = 1, 2, \cdots, n \tag{10-26}$$

对于区间型指标：

$$\begin{aligned} y_j^+ &= [y_j^{+L}, y_j^{+U}] = [\max_{1\leqslant i\leqslant m} s_{ij}^L, \max_{1\leqslant i\leqslant m} s_{ij}^U], j \in I_1 \\ y_j^- &= [y_j^{-L}, y_j^{-U}] = [\min_{1\leqslant i\leqslant m} s_{ij}^L, \min_{1\leqslant i\leqslant m} s_{ij}^U], j \in I_2 \end{aligned} \tag{10-27}$$

对于三角模糊型指标：

$$y_j^+ = (y_j^{+l}, y_j^{+m}, y_j^{+u}) = (\max_{1\leqslant i\leqslant m} s_{ij}^l, \max_{1\leqslant i\leqslant m} s_{ij}^m, \max_{1\leqslant i\leqslant m} s_{ij}^u), j \in I_1 \tag{10-28}$$

$$y_j^- = (y_j^{-l}, y_j^{-m}, y_j^{-u}) = (\min_{1\leqslant i\leqslant m} s_{ij}^l, \min_{1\leqslant i\leqslant m} s_{ij}^m, \min_{1\leqslant i\leqslant m} s_{ij}^u), j \in I_2 \tag{10-29}$$

根据定义 10.2.3 和式(10-1)构造混合型多指标投影算子，然后利用式(10-1)求出各方案在正理想方案和负理想方案上的综合投影值 $\mathrm{Pr}j_{Y^+}(X_i), \mathrm{Pr}j_{Y^-}(X_i)$。

计算各选线方案的综合相对贴近度：

$$P_i = \frac{\mathrm{Pr}j_{Y^+}(X_i)}{\mathrm{Pr}j_{Y^+}(X_i) + \mathrm{Pr}j_{Y^-}(X_i)}, i = 1, 2, \cdots, m \tag{10-30}$$

最后，根据 $P_i$ 值的大小对方案进行排序：$P_i$ 值越大，则方案整体评价值越大，表明方案 $X_i$ 越优；$P_i$ 值越小，则方案整体评价值越小，表明方案 $X_i$ 越差。

### 10.2.4　实例分析

结合成贵铁路宜宾—威信段线路走向的三个线路设计方案的综合比选实例进行计算，方案示意图如图 10-4 所示。考虑这段铁路线路的线路总长度、桥隧总长等定量和定性相结合的 15 个指标(表 10-3)分别用 $C_1, C_2, \cdots, C_{15}$ 表示(其中 $C_1, C_2, \cdots, C_{12}$ 为成本型指标，$C_{13}, C_{14}, C_{15}$ 为效益型指标)，每条线路的指标取值见表 10-3。

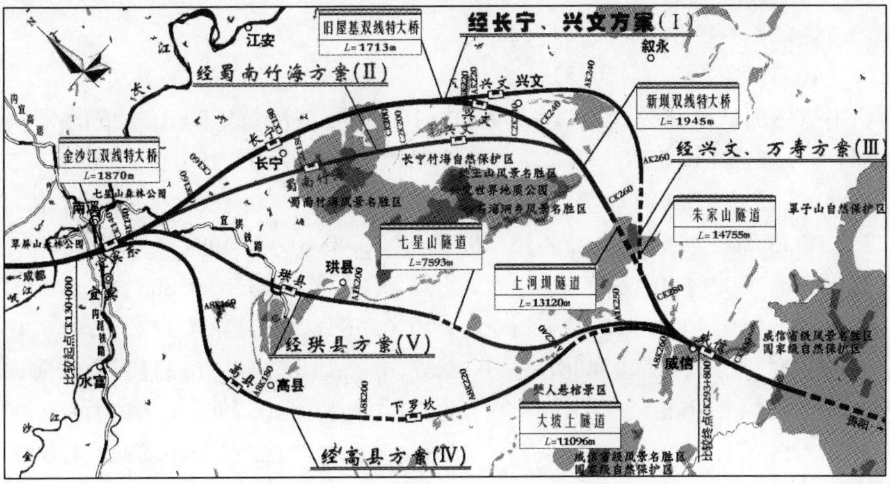


图 10-4　宜宾至威信段线路方案示意图

**表 10-3　铁路各线路方案及其对应指标的取值**

| 指标 | 方案Ⅰ | 方案Ⅱ | 方案Ⅲ |
|---|---|---|---|
| 线路总长度($C_1$)/km | 154.193 | 157.674 | 136.014 |
| 桥隧总长($C_2$)/km | 121.282 | 129.197 | 110.456 |
| 征地量($C_3$)/亩 | 6230.836 | 5483.564 | 5306.411 |
| 土石方工程量($C_4$)/$10^4 m^3$ | 1813.0121 | 1638.333 | 1614.098 |
| 拆迁建筑物($C_5$)/$m^2$ | 472722 | 483452 | 422538 |
| 特大桥与大中桥总长($C_6$)/m | 34926 | 30784 | 13456 |
| 长大隧道长度($C_7$)/km | 36.442 | 54.319 | 52.537 |
| 工程投资估算($C_8$)/千万元 | [1638, 1640] | [1680, 1698] | [1500, 1510] |
| 对生态环境的影响($C_9$) | 较小 | 较小 | 较小 |
| 对历史文化名胜的影响($C_{10}$) | 小 | 小 | 较小 |
| 江河湖泊等对工程的影响($C_{11}$) | 较大 | 小 | 较大 |
| 不良地质对工程的影响($C_{12}$) | 极小 | 较大 | 很大 |
| 吸引客货流能力($C_{13}$) | 很好 | 很好 | 较好 |
| 促进经济发展($C_{14}$) | 很好 | 好 | 差 |
| 对城市规划布局的意义($C_{15}$) | 好 | 好 | 较差 |

(1)根据定义 10.2.6，将定性指标 $C_9, \cdots, C_{15}$ 用三角模糊数表示，得到下面决策矩阵：

$$
\boldsymbol{A}=\left[\begin{array}{cccccccccccccc}
154.193 & 121.282 & 6230.836 & 1813.012 & 472722 & 34926 & 36.442 & [1638,1640] & (0.3,0.4,0.5) & (0.2,0.3,0.4) & (0.5,0.6,0.7) & (0.1,0.2,0.2) & (0.7,0.8,0.9) & (0.7,0.8,0.9) & (0.6,0.7,0.8) \\
157.674 & 129.197 & 5483.564 & 1638.333 & 483452 & 30784 & 54.319 & [1680,16988] & (0.3,0.4,0.5) & (0.2,0.3,0.4) & (0.2,0.3,0.4) & (0.5,0.6,0.7) & (0.7,0.8,0.9) & (0.6,0.7,0.8) & (0.6,0.7,0.8) \\
136.014 & 110.456 & 5306.411 & 1641.098 & 422538 & 13456 & 52.537 & [1500,1510] & (0.3,0.4,0.5) & (0.3,0.4,0.5) & (0.5,0.6,0.7) & (0.7,0.8,0.9) & (0.5,0.6,0.7) & (0.2,0.3,0.4) & (0.3,0.4,0.5)
\end{array}\right]
$$

(2)利用指标的规范化公式式(10-19)～式(10-21)，将决策矩阵$\boldsymbol{A}$规范化得

$$
\boldsymbol{S}=\left[\begin{array}{ccccccccccccccc}
0.5554 & 0.5692 & 0.5220 & 0.5356 & 0.5583 & 0.3329 & 0.7196 & [0.5634,0.5675] & (0.6,0.75,1) & (0.50,0.6667,1) & (0.2857,0.3333,0.4) & (0.3333,0.5000,1.0000) & (0.7778,0.8889,1.0000) & (0.7778,0.8889,1.0000) & (0.7500,0.8750,1.0000) \\
0.5432 & 0.5343 & 0.5931 & 0.5927 & 0.5459 & 0.3777 & 0.4828 & [0.5441,0.5533] & (0.6,0.75,1) & (0.50,0.6667,1) & (0.5000,0.6667,1.0) & (0.1429,0.1667,0.2000) & (0.7778,0.8889,1.0000) & (0.6667,0.7778,0.8889) & (0.7500,0.8750,1.0000) \\
0.6297 & 0.6250 & 0.6129 & 0.6016 & 0.6247 & 0.8640 & 0.4991 & [0.6119,0.6197] & (0.6,0.75,1) & (0.4,0.5,0.6667) & (0.2857,0.3333,0.4) & (0.1111,0.1250,0.1429) & (0.5556,0.6667,0.7778) & (0.2222,0.3333,1.4444) & (0.3750,0.5000,0.6250)
\end{array}\right]
$$

(3)利用规范化矩阵$\boldsymbol{S}$，根据式(10-25)计算各指标的权重得

$$
\begin{aligned}
w=(&0.0206\quad 0.0216\quad 0.0217\quad 0.0157\quad 0.0188\quad 0.1267\quad 0.0565\\
&0.0160\quad 0\quad 0.0795\quad 0.1432\quad 0.2045\quad 0.0530\quad 0.1326\quad 0.0895)
\end{aligned}
$$

(4)对规范化矩阵进行加权得到，再确定正理想方案和负理想方案，然后计算方案$X_1,X_2,X_3$在正理想方案和负理想方案上的投影：

$$\mathrm{Prj}_{y^+}(X_1)=0.3677,\mathrm{Prj}_{y^+}(X_2)=0.2988,\mathrm{Prj}_{y^+}(X_3)=0.1848;$$

$$\mathrm{Prj}_{y^+}(X_1)=0.3266,\mathrm{Prj}_{y^+}(X_2)=0.3211,\mathrm{Prj}_{y^+}(X_3)=0.2011.$$

(5)利用式(10-30)计算各方案的相对贴近度$P_j$：

$$P_1=0.5296,P_2=0.4829,P_3=0.4788.$$

可以看出相对贴近度$P_1>P_2>P_3$。因此，方案排序为$X_1\phi X_2\phi X_3$(其中，“$\phi$”为优于)，线路方案Ⅰ是最佳方案。对表10-3给出的三条线路的数据进行分析可知，线路方案Ⅰ虽然线路长度稍长、工程难度较大、投资稍高，但具有地质条件相对较好，符合环保要求，经济据点多，有利于吸引客流，能带动周边旅游业的发展等优点。上述计算得出的最佳方案与设计单位专家通过对定量指标的计算和凭经验对定性指标的分析后所做出的方案决策结论一致。

根据铁路选线方案评价的内容和特点，本节建立了基于离差投影的选线方案比选模型。模型首先将定性指标的语言描述转化为三角模糊数，再通过离差最大化方法，根据各指标的取值客观的计算指标的权重，然后构造正理想方案(最优方案)和负理想方案(最差方案)，最后计算综合投影算子以及综合贴近度并对方案进行优选。本节所述方法，能对定性指标进行合理的量化，将定量和定性指标综合考虑在系统模型中，避免了当每个

方案的各项指标优越性呈现交叉时传统方法难于决策以及对定性指标进行主观比较而造成结果偏差的情形出现，通过具体的选线实例验证了该方法的有效性和实用性。

## 10.3　基于效用理论的铁路选线方案比选模型

近年来，国际经济形势风云变幻，美国的次贷危机对世界经济的影响尚未结束，欧洲的债务危机又带给全球经济新一波的冲击。随着经济全球化的不断深入，中国在这波世界经济浪潮面前同样遭受到不同程度的影响。为了应对国际金融危机对中国的冲击，中央决定实施积极的财政政策和稳健的货币政策，并且前所未有地推出了 4 万亿投资计划，其中大约有 15000 亿用于铁路等基础设施建设项目的投资上。但就在 4 万亿经济刺激计划推出后一两年，就引起居民消费价格指数(CPI)不断上涨，通货膨胀形势加剧。对此，国家又不得不加强宏观调控，实施相对较紧的财政政策。因此，为了应对动荡的全球经融形势对我国经济的影响，中央政府也在不断调整宏观经济政策和财政货币政策，这种调控是宽松和紧缩两种截然相反的政策。

而宏观经济形势的变化和财政货币政策的调整会相应地影响到铁路项目的投资、建设以及运营后实际的客货运量，进而会对铁路选线设计的方案比选产生影响。铁路的运营收入、每吨公里的运输成本，都由客货运量的大小决定：客货运量大，则收入多、成本低、投资偿还期短，并且如果调查或预测的客货运量偏大，则铁路标准会偏高，铁路投资必定增加，同时投资大的线路方案就容易中选；而如果调查或预测的客货运量偏小，相应的铁路技术标准就会偏低，则方案比选时投资较少的方案中选的可能性就会增大(易思荣，2009)。因此，不同的国家宏观经济形势和财政货币政策会影响到铁路选线设计方案比选的执行效果。但是，传统的铁路选线设计方案比选只是在线路方案比较的定量计算方法中，参照国家或地方相关部门每年的国民经济与物价，如各项工程项目的价格与概预算指标等，而在方案评价方法中并未考虑宏观经济形势变化的影响，即无论经济形势和财政政策怎样变化都只有一套不变的评价方法(郝瀛，2000；王保林，2009)。由于国家对宏观经济政策的调控明显呈现周期性缩短、变幅增大的趋势，所以有必要根据不同的宏观经济形势使用不同的评价体系来进行线路方案评价。此外，现有的方案比选方法大多限于定性分析法或定量静态分析法(彭军龙，2007；苏生瑞等，2011；张夏临和冯涛，2011)，在经济上追求换算工程运营费最省，而对于一些不能完全用货币来衡量的环境影响以及社会效益等定性指标而言，则存在将定量指标和定性指标综合在一起同时进行定量化研究的操作难点。

因此，针对传统铁路选线设计方案评价及比选方法的不足，本节引入多属性效用理论(徐志新等，2008；蓝元沛等，2010)。效用理论是进行决策方案选择时经常采用的一种理论方法，主要用来评价在决策过程中起作用的各因素(属性)对决策结果的影响，并对其作出综合考虑，选出具有最高效用的方案。但传统效用理论中的效用函数(胡杰等，2012)，一般不能处理含有多个定量指标和定性指标的铁路选线方案决策问题。为此，先将定性指标转化为区间数，然后通过定义对应的效用函数，在各方案指标客观不变的情况下将外部宏观经济形势和财政政策对方案的实际执行效果的影响进行量化，最后运用多属性决策中的投影法(闫书丽等，2006；杨静和邱菀华，2008；李明辉等，2011)，对不断变化的宏观经济形势和财政货币政策影响下的，包含技术、经济、社会效益等多种指标类型的铁路线路方案综合比选问题作出合理的决策，为铁路选线决策提供客观、科学的依据。

### 10.3.1 基于效用理论的方案比选决策原理

定义 10.3.1 记 $\alpha = [a^L, a^U] = \{x \mid 0 < a^L \leqslant x \leqslant a^U, a^L, a^U \in R\}$，称 $\alpha$ 为一个区间数。显然，当 $a^L = a^U$ 时，区间数 $\alpha$ 退化为普通的实数。其中，$a^L$，$a^U$ 分别称为区间数的上界和下界，区间数的中值 $m(\alpha)$ 和宽度 $w(\alpha)$ 定义为(徐泽水，2004)

$$\begin{aligned} m(\alpha) &= \frac{1}{2}(a^L + a^U) \\ L(\alpha) &= \frac{1}{2}(a^U - a^L) \end{aligned} \tag{10-31}$$

为了便于区间数的计算，给出下列运算法则。设 $\alpha = [a^L, a^U]$，$b = [b^L, b^U]$，则

(1) $\alpha = b \Leftrightarrow a^L = b^L, a^U = b^U$。

(2) $\alpha + b \Leftrightarrow [a^L + b^L, a^U + b^U]$。

(3) $\alpha \times b \Leftrightarrow [a^L b^L, a^U b^U]$。

(4) $\lambda\alpha = [\lambda a^L, \lambda a^U]$，$\lambda$ 为常数。

定义 10.3.2 设要对某条铁路进行比选的线路方案集为 $X = (X_1, X_2, \cdots, X_m)$，方案的指标集(也称属性集)表示为 $C = \{C_1, C_2, \cdots, C_n\}$，其中决策指标 $C_j\{j = 1, 2, \cdots, k_1 - 1\}$ 的取值为精确数(定量指标取值)，指标 $C_j\{j = k_1, k_1 + 1, \cdots, n\}$ 的取值为区间数(由定性指标转化而来)，指标的权重集为 $W = (w_1, w_2, \cdots, w_n)\left(0 < w_i < 1, \sum_{i=1}^{n} w_i = 1\right)$ 可由决策者直接给出。线路决策方案 $A$ 的决策矩阵记为

$$\boldsymbol{A} = (a_{ij})_{m \times n} = \begin{bmatrix} a_{11} & a_{12} & \Lambda & [a_{1k_1}^L, a_{1k_1}^U] & \Lambda & [a_{1n}^L, a_{1n}^U] \\ M & M & \Lambda & M & \Lambda & M \\ a_{i1} & a_{i2} & \Lambda & [a_{ik_1}^L, a_{ik_1}^U] & \Lambda & [a_{in}^L, a_{in}^U] \\ M & M & \Lambda & M & \Lambda & M \\ a_{m1} & a_{m2} & \Lambda & [a_{mk_1}^L, a_{mk_1}^U] & \Lambda & [a_{mn}^L, a_{mn}^U] \end{bmatrix}$$

决策矩阵 $\boldsymbol{A}$ 经过规范化后的矩阵为 $\boldsymbol{S} = (s_{ij})_{m \times n}$，指标的类型一般分为效益型和成本型，效益型是指取值越大越好的指标；成本型是指取值越小越好的指标。设 $I_1$，$I_2$ 分别表示效益型和成本型的下标集合。

定义 10.3.3(投影思想原理) 见 10.2 节的定义 10.2.3。

根据定义 10.2.3，可以定义指标取值分别为精确数和区间数时的投影算子如下：

(1)当取值为精确数时，向量 $\boldsymbol{\alpha} = (a_1, a_2, \cdots, a_n)$ 和 $\boldsymbol{\beta} = (\beta_1, \beta_2, \cdots, \beta_n)$ 上的投影如定义 10.1.3 所示。

(2)当指标取值为区间数时，区间数向量 $\boldsymbol{\alpha} = ([\alpha_1^L, \alpha_1^U], [\alpha_2^L, \alpha_2^U], \cdots, [\alpha_n^L, \alpha_n^U])$ 在 $\boldsymbol{\beta} = ([\beta_1^L, \beta_1^U], [\beta_2^L, \beta_2^U], \cdots, [\beta_n^L, \beta_n^U])$ 上的投影为

$$\mathrm{Pr}j_{\beta}(\boldsymbol{\alpha}) = \frac{\sum_{j=1}^{n} (\alpha_j^L \beta_j^L + \alpha_j^U \beta_j^U)}{\sqrt{\sum_{j=1}^{n} [(\beta_j^L)^2 + (\beta_j^U)^2]}} \tag{10-32}$$

结合上面两个投影算子，下面构造同时含有精确数以及区间数的混合型指标向量 $\boldsymbol{\alpha} = (\alpha_1, \cdots, \alpha_{t-1}, [\alpha_t^L, \alpha_t^U], \cdots, [\alpha_n^L, \alpha_n^U])$ 和 $\boldsymbol{\beta} = (\beta_1, \cdots, \beta_{t-1}, [\beta_t^L, \beta_t^U], \cdots, [\beta_n^L, \beta_n^U])$ 上的投影为

$$\mathrm{Pr}j_{\beta}(\boldsymbol{\alpha}) = \frac{\sum_{j=1}^{t-1} \alpha_j \beta_j + \sum_{j=t}^{n} (\alpha_j^L \beta_j^L + \alpha_j^U \beta_j^U)}{\sqrt{\sum_{j=1}^{t-1} (\beta_j)^2 + \sum_{j=t}^{n} [(\beta_j^L)^2 + (\beta_j^U)^2]}} \tag{10-33}$$

定义 10.3.4　称 S={最好，很好，好，较好，一般，较差，差，很差，最差}或 S={最大，很大，大，较大，一般，较小，小，很小，最小}为语言类模糊数集，其对应的区间数表达形式见表 10-4。

**表 10-4　语言类模糊数与区间数的转化关系**

| 语言类模糊数集 | 区间数 |
|---|---|
| 最差或最小 | [0，1] |
| 很差或很小 | [1，2] |
| 差或小 | [2，3] |
| 较差或较小 | [3.4.5] |
| 一般 | [4.5，5.5] |
| 较好或较大 | [5.5，7] |
| 好或大 | [7，8] |
| 很好或很大 | [8，9] |
| 最好或最大 | [9，10] |

每个方案各指标之间由于取值单位、量纲或者数量级的不同，指标之间不能随便进行比较和计算，为了消除这种差异对决策结果的影响，在求解多属性决策问题时，首先要对决策矩阵进行规范化(标准化)处理。然而，目前的规范化方法只是简单地将区间数线性缩放到取值在[0，1]上的一个小范围区间内，这可能会丢失一些对于区间数排序很重要的信息。为了处理这一问题，应该将规范化区间在[0，1]上缩放得尽可能大，使得规范化区间的下界取值尽可能小，上界取值尽可能大。然后基于所有备择方案关于指标 $C_i, i = 1, \cdots, n$，定义其取值论域为 $d_i = [d_{\min}^i - d_1^i, d_{\max}^i + d_2^i]$，其中 $d_1^i$ 和 $d_2^i$ 为两个合适的正数，$d_{\min}^i$ 和 $d_{\max}^i$ 为所有备选方案关于指标 $C_i$ 取值的最小和最大值。下面给出关于精确数和区间数的规范化方法。

(1)当指标取值为精确数 $a_{ij}$ 时，设规范化后为 $s_{ij}, i = 1, 2, \cdots, m, j = 1, 2, \cdots, t-1$，其规范化方法为

$$s_{ij} = \frac{a_{ij} - (d_{\min}^j - d_1^j)}{(d_{\max}^j + d_2^j) - (d_{\min}^j - d_1^j)} = \frac{a_{ij} - x_{\min}^j}{x_{\max}^j - x_{\min}^j} \tag{10-34}$$

(2)当指标取值为区间数 $a_{ij} = [a_{ij}^L, a_{ij}^U]$ 时，设规范化后为 $s_{ij} = [s_{ij}^L, s_{ij}^U], i = 1, 2, \cdots, m, j = t, t+1, \cdots, n$，其规范化方法为

$$\begin{cases} s_{ij}^L = \dfrac{a_{ij}^L(d_{\min}^j - d_1^j)}{(d_{\max}^j + d_2^j) - (d_{\min}^j - d_1^j)} = \dfrac{a_{ij}^L - x_{\min}^j}{x_{\max}^j - x_{\min}^j} \\ s_{ij}^U = \dfrac{a_{ij}^U(d_{\min}^j - d_1^j)}{(d_{\max}^j + d_2^j) - (d_{\min}^j - d_1^j)} = \dfrac{a_{ij}^U - x_{\min}^j}{x_{\max}^j - x_{\min}^j} \end{cases} \tag{10-35}$$

式中，$x_{\max}^j = d_{\max}^j + d_2^j$ 和 $x_{\min}^j = d_{\min}^j - d_1^j, j = 1,\cdots,n$ 分别为所有候选方案关于指标 $C_j$ 取值的最大上界和最小下界。为了说明本方法的优势，下面我们与樊治平等(1999)的例子进行比较。

假设对于所有方案关于指标 $C_j$ 的取值为区间数[5.4，5.6]，[6.4，6.6]，[4.4，4.6]，[4.9，5.1]，可以发现 $D_{\min}^j = 4.4, D_{\max}^j = 6.6$。然后要根据 $d_{\min}^j$ 和 $d_{\max}^j$ 选择 $d_1^j$ 和 $d_2^j$，其关键是要让 $d_{\min}^j$ 和 $d_{\max}^j$ 分别向下取整和向上取整，所以取 $d_1^j = 0.4, d_2^j = 0.4$，这样就有 $x_{\min}^j = d_{\min}^j - d_1^j = 4, x_{\max}^j = d_{\max}^j + d_2^j = 7$。因此，这一组区间数经由式(10-11)规范化后得到[0.4667，0.5333]，[0.8000，0.8667]，[0.1333，0.2000]，[0.3000，0.3667]，而樊治平等(1999)得出的规范化结果为[0.2311，0.2491]，[0.1960，0.2102]，[0.2813，0.3057]，[0.2537，0.2745]。对比可以发现，采用本节的规范化方法得出的规范化区间数要比樊治平等(1999)得出的区间数更宽，因此在规范化过程中丢失的信息量就更少，也就更有效。

下面根据式(10-34)和式(10-35)，定义关于精确数和区间数的效用函数。

当指标取值为精确数时：

$$f(a_{ij}) = \begin{cases} 0, & a_{ij} \leqslant x_{\min}^j \\ \left(\dfrac{a_{ij} - x_{\min}^j}{x_{\max}^j - x_{\min}^j}\right)^k, & x_{\min}^j < a_{ij} < x_{\max}^j \\ 1 & a_{ij} \geqslant x_{\max}^j \end{cases} \tag{10-36}$$

当指标取值为区间数 $a_{ij} = [a_{ij}^L, a_{ij}^U]$ 时，$f(a_{ij}) = f([a_{ij}^L, a_{ij}^U]) = [f(a_{ij}^L), f(a_{ij}^U)]$，$i = 1,2,\cdots,m, j = t, t+1,\cdots,n$，其中

$$f(a_{ij}^L) = \begin{cases} 0, & a_{ij}^L \leqslant x_{\min}^j \\ \left(\dfrac{a_{ij}^L - x_{\min}^j}{x_{\max}^j - x_{\min}^j}\right)^k, & x_{\min}^j < a_{ij}^L < x_{\max}^j \\ 1 & a_{ij}^L \geqslant x_{\max}^j \end{cases} \tag{10-37}$$

$$f(a_{ij}^U) = \begin{cases} 0, & a_{ij}^U \leqslant x_{\min}^j \\ \left(\dfrac{a_{ij}^U - x_{\min}^j}{x_{\max}^j - x_{\min}^j}\right)^k, & x_{\min}^j < a_{ij}^U < x_{\max}^j \\ 1 & a_{ij}^U \geqslant x_{\max}^j \end{cases} \tag{10-38}$$

当 $x_{\min}^j < a_{ij} < x_{\max}^j, k > 0$ 时，对 $f(a_{ij})$ 关于 $a_{ij}$ 求一阶导数得到：

$$(f(a_{ij}))' = k\left(\frac{a_{ij} - x_{\min}^j}{x_{\max}^j - x_{\min}^j}\right)^{k-1} > 0 \tag{10-39}$$

所以定义的效用函数式(10-36)～式(10-38)存在(Tsaur，2011)，$k$ 取值为一般正常数，称为风险因子或经济环境因子；$f(x)$ 表示方案的效用值，用 0 来表示最小的效用值，1 表示最大的效用值。效用的大小表示外部或内部环境因素对决策结果的影响程度，同时可表示决策者对风险的态度，对某事物的倾向、偏爱等主观因素的强弱程度。效用

曲线有三种类型，如图 10-5 所示，当 $k<1$ 时，$f(x)$曲线代表的是在国家宏观经济形势不太乐观，实行紧缩的财政政策情况，对客货运量估计偏保守时，选择一种投资少且较稳妥的决策方案，以节约项目投资；当 $k>1$ 时，$f(x)$曲线对应的是在国家宏观经济形势比较乐观，实行宽松的财政政策情况，对客货运量持乐观估计时，可以适当增加项目投资，选择一种经济和社会效益高的决策方案，是一种胆略性的决策；当 $k=1$ 时，$f(x)$曲线对应一种中立性的决策，即按期望值选择最优的决策，是在国家经济比较稳定，实行稳健或适度宽松、适度紧缩的财政政策下做出的一种决策方案选择。

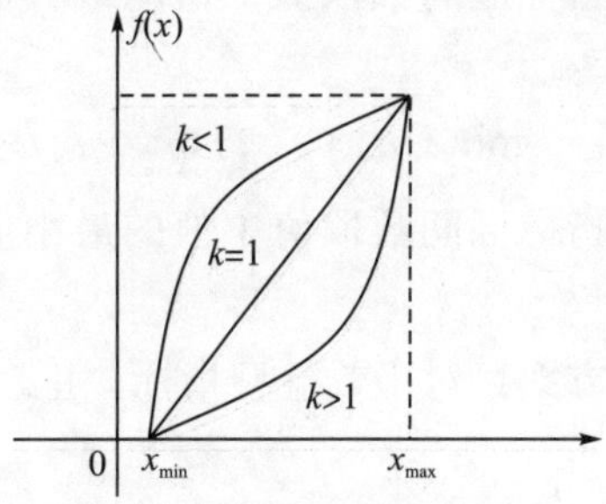


图 10-5　三种类型效用函数曲线图

假设规范化矩阵 $\boldsymbol{S}=(s_{ij})_{m\times n}$ 经过效用函数式(10-36)～式(10-38)处理后得到效用矩阵 $\boldsymbol{F}=(f_{ij})_{m\times n}$，令各指标的权重向量为 $\boldsymbol{W}=(w_1,w_2,\cdots,w_n)$。则对矩阵 $\mathbf{V}$ 进行加权，得到加权效用矩阵 $\mathbf{V}=(v_{ij})_{m\times n}$。

$$
\mathbf{V}=(v_{ij})_{m\times n}=\boldsymbol{W}\cdot\boldsymbol{F}=\begin{bmatrix} w_1f_{11} & w_2f_{12} & \Lambda & [w_{k_1}f_{1k_1}^L,w_{k_1}f_{1k_1}^U] & \Lambda & [w_nf_{1n}^L,w_nf_{1n}^U] \\ M & M & \Lambda & M & \Lambda & M \\ w_1f_{i1} & w_2f_{i2} & \Lambda & [w_{k_1}f_{ik_1}^L,w_{k_1}f_{ik_1}^U] & \Lambda & [w_nf_{in}^L,w_nf_{in}^U] \\ M & M & \Lambda & M & \Lambda & M \\ w_1f_{m1} & w_2f_{m2} & \Lambda & [w_{k_1}f_{mk_1}^L,w_{k_1}f_{mk_1}^U] & \Lambda & [w_nf_{mn}^L,w_nf_{mn}^U] \end{bmatrix} \tag{10-40}
$$

下面根据加权效用矩阵 $\mathbf{V}$，给出计算正理想方案 $A^+=(v_1^+,\cdots,v_t^+,[v_{t+1}^{+L},v_{t+1}^{+U}],\cdots,[v_n^{+L},v_n^{+U}])$ 和负理想方案 $A^-=(v_1^-,\cdots,v_t^-,[v_{t+1}^{-L},v_{t+1}^{-U}],\cdots,[v_n^{-L},v_n^{-U}])$ 的方法。

(1) 对于指标取值为精确数 $v_{ij},i=1,2,\cdots,m,j=1,2,\cdots,t-1$ 时，直接利用式(10-41)和式(10-42)计算理想方案。

正理想方案：

$$
\begin{cases} v_j^+=\max\limits_{1\leqslant i\leqslant m}(v_{ij}),j\in I_1,j=1,2,\cdots,t-1 \\ v_j^+=\min\limits_{1\leqslant i\leqslant m}(v_{ij}),j\in I_2,j=1,2,\cdots,t-1 \end{cases} \tag{10-41}
$$

负理想方案：

$$
\begin{cases} v_j^-=\min\limits_{1\leqslant i\leqslant m}(v_{ij}),j\in I_1,j=1,2,\cdots,t-1 \\ v_j^-=\min\limits_{1\leqslant i\leqslant m}(v_{ij}),j\in I_2,j=1,2,\cdots,t-1 \end{cases} \tag{10-42}
$$

(2) 对于指标取值为区间数 $v_{ij}=[v_{ij}^L,v_{ij}^U],i=1,\cdots,m,j=t,\cdots,n$ 时，首先计算所有备择方案关于每个指标区间数取值的中值：

$$m_{ij}(v_{ij}) = \frac{1}{2}(v_{ij}^{L} + v_{ij}^{U}), i = 1,\cdots,m, j = t,\cdots,n \tag{10-43}$$

以及区间宽度：

$$L_{ij}(v_{ij}) = \frac{1}{2}(v_{ij}^{U} - v_{ij}^{L}), i = 1,\cdots,m, j = t,\cdots,n \tag{10-44}$$

令

$$m_{j\max}(1) = \max_{1\leqslant i\leqslant m}(m_{ij}(v_{ij})), j = t, t+1,\cdots,n \tag{10-45}$$

表示所有方案下，第 $j$ 个指标区间数取值中值的最大值，记其对应的区间数加权效用值为 $[v_j^L(1), v_j^U(1)]$，令

$$m_{j\min}(m) = \min_{1\leqslant i\leqslant m}(m_{ij}(v_{ij})), j = t, t+1,\cdots,n \tag{10-46}$$

表示所有方案下，第 $j$ 个指标区间数取值中值的最小值，记其对应的区间数加权效用值为 $[v_j^L(m), v_j^U(m)]$。

计算区间数指标的正理想方案：对于效益型指标，正理想解为 $v_j^+ = [v_j^{+L}, v_j^{+U}], j \in I_1$，其中

$$v_j^{+L} = \begin{cases} v_j^L(1), & m_j(1) = \dfrac{\max\limits_{i=1,\cdots,m}(v_{ij}^L) + \max\limits_{i=1,\cdots,m}(v_{ij}^U)}{2} \\ \max\limits_{i=1,\cdots,m}(v_{ij}^L), & m_j(1) < \dfrac{\max\limits_{i=1,\cdots,m}(v_{ij}^L) + \max\limits_{i=1,\cdots,m}(v_{ij}^U)}{2} \end{cases} \tag{10-47}$$

$$v_j^{+U} = \begin{cases} v_j^U(1), & m_j(1) = \dfrac{\max\limits_{i=1,\cdots,m}(v_{ij}^L) + \max\limits_{i=1,\cdots,m}(v_{ij}^U)}{2} \\ \max\limits_{i=1,\cdots,m}(v_{ij}^U), & m_j(1) < \dfrac{\max\limits_{i=1,\cdots,m}(v_{ij}^L) + \max\limits_{i=1,\cdots,m}(v_{ij}^U)}{2} \end{cases} \tag{10-48}$$

对于成本型指标，其正理想解为 $v_j^+ = [v_j^{+L}, v_j^{+U}], j \in I_2$，其中

$$v_j^{+L} = \begin{cases} v_j^L(m), & m_j(m) = \dfrac{\min\limits_{i=1,\cdots,m}(v_{ij}^L) + \min\limits_{i=1,\cdots,m}(v_{ij}^U)}{2} \\ \min\limits_{i=1,\cdots,m}(v_{ij}^L), & m_j(m) > \dfrac{\min\limits_{i=1,\cdots,m}(v_{ij}^L) + \min\limits_{i=1,\cdots,m}(v_{ij}^U)}{2} \end{cases} \tag{10-49}$$

$$v_j^{+U} = \begin{cases} v_j^U(m), & m_j(m) = \dfrac{\min\limits_{i=1,\cdots,m}(v_{ij}^L) + \min\limits_{i=1,\cdots,m}(v_{ij}^U)}{2} \\ \min\limits_{i=1,\cdots,m}(v_{ij}^U), & m_j(m) > \dfrac{\min\limits_{i=1,\cdots,m}(v_{ij}^L) + \min\limits_{i=1,\cdots,m}(v_{ij}^U)}{2} \end{cases} \tag{10-50}$$

计算区间数指标的负理想方案：对于效益型指标，其负理想解为 $v_j^- = [v_j^{-L}, v_j^{-U}]$，$j \in I_1$，其中

$$v_j^{-L} = \begin{cases} v_j^L(m), & m_j(m) = \dfrac{\min\limits_{i=1,\cdots,m}(v_{ij}^L) + \min\limits_{i=1,\cdots,m}(v_{ij}^U)}{2} \\ \min\limits_{i=1,\cdots,m}(v_{ij}^L), & m_j(m) > \dfrac{\min\limits_{i=1,\cdots,m}(v_{ij}^L) + \min\limits_{i=1,\cdots,m}(v_{ij}^U)}{2} \end{cases} \tag{10-51}$$

$$v_j^{-U}=\begin{cases}v_j^U(m), & m_j(m)=\dfrac{\min\limits_{i=1,\cdots,m}(v_{ij}^L)+\min\limits_{i=1,\cdots,m}(v_{ij}^U)}{2}\\ \min\limits_{i=1,\cdots,m}(v_{ij}^U), & m_j(m)>\dfrac{\min\limits_{i=1,\cdots,m}(v_{ij}^L)+\min\limits_{i=1,\cdots,m}(v_{ij}^U)}{2}\end{cases}\tag{10-52}$$

对于成本型指标，负理想解为 $v_j^-=[v_j^{-L},v_j^{-U}],j\in I_2$，其中

$$v_j^{-L}=\begin{cases}v_j^L(1), & m_j(1)=\dfrac{\max\limits_{i=1,\cdots,m}(v_{ij}^L)+\max\limits_{i=1,\cdots,m}(v_{ij}^U)}{2}\\ \max\limits_{i=1,\cdots,m}(v_{ij}^L), & m_j(1)<\dfrac{\max\limits_{i=1,\cdots,m}(v_{ij}^L)+\max\limits_{i=1,\cdots,m}(v_{ij}^U)}{2}\end{cases}\tag{10-53}$$

$$v_j^{-U}=\begin{cases}v_j^U(1), & m_j(1)=\dfrac{\max\limits_{i=1,\cdots,m}(v_{ij}^L)+\max\limits_{i=1,\cdots,m}(v_{ij}^U)}{2}\\ \max\limits_{i=1,\cdots,m}(v_{ij}^U), & m_j(1)<\dfrac{\max\limits_{i=1,\cdots,m}(v_{ij}^L)+\max\limits_{i=1,\cdots,m}(v_{ij}^U)}{2}\end{cases}\tag{10-54}$$

### 10.3.2　基于效用理论和投影的铁路选线方案比选模型

基于效用函数和投影的铁路选线方案比选的多属性决策的一般步骤如下。

步骤 1　根据铁路选线各线路方案的决策问题，写出决策矩阵 $\boldsymbol{A}=(a_{ij})_{m\times n}$，然后利用式(10-36)～式(10-38)对决策矩阵进行效用函数处理得到效用矩阵 $\boldsymbol{F}=(f_{ij})_{m\times n}$。

步骤 2　假设各指标的权重向量为 $\boldsymbol{W}=(w_1,w_2,\cdots,w_n)$，则对矩阵 $V$ 进行加权，得到加权效用矩阵 $\boldsymbol{F}=(f_{ij})_{m\times n}$。

步骤 3　根据加权效用矩阵 $V$，利用式(10-40)～式(10-54)确定各类指标的正理想方案：

$$A^+=(v_1^+,\cdots,v_t^+,[v_{t+1}^{+L},v_{t+1}^{+U}],\cdots,[v_n^{+L},v_n^{+U}])$$

负理想方案：

$$A^-=(v_1^-,\cdots,v_t^-,[v_{t+1}^{-L},v_{t+1}^{-U}],\cdots,[v_n^{-L},v_n^{-U}])$$

步骤 4　根据定义 10.3.3 和式(10-33)构造混合型多指标投影算子，然后利用式(10-33)分别求出各方案在正理想方案上的投影值以及在负理想方案上的投影值：

$$\begin{cases}\mathrm{Prj}_{A^+}(X_i)=\dfrac{\sum\limits_{j=1}^{t-1}v_{ij}v_j^+ +\sum\limits_{j=t}^{n}(v_{ij}^L v_j^{+L}+v_{ij}^U v_j^{+U})}{\sqrt{\sum\limits_{j=1}^{t-1}(v_j^+)^2+\sum\limits_{j=t}^{n}[(v_j^{+L})^2+(v_j^{+U})^2]}}\\ \mathrm{Prj}_{A^-}(X_i)=\dfrac{\sum\limits_{j=1}^{t-1}v_{ij}v_j^- +\sum\limits_{j=t}^{n}(v_{ij}^L v_j^{-L}+v_{ij}^U v_j^{-U})}{\sqrt{\sum\limits_{j=1}^{t-1}(v_j^-)^2+\sum\limits_{j=t}^{n}[(v_j^{-L})^2+(v_j^{-U})^2]}}\end{cases}\tag{10-55}$$

步骤 5　计算各选线方案的综合相对贴近度：

$$P_i=\frac{\mathrm{Prj}_{A^+}(X_i)}{\mathrm{Prj}_{A^+}(X_i)+\mathrm{Prj}_{A^-}(X_i)},i=1,\cdots,m\tag{10-56}$$

步骤 6　根据 $P_i$ 值的大小进行方案排序。$P_i$ 值越大，则方案值越接近于理想方案，表明方案 $X_i$ 越优；$P_i$ 值越小，则方案整体评价值越小，表明方案 $X_i$ 越差。

### 10.3.3　实例分析

结合成贵铁路宜宾—威信段线路进行方案比选实例分析。成贵铁路位于四川、云南、贵州三省，沿线属长江水系，分布岷江、金沙江、长江、乌江，是典型的山区铁路，并且主要由国家及地方政府投资为主，因此该铁路线受宏观经济形势的影响较大，对其线路设计的方案优选宜采用本节介绍的效用理论方法进行处理。

宜宾—威信段线路是四川盆地上至云贵高原的过渡段，地面高程 395～2400m，其间河谷切割较深，相对高差 500～1600m。主要研究了经长宁、兴文，经蜀南竹海，经兴文、万寿，经高县和经珙县 5 个方案，方案示意图详见图 10-2。由于方案Ⅱ和方案Ⅴ均通过煤矿采空区，目前的技术手段难以处理，研究后予以放弃，不参与方案比选。因此，主要对方案Ⅰ、Ⅲ、Ⅳ进行分析、比较和优选。考虑这段铁路线路的线路总长度、桥隧总长等定量和定性相结合的 15 个指标，如表 10-4 分别用 $C_1,C_2,\cdots,C_{15}$ 表示（其中 $C_1,\cdots,C_{12}$ 为成本型指标，$C_{13},C_{14},C_{15}$ 为效益型指标），每条线路的指标取值见表 10-5。试对这三条铁路线路进行评估，选择一条最佳线路方案。

**表 10-5　铁路各线路方案及其对应指标的取值**

| 指标 | 方案Ⅰ | 方案Ⅲ | 方案Ⅳ |
|---|---|---|---|
| 线路总长度($C_1$)/km | 154.193 | 157.674 | 136.014 |
| 桥隧总长($C_2$)/km | 121.282 | 129.197 | 110.456 |
| 征地量($C_3$)/亩 | 6230.836 | 5483.564 | 5306.411 |
| 土石方工程量($C_4$)/$10^4 m^3$ | 1813.0121 | 1638.333 | 1614.098 |
| 拆迁建筑物($C_5$)/$m^2$ | 472722 | 483452 | 422538 |
| 特大桥与大中桥总长($C_6$)/m | 34926 | 30784 | 13456 |
| 长大隧道长度($C_7$)/km | 36.442 | 54.319 | 52.537 |
| 工程投资估算($C_8$)/千万元 | 1608 | 1690 | 1560 |
| 对生态环境的影响($C_9$) | 较小 | 较小 | 较小 |
| 对历史文化名胜的影响($C_{10}$) | 小 | 小 | 较小 |
| 江河湖泊等对工程的影($C_{11}$) | 较大 | 小 | 较大 |
| 不良地质对工程的影响($C_{12}$) | 极小 | 较大 | 很大 |
| 吸引客货流能力($C_{13}$) | 很好 | 很好 | 较好 |
| 促进经济发展($C_{14}$) | 很好 | 好 | 差 |
| 对城市规划布局的意义($C_{15}$) | 好 | 好 | 较差 |

(1)根据选线实例问题，利用表 10-3 将定性指标用区间模糊数表示，得到下面决策矩阵：

$$
\mathbf{A}=(a_{ij})_{3\times 15}=\begin{bmatrix}
154.19 & 121.28 & 6230.84 & 1813.01 & 472722 & 34926 & 36.44 & 1608 & [3,4.5] & [2,3] & [5.5,7] & [1,2] & [8,9] & [8,9] & [7,8] \\
157.67 & 129.197 & 5483.56 & 1638.34 & 483452 & 30784 & 54.32 & 1690 & [3,4.5] & [2,3] & [2,3] & [5.5,7] & [8,9] & [7,8] & [7,8] \\
136.01 & 110.46 & 5306.41 & 1641.10 & 422538 & 13456 & 52.54 & 1560 & [3,4.5] & [3,4.5] & [5.5,7] & [8,9] & [5.5,7] & [2,3] & [3,4.5]
\end{bmatrix}
$$

(2)利用效用函数式(10-36)~式(10-38)对决策矩阵进行效用处理，不妨先取 $k=2>1$，得到效用矩阵：

$$\boldsymbol{F}=(f_{ij})_{m\times n}=\begin{bmatrix} 0.6503 & 0.5032 & 0.9601 & 0.5042 & 0.6778 & 0.9932 & 0.0461 & 0.2916 & [0.0625,0.1600] & [0.0225,0.0625] & [0.2500,0.4225] & [0.0025,0.0025] & [0.5625,0.7225] & [0.5625,0.7225] & [0.4225,0.5625] \\ 0.8509 & 0.9472 & 0.0373 & 0.0163 & 0.9984 & 0.6477 & 0.6571 & 0.9025 & [0.0025,0.0025] & [0.0225,0.0625] & [0.0225,0.0625] & [0.2025,0.4225] & [0.5625,0.7225] & [0.4225,0.5625] & [0.4225,0.5625] \\ 0.0402 & 0.1215 & 0.0000 & 0.0188 & 0.0000 & 0.0000 & 0.5644 & 0.0900 & [0.0625,0.1600] & [0.0625,0.1600] & [0.2500,0.4225] & [0.5625,0.7225] & [0.2500,0.4225] & [0.0225,0.0625] & [0.0625,0.1600] \end{bmatrix}$$

(3)设指标的权重向量已知，为

$$\boldsymbol{W}=\left(\frac{1}{15},\frac{1}{15},\frac{1}{15},\frac{1}{15},\frac{1}{15},\frac{1}{15},\frac{1}{15},\frac{1}{15},\frac{1}{15},\frac{1}{15},\frac{1}{15},\frac{1}{15},\frac{1}{15},\frac{1}{15},\frac{1}{15}\right)$$

则对效用矩阵 $\boldsymbol{F}$ 进行加权，得到加权效用矩阵 $\boldsymbol{V}$ 为

$$\boldsymbol{V}=\begin{bmatrix} 0.0434 & 0.0335 & 0.0640 & 0.0336 & 0.0452 & 0.0662 & 0.0031 & 0.0194 & [0.0042,0.0107] & [0.0015,0.0042] & [0.0167,0.0282] & [0.0002,0.0015] & [0.0375,0.0482] & [0.0375,0.0482] & [0.0282,0.0375] \\ 0.0567 & 0.0631 & 0.0025 & 0.0011 & 0.0666 & 0.0432 & 0.0438 & 0.0602 & [0.0002,0.0015] & [0.0015,0.0042] & [0.0015,0.0042] & [0.0135,0.0282] & [0.0375,0.0482] & [0.0282,0.0375] & [0.0282,0.0375] \\ 0.0027 & 0.0081 & 0.0000 & 0.0013 & 0.0000 & 0.0000 & 0.0376 & 0.0060 & [0.0042,0.0107] & [0.0042,0.0107] & [0.0167,0.0282] & [0.0375,0.0482] & [0.0167,0.0282] & [0.0015,0.0042] & [0.0042,0.0107] \end{bmatrix}$$

(4)根据加权效用矩阵 $\boldsymbol{V}$，利用式(10-40)~式(10-54)确定各类指标的正理想方案，然后计算方案 $X_1,X_2,X_3$ 在正理想方案和负理想方案上的投影：

$$\mathrm{Pr}j_{y^+}(X_1)=0.1048,\quad \mathrm{Pr}j_{y^+}(X_2)=0.1031,\quad \mathrm{Pr}j_{y^+}(X_3)=0.0330,$$

$$\mathrm{Pr}j_{y^-}(X_1)=0.1242,\quad \mathrm{Pr}j_{y^-}(X_2)=0.1375,\quad \mathrm{Pr}j_{y^-}(X_3)=0.0495$$

(5)利用式(10-56)计算各方案的相对贴近度 $P_j$：

$$P_1=0.4576,\quad P_2=0.4242,\quad P_3=0.4002$$

可以看出相对贴近度 $P_1>P_2>P_3$。因此，当 $k=2$ 时方案排序为Ⅰ$\phi$Ⅲ$\phi$Ⅳ,，线路方案Ⅰ是最佳方案。对表 10-5 给出的三条线路的数据进行分析可知，线路方案Ⅰ虽然线路长度稍长、工程难度较大、投资稍高，但具有地质条件相对较好、符合环保要求、经济据点多、效益高、有利于吸引客流、能带动周边旅游业的发展等优点。上述计算得出的最佳方案与 $k>1$ 的效用函数曲线所表示的含义一样，也与我国当前的宏观经济形势和财政政策相符合。我国当前的宏观经济形势虽然在一定程度上受到来自国际不良经济环境的影响，但总体上还是在平稳快速运行，国家实行相对比较宽松的财政政策，因此处于这样的宏观大背景下，在铁路选线设计的方案比选中应该使用 $k>1$ 的效用函数，通过增加投资选择客货运量高、效益好、利于环保、能带动地方经济发展的方案。

为了便于比较，本节给出当 $k<1$ 和 $k=1$ 时的计算结果，见表 10-6。从表中可以看出，如果选取不同的经济环境因子，方案排序结果可能会产生一些变化，但当 $k$ 的取值处于同一组($k<1$、$k>1$ 或 $k=1$)内时，所得出的最优方案是相同的。对于经济环境因子 $k<1$，即如果宏观经济形势不太乐观，国家实行紧缩的财政政策，这时对客货运量的估计偏保守，可以考虑节约成本，减少投资，选择线路较直、工程难度较小的方案Ⅳ。而当 $k=1$ 时所选择的最优方案同 $k>1$ 时所做出的选择一样，为方案Ⅰ，这说明对于宏观经济形势一般，国家实行适度宽松或者适度紧缩的财政政策时，外部经济环境对决策结果的影响较小，这时在做方案比选时可以保持一定的乐观态度，选择效益相对较好，符合环保要求，能带动沿线周边经济发展的综合较优方案。这与设计单位专家通过对定量指标的计算和凭经验对定性指标的方案决策结论一致。

**表 10-6　三种不同 $k$ 取值的计算结果**

| $k$ 取值 | 相对贴近度 | 方案排序 | 最优方案 |
|---|---|---|---|
| | $k>1$ | | |
| $k=2$ | $P_1=0.4576$，$P_2=0.4242$，$P_3=0.4002$ | $X_1 \phi X_2 \phi X_3$ | 方案Ⅰ |
| $k=4$ | $P_1=0.4157$,$P_2=0.3293$,$P_3=0.3430$ | $X_1 \phi X_3 \phi X_2$ | 方案Ⅰ |
| $k=6$ | $P_1=0.3581$，$P_2=0.2516$，$P_3=0.3185$ | $X_1 \phi X_3 \phi X_2$ | 方案Ⅰ |
| $k=8$ | $P_1=0.2969$，$P_2=0.1904$，$P_3=0.2940$ | $X_1 \phi X_3 \phi X_2$ | 方案Ⅰ |
| | $k=1$ | | |
| $k=1$ | $P_1=0.4712$，$P_2=0.4683$，$P_3=0.4702$ | $X_1 \phi X_3 \phi X_2$ | 方案Ⅰ |
| | $k<1$ | | |
| $k=0.2$ | $P_1=0.4920$，$P_2=0.4927$，$P_3=0.5061$ | $X_3 \phi X_2 \phi X_1$ | 方案Ⅳ |
| $k=0.4$ | $P_1=0.4831$，$P_2=0.4849$，$P_3=0.5068$ | $X_3 \phi X_2 \phi X_1$ | 方案Ⅳ |
| $k=0.6$ | $P_1=0.4777$，$P_2=0.4796$，$P_3=0.4989$ | $X_3 \phi X_2 \phi X_1$ | 方案Ⅳ |
| $k=0.8$ | $P_1=0.4741$，$P_2=0.4745$，$P_3=0.4857$ | $X_3 \phi X_2 \phi X_1$ | 方案Ⅳ |

### 10.3.4　小结

(1)在计划经济时期，宏观经济对铁路建设项目产生的影响很小，但是随着中国经济的不断发展以及铁路部门的不断改革，铁路项目的投资、建设及运营越来越市场化，其受宏观经济环境的影响势必会增加。因此，对以后的铁路建设项目，有必要在方案比选中考虑国际、国内宏观经济形势及中央财政货币政策对铁路建设项目的投资，以及实际客货运量等指标可能造成影响，但目前的选线设计方案评价方法中尚未考虑到这些宏观因素变化可能带来的风险。因此，本节运用效用函数将外部宏观经济形势和财政政策对方案的实际执行效果的影响进行量化，建立了基于效用函数-投影的选线方案比选模型，以此来选择符合宏观经济形势下的最优线路方案，从而减少不断变化的经济形势和经济政策对新建铁路项目投资所产生的风险，是对现行铁路方案比选体系的进一步完善。

(2)在方案比选中考虑宏观经济的影响只能是逐步推进的过程，建议目前采用以下的实施方法：①如果宏观经济形势比较明确时，可直接选择相应的经济环境因子 $k$ 代入效用函数里进行决策优选；对于比较好的宏观经济大环境时可选用 $k=2$ 来进行方案比选；对于宏观经济大环境不太好时可选用 $k=0.2$ 来进行方案比选。②当遇到宏观经济形势或国家经济政策的动态变化难以把握时，则建议运用本节模型对线路方案进行分析，考察各方案对宏观经济形势的敏感性，寻找受宏观经济形势影响相对不大、不太敏感的稳定方案作为推荐方案，以便控制项目风险。

## 10.4　铁路低频大灾风险调控宏观决策技术

21 世纪以来，随着全球气候变化异常和人类社会经济活动的不断增强，极端天气和地质事件增多，“低频大灾”事件的出现为重大工程建设敲响了警钟(姚令侃等，2012)。就铁路行业而言，低频大灾可定义为重现期大于 100 年，并可能造成大范围交通网中断或损毁的严重自然灾害事件，这种灾害事件已经超出了铁路工程设计规范的有效控制范围。我国铁路低频大灾类型主要是大地震和大洪水灾害，其中以大地震最为典型，如 1976 年唐山大地震、2008 年汶川大地震等。

铁路长大干线往往是绵延上千公里的线型结构物，线路经过地区自然环境的不确定性及地质状况的复杂性，决定了其全寿命服役期内受灾害威胁的巨大风险性。尤其是低频大灾，虽然发生概率小，但对铁路工程的危害极大，一旦发生会造成巨大损失。如据成都铁路局统计，“5·12”汶川大地震致使宝成铁路、成昆铁路、成渝铁路、达成铁路、遂渝铁路、内六铁路、襄渝铁路、渝怀铁路、川黔铁路、沪昆铁路等干线及多条支线铁路的 29km 线路设施报废，2500 多公里线路设施不同程度受损，58 个车站信息设备报废，236 座桥梁及 98 座隧道直接受损，669km 路基受损。仅成都铁路局管辖范围内既有铁路灾后重建经费初步估算就需上百亿元，加上地震造成铁路断道的运营收入损失，总共近 200 亿元。为此，《国家重点基础研究发展计划和重大科学研究计划 2015 年度项目申报指南》中针对工程科学领域提出：“针对高铁及城市轨道交通工程结构、尾矿坝、矿山采空区、极端环境(强震、高寒、复杂地质条件)下服役的大型基础设施，研究在全寿命服役期内的工程耐久性、失效模式和机理，高危风险孕育机理、防灾治理和预测预警”。因此，铁路全寿命服役期内的高危风险分析技术研究，已成为事关我国铁路建设全局的重大战略问题之一。

低频大灾发生的可能性是存在的，但现有铁路工程设计规范却并未考虑到低频大灾的风险。由于低频大灾毕竟是罕遇事件，难以通过对现象的观察提炼科学问题，并获得统计层面的规律性认识，因此国内外关于大灾的机理以及减灾对策的研究都是薄弱环节。本节认为，目前对低频大灾的控制不宜通过工程结构设计解决，但可以在选线设计作业阶段加以考虑。铁路选线设计是整个铁路设计中一项关于全局的总体性工作，高危风险区的选线，不但是从源头上减轻灾害的重要措施，而且是在节省初期投资和减少未来地震灾害风险的矛盾中起着统筹规划作用的多目标决策过程。铁路选线设计的整个工作过程，就是方案比选的过程，因此，一种具可操作性的方法是，将低频大灾风险放在铁路选线设计的方案比选环节中体现。

本节基于风险分析理论，首先提出了铁路低频大灾风险的定义；然后引入国际上广泛使用的最低合理可行(as low as reasonably practicable，ALARP)准则将铁路大灾风险划分为可接受风险、可容忍风险及不可容忍风险三类，建议采用年换算工程运营费的 10%和 1%分别作为不可容忍风险和可接受风险的判据，并提出了相应的方案比选程式；

建议采用联合概率模型计算大地震的发震概率，利用 P-Ⅲ型曲线和期望破坏概率计算超过设防标准的大洪水发生概率；基于汶川地震实震资料的统计，提出了包括线路工程震害造成的直接经济损失以及以铁路系统通过能力损失值作为间接经济损失的铁路震害经济损失预测方法；此外，还针对“生命线”铁路在抢险救灾方面的特殊性，基于推导的变权公式，提出了生命线铁路期望运营费的权重修正系数。在宏观决策技术层面上，建立了铁路通过方案与绕避方案比选的大灾风险调控程式。

### 10.4.1 铁路低频大灾风险调控程式

由于低频大灾毕竟是罕遇事件，难以通过对现象的观察提炼科学问题，并获得统计层面的规律性认识，因此国内外关于低频大灾的机理以及减灾对策的研究都是薄弱环节。本节认为，目前对低频大灾的控制不宜通过工程结构抗震设计解决，但可以在选线设计作业阶段加以考虑。铁路选线设计的整个工作过程，就是方案比选的过程，本节即通过铁路选线设计的方案比选作业从宏观层面实施低频大灾风险调控。

首先构建合理的可接受风险标准，以确定铁路低频大灾风险的类别。若低频大灾风险处于可接受区域，则表明风险对线路走向产生的影响较小，方案比选时甚至可以忽略该风险，采用传统方案评价方法即可；如果低频大灾风险处于可容忍区域，则还需要利用年换算-期望工程运营费法，从灾害风险、技术、经济条件等方面进行方案综合比选；而如果低频大灾风险处于不可容忍区域，则该风险成为线路走向的限制因素，必须考虑绕避方案。因此，建立了通过方案比选实施铁路低频大灾风险调控的程式，如图 10-6 所示。

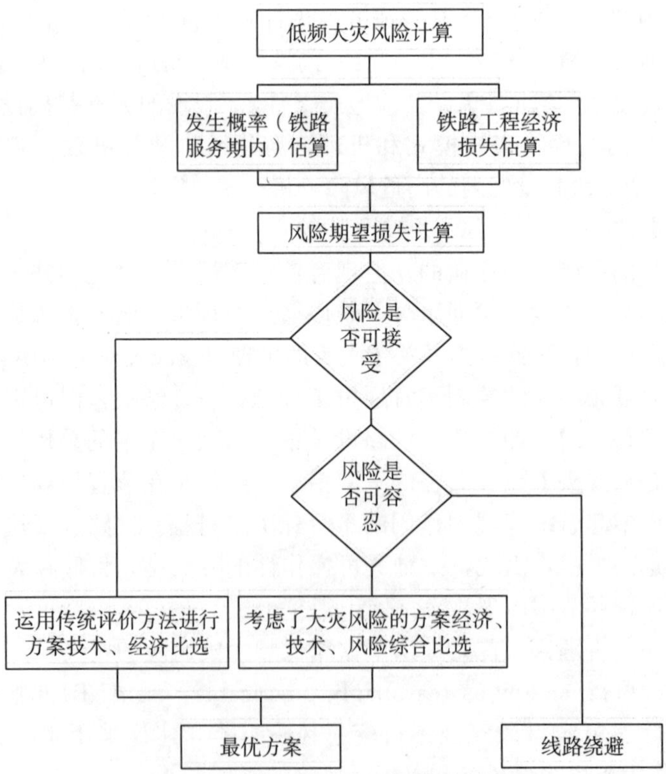


图 10-6 铁路低频大灾风险调控流程

### 10.4.2　低频大灾可接受风险标准

低频大灾可接受风险标准的构建，是通过方案比选作业实施风险调控的关键环节。目前，英国、澳大利亚等许多国家及地区都提出了可接受风险的国家或行业标准。我国关于可接受风险标准的研究才刚刚开始，主要集中在水库大坝(范子武和姜树海，2005)、核电安全(时振刚等，2002)、油气管道(赵忠刚等，2008)等领域。但已有的研究过多地参照国外风险标准，较少结合中国的经济、社会发展情况对风险标准相关参数的选取进行针对性分析，不利于研究成果的实际应用。并且针对铁路低频大灾的可接受风险标准，国内外都还没有相关研究工作出现。本节通过借鉴大坝等相关行业的风险标准，并结合铁路经济评价方法及近年来低频大灾发生的实际统计资料，建立符合中国铁路实际发展情况的低频大灾可接受风险标准。

1. 低频大灾风险定义

关于自然灾害风险的定义及定量度量，国际、国内还未得出统一结论，目前多数学者都从灾害的危险性、承灾体的易损性及后果等方面开展研究(张于心，2006；王笃波等，2012)。铁路自然灾害风险分析是对铁路在服务期内遭受某一概率水平自然灾害作用的可能性及其可能对铁路造成损失的研究评估，通过风险分析发现自然灾害的发生规律、铁路工程设计存在的防灾减灾问题以及灾害发生后会带来的损失。它反映了自然灾害对铁路工程的破坏程度以及对铁路企业或整个社会带来的影响，所以铁路自然灾害风险与灾害的危险性、铁路工程的灾害易损性以及可能造成的损失有关。因此，铁路大灾风险可描述为

$$F^{*} = p \times \lambda \times Z_{\text{大灾}} \tag{10-57}$$

式中，$F^{*}$ 为铁路低频大灾风险；$p$ 为低频大灾在铁路服务期内(以 100 年计)的发生概率；$\lambda$ 为给定某种强度的低频大灾作用下，铁路系统达到或超过某种破坏状态时的条件失效概率；$Z_{\text{大灾}}$ 为低频大灾作用下铁路系统失效所造成的损失，包括直接经济损失、间接经济损失和人员伤亡损失等(张于心和鲍枫，2000)，本节仅考虑大地震造成的经济损失。

铁路系统的生产过程主要表现形式为货物和旅客的运输，基于线路工程对铁路系统正常运营的影响，本节认为线路工程一旦被毁坏即可导致铁路中断运营，即整个铁路系统的失效可由线路系统的失效模式来表征。并且基于大地震的巨大破坏力，在主要受灾区域内，将线路系统的易损性取为 $\lambda=1$。线路工程的直接经济损失可由路基、桥梁及隧道工程结构破坏的直接经济损失组成，即

$$Z_{\text{直}} = Z_{\text{桥}} + Z_{\text{隧}} + Z_{\text{路}} \tag{10-58}$$

式中，$Z_{\text{直}}$ 为低频大灾作用下铁路线路工程的直接经济损失；$Z_{\text{桥}}$、$Z_{\text{隧}}$、$Z_{\text{路}}$ 分别为桥梁、隧道及路基工程结构破坏的直接经济损失。

间接经济损失 $Z_{\text{间}}$ 可由断道时间及相应的单位时间的断道损失求得。因此，将 $Z_{\text{大灾}}$ 按线路工程被毁坏的直接经济损失以及断道引起的间接经济损失进一步细分，得到：

$$Z_{\text{大灾}} = Z_{\text{直}} + Z_{\text{间}} = Z_{\text{路}} + Z_{\text{隧}} + Z_{\text{桥}} + Y_{\text{收}} T_{\text{断}} \tag{10-59}$$

式中，$Z_{\text{大灾}}$ 为低频大灾作用下铁路线路系统失效所造成的经济损失；$T_{\text{断}}$ 为低频大灾作用下铁路断道时间；$Y_{\text{收}}$ 为铁路未受灾时的单位时间运营收入。

将式(10-59)代入式(10-57)，得到受低频大灾威胁的铁路线路系统风险计算公式：

$$F = \sum_{i=1}^{2} p_i (Z_{i路} + Z_{i隧} + Z_{i桥} + Y_{收} T_{i断}) \tag{10-60}$$

式中，$F$ 为以经济损失表示的大地震及大洪水多灾源综合风险度，即低频大灾综合风险损失；$p_i (i = 1,2)$ 为大地震和大洪水在铁路服务期内(以 100 年计)的发生概率；$Z_{i路}$，$Z_{i隧}$，$Z_{i桥}$ $(i = 1,2)$ 分别为大地震及大洪水作用下路基、隧道及桥梁工程结构被破坏的直接经济损失；$T_{i断}$ 为大地震及大洪水作用下铁路断道时间；$Y_{收}$ 为铁路未受灾时的单位时间运营收入。

2. 风险准则

风险可接受准则的制定应满足工程中的安全性及经济性要求，同时应涵盖公认的行为标准及从自身活动和相关事故中得到的经验。目前运用最为广泛的风险可接受准则是由英国提出的 ALARP 准则。ALARP 准则将风险分为不可容忍区域、最低合理可行区域(可容忍区域)及广泛可接受区域，如图 10-7 所示。若风险在不可容忍区域，则必须采取措施降低风险；若风险位于最低合理可行区域，则需根据风险降低是否可行或者获得的收益与降低风险的成本是否相称来决定是否采取风险控制措施；若风险位于广泛可接受区，则可不采取风险控制措施。

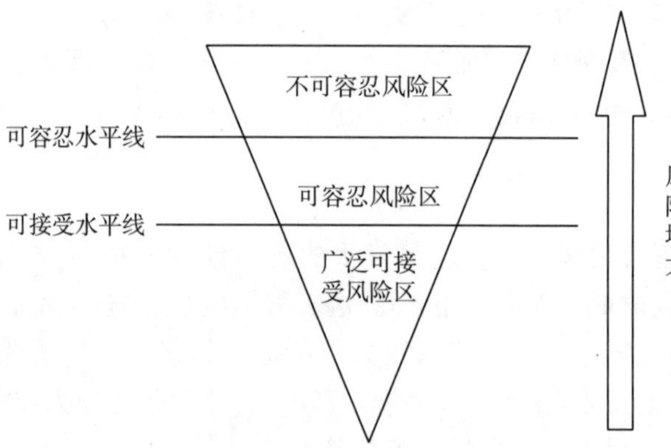


图 10-7 ALARP 准则

3. 常用风险标准及构建方法

1)构建要点

可接受风险标准的构建受到地区、行业、社会、经济等多种因素的影响，因而不能直接照搬国外的标准。发达国家在此方面的研究较早且进行了一些实际运用，其在风险标准制定过程中所考虑的主要因素及一些关键问题的处理方法，对于建立我国的风险标准具有重要的参考意义。总结国外及国内关于构建风险标准的经验，本节认为，在构建铁路低频大灾可接受风险标准时需要注意以下几点。

(1)符合我国山区铁路的经济发展状况及低频大灾的发生规律。目前，我国大量的铁路项目正在加紧建设，到 2020 年，铁路营业里程将达到 12 万 km 以上。如果风险标准定得太高，将使得山区铁路选线时难以利用有利地形，只能绕避灾害风险区或增加桥隧工程，从而加大工程造价。如果风险标准定得太低，在当前灾害频发的时期，一旦发生低频大灾将会对铁路系统造成非常严重的后果。因此，需综合考虑铁路项目的投资成本、经济效益与低频大灾的成灾模式。

(2)与铁路部门及相关领域的安全和风险标准有效衔接。构建铁路低频大灾风险标准时应借鉴大坝等相关领域的经验，并且为了避免风险标准与安全标准差距太大，不能有效发挥作用，风险标准应与当前安全标准有效衔接。

2)经济可接受风险标准

经济损失由直接经济损失和间接经济损失构成。对于直接经济损失，一次低频大灾发生后铁路部门可以获得较为准确的损失数据。而间接经济损失的统计十分困难，有时只能采用对直接经济损失乘以某个比例系数的方式来表示，但这个系数受灾害类型和行业性质的影响较大，具有很大的不确定性，因此难以直接确定经济损失标准。本节通过改进铁路传统经济评价方法，提出了经济风险的一个相对标准。

目前铁路方案经济评价常采用年换算工程运营费法：

$$K = E + \Delta * A \quad (\text{万元 / 年}) \tag{10-61}$$

式中，$K$ 为年换算工程运营费；$E$ 为年运营费；$A$ 为工程固定投资；$\Delta$ 为考虑投资偿还期系数，过去的铁路方案比选中常取 0.1，现行《铁路建设项目经济评价方法》(第二版)规定为 0.06。

上述传统的年换算工程运营费法未考虑灾害发生可能对工程造成的损失，因此本节对其进行改进，通过增加对低频大灾风险的量化指标，从而构成考虑灾害风险的年换算工程-期望运营费法，该方法主要是将大灾风险损失作为运营损失的一部分归入运营费当中，即

$$E' = E + F/100 = E + PZ/100 \tag{10-62}$$

式中，$F$ 为低频大灾风险损失；$P$ 为低频大灾的在铁路服务期内(100 年)的发生概率；$Z$ 为低频大灾发生对铁路造成的经济损失。

年换算工程-期望运营费法为

$$K' = \Delta * A + E' = \Delta * A + (E + PZ/100) \quad (\text{万元 / 年}) \tag{10-63}$$

基于低频大灾风险的年换算工程-期望运营费 $K'$ 比传统的年换算工程运营费 $K'$ 增加的量(低频大灾风险损失)应控制在一个合理的范围内，否则低频大灾对铁路造成的风险损失就超过了铁路经济的接受程度，即

$$\frac{K' - K}{K} \leqslant k \tag{10-64}$$

式中，$k$ 为低频大灾可接受风险的经济损失极限值，可参考以往低频大灾对铁路造成的经济损失统计确定。据成都铁路局统计，汶川地震致使宝成等干线铁路严重受损，仅成都铁路局管辖范围内既有铁路灾后重建经费初步估算就需上百亿元，加上地震造成铁路断道的运营收入损失，总共将近 200 亿元。以 100 年重现期考虑，如不计入年运营费，则汶川地震造成的经济风险损失超过了位于低频大灾威胁区的 100km 山区铁路路段年换算工程费的 10%。考虑到不同长度铁路路段的年换算工程运营费及不同的低频大灾所造

成的经济损失差异很大，因此，建议铁路低频大灾可接受的经济损失极限值为 $k=1\%$，可容忍的经济损失极限值为 $k=10\%$。

年换算工程-期望运营费法通过在传统年换算工程运营费法的基础上增加对低频大灾风险的量化指标，不仅可以作为确定经济风险标准的依据，还可用于低频大灾可容忍风险区的铁路方案比选。

### 10.4.3 基于低频大灾风险分析的铁路方案评价

当低频大灾风险处于可容忍区域内时，还需要经过多方面综合比较后才能确定最优方案。由于铁路方案能承担风险的前提是方案在其他方面也应具有优势，风险的降低是需要投入的，所以线路方案的选择需在技术、经济、风险多目标综合分析的基础上择优确定，但传统方案评价方法缺乏对灾害风险的考虑。为此，本节式(10-63)建立了同时考虑工程投资费、运营费以及大灾风险损失的年换算工程-期望运营费法，并作为度量方案优劣的量化方法。使用年换算工程-期望运营费法进行方案评价的关键是计算低频大灾在铁路服务期内的发生概率 $P$ 及铁路工程的经济损失 $Z$。

1. 大地震发震概率估算模型

目前铁路工程抗震设计规范只适应于地震峰值加速度 $0.4g$，相当于地震烈度为 9 度弱的情况，若地震烈度达到 10 度及以上时，就可按大地震灾害事件处理，因此 $P_{地震}$ 可定义为铁路服务期内烈度在 10 度及以上地震发生的概率。

活动性断裂地震危险性研究的概率评估模型较多，其中最常用的有泊松(Poisson)模型、经验模型、布朗过程时间(BPT)模型和时间可预测模型等(冉洪流和何宏林，2006)，其中 Poisson 模型主要描述地震活动的偶然性及随机性，BPT 模型考虑了特征地震的复发模式。因此，本节综合运用 Poisson 模型和 BPT 模型，形成如下的联合概率模型：

$$P_{BP}=\lambda_1 P_{BPT}+\lambda_2 P_{poi} \tag{10-65}$$

式中，$P_{BP}$为基于联合概率模型的地震发生概率；$P_{BPT}$和 $P_{poi}$ 分别为基于 BPT 模型和 Poisson 模型的地震发生概率，通过利用各自的概率密度函数 $f_{BPT}(t)$和 $f_{poi}(t)$计算得到，其中

$$f_{BPT}(t)=\sqrt{\frac{r}{2\pi\alpha^2 t^3}}\,e^{\frac{-(t-r)^2}{2rt\alpha^2}} \tag{10-66}$$

$$f_{poi}(t)=\lambda e^{-\lambda t} \tag{10-67}$$

式中，$r$ 为断裂带破裂的平均复发间隔，可采用地貌法(McCalpin，1996)、地震矩率法(任俊杰等，2009)及滑动速率法(闻学泽，1991)等方法计算；$\alpha$ 为变异系数；$\lambda=1/r$ 为破裂的年发生率。

则未来一定时间段内，基于联合概率模型的大地震发生的条件概率为：$P_{BP}(T\leqslant t\leqslant T+\Delta T|t>T)=\lambda_1 P_{BPT}(T\leqslant t\leqslant T+\Delta T|t>T)+\lambda_2 P_{poi}(T\leqslant t\leqslant T+\Delta T|t>T)$

其中，

$$\begin{cases} P_{BPT}(T\leqslant t\leqslant T+\Delta T|t>T)=\dfrac{F_{BPT}(T)-F_{BPT}(T+\Delta T)}{F_{BPT}(T)} \\ P_{poi}(T\leqslant t\leqslant T+\Delta T|t>T)=\dfrac{F_{poi}(T)-F_{poi}(T+\Delta T)}{F_{poi}(T)} \end{cases} \tag{10-68}$$

式中，$T$ 为地震离逝时间；$\Delta T$ 为预测时间段，本章取 $\Delta T$ 为铁路工程服务期内的预测时间，即取 $\Delta T=100$；$F_{\mathrm{BPT}}(T)=\int_T^{\infty} f_{\mathrm{BPT}}(t)\mathrm{d}t$，$F_{\mathrm{poi}}(T)=\int_T^{\infty} f_{\mathrm{poi}}(t)\mathrm{d}t$；$\lambda_1$，$\lambda_2$ 为权重系数，可根据断裂带的特征而定。在确定联合概率模型的权重系数 $\lambda_1$，$\lambda_2$ 时，对于活动断裂带如果能够获得的资料比较多，能确定其特征性明显大于随机性，可取 $\lambda_1=0.8$，$\lambda_2=0.2$；如果随机性明显大于特征性时，则取 $\lambda_1=0.2$，$\lambda_2=0.8$；而如果资料不完整或断裂带的特征性及随机性无明显差异时，可取 $\lambda_1=0.5$，$\lambda_2=0.5$。

联合概率模型不但从活动断裂上强震孕育和发生的内在物理机制出发考虑了特征地震的复发模式，而且是对地震活动随机性的描述，是一种综合模型(冉洪流，2004)。

## 2. 大洪水发生概率估计

### 1)期望破坏概率

水利工程界一直把设计频率 $p$ 作为衡量设计目标安全程度的指标，而当未来任一年内实际来水量大于或等于设计来水量时，设计目标就会遭受水文意义上的破坏。因此，设计频率 $p$ 能真正刻画设计目标安全程度的必要条件是式(10-69)成立(黄振平等，2005)。

$$P(X \geqslant x_p)=p \tag{10-69}$$

式中，$X$ 为实际来水量；$x_p$ 为工程的设计洪水值；$p$ 为设计频率。设计洪水值是根据历史洪水的样本估计的，由于抽样的随机性，实际上它是一个随机变量，记为 $X_p$，其中 $x_p$ 只是 $X_p$ 的一个观测值。取 $F_0(X)$为 $X$ 的分布函数，则有

$$P(X \geqslant X_p)=E\{F_0(X_p)\} \tag{10-70}$$

式(10-70)说明，根据一定容量的样本计算设计频率为 $p$ 的设计洪水值，该设计值被超过的平均概率为 $E\{F_0(x_p)\}$，称为期望破坏概率。文献(黄振平等，2005)指出，对任何分布，采用现行水文频率计算方法，当设计频率 $p<50\%$ 时，皆有 $p<E\{F_0(x_p)\}$。这表明，设计目标的设计频率往往小于期望破坏概率，即设计频率不能作为衡量设计目标工程安全程度的绝对标准。因此，本章采用期望破坏概率 $E\{F_0(x_p)\}$作为大洪水发生概率的估计。

### 2)期望破坏概率的计算

在我国，常采用 $P$-Ⅲ型曲线作为洪水频率计算的总体分布，加之用适线法估计参数(均值 $\bar{x}$、变差系数 $C_{\mathrm{v}}$ 及偏态系数 $C_{\mathrm{s}}$)，使得期望破坏概率 $E\{F_0(x_p)\}$的求解过程极为复杂，目前还难以求得其精确解，只能用统计试验法近似求解，但其计算工作量大，给实际工作带来很大的不便。为简化计算，本章采用文献(刘治中等，1989)通过统计试验推导出的针对绝对值准则及平方和准则进行参数估计时建立的期望破坏概率经验公式。

当采用绝对值准则时，不同设计频率的期望破坏概率与样本容量 $n$ 之间具有以下关系：

$$E\{F_0(x_p)\}=p[1+A/(n-2)^B] \tag{10-71}$$

当采用平方和准则时，不同设计频率的期望破坏概率与样本容量 $n$ 之间具有以下关系：

$$E\{F_0(x_p)\}=p[0.9+A/(n-2)^B] \tag{10-72}$$

式中，$p$ 为给定的设计频率；$n$ 为样本容量；$A$，$B$ 为随 $C_s$ 和 $p$ 而变的参数，可查表 10-7 和表 10-8 获得。

**表 10-7 绝对值准则适线时参数 $A$，$B$ 与 $C_s$，$p$ 的关系表**

| $p$ | | $C_s$ | | | | | | | | |
|---|---|---|---|---|---|---|---|---|---|---|
| | | 0.5 | 1.0 | 1.5 | 1.7 | 1.9 | 2.0 | 2.1 | 2.5 | 3.0 |
| 0.01 | $A$ | 132.96 | 885.53 | 1570.32 | 1364.52 | 1552.36 | 1354.10 | 2134.61 | 1775.41 | 2595.03 |
| 0.02 | | 77.31 | 141.53 | 728.36 | 650.10 | 753.11 | 688.97 | 985.75 | 847.75 | 1190.88 |
| 0.05 | | 38.51 | 182.94 | 281.84 | 260.15 | 304.60 | 284.31 | 372.93 | 334.23 | 447.80 |
| 0.1 | | 23.16 | 97.16 | 140.62 | 135.09 | 161.20 | 146.61 | 185.20 | 171.41 | 223.30 |
| 0.2 | | 14.03 | 52.65 | 72.82 | 72.24 | 88.88 | 78.32 | 95.29 | 90.07 | 114.14 |
| 0.5 | | 7.19 | 23.99 | 31.98 | 33.09 | 42.52 | 35.93 | 10.51 | 39.95 | 49.06 |
| 1.0 | | 1.25 | 13.37 | 17.35 | 18.66 | 25.11 | 20.19 | 21.33 | 21.68 | 26.10 |
| 0.01 | $B$ | 0.85 | 1.32 | 1.49 | 1.49 | 1.54 | 1.50 | 1.60 | 1.55 | 1.61 |
| 0.02 | | 0.81 | 1.21 | 1.39 | 1.39 | 1.46 | 1.42 | 1.49 | 1.45 | 1.50 |
| 0.05 | | 0.76 | 1.15 | 1.27 | 1.27 | 1.34 | 1.32 | 1.36 | 1.33 | 1.37 |
| 0.1 | | 0.74 | 1.09 | 1.19 | 1.20 | 1.27 | 1.24 | 1.27 | 1.25 | 1.28 |
| 0.2 | | 0.73 | 1.04 | 1.12 | 1.14 | 1.22 | 1.18 | 1.19 | 1.18 | 1.20 |
| 0.5 | | 0.72 | 1.00 | 1.06 | 1.08 | 1.17 | 1.12 | 1.11 | 1.10 | 1.12 |
| 1.0 | | 0.74 | 0.98 | 1.02 | 1.05 | 1.16 | 1.09 | 1.06 | 1.06 | 1.07 |

**表 10-8 平方和准则适线时参数 $A$，$B$ 与 $C_s$，$p$ 的关系表**

| $p$ | | $C_s$ | | | | | | | | |
|---|---|---|---|---|---|---|---|---|---|---|
| | | 0.5 | 1.0 | 1.5 | 1.7 | 1.9 | 2.0 | 2.1 | 2.5 | 3.0 |
| 0.01 | $A$ | 134.43 | 1035.2 | 1733.33 | 1433.34 | 1468.05 | 1273.68 | 1894.88 | 748.56 | 2607.97 |
| 0.02 | | 79.51 | 519.41 | 823.72 | 706.97 | 751.01 | 652.09 | 913.53 | 868.57 | 1276.54 |
| 0.05 | | 40.50 | 221.07 | 325.36 | 293.80 | 331.92 | 250.36 | 369.17 | 365.35 | 528.18 |
| 0.1 | | 24.70 | 118.24 | 168.13 | 158.63 | 192.16 | 153.63 | 194.55 | 99.13 | 290.42 |
| 0.2 | | 15.00 | 66.18 | 89.61 | 88.36 | 118.47 | 86.20 | 105.80 | 112.78 | 170.06 |
| 0.5 | | 7.32 | 29.69 | 39.39 | 41.75 | 73.90 | 42.08 | 47.19 | 55.13 | 93.60 |
| 1.0 | | 3.73 | 14.59 | 19.46 | 21.69 | 52.51 | 22.14 | 23.30 | 29.55 | 57.51 |
| 0.01 | $B$ | 0.92 | 1.43 | 1.54 | 1.57 | 1.57 | 1.54 | 1.63 | 1.60 | 1.67 |
| 0.02 | | 0.89 | 1.36 | 1.48 | 1.48 | 1.50 | 1.47 | 1.53 | 1.52 | 1.59 |
| 0.05 | | 0.95 | 1.25 | 1.38 | 1.35 | 1.42 | 1.36 | 1.43 | 1.43 | 1.50 |
| 0.1 | | 0.83 | 1.22 | 1.31 | 1.33 | 1.40 | 1.34 | 1.37 | 1.38 | 1.46 |
| 0.2 | | 0.82 | 1.19 | 1.26 | 1.29 | 1.39 | 1.30 | 1.32 | 1.35 | 1.44 |
| 0.5 | | 0.80 | 1.14 | 1.21 | 1.26 | 1.46 | 1.29 | 1.27 | 1.33 | 1.47 |
| 1.0 | | 0.76 | 1.00 | 1.16 | 1.22 | 1.53 | 1.27 | 1.22 | 1.31 | 1.50 |

$E\{F_0(x_p)\}$可表示为大洪水的年平均发生概率，则铁路服务期内(100 年)至少遭遇 1 次大洪水的风险率为(徐宗学和叶守泽，1988)

$$p_{洪水} = S(1) = 1 - S(0) = 1 - \binom{100}{0} p^0 (1-p)^{100} = 1 - (1-p)^{100} \tag{10-73}$$

式中，$p = E\{F_0(x_p)\}$为大洪水平均发生概率；$S(1)$为 100 年中至少遭遇 1 次大洪水的概率。

### 3. 铁路震害经济损失预测

根据自然灾害对铁路道路工程及铁路运输企业的影响，大地震作用下铁路的损失可以分为经济损失和非经济损失。本节只讨论铁路受灾经济方面的损失，暂不考虑人员伤亡等非经济损失的情况。铁路受大地震灾害经济方面的损失可划分为直接经济损失和间接经济损失两大类，其定义为(张于心和鲍枫，2000)：直接经济损失是指一次灾害引起的铁路受灾事故现场列车及道路工程的财产和人员伤亡赔偿的经济损失；间接经济损失是指灾害现场之外的损失和灾害引起其他方面的效益损失。根据工程结构的特点，本节通过建立桥梁、隧道及路基工程的震害模型来预测铁路震害直接经济损失；间接经济损失则利用铁路受灾导致断道所造成的运营收入损失来计算。

### 4. 桥梁震害直接经济损失

#### 1)震害损失评价因子

桥梁损失预测的重要内容是选择影响桥梁震害程度的主要因子，本节在确定桥梁震害的主要影响因子时考虑了以下原则：选取的评价因子对桥梁震害程度具有重要影响；各个震害评价因子的相关性不大；对于该因子，能够取得数量较多且较为准确的样本数据。

由于铁路桥梁大多以梁式桥为主，并且汶川地震后调查发现只有少数桥梁地基存在液化现象，因此结合以上三条因子选择原则以及结合文献(久保庆三郎，1984；朱美珍，1994；周长东等，2013)的研究，选取 7 个桥梁震害影响因子：地震烈度、场地土类别、基础形式、墩台高度、桥梁长度、桥梁跨数、设计年代。对各影响因子说明如下。

(1)地震烈度：地震烈度是地震对地表及工程建筑物、构筑物影响程度的一种度量。虽然从 20 世纪 80 年代起新修或改建的桥梁都按照《中国地震动参数区划图》的要求进行了抗震设防，但是在距离地震震中较近区域实际地震烈度往往大于抗震设防烈度，对桥梁结构造成极大破坏。例如，汶川地震震中区域地震烈度为Ⅺ度，芦山地震震中区域地震烈度为Ⅸ度，都远远大于桥梁设计、施工时的抗震设防标准。根据震害经验，本节将地震烈度划分为Ⅶ、Ⅷ、Ⅸ、Ⅹ、Ⅺ度五个震害因子。

(2)场地土类别：场地土类别能影响桥梁在地震中的破坏程度。《铁路工程抗震设计规范》(GB 50111—2006)规定了场地土的划分标准，将其划分为四类。但考虑桥梁属于重要工程，在选址和修建时对场地土要求较高，因此本节只考虑Ⅰ、Ⅱ、Ⅲ三种场地土类型，即岩石或坚硬土、中硬土和中软土。

(3)基础形式：不同的基础类型对桥梁震害程度有较大影响，本节将桥梁基础形式简单划分为桩基础和扩大基础两种。

(4)墩台高度：桥墩的升高加大了桥墩的承受负担，震害调查表明，随着桥墩高度的增加，桥梁的抗震性能将下降，本节将墩台高度划分为(0，5]、(5，10]、(10，∞)三类。

(5)桥梁长度：按照《铁路桥涵设计基本规范》(TB10002.1—2005)的划分标准，将桥梁长度分为(0，20]、(20，100]、(100，∞)三类。

(6)桥梁跨数：本节将桥梁跨数划分为小于或等于 3 跨和大于 3 跨。

(7)桥梁建设年代：我国第一部铁路行业抗震设计规范于 1988 年 7 月 1 日正式施行，所以将桥梁的设计年代划分为 1989 年以前没有进行抗震设防的桥梁和 1989 年以后进行抗震设防的桥梁。

2)震害等级

根据《生命线工程地震破坏等级划分》、《地震灾害评估》、《地震现场工作第 3 部分：调查规范》、《汶川地震公路震害调查——桥梁》和汶川地震桥梁震害调查资料，将桥梁的震害等级划分为以下五类，见表 10-9。

**表 10-9 桥梁的破坏等级划分标准和赋值**

| 震害等级 | 主要特征描述 | 等级赋值 |
|---|---|---|
| 无破坏 | 无明显震害现象 | 1 |
| 轻微破坏 | 承重构件未出现震害，仅有少量附属设施受损，承载能力无任何损失。抢通阶段正常通行，震后不需维修或经少量维修即可满足正常使用要求 | 2 |
| 中等破坏 | 桥梁主要承载构件受损，但承载能力无明显损失，如主梁发生移位，但无落梁风险；桥墩无明显倾斜，桥台轻度破坏等。抢通阶段无需处置可以满足应急交通的要求，灾后经修护可满足正常使用 | 3 |
| 严重破坏 | 桥梁主要承载构件严重受损，承载能力损失严重，如梁发生严重移位，有落梁风险；桥墩明显倾斜，桥台严重破坏。抢通保通阶段经过应急处置方可通行，震害需要重点进行加固维修。 | 4 |
| 完全损毁 | 全桥或部分桥跨完全垮塌，或部分主要构件缺失，桥梁承载能力已损失殆尽，震害需要对主要构件进行更换，甚至已无修复必要，需进行重建。 | 5 |

3)震害影响因子系数及震害指数

地震调查资料分析表明，地震对桥梁的破坏程度与地震烈度、场地类别等震害影响因子的数量关系一般是非线性的。利用震害指数表示地震对桥梁的破坏程度，并假设桥梁震害指数是各项评价因子影响系数的乘积，这些系数值可以用数理统计的方法求得。将桥梁的各个震害因子作为自变量，震害指数作为因变量，则桥梁震害指数和震害影响因子的关系可以用式(10-74)的非线性方程表示(周长东等，2013)。

$$Q = a_0 \prod_{i=1}^{n} \prod_{j=1}^{h_i} a_{ij}^{x_{ij}} \quad (i = 1, \cdots, n; j = 1, \cdots, h_i) \tag{10-74}$$

式中，$Q$ 为桥梁的震害指数；$n=7$ 为桥梁震害影响因子个数；$h_i(i=1, \cdots, 7)$为第 $i$ 项震害影响因子的分类数；$a_0$ 为调整系数；$a_{ij}$ 为第 $i$ 项震害影响因子的第 $j$ 分类的系数值；$x_{ij}$ 为桥梁的第 $i$ 项震害影响因子的第 $j$ 分类量化值，可取为 0 或 1，取值规则如式(10-70)所示。

$$x_{ij}=\begin{cases}0, & \text{桥梁的第 } i \text{ 项震害影响因子不属于第 } j \text{ 分类时}\\1, & \text{桥梁的第 } i \text{ 项震害影响因子不属于第 } j \text{ 分类时}\end{cases} \tag{10-75}$$

从式(10-74)可知，调整系数 $a_0$ 及震害影响因子系数值 $a_{ij}$ 是求得桥梁震。本节运用多元线性回归建立回归方程，并利用最小二乘法原理解回归方程。根据汶川地震后对桥梁的震害调查资料，使用 MATLAB 编程计算得到影响因子系数的回归方程值及系数取值。由于考虑到地震发生时导致桥梁破损的因素很多，不可能将所有的因素都考虑在内，这样既不可行也没有必要；同时受到统计样本的限制，用 MATLAB 计算得到的震害影响因子系数值与实际情况可能会有一定的偏差，所以根据震害经验对系数进行了适当调整，见表 10-10。

**表 10-10　震害影响因子系数值**

| 震害因子序号 | 震害因子 | 分类号 | 类别 | 统计回归值 | 影响因子系数值 $a_{ij}$ |
|---|---|---|---|---|---|
| 1 | 地震烈度 | 1 | 7 度 | −0.2982 | 0.74 |
| | | 2 | 8 度 | −0.2554 | 0.77 |
| | | 3 | 9 度 | −0.2066 | 0.82 |
| | | 4 | 10 度 | −0.1601 | 0.85 |
| | | 5 | 11 度 | 0.2463 | 1.28 |
| 2 | 场地土类别 | 1 | Ⅰ类 | 0.1953 | 1.22 |
| | | 2 | Ⅱ类 | 0.2647 | 1.31 |
| | | 3 | Ⅲ类 | 0.4283 | 1.52 |
| 3 | 基础形式 | 1 | 桩基础 | −0.0023 | 0.91 |
| | | 2 | 扩大基础 | 0.0000 | 1 |
| 4 | 墩台高度 | 1 | (0，5] | 0.0000 | 1 |
| | | 2 | (5，10] | 0.0961 | 1.11 |
| | | 3 | (10，∞) | 0.1043 | 1.12 |
| 5 | 桥梁长度 | 1 | $L\leqslant 20$ | −1.1008 | 0.33 |
| | | 2 | $20<L\leqslant 100$ | −0.3734 | 0.68 |
| | | 3 | $L>100$ | 0.0000 | 1 |
| 6 | 桥梁跨数 | 1 | $m\leqslant 3$ | −0.2510 | 0.78 |
| | | 2 | $m>3$ | 0.0000 | 1 |
| 7 | 设计年代 | 1 | 1989 年以前 | −0.0757 | 0.91 |
| | | 2 | 1989 年以后 | 0.0000 | 1 |
| 相关系数 | | | | 0.9076 | — |
| 调整系数 $a_0$ | | | | 1.11 | |

考虑到桥梁的重要性以及模型方便运用的需要，偏安全地确定各破坏等级的震害指数区间，并依照汶川地震实际震害情况进行调整，得到桥梁震害等级与震害指数区间的对于关系，见表 10-11。

**表 10-11 桥梁破坏等级与震害指数区间的对应关系**

| 震害等级 | 无破坏 | 轻微破坏 | 中等破坏 | 严重破坏 | 完全毁坏 |
|---|---|---|---|---|---|
| 震害指数 $Q$ | $Q\leqslant1.3$ | $1.3<Q\leqslant2.0$ | $2.0<Q\leqslant3.2$ | $3.2<Q\leqslant4.0$ | $Q>4.0$ |

4)震害直接经济损失预测

根据式(10-69)可以得到桥梁震害指数，又由表 10-9 的桥梁破坏等级与震害指数区间的对应关系可进一步获得破坏等级程度，但要预测桥梁震害直接经济损失，还需要知道破坏损失比。桥梁破坏损失比是指结构在不同破坏等级下修复或重建、使其恢复功能的造价与总造价之比，均以当地现行造价为准。中国现有规范《地震现场工作第四部分：灾害直接损失评估》(GBT 18208.4—2011)给出了桥梁不同破坏等级下结构破坏损失比的取值范围，本节建议对桥梁结构的破坏损失比取最大值，见表 10-12。

**表 10-12 山区铁路桥梁的破坏损失比(%)**

| 破坏等级 | 基本完好 | 轻微破坏 | 中等破坏 | 严重破坏 | 毁坏 |
|---|---|---|---|---|---|
| 桥梁损失比 | 10 | 20 | 40 | 70 | 100 |

桥梁震害直接经济损失可由式(10-76)得到：

$$Z_{桥}=C_{桥}\times L_{桥}\times r_{桥} \tag{10-76}$$

式中，$Z_{桥}$为桥梁的震害直接经济损失值，万元；$C_{桥}$为桥梁每延米的重置单价，万元；$L_{桥}$为桥梁的长度，m；$r_{桥}$为山区铁路桥梁的建议破坏损失比。

5. 隧道震害直接经济损失

1)震害破坏比

本节通过对汶川地震后的隧道震害调查确定隧道破坏比，然后利用破坏比直接预测隧道震害直接经济损失。调查范围包括地震重灾区及极重灾区的国、省干线及典型县乡道路的公路隧道，共计 18 条线路 56 座隧道。

根据隧道的破坏特征、统计计算需要以及准确描述隧道震害程度的要求，并且隧道不同部位震害程度有明显差异，因此可以将一座隧道结构划分为隧道洞口段、断层段和普通道。隧道洞口浅埋段属于震害易发区，然而，隧道浅埋段震害并不仅仅延伸到深浅埋分界处就终止了，在浅埋段的基础上还向深埋段延伸了一定的距离，所以本节的洞口段包括浅埋段和过渡段。断层段长度包括断层破碎带宽度和由断层造成的临近区域的震害面积和严重震害比例较普通段有明显增加的部分长度。根据地震现场震害调查发现，穿越断层破碎带时隧道结构震害最为严重，隧道洞口结构震害次之，隧道普通段的震害程度比洞口段结构和断层影响段隧道结构要低，震害的比例也较小。

隧道的抗震性能优于线路的其他结构，在地震烈度为Ⅸ度及以下时，除个别受山地灾害影响外其余隧道的破坏都不严重。本节利用汶川地震实震数据以及文献(陈乐生，2012)的调查资料，统计了Ⅹ度及Ⅺ度烈度区域内破坏较严重的隧道震害情况，得到不同地震烈度下不同隧道结构的平均破坏比。地震烈度为Ⅹ度时隧道洞口段平均破坏比为

58.35%，普通段的平均破坏比为 35.74%，断层段的平均破坏比为 94.38%；烈度为Ⅺ度时隧道洞口段平均破坏比为 87.48%，普通段的平均破坏比为 47.82%，断层带的平均破坏比为 93.97%。因统计样本有限，对上述平均破坏比作适当调整，见表 10-13。

**表 10-13　隧道不同结构段的震害破坏比(%)**

| 地震烈度 | 洞口段的破坏比 | 普通段的破坏比 | 断层段的破坏比 |
|---|---|---|---|
| Ⅹ度 | 60 | 40 | 100 |
| Ⅺ度 | 90 | 50 | 100 |

2)震害直接经济损失预测

预测隧道震害直接经济损失，除了需要隧道洞口段、断层段及普通段的破坏比之外，还要确定相应结构段的长度。耿萍教授运用数值模拟、动力分析和振动台模型试验相结合的方法得出：洞口段抗震设防长度为 3 倍隧道跨度时，减震效果显著；穿越断层破碎带隧道抗震设防长度为 3.5 倍隧道跨度时，减震效果显著(耿萍，2012，2014)，这个结论可以作为洞口段和断层段的最小取值长度。结合隧道的调查资料，将洞口段长度取值 50～250m，断层段长度取值 30～200m，普通段的长度为隧道总长减去洞口段的长度和断层段的长度。

因此，不同隧道结构段的震害直接经济损失可由式(10-77)计算得到：

$$Z_{i隧} = C_{i隧} \times L_{i隧} \times r_{i隧} \tag{10-77}$$

式中，$Z_{i隧}(i=1,2,3)$分别为隧道洞口段、断层段及普通段的震害直接经济损失值，万元；$C_{i隧}(i=1,2,3)$分别为隧道洞口段、断层段及普通段每延米的重置单价，万元；$L_{i隧}(i=1,2,3)$分别为隧道洞口段、断层段及普通段的计算长度，m；$r_{i隧}(i=1,2,3)$分别为隧道洞口段、断层段及普通段的破坏比。

总的隧道震害直接经济损失为

$$Z_{隧} = Z_{1隧} + Z_{2隧} + Z_{3隧} \tag{10-78}$$

6. 路基震害直接经济损失

目前，路基震害的经济损失研究可以分为地震发生之前的预估和地震发生之后的调查评估。运用高分辨率遥感技术对灾区道路损毁情况进行定性或定量分析，受到遥感信息利用率、图像解译分析流程及效率等因素的限制，对于时间就是生命的抗震救灾工作来说，这种方法很难在最初的救灾决策阶段提供帮助。而基于道路本身设计数据得到的震害预测方法需要进行大量复杂的数学运算，不能满足大范围道路损毁程度快速评估的需求，且大多没有考虑地震后次生山地灾害对道路系统造成的破坏，这些方法对平原地区比较适用，却不能适用于遭受次生山地灾害的山区道路损毁程度评估。

1)震害影响因子

本节采用陈一平和陈欣(1993)提出的道路震害因子：地震烈度、路基土、场地土类别、地基失效情况、路基类型、路基高差和设防烈度，作为建模的基础。上述道路震害影响因子的具体阐述如下。

(1)地震烈度：地震烈度是地震对地表及工程建筑物破坏程度的一种度量。虽然从20世纪80年代起新修或改建的道路都按照《中国地震动参数区划图》及相关设计施工规范的要求进行了抗震设防，但是在距离地震震中较近区域实际地震烈度往往大于抗震设防烈度，对道路造成极大破坏。例如，汶川地震震中区域地震烈度为Ⅺ度，芦山地震震中区域为Ⅸ度，都远远大于道路设计、施工时的抗震设防水平。根据震害经验，本节将地震烈度划分为7度、8度、9度、10度、11度五种地震烈度。

(2)路基土：路基是轨道或路面的基础，它承受着轨道及机车车辆或路面及交通荷载的静荷载和动荷载，并将荷载向地基深处传递扩散。路基施工时对土方需求量极大，对土方施工质量要求高。路基填料的性质及施工质量对道路的影响很大，根据震害经验，本节将路基土划分为坚硬土、黏土、粉土或细砂土以及分期施工路基。

(3)场地土类别：在地震发生时，道路所受的地震破坏程度与场地土的类型有较大的关系。《铁路工程抗震设计规范》(GB 50111—2006)规定了场地土的划分依据，这里只考虑Ⅰ、Ⅱ、Ⅲ种场地土类型。

(4)地基失效情况：地震时地基失效主要发生在平原沿海地区，山区道路出现地震地基液化失效的情况不是特别严重，仅在部分沿河道路出现。本节将地震路基失效情况分为无液化失效、轻微液化失效、中等液化失效和严重液化失效四种类型。

(5)路基类型：路基按照横断面形式和工程震害经验可以分为低矮路基、路堤、路堑和挖填结合路基。

(6)路基高差：路基高度指路堤的填筑高度和路堑的开挖深度，是指路基中心线处设计高程与原地面高程之差。震后调查表明，路基越高则地震破坏越严重。本节将路基高差分为$H \leqslant 1\text{m}$、$1\text{m}<H \leqslant 2\text{m}$、$2\text{m}<H \leqslant 3\text{m}$、$H \geqslant 3\text{m}$四种类型。

(7)设防烈度：将设防烈度分为小于或等于6度、7度设防和大于或等于8度设防。

2)改进的路基震害指数公式

陈一平和陈欣(1993)根据震害经验，并从便于计算分析的角度出发，提出了道路震害预测模型。模型假设路基震害为一个正态分布的曲线。

$$u_i(ind) = e^{\frac{-(ind-\overline{ind}_i)^2}{2\sigma_i^2}} \tag{10-79}$$

式中，$\overline{ind_i}$为第$i$条道路的平均震害指数；$\sigma_i$为各烈度下震害离散系数值，其取值根据不同地震烈度下，实际震害离散程度来决定，文献(陈一平和陈欣，1993)列出了各烈度下$\sigma_i$的建议值。依据$\overline{ind}_i$和$\sigma_i$两个参数就可以确定震害的正态分布曲线，$\overline{ind}_i$的值可以通过式(10-80)计算得到。

$$\overline{ind}_i = 0.2 \times \left[\prod_{j=1}^{7} X_{ij}\right] - 0.1 \tag{10-80}$$

陈一平和陈欣(1993)提出的路基震害预测模型，是基于中国唐山地震后的调查统计资料归纳得出，其参数和结论比较符合中国国情。但该模型未考虑山区次生山地灾害对路基工程的影响。由于次生山地灾害往往会加剧地震对山区铁路造成的损失程度，因此也是地震灾害损失研究的重要组成部分。据以往地震引发的次生山地灾害调查统计，次生山地灾害所造成的人员伤亡占总伤亡的0.5%～1.0%，房屋破坏面积占总破坏面积的

1%～5%，道路破坏长度占总长度的 70%～80%，耕地破坏比例超过 90%。所以山区铁路损毁程度评估必须将次生山地灾害的影响考虑在内。因此，本节运用风险分析理论对其进行改进，在式(10-80)的基础上增加山地灾害风险因子，以满足山区铁路路基工程震前预测和震后快速评估的需要。

$$\overline{ind'_i} = 0.2 \times \Big[\prod_{j=1}^{7} X_{ij}\Big] Y_i - 0.1 \tag{10-81}$$

式中，$X_{ij}$ 为第 $i$ 条道路的第 $j$ 个震害因子量化值；$Y_i$ 为第 $i$ 条道路次生地质灾害风险程度所对应的量化值；$\overline{ind'_i}$ 为考虑次生山区地质灾害的路基震害指数值。

3)震害等级

确定路基震害因子的量化值时，需要进行震害等级划分以及相应的量化赋值，以便利用调查的实际地震对道路造成的破坏程度资料，将震害等级赋值来代入回归方程进行参数的回归计算。为使得该关系与桥梁、隧道等破坏等级数划分保持一致，本书结合《生命线工程地震破坏等级划分》、《汶川地震公路震害调查——路基》以及陈一平和陈欣(1993)的研究，将路基的震害等级分为完好、轻微破坏、中等破坏、严重破坏和损毁，并得到震害指数与震害等级的关系，见表 10-14。

**表 10-14　路基震害等级划分**

| 震害等级 | 主要特征描述 | 等级值 |
|---|---|---|
| 完好 | 路基、路面未受破损或破损甚微，可正常通行 | 1 |
| 轻微破坏 | 路基表明震害不明显，路面有轻微凹陷鼓胀现象和细微的裂缝，路肩、挡土墙、路堑出现细小裂缝，不影响正常使用，震害暂时无需修补，挡墙震害不明显，没有丧失支挡功能 | 2 |
| 中度破坏 | 路基表明震害比较明显，路面有凹凸鼓胀和开裂错台现象，裂缝宽度小于 10cm，路堤边缘可能出现小范围的垮塌详细，顺利通车，挡墙震害较明显，强顶位移明显，震后需要进行局部修复 | 3 |
| 严重破坏 | 路基表面震害明显，路面出现大的不均匀沉降、隆起和宽度大于 10cm 的裂缝，路堤边缘部分垮塌，边坡的崩塌落石砸落至路面，边坡的滑坡掩埋路面，导致行车空间狭小或无法通行，仅能步行通过，需要经过一段时间清理才能恢复通车，挡墙震害明显，强顶位移明显 | 4 |
| 损毁 | 路基表明震损严重，开裂、凹凸鼓胀、错台导致路基完全失效，路基大部分垮塌、侧，边坡崩塌落石砸落堆积在路面，砸坏路基并堵塞道路，边坡崩塌掩埋路基，无法通行，挡墙完全破坏，需要经过长时间的清理才能恢复通车 | 5 |

4)震害影响因子量化值

选取国道 G213 线都江堰—映秀区段的现场震害调查资料，并结合该区段的勘察设计图纸，用数理统计中的多元线性回归方法求解震害因子的量化值，见表 10-15。

**表 10-15　路基震害因子量化值**

| 震害因子数 | 震害因子 | 各因子分类数 | 震害因子分类 | 建议量化值 |
|---|---|---|---|---|
| 1 | 地震烈度 | 1 | 7 度 | 1.00 |
| | | 2 | 8 度 | 1.05 |
| | | 3 | 9 度 | 1.15 |
| | | 4 | 10 度 | 1.20 |
| | | 5 | 11 度 | 1.40 |

续表

| 震害因子数 | 震害因子 | 各因子分类数 | 震害因子分类 | 建议量化值 |
|---|---|---|---|---|
| 2 | 路基土 | 1 | 坚硬土 | 0.90 |
| | | 2 | 黏土 | 1.00 |
| | | 3 | 粉土、细砂土 | 1.10 |
| | | 4 | 分期施工路基 | 1.20 |
| 3 | 场地类别 | 1 | Ⅰ类 | 0.80 |
| | | 2 | Ⅱ类 | 1.00 |
| | | 3 | Ⅲ类 | 1.10 |
| | | 4 | Ⅳ类 | 1.30 |
| 4 | 地基失效 | 1 | 无 | 1.00 |
| | | 2 | 轻 | 1.05 |
| | | 3 | 中 | 1.15 |
| | | 4 | 重 | 1.40 |
| 5 | 路基类型 | 1 | 低矮路基 | 1.00 |
| | | 2 | 路堤 | 1.10 |
| | | 3 | 路堑 | 1.30 |
| | | 4 | 挖填结合 | 1.35 |
| 6 | 路基高差/m | 1 | $H \leqslant 5$ | 1.00 |
| | | 2 | $5 < H \leqslant 10$ | 1.05 |
| | | 3 | $10 < H \leqslant 20$ | 1.20 |
| | | 4 | $H > 20$ | 1.50 |
| 7 | 设防烈度 | 1 | 小于或等于6度 | 1.00 |
| | | 2 | 7度 | 0.90 |
| | | 3 | 大于或等于8度 | 0.80 |
| 8 | 山地灾害 | 1 | 高风险区 | 1.80 |
| | | 2 | 较高风险区 | 1.50 |
| | | 3 | 中等风险区 | 1.30 |
| | | 4 | 低风险区 | 1.00 |

5)震害直接经济损失预测

建立路基震害直接经济损失预测模型，首先需要确定震害指数和震害破坏等级的关系。震害指数越高的区段道路损毁程度往往较大，表明该段破坏越严重。为方便对道路经济损失快速地进行评估，将道路震害指数和道路的破坏等级联系起来，其关系见表10-16。

**表 10-16　道路震害指数和破坏等级的关系**

| 道路震害指数 | (0.1, 0.2) | (0.2, 0.3) | (0.3, 0.5) | (0.5, 0.7) | (0.7, 1.0) |
|---|---|---|---|---|---|
| 道路破坏等级 | 基本完好 | 轻微破坏 | 中等破坏 | 严重破坏 | 毁坏 |
| 道路损毁描述 | 完全通行 | 通行 | 基本通行 | 基本不通 | 不通行 |
| 风险评估(等级) | 等级很低 | 等级低 | 等级中等 | 等级高 | 等级很高 |

预测路基工程在地震中的直接经济损失值，还需要确定路基的破坏损失比，但由于其计算过程受众多不确定因素的影响，目前还没有准确的计算方法。本书参照《地震现场工作第四部分：灾害直接损失评估》(GBT 18208.4—2011)确定的道路在不同破坏等级时损失比的取值范围(表 10-17)，并考虑到山区道路等级一般较低，且受次生山地灾害影响严重等因素，建议对取值范围内的损失比取最大值。

**表 10-17　路基工程结构破坏损失比(%)**

| 震害破坏等级 | 基本完好 | 轻微破坏 | 中等破坏 | 严重破坏 | 毁坏 |
|---|---|---|---|---|---|
| 破坏损失比 | 10 | 20 | 50 | 70 | 100 |

因此，路基工程震害直接经济损失可由式(10-81)得到。

$$Z_{路} = C_{路} \times L_{路} \times r_{路} \tag{10-82}$$

式中，$Z_{路}$为路基的震害直接经济损失值，万元；$C_{路}$为路基每延米的重置单价，万元；$L_{路}$为路基工程的长度，m；$r_{路}$为山区铁路路基的建议破坏损失比。

7. 铁路震害间接经济损失预测

低频大灾对铁路系统造成的经济损失不仅包括工程结构损坏所导致的直接经济损失，还包括因工程结构损坏所带来的其他方面的间接经济损失，如铁路企业运营收入损失等。间接经济损失作为地震灾害损失的重要组成部分，由于其没有直接经济损失那么显而易见，往往在灾害损失评估时没有引起人们足够的重视，但是其经济损失总量依然十分可观，对经济的影响十分严重。铁路系统震害经济损失预测时，如不对间接经济损失进行估计，便不能完全反映其在地震后的经济损失情况，对于抗震救灾工作也会产生错误的指导。据成都铁路局统计，汶川地震造成该局减少旅客发送量达 1000 万人次；减少货物发送量达 521 万 t；影响全年货车周转时间延长 0.029 天；换算周转量减少 79.5 亿吨公里，其中旅客周转量减少 55.0 亿人公里，货物周转量减少 24.5 亿吨公里。芦山地震对成都铁路局同样造成了严重影响，地震发生后成都铁路局立即扣停了在途的 80 列客车和 295 列货车，仅运输经营损失就高达 1.4 亿元。

对于新建铁路的原则方案确定阶段而言，此时资料尚不完整，本节提出一个简单的估算公式，以与原则方案确定阶段精度要求相匹配。

$$Z_{间} = T_{断} \times Y_{收} \tag{10-83}$$

式中，$Z_{间}$为铁路部门的运输收入损失值，即震害间接经济损失；$T_{断}$为大地震作用下铁路断道时间；$Y_{收}$为铁路未受灾时的单位时间运营收入。铁路单位时间运营收入可由运营线当前实际运营收入情况确定，亦可参照表 10-18 进行宏观估计。表 10-18 是由西南、西北地区各铁路线实际资料统计的结果。

表 10-18　铁路运营收入

| 铁路等级 | 单位时间运营收入/(万元/d) | 备注 |
|---|---|---|
| Ⅰ | 750～2000 | |
| Ⅱ | 500～1000 | 运营里程在 400～800km 的线路 |
| Ⅲ | <500 | |

8. “生命线”铁路方案评价方法

1)“生命线”定义

一条铁路是否为“生命线”，目前还没有严格的定义。本节从铁路在路网布局中的地位及在重大灾害应急抢险中的作用出发，将“生命线”铁路定义为，连接大型居民区或行政中心，对保障当地人民基本生活具有唯一性的铁路，多为尽头线。如规划中的川藏铁路，按分段建设、逐段推进的规划，先行修建的康定—昌都段就是“暂时尽头线”，具有生命线意义，但当昌都—拉萨段的铁路连通后，其生命线的属性将得到改善。

由于生命线铁路在抢险救灾方面的特殊性，当大灾发生时，不仅铁路系统本身将遭受严重破坏，而且会耽误抢险救援时间及人员物资运送，从而扩大灾害对经济、社会的影响及人员伤亡情况。所以采用式(10-56)定义的铁路常规风险计算方法难以完全衡量生命线铁路的大灾风险，这样计算的大灾常规风险损失往往偏小，会弱化或直接忽视了其对生命线铁路的危险性。因此，针对生命线铁路的特殊性，需要重新建立与其相适应的大灾风险计算公式和方案评价方法。

2)变权公式及生命线铁路方案评价方法

计算生命线铁路大灾风险的关键在于如何度量灾害发生时工程被破坏，进而对地区抢险救灾及人员物资运输作业产生影响的程度，但目前还难以直接进行量化计算。本书利用变权理论能够反映复杂系统非线性以及涌现性等本质特征的优点，采用变权权重系数修正式(10-56)定义的铁路常规风险计算方法，通过间接方式估算生命线铁路的大灾风险损失，为计算选线设计阶段的生命线铁路大灾风险及方案评价提供一种可操作的方法。李春好等(2010)指出了采用变权思想进行评估的合理性，汪培庄和李洪兴(1996)给出了变权公式，刘文奇(1997)将均衡函数引入变权理论，得到意义更明确的变权综合法。但常规变权公式是用于处理多因素(指标)的变权均衡化问题，难以解决本书单因素(指标)权重系数的变化问题，因此需重新建立变权公式。

大量的观测资料表明，灾害的大小 $L$ 和灾害发生的频度 $P$(或灾害的平均发生周期)之间存在着定量的幂指数关系(陈颙和史培军，2008)：$P$ 正比于 $L^{-D}$，其中 $D$ 是一个与灾害类型和灾害地区有关的常数，它经常不是整数，在分形几何学中称为分位数。由于灾害的大小可由灾害对工程造成的损失表示，那么对于同一类型、同一频度的灾害，不同类型工程所遭受的损失就应该相差一个幂指数形式的倍数关系，推导过程如下。

令 $L_p$ 和 $L_s$ 表示同一频率或强度 $P$ 的灾害分别对非生命线铁路及生命线铁路造成的损失，则

$$P = k_1(L_p)^{-D_1}, \quad P = k_2(L_s)^{-D_2} \tag{10-84}$$

式中，$k_1$，$k_2$ 为比例系数。

化解式(10-84)，得到：

$$\frac{L_s}{L_p} = \frac{(k_1)^{D_1+1}}{(k_2)^{D_2+1}} P^{D_2-D_1}$$

取 $\alpha = \frac{(k_1)^{D_1+1}}{(k_2)^{D_2+1}}$，$\beta = D_2 - D_1$，则

$$L_s = \alpha P^{\beta} * L_p \tag{10-85}$$

式中，$\alpha$，$\beta$ 称为变权系数，$\alpha$，$\beta$ 可通过灾害发生的统计数据获得，但由于大灾毕竟是罕遇事件，难以通过对现象的观察提炼科学问题，并获得统计层面的规律性认识，因此本书采用如下特殊形式的变权公式以简化计算，即取 $\beta = (1-\alpha)/\alpha$。

$$F'_{生} = \alpha P^{(1-\alpha)/\alpha} * F \tag{10-86}$$

式中，$F$ 为采用常规方法[式(10-56)]计算的以经济损失表示的铁路大灾风险；$F'_{生}$ 为以经济损失表示的生命线铁路工程大灾风险。相当于在 $F$ 的基础上乘以变权系数 $\alpha P^{(1-\alpha)/\alpha}$，实现了变权处理。理论上，$\alpha$ 可取为 1 到无穷大的任意常数，但由于实际灾害发生所造成的损失不可能无限放大，且生命线工程与非生命线工程受灾的差异程度也应在一个合理的范围，因此本书选择 $\alpha \in [1,2]$。$\alpha$ 的具体取值可根据工程的性质和特征而定，$\alpha$ 越接近 2，变权作用越显著；当 $\alpha=1$ 时，变权就退化为常权。

对由式(10-57)给出的常规铁路大灾风险评估方法进行变权处理，得到生命线铁路大灾风险的计算公式：

$$F'_{生} = \sum_{i=1}^{2}[(\alpha p_i^{(1-\alpha)/\alpha}) p_i (Z_{i路} + Z_{i隧} + Z_{i桥} + Y_{收} T_{i断})] \tag{10-87}$$

然后，得到生命线铁路考虑大灾风险的年换算工程-期望运营费 $K'_{生}$ 为

$$\begin{aligned} K'_{生} &= E'_{生} + \Delta * A = \Delta * A + (E + F'/100) \\ &= \Delta * A + E + \sum_{i=1}^{2}[(\alpha p_i^{(1-\alpha)/\alpha}) p_i (Z_{i路} + Z_{i隧} + Z_{i桥} + Y_{收} T_{i断})]/100) \end{aligned} \tag{10-88}$$

式中，$K'_{生}$为生命线铁路考虑了低频大灾风险的年换算工程-期望运营费；$F'_{生}$为以经济损失表示的生命线铁路低频大灾风险；$\alpha$，$\beta$ 为变权系数，$\beta=(1-\alpha)/\alpha$；$E$ 为年运营费；$A$ 为工程固定投资；$\Delta$ 为考虑投资偿还期系数(也称为基准收益率)；$p_i(i=1,2)$ 分别为大地震和大洪水在铁路服务期内(以 100 年计)的发生概率；$Z_{i路}, Z_{i隧}, Z_{i桥}(i=1,2)$ 分别为大地震及大洪水作用下路基、隧道及桥梁工程结构被破坏的直接经济损失；$T_{i断}(i=1,2)$ 分别为大地震及大洪水造成铁路断道的时间；$Y_{收}$ 为铁路未受灾时单位时间的运营收入。

### 10.4.4　铁路低频大灾风险调控宏观决策技术

结合图 10-8，可以得到更详细的利用铁路通过方案与绕避方案比选来进行低频大灾风险宏观调控的宏观决策技术(经济风险调控)：首先根据构建的可接受风险标准，确定铁路低频大灾风险的类别，若低频大灾风险处于广泛可接受区域，则表明风险对线路走

向产生的影响较小，方案比选时甚至可以忽略该风险，采用传统的年换算工程运营费法进行方案评价即可；如果低频大灾风险处于可容忍区域，则还需要利用年换算工程-期望运营费法，从灾害风险、技术、经济条件等方面进行方案综合比选；而如果风险处于不可容忍区域，则该风险成为线路走向的限制因素，必须考虑绕避方案。

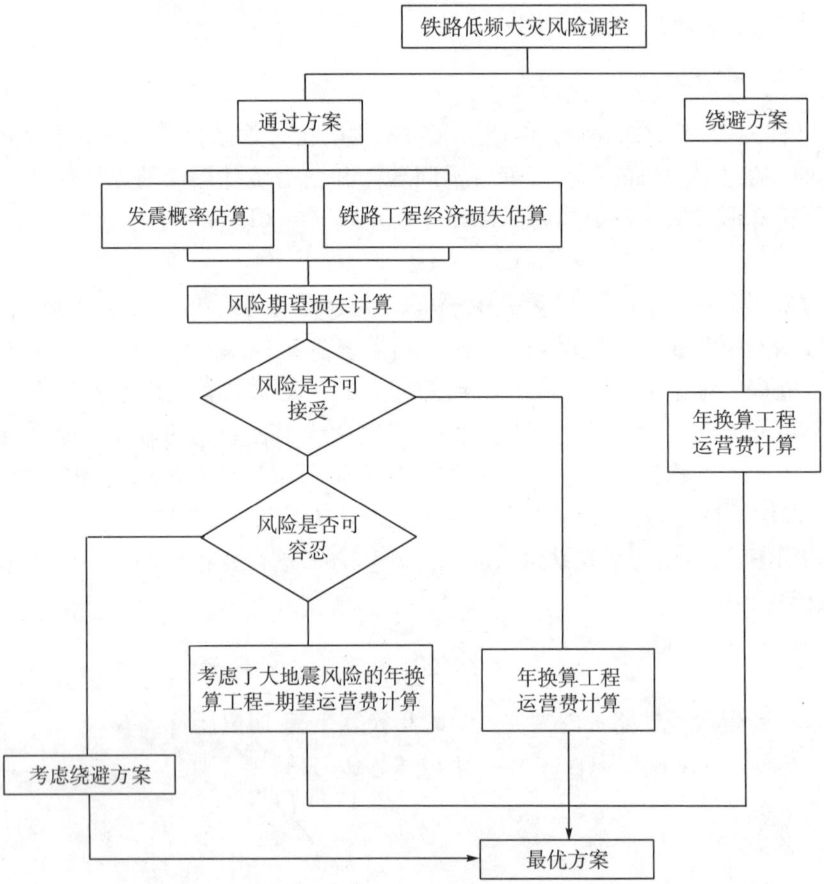


图 10-8 铁路低频大灾风险调控宏观决策技术

### 10.4.5 实例分析

川藏铁路已列入国家“十三五”发展规划研究，其中经鲜水河廊道的道孚、甘孜方案是康定—昌都段线路的走向方案之一(图 10-9)。根据中国地震局地质研究所对铁路沿线的地震区划，得到 50 年 10%超越概率地震动峰值加速度区划图，如图 10-10 所示。由图 10-10 可以看出，设计线路总体位于高烈度区，基本抗震设防参数较高，其中道孚、甘孜方案基本位于 $0.2g \sim 0.3g$ 区。川藏铁路沿鲜水河经道孚、甘孜，是地形较好的方案，但由于大段落线路与鲜水河断裂带平行，大地震风险一直是争论点。对于该段铁路，大地震为控制性灾种，不存在大洪水的风险，因此这里只讨论大地震的风险调控和通过方案的评价问题。

图 10-9　鲜水河断裂带地形及线路方案示意图

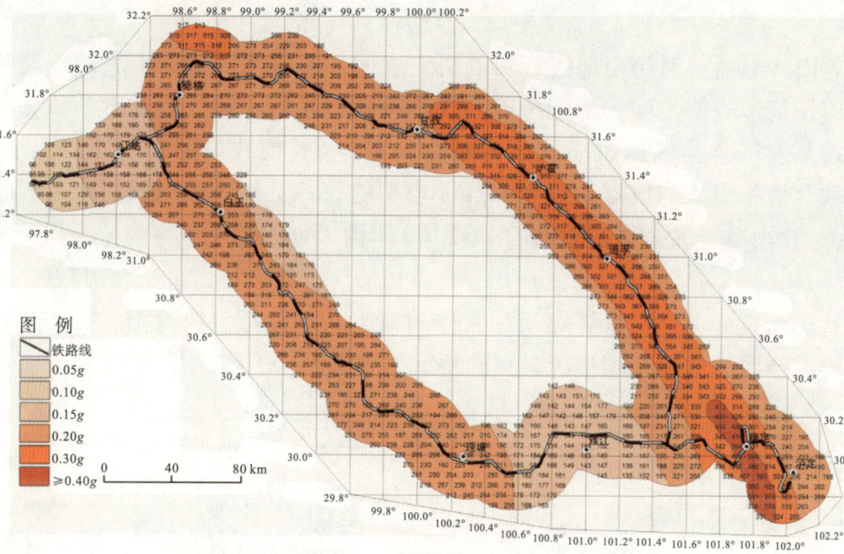


图 10-10　成都—昌都段地震峰值加速度分区简图

根据断裂几何形态、地貌和活动习性以及历史地震等资料可以将鲜水河断裂带北西段分为四段，分别为炉霍段、倡促段、道孚段和松林口—乾宁段(冉洪流和何宏林，2006)。其中，道孚段全长约为 44km，历史上曾发生过 1792 年 6.25 级、1904 年 7 级和 1981 年 6.9 级地震，是鲜水河断裂带最活跃的地段之一。本节以线路经道孚段为例，开展基于大地震风险的方案评价研究。

通过研究鲜水河断裂带上的历史地震资料(邓绍辉，2007)，该断裂带上地震震级达到 7.2 级时震中烈度就可以达到 10 度，因此定义道孚段发生震级 $M_s \geqslant 7.2$ 的事件为大地震。根据冉洪流和何宏林(2006)的研究，道孚段 $M_s \geqslant 7.2$ 的平均复发间隔时间约为 $r=270$ 年。由于道孚段在 1981 年曾发生过 6.9 级地震，因此其离逝时间为 $T=33$ 年，再利用平均复发间隔及变异系数 $\alpha=0.5$，可以得到 BPT 模型的概率密度函数。然后采用 MATLAB 数值积分算法中的递推自适应 Lobatto 法计算，并取截断误差为 10～6，得到基于 BPT 模型的未来 100 年内大地震发生概率。

$$P_{\mathrm{BPT}}(T \leqslant t \leqslant T+\Delta T \mid t>T)=P_{\mathrm{BPT}}(33 \leqslant t \leqslant 33+100 \mid t>33)$$
$$=\frac{\int_{33}^{133}\sqrt{\frac{270}{2\pi 0.5^2 t^3}}\mathrm{e}^{\frac{-(t-270)^2}{2rt0.5^2}}\mathrm{d}t}{\int_{33}^{\infty}\sqrt{\frac{270}{2\pi 0.5^2 t^3}}\mathrm{e}^{\frac{-(t-270)^2}{2rt0.5^2}}\mathrm{d}t} \tag{10-89}$$
$$=0.1055$$

再将以上参数数据代入 Poisson 模型的概率密度函数，然后计算得到基于泊松模型的未来 100 年内大地震发生概率为

$$P_{\mathrm{poi}}(33 \leqslant t \leqslant 33+100 \mid t>33)=\frac{\int_{33}^{133}\frac{1}{270}\mathrm{e}^{-\frac{1}{270}t}\mathrm{d}t}{\int_{33}^{\infty}\frac{1}{270}\mathrm{e}^{-\frac{1}{270}t}\mathrm{d}t}=0.2793 \tag{10-90}$$

钱洪等(1990)通过对历史地震资料的研究表明，鲜水河断裂带上大地震属于特征地震模式，但任何地震的发生都不能排除其还具有随机性的一面，因此本节认为鲜水河断裂带的地震复发符合特征地震模式的同时兼具 Poisson 模式，但特征性要强于随机性。所以选取联合概率模型的权重系数为：BPT 模型的权系数 $\lambda_1=0.7$，Poisson 模型的权系数 $\lambda_2=0.3$，算出基于联合概率模型的未来 100 年内大地震发生概率为

$$P_{\mathrm{BP}}=\lambda_1 P_{\mathrm{BPT}}+\lambda_2 P_{\mathrm{poi}}=0.7\times 0.1055+0.3\times 0.2793=0.1576 \tag{10-91}$$

现按地震烈度为Ⅹ度区计算康昌铁路伴随道孚断裂段经济风险损失，首先计算道孚特大桥的震害指数。根据工程概况，得到桥梁的震害因子取值，见表 10-19。

**表 10-19 桥梁震害影响因子系数值**

| 震害因子序号 | 震害因子 | $k$ | 震害因子分类 | 影响因子系数 $c_{ijk}$ 值 |
|---|---|---|---|---|
| 1 | 地震烈度 | 4 | 10 度 | 0.85 |
| 2 | 场地类别 | 1 | Ⅰ类 | 1.22 |
| 3 | 基础形式 | 1 | 桩基础 | 0.91 |
| 4 | 墩台高度 | 2 | [10，∞) | 1.12 |
| 5 | 桥梁长度 | 3 | $L>100$ | 1 |
| 6 | 桥梁跨数 | 2 | $m>3$ | 1 |
| 7 | 设计年代 | 2 | 1989 年以后 | 1 |
| 调整系数 $c_0$ | | | | 1.11 |

计算得到道孚特大桥震害指数 $Y=3.2$，因此该桥可能会遭到中等程度的破坏，则损失比为 40%。道孚特大桥长为 2866m，大桥的重置单价每千米估算为 5000 万元，则道孚特大桥可能遭受的直接经济损失为 $L_{桥}=5732$(万元)。

根据工程概况，得到路基工程的震害因子取值，见表 10-20。

**表 10-20 路基震害因子量化值**

| 震害因子序号 | 震害因子 | 各因子分类数 | 震害因子分类 | 量化值 |
|---|---|---|---|---|
| 1 | 地震烈度 | 4 | 10 度 | 1.20 |
| 2 | 路基土 | 2 | 黏土 | 1.00 |

续表

| 震害因子序号 | 震害因子 | 各因子分类数 | 震害因子分类 | 量化值 |
|---|---|---|---|---|
| 3 | 场地类别 | 1 | Ⅰ类 | 0.80 |
| 4 | 地基失效 | 4 | 重 | 1.40 |
| 5 | 路基类型 | 2 | 路堤 | 1.10 |
| 6 | 路基高差 | 2 | $H\leqslant5$ | 1.0 |
| 7 | 设防烈度 | 3 | 大于或等于 8 度 | 0.80 |
| 8 | 山地灾害风险 | 1 | 高风险区 | 1.80 |

根据式(10-81)，得到路基工程的震害指数为 0.35，该段路基工程可能会遭受中等程度的破坏，即损失比为 50%。路基工程的重置单价每千米估算为 3000 万元，则道孚段铁路路基可能遭受的直接经济损失为 $L_{桥}=61701$(万元)。

参考 2008 年中国汶川大地震(宝成铁路、广岳铁路)及日本阪神大地震造成铁路中断运营的情况，本案例取断道时间为 60d；同时，单位时间运营收入取为 1500 万元/d。则大地震对铁路造成的间接经济损失为 90000 万元。因此，道孚段铁路在大地震作用下可能遭受的经济损失为 $Z_{地震}=5732+61701+120000=157433$(万元)。

因此，计算得到铁路考虑了大地震风险的年换算工程-期望运营费为

$$
\begin{aligned}
K_1' &= \Delta * A + p_i\Big(\sum_{j=1}^{3} r_j L_j C_j + YT\Big)/100 + E \\
&= 0.06 \times [(44-2.866)\times 3000 + 2.866\times 6000] + 0.1576\times 157433/100 + E \\
&= 8684.1 + E \quad (万元)
\end{aligned}
$$

式中，$E$ 为年运营费。

按目前铁路方案经济评价中常用的年换算工程运营费法计算得到年换算工程运营费为

$$K = \Delta * A + E = 0.06 \times [(44-2.866)\times 3000 + 2.866\times 6000] + E = 8435.9 + E \quad (万元)$$

因此，如不计常规的年运营费 $E$，则年换算工程-期望运营费比年换算工程运营费增加了 2.9%<10%，位于铁路大地震经济损失的可容忍风险极限范围内。因此，下一步的方案比选需要通过年换算工程-期望运营费法进行，只需将通过方案的年换算工程-期望运营费与绕避方案的年换算工程运营费进行比较，即可得出最优方案。

由于走滑断层的特殊机制，沿断裂带往往发育一系列间断分布的盆地。这些沿活动断裂带间断分布的盆地通常是被断裂所围限的区域，其内部岩层完整性较好，构造相对稳定，符合活动性断裂带地区空间定线的“安全岛”条件。鲜水河全长 541km，落差 1340m，全河段纵坡约为 2.5‰，小于目前常用机车单机牵引的最大坡度，说明鲜水河方案整体上为缓坡地段。由于地形条件良好，铁路可大量采用路基工程，桥隧比例低的简易工程，所以新建铁路工程的投资就少。康昌铁路经鲜水河方案建设投资方面优势明显，但鲜水河及鲜水河断裂带是我国著名的灾害活跃区，对低频大灾发生风险的顾虑，成为影响康昌铁路选择鲜水河廊道方案的主要因素。通过本节分析，该段铁路考虑了大地震风险后的年换算工程-期望费比按现有规范计算的年换算工程费将增加 2.9%，实现了对大地震风险的定量度量，为线路走向方案比选提供了科学依据。此外，本案例还说明，

桥隧比例低的线路方案，考虑了大灾风险后的年换算工程-期望运营费增加不多，这应是具有普适性的现象。

## 10.5 山区铁路线路系统可靠性评价模型

第3章中提出了建设灾害弹性铁路，也是我国铁路防灾减灾具战略性的发展方向。建设灾害弹性铁路理念的实施，尚需要开展深入系统的工作，其中的一项重要内容是如何评价铁路系统受灾后的恢复能力。铁路选线既是在节省初期投资和减少未来工程失事风险的矛盾中统筹决策的过程，又是将各局部工点抗灾能力有机组合的设计，形成线路系统可靠性结构体系的一种布局作业；同时，系统可靠性包括可用时间、故障时间等与系统长时间运行时间相关的指标。由于铁路系统中断运营的时间越短，则说明系统面对灾害的恢复能力越强，因此，可利用可靠性指标作为衡量铁路系统受灾后迅速恢复能力的评价指标，即灾害弹性铁路方案评价指标。那么，对于灾害高危风险区铁路线路方案评价，在描述铁路方案特征的指标中，除了需要考虑工程费、运营费等技术、经济指标，还应包括反映铁路线路系统可靠性状况的指标，因为系统可靠性不仅反映了方案面临的灾害风险，还定量地描述了风险对线路系统工作能力的影响程度。这样，构成了一种全面反映灾害高危风险区铁路线路系统方案评价的指标体系，见表10-21。

**表10-21 灾害高危风险区铁路线路方案技术、经济及可靠性指标**

| 评价指标类别 | 评价指标 | 分项加权 | 分类加权 | | | |
|---|---|---|---|---|---|---|
| 工程费类 | 土建工程投资、机车车辆购置费等 | — | 方案1 | 方案2 | …… | 方案 $n$ |
| 运营费类 | 与行车有关的运营费、固定设备维修费等 | — | — | — | — | — |
| 可靠性类 | 可靠度、可用度、断道时间等 | — | — | — | — | — |

本书定义灾害高危风险区铁路线路系统可靠性为：在铁路设计使用期限内，在地震、洪水、泥石流、滑坡等灾害对线路系统作用的不确定环境下，铁路系统正常运营的能力。为了定量地描述这种能力，本书采用如下三种可靠性指标，见表10-22。

**表10-22 灾害高危风险区铁路线路系统可靠性评价指标**

| 项目 | 可靠性评价指标名称 | 代表符号 | 定义 |
|---|---|---|---|
| 1 | 可靠度 | $R$ | 在铁路服务期内，在灾害对线路系统作用的不确定环境下，铁路系统正常运营的能力 |
| 2 | 可用度 | $A$ | $\dfrac{\text{系统正常工作的时间}}{\text{线路服务期(100年)}}$ |
| 3 | 平均停工时间 | MDT | 系统相邻两次正常工作间发生故障时的平均故障时间 $\text{MDT}=\dfrac{1-A}{\text{断道次数}}$ |

本书中的灾害高危风险区铁路线路系统系指以大地震、大洪水以及会对系统造成重要影响的主要地质灾害(泥石流和滑坡)为造成线路中断主要原因的铁路线段，或指为重点研究上述灾害对线路可靠性影响而抽象出来的线路系统。在此定义下可专注研究灾害因素对铁路线路系统可靠性的影响，暂不考虑因列车反复荷载等其他因素造成铁路工程失效的情况。而铁路线路系统可靠性指标则具有普遍使用意义。

目前，我国洪水、泥石流、滑坡(针对暴雨荷载)防治工程的设计标准是以设计频率表示，地震防治工程的设计标准以抗震设防烈度或地震峰值加速度表示。定义在铁路服务期内(100 年)，发生设计频率 $T$ 年一遇的大洪水、泥石流、滑坡或发生达到抗震设防烈度的地震为准失事事件。当然准失事事件不等于失事事件，但作为方案比选时统一采用的指标是可行的。铁路系统的生产过程主要表现形式为货物和旅客的运输。当超过准失事事件发生造成线路中断运营停止时，即认为系统处于失效状态；而当线路修复后重新开通时，系统恢复正常功能，显然这是一个可修复系统。

大地震、大洪水会对铁路系统产生大范围的影响，路基、桥梁、隧道等工程都可能被破坏；泥石流、滑坡主要对路基或桥梁单个工点造成破坏，不会对铁路系统产生大范围的影响。因此，本章首先将铁路线路系统当作一个由路基、桥梁、隧道组成的串联可修系统，利用可靠性数学理论中的更新过程计算地震、洪水威胁区铁路线路系统的可靠性指标；然后提出采用期望可用度作为泥石流、滑坡区铁路方案评价指标；最后建立多灾种综合可用度的计算公式。

### 10.5.1　可靠性数学理论

可靠性理论是一门涉及概率论、统计分析、系统工程、管理科学、工程技术、随机过程等许多领域的综合性学科，它是伴随着人们对产品、设备、武器装备、各种系统的不断高要求而提出和发展起来的(马丽琼，2009)。可靠性理论的研究内容就是以科学的手段和方法寻找系统发生故障或失效的可能原因以及可以采用何种措施来预防或解决这些问题，以帮助系统管理者更好地认识系统的运行过程，减少系统故障次数，增加相应的系统可用时间，提高系统运行效率，保证系统运行的可靠性和可用性。在可靠性理论中，可靠性数学作为其最核心的研究工具，是推动该理论不断向前发展的基础。

可靠性理论最早开始于 20 世纪 30 年代左右，当时主要用于进行机器设备的维修研究。但可靠性问题作为一种专门的科学问题，是到 20 世纪 40 年代才开始正式提出并进行系统的研究。当时正值第二次世界大战最激烈的时候，飞机、战舰、雷达、各种防空导弹等一大批新式武器不断被投入到战场，但由于研制时间很紧，武器的电子设备等核心部件经常出现故障，造成了重大的损失。这些情况的出现引起美国等许多国家的政府、军事部门和相关制造企业的高度重视，并专门成立了研究小组负责设备可靠性的评估、原因分析及解决问题的措施。此后经过 10 多年的发展，可靠性问题的研究方向被基本确定了下来，其标注就是美国的 AGREE(电子元件可靠性顾问团)在 1957 年发布的电子产品的可靠性研究报告，报告上提出的很多分析问题的思路及处理方法至今仍指导着可靠性理论的发展。到 20 世纪 60 年代时，部件的维修性被引入到可靠性问题中，极大地丰富了可靠性理论的研究内容。至今，对可靠性的研究已由最初的设备、产品的可靠性发展到系统的可靠性、维修性以及可用性等非常广泛的内容，可靠性理论也已从武器、航空发展到工业、民用等各种领域。

我国对可靠性问题的讨论是在 19 世纪 60 年代中才开始的，当时还主要集中在电子元件、航空航天设备、核能设施以及通信设备等方面。1979 年，电子学会的电子产品可靠性与质量管理专业委员会召开了第一次工作会议，明确提出了进行电子产品可靠性评估的重要性。1980 年，国家标准总局召开了全国电子产品环境条件与环境试验标准化技术委员会第一次会议，也在这一年，该委员会建立了可靠性数据库。自此，可靠性学会在许多地方相继召开，极大促进了可靠性理论在我国的传播、研究和发展。同时，以各军事大学为主的多所高等院校也开设了可靠性课程，开始从事相关问题的研究，可靠性专业的研究生也在陆续招生。目前，在军工产业、电子产品、仪器仪表等领域的可靠性工作正在向纵向发展(张国志，2009)。

通常由一些基本部件(其中也可以包括人)组成的完成某种指定任务的整体，称为系统。部件丧失规定功能称为失效或故障。可靠性就是指部件在规定的条件下和规定的时间内完成规定功能的能力，或者说产品能保持其功能的时间，它综合反映了一个部件的耐久性、无故障性、可用性和经济性。在该定义中，规定的条件包括使用条件、环境条件、维修条件等；规定的时间是可靠性中的核心，可靠性指标就是与任务时间紧密相关的，其长短随着系统对象的不同和使用目的不同而异；而规定的功能一般是由用户提出的技术指标和要求。可靠性是系统的基本属性，是衡量系统寿命的重要指标，它已经成为工程设计、企业管理、经营决策、产品或系统的运行和维修等活动中不可缺少的工具，成为提高管理水平和经济效益的重要手段。

### 1. 系统可靠性评价的主要指标

#### 1)不可修系统可靠性评价指标

所谓不可修系统，是当系统一旦失效，就不再对其进行维修，该系统即已报废。描述不可修系统可靠性的主要数量指标是可靠度和平均寿命(通常记为MTTF)(曹晋华和程凯，2012)。

(1)可靠度。当系统丧失了规定的功能，即当系统失效或发生故障，它的寿命也就终止或暂时停止了。显然对于不同的系统，即使在相同的环境条件下使用，由于规定的功能不同，系统的寿命也就有差别。通常，可采用非负的随机变量 $X$ 来描述一个系统的寿命，相应的分布函数表示为

$$F(t)=P\{X\leqslant t\},t\geqslant 0 \tag{10-92}$$

根据式(10-91)定义的系统寿命分布函数可知，系统从初始时开始运行到 $t$ 时刻以前都未失效，即正常工作的概率为

$$R(t)=P\{X>t\}=1-F(t)=\overline{F}(t),t\geqslant 0 \tag{10-93}$$

则称 $R(t)$ 为该系统(或产品、部件)的可靠度函数，简称可靠度。

(2)MTTF的计算方法为对系统寿命求数学期望，即

$$\mathrm{MTTF}=E(X)=\int_0^\infty t\mathrm{d}F(t)=\int_0^\infty tf(t)\mathrm{d}t \tag{10-94}$$

式中，$f(t)$ 为系统寿命的概率密度函数。

#### 2)可修系统可靠性评价指标

可修系统就是系统发生故障后可以进行维修，维修后的系统又可以正常运行，直到下一次故障发生，此系统的运行随时间进程是正常与故障交替出现的过程(曹晋华和程凯，2012)，如图10-11所示。

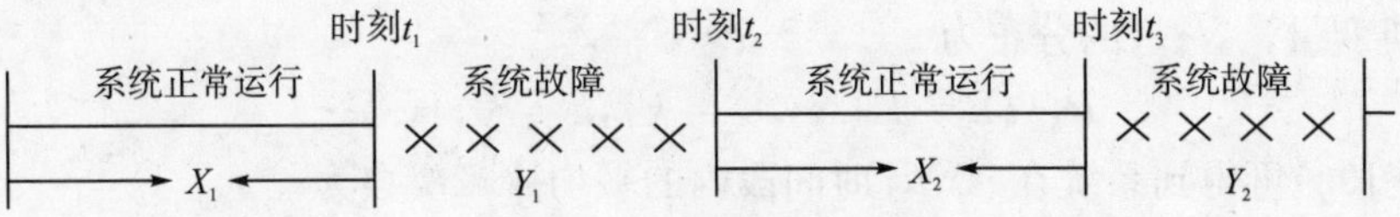


图 10-11　可修系统示意图

如图 10-11 所示，系统一次正常工作和紧接着发生一次故障为一个周期，$X_i$ 和 $Y_i$ 分别表示第 $i$ 个周期的正常工作时间和故障后的修理时间，通常也是随机变量，但一般情况下 $X_i$ 之间和 $Y_i$ 之间的分布函数不一定相同。

对于一个可修系统的可靠性，通常可采用如下指标进行描述(曹晋华和程凯，2012)。

(1)首次故障前时间分布。

系统从初始时刻开始运行后，到第一次发生故障前正常工作时间 $X_i$ 的分布为

$$F_1(t) = P\{X_1 \leqslant t\}, t \geqslant 0 \tag{10-95}$$

利用式(10-95)可以得到系统首次故障前的平均正常工作时间为

$$\text{MTTFF} = E(X_1) = \int_0^\infty t\mathrm{d}F_1(t) = \int_0^\infty tf_1(t)\mathrm{d}t \tag{10-96}$$

对于可修系统，也有对应的可靠度概念，它是由首次故障前的时间分布来定义：

$$R(t) = P\{X_1 > t\} = 1 - F_1(t) = \overline{F}_1(t), t \geqslant 0 \tag{10-97}$$

(2)可用度。

如果一个可修系统只有正常和故障两种可能状态，那么可以用 1 来表示正常工作的状态，用 0 表示系统的故障状态，这样即构成一个二值函数，即

$$X(t) = \begin{cases} 1, & \text{如果时刻 } t \text{ 系统正常} \\ 0, & \text{如果时刻 } t \text{ 系统故障} \end{cases} \tag{10-98}$$

系统在时刻 $t$ 的瞬时可用度为时刻 $t$ 系统处于正常工作状态的概率，其定义为

$$A(t) = P\{X(t) = 1\}, t \geqslant 0 \tag{10-99}$$

由式(10-99)可知，瞬时可用度 $A(t)$ 只关心系统在时刻 $t$ 这一时间点上是否正常工作，对系统在该时刻以前是否发生过故障以及以后是否会发生故障并不涉及。

利用瞬时可用度 $A(t)$，可进一步定义一段时间内，如 $[0,t]$ 这段时间内系统的平均可用度为

$$\widetilde{A}(t) = \frac{1}{t}\int_0^t A(u)\mathrm{d}u, t \geqslant 0 \tag{10-100}$$

如果平均可用度 $\widetilde{A}(t)$ 存在，即

$$\widetilde{A} = \lim_{t\to\infty}\widetilde{A}(t) \tag{10-101}$$

存在，则称 $\widetilde{A}$ 为极限平均可用度。另外，若瞬时可用度 $A(t)$ 的极限存在，即

$$A = \lim_{t\to\infty}A(t) \tag{10-102}$$

存在，则称 $A$ 为稳态可用度。

在实际的工程应用中，使用最广泛的系统可靠性指标就是系统的稳态可用度，它表示系统经长期工作，处于正常状态的时间与系统总运行时间的比例大约为 $A$。

(3) $[0,t]$ 时间段内系统故障次数分布。

随着时间进程，可修系统呈现出一系列正常和故障交替出现的状态。如果令 $N(t)$ 表示系统在 $[0,t]$ 时间段内发生故障的次数，则 $N(t)$ 是一个随时间变化、取值为非负整数

的离散随机变量，$N(t)$的分布为

$$P_k(t) = P\{N(t) = k\}, k = 0,1,2,\cdots \tag{10-103}$$

利用式(10-103)可得到系统在$[0,t]$时间段内的平均故障次数为

$$M(t) = E(N(t)) = \sum_{k=1}^{\infty} kP_k(t) \tag{10-104}$$

如果平均故障次数$M(t)$的导数存在，则称该导数为瞬时故障频度$m(t)$，即

$$m(t) = \frac{\mathrm{d}}{\mathrm{d}t}M(t) \tag{10-105}$$

当系统工作一段时间后，其稳态故障频度为

$$M = \lim_{t \to \infty} \frac{M(t)}{t} \tag{10-106}$$

(4)失效率函数。

令系统寿命为非负连续型随机变量$X$，其分布函数为$F(t)$，密度函数为$f(t)$，定义$X$的失效率或失效率函数为

$$r(t) = \lim_{\Delta t \to 0} \frac{P\{t \leqslant X \leqslant t + \Delta t \mid X > t\}}{\Delta t} = \frac{f(t)}{\overline{F}(t)}, 对\ t \in \{t: F(t) < 1\} \tag{10-107}$$

(5)平均开工时间、平均停工时间和平均周期。

前面介绍的是可靠性理论中最基本的系统可靠性指标，但本章最关注的还是平均开工时间、平均停工时间和平均周期三个指标。

平均停工时间MDT为(这即为本章中用于铁路线路系统可靠性评价的断道时间)

$$\mathrm{MDT} = \lim_{n \to \infty} \frac{1}{n} \sum_{i=1}^{n} E(Y_i) = \frac{\overline{A}}{M} = \frac{1-A}{M} \tag{10-108}$$

平均开工时间MUT或MTBF为

$$\mathrm{MUT} = \lim_{n \to \infty} \frac{1}{n} \sum_{i=1}^{n} E(X_i) = \frac{A}{M} \tag{10-109}$$

平均周期MCT为

$$\mathrm{MCT} = \mathrm{MUT} + \mathrm{MDT} = \frac{1}{M} \tag{10-110}$$

### 2. L变换(拉普拉斯变换)与LS变换(拉普拉斯-司梯阶变换)

对于复杂的可修系统，瞬时可用度、瞬时故障频度等瞬时可靠性数量指标往往不容易求得。目前的解决方法是，先对其进行相应的L变换(拉普拉斯变换)或LS变换(拉普拉斯-司梯阶变换)，然后利用反演求出原函数，但反演过程通常较为复杂，往往难以反演出来。但是有关平均值或稳态指标则相对比较容易得到。

定义10.5.1 设$F(t)$是定义在$[0, +\infty)$上的实值函数，若积分$F^*(s) = \int_0^{+\infty} \mathrm{e}^{-st}F(t)\mathrm{d}t$存在，则称$F^*(s)$为$F(t)$的L变换(拉普拉斯变换)，记为$F^*(s) = \mathrm{L}[F(t)]$；若积分$\hat{F}(s) = \int_0^{+\infty} \mathrm{e}^{-st}\mathrm{d}F(t)$存在，则称$\hat{F}(t)$为$F(t)$的LS变换(拉普拉斯-司梯阶变换)，并记为$\hat{F}(s) = \mathrm{LS}[F(t)]$，其中$s$为复数。

L 变换和 LS 变换具有如下关系或性质。

1)关系

$$\mathrm{LS}[F(t)] = \int_0^{+\infty} \mathrm{e}^{-st}\mathrm{d}F(t) = [\mathrm{e}^{-st}F(t)]_0^{+\infty} + s\int_0^{+\infty} \mathrm{e}^{-st}F(t)\mathrm{d}t = s\mathrm{L}[F(t)] \tag{10-111}$$

2)性质

设 $F(t)$ 和 $G(t)$ 均为定义在 $[0, +\infty)$ 的实值函数，其 L 变换和 LS 变换均存在，$a$ 与 $b$ 均为常数，则

$$\mathrm{L}[aF(t)] = a\mathrm{L}[F(t)], \mathrm{LS}[aF(t)] = a\mathrm{LS}[F(t)], \mathrm{L}[F(s)] = \mathrm{LS}[F(s)]/s \tag{10-112}$$

$$\mathrm{L}[aF(t) + bG(t)] = a\mathrm{L}[F(t)] + b\mathrm{L}[G(t)], \mathrm{LS}[aF(t) + bG(t)] = a\mathrm{LS}[F(t)] + b\mathrm{L}[G(t)] \tag{10-113}$$

$$\mathrm{L}[F(t) * * G(t)] = \mathrm{L}[F(t)] \cdot \mathrm{L}[G(t)], \mathrm{LS}[F(t) * G(t)] = \mathrm{LS}[F(t)] \cdot \mathrm{LS}[G(t)] \tag{10-114}$$

$$\mathrm{L}[F(t) * G(t)] = \mathrm{L}[F(t)] \cdot \mathrm{LS}[G(t)] = \mathrm{LS}[F(t)] \cdot \mathrm{L}[G(t)] \tag{10-115}$$

其中，

$$F(t) * * G(t) = \int_0^t F(t-x)G(x)\mathrm{d}x = \int_0^t G(t-x)F(x)\mathrm{d}x \tag{10-116}$$

$$F(t) * G(t) = \int_0^t F(t-x)\mathrm{d}G(x) = \int_0^t G(t-x)\mathrm{d}F(x) \tag{10-117}$$

前者称为函数 $F(t)$ 和 $G(t)$ 的卷积，后者也称为司梯阶卷积。

3. 马尔可夫过程和更新过程

1)马尔可夫过程

设 $\{X(t), t \geqslant 0\}$ 是取值在 $E = \{0,1,2,\cdots\}$ 上的一个随机过程。如果对任意自然数 $n$ 以及 $n$ 个时刻点 $0 \leqslant t_1 < t_2 < \cdots < t_n$，式(10-117)都成立。

$$\begin{aligned} &P\{X(t_n) = i_n \mid X(t_1) = i_1, X(t_2) = i_2, \cdots, X(t_{n-1}) = i_{n-1}\} \\ &= P\{X(t_n) = i_n \mid X(t_{n-1}) = i_{n-1}\}, i_1, i_2, \cdots, i_n \in E \end{aligned} \tag{10-118}$$

则称 $\{X(t), t \geqslant 0\}$ 为离散状态空间 $E = \{0,1,2,\cdots\}$ 上的连续时间马尔可夫过程。式(10-118)说明：当给定时刻 $t_{n-1}$ 过程 $\{X(t), t \geqslant 0\}$ 处于某个状态的条件下，过程在 $t_{n-1}$ 以后发展的概率规律与过程在 $t_{n-1}$ 以前的历史无关。

进一步，若对任意 $t, u \geqslant 0$，都成立：

$$P\{X(t+u) = j \mid X(u) = j\} = P_{ij}(t), i, j \in E \tag{10-119}$$

与 $u$ 无关，则称马尔可夫过程 $\{X(t), t \geqslant 0\}$ 是齐次的。式(10-119)中的 $P_{ij}(t)$ 称为转移概率函数。式(10-119)说明：马尔可夫过程的转移概率仅与时差 $t$ 有关，而与起始时刻的位置 $u$ 无关。

2)更新过程

设 $X_1,X_2,\cdots,X_n$ 是独立同分布的非负随机变量序列，它们的分布函数为 $F(t)$，均值为 $\mu$，且满足 $P\{X_n=0\}<1$，令

$$S_0=0,S_n=\sum_{i=1}^{n}X_i,n=1,2,\cdots \tag{10-120}$$

它们是随机变量 $X_1,X_2,\cdots,X_n$ 的和，显然有

$$P\{S_n\leqslant t\}=F^{(n)}(t),0,1,2,\cdots \tag{10-121}$$

式中，$F^{(n)}(t)$ 为 $F(t)$ 的 $n$ 重卷积，并有

$$F^{(0)}(t)=\begin{cases}1, & t\geqslant 0\\ 0, & t<0\end{cases} \tag{10-122}$$

令

$$N(t)=\sup\{n,S_n\leqslant t\} \tag{10-123}$$

则，$\{N(t),t\geqslant 0\}$ 是一个取非负整数值的随机过程，称其为由随机变量序列 $X_1,X_2,\cdots,X_n$ 所产生的更新过程，称 $X_n$ 为更新寿命，$S_n$ 为更新时刻。$N(t)$表示系统在 $[0,t)$ 时间段内的更新次数。

可以看出，随机事件 $\{N(t)\geqslant k\}$ 等价于 $\{S_k\leqslant t\}$。因此，通常也称部分和过程 $\{S_k,n\geqslant 0\}$ 为更新过程。

由于

$$\{N(t)=k\}=\{S_k\leqslant t<S_{k+1}\},k=0,1,2 \tag{10-124}$$

得到

$$P\{N(t)=k\}=P\{S_k\leqslant t\}-P\{S_{k+1}\leqslant t\}=F^k(t)-F^{k+1}(t) \tag{10-125}$$

利用式(10-125)，得到 $[0,t)$ 时间段内的更新次数为

$$M(t)=E(N(t))=\sum_{k=1}^{\infty}kP\{N(t)=k\}=\sum_{k=1}^{\infty}F^k(t)\} \tag{10-126}$$

$M(t)$ 被称为更新函数。其 LS 变换为

$$m(s)=\int_0^{\infty}\mathrm{e}^{-st}\mathrm{d}M(t)=\sum_{k=1}^{\infty}[f(s)]^k=\frac{f(s)}{1-f(s)},s>0 \tag{10-127}$$

如果 $F(t)$ 存在密度函数 $f(t)$，则 $M(t)$ 可微，且有

$$m(t)=\frac{\mathrm{d}}{\mathrm{d}t}M(t)=\sum_{k=1}^{\infty}f^{(k)}(t) \tag{10-128}$$

式中，$f^{(k)}(t)$ 为概率密度函数 $f(t)$ 的 $k$ 重卷积；$m(t)$ 为更新密度。

### 10.5.2 地震、洪水威胁区铁路线路系统可靠性评价方法

大地震、大洪水会对铁路系统产生大范围的影响，因此，本节利用可靠性数学理论中的更新过程原理，计算地震、洪水威胁区铁路线路系统的可靠性指标。铁路线路系统可当作是一个由路基、隧道、桥梁相互交错组成的串联可修系统，本节按照可靠性数学理论，仍然称每类线路工程为一个部件，如图 10-12 所示。

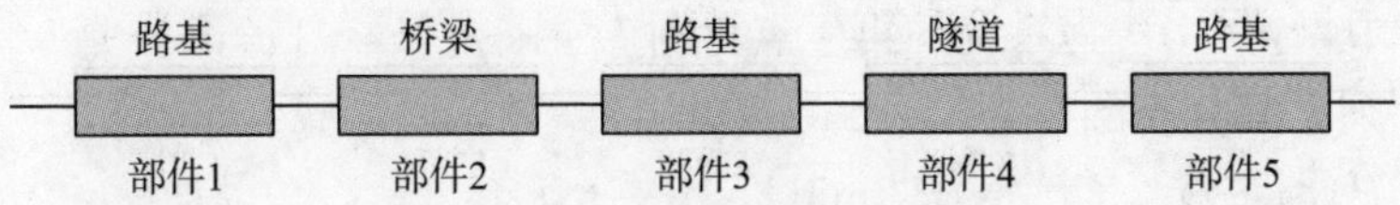


图 10-12　铁路线路串联系统示意图

### 1. 部件工作时间服从指数分布、平均修理时间已知的特殊情况

#### 1)模型假设

铁路线路系统的运行主要由两个过程构成：正常工作和失效抢修。当超过准失事事件发生造成线路中断运营时，即认为系统处于失效状态；而当线路修复完成重新开通后，系统又恢复正常功能。则将证明，当满足以下假设时，铁路线路系统的发展过程构成一个具有 $n$ 个部件串联可修系统的更新过程，即可利用可靠性数学理论推导系统的可靠度、可用时间等可靠性指标。

(1)系统由 $n$ 个部件串联组成，部件故障后立即进行维修，且修复如新。即假设铁路线路系统中的路基、隧道、桥梁工程在超过准失事事件作用下立即被破坏，系统随即失效；然后抢修人员立即进行处理，修理好的工程随时准备投入新的正常工作状态，系统断道时间即为系统的修理时间。此时，两次超过准失事事件发生的时间间隔就是系统每次正常工作的时间，也是各部件每次正常工作的时间。

(2)如果一个部件被破坏进行修理时，其他部件停止工作，不再发生被破坏的情况；当被破坏的部件修复好时，各个部件立即同时进入工作状态。

(3)第 $i$ 个部件的正常工作时间 $X_i$ 服从指数分布，分布函数为 $F_i(t)=1-\mathrm{e}^{-\lambda_i t},\lambda_i>0$。

(4)第 $i$ 个部件的维修时间 $Y_i$ 服从一般的连续分布 $G_i(t),t\geqslant 0$，其均值已知，为 $\dfrac{1}{\mu_i}=\int_0^\infty t\mathrm{d}G_i(t),\mu_i>0$。

(5) $n$ 个部件独立运行，部件的正常工作时间与维修时间也相互独立。

#### 2)更新寿命分布

为了简便，假定在初始时刻 $t=0$ 时，$n$ 个部件都处于正常工作状态，即整个系统也处于正常工作状态。显然，这 $n$ 个部件串联系统的工作寿命为

$$\zeta=\min_{1\leqslant i\leqslant n} X_i \tag{10-129}$$

系统失效后的修理时间 $\chi$ 依赖于 $\zeta$。如果第 $j$ 个部件先失效，即 $\zeta=\min\limits_{1\leqslant i\leqslant n} X_i=X_j$ 时，其后的修理时间 $\chi=Y_j$。失效的部件经过修复后，系统重新进入工作状态，因而失效部件的修复时刻是系统的再生点。令 $\zeta_k$ 和 $\chi_k$ 分别表示第 $k$ 个周期时系统的工作寿命和失效后的修理时间，则系统的整个发展过程如图 10-13 所示。

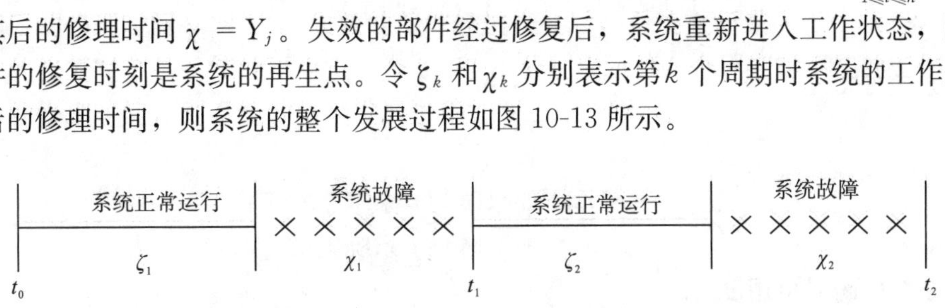


图 10-13　更新过程示意图

图 10-13 中，$t_1, t_2, \cdots$ 为系统的再生点，则 $\{\zeta_k + \chi_k, k = 1,2,\cdots\}$ 是一串独立同分布的随机变量序列，其分布函数为

$$
\begin{aligned}
Q(t) &= P\{\zeta_k + \chi_k \leqslant t\} = P\{\min_{1\leqslant i\leqslant n} X_i + \chi \leqslant t\} \\
&= \sum_{j=1}^{n} P\{X_j = \min_{1\leqslant i\leqslant n} X_i, X_j + Y_j \leqslant t\} \\
&= \sum_{j=1}^{n} P\{X_j \leqslant X_1, X_2, \cdots, X_{j-1}, X_{j+1}, \cdots, X_n, X_j + Y_j \leqslant t\} \\
&= \sum_{j=1}^{n} \int_0^t P\{u \leqslant X_1, X_2, \cdots, X_{j-1}, X_{j+1}, \cdots, X_n, Y_j \leqslant t - u\} \mathrm{d}P\{X_j \leqslant u\} \\
&= \sum_{j=1}^{n} \int_0^t G_j(t-u) \mathrm{e}^{-\sum_{i\neq j}\lambda_i u} \mathrm{d}(1 - \mathrm{e}^{-\lambda_j u}) \\
&= \sum_{j=1}^{n} \frac{\lambda_j}{\Lambda} \int_0^t G_j(t-u) \mathrm{d}(1 - \mathrm{e}^{-\Lambda u}), k = 1,2,\cdots
\end{aligned}
\tag{10-130}
$$

与 $k$ 无关，其中 $\Lambda = \sum_{i=1}^{n} \lambda_i$。因此 $\{\zeta_k + \chi_k, k = 1,2,\cdots\}$ 构成一个更新过程，其更新寿命分布为 $Q(t)$。

为方便下面计算，对式(10-129)两端进行 LS 变换，得到：

$$
\hat{Q}(s) = \sum_{j=1}^{n} \frac{\lambda_j}{s + \Lambda} \hat{G}_j(s) \tag{10-131}
$$

3)系统可靠度

由于系统首次失效前的时间为 $\zeta_1 = \min_{1\leqslant i\leqslant n} X_i$，则串联系统的可靠度为

$$
R(t) = P\{\min_{1\leqslant i\leqslant n} X_i > t\} = \prod_{i=1}^{n} P\{X_i > t\} = \mathrm{e}^{-\Lambda t}, \Lambda = \sum_{i=1}^{n} \lambda_i \tag{10-132}
$$

系统首次失效前的平均时间为

$$
\begin{aligned}
\mathrm{MTTFF} = E(\zeta_1) &= \int_0^{+\infty} t \mathrm{d}F_{\xi_1}(t) = \int_0^{+\infty} \int_0^t \mathrm{d}u \mathrm{d}F_{\xi_1}(t) \\
&= \int_0^{+\infty} \int_u^{+\infty} \mathrm{d}F_{\xi_1}(t) \mathrm{d}u = \int_0^{+\infty} [1 - F_{\xi_1}(u)] \mathrm{d}u \\
&= \int_0^{+\infty} R(t) \mathrm{d}t = \int_0^{+\infty} \mathrm{e}^{-\Lambda t} \mathrm{d}t = \frac{1}{\Lambda}
\end{aligned}
\tag{10-133}
$$

4)系统可用度

令

$$
X(t) = \begin{cases} 1, & \text{如果时刻 } t \text{ 系统正常工作} \\ 0, & \text{如果时刻 } t \text{ 系统失效} \end{cases} \tag{10-134}
$$

那么，系统的瞬时可用度为

$$
A(t) = P\{X(t) = 1 | \text{初始时刻 0 时系统正常工作}\} \tag{10-135}
$$

设 $\chi_1$ 为系统首次失效后的修理时间，则将时间轴分为 $t<\zeta_1, \zeta_1 \leqslant t<\zeta_1+\chi_1$ 和 $t \geqslant \zeta_1+\chi_1$ 三段，那么利用全概率公式，式(10-135)可变为

$$\begin{aligned} A(t)= & P\{\zeta_1>t, X(t)=1 \mid \text{时刻 0 系统正常}\} \\ & +P\{\zeta_1 \leqslant t<\zeta_1+\chi_1, X(t)=1 \mid \text{时刻 0 系统正常}\} \\ & +P\{\zeta_1+\chi_1 \leqslant t, X(t)=1 \mid \text{时刻 0 系统正常}\} \end{aligned} \tag{10-136}$$

由于

$$\begin{aligned} & P\{\zeta_1+\chi_1 \leqslant t, X(t)=1 \mid \text{时刻 0 系统正常}\} \\ & =\int_0^t P\{X(t)=1 \mid \text{时刻 0 系统正常}, \zeta_1+\chi_1=u\} \mathrm{d} P\{\zeta_1+\chi_1 \leqslant u\} \\ & =\int_0^t P\{X(t)=1 \mid \text{时刻 } u \text{ 系统正常}\} \mathrm{d} P\{\zeta_1+\chi_1 \leqslant u\} \\ & =\int_0^t P\{X(t-u)=1 \mid \text{时刻 } u \text{ 系统正常}\} \mathrm{d} Q(u) \\ & =\int_0^t A(t-u) \mathrm{d} Q(u)=Q(t) * A(t) \end{aligned} \tag{10-137}$$

因此，式(10-136)转换为

$$A(t)=1-F_{\zeta_1}(t)+Q(t) * A(t)=\mathrm{e}^{-\Lambda t}+Q(t) * A(t) \tag{10-138}$$

式(10-138)即为瞬时可用度满足的更新方程。

对式(10-138)两端作 L 变换，得到

$$A^*(s)=\frac{1}{s+\Lambda}+\hat{Q}(s) * A^*(s) \tag{10-139}$$

将式(10-131)代入式(10-139)，解出 $A^*(s)$ 得到

$$A^*(s)=\frac{\dfrac{1}{s+\Lambda}}{1-\hat{Q}(s)}=\frac{1}{s+\Lambda-\sum_{j=1}^n \lambda_j \hat{G}_j(s)} \tag{10-140}$$

因此，由 L 变换的托贝尔定理和洛必达(L'Hôspitale's)法则，系统的稳态可用度为

$$A=\lim_{t \rightarrow+\infty} A(t)=\lim_{s \rightarrow 0} s A^*(s)=\lim_{s \rightarrow 0} \frac{s}{s+\Lambda-\sum_{j=1}^n \lambda_j \hat{G}_j(s)}=\lim_{s \rightarrow 0} \frac{1}{1-\sum_{j=1}^n \lambda_j[\hat{G}_j(s)]^{\prime}} \tag{10-141}$$

由于

$$\lim_{s \rightarrow 0}[\hat{G}_j(s)]^{\prime}=\lim_{s \rightarrow 0} \int_0^{\infty}(\mathrm{e}^{-s t})^{\prime} \mathrm{d} G_j(t)=\lim_{s \rightarrow 0}-\int_0^{\infty} t \mathrm{e}^{-s t} \mathrm{d} G_j(t) \overset{s \rightarrow 0}{=}-E(Y_j)=-\frac{1}{\mu_j} \tag{10-142}$$

将式(10-142)代入式(10-141)，得到系统的稳态可用度为

$$A=\lim_{s \rightarrow 0} \frac{1}{1-\sum_{j=1}^n \lambda_j[\hat{G}_j(s)]^{\prime}}=\frac{1}{1+\sum_{j=1}^n \dfrac{\lambda_j}{\mu_j}} \tag{10-143}$$

5) $(0,t]$ 时间段内系统失效次数

假设在初始时刻 0 时系统正常，令 $N(t)$ 表示 $(0,t]$ 时间段内系统的失效次数，则平均失效次数为 $M(t)=E(N(t))$。将时间轴分为 $t<\zeta_1$，$\zeta_1\leqslant t<\zeta_1+\chi_1$ 和 $t\geqslant\zeta_1+\chi_1$ 三段，那么利用全概率公式得到

$$\begin{aligned}M(t)=E(N(t))&=E\{N(t)\mid\zeta_1>t\}P\{\zeta_1>t\}\\&+E\{N(t)\mid\zeta_1\leqslant t<\zeta_1+\chi_1\}P\{\zeta_1\leqslant t<\zeta_1+\chi_1\}\\&+\int_0^t E\{N(t)\mid\zeta_1+\chi_1=u\}P\{\zeta_1+\chi_1\leqslant u\}\end{aligned}\tag{10-144}$$

式(10-144)中的右端第一项，在 $\zeta_1>t$ 的条件下，$(0,t]$ 时间段内系统没有失效，因此 $E\{N(t)\mid\zeta_1>t\}=0$；第二项中，在 $\zeta_1\leqslant t<\zeta_1+\chi_1$ 的条件下，$(0,t]$ 时间段内系统发生一次失效，所以 $E\{N(t)\mid\zeta_1\leqslant t<\zeta_1+\chi_1\}=1$；第三项中，由于在 $\zeta_1+\chi_1=u$ 的条件下，系统在 $(0,u]$ 时间段内发生了一次失效，则 $(0,t]$ 时间段内系统平均故障次数等于 $(u,t]$ 时间段内的平均故障次数加 1；同时，因为 $\zeta_1+\chi_1=u$ 是系统的再生点，$(u,t]$ 时间段内的平均故障次数等于 $(0,t-u]$ 时间段内的平均故障次数。

因此，有 $E\{N(t)\mid\zeta_1+\chi_1=u\}=E\{N(t-u)\}+1=M(t-u)+1$。所以，$M(t)$ 满足更新方程

$$\begin{aligned}M(t)&=P\{\zeta_1\leqslant t<\zeta_1+\chi_1\}+\int_0^t[M(t-u)+1]\mathrm{d}P\{\zeta_1+\chi_1\leqslant u\}\\&=F_{\zeta_1}(t)-F_{\zeta_1}(t)*G_{\chi_1}(t)+Q(t)*[M(t)+1]\end{aligned}\tag{10-145}$$

即

$$M(t)=F_{\zeta_1}(t)+Q(t)*M(t)=1-\mathrm{e}^{-\Lambda t}+Q(t)*M(t)\tag{10-146}$$

对式(10-146)两端进行 LS 变换，得到

$$\hat{M}(s)=\frac{\Lambda}{s+\Lambda}+\hat{Q}(s)\hat{M}(s)\tag{10-147}$$

将式(10-131)代入式(10-147)，解出 $\hat{M}(s)$，得到

$$\hat{M}(s)=\frac{\Lambda}{s+\Lambda-\sum_{j=1}^{n}\lambda_j\hat{G}(s)}+\hat{Q}(s)\hat{M}(s)\tag{10-148}$$

因此，由 LS 变换的托贝尔定理和洛必达法则，系统的稳态可用度为

$$M=\lim_{t\to+\infty}\frac{M(t)}{t}=\lim_{s\to0}s\hat{M}(s)=\lim_{s\to0}\frac{s\Lambda}{s+\Lambda-\sum_{j=1}^{n}\lambda_j\hat{G}_j(s)}=\lim_{s\to0}\frac{\Lambda}{1-\sum_{j=1}^{n}\lambda_j(\hat{G}_j(s))'}\tag{10-149}$$

将式(10-142)代入式(10-149)，得到系统的稳态故障频度：

$$M=\lim_{s\to0}\frac{\Lambda}{1-\sum_{j=1}^{n}\lambda_j(\hat{G}_j(s))'}=\frac{\Lambda}{1+\sum_{j=1}^{n}\frac{\lambda_j}{\mu_j}}=\frac{\sum_{j=1}^{n}\lambda_j}{1+\sum_{j=1}^{n}\frac{\lambda_j}{\mu_j}}\tag{10-150}$$

6)系统平均停工时间

利用式(10-143)和式(10-150)，得到系统的平均停工时间为

$$\mathrm{MDT}=\frac{\overline{A}}{M}=\frac{1-\dfrac{1}{1+\sum\limits_{j=1}^{n}\dfrac{\lambda_j}{\mu_j}}}{\dfrac{\Lambda}{1+\sum\limits_{j=1}^{n}\dfrac{\lambda_j}{\mu_j}}}=\frac{\sum\limits_{j=1}^{n}\dfrac{\lambda_j}{\mu_j}}{\Lambda}=\frac{\sum\limits_{j=1}^{n}\dfrac{\lambda_j}{\mu_j}}{\sum\limits_{j=1}^{n}\lambda_j} \tag{10-151}$$

## 2. 部件工作时间、修理时间都可服从任意分布的一般情况

10.5.2 节根据文献(曹晋华和程凯，2012)的相关理论，假设部件工作时间的分布函数为指数分布，失效后的平均修理时间已知时，通过利用更新过程讨论了具有 $n$ 个部件的串联可修系统的可靠性及系统平均停工时间。

下面，本节将文献(曹晋华和程凯，2012)的结果进行推广，利用更新过程原理，讨论当部件正常工作时间和失效后维修时间的分布函数都为一般分布时(不单是指数分布)，具有 $n$ 个部件的串联可修系统的可靠性指标。

1)模型假设

考虑具有 $n$ 个部件的可修串联系统，本节建立的模型主要基于以下假设：

(1)系统由 $n$ 个部件串联组成，部件被破坏后立即进行维修，且修复如新，修复后的部件随时准备进入工作状态。

(2)如果一个部件被破坏进行修理时，其他部件停止工作，不再发生事故；当被破坏的部件都维修好的时刻，各个部件立即同时进入工作状态。

(3)第 $i$ 个部件正常工作的时间 $X_i$ 服从一般的连续分布 $F_i(t),t\geqslant 0$，其概率密度函数为 $f_i(t)$，均值为 $\dfrac{1}{\lambda_i}=\int_0^{\infty}t\mathrm{d}F_i(t),\lambda_i>0$。

(4)第 $i$ 个部件的维修时间 $Y_i$ 服从一般的连续分布 $G_i(t),t\geqslant 0$，其概率密度函数为 $g_i(t)$，均值为 $\dfrac{1}{\mu_i}=\int_0^{\infty}t\mathrm{d}G_i(t),\mu_i>0$。

(5) $n$ 个部件独立运行，部件的工作时间与维修时间也相互独立。

2)更新寿命分布

为了简便，假定在初始时刻 $t=0$ 时，$n$ 个部件都处于正常工作状态，即整个系统也处于正常工作状态。显然，这 $n$ 个部件串联系统的工作寿命为

$$\zeta=\min_{1\leqslant i\leqslant n}X_i \tag{10-152}$$

系统失效后的修理时间 $\chi$ 依赖于 $\zeta$。如果第 $j$ 个部件先失效，即 $\zeta=\min\limits_{1\leqslant i\leqslant n}X_i=X_j$ 时，其后的修理时间 $\chi=Y_j$。失效的部件经过修复后，系统重新进入工作状态，因而失效部件的修复时刻是系统的再生点。令 $\zeta_k$ 和 $\chi_k$ 分别表示第 $k$ 个周期时系统的工作寿命和失效后的修理时间，则系统的整个发展过程同图 10-12。则 $\{\zeta_k+\chi_k,k=1,2,\cdots\}$ 是一串

独立同分布的随机变量序列，其分布函数为

$$
\begin{aligned}
Q(t) &= P\{\zeta_k + \chi_k \leqslant t\} = P\{\min_{1\leqslant i\leqslant n} X_i + \chi \leqslant t\} \\
&= \sum_{j=1}^{n} P\{X_j = \min_{1\leqslant i\leqslant n} X_i, X_j + Y_j \leqslant t\} \\
&= \sum_{j=1}^{n} P\{X_j \leqslant X_1, X_2, \cdots, X_{j-1}, X_{j+1}, \cdots, X_n, X_j + Y_j \leqslant t\} \\
&= \sum_{j=1}^{n} \int_0^t P\{u \leqslant X_1, X_2, \cdots, X_{j-1}, X_{j+1}, \cdots, X_n, Y_j \leqslant t-u\} \mathrm{d}P\{X_j \leqslant u\} \\
&= \sum_{j=1}^{n} \left[\int_0^t G_j(t-u) f_j(u) \prod_{i\neq j} \bar{F}_i(u) \mathrm{d}u\right] \\
&= \sum_{j=1}^{n} \left[(f_j(t) \prod_{i\neq j} \bar{F}_i(t)) ** G_j(t)\right]
\end{aligned}
\tag{10-153}
$$

与 $k$ 无关，因此 $\{\zeta_k + \chi_k, k = 1, 2, \cdots\}$ 构成一个更新过程，其更新寿命分布为 $Q(t)$。

为方便下面计算，首先对式(10-153)两端进行 L 变换，得到

$$
Q^*(s) = \sum_{j=1}^{n} \left\{\left[f_j(s) \prod_{i\neq j} \bar{F}_i(s)\right]^* G_j^*(s)\right\} \tag{10-154}
$$

由于 $\mathrm{L}[Q(s)] = \mathrm{LS}[Q(s)]/s$，则式(10-154)可变为

$$
\hat{Q}(s) = \sum_{j=1}^{n} \left\{\left[f_j(s) \prod_{i\neq j} \bar{F}_i(s)\right]^* \hat{G}_j(s)\right\} \tag{10-155}
$$

3)系统可靠度

由于系统首次失效前的时间为 $\zeta_1 = \min\limits_{1\leqslant i\leqslant n} X_i$，则串联系统的可靠度为

$$
R(t) = P\{\min_{1\leqslant i\leqslant n} X_i > t\} = \prod_{i=1}^{n} P\{X_i > t\} = \prod_{i=1}^{n} \bar{F}_i(t) \tag{10-156}
$$

系统首次失效前的平均时间为

$$
\begin{aligned}
\mathrm{MTTFF} &= E(\zeta_1) = \int_0^{+\infty} t \mathrm{d}F_{\xi_1}(t) = \int_0^{+\infty} \int_0^t \mathrm{d}u \mathrm{d}F_{\xi_1}(t) \\
&= \int_0^{+\infty} \int_u^{+\infty} \mathrm{d}F_{\xi_1}(t) \mathrm{d}u = \int_0^{+\infty} [1 - F_{\zeta_1}(u)] \mathrm{d}u \\
&= \int_0^{+\infty} R(t) \mathrm{d}t = \int_0^{+\infty} \prod_{i=1}^{n} \bar{F}_i(t) \mathrm{d}t
\end{aligned}
\tag{10-157}
$$

4)系统可用度

令

$$
X(t) = \begin{cases} 1, & \text{如果时刻 } t \text{ 系统正常工作} \\ 0, & \text{如果时刻 } t \text{ 系统失效} \end{cases} \tag{10-158}
$$

那么，系统的瞬时可用度为

$$
A(t) = P\{X(t) = 1 | \text{初始时刻 0 时系统正常工作}\} \tag{10-159}
$$

类似于“部件工作时间服从指数分布、平均修理时间已知的特殊情况”的讨论，瞬时可用度 $A(t)$ 满足如下的更新方程：

$$A(t)=1-F_{\zeta_1}(t)+Q(t)*A(t) \tag{10-160}$$

对式(10-160)两端作 L 变换，得到：

$$A^*(s)=\frac{1}{s}-[F_{\zeta_1}(s)]^*+\hat{Q}(s)*A^*(s) \tag{10-161}$$

解出 $A^*(s)$ 得到：

$$A^*(s)=\frac{\frac{1}{s}-\frac{\hat{F}_{\zeta_1}(s)}{s}}{1-\hat{Q}(s)}=\frac{1-\hat{F}_{\zeta_1}(s)}{s[1-\hat{Q}(s)]} \tag{10-162}$$

因此，由 L 变换的托贝尔定理和洛必达法则，系统的稳态可用度为

$$A=\lim_{t\to+\infty}A(t)=\lim_{s\to0}sA^*(s)=\lim_{s\to0}\frac{1-\hat{F}_{\zeta_1}(s)}{1-\hat{Q}(s)}=\lim_{s\to0}\frac{-[\hat{F}_{\zeta_1}(s)]'}{-[\hat{Q}(s)]'} \tag{10-163}$$

由于

$$\lim_{s\to0}[\hat{F}_{\zeta_1}(s)]'=\lim_{s\to0}\int_0^\infty(\mathrm{e}^{-st})'\mathrm{d}F_{\zeta_1}(t)=\lim_{s\to0}-\int_0^\infty t\mathrm{e}^{-st}\mathrm{d}F_{\zeta_1}(t)\overset{s\to0}{=}-E(\zeta_1) \tag{10-164}$$

将式(10-164)代入式(10-163)，得到系统的稳态可用度为

$$A=\frac{E(\zeta_1)}{-[\hat{Q}(0)]'} \tag{10-165}$$

5) $(0,t]$ 时间段内系统失效次数

假设在初始时刻 0 时系统正常，令 $N(t)$ 表示 $(0,t]$ 时间段内系统的失效次数，则平均失效次数为 $M(t)=E[N(t)]$。将时间轴分为 $t<\zeta_1,\zeta_1\leqslant t<\zeta_1+\chi_1$ 和 $t\geqslant\zeta_1+\chi_1$ 三段，那么利用全概率公式得到：

$$\begin{aligned}M(t)=E[N(t)]&=E\{N(t)\mid\zeta_1>t\}P\{\zeta_1>t\}\\&+E\{N(t)\mid\zeta_1\leqslant t<\zeta_1+\chi_1\}P\{\zeta_1\leqslant t<\zeta_1+\chi_1\}\\&+\int_0^t E\{N(t)\mid\zeta_1+\chi_1=u\}P\{\zeta_1+\chi_1\leqslant u\}\end{aligned} \tag{10-166}$$

类似于前面的讨论，$M(t)$ 满足如下的更新方程：

$$\begin{aligned}M(t)&=P\{\zeta_1\leqslant t<\zeta_1+\chi_1\}+\int_0^t[M(t-u)+1]\mathrm{d}P\{\zeta_1+\chi_1\leqslant u\}\\&=F_{\zeta_1}(t)-F_{\zeta_1}(t)*G_{\chi_1}(t)+Q(t)*[M(t)+1]\\&=F_{\zeta_1}(t)+Q(t)*M(t)\\&=1-\mathrm{e}^{-\Lambda t}+Q(t)*M(t)\end{aligned} \tag{10-167}$$

即

$$M(t)=F_{\zeta_1}(t)+Q(t)*M(t) \tag{10-168}$$

对式(10-168)两端进行 LS 变换，得到

$$\hat{M}(s)=\frac{\hat{F}_{\zeta_1}(s)}{1-\hat{Q}(s)} \tag{10-169}$$

因此，由LS变换的托贝尔定理和洛必达法则，系统的稳态可用度为

$$M=\lim_{t\to+\infty}\frac{M(t)}{t}=\lim_{s\to 0}s\hat{M}(s)=\lim_{s\to 0}\frac{s\hat{F}_{\zeta_1}(s)}{1-\hat{Q}(s)}=\lim_{s\to 0}\frac{\hat{F}_{\zeta_1}(s)+s[\hat{F}_{\zeta_1}(s)]'}{-[\hat{Q}(s)]'}=\frac{1}{-[\hat{Q}(0)]'}\tag{10-170}$$

6)系统平均停工时间

利用式(10-165)和式(10-170)，得到系统的平均停工时间为

$$\mathrm{MDT}=\frac{\overline{A}}{M}=\frac{1-\dfrac{E(\zeta_1)}{-[\hat{Q}(0)]'}}{\dfrac{1}{-[\hat{Q}(0)]'}}=\frac{1-\dfrac{E(\zeta_1)}{-[\hat{Q}(0)]'}}{\dfrac{1}{-[\hat{Q}(0)]'}}=-[\hat{Q}(0)]'-E(\zeta_1)\tag{10-171}$$

7)模型验证

当部件的工作时间服从指数分布时，即 $F_i(t)=1-\mathrm{e}^{-\lambda_i t},\lambda_i>0,t\geqslant 0$，则 $f_i(t)=\lambda_i\mathrm{e}^{-\lambda_i t},\overline{F}(t)=\mathrm{e}^{-\lambda_i t}$，代入式(10-154)得到：

$$\begin{aligned}\hat{Q}(s)&=\sum_{j=1}^{n}\left\{\left[f_j(s)\prod_{i\neq j}\overline{F}_i(s)\right]^*\hat{G}_j(s)\right\}=\sum_{j=1}^{n}\left\{\left[\lambda_j\mathrm{e}^{-\lambda_j s}\prod_{i\neq j}\mathrm{e}^{-\lambda_j s}\right]^*\hat{G}_j(s)\right\}\\&=\sum_{j=1}^{n}\{[\lambda_j\mathrm{e}^{-\lambda_j s}\mathrm{e}^{-\sum_{i\neq j}\lambda_i s}]^*\hat{G}_j(s)\}=\sum_{j=1}^{n}\{[\lambda_j\mathrm{e}^{-\Lambda s}]^*\hat{G}_j(s)\}\\&=\sum_{j=1}^{n}\frac{\lambda_j}{s+\Lambda}\hat{G}_j(s)\end{aligned}\tag{10-172}$$

那么，

$$\begin{aligned}\lim_{s\to 0}[\hat{Q}_j(s)]'&=\lim_{s\to 0}\left[\sum_{j=1}^{n}\frac{\lambda_j}{s+\Lambda}\hat{G}_j(s)\right]'=\lim_{s\to 0}\sum_{j=1}^{n}\left\{-\frac{\lambda_j}{(s+\Lambda)^2}\hat{G}_j(s)+\frac{\lambda_j}{s+\Lambda}[\hat{G}_j(s)]'\right\}\\&=-\sum_{j=1}^{n}\left[\frac{\lambda_j}{\Lambda^2}+\frac{\lambda_j}{\Lambda}E(Y_j)\right]=-\sum_{j=1}^{n}\left(\frac{\lambda_j}{\Lambda^2}+\frac{\lambda_j}{\Lambda\mu_j}\right)=-\left(\frac{1}{\Lambda}+\sum_{j=1}^{n}\frac{\lambda_j}{\Lambda\mu_j}\right)\end{aligned}\tag{10-173}$$

将式(10-173)代入式(10-165)和式(10-170)，得到：

$$A=\frac{E(\zeta_1)}{-[\hat{Q}(0)]'}=\frac{\dfrac{1}{\Lambda}}{\left(\dfrac{1}{\Lambda}+\sum\limits_{j=1}^{n}\dfrac{\lambda_j}{\Lambda\mu_j}\right)}=\frac{1}{1+\sum\limits_{j=1}^{n}\dfrac{\lambda_j}{\mu_j}}\tag{10-174}$$

$$M=\frac{1}{-[\hat{Q}(0)]'}=\frac{1}{\left(\dfrac{1}{\Lambda}+\sum\limits_{j=1}^{n}\dfrac{\lambda_j}{\Lambda\mu_j}\right)}=\frac{\Lambda}{1+\sum\limits_{j=1}^{n}\dfrac{\lambda_j}{\mu_j}}=\frac{\sum\limits_{j=1}^{n}\lambda_j}{1+\sum\limits_{j=1}^{n}\dfrac{\lambda_j}{\mu_j}}\tag{10-175}$$

系统的平均停工时间为

$$\mathrm{MDT}=-[\hat{Q}(0)]'-E(\zeta_1)=\frac{1}{\Lambda}+\sum_{j=1}^{n}\frac{\lambda_j}{\Lambda\mu_j}-\frac{1}{\Lambda}=\sum_{j=1}^{n}\frac{\lambda_j}{\Lambda\mu_j}=\sum_{j=1}^{n}\frac{\lambda_j}{\mu_j}\Big/\sum_{j=1}^{n}\lambda_j\tag{10-176}$$

因此，上述结果与“部件工作时间服从指数分布、平均修理时间已知的特殊情况”和文献(曹晋华和程凯，2012)的结果相同。

### 10.5.3　泥石流、滑坡区铁路线路系统可靠性评价方法

本节建立的泥石流、滑坡工点断道时间和整个线路系统可靠性指标的计算公式，是基于以下三条基本假设。

(1)泥石流、滑坡工点在铁路服务期内是否发生超过准失事事件是独立随机的，同其余年份的状态无关。

(2)各泥石流工点之间、滑坡工点之间以及泥石流和滑坡工点之间是否发生超过准失事事件都相互独立。

(3)铁路服务期内的每一年，一个泥石流或滑坡工点最多只可能发生一次超过准失事事件。

泥石流、滑坡主要对路基或桥梁单个工点造成破坏，因此不会对铁路系统产生大范围的影响，计算可用度时可以直接利用该工点的平均维修时间得到，本节提出采用期望断道时间和期望可用度作为泥石流、滑坡工点的可靠性评价指标。

$$\text{工点期望断道时间} = \text{泥石流、滑坡发生概率(超过准失事事件)} \times \text{工点平均维修时间(年)} \tag{10-177}$$

$$\text{期望可用度} = (100 - \text{期望断道时间})/100 \tag{10-178}$$

### 10.5.4　综合可用度

本节提出的可靠性指标主要用于对灾害高危风险区铁路原则方案的评价，评价的时间范围为铁路服务期内(100 年)。一个铁路原则方案的线路长度可长达上百公里，因此方案中可能同时存在大地震、大洪水、滑坡、泥石流的威胁，为此，本节提出如下多灾种综合可用度的计算公式。

$$\begin{aligned}\text{综合断道时间} = {} & \text{大地震造成铁路断道时间} + \text{大洪水造成铁路断道}\\ & \text{时间} + \text{泥石流工点期望断道时间} + \text{滑坡工点期望断道时间(年)}\end{aligned} \tag{10-179}$$

$$\text{综合可用度} = (100 - \text{综合断道时间})/100 \tag{10-180}$$

### 10.5.5　超过准失事事件的发生概率

准失事事件成为工程实际失事的临界状态，一旦发生超过准失事的事件，工程即可失效。本节按照比工程设防标准高 1 个标准来计算超过准失事事件的发生概率。根据《铁路工程抗震设计规范》(GB 50111—2006)、《建筑抗震设计规范》(GB 50011—2010)、《泥石流灾害防治工程设计规范》(DZ-T 0239—2004)和《滑坡防治工程设计与施工技术规范》(DZ/T 0219—2006)可得到各类工程的设防标准，见表 10-23～表 10-26。

**表 10-23　铁路工程抗震设防标准**

| 灾种 | 工程 | 抗震设防烈度 | 工程设防标准(准失事事件) | 本小节计算标准(超过准失事事件) |
|---|---|---|---|---|
| 地震 | A 类工程 | 6 度 | 7 度 | ≥8 度 |
| | | 7 度 | 8 度 | ≥9 度 |

续表

| 灾种 | 工程 | 抗震设防烈度 | 工程设防标准(准失事事件) | 本小节计算标准(超过准失事事件) |
|---|---|---|---|---|
| 地震 | A类工程 | 8度 | 9度 | ≥10度 |
| | | 9度 | 专门研究 | ≥10度 |
| | B类工程 | 6度 | 7度 | ≥8度 |
| | | 7度 | 7度 | ≥8度 |
| | | 8度 | 8度 | ≥9度 |
| | | 9度 | 9度 | ≥10度 |
| | C类工程 | 6度 | 7度 | ≥8度 |
| | | 7度 | 7度 | ≥8度 |
| | | 8度 | 8度 | ≥9度 |
| | | 9度 | 9度 | ≥10度 |
| | D类工程 | 7度 | 7度 | ≥8度 |
| | | 8度 | 8度 | ≥9度 |
| | | 9度 | 9度 | ≥10度 |

**表 10-24　铁路工程防洪标准**

| 灾种 | 工程 | 设计或校核标准(准失事事件) | 本节计算标准(超过准失事事件) | 铁路服务期内的超过概率 |
|---|---|---|---|---|
| 洪水 | 特大桥、技术复杂的大桥 | 300年一遇 | ≥500年一遇 | 0.2595 |
| | 大、中桥 | 100年一遇 | ≥300年一遇 | 0.4702 |
| | 小桥、涵洞 | 50年一遇 | ≥100年一遇 | 0.8073 |
| | 沿河路基 | 100年一遇 | ≥300年一遇 | 0.4702 |
| | | 50年一遇 | ≥100年一遇 | 0.8073 |

**表 10-25　泥石流防治工程设计标准**

| 灾种 | 工程 | 设计或校核标准(准失事事件) | 本节计算标准(超过准失事事件) | 铁路服务期内的超过概率 |
|---|---|---|---|---|
| 泥石流 | 特大桥、技术复杂的大桥 | 300年一遇 | ≥500年一遇 | 0.2595 |
| | 大、中桥 | 100年一遇 | ≥300年一遇 | 0.4702 |
| | 小桥、涵洞 | 50年一遇 | ≥100年一遇 | 0.8073 |
| | 路基 | 100年一遇 | ≥300年一遇 | 0.4702 |
| | | 50年一遇 | ≥100年一遇 | 0.8073 |

**表 10-26　滑坡防治工程设计标准(按照暴雨强度 50～100 年重现期计)**

| 灾种 | 工程 | 设计或校核标准(准失事事件) | 本节计算标准(超过准失事事件) | 铁路服务期内的超过概率 |
|---|---|---|---|---|
| 滑坡 | 路基 | 100年一遇 | ≥300年一遇 | 0.4702 |
| | | 50年一遇 | ≥100年一遇 | 0.8073 |

## 10.5.6　山区铁路线路系统可靠性评价程式

山区铁路线路系统可靠性评价程式如图 10-14 所示。

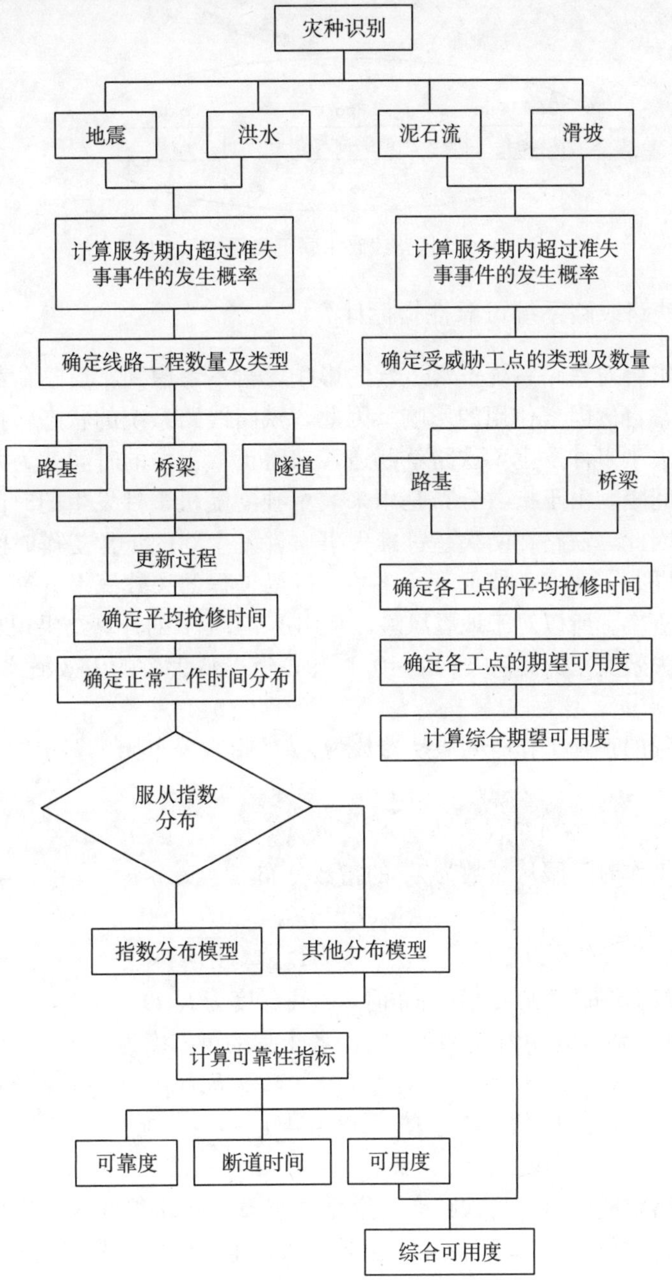


图 10-14　山区铁路线路系统可靠性评价程式

## 10.5.7　实例分析

本节继续利用第 10.4.4 节的经鲜水河廊道方案进行可靠性评价，以说明本节方法的可操作性。

根据目前的概略定线表明，铁路旁经道孚断裂段的线路方案中只有一个大型工程——道孚特大桥，长 2.866km，如图 10-9 所示。因此，该段铁路可当作一个由路基、桥梁、路基三个部件组成的串联可修系统，如图 10-15 所示。

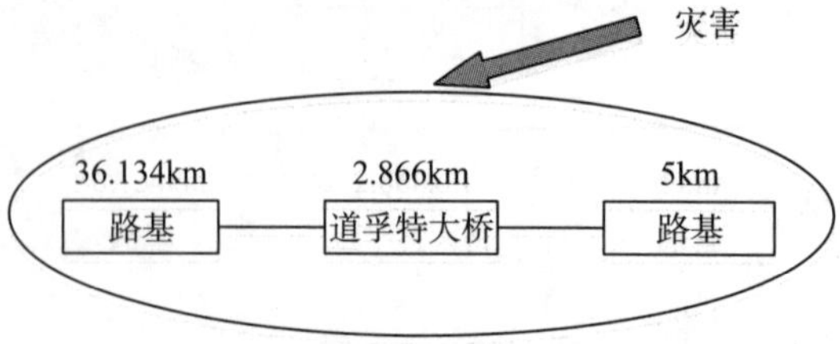


图 10-15 铁路线路串联可修系统示意图

1. 地震作用下铁路线路系统可靠性指标计算

本章只分析灾害对铁路系统正常运营的影响，暂不考虑列车反复荷载造成工程抗力失效以及其他日常自然因素作用的影响。因此，铁路线路系统的状态转换为准失事事件的状态，超过准失事事件发生，铁路就断道，铁路正常工作的时间就为两次超过准失事事件发生的时间间隔。由于指数分布是用来表示独立随机事件发生的时间间隔，并具有无记忆的特性，因此，铁路在两次超过准失事事件发生间的正常工作时间分布可利用指数分布来描述。同时，在这种情况下，路基、桥梁工程的失效概率就等于相应的超过准失事事件的发生概率。所以对于地震风险，利用 10.4.4 节的计算结果得到在铁路服务期内，路基工程的失效概率 $\bar{R}_{路}=1-R_{路}=0.1579$，道孚特大桥的失效概率 $\bar{R}_{桥}=1-R_{桥}=0.1579$。

假设路基工程的正常工作时间服从参数为 $\lambda_{路}$ 的指数分布：

$$\begin{cases} f_{路}(t)=\lambda_{路}\,e^{-\lambda_{路}t},\lambda_{路}>0,t\geqslant 0 \\ F_{路}(t)=1-e^{-\lambda_{路}t},\lambda_{路}>0,t\geqslant 0 \end{cases}$$

桥梁工程的正常工作时间服从参数为 $\lambda_{桥}$ 的指数分布

$$\begin{cases} f_{桥}(t)=\lambda_{桥}\,e^{-\lambda_{桥}t},\lambda_{桥}>0,t\geqslant 0 \\ F_{桥}(t)=1-e^{-\lambda_{桥}t},\lambda_{桥}>0,t\geqslant 0 \end{cases}$$

当部件的正常工作时间服从指数分布时，其可靠度为 $R(t)=P\{X>t\}=1-F(t)=e^{-\lambda t}$，则可以得到铁路服务期内(按 100 年计)各工程的可靠度为

$$\begin{cases} R_{路}(100)=P_{路}\{X>100\}=1-\bar{R}_{路}(100)=1-F_{路}(100)=e^{-100\lambda_{路}}=1-0.1579 \\ R_{桥}(100)=P_{桥}\{X>100\}=1-\bar{R}_{桥}(100)=1-F_{桥}(100)=e^{-100\lambda_{桥}}=1-0.1579 \end{cases}$$

解得，$\lambda_{路}=0.0017$，$\lambda_{桥}=0.0017$。

根据目前概略定线资料，将铁路旁经道孚断裂段的线路长度取为该断裂段的长度为 44km，其中道孚特大桥长 2.866km，道孚特大桥以上往炉霍方向的路基工程长约 36.134km，向下往列斯加方向的路基工程长约 5km。对于特大桥，取 10%的毁坏率，则毁坏的长度为 286.6m。按采用军用便梁(墩)抢险，每天修建 30m 计算，则平均抢修时间为 $\frac{1}{\mu_{桥}}=10$ 天。对于路基工程，按 5%的毁坏率计算，如果每天抢修 100m，则道孚特大桥以上往炉霍方向的路基工程平均抢修时间为 $\frac{1}{\mu_{上路}}=18$ 天，大桥向下往列斯加方向的

路基工程平均抢修时间为 $\frac{1}{\mu_{下路}}=2.5$ 天。

因此，将以上数据代入 10.5.2 节的式(10-132)、式(10-143)和式(10-151)，分别得到铁路服务期内，线路系统的可靠度 $R$、可用度 $A$ 和平均断道时间 MDT 为

$$R=R(100)=\mathrm{e}^{-100\Lambda}=\mathrm{e}^{-100(0.0017+0.0017+0.0017)}=0.6005$$

$$A=\frac{1}{1+\sum_{j=1}^{n}\frac{\lambda_j}{\mu_j}}=99.98\%$$

$$\mathrm{MDT}=\frac{\sum_{j=1}^{n}\frac{\lambda_j}{\mu_j}}{\sum_{j=1}^{n}\lambda_j}=\frac{\frac{0.0017}{1/18}+\frac{0.0017}{1/10}+\frac{0.0017}{1/2.5}}{0.0017+0.0017+0.0017}=10(天)$$

2. 泥石流地区铁路线路系统期望可用度计算

该方案存在大地震风险，同时，文献(刘令和宋志，2014)通过利用遥感数据与野外调查，在 9.5km$^2$ 的道孚县城区内共发现发育有地质灾害点 18 处。从空间分布上看，地质灾害点主要在鲜水河左岸及纽日河两岸集中分布，集中分布在地形急变带上和支沟泥石流发育处。泥石流有 12 处，占 66.7%，其中大型泥石流有 6 处，分别为孜龙沟泥石流、道孚沟泥石流、足湾沟泥石流、若珠沟泥石流、热瓦沟泥石流、沟尔普泥石流。为了说明本节方法的作业程式，本例中假定铁路以中桥方式通过上述大型泥石流。

对于泥石流风险，利用表 5-5 得到中型桥梁的失效概率为 $\overline{R}_{中桥}=0.4702$。根据文献(姚令侃，1994)对我国铁路 1200 多次泥石流的统计，得到相应的断道时间约为 15 天。那么 6 处泥石流工点的综合期望断道时间为 42 天，期望可用度为 99.88%。

因此，将以上数据代入式(10-179)和式(10-180)，得到铁路服务期内(100 年)，受地震、泥石流威胁的铁路线路系统综合可用度为 99.86%，综合断道时间为 52 天，年均断道时间 12.5 小时。

## 10.6 总　　结

本章提出了基于不确定性分析的复杂艰险山区铁路选线方案评价方法，该方法由五个部分组成：

(1)基于容量耦合理论提出了铁路-经济耦合度模型，得以计算铁路与经济系统的综合发展水平和耦合协调度，据此确定地区经济对铁路的需求度，建立了一种定量评估各地区对铁路新建里程相对需求量的方法。

(2)基于不确定多属性决策理论，首先对铁路选线方案评价中一些难以直接量化的定性指标和专家意见转化为三角模糊数，实现了定性指标的科学量化及不确定性分析；然后运用离差法计算指标客观权重，避免了层次分析法等主观权重法在确定指标权重时受专家主观意见的影响；最后运用投影法对备择方案进行排序。建立了基于离差投影的山区铁路选线方案比选模型。

(3)基于多属性效用理论，在不改变现有方案指标计算方法的原则上，以效用值作为

方案价值的表征，通过选用不同的效用函数，相当于改变评价体系，以反映宏观经济形势对方案比选的影响。首先将定性指标转化为区间数；然后通过定义对应的效用函数，在各方案指标客观不变的情况下，量化外部宏观经济形势对方案实际执行效果的影响；最后运用投影法选出具有最高效用的方案。建立了基于效用理论的山区铁路选线方案比选模型。

(4)基于风险分析理论，首先提出了铁路低频大灾风险的定义；然后引入国际上广泛使用的 ALARP 准则将铁路大灾风险划分为可接受风险、可容忍风险及不可容忍风险三类，建议采用年换算工程运营费的10%和1%分别作为不可容忍风险和可接受风险的判据，并提出了相应的方案比选程式；建议采用联合概率模型计算大地震的发震概率，利用 P-Ⅲ型曲线和期望破坏概率计算超过设防标准的大洪水发生概率；基于汶川地震实震资料的统计，提出了包括线路工程震害造成的直接经济损失以及以铁路系统断道损失值作为间接经济损失的铁路震害经济损失预测方法；此外，还针对“生命线”铁路在抢险救灾方面的特殊性，基于推导的变权公式，提出了生命线铁路期望运营费的权重修正系数。在宏观决策技术层面上，建立了铁路通过方案与绕避方案比选的大灾风险调控程式。

(5)铁路是一个社会化的服务体系，从受灾后恢复能力的角度来说，可利用可靠性指标作为对其进行社会化评价的指标。基于可靠性数学理论，首先提出了铁路线路系统可靠性的定义及相应的可靠性评价指标；然后将线路系统当作一个由路基、桥梁、隧道组成的串联可修系统，利用更新过程原理，当正常工作时间服从指数分布或一般性分布、工程平均抢修时间已知时，计算地震、洪水威胁区铁路线路系统的可靠性指标；再提出采用期望可用度作为泥石流、滑坡区铁路方案评价指标；最后提出了多灾种综合可用度的计算公式，建立了山区铁路线路系统可靠性评价模型。“灾害弹性化”是人类应对大型自然灾害的新观念，铁路线路系统可靠性评价方法可为该观念的推行提供技术支撑。

# 参考文献

安艳芬. 2010. 鲜水河断裂带地震破裂段落的边界特征研究. 北京：中国地震局地质研究所博士学位论文.

曹晋华，程凯. 2012. 可靠性数学引论(修订版). 北京：高等教育出版社.

陈俊，邵海鹏. 2011. 铁路选线设计方案物元优选模型. 铁道标准设计，3：5-8.

陈乐生. 2012. 汶川地震公路震害调查——隧道. 北京：人民交通出版社.

陈一平，陈欣. 1993. 公路路基路面的震害预测. 工程抗震，3：40-45.

陈一平，陈欣. 1994. 公路交通系统震害预测计算机辅助系统 DPLH 简介. 建筑科学，4：71-75.

陈颙，史培军. 2008. 自然灾害(修订版). 北京：北京师范大学出版社.

陈志业. 2006. 既有铁路地质灾害风险评估与对策研究. 北京：北京交通大学硕士学位论文.

邓绍辉. 2007. 鲜水河断裂带上的历史地震. 文史杂志，(2)：68-72.

樊治平，宫贤斌，张全. 1999. 区间数多属性决策中决策矩阵的规范化方法. 东北大学学报(自然科学版)，20(3)：326-329.

范子武，姜树海. 2005. 允许风险分析方法在防洪安全决策中的应用. 水利学报，36(5)：618-623.

费志荣. 2008. 西部地区交通运输与经济社会协调发展的思考. 综合运输，(8)：4-7.

付晓豫，荆新轩，施其洲. 2010. 基于神经网络的运输通道-经济带系统的耦合度计算与分析. 铁道学报，32(1)：85-92.

高巍．1998．铁路灾害风险估测的方法研究．北京：北方交通大学管理科学研究所硕士学位论文．

耿萍．2012．铁路隧道洞口合理抗震设防长度．西南交通大学学报，47(6)：942-954.

耿萍．2014．穿越断层破碎带隧道合理抗震设防长度研究．岩石力学与工程学报，33(2)：358-365.

国家统计局．2011．中国统计年鉴-2011．北京：中国统计出版社．

郝瀛．2000．西部新建铁路建设项目经济评价特殊性的初步探讨．铁道工程学报，(4)：16-19.

郝瀛等．1997．铁路建设项目经济评价办法(第二版)．成都：西南交通大学出版社．

何志工．2012．铁路枢纽总图规划及其评价体系的思考．铁道标准设计，12：5-8.

胡杰，刘晓东，陆四海．2012．效用函数的装备保障效能分析与评估．火力与指挥控制，37(1)：99-104.

黄振平，林小丽，侯云青等．2005．P-Ⅲ型分布参数的矩估计与设计洪水的计算频率．河海大学学报(自然科学版)，33(1)：49-51.

吉随旺，唐永建，胡德贵等．2009．四川省汶川地震灾区干线公路典型震害特征分析．岩土力学与工程学报，28(6)：1250-1260.

久保庆三郎．1984．桥梁的震害预测．国外地震工程，4(5)：8-11.

蓝兰．2011．全国铁路建设“十一五”回顾及“十二五”展望．交通世界，19：36-45.

蓝元沛，孟庆春，李锋等．2010．基于多属性效用理论的飞机设计选材方法．航空材料学报，30(3)：88-94.

李春好，孙永河，贾艳辉等．2010．变权层次分析法．系统工程理论与实践，30(4)：723-731.

李明辉，夏靖波，韩仲祥等．2011．基于差异投影的多类型指标综合评估方法．兵工学报，32(1)：17-22.

李远富．2008．铁路、公路总体规划与设计理论．成都：西南交通大学出版社．

李远富，薛波，邓域才．2000．铁路选线设计方案多目标决策模糊优选模型及其应用研究．西南交通大学学报，35(5)：465-470.

李正芳，周本刚，冉洪流．2012．运用古地震数据评价东昆仑断裂带东段未来百年的强震危险性．地球物理学报，55(9)：3051-3065.

刘令，宋志．2014．川西高原道孚县城区地质灾害危险性分区特征．中国水运，14(2)：294-295.

刘文奇．1997．均衡函数及其在变权综合中的应用．系统工程理论与实践，17(4)：58-64.

刘耀彬，李仁东，宋学峰．2005．中国城市化与生态环境耦合度分析．自然资源学报，34(1)：91-96.

刘治中，王俊德，丛树铮．1989．P-Ⅲ型分布的期望概率计算：河海大学学报，17(4)：59-64.

罗圆．2013．基于离差投影的山区铁路选线方案比选模型．铁道标准设计，10：1-6.

马丽琼．2009．几个简单可修系统的可靠性分析．成都：西南交通大学硕士学位论文．

彭军龙．2007．基于可拓学的生态影响评价方法在铁路选线中的应用．中国铁道科学，28(3)：1-5.

钱洪，艾伦 CR，罗灼礼等．1988．全新世以来鲜水河断裂的活动特征．中国地震研究，4(2)：11-20.

钱洪，罗灼礼，闻学泽．1990．鲜水河断裂带上特征地震的初步研究．地震学报，12(1)：22-29.

邱燕玲，姚令侃，秦伟．2010．汶川地震路基挡墙震害特征分析．重庆交通大学学报(自然科学版)，29(4)：576-581.

冉洪流．2004．海原断裂带 $M\geqslant 6.7$ 地震概率及其震级分布．地震学报，26(6)：609-615.

冉洪流．2009．潜在震源区震级上限不确定性研究．地震学报，3l(4)：396-402.

冉洪流，何宏林．2006．鲜水河断裂带北西段不同破裂源强震震级($M\geqslant 6.7$)及复发间隔研究．地球物理学报，49(1)：153～161.

任俊杰，张世民，马保起等．2009．龙门山断裂带中北段大震复发特征与复发间隔估计．地震学报，31(2)：160-171.

时振刚，张作义，薛澜. 2002. 核能风险接受性研究. 核科学与工程，22(3)：193-198.
苏生瑞，张其伟，景积仓等. 2011. 基于集对分析方法的山区高速铁路线路方案优选研究. 工程地质学报，19(5)：774-760.
孙爱军. 2007. 交通与城市化的耦合度分析——以江苏省为例. 城市交通，5(2)：42-46.
孙雪花. 2009. 公路交通与区域经济协调发展评价研究. 长沙：长沙理工大学硕士学位论文.
汪培庄，李洪兴. 1996. 模糊系统理论和模糊计算机. 北京：科学出版社.
王保林. 2009. 成渝线成都至内江段扩能改造方案优选及经济评价. 成都：西南交通大学硕士学位论文.
王笃波，刘汉龙，于陶. 2012. 基于变形的土石坝地震风险分析. 岩土力学，33(5)：1479-1484.
王应明. 1999. 多指标决策与评价的新方法：投影法. 系统工程与电子技术，21(3)：1-4.
王永明，马耀峰. 2011. 城市旅游经济与交通发展耦合协调度分析——以西安市为例. 陕西师范大学学报，39(1)：86-90.
闻学泽. 1991. 活断层的定量研究与长期地震潜势的概率估计问题//国家地震局地质研究所. 活动构造研究(1). 北京：地震出版社：174-183.
吴小萍，詹振炎. 2001. 基于灰色和模糊集理论的铁路方案多目标综合评价方法及模型研究. 铁道学报，23(5)：107-113.
武旭，胡思继，崔艳萍，马叶江. 2005. 交通运输与经济协调发展评价的研究. 北京交通大学学报，(6)：10-14.
夏勇其，吴祈宗. 2004. 一种混合型多属性决策问题的 TOPSIS 方法. 系统工程学报，19(6)：630-634.
邢俊义，张于心，鲍枫等. 2000. 铁路灾害线路通过能力损失评估模型. 灾害学，15(1)：16-20.
熊探宇，姚鑫，张永双. 2010. 鲜水河断裂带全新世活动性研究进展综述. 地质力学学报，16(2)：176-188.
徐泽水. 2004. 不确定多属性决策方法及应用. 北京：清华大学出版社.
徐志新，奚树人，曲静原. 2008. 核事故应急决策的多属性效用分析方法. 清华大学学报(自然科学版)，48(3)：445-448.
徐宗学，叶守泽. 1988. 洪水风险率 CSPPC 模型及其应用. 水利学报，(9)：1-9.
许洪泰，闵伟. 2007. 利用地震矩和实时概率模型对中长期地震危险性进行评价——以东昆仑和阿尔金断裂为例. 地震研究，30(2)：120-126.
闫书丽，赵丽英，王传丽. 2006. 基于投影的不确定多属性决策方法. 河南科技大学学报，30(1)：85- 87.
杨静，邱菀华. 2008. 基于离差的模糊多属性决策法及其应用. 系统工程，26(6)：107-110.
姚令侃. 1994. 泥石流地区铁路选线辅助决策系统的研究. 成都：西南交通大学博士学位论文.
姚令侃，陈强. 2009. “5·12”汶川地震对线路工程抗震技术提出的新课题. 四川大学学报(工程科学版)，41(3)：43-50.
姚令侃，邱燕玲，魏永幸. 2012. 青藏高原东缘进藏高等级道路面临的挑战. 西南交通大学学报，47(5)：719-734.
易思荣. 2009. 铁路选线设计(第三版). 成都：西南交通大学出版社.
余沛. 2010. 铁路运输与区域经济系统相关性与协调性定量评价. 铁道运输与经济，32(2)：14-17.
张国志. 2009. 复杂系统可靠性分析. 哈尔滨：哈尔滨工业大学出版社.
张江宇. 2011. 中国“十二五”期间铁路高速公路发展规划与建设. 建设机械技术与管理，6：78-79.
张培震，毛凤英. 1996. 活动断裂定量研究与中长期强地震危险性概率评价//国家地震局地质研究所. 活动断裂研究(5). 北京：地震出版社：12-31.

张秋文，张培震，王乘等. 2003. 鲜水河断裂带断层间相互作用的触震与缓震效应. 地震学报，25(2)：143-153.

张夏临，冯涛. 2011. 模糊性综合评价在铁路选线中的应用. 铁道工程学报，(2)：21-26.

张永庆，谢富仁，王峰. 2007. 乌鲁木齐地区活动断裂强震复发概率模型研究. 地震地质，29(4)：776-786.

张于心. 2006. 铁路泥石流灾害风险评价与防治研究. 北京：北京交通大学.

张于心，鲍枫. 2000. 铁路受灾经济损失评估方法探讨. 北方交通大学学报，24(3)：63-65.

赵忠刚，姚安林，李又绿等. 2008. 油气管道可接受风险标准值的界定研究. 西南石油大学学报(自然科学版)，30(2)：147-150.

郑展飞. 2006. 公路工程边坡灾害风险分析与灾害研究. 重庆：重庆交通大学硕士学位论文.

周长东，白倩楠，高日. 2013. 大震铁路桥涵震害损失评估方法. 北京交通大学学报，37(1)：85-89.

周宏安，刘三阳. 2007. 基于离差最大化模型的模糊多属性决策投影法. 系统工程与电子技术，29(5)：741-744.

朱美珍. 1994. 公路桥梁震害预测的实用方法. 同济大学学报，22(3)：279-283.

朱茵，孟志勇，阚叔愚. 2000. 铁路建设优选方法的研究. 北方交通大学学报，23(2)：127-130.

Brun J N. 1968. Seismic moment，seismicity，and rate of slip along major fault zones. Journal of Geophysical Research，73(2)：777-784.

Campbell E J. 1935. Les valeurs extremes des distributions statistiques. Annales de Institute Henri I ‘oincare’，4：115-136.

Campbell N R. 1941. The replacement of perishable members of a continual operating system. Supplement to the Journal of the Royal Statistical Society，7：110-130.

Epstein B. 1948. Application of the theory of extreme values in fracture problems. Journal of the American Statistical Association，43：403-412.

Illingworth V. 1996. The Penguin Dictionary of Physics. Beijing：Foreign Language Press.

Kanamori H. 1977. The energy release in great earthquakes. Journal of Geophysical Research Atmospheres，82：2981-2987.

Li Y F，Li Y，Zhou Y，Shi Y L，Zhu X D. 2012. Investigation of a coupling model of coordination between urbanization and the environment. Journal of Environmental Management，(98)：127-133.

Lotka A J. 1939. A contribution to the theory of self-renewing aggregates with special reference to industrial replacement. Annals of Mathematical Statistics，10：1-25.

McCalpin J P. 1996. Paleoseismology. London：Academic Press.

Palm C. 1947. Arbetskraftens for delning vidbet janing av automatckiner. Industritidningen Norden，75：75-80，90-94.

Shimazaki K，Nakata T. 1980. Time-predictable recurrence model for large earthquake. Geophysical Research Letters，7(4)：279-282.

Tsaur R C. 2011. Decision risk analysis for an interval TOPSIS method. Applied Mathematics and Computation，218(8)：4295-4304.

Wallace R E，Davis J F，McNally K C. 1984. Terms for expressing earthquake potential prediction and probability. Bulletin of the Seismological Society of America，74：1819-1825.

Weibull W. 1939. A statistical theory of the strength of materials. Ing. Vetenskaps Akad. Handl.，151：1-45.

# 第 11 章　基于可拓学的山区铁路选线策略

在设计人员从事实际线路定线的时候，经常会遇到各种各样的矛盾问题。例如，铁路处于地形艰险的山区，人烟稀少故而铁路沿线客运量很小，专门开行慢速客运列车很不经济，但是山区人民群众却缺乏其他出行的交通工具，对慢速客运列车有着强烈的需要；在各项指标都较好的线路位置，却被既有的低等级公路占据；必须通过的甲乙两个经济据点之间的高差过大，即使线路按照最大限制坡度值也无法连接两地。这些问题中存在着不相容的两个部分，把这些问题统称为矛盾问题。选线是一个集决策和设计于一体的、多因素、多层次的复杂系统工程。选线设计的质量将直接关系到线路工程建设的技术可行性和经济合理性，以及运营期的可靠性、安全性，因而它是线路工程建设应该重视的首要问题(朱颖，2009)。我国传统的选线技术主要基于地形地貌表观和一定的地勘资料，利用经验先定出几个方案，然后在备选方案中进行比较和择优。设计人员在处理选线过程中的矛盾问题时，经验丰富的设计人员依靠积累的经验可能解决这些矛盾问题，但也可能遗漏有价值的方案；经验较少的设计人员可能思路较窄，更多的做法是依靠增加投资解决问题。

可拓学的研究对象就是现实世界中的各种矛盾问题。可拓学研究可拓决策策略的相关规律、理论和方法，提出利用物元变换及可拓性去开拓决策策略集合的技术(蔡文，1994，1997)。在可拓学理论的基础上研究铁路选线的新方法，即利用可拓学中矛盾转化的方法研究铁路选线，利用可拓学的物元、物元变换等数学工具，以可拓决策方法进行矛盾转化处理。利用可拓学方法，对铁路选线决策思维过程进行规范化、条理化梳理，使得选线决策过程可以进行形式化、逻辑化与数学化的表述。既可以更好地传播前人先进的工作经验，又可为设计人员生成方案作业提供相对系统的程式，是很有意义的尝试。

## 11.1　可拓学的基本概念

### 11.1.1　物元的概念及分类

人、事和物统称为事物，具有各种各样的特征，确定的事物关于某一特征有相应的量值。事物的名称、特征和量值是描述事物的基本要素。

物元的定义：给定事物的名称为 $N$，其关于特征 $c$ 的量值为 $v$，以事物、特征及事物关于该特征的量值所组成的有序三元组 $R$={事物，特征，量值}，即 $R=\{N,c,v\}$ 作为描述事物的基本元，简称为物元。同时把事物的名称、特征和量值称为物元三要素。根据物元的定义，$v$ 由 $N$ 和 $c$ 确定，记作 $v=c(N)$。因此，物元也可以表示为 $R=\{N,c,c(N)\}$。

一个事物有多个特征，如果事物 $N$ 以 $n$ 个特征 $c_1,c_2,\cdots,c_n$ 和相对应的量值 $v_1,v_2,\cdots,v_n$ 描述，则可以表示为

$$n\text{ 维物元 }R=\begin{Bmatrix} N, & c_1, & v_1 \\ & c_2, & v_2 \\ & M & M \\ & c_n, & v_n \end{Bmatrix}=\begin{Bmatrix} R_1 \\ R_2 \\ M \\ R_n \end{Bmatrix},\text{简记作 }R=\{N,c_n,v_n\}。$$

$$\text{例如，}R=\begin{Bmatrix} A\text{ 线路，} & \text{牵引模式，电气化} \\ & \text{客车类型，和谐号动车组} \\ & \text{货车类型，普通货运列车} \\ & \text{客车最高时速，200km/h} \\ & \text{货车最高时速，120km/h} \end{Bmatrix}\text{就是关于 }A\text{ 线路的一个 5 维物元。}$$

存在物元：若 $N \in \zeta_1(N), c(N)=v$，则称 $R=\{N,c,v\}$ 为存在物元，记作 $R@$。

期望物元：若物元 $R=\{N,c,v\}$ 中，$N \in \zeta_2(N)$ 或 $N \in \zeta_1(N)$，但是 $N$ 关于特征 $c$ 的量值 $v$ 为期望值，则称 $R$ 为期望物元。

存在物元的全体记为 $\zeta_1(R)$，期望物元的全体记作 $\zeta_2(R)$，全体物元的集合记作 $\zeta(R)$，显然有 $\zeta(R)=\zeta_1(R)\cup\zeta_2(R)$。若是 $R\in\zeta_2(R)$ 能变为 $R\in\zeta_1(R)$，则称为物元 $R$ 的实现，记作 $R@$；否则称为物元 $R$ 不实现，记作 $R\overline{@}$。

$$\text{例如，若 }R_1=\begin{Bmatrix} \text{A 线路，} & \text{牵引模式，电气化} \\ & \text{客车类型，和谐号动车组} \end{Bmatrix}$$

$$R_2=\begin{Bmatrix} A\text{ 线路，} & \text{线路廊道位置，平原开阔地带} \\ & \text{最小曲线半径，2800m} \\ & \text{最短夹直线长度，40m} \end{Bmatrix}$$

$$R_3=\begin{Bmatrix} \text{A 线路，} & \text{最小曲线半径，2800m} \\ & \text{最短夹直线长度，40m} \end{Bmatrix}$$

则 $R_1\in\zeta_2(R_1), R_2\in\zeta_1(R), R_3\in\zeta_2(R)$，那么在 $R_2$ 中，$R_3@$。

常物元：若是在某个讨论过程中，$R$ 的每个要素始终保持不变，则称 $R$ 为常物元。

变物元：在某个讨论过程中，物元的三要素如果有一个或者一个以上是变化的，那么称该物元为变物元，记作 $R_x$，变化的要素分别记为 $N_x$、$c_x$ 和 $v_x$。当然，$\{N_x,c,v\}$ $\{N,c_x,v\}\{N,c,v_x\}$ 都是变物元。

在某个变化的过程中，有两个变物元 $R_x$ 和 $R_y$，当 $R_x$ 在物元集 $W_x$ 内取定一个物元时，变物元 $R_y$ 按照一定的法则 $f$，有确定的物元与之对应，则称 $R_y$ 为 $R_x$ 的物元函数，记作 $R_y=f(R_x)$，并称 $R_x$ 为自变物元，$R_y$ 为因变物元，$W_x$ 为函数的定义域。

例如，当按照《铁_建设函[2005]285 号新建时速 200 公里客货共线铁路设计暂行规定》设计 $A$ 线路的一段，设计线路物元：

$$R_x=\{A\text{ 线路某段，}\quad\text{最小曲线半径，}\quad 2800\text{m}\}$$

$$R_y\{A\text{ 线路某段，}\quad\text{最小缓和曲线长度，}\quad 170\text{m}\}$$

即在《铁_建设函[2005]285 号新建时速 200 公里客货共线铁路设计暂行规定》下，使得 $R_y=f(R_x)$ 成立。

### 11.1.2　物元的基本关系

物元之间有相等、蕴含、相关三种基本关系。

相等：给定物元 $R_1=(N_1,c_1,v_1)$ 和 $R_2=(N_2,c_2,v_2)$，当且只当 $N_1=N_2,c_1=c_2,v_1=v_2$ 时，称 $R_1$ 和 $R_2$ 相等，记作 $R_1=R_2$。

蕴含：当物元 $R_1$@，则必有物元 $R_2$@，那么称 $R_1$ 蕴含 $R_2$，记作 $R_1 \Rightarrow R_2$。

相关：给定物元 $R_1=(N_1,c_1,v_1)$ 和 $R_2=(N_2,c_2,v_2)$，若存在 $\Gamma \in \{N,c,v\}$，$\Gamma_1 \colon \Gamma_2$，则称 $R_1$ 和 $R_2$ 相关，记作 $R_1 \colon R_2$。

### 11.1.3 物元的可拓性

人们在解决矛盾问题的过程中，通常拘泥于原有的习惯思维领域，缺乏创造性。为了解决矛盾问题，人们必须摆脱习惯思维，拓展问题中所涉及的事物，提出创造性的方法。物元的可拓性是物元特有的性质，是处理不相容问题的依据。物元的可拓性包括物元三要素的发散性、可扩性、蕴含性和物元之间的相关性等，利用物元的可拓性，从而形成物元可拓方法，为解决矛盾问题提供可能。

1. 物元的发散性

一个事物具有多种特征，一种特征又可以为多个事物所具有，多个事物的某一量值也可以是相等的，这类“一物多征，一征多物，一值多物”的性质称为物元的发散性(图 11-1)。应用发散性和物元变换去解决矛盾问题的方法称为发散树方法。物元的发散性是研究事物向外开拓的可能路径，具体有以下几种。

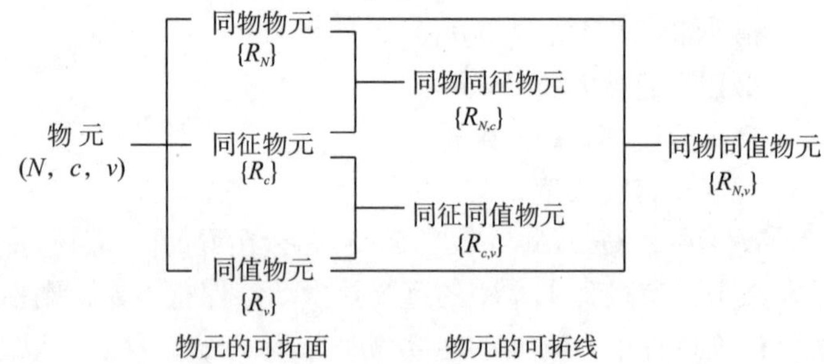


图 11-1 物元的发散性

(1)同物物元：若 $N_0 \in \zeta_1(N)$，则必存在 $N_0$ 的无限多个特征及相应的量值，且至少有一个特征 $c$，使得 $c(N) \neq \Phi$，这一性质称为一物多征。

(2)同征物元：若 $c_0 \in \zeta(c)$，则必存在 $n(n>1)$ 个事物 $N_i \in \zeta_1(N)(i=1,2,\cdots,n)$，使得 $c_0(N) \neq \Phi$，这个性质称为一征多物。

(3)同值物元：给定量值 $v_0$，则必存在 $n(n \geqslant 1)$ 个事物 $N_i \in \zeta_1(N)$ 和特征 $c_i \in \zeta(N)$，使得 $c_i(N_i)=v_0$，这个性质称为一值多物。

(4)同征同值物元：给定物元 $R_0=(N_0,c_0,v_0)$，则它的同征同值事物集 $\{N_{c0},v_0\}=\{N \mid c_0(N)=v_0,N \in \zeta(N)\}$ 为其同征事物集和同值事物集之交，即 $\{N_{c_0},v_0\}=\{N_{c_0}\} \cap \{N_{v_0}\}$

(5)同物同值物元：给定物元 $R_0=(N_0,c_0,v_0)$，则它的同物同值特征集 $\{c_{c_0},v_0\}=\{c \mid c(N_0)=v_0,c \in \zeta(c)\}$ 为其同物特征集和同值特征集之交，即 $\{c_{c_0},v_0\}=\{c_{N_0}\} \cap \{c_{v_0}\}$

(6)同物同征物元：给定物元 $R_0=(N_0,c_0,v_0)$，则它的同物同征量值集 $\{v_{N_0},c_0\}=\{v \mid c_0(N)=v,v \in V(c_0)\}$ 为其同物量值集和同征量值集之交，即 $\{v_{c_0},c_0\}=\{v_{c_0}\} \cap \{v_{v0}\}$。

2. 物元的可扩性

一个事物，可以与其他事物结合成新的事物，也可以分解为若干新的事物，它们具有原事物不具有的某些特征，从而提供解决矛盾问题的可能性。我们把事物可以结合分解的可能性，统称为事物的可扩性，可扩性包括可加性、可积性、可分性。利用物元的可扩性和物元变换去解决矛盾问题的方法称为分合链方法。

物元的三要素和物元都可以进行可扩运算，其中三要素的可扩运算是物元可扩运算的基础，根据物元可扩性可以得到如下性质。

(1)任何两个事物、特征、量值或物元都是可加的。

(2)任何物元在一定条件下可以与其他物元聚合。

(3)任何物元在一定条件下可以与其他物元组成系统。

(4)任何物元可以按一定的条件分解成若干物元。

3. 物元的相关性

一个事物和其他事物关于某特征的量值之间，同一事物或者同组事物关于某些特征的量值之间，如果存在一定的依赖关系，称为相关。由于相关性的存在，一个事物量值的变化会导致与之相关的事物的变化，一个事物或一组事物关于某个特征的量值的变化会导致关于别的特征的量值的变化，这种变化互相传导于一个相关网中。这使得我们可以利用相关关系去处理相应的问题。另外，由于相关网的存在，进行物元变换时必须考虑其相关物元的变化，这与在铁路选线过程中，调整线路的一个关键参数，就导致“牵一发而动全身”是相似的。因此，相关性是研究变换的连锁作用的依据，应用相关性与物元变换解决问题的方法称为相关网的方法。

给定一个物元 $R$，其关于事物相关的物元和关于特征相关的物元的全体称为 $R$ 的相关网。物元的相关性以及相关网有如下特性。

(1)给定一个事物 $N_1$ 和某一特征 $c$，总可以找到另一个事物 $N_2$，使 $N_1 \sim (c) N_2$。

(2)对于同一个事物 $N(t)$，任何特征 $c_1$ 都有其相关特征 $c_2$，即 $c_1 \sim (N(t)) c_2$。

(3)同组事物$\{N\}$中，任何特征 $c_1$ 都有其相关特征 $c_2$，即 $c_1 \sim (\{N\}) c_2$。

(4)相关事物具有传递性，相关特征也具有传递性。

(5)相关网中一个事物关于某个特征的量值的改变，会导致相关网中其他物元相应量值的改变。

(6)在某一时刻，给定一个物元 $R$，它的相关网是唯一确定的。

4. 物元的蕴含性

蕴含的概念：若 $A$@，必有 $B$@，则称 $A$ 蕴含 $B$，记作 $A \Rightarrow B$。$A$ 与 $B$ 之间的关系称为蕴含关系，符号@表示存在，其中事物、特征、量值、特征元和物元间都存在蕴含关系。根据物元蕴含性有如下性质。

(1)传递性，即 $B_1 \Rightarrow B_2$，$B_2 \Rightarrow B_3$，则 $B_1 \Rightarrow B_3$。

(2)对物元 $R = \{N, c, \nu\}$，有 $N \Rightarrow R$。

(3)蕴含关系具有可变性，即参数或条件的改变，可能会引起蕴含关系的改变。

(4)物元的有条件蕴含可以用多维物元的无条件蕴含来表述。

(5)事物的有条件蕴含，可以用物元的无条件蕴含来表述。

(6)若 $c_1 \Rightarrow c_2$，则对事物 $N$ 必然有 $[N, c_1, c_1(N)] \Rightarrow [N, c_2, c_2(N)]$。

## 11.2 可拓学方法架构及选线案例

可拓学是用形式化模型研究事物拓展的可能性和开拓创新的规律与方法，并用于解决矛盾问题的科学(蔡文，1999)。它研究的核心就是如何通过变换处理各种各样的不相容问题和对立问题(蔡文，1983)。将其引入选线设计中，以解决线路设计中的矛盾问题为主线，通过对所建立的物元模型进行变换，开拓创意，生成优秀线路方案，具有重大的意义。

### 11.2.1 可拓学方法架构

从解决工程问题角度，根据上述可拓学理论归纳总结出可拓学解决矛盾问题的方法架构如图 11-2 所示。

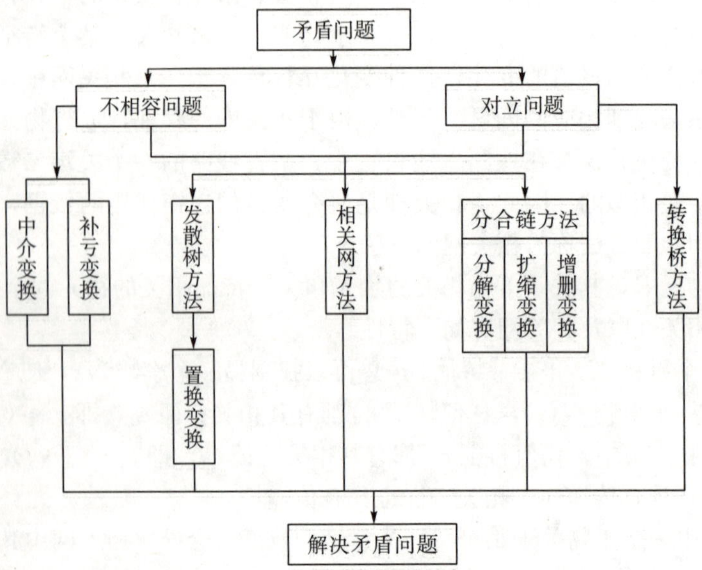


图 11-2 可拓学的方法架构

该方法架构显示了在可拓学的概念框架下解决工程中常见矛盾问题的步骤。根据可拓学中矛盾的性质，一般把矛盾问题分为两类：不相容问题和对立问题。在解决一个矛盾问题时，首先分析矛盾问题的构造，判断属于哪一类矛盾。

不相容问题是指主观愿望与客观条件之间产生矛盾的问题，也就是由目的与使该目的不能实现的条件之间构成的问题。比如在选线设计中，经常遇到如何克服平面障碍或高程障碍的问题，则都属于解决不相容问题的范畴。

对立问题是主观愿望之间的矛盾造成的，即指在同一个条件下不能同时实现两个或多个目的的问题。如受投资控制，不可能同时上马几个工程项目，这就属于对立问题。

确定问题类别后，先运用基本方法(包括发散树方法-置换变换、相关网方法、分合链方法)解决矛盾问题。如果矛盾仍然得不到解决，这时考虑采用对应的特殊方法，即解决不相容问题用中介变换或补亏变换，解决对立问题用转换桥方法。

1. 发散树方法-置换变换

具体来讲就是根据物元的发散性得到多种可能，然后通过置换变换的途径解决问题，物元的发散性是人们发散性思维的依据，根据物元的发散性，由某一物元 $R_0=\{N_0,c_0,v_0\}$，从物元三要素的 $N_0$，$c_0$，$v_0$ 之一或者其中两个出发发散出去，可以得到多个物元，从而为设计人员解决铁路选线设计中的矛盾问题提供多条可供选择的路径。应用发散性去解决矛盾问题的方法称为发散树方法。发散树法是人们在工作生活中经常采用的常规处理矛盾问题的方法，人工智能选线就是发散树法的应用，其基础思维是通过计算机一个特征或者一个量值的进行试算，发散树法也是可拓铁路选线不可忽视的一部分。

例如，铁路选线设计的多维物元中的某一个一维物元 $R_0=\{N_0,c_0,v_0\}$，如果采用常规的办法这一物元中的 $v_0$ 是不可行的，那么就可以利用物元发散性中一征多物的性质，寻找与 $R_0$ 同特征的物元，即

$$R=(N_0,c_0,v_0)\perp\left\{\begin{matrix}N_1, & c_0, & v_1\\ N_2, & c_0, & v_2\\ M & M & M\\ N_n, & c_0, & v_n\end{matrix}\right\}$$

式中，$\perp$ 表示物元 $R$ 中同一个特征的发散关系。若 $R_i=(N_i,c_0,v_i)(i=1,2,\cdots,n)$ 中的某一物元中的量值 $v_i$ 是可行的，则可以通过置换变换实现设计目标。具体的置换变换途径，是指用某一事物来代替另一事物、用某一特征来代替另一特征、用某一量值来代替另一量值的变换。在置换的时候，事物、特征、量值可以同时置换，也可以只是置换其中的一个。但是要注意到，置换并不是随意的，而是根据物元的发散性，从实际问题的要求出发确定变换对象。

给定物元 $R_0=(N_0,c_0,v_0)$，$T_{N_0}N_0=N$，$T_{c_0}c_0=c$，$T_{v_0}v_0=v$ 分别表示物元事物、特征和量值的变换。

这个解决矛盾问题的过程称为发散树方法-置换变换。

案例：原计划在甲乙两地间修建一条运煤专线，输送乙地的煤炭资源至甲地供给发电，但投资不足，后采用在乙地建坑口电站的替代方案，即属于发散树方法，具体的置换变换是用输电线取代铁路线路，由于输电线造价远低于铁路专线造价，既满足了投资约束条件又满足了甲地的用电需求。

思路描述过程：

目的物元 $R_0$={甲地火电厂，功能，发电}

实现的条件：$r$={甲乙间铁路线，功能，运输电煤至甲地}

在该铁路的可行研究过程发现，因为甲乙两地空间距离过长，所以按照甲地政府计划的出资量根本无法建成该条铁路，而且甲地政府缺乏其他融资渠道。从发散树方法考虑，先分析问题的目的物元，其特征元 $M$=(功能，发电)，也是需要最终达到的效果，依据目的物元的同特征元发散：

$$R_0 = (\text{甲地火电厂,功能,发电}) \perp \begin{cases} (\text{甲地发电厂,功能,发电}) \perp \begin{cases} (\text{甲地火电厂,功能,发电}) \\ (\text{甲地水电厂,功能,发电}) \\ (\text{甲地核电厂,功能,发电}) \\ K \end{cases} \\ (\text{甲乙之间地发电厂,功能,发电}) \perp \{K\} \\ K \\ (\text{乙地发电厂,功能,发电}) \perp \begin{cases} (\text{乙地火电厂,功能,发电}) \\ (\text{乙地水电厂,功能,发电}) \\ (\text{乙地核电厂,功能,发电}) \\ K \end{cases} \end{cases}$$

根据甲地的实际能源条件和目前政府经济状况，发现在甲地建立甲地发电厂不是很理想。考虑到乙地含有丰富的煤资源，同时根据特征元发散树可以看到，在乙地建立火电厂就是一个可行性方案。由此，目的物元采用具体的方法置换变换，得到：

$$T_{R_0} R_0 = \{\text{乙地火电厂,功能,发电}\} = R'$$

然后考虑条件物元，需要解决乙地火电厂输送电力问题，同样采用置换变换，得到：

$$T_r r = \{\text{甲乙间输电线,功能,给甲地供电}\} = r'$$

架设同样长度的输电线路所需的资金，远低于修建同样长度铁路线所需的资金，因此本书提出以坑口电站代替运煤专线的方案，这一方案不仅满足了甲地的用电需求，同时打破了投资的约束，并且保护了东部脆弱的环境，给乙地带来了新的就业岗位，促进了乙地的经济发展。

2\. 相关网方法

一个事物量值的变化会导致与之相关的事物的变化，一个事物或一族事物关于某个特征的量值的变化会导致关于别的特征的量值的变化，这使得可以利用其相关关系去处理矛盾问题，即为相关网方法。

在铁路设计工作中，利用相关网解决矛盾问题的主要步骤如下：

(1)写出存在问题的物元 $R = (N, c, v)$。

(2)利用相关的概念与相关性罗列出相关网。

(3)分析相关网，从而找到引起 $R$ 变化的物元或者由于 $R$ 的变化而引起变化的物元。

(4)利用上一步的分析结论，找到解决矛盾问题的方法。如确定要达到某个目标，必须要作哪些变换或必须变换哪些物元。

案例：甲乙两地修建一条铁路，设计时原采用 6‰的最大限制坡度，由于需通过地形困难的山区，桥隧比偏高，工程造价超出业主经济能力，根据相关网思路，采用 12‰的最大限制坡度更好地适应了地形，桥隧比随之降低，工程造价满足要求。

解决问题的思路描述如下：

原计划存在问题的物元为

$$R_1 = \{\text{高速铁路 A,最大限制坡度,6‰}\} = \{N_1, c_1, v_1\}$$

$$R_2 = \{\text{高速铁路 A,桥隧比,大}\} = \{N_2, c_2, v_2\}$$

则

$$R_0 = \begin{Bmatrix} \text{高速铁路}A,\text{最大限制坡度},6‰ \\ \text{桥隧比},\text{大} \end{Bmatrix} = \begin{Bmatrix} N_0, & c_0, & v_0 \\ & c_3, & v_3 \end{Bmatrix}$$

作

$$\varphi(v_0) = v_0' = av_0 \quad (a > 1)$$

则

$$T_\varphi(v_3) = v_3' = \beta v_3 \quad (\beta < 1)$$

这表明随着最大限制坡度的增大，桥隧比会随着变小；或者说要使桥隧比降低，可以通过增大快速铁路的最大限制坡度。设计人员根据实际情况发现 12‰的最大限制坡度能较好地适应地形条件和满足线路要求，于是可得：

作

$$\varphi(6‰) = 12‰$$

则

$$T_\varphi(\text{大}) = \text{小}$$

记

$$\varphi = \begin{bmatrix} \varphi \\ T_\varphi \end{bmatrix}$$

则得到：

$$\varphi R_0 = \begin{Bmatrix} \text{高速铁路}A,\text{最大限制坡度},12‰ \\ \text{桥隧比},\text{小} \end{Bmatrix} = R_0',\text{问题得到解决。}$$

3. 分合链方法

一个事物，可以与其他事物相结合形成新的事物，一个事物也可以分解成若干个新事物，并且它们还具有原事物不具有的某些特性，从而为解决矛盾问题提供可能性，这种方法即为分合链方法。根据其分合链的性质，具体方法可分为三种：分解变换、扩缩变换和增删变换。

4. 分解变换

分解变换是根据物元的可分性进行的，物元的三要素皆可作分解变换。根据可聚分、可组分的性质定义如下：

若 $R_0 = R_1 + R_2 + \cdots + R_n$，且 $T_{R_0}R_0 = \{R_1, R_2, \cdots, R_n\}$，称 $T_{R_0}$ 为 $R_0$ 的聚分变换。

若 $R_0 = R_1 \times R_2 \times \cdots \times R_n$，且 $T_{R_0}R_0 = \{R_1, R_2, \cdots, R_n\}$，称 $T_{R_0}$ 为 $R_0$ 的组分变换。

如长大干线按一次性投资建设会造成财政紧张，采用分期分段实施方案就属于分解变换。

5. 扩缩变换

物元的扩缩变换就是对原物元进行扩大和缩小处理，以形成新的物元，主要是对物元的量值进行变换。

若 $T_{R_0}R_0 = R_0 a\ (a > 0)$

若称 $T_{R_0}$ 为 $R_0$ 的右数乘扩缩变换。当 $a>1$ 时，称为数扩大变换；当 $0<a<1$ 时，称为数缩小变换。

若 $T_{R_0}R_0=R_0\times R$，则称 $T_{R_0}$ 为 $R_0$ 的物扩大变换。

若 $R_0=R_1\times R_2$，则 $T_{R_0}R_0=R_1$ 或 $T_{R_0}R_0=R_2$，称 $T_{R_0}$ 为 $R_0$ 的物缩小变换。

铁路线路设计规范指出，对于可以逐步改扩建的建筑物和设备应按近期运量和运输性质分别确定，并考虑预留远期发展的条件；对于不易改扩建的建筑物和设备应按远期运量和运输性质确定。这就是典型的扩缩变换的理念，用以解决既要考虑节省当前投资，又需适应未来运量增长需求的问题。

6. 增删变换

物元的增删变换是对原物元进行合适的增加和删除处理，从而形成新的物元的变换，主要是对物元的特征进行变换。

若 $T_{R_0}R_0=R_0+R_1$，称为 $T_{R_0}$ 为 $R_0$ 的增加变换。

若 $T_{R_0}R_0=R_0-R_1$，称为 $T_{R_0}$ 为 $R_0$ 的删减变换。

案例：在我国一些客源量少的铁路车站，客运列车不停站通过可提高旅行速度，节省了运营费，但当地人们缺少出行的交通工具，希望铁路开展客运服务业务。可根据增删变换的原理，在部分站站停的货物列车后加挂一两节客车车厢，从而既不影响客车的运输效率，又达到满足当地人们出行需求的目的。

思路描述过程：

设 $R_0=$｛货运列车,功能,运输货物｝

$R_1=$｛客车车厢,功能,输送旅客｝

令 $R_0+R_1=$｛货运列车,功能,运输货物｝+｛客车车厢,功能,输送旅客｝$=R'$

于是得到

$R'=$｛货运列车 + 客车车厢,功能,运输货物 $\oplus$ 输送旅客｝

即 $R'=$｛加挂的客车车厢的货运列车,功能,运输货物和输送旅客｝

这样将部分货运列车加挂少数普通旅行客车的方案解决了当地人们的问题。

7. 中介变换方法

中介变换是在物元变换的过程中引进一个或者多个特殊的物元，以使物元的变换得到实现。即给定物元 $R_0$，要做变换 $T$，使得 $T_{R_0}=R$ 无法进行，则先作变换 $\varphi$，使得 $\varphi R_0=R_1$，然后作 $T_{R_1}=R_2$，又作 $\varphi^{-1}R_2=R$，那么就得到 $\Phi=\varphi^{-1}T(\varphi R_0)$。其中，变换 $\varphi$ 在变换中就是起的中介的作用，其可以是事物、特征或量值。简单地说就是借助的一些物元，参与变换过程，以后又可以从生成的目的物元中分离出来，在变换前后都是保持不变的。

案例：我国铁路为 1435mm 的轨距，俄罗斯采用的是 1524mm 的宽轨。跨境铁路面临两种不同轨距铁路的转化问题。在边界处设置换轨站，通过采取换轮的方式，将车厢吊装至各自轨距的车轮上转换，按物元变换的理念，换轨站即属于中介物元。

思路描述过程：

设 $R_0=$｛货物,位置,中国｝,$r=$｛换轨站,位置,中俄边界｝

作变换 $\varphi_1, \varphi_2, \varphi_3$，得到

$\varphi_1 R_0 = R_0 \times r = \{$货物 $\times$ 换轨站,位置,中国$\} = R_1$

$\varphi_1 R_1 = R_1 \times r = \{$货物 $\times$ 换轨站,位置,俄罗斯$\} = R_2$

$\varphi_3 R_2 = \{$(货物,位置,俄罗斯),(换轨站,位置,中俄边界)$\}$

在此，货物到达俄罗斯境内。

8. 补亏变换方法

在处理矛盾问题的过程中，常常采用“以有余补不足”的方法。描述这类方法的是补亏变换。补亏变换法包括：以它所有的事物之有余补此事物之不足；以它特征之有余补此特征之不足；同一特征中，以它时量值之有余补此时量值之不足。

一般量值的补亏变换步骤如下：

给定物元 $R = \{N_0, c_0, v\}$， 其中

$$v = v(t)\begin{cases} v_1 & t \in I_1 \\ v_2, & t \in I_2 \end{cases}$$

作变换 $T_1$，$T_2$，使

$$T_1 v_1 = \{v_1', v_1''\}$$
$$T_2 v_2 = v_2 \oplus v_1'' = v_2'$$

则令 $T = T_2 T_1$，使得 $TR = \{N_0, c_0, v'\}$

其中，$v' = v'(t) = \begin{cases} v_1', & t \in I_1 \\ v_2', & t \in I_2 \end{cases}$

案例：春运期间，广州开往成都的短直线路运力不足，而时间长、费用高的绕行线路运力富余，以绕行线路的运量有余，补短直线路的运量不足，采用客运量分流的方案，可解决高峰期时短直线路运营紧张问题。作为附加措施，由于绕行线路的服务质量明显低于短直线路，可以调整两条线路的票价使之一致，作为对乘坐绕行线路列车旅客的一种补偿，也可视为是补亏变换的一种外延。

思路描述过程：

$$R = \{\text{广州至成都,旅客人数}, v\}$$

$$v = v(t) = \begin{cases} v_1 = 1000\text{ 万人}, & t \in \text{经线路 } A \\ v_2 = 100\text{ 万人}, & t \in \text{经线路 } B \end{cases}$$

作变换 $T_1 v_1 = \{700\text{ 万人}, 300\text{ 万人}\} = \{v_1', v_1''\}$

$$T_2 v_2 = v_2 + v_1'' = 400\text{ 万人} = v_2'$$

则 $TR =$ (广州至成都,旅客人数,$v'$)

$$v' = \begin{cases} v_1' = 700\text{ 万人}, & t \in \text{经线路 } A \\ v_2' = 400\text{ 万人}, & t \in \text{经线路 } B \end{cases}$$

9. 转换桥方法

在铁路选线设计工作中，常常会碰到各种各样的矛盾问题。在处理这些矛盾问题时，针对对立的双方，通常采用如下三种处理模式：①非此即彼的斗争方法，即“肯定一方，否定另一方”，这种方法简单、直接，但是往往会导致新的矛盾，同时不利于工作的开

展；②彼此平衡的方法，亦称为折衷调和方法，即通过讨论使矛盾双方都得到一部分利益，在折衷点上使矛盾得到调和，但是其本质上只是一定程度地缓解了矛盾，矛盾经过时间的发酵后，仍然有死灰复燃的可能性并且可能造成矛盾进一步激化；③“各行其道，各得其所”的转换桥方法，其连接对立双方并使之转化为共存，彻底解决对立问题，即使矛盾问题得到真正解决。本节认为矛盾双方即是对立双方，矛盾问题即是对立问题，反之亦然。

对立系统：如果系统 $S_1$ 和 $S_2$ 的运行规则分别为 $R_1$ 和 $R_2$，表示为 $(R_1 \uparrow R_2) * r$，则称 $S_1$ 和 $S_2$ 为关于条件 $r$ 下的对立系统。

对立系统的共存问题：设 $S_1$ 和 $S_2$ 为关于条件 $r$ 下的对立系统，其运行规则分别为 $R_1$ 和 $R_2$，且$(R_1 \uparrow R_2) * r$，若存在系统 $S \supset (S_1 \times S_2)$，其运行规则为

$$R = \begin{cases} R_1, \text{在 } S_1 \text{ 内} \\ R_2, \text{在 } S_2 \text{ 内} \end{cases}$$

称 $S$ 为对立系统 $S_1$ 和 $S_2$ 的共存系统；构造对立系统 $S_1$ 和 $S_2$ 的共存系统 $S$ 的问题，称为对立系统的共存问题。

转折目的：给定的对立问题$(R_1 \uparrow R_2) * r$，若存在物元 $R_1'$ 和 $R_2'$，$R_1' \Rightarrow R_1$，$R_2' \Rightarrow R_2$，使得$(R_1' \downarrow R_2') * r$，则称 $(R_1', R_2')$ 为转折目的。

转折条件：给定的对立问题$(R_1 \uparrow R_2) * r$，若存在物元 $r' = Tr$，使$(R_1 \downarrow R_2) * r'$，则称 $r'$为转折条件。

连接式转折部：对于两个对立系统 $S_1$ 和 $S_2$，把 $S_1$ 和 $S_2$ 连接成一个大系统 $S$ 的部分 $Z$ 称为 $S_1$ 和 $S_2$ 的连接式转折部，$S = S_1 \cup Z \cup S_2$。

分隔式转折部：对于一个大系统 $S$ 中的对立问题，把 $S$ 分成 $S_1$ 和 $S_2$ 以解决对立问题的部分 $Z$，称为 $S$ 的分隔式转折部，记作 $S = S_1 | Z | S_2$。

转折部：将解决对立问题的转折目的、转折条件和解决对立系统问题的连接式转折部、分隔式转折部统称为转折部。

转换通道：对立的两个物元要转化为共存的，有的要通过直接构造转折部使它们共存，有的要通过一定的变化后，才构造转折部。物元变化到转折部的过程称为转换通道。构造目的的变化的通道利用的是物元的蕴含关系，这一方式称为蕴含通道；构造限制或条件变化的通道利用的是物元变换，这一方式称为变换通道。在实际铁路选线设计工作中解决矛盾问题的时候，根据具体情况可以采用蕴含通道，也可以采取变换通道。一般情况下，解决矛盾问题的时候，达到转折目的常采用的是蕴含通道；达到转折条件常采用的是变换通道。

转换桥：设 $R_1$ 和 $R_2$ 为对立的双方，其转折部 $Z$ 和转换通道 $L$ 构成的系统称为 $R_1$ 和 $R_2$ 之间的转换桥，记为 $B(R_1, R_2)$。转换桥的本质就是使对立的双方可以“各行其道，各得其所”，即使对立的双方在不同的位置或特征上都得到满足。在一些比较简单的情况下，转折部自身也可以作为一个简化的转换桥。

综上所述，总结出转换桥的性质如下：

(1)物元的对立是有条件的，对立的物元可以通过设置转换桥转化为共存物元。

(2)物元对立的程度随时间和环境的改变而改变。

(3)对立的问题可以通过设置转换桥转化为共存问题。

(4)对立的系统要连接成一个大系统，必须设置起连接和转换作用的转折系统。

由转换桥的概念可见，转换桥由转折部和转换通道构成，要构造转换桥解决对立问题，关键是构造转折部和转换通道。对立问题转折部的构造过程可以归结为转折要素的构造过程，转折要素可以是转折事物、转折特征和转折量值。若不能直接采用转折部来转化共存问题，就需要构造转换通道，即可以认为转换通道的构造包含了转折部的构造(王越超，2007；施景霞，2010)。构造转换通道的方法如下：

(1)设 $R_1$ 和 $R_2$ 为对立的双方，利用蕴含系方法求 $R_1$ 的蕴含物元集$\{R_x\}$。

(2)取 $R_{11}\in\{R_x\}$，作 $R_1'=R_1+R_{11}$。若取$(R_1'\downarrow R_2)*r$，则$(R_1', R_2)$为转折部，结束。否则进入下一步。

(3)若$(R_1'\uparrow R_2)*r$，判断$\{R_x\}-R_{11}=\Phi$ 是否成立，若不成立，则另取 $R_{1i}\in\{R_x\}$ 进行转化；若成立，利用蕴含系方法求 $R_2$ 的蕴含物元集$\{R_y\}$。

(4)取 $R_{21}\in\{R_y\}$，作 $R_2'=R_2+R_{21}$，若$(R_1\downarrow R_2')*r$ 或$(R_1'\downarrow R_2')*r$，则$(R_1, R_2')$或$(R_1', R_2')$为转折部。

### 11.2.2　可拓学方法在选线中的应用案例

图 11-2 所示的方法架构，为选线设计提供了按矛盾问题分类的辅助决策流程。但在具体应用时，仍需创意组合、综合运用。下面就不相容问题和对立问题分别举例介绍。

1. 不相容问题案例

以某傍山长隧道 $a$ 工程为例进行探讨。经过论证，$a$ 工程需要 5 年工期才能贯通，但是业主单位希望可以在 3 年内全线通车，且不能过多地加大投资。对此建立物元模型：目的物元为

$$R=(\text{沿河线},\text{方式},\text{长隧道 }a)$$

约束条件物元为

$$r_1=(\text{沿河线},\text{施工工期},\leqslant 3\text{ 年})$$
$$r_2=(\text{沿河线},\text{投资增幅},\text{不能过多})$$

即条件物元可表示为

$$r=r_1\times r_2=\{\text{沿河线},\text{施工工期}\times\text{投资增幅},\leqslant 3\text{ 年}\times\text{不能过多}\}$$

这是由目的和使该目的不能实现的条件构成的问题，判定为不相容问题，即可表示为 $P=R*r$。笔者先选择一般方法试图解决该问题，分析物元模型，发现只能从目的物元的量值变换入手，采用发散树方法-置换变换，由一征多值的思路得到：

$$R=(\text{沿河线},\text{方式},\text{长隧道 }a)\perp\begin{cases}(\text{沿河线},\text{方式},\text{顺河桥})\\(\text{沿河线},\text{方式},\text{跨河绕避})\end{cases}$$

该段河道比较狭窄且十分弯曲，流速大、水流急，水位涨落及河弯冲高的幅度都很大，导致水文条件复杂、冲刷力强，顺河桥设计难度大且工程安全性难以保证，该方案不可取。采取跨河绕避的方案，线路迂回路线过长，且需数次设桥跨河，投资增加太多，所以此方案亦被否决。使用相关网方法，同样得不到合理方案。现采用分合链方法，对目的物元的量值采用分解变换中的聚分变换分析：

$$v = \{长隧道\ a\}$$

$$T_v v = \{隧道\ b + 隧道\ c + 隧道\ d + \cdots\}$$

$$则\ T_v R = \begin{Bmatrix} 沿河线,方式,隧道\ b \\ 沿河线,方式,隧道\ c \\ 沿河线,方式,隧道\ d \\ 沿河线,方式,\cdots \end{Bmatrix}$$

这就是工程上常采用的短隧道群方案，线路位置稍稍偏外，引出多个短隧道群，一般来说，短隧道是比较容易施工的，有时只需简单的设备就可以进行施工，技术上难度也不大，并且它们各自有出口和入口、可以开辟较多的工作面，容纳较多的人同时施工，施工进度较快，这样就解决了原长隧道的工期控制问题。

但是短隧道群方案又产生了新的问题。由于该工点地质条件复杂，地表覆盖层多为风化地带，岩体松散破碎、节理切割严重。短隧道线位靠近山体外侧，存在偏侧压力，使隧道的支护结构处于不利的受力状态；有些路段顶部覆土太薄，坑道稳定性差，开挖时极易塌方；此外，多个隧道相距太近，有时前一座隧道的出口，紧接着就是另一座隧道的进口，施工时互相干扰，洞口场地不好布置。因此，虽然采用短隧道群方案可显著缩短工期，但是由于上述缺点，笔者认为此方案仍不理想。

基于这一情况，仍基于分合链的思想，改用分解变换中的组分变换分析：

$$v = \{长隧道\ a\}$$

$$T_v v = \{隧道\ b \times 隧道\ c \times 隧道\ dK\}$$

得到

$$T_v R = \{沿河线,方式,隧道\ b \times 隧道\ c \times 隧道\ dK\}$$

即仍采用长隧道方案，但利用长隧短打的方式施工。具体做法参照短隧道群预选择的洞口位置，利用接近主隧道的有利地形条件开挖横洞，增加工作面，分段施工，达到缩短施工工期的目的。在本例中，长隧短打的方案既利用聚分的理念克服了工期问题，又利用组分的理念解决了短隧道群的不利问题，即为组合运用分合链方法获得优秀方案的案例。

2. 对立问题的案例

目前为实现工程建设与环境保护的协调发展，已开始贯彻“环境选线一票否决”的选线原则，改变了先选定线路后再进行环保评价的传统流程(朱颖，2010)。要求设计人员针对线路环境敏感点，从自然、人文等方面入手，打造“生态铁路”，论证线路方案的合理性和可实施性。在实际操作过程中，往往是铁路为环境保护“让路”而不得不做出一定的“牺牲”，即不能从条件较好的线路位置通过环境保护区域，甚至是花费巨大代价以保护环境。针对这类普遍存在的矛盾问题，现以铁路通过某山区森林保护区为例，建立物元模型。

既有目的物元：

$R_1$ =（森林保护区，功能，保护植被）= $(N_1, c_1, v_1)$

$R_2$ =（线路，功能，不得破坏该保护区植被）= $(N_2, c_2, v_2)$

约束条件物元：

$r$ =（线路，位置，通过该森林保护区）= $(N, c, v)$

这是在一个条件下无法同时实现两个目的的问题，从而构成对立问题，可表示为

$P=(R_1 \uparrow R_2) * r$。确定其为对立问题后，可根据可拓学方法架构先选择一般方法试图解决该问题，如选取发散树方法-置换变换，分析其目的要求，发散条件物元 $r$，即

$$r=(\text{线路},\text{位置},\text{穿过该森林保护区}) \perp \begin{cases}(\text{线路},\text{位置},\text{从该森林保护区边缘通过})\\(\text{线路},\text{位置},\text{采用隧道下穿该森林保护区通过})\end{cases}$$

虽然采取上述任何一种方案都可以起到保护环境的作用，但是其本质上仍然是采用了“非此即彼的方法”，即肯定了森林保护区的重要性，否定了铁路线的经济性要求。这样的方案显然并不是我们所希望得到的。然后换其他一般方法，发现相关网方法和分合链方法在这个对立问题上都没有合适的解决方案。针对这一情况，本书采取解决对立问题的转换桥方法进行分析。根据目的物元 $R_1$ 的蕴含性，得到：

$$\begin{array}{c}(\text{森林保护区},\text{功能},\text{保护植被})\\ \Downarrow \\ (\text{森林保护区},\text{组成部分},\text{植被})\\ \Uparrow \\ (\text{森林保护区},\text{组成部分},v)\end{array}$$

取 $R_{11}$=(森林保护区，组成部分，$v$)，再根据其蕴含性有

$$R_{11} \Rightarrow \begin{cases}(\text{森林保护区},\text{组成部分},\text{植被})\\(\text{森林保护区},\text{组成部分},\text{水系})\\(\text{森林保护区},\text{组成部分},\text{动物})\\(\text{森林保护区},\text{组成部分},\text{防火带})\\(\text{森林保护区},\text{组成成分},\text{建筑})\end{cases}$$

取 $R_{114}$=(森林保护区，组成部分，防火带)

那么可得

$$R_1'=R_1+R_{114}=\begin{Bmatrix}\text{森林保护区},\text{功能},\text{保护植被}\\ \text{森林保护区},\text{组成部分},\text{防火带}\end{Bmatrix}$$，则对立问题转换成了共存问题，记作 $P=(R_1' \downarrow R_2) * r$。其中，$(R_1' \downarrow R_2)$作为转折部。

由此，线路设计过森林保护区方案可以采取在防火带通过。在本例中，运用转换桥方法提出了铁路与林区防火基础设施的一体化设计的思想，既打破了铁路不能以明线方式穿越林区的制约，又使铁路成为林区防火基础设施的重要组成部分，实现了铁路建设和林区保护的双赢。其具体设计和操作过程见第 9 章中的“铁路与林区防火基础设施一体化设计技术”。

## 11.3　基于可拓学的铁路选线方案生成策略

铁路选线设计是一个从大到小，从宏观到微观的过程，大致可以分为可行性研究阶段、廊道选择阶段、局部定线阶段、空间定线阶段、个体工程布设阶段和运输组织方式阶段。可拓学的应用贯穿其中，对应于铁路选线的各个层次，可拓学物元变换也是有层次的。下面结合铁路选线设计各阶段的内容，以该条铁路线作为事物物元，说明在该阶段物元变换的层次及适用的可拓学方法。

### 11.3.1 铁路的基本选线过程

1. 可行性研究阶段

铁路可行性研究分为预可行性研究和可行性研究两个阶段，其研究的是在国家综合交通运输系统中，国家根据国民经济发展规划、资源分布、工农业生成布局、产销品种和数量，在综合考虑水运、公路、管道等其他运输手段后，确定需要的铁路运输任务，在研究计算挖掘提高现有铁路运输能力潜力仍然不能满足需求后，或是对既有铁路进行技术改造，或是修建新线，或是改造与新建二者兼有的建设方案研究工作。在铁路建设工程立项后，铁路部门针对这个铁路建设工程作可行性研究，以论证修建何种规模及标准的线路最为经济合理，以及根据工程数量确定合理工期、工程造价及核算其经济效益。在这一阶段开始之初，尚未确定是否要修建铁路，所以本阶段物元变换的层次主要是事物的变换，主要的适用方法有发散树方法-置换变换等。

2. 廊道选择阶段

廊道选择阶段是在已经确定要修建铁路的基础之上展开工作的，其主要的工作内容是在最主要的线路起始点由可行性研究阶段确定后，在这两点之间选择合适的、需要通过的次一级经济据点，其物元变换的层次主要是特征的变换，主要的适用方法有发散树方法-置换变换等。

具体做法为，经过分析得出甲和乙是控制性经济据点，为主要目的物元，所以通过两地是刚性限制条件，是线路必须通过的。在线路廊道内，甲和乙两地间的其他城市为次要目的物元，通过这些城市是弹性限制条件，在满足现有相关选线原则的条件下可以选择性地通过。选线时一般先在甲乙航空线附近考虑线路方案，若不满意或不可行，则在更大范围内考虑比选方案。按照可拓学的语言这一过程属于发散树方法-置换变换，即对线路的位置物元的量值进行发散，这一发散是在一个较大的但是又有限的范围内进行的，即仍是在主要目的物元所控制的大走向区域内。

3. 局部定线阶段

局部定线阶段是在廊道选择阶段所定下的各个控制性据点序列间的一个比较宽的宽带范围内进行线路路径的布设。由于上层规划中确定的控制点是必须通过的，所以该阶段的主要任务是确定两个控制点间的路径布局。局部定线阶段物元变换的层次主要是特征和量值的变换，主要的适用方法有发散树方法-置换变换、中介变换方法、转换桥方法等。

4. 空间定线阶段

空间定线阶段是在局部定线阶段所选择的线路位置的基础上开展工作的，其主要的工作是在已经选择的线路位置上作细部的优化，选择最合理和经济的线路位置。其物元变换的层次主要是特征和量值的变换，主要的适用方法有发散树方法-置换变换、相关网方法、分解变换等。

5. 个体工程布设阶段

个体工程布设阶段主要的工作是对单一工程进行优化，在这一阶段之前都是对线路位置的选择，事物物元都是该条线路。在个体工程布设阶段是线路专业设计人员和其他各个专业设计人员一起共同协调的阶段，是对不同构筑物类型的选择阶段。由于这一阶段要选择不同的构筑物，所以在个体工程布设阶段存在一个小层次，在该层次中物元的三个特征值事物、特征、量值都是可以变换的，主要的适用方法有发散树方法-置换变换、分解变换、扩缩变换等。

6. 运输组织方式阶段

在运输组织方式阶段的主要工作是铁路运营相关单位通过有关设施、手段和机制将交通运输基础设施、运输线路、载运工具、人力资源等系统有效集合并运作起来，以实现客货位移预期目的。在运输组织方式阶段，物元变换的层次主要是特征和量值的变换，主要的适用方法有分合链方法、增删变换、补亏变换方法等。

### 11.3.2 基于可拓学的铁路选线方案生成程式

可拓学的物元变换是有层次的，铁路选线设计也是从宏观到微观的决策过程，可拓学在铁路选线的各个阶段所运用的主要方法是不同的。为了便于设计人员在不同的阶段有针对性地采取相应的方法，将按照铁路选线设计作业程序，说明各阶段物元变换的层次及适用的可拓学方法(图 11-3)。

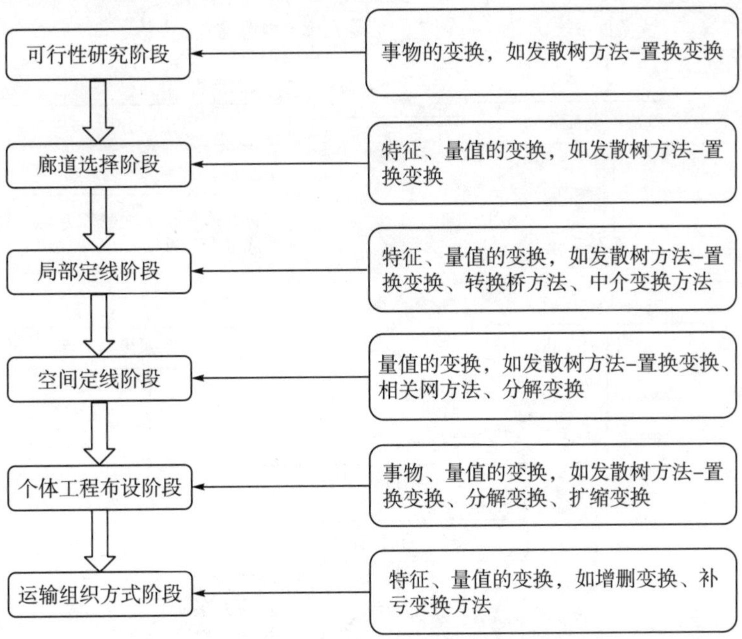


图 11-3　选线各阶段可参考的可拓学方法

根据可拓学在铁路选线各个阶段所运用的方法，从多角度考虑解决矛盾问题的方法，可能使得在线路方案生成的过程中不遗漏有价值的方案，也可望产生新的创意，如在第

9 章介绍的铁路与林区防火基础设施一体化设计技术，即是可拓学方法在解决铁路明线过林区方案与环境保护不相容问题方面的应用案例。更进一步，应用可拓学的数学语言，可对线路方案生成时思维过程进行形式化、逻辑化与数学化处理，为进一步发展人工智能选线打下基础。在现有铁路选线设计的技术框架下，可拓学方法对选线决策系统作业的参与可参照以下流程。

(1)结合国家铁路发展中长期规划，分析建设该条线路的主要目的和次要目的。

(2)结合线路所处的环境等条件，建立线路的刚性限制条件和弹性限制条件。

(3)根据线路主要目的和刚性限制条件所确定的主要经济据点间的线路廊道内按航空线进行定线，其中遵循目前地质选线等的选线设计原则。

(4)若在上述廊道中进行选线没有遇到困难(矛盾问题)，则直接生成线路方案。

(5)若有问题，则可采用可拓性的思考方法，利用相应的可拓方法，对线路物元进行物元变换，即生产各种线路方案。物元变换过程中须遵循目前的选线原则。

(6)若通过一次物元变换矛盾问题仍未得到解决，则可以采用复合变换或者多次物元变换，以解决矛盾问题，得到线路方案。

(7)对以上得到的线路方案，进行人工干预，去除明显不合理的线路方案。

(8)将第(7)步剩余的线路方案按现行评价体系进行评价，得到最优线路方案。

上述步骤如图 11-4 所示。

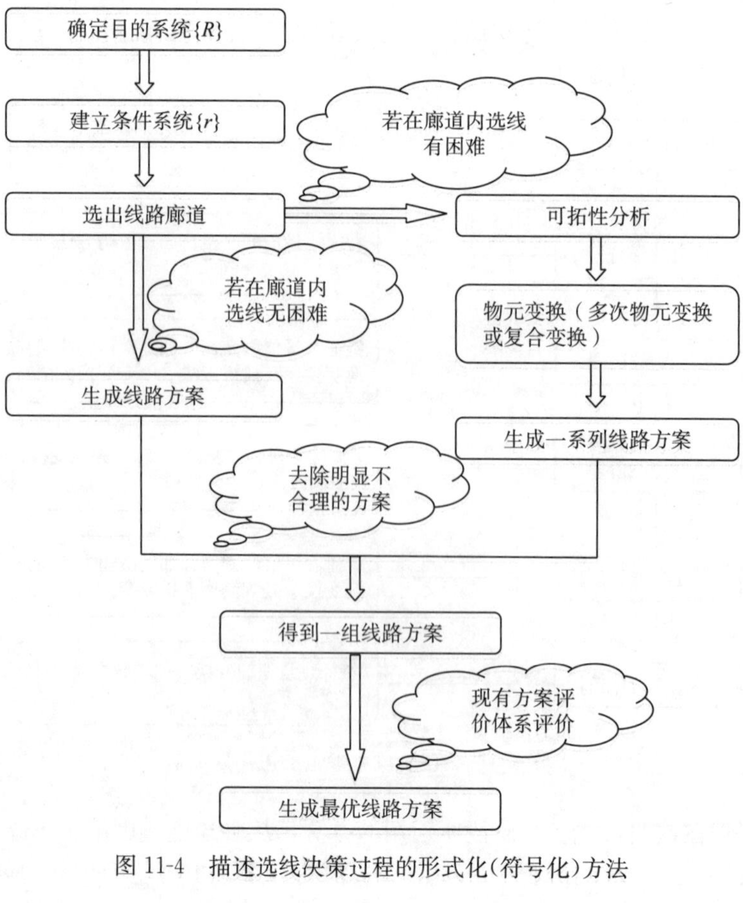


图 11-4 描述选线决策过程的形式化(符号化)方法

## 11.4　总　　结

选线设计优化的手段基本是方案比选，这样如何产生优化方案就成为成功设计的关键，但在此方面目前只能依靠设计者的经验。可拓学是用形式化模型研究事物拓展的可能性和开拓创新的规律与方法。本章首先介绍了物元的基本概念，归纳总结出可拓学解决矛盾问题的方法架构，并介绍了每种方法的原理；然后，以用分合链方法解决傍山长隧道的工期控制问题、用转换桥方法解决线路通过林区的环境保护等问题为例，论述了可拓学在解决不相容问题和对立问题的具体应用程式和形式化描述；最后，按照铁路选线设计的作业流程，提出了各阶段适宜参考的可拓学方法。可为选线设计开拓创意、生成优化方案提供规范化的工作方法，并可望推动选线决策定量化、智能化技术的发展。

## 参 考 文 献


蔡文. 1983. 可拓集合和不相容问题. 科学探索学报，(1)：83-87.

蔡文. 1994. 物元模型及其应用. 北京：科学技术文献出版社.

蔡文. 1997. 可拓工程方法. 北京：科学出版社.

蔡文. 1999. 可拓论及其应用. 科学通报，44(7)：673-682.

施景霞. 2010. 可拓检测可拓域与非域的研究. 广州：广东工业大学硕士学位论文.

王越超. 2007. 基于可拓变换的进化算法优化研究. 广州：广东工业大学硕士学位论文.

朱颖. 2009. 铁路选线理念的创新与实践. 铁道工程学报，(6)：1-5.

朱颖. 2010. 复杂山区铁路选线原则研究//朱颖. 复杂艰险山区铁路选线与总体设计论文集. 北京：中国铁道出版社：3-7.